教育部高等学校化工类专业教学指导委员会推荐教材

荣获中国石油和化学工业优秀教材一等奖

精细化工概论

第三版

黄肖容　徐卡秋　彭　强　主编

化学工业出版社

·北京·

内容简介

《精细化工概论》（第三版）为教育部高等学校化工类专业教学指导委员会推荐教材，曾获中国石油和化学工业优秀教材一等奖。本书详细介绍了表面活性剂、日用化学品、胶黏剂、涂料、染料与颜料、功能高分子材料、食品添加剂、助剂及无机功能材料等精细化工和精细化学品的基础理论知识、配方、国家和行业标准及新发展。本书注重实用性与新颖性相结合，有机融合了精细化工的新进展、新材料和新品种。配套习题注重理论知识与实际应用相结合。

本书既可作为高等院校化学、化工及相关专业的教材，又可作为精细化工产品研发、生产领域专业技术人员的参考用书。

图书在版编目（CIP）数据

精细化工概论 / 黄肖容，徐卡秋，彭强主编. -- 3
版. -- 北京：化学工业出版社，2025.8
教育部高等学校化工类专业教学指导委员会推荐教材
ISBN 978-7-122-43722-8

Ⅰ. ①精⋯　Ⅱ. ①黄⋯ ②徐⋯ ③彭⋯　Ⅲ. ①精细化
工-高等学校-教材　Ⅳ. ①TQ062

中国国家版本馆 CIP 数据核字（2023）第 116817 号

责任编辑：徐雅妮　　　　　　　　　　文字编辑：王晓芳　孙凤英
责任校对：李　爽　　　　　　　　　　装帧设计：关　飞

出版发行：化学工业出版社（北京市东城区青年湖南街 13 号　邮政编码 100011）
印　　装：大厂回族自治县聚鑫印刷有限责任公司
787mm×1092mm　1/16　印张 21½　字数 531 千字　2025 年 10 月北京第 3 版第 1 次印刷

购书咨询：010-64518888　　　　　　售后服务：010-64518899
网　　址：http://www.cip.com.cn
凡购买本书，如有缺损质量问题，本社销售中心负责调换。

定　　价：59.00 元

序

化工是工程学科的一个分支，是研究如何运用化学、物理、数学和经济学原理，对化学品、材料、生物质、能源等资源进行有效利用、生产、转化和运输的学科。化学工业是美好生活的缔造者，是支撑国民经济发展的基础性产业，在全球经济中扮演着重要角色。化学工业处在制造业的前端，为制造业提供基础材料，是所有技术进步的"物质基础"，几乎所有的行业都依赖于化工行业提供的产品支撑。化学工业由于规模体量大、产业链条长、资本技术密集、带动作用广、与人民生活息息相关等特征，受到世界各国的高度重视。化学工业的发达程度已经成为衡量国家工业化和现代化的重要标志。

我国于2010年成为世界第一化工大国，主要基础大宗产品产量长期位居世界首位或前列。近些年，科技发生了深刻的变化，经济、社会、产业正在经历巨大的调整和变革，我国化工行业发展正面临高端化、智能化、绿色化等多方面的挑战，提升科技创新能力，推动高质量发展迫在眉睫。

党的二十大报告提出要坚持教育优先发展、科技自立自强、人才引领驱动，加快建设教育强国、科技强国、人才强国，坚持为党育人、为国育才。建设教育强国，龙头是高等教育。高等教育是社会可持续发展的强大动力。培养经济社会发展需要的拔尖创新人才是高等教育的使命和战略任务。建设教育强国，要加强教材建设和管理，牢牢把握正确政治方向和价值导向，用心打造培根铸魂、启智增慧的精品教材。教材建设是国家事权，是事关未来的战略工程、基础工程，是教育教学的关键要素、立德树人的基本载体，直接关系到党的教育方针的有效落实和教育目标的全面实现。为推动我国化学工业高质量发展，通过技术创新提升国际竞争力，化工高等教育必须进一步深化专业改革、全面提高课程和教材质量、提升人才自主培养能力。

教育部高等学校化工类专业教学指导委员会（简称"化工教指委"）主要职责是以人才培养为本，开展高等学校本科化工类专业教学的研究、咨询、指导、评估、服务等工作。高等学校本科化工类专业包括化学工程与工艺、资源循环科学与工程、能源化学工程、化学工程与工业生物工程、精细化工等，培养化工、能源、信息、材料、环保、生物、轻工、制药、食品、冶金和军工等领域从事科学研究、技术开发、工程设计和生产管理等方面的专业人才，对国民经济的发展具有重要的支撑作用。

2008年起"化工教指委"与化学工业出版社共同组织编写出版面向应用型人才培养、突出工程特色的"教育部高等学校化学工程与工艺专业教学指导分委员会推荐教材"，包括国家级精品课程、省级精品课程的配套教材，出版后被全国高校广泛选用，并获得中国石油和化学工业优秀教材一等奖。

2018年以来，新一届"化工教指委"组织学校与作者根据新时代学科发展与教学改革，持续对教材品种与内容进行完善、更新，全面准确阐述学科的基本理论、基础知识、基本方法和学术体系，全面反映化工学科领域最新发展与重大成果，有机融入课程思政元素，对接国家战略需求，厚植家国情怀，培养责任意识和工匠精神，并充分运用信息技术创新教材呈现形式，使教材更富有启发性、拓展性，激发学生学习兴趣与创新潜能。

希望"教育部高等学校化工类专业教学指导委员会推荐教材"能够为培养理论基础扎实、工程意识完备、综合素质高、创新能力强的化工类人才，发挥培根铸魂、启智增慧的作用。

教育部高等学校化工类专业教学指导委员会

前言

《精细化工概论》于 2008 年首次出版，并于 2015 年再版，本书第二版自出版以来，多次重印，承蒙相关高校的厚爱，被选作教材，并荣获中国石油和化学工业优秀教材一等奖。第二版出版后十年多的时间里，精细化工领域和精细化工产品有了许多新的发展，精细化工与各行各业的联系更是日趋密切，越来越多的新型精细化学品被开发和应用到人们的日常生活、传统的工农业生产和人工智能、集成电路、生命科学、生物技术、空天科技、深地深海等高新技术领域。为更好地反映精细化工的发展现状，有必要对第二版的内容进行更新和补充、修订，让使用本教材的广大读者接受更新、更全面的基础精细化工知识，更好地了解精细化工的最新发展现状。为此，编者在保持第二版基本格局和内容的基础上，对本教材进行了全面修订，增加了多种新型表面活性剂、光刻胶、光伏功能高分子材料、新型功能涂料、非动物替代安全评价技术等内容，增加了各精细化学品的最新行业发展现状、存在问题和未来技术发展方向，更新了书中引用的精细化学品所涉及的国家和行业标准。各章习题部分，加大了应用和发散型思维习题的比重。本书是一本适合化工类专业学生在较短的学时内全面学习精细化工和精细化学品基础知识的应用型本科教材，也可作为精细化工产品研发生产领域专业技术人员的参考用书。

本书第三版由华南理工大学黄肖容、四川大学彭强修订。第 1 章~第 5 章、第 8 章及全书习题部分由黄肖容修订；第 6 章、第 7 章、第 9 章、第 10 章由彭强修订。第三版多媒体教学课件，由黄肖容、彭强、谢姝杰修订完善。

值此再版之际，感谢本书第一、二版的编者四川大学徐卡秋所做出的贡献，感谢第一版课件制作者徐卡秋、何润卿、范红娟。

由于精细化工领域发展快，本书涉及内容多、覆盖面广，加之编者水平所限，书中难免有疏漏和不足之处，敬请广大读者批评指正，不吝赐教。

编者

2025 年 3 月

第一版前言

精细化工与工农业的生产、高新技术发展、国防建设和人民日常生活息息相关。生物、信息、航空航天、自动化、能源和新材料等高技术领域都与精细化工有着密切的相互促进和影响的关系。精细化工产品种类繁多，涉及国民经济的各个领域和日常生活的方方面面，可以说现代社会每一个人的生活都离不开精细化工产品的使用。精细化工概论是一门实用性很强、涉及内容广泛的课程。

精细化工发展迅速，新的精细化学品不断出现，难以在有限的篇幅内囊括精细化工涉及的全部内容，介绍所有的精细化学品。本书基本是按我国对精细化工产品的分类安排章节，同时针对本书是化学工程与工艺专业应用型本科教材，舍弃了与专业关联不大的医药、农药、饲料添加剂等部分，对可能与其他专业课程重复的部分如试剂和高纯物、催化剂、生化酶等内容也不独立成章介绍。为了使内容精炼，将塑料、合成纤维和橡胶用助剂、石油用化学品、造纸用化学品等合为一章（即第 9 章助剂）。本书力求反映本课程的特点，在内容的选择上注意实用性和新颖性相结合，将精细化工的新进展和新材料、新品种有机地融合进来。

本书共十章。华南理工大学黄肖容博士负责第 1 章绪论、第 2 章表面活性剂、第 3 章日用化学品、第 4 章胶黏剂、第 5 章涂料、第 8 章食品添加剂、第 10 章无机功能材料的无机多孔材料和无机膜材料以及无机功能材料展望部分的编写。四川大学徐卡秋教授负责第 6 章染料与颜料、第 7 章功能高分子材料、第 9 章助剂、第 10 章无机功能材料的超细及纳米粉体以及精细陶瓷和无机抗菌材料部分的编写。武汉工程大学陈金芳教授参与了第 3 章日用化学品的合成洗涤剂部分的编写工作。本书由黄肖容博士统稿。

本书在编写过程中得到了化学工业出版社的大力支持。在成书过程中，范红娟、赵俊硕士在分子式、方程式编辑、图表录入等方面，朱德其工程师在图形绘制尤其是三维图形绘制方面付出了辛勤劳动，编者在此表示感谢。感谢四川大学张昭教授在编写过程中提供的建议和帮助。本书无机膜材料电镜照片中的无机膜材料由黄肖容博士、隋贤栋博士制备。

本书配套有相应的多媒体教学课件，是一本适合化学工程与工艺专业学生在较短学时内全面学习精细化工和精细化学品基础知识的应用型本科教材。

由于本书涉及内容多、覆盖面大，而篇幅有限，加之编者水平所限，书中难免存在不足之处，恳请读者批评指正。

黄肖容
2008 年 5 月

第二版前言

《精细化工概论》自 2008 年出版以来，承蒙有关高校的厚爱，选作教材，并多次印刷。过去的这些年，是精细化工快速发展的时期，与国民经济和人民日常生活息息相关的许多精细化学品发生了不少变化。精细化学品在生物、信息、航空航天、自动化、能源和新材料等高新技术领域的应用也更加广泛。不少精细化学品的国家和行业标准也已更新，第一版的有些内容有必要更新和补充、修订。为了更好地适应精细化工高等教育的发展需要、及时反映精细化工领域的最新发展，编者在保持第一版基本格局和内容的基础上，进行了全面修订。增加了近年来已成熟发展和应用的新精细化学品和新应用领域。根据新的国家和行业标准修订了相关内容。

本书由华南理工大学黄肖容、四川大学徐卡秋编。第 1 章～第 5 章、第 8 章、第 10 章无机多孔材料、无机膜材料、无机功能材料展望部分由黄肖容修订；第 6 章、第 7 章、第 9 章、第 10 章超细及纳米粉体、精细陶瓷、无机抗菌材料部分由徐卡秋修订。感谢参与了第一版第 3 章部分编写工作的武汉工程大学陈金芳，以及在第一版成书过程中提供帮助和协助的其他人员。

本书配有相应的多媒体教学课件，是一本适合化工类专业学生在较短的学时内全面学习精细化工和精细化学品基础知识的应用型本科教材。

由于精细化工发展快，本书涉及内容多、覆盖面广，加之编者水平所限，书中难免有疏漏和不足之处，恳请读者批评指正。

编者
2015 年 1 月

目 录

第6章 染料与颜料 / 157

第7章 功能高分子材料 / 184

第8章 食品添加剂 / 207

第9章 助剂 / 234

第10章 无机功能材料 / 297

第1章

绪 论

精细化工的产生和发展与人们的生活和生产紧密联系在一起。虽然精细化工是化学工业发展的产物，但人类对精细化学品的应用却是古已有之。如用骨胶、树胶粘箭矢，用糯米和石灰混合而成的糯米灰浆修筑长城，用桐油等制成的油漆装饰保护漆器和各种用具，用天然皂角清洁衣物，用胭脂美化容颜，用天然植物茜草、蓼蓝叶和黄土染布，用天然矿石碾碎做成颜料绘画。在19世纪前，生产精细化学品的原料主要来源于天然物质。到了20世纪初，由于石油化学工业的兴起，精细化学品的发展出现了第一次大的飞跃，以合成化学品为原料的精细化学品，在数量和品种上都逐渐占据主导地位。到了20世纪中叶，高分子化学的发展和高分子材料的出现，为精细化学品带来了第二次大的飞跃，肥皂发展成了合成洗涤剂、油漆扩展成了涂料，同时胶黏剂、信息用化学品、功能高分子材料等新生行业崛起。尽管精细化学品和精细化工早已存在，但直到20世纪60年代，才由日本首先把精细化工明确列为化学工业的一个产业部门，到80年代初建立了精细化学品产业协会。

进入21世纪，信息与微电子、生物、新材料、新能源、自动化、航空航天及海洋开发等高新技术的发展，为精细化工行业的发展提出了新的方向和课题，各种精细化学品生产新技术、新概念不断产生，新型精细化学品不断面世。当今社会不论是一般的工农业生产、人们的日常生活，还是高新技术领域都已离不开精细化学品，都与精细化工有着密切的相互促进和发展的关系。诸如人工智能、集成电路、生命科学、生物技术、空天科技、深地深海等前沿高新技术的发展水平都与高性能精细化学品的制造水平密切相关。

1.1 精细化学品的定义

化学工业的产品大致可以分为两大类：即通用化学品和精细化学品。通用化学品又称大宗化学品，是指大量生产的化工基本原料和材料，如"三酸"、"两碱"、苯酐、顺酐、苯酚、苯胺、甲醇、乙醇、醋酸等，也包括通用塑料和橡胶，如聚氯乙烯、聚苯乙烯、聚烯烃、丁苯橡胶等。而精细化学品是指加工度高、需要高技术生产的附加值高、产量少、具有特殊功能性的化学品，如表面活性剂、医药、农药、染料、涂料、香料、各种助剂等。精细化学品是与大量生产的通用化学品或原材料型化学品相对应的一类化工产品。

20世纪70年代末到80年代初，许多发达国家及大型化工集团纷纷发展精细化工，生产更多的产品附加值高的精细化学品，各种精细化学品、专用化学品、功能化学品不断出现，发展精细化工成为当时国外化工界的热门。

关于精细化学品的定义，不同国家有不同的提法。美国采用"商品化学品"（commodity chemicals）和"专用化学品"（special chemicals）的名称。日本把大批量生产和销售的化学品统称为通用化学品，把具有专门功能、技术密度高、附加价值高、利润高、配方决定性能、配以应用技术和技术服务的小批量产品称为精细化学品。我国将以基础化学工业生产的初级或次级化学品、生物质材料等称为起始原料，进行深加工而制取的具有特定功能、特定用途、小批量、多品种、附加值高和技术密集的产品称为精细化学品（精细化工产品）。精细化工是指精细化学品（精细化工产品）的生产。

1.2 精细化工的分类

精细化工产品涉及的范围十分广泛，精细化工的分类在不同国家和不同时期都有不同。按大类属性区分，可以分为无机精细化工产品和有机精细化工产品。由于同一类结果的产品，功能可以完全不同，所以精细化工产品一般不按结构分，而是以产品的功能分。

目前精细化工产品的分类，见表1-1。

表1-1　精细化工产品分类

1 医药和兽药	2 农药	3 黏合剂	4 涂料
5 染料和颜料	6 表面活性剂	7 合成洗涤剂	8 塑料、合成纤维和橡胶用助剂
9 感光材料	10 试剂和高纯物	11 食品和饲料添加剂	12 石油用化学品
13 造纸用化学品	14 皮革化学品	15 功能高分子材料	16 化妆品
17 香料和香精	18 生物制剂	19 催化剂	20 无机精细化学品

随着社会和科技的发展，精细化工行业不断发展，新型的精细化学品不断出现，现有精细化学品的应用领域也在拓展。同时，越来越多地要求精细化学品向低污染、低能耗、低VOC排放、低毒、易降解等绿色、环境友好的方向发展。一些污染大、能耗高的非绿色、环境不友好的产品正在或将被淘汰。而且随着纳米技术、生物技术等高新技术在精细化工中的应用，出现了很多交叉学科技术产生的精细化学品，如随着锂电池等新能源的广泛使用、微电子行业的快速发展及水处理行业的发展，精细化学品、电子化学品、净水化学品的品种和用量都呈现快速增长的趋势。这些新品种的出现也难以准确归类于上述的某个精细化工产品类目内。

1.3 精细化工和精细化工产品的特点

精细化工产品的特点主要有五个方面。

（1）具有特定功能

与通用化工产品不同，精细化工产品均具有特定的功能，专用性强而通用性弱，而且多数精细化学品与人类生活紧密相关，如化妆品、合成洗涤剂等日用生活用品。有的精细化学品的特定功能是针对专门消费者设计的，如医药和农药。

精细化工的特定功能还表现在只需少量的使用就可以获得极为显著的效益。如在人造卫星的结构中用结构胶黏剂代替金属焊接，节约重1kg就有近10万元的效益。采用高效催化剂，可以使产品的产率成倍提高。

精细化工产品的特定功能性还依赖于应用对象的要求，需不断更新、变化和发展。

（2）小批量、多品种（多间歇反应）

除了少数精细化工产品如直链烷基苯磺酸钠和一些用量大的药品年产量比较大外，由于精细化工产品的特定功能性，大多数精细化学品用量小，如药物的服用量是以毫克计，添加剂的用量只有百分之几甚至更少，一双鞋所用的胶黏剂不过几克，对每一个具体的产品来说，年产量都不可能很大。

在品种上，作为精细化工代表性行业的医药行业，原料药品种数以千计，制剂品种更是数以万计。截至2021年，商品农药有四万多种。又如合成香料，被国家标准（GB 29938—2020）收录的食品用合成香料就多达1400多种。表面活性剂是近年来发展很快的精细化学品，品种早已超过5000种。合成染料品种有近7000个。为满足社会不断增长和日新月异的要求，新品种、新剂型会不断出现，日益增多。而且精细化工产品有一定的寿命，产品变化更新快，促使精细化工产品品种不断增加，所以品种多是精细化工产品的一个重要特点。

小批量、多品种的特点决定了精细化学品的生产通常是以间歇反应为主，采用批次生产，使用多功能的生产装置。精细化工厂多是无管路（pipeless）化工厂，使用多用途装备系统，采用柔性生产系统（FMS）以使一套流程装置可根据需要生产多种品种和牌号的精细化学品，以适应精细化工产品小批量、多品种的特点。

（3）技术密集

精细化工是综合性较强的技术密集型工业，产品更新换代快、市场寿命短、技术专利性强、市场竞争激烈。

精细化工产品的生产过程工艺流程长、单元反应多、原料复杂，中间过程控制严格。精细化工产品的技术密集还体现在情报密集，信息快、保密性强、专利垄断性强。

（4）产品配方性强

一般单一化合物难以满足精细化工产品的专门、特殊的用途，大量使用复配技术是精细化工产品生产的一大特点。配方中通常有几种甚至十几、二十种物质，如合成洗涤剂、化妆品、胶黏剂、涂料等，配方的小差别往往造成产品性能的大变化。复配技术是使精细化工产品具有市场竞争能力的极为重要的环节。

（5）附加值高，利润大

精细化工产品的附加值率在50%左右，而整个化学工业的附加值在30%～40%。据统计，每投入价值100美元的石油化工原料，产出初级化学品的价值变为200美元，再产出有机中间体480美元和最终成品80美元；如果进一步加工为塑料、合成橡胶和纤维以及清洗剂和化妆品，则可产生价值800美元的中间产品和价值540美元的最终成品；如再进一步加工成用户直接使用的家庭耐用品、纺织品、鞋、汽车材料、书刊印刷物等，则总产值更可观，会增值百倍以上。

精细化学品并不都是价格昂贵、结构复杂、合成难度大或纯度要求极高的化学品，一些普通的化学品和某些天然物，有的甚至是废弃物，也能制成很有用的精细化学品。例如生石灰（CaO），利用它遇水反应体积膨胀（体积膨胀约2倍），产生巨大的膨胀压的功能，日本在 20 世纪 70 年代研制成功"静爆破剂"（又名"无声爆破剂"），适用于城市钢筋水泥建筑物的破坏拆除。普通碳酸钙，通过改变工艺、控制条件或加入催化剂，就能得到不同晶型的产品，针状、片状碳酸钙在新一代的中性造纸工艺中，可以完全取代高岭土。用于汽车轮胎等的炭黑这一传统化工产品，精制成食品级的添加剂，就是精细化学品，可用于牙膏等化妆品和食品中。传统的化工产品硫酸、盐酸、硝酸制成电子级纯度就是电子信息产业重要的电子化学品。光伏和风电等新能源的储能材料就是由硝酸钠、硝酸钾、硝酸锂复配制成。

1.4 精细化工在国民经济中的地位和作用

精细化学品的范围很广，它产量虽小，但品种繁多，涉及面广，几乎渗透到国民经济的各个领域。国民经济的各个部门，现代工业的许多产品，人们的吃、穿、住、行、用和医疗保健，都直接或间接地与精细化学品有关。随着国民经济及现代工业的发展，其重要性也日益显著。通常用精细化率来衡量精细化工产品占所有化工产品的比例。精细化率在相当程度上反映着一个国家的发达水平和综合技术水平以及化学工业集约化程度。

$$精细化率（精细化工产值率）=\frac{精细化工产品的总值}{化工产品的总值}\times100\%$$

我国的精细化率在逐年提高，目前已达 50%。

(1) 精细化工与工农业和人们日常生活的关系

精细化工产品与农业的发展息息相关。精细化工对促进农业发展，满足人民对粮食、棉、麻等经济作物及畜牧产品等的需要起着重要的作用。肥料、农药、兽药和饲料添加剂等精细化学品的合理使用可提高农作物产量、消灭农作物的病虫害、确保农业丰收、保护牲畜健康、促进牲畜生长。

各种表面活性剂、助剂被广泛应用于各工业领域，日用化学品在轻工行业的占比越来越大，染料和颜料是印刷、印染、服装等行业不可或缺的一部分，食品添加剂的存在和发展与现代食品工业息息相关，涂料、胶黏剂在建筑、汽车、制鞋、家具、包装等行业广泛使用，直接影响着这些行业产品的品质。

人们日常生活中需要的各种日用消费品有不少就是精细化学品，如洗涤剂、肥皂、香料、防污剂、防霉剂、食品添加剂、胶黏剂、油漆和涂料、皮革防护剂、汽车化学品等日用消费品，精细化工还为轻纺、涂料、皮草等工业生产日用消费品提供各种性能的原材料。

(2) 精细化工与生物技术的关系

不少精细化学品如采用传统化学方法合成，反应步骤长，副反应多，或反应速度慢，产物的分离与精制困难。而采用生物催化剂——酶，特别是基因工程菌所提供的酶，许多精细化学品的合成、分离和精制可得以顺利进行。例如人胰岛素、干扰素和乙肝疫苗的生产。美国军方研究用生物工程的方法生产一种蚕丝蛋白质，可用于制造降落伞，其韧性和强度均为其他材料无法比拟。日本的 TDA 公司用微生物法生产新的磁性材料等。

全球正处于生物经济快速发展的阶段。发展生物经济也是我国面向 2035 的发展战略，利用无毒无害的生物质原料，在低污染、无污染的条件下高选择性、少副产物地生产绿色精细化学品，可以实现绿色化工工艺在医药、食品、轻化等行业的替代。

应用生物技术可以生产越来越多的精细化学品，如单细胞蛋白（SCP）、乳酸（主要用作食品酸味剂)、衣康酸(亚甲基丁二酸,是制造合成树脂、合成纤维、涂料、合成胶乳、胶黏剂、表面活性剂等的原料)、氨基酸、贵重药物、生物表面活性剂、微生物多糖、丙烯酰胺等。

(3) 精细化工与信息技术的关系

对信息技术来讲,可以说精细化工是微电子技术的基础。制造集成电路块时,为了达到亚微米精度,要运用各种化学化工技术:制板、晶体生长、晶体取向附生、扩散、蚀刻等,同时还要为之提供超纯试剂、高纯气体、光刻胶等精细化学品。仅光刻胶的世界销量已达到近 6 亿美元。精细陶瓷、功能材料等精细化学品的发展直接影响信息技术产业的发展水平。

(4) 精细化工与航空、航天技术的关系

当前航空、航天业发展迅速,运载火箭、人造卫星、飞机等大量采用蜂窝结构、泡沫塑料、玻璃钢、高强度复合材料和各种密封材料,这些材料的应用或连接都少不了胶黏剂。由于航天、航空技术要求条件特殊,要耐超高温、低温、辐射、真空等极端条件,所用的胶黏剂不同于普通日用和工业用胶黏剂,一般常采用聚酰亚胺胶、聚苯并咪唑胶、聚喹啉胶、有机硅胶、聚氨酯胶、无机胶等,如采用聚氨酯型和环氧-尼龙型超低温胶黏剂粘接巨型火箭所用的液态氧、液态氢的储箱,在极端条件下使用的仪器设备和材料所需的高性能、高稳定性的涂层保护。

航空、航天技术的发展对精细化学品提出了各种要求,没有能满足需要的高性能精细化学品,将直接制约航空、航天技术的发展,同时,航空、航天技术的发展也促进了精细化工向高技术领域的发展。如超耐高温涂料的使用,确保了嫦娥系列飞船回收舱的顺利回收。

(5) 精细化工与海洋开发的关系

海洋占地球表面积的 70%,海水占地球总水量的 90% 以上。海洋拥有丰富的资源,如油气资源、海洋生物资源、矿产资源和海水资源。近年来倚靠海洋丰富资源的海洋精细化工得到了快速发展,海洋精细化学品如海洋生物医药、各种盐、矿产带来的经济效益越来越大,利用反渗透膜进行海水淡化获得淡水已在沿海国家和区域广泛应用。另一方面,新型高效的精细化学品的应用也加速了海洋开发的发展。

(6) 精细化工与能源技术的关系

现在世界能源消费以石油计约为 80 亿吨/年,地球人口约 80 亿,平均每人每年消费量约为 1.5t。到 21 世纪中叶,预计全球人口将达 100 亿。仅从人口增长数字看,能源消费的增加是惊人的。以这种消费速度,到 2040 年地球上石油将枯竭,天然气、煤也会相继耗尽。随着世界人口不断增加和能耗时间累计,能源紧缺时期将会提前到来。要实现人类可持续发展,就必须解决能源替代问题。要完成这一艰巨任务是离不开化学工业的。根据科学家预测,21 世纪的能源主要为核能、太阳能、风能、地热能、氢能、潮汐能和海洋能。此外,人们还在大力发展乙醇汽油、生物柴油、合成柴油等其他能源来弥补当前的能源问题。

主要用作气雾剂、推进剂、制冷剂和发泡剂的重要精细化工产品二甲醚被认为是具有大规模发展前景的清洁替代燃料。二甲醚燃烧性能好、排放污染低,用二甲醚替代液化石油气,用作民用燃料,可减少煤烟型污染;替代柴油作车用燃料,产生的各种排放物如总排放量、NO_x、CO 都低于其他汽车燃料。二甲醚发动机燃烧产生的 NO_x 浓度符合国 Ⅵ 对 NO_x 的要求。

氢能是高效清洁无污染的理想能源。2022 年 3 月国家发改委发布的《氢能产业发展中长期规划(2021—2035)》明确了我国氢能产业发展的战略定位,是构建绿色低碳产业体系、推动产业转型升级的新增长点。通过可再生能源制氢、高效储氢材料的研发和使用、氢能源的安全利用都离不开新型能源精细化学品的开发和应用。

新能源汽车的高速发展，带动了新能源材料的蓬勃发展，也促进了新能源材料的研发和应用。双氟磺酰亚胺锂可用作锂电池的溶质和溶剂，可以显著提高锂电池的性能。全球锂电池需求量的快速增长带动了双氟磺酰亚胺锂这一新能源精细化学品行业的发展。

利用廉价原料资源如植物油脂、废弃油脂和微生物油脂与醇（例如甲醇或乙醇）进行的经典精细化工单元反应——酯交换反应制得的 $C_{14} \sim C_{24}$ 高级脂肪酸单酯与石化柴油组分类似，是理想的柴油替代产品。这种生物柴油硫含量低，不含芳香族烷烃，含氧量高，燃烧效果好，一氧化碳、硫化物的排放都比柴油少。而且生物柴油原料可通过种植和养殖得到，供应量不会枯竭，是一种可再生能源。

可见，在能源替代方面精细化工将会发挥重要作用。

（7）精细化工与新材料技术的关系

新材料技术的发展更是离不开精细化学品。现代人类的活动空间上至太空、宇宙，下至海洋，超高建筑、极限环境生存、原子能利用、微观世界的探索、微电子技术、生物技术、超细粉体、纳米材料应用都需要各种适用的新材料。新型介孔材料的制备就是以阳离子表面活性剂为模板，纳米材料在涂料中的应用赋予了涂料许多独特的性能。纳米材料合成过程中表面活性剂的使用可有效解决纳米粉体团聚的问题，新型光敏材料的发现和制作促进了涂料、胶黏剂等精细化工行业的发展。精细化工与新材料技术有着密切的、相互促进发展的关系。

（8）精细化工与环境保护的关系

利用表面活性剂独特的化学结构和性能，将其应用于环境污染处理的研究日渐增多，如利用表面活性剂进行土壤修复，减少土壤中有害重金属离子、原油、农药的残留。低 VOC 或零 VOC 的涂料、胶黏剂的生产和使用，可减少对环境的危害。新型的臭氧层消耗物质替代品的出现，可有效减少臭氧层空洞的扩大。随着各国精细化率的提高，精细化学品种类和数量的急剧增加，精细化学品生产过程产生的环境污染尤其是其中占比很大的涂料、胶黏剂、染料、香料、农药等的生产过程对环境的影响不容忽视。从原料的选用、生产工艺的研发、产品的使用都要秉承绿色化工的理念，发展环境友好的绿色精细化工是未来精细化工发展的方向。

1.5 精细化工的发展现状和趋势

我国的精细化工行业，自 20 世纪 90 年代以来得到了快速的发展。据不完全统计，20世纪 90 年代末期，我国共有精细化工企业 1.12 万余家（不包括乡镇以下企业），其中，染料、涂料、农药和各类化学助剂等传统精细化学品的生产企业约 7300 余家，表面活性剂、皮革、造纸、油田、电子化学品等新兴领域的精细化工产品生产企业约 3900 家，精细化工产品的生产总值（工业总产值）达到了 1200 亿元，总生产能力约 1000 万吨。进入 21 世纪，我国传统精细化工发展迅速，是农药、涂料、染料和颜料的生产大国。"十一五"期间（2006～2010 年），我国精细化工行业销售收入和利润总额年增长率保持在 15% 以上。"十一五"期间，我国将精细化工列为优先发展的六大领域之一。功能涂料及水性涂料、染料新品种及其产业化技术、重要化工中间体绿色合成技术及新品种、电子化学品、高性能水处理化学品、造纸化学品、油田化学品、功能型食品添加剂、高性能环保型阻燃剂、表面活性剂、高性能橡塑助剂等是"十一五"精细化工技术开发和产业化的重点。到"十二五"末（2015年），我国精细化工产值达 16000 亿元，比 2008 年增长一倍，精细化工产品自给率达到 80％以上，逐步向世界精细化工强国迈进，已形成了约 20～25 个门类。其中，农药、染料、涂料、试剂、感光材料、化学医药等行业有了相当发展规模；饲料添加剂、食品添加剂、工业表面活性剂、水处理化学品、造纸化学品、皮革化学品、油田化学品、电子化学品、生物化工、功能高分子等行业也初具规模。2022 年，我国精细化工行业总产值约 5.7 万亿元，企业数量超 2 万家。到 2023 年，我国精细化工行业年产值规模在（4～5）万亿元。精细化工是"十四五"我国石化产业发展的重点领域。

虽然我国的精细化学品生产已具有相当的规模，发展态势比较好，但存在的问题也不少，主要表现在以下方面。

① 技术水平低。尽管我国某些精细化学品的生产成本较低，但技术水平不高，有不少是引进技术，自主创新技术少。我国的精细化学品生产过程原材料消耗高于国外同类产品水平，生产过程产生的环境问题，尤其是染料和颜料、农药等生产过程的高能耗、高污染问题严重。

② 小规模企业多，产品单一。

③ 原料型产品多，精加工产品少。虽然我国在染料等方面具有较大的国际市场份额，但出口的产品基本为初级原料，产品的售价低，没有市场控制力。

④ 中低档产品多，高档高附加值产品少。不少精细化学品，产量大，但产值并不大。甚至出现了一些传统产品的产能超过国内市场需求，但高端精细化工产品却依赖进口。

⑤ 低水平重复建设严重，造成企业间的竞争加剧，浪费了大量的资金和增加了污染源。

但我国精细化工的发展也有自己的优势：中国产业体系完整，是全世界唯一拥有联合国产业分类中全部工业门类的国家；化工产品齐全，化工行业有完整的产业链体系，有充足的原料供应、丰富的人力资源、合适的人力成本和发达的物流配送体系。

精细化工发展趋势如下。

（1）原料来源多元化

日益高涨的石油价格和有限的化石资源，提醒人们，精细化工原料来源的多元化是未来精细化工发展的趋势之一。利用石油副产品生产高效精细化学品，既可以提高资源综合利用的能力，又能开发新型精细化工产品。如利用石油馏分酸处理的副产物生产石油磺酸盐阴离子表面活性剂。以天然提取物、生物质资源为原料生产精细化学品也是未来精细化工发展的趋势。如在制浆过程副产廉价的木质素磺酸盐，又如从锯末、木屑制草酸，利用橘皮、果皮等制果胶，以玉米芯为原料生产糠醛、木糖等，以海洋资源为原料，生产高端精细化学品，如化妆品、食品添加剂等。

（2）生产过程绿色环保

精细化工产品的生产过程中存在程度不同的环境污染问题，如染料、胶黏剂、涂料的生产过程中就有污水排放、空气中挥发性有机物排放等环境问题。采用清洁生产工艺、做到生产过程低排放甚至零排放，减少对环境的污染是今后精细化工企业必须面对的问题。

为使精细化工生产过程绿色环保，首先就是尽可能选用无毒无害的绿色环保原料代替有毒有害的原料，如以碳酸二甲酯代替硫酸二甲酯，以二氧化碳代替光气合成异氰酸酯等。其次是将绿色环保的新型生产、分离等技术应用于精细化工产品的生产，如生物技术、纳米技术、膜分离技术。

（3）提高产品质量、增加产品数量

对一些在许多精细化学品中普遍要使用的基础精细化学品，如表面活性剂、有机中间体、水性高分子材料等，要提高其生产能力和产品质量，满足日益增长的精细化工产品生产需要。

（4）重视新产品开发、开拓新兴精细化工领域

利用生物技术生产天然香料、色素、生物农药、高效药物等精细化学品，新型纳米材料、功能材料的合成都将是精细化工未来发展趋势所在。

（5）环境友好产品开发

使用过程低毒、无害、环境友好的精细化学品的开发已成为精细化学品研发的热点。如水性胶黏剂、无溶剂胶黏剂、涂料的发展，高效天然食品添加剂的兴起。

（6）生产过程节能减排

随着国家对精细化工企业尤其是传统高能耗、高污染企业的审核和监管日趋严格，发展低能耗、低排放的新型生产工艺是精细化工未来发展必须面对的课题。

人类社会发展到今天，一方面面临资源与能源日益短缺、环境污染日益严重、环境保护治理刻不容缓等问题，另一方面人类对健康水平和生活质量的要求日渐提高，高科技产业蓬勃发展，对精细化工和精细化学品提出了越来越高的要求。因此，21世纪的精细化工在化学工业中所占比例将迅速增长，精细化工新产品、新品种，尤其是适应高新技术发展的新功能精细化学品、环境友好的精细化学品将会不断增加。精细化学品生产过程中，大量高新技术、清洁生产工艺如生物技术、膜技术、纳米技术等的应用将大大提高产品质量、技术含量和产品附加值。

第2章

表面活性剂

肥皂是最早为人们发现的一种表面活性剂，早在 500 年前已经问世。在它之前，古代人们就用天然的植物皂角和皂草洗涤衣物，还有的用天然碱或盐水来洗涤衣物，《礼记》记载早在公元前 1000 多年就有用草木灰（主要成分是碳酸钾）洗涤。

工业上用油脂和碱作为原料生产肥皂，是在 1903 年前后开始的，表面活性剂工业是 20 世纪 30 年代发展起来的一门新型化学工业，随着石油化学工业的发展，发达国家表面活性剂的产量逐年迅速增长，已成为国民经济的基础工业之一，被广泛应用于各行业和技术领域，有"工业味精"之称。我国表面活性剂工业始于 20 世纪 50 年代，虽然起步较晚，但发展快。1994 年中国表面活性剂的产量已达 59 万吨，生产的品种 1028 个，其中以阴离子和非离子表面活性剂为主。2008 年，中国表面活性剂的生产企业约 600 个，生产能力 105 万吨/年，产品品种数已达到 1857 个，产值 149 亿元。到 2013 年，中国表面活性剂产能超过 380 万吨，占世界表面活性剂总产量的 20% 左右，成为世界表面活性剂生产大国。2020 年，中国表面活性剂产量达 369 万吨。

2.1 表面活性剂基本概念

2.1.1 表面活性剂的结构与特点

实验发现，往水中加入一些物质时，可使水的表面张力发生改变，加入的物质不同，对水的表面张力的影响会有不同。有的物质只需加入很少量，水的表面张力就会明显降低，如油酸钠在溶液浓度很低时（0.1% 质量分数）就能使水的表面张力自 0.072 N/m 下降到 0.025N/m 左右。而往水中加入一般的无机盐类时其水溶液的表面张力却略有升高。乙醇等低碳醇类则是随着加入量的逐渐增加水的表面张力逐渐降低。

各种物质水溶液的表面张力与浓度的关系可归纳为三种类型，如图 2-1 所示，以溶液浓度为横坐标，表面张力为纵坐标，可得到图中所示的三条曲线。第一类（曲线 1）表示在溶液浓度很低时，表面张力随

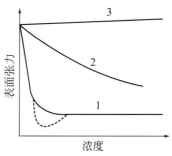

图 2-1 各种物质水溶液的表面张力与浓度的关系

溶液浓度的增加而急剧下降，表面张力下降到一定程度后便下降缓慢或不再下降，当溶液中含有某些杂质时，表面张力可能出现最小值（如虚线所示）。第二类（曲线2）是表面张力随浓度的增加而逐渐下降。而第三类（曲线3）是表面张力随浓度的增加稍有上升。一般，肥皂、油酸钠、洗涤剂等物质的水溶液属第一类。乙醇、丁醇等低碳醇和醋酸等物质的水溶液属第二类。而像 HCl、NaOH、NH_4Cl、KNO_3、NaCl 等无机物及蔗糖等的水溶液属第三类。

就降低表面张力这一特性而言，我们把能使溶剂的表面张力降低的性质称为表面活性，具有表面活性的物质则称为表面活性物质。上述第一、二类物质具有表面活性，故称为表面活性物质，第三类物质则属于非表面活性物质。

对于第一类和第二类物质它们虽然都是表面活性物质，但性能又有明显不同。我们把加入少量能使其溶液体系的界面状态发生明显变化的物质，称为表面活性剂。

表面活性剂是这样一种物质，在溶剂中加入很少量时即能显著降低其表面张力[1]，改变体系界面状态，从而产生润湿或反润湿、乳化或破乳、分散或凝聚、起泡或消泡、增溶、保湿、杀菌、柔软、拒水、抗静电、防腐蚀等一系列作用，以满足实际应用的需要。

表面活性剂的这些性质是源于其独特的分子结构。表面活性剂一般都是线形分子，其分子同时含有亲水（憎油）性的极性基团和亲油（憎水）性的非极性疏水基团，因而使表面活性剂既具有亲水性又具有亲油性的双亲性，所以，表面活性剂也称为双亲化合物。图 2-2 是表面活性剂分子的两亲结构示意图。

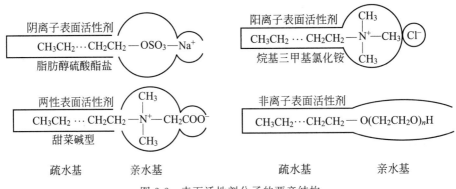

图 2-2 表面活性剂分子的两亲结构

疏水（hydrophobic）基可以有许多不同的结构，如直链、支链、环状等，常见的是碳氢链，可以是烷烃、烯烃、环烷烃、芳香烃，碳原子数大都在 8～20 范围内。其他疏水基还有脂肪醇、烷基酚、含氟或硅以及其他元素的原子团等。

亲水（hydrophilic）基种类也很多，有离子型（阴离子、阳离子、两性离子）和非离子型两大类。离子型的在水溶液中带电荷，非离子型的具有极性和水溶性，但不能在水中解离。

表面活性剂同时具有亲油性和亲水性的官能团的双亲结构使表面活性剂能在溶液表面界面吸附、界面定向，并在溶液中生成胶束，具有溶解性和多功能性。

---

[1] 那些同时具有亲水基和亲油基，并不具备降低水表面张力的能力，但少量使用就能使表面或界面的性质发生显著变化的物质也叫做表面活性剂。

2.1.2 表面活性剂的分类

表面活性剂一般按它的结构来分类，按亲水基的性质可分为：阴离子表面活性剂、阳离子表面活性剂、非离子表面活性剂及两性表面活性剂。另外还有特殊表面活性剂。

（1）阴离子表面活性剂

在水中，这类表面活性剂的亲水基团为带负电的原子团，按其亲水基不同又分为羧酸盐型 $R-COONa$、磺酸盐型 $R-SO_3Na$、硫酸酯型 $R-O-SO_3Na$、磷酸酯型 $R-OPO_3Na_2$，表 2-1 是常见的阴离子表面活性剂类型。

表 2-1　常见的阴离子表面活性剂

名　称	结　构　式	备　注
羧酸盐	RCOOM	用作洗涤剂、乳化剂，可以是钠、钾或铵盐
硫酸酯盐	$ROSO_3M$	用作洗涤剂、乳化剂和发泡剂，可以是钠、钾、铵和三乙醇铵盐
	$RO(CH_2CH_2O)_nSO_3Na$　　R—⬡—$O(CH_2CH_2)_nSO_4Na$	用作洗涤剂、发泡剂
磺酸盐	R—⬡—SO_3Na	烷基苯磺酸钠，用于生产洗衣粉
	$RCH=CH-CH_2SO_3Na$	烯烃磺酸盐
	$R-\underset{\underset{SO_3Na}{\mid}}{CH}-\overset{\overset{O}{\parallel}}{C}-OR$	高级脂肪酸酯磺酸盐
	RSO_3Na	烷基磺酸钠，用作润湿剂
	$NaO_3S-\underset{\underset{\underset{O}{\parallel}}{C}-OR}{\overset{\overset{CH_2-\overset{\overset{O}{\parallel}}{C}-OR}{\mid}}{CH}}$	琥珀酸酯磺酸盐，具有良好的乳化、分散、润湿及增溶性能
	$C_{23}H_{38}SO_3M$ 或 $C_{31}H_{48}SO_3M$	石油磺酸盐
	$HO-$⬡$-\underset{\underset{(OCH_3)_{1\sim2}}{\mid}}{\overset{\overset{SO_3Na}{\mid}}{CHCH_2CH_2OH}}$	木质素磺酸盐，用作减水剂和分散剂
	R—⬡⬡—SO_3Na	烷基萘磺酸钠，用作润湿剂
磷酸酯盐	$RO-\underset{\underset{OM}{\mid}}{\overset{\overset{OR}{\mid}}{P}}=O$ 或 $RO-\underset{\underset{OM}{\mid}}{\overset{\overset{OM}{\mid}}{P}}=O$	磷酸双酯盐、磷酸单酯盐，用作乳化剂、抗静电剂和抗蚀剂

（2）阳离子表面活性剂

这类表面活性剂溶于水后生成的亲水基团为带正电的原子团。阳离子表面活性剂主要有含氮和非含氮两大类。含氮阳离子表面活性剂分为直链的脂肪胺盐、季铵盐和环状的吡啶型、咪唑啉型以及氧化胺、聚合型阳离子表面活性剂。非含氮阳离子表面活性剂有季鏻盐、季锍盐和季锑盐。表 2-2 是常见的含氮阳离子表面活性剂类型。

表 2-2 常见的含氮阳离子表面活性剂

名　称	结　构　式	备　注
伯胺盐	$R-NH_2 \cdot HCl$	用作乳化、分散、润湿剂
仲胺盐	$\begin{array}{c} CH_3 \\ \| \\ R-N-HCl \\ \| \\ H \end{array}$	用作乳化、分散、润湿剂
叔胺盐	$\begin{array}{c} CH_3 \\ \| \\ R-N-HCl \\ \| \\ CH_3 \end{array}$	用作乳化、分散、润湿剂
季铵盐	$\begin{array}{c} CH_3 \\ \| \\ R-N^+-CH_3 \cdot Cl^- \\ \| \\ CH_3 \end{array}$	烷基三甲基氯化铵盐,用作黏胶凝固液中的添加剂
	$\begin{array}{c} CH_3 \\ \| \\ R-N^+-CH_2-C_6H_5 \quad \cdot Cl^- \\ \| \\ CH_3 \end{array}$	烷基二甲基苄基氯化铵盐,用作杀菌消毒剂、发泡剂
	$\begin{array}{c} N-CH_2 \\ R-C \qquad \quad \cdot Cl^- \\ N^+-CH_2 \\ \| \\ CH_3CH_2OH \end{array}$	烷基咪唑啉化合物,用作织物柔软剂直接染料的固色剂
	$RN^+C_5H_5 \cdot Cl^-$ 或 $RN^+C_5H_5 \cdot Br^-$	烷基吡啶盐,用作纤维防水剂、染色助剂、杀菌剂
烷基磷酸取代胺	$\begin{array}{c} OC_{18}H_{37} \\ \| \\ RNH-P=O \\ \| \\ ONHC_{18}H_{37} \end{array}$	用作乳化剂、抗静电剂
氧化胺	$\begin{array}{c} R^2 \\ \| \\ R^1-N\rightarrow O \\ \| \\ R^3 \end{array} \quad \begin{array}{c} CH_3 \\ \| \\ R-N\rightarrow O \\ \| \\ CH_3 \end{array} \quad \begin{array}{c} CH_3 \\ \| \\ R-N\rightarrow O \\ \| \\ CH_2CH_2OH \end{array}$	生理毒性极低,用于厨房洗涤剂和化妆品
聚合型	$(C_{10}NMe_2CH_2CHOH)_2^{2+} \cdot 2Br^-$	即 Gemini 阳离子表面活性剂,可用作织物柔软剂、抗静电剂、化妆品中的乳化剂、头发调理剂、胶体稳定剂等

（3）非离子表面活性剂

这类表面活性剂溶于水后不解离成离子,因而不带电荷,按其亲水结构可分为以下几类。

① **醚型**　其亲水基多为氧乙烯基$+OCH_2CH_2+_n$。

② **酯型** 为多元醇的脂肪酯 $\begin{matrix} H_2COOR \\ | \\ HC{-}OH \\ | \\ H_2C{-}OH \end{matrix}$ 。

③ **醚酯型** 为多元醇脂肪酯的聚氧乙烯醚 $R{-}COOR'{-}(OCH_2CH_2)_{\overline{n}}$ 。

④ **醇酰胺型** $R{-}CONH{-}R'{-}OH$ 。

表 2-3 是常见的非离子表面活性剂。

表 2-3　常见的非离子表面活性剂

名　称	结　构　式	备　注
脂肪醇聚氧乙烯醚	$RO(CH_2CH_2O)_{\overline{n}}H$	用作润湿剂
烷基酚聚氧乙烯醚	$R{-}\langle\text{苯环}\rangle{-}O(CH_2CH_2O)_{\overline{n}}H$	用于特殊乳化分散剂，也可用于强碱性洗涤剂
脂肪酸聚氧乙烯酯	$RCOO(CH_2CH_2O)_{\overline{n}}H$	用作乳化剂、分散剂、纤维油剂、染色助剂，还可用于家用洗衣粉中
聚氧乙烯烷基胺	$R{-}N\begin{cases} CH_2{-}CH_2(CH_2CH_2O)_{\overline{n}}OCH_2{-}CH_2OH \\ CH_2{-}CH_2(CH_2CH_2O)_{\overline{n}}OCH_2{-}CH_2OH \end{cases}$	用作染色助剂、人造丝增强剂和防污剂
聚氧乙烯烷基醇酰胺	$R{-}\overset{O}{\overset{\|}{C}}{-}N\begin{cases} CH_2CH_2OH \\ (CH_2CH_2O)_{\overline{n}}CH_2OH \end{cases}$	用作泡沫促进剂、泡沫稳定剂、增溶剂、增稠剂、乳化剂和防锈剂
甘油(单)脂肪酸酯和季戊四醇(单)脂肪酸酯	$\begin{matrix} RCOOCH_2 \\ \| \\ CH{-}OH \\ \| \\ CH_2{-}OH \end{matrix}$ 和 $RCOO{-}CH_2{-}\overset{CH_2OH}{\underset{CH_2OH}{\overset{\|}{\underset{\|}{C}}}}{-}CH_2OH$	用作食品、化妆品乳化剂，人造纤维与合成纤维的柔软剂
山梨醇脂肪酸酯	$RCOOC_6H_8O(OH)_5$	用作纤维柔软剂
失水山梨醇脂肪酸酯	$RCOOC_6H_8O(OH)_3$	用作纤维油剂、乳化剂
聚氧乙烯失水山梨醇脂肪酸酯	$RCOOC_6H_8O_4(C_2H_4O)_xH(C_2H_4O)_yH(C_2H_4O)_zH$	用作食用乳化剂、纤维柔软剂、润湿剂、金属洗涤剂、化妆品洗涤剂
蔗糖脂肪酸酯(蔗糖酯)	$RCOOC_{12}H_{21}O_{10}$	用作食品、医药中的乳化剂，低泡沫洗涤剂
烷基醇酰胺	$RCON\begin{cases} CH_2CH_2OH \\ CH_2CH_2OH \end{cases}$	用作泡沫稳定剂、增稠剂

（4）两性表面活性剂

两性表面活性剂通常是由阳离子部分和阴离子部分组成的表面活性剂。在大多数情况下，阳离子部分都是由胺盐或季铵盐作为亲水基，而阴离子部分可以是羧酸盐、硫酸酯盐、磺酸盐等。常用的两性表面活性剂大都是羧酸盐型。两性表面活性剂溶于水后可生成阴、阳离子，它在酸性溶液中呈阳离子，在碱性溶液中呈阴离子。

两性表面活性剂主要分为甜菜碱型、咪唑啉型、氨基酸型、卵磷脂类、氧化胺型和牛磺酸衍生物。表 2-4 是两性表面活性剂的分类一览表。

表 2-4 两性表面活性剂分类

名　称	结　构　式	备　注
氨基酸型两性表面活性剂	$RN^+H_2CH_2CH_2COO^-$	用作发泡剂、洗涤剂
甜菜碱型两性表面活性剂	$R-\overset{\overset{\displaystyle CH_3}{\|}}{\underset{\underset{\displaystyle CH_3}{\|}}{N^+}}-CH_2COO^-$	用作发泡剂、洗涤剂
咪唑啉型两性表面活性剂	见下结构式	用作香波、皮肤清洁剂
牛磺酸衍生物	$R_3N^+CH_2CH_2SO_3^-$	

咪唑啉型结构式：
$$R-\overset{\displaystyle CH_2}{\underset{\displaystyle N}{\|}}\cdots N-CH_2CH_2ONa \quad \text{或} \quad R-\overset{\displaystyle CH_2}{\underset{\displaystyle N}{\|}}\cdots N-CH_2CH_2OOCH_2COONa$$
（CH₂CH₂ONa / CH₂COONa ... OH 结构）

（5）特殊表面活性剂

特殊表面活性剂又分为元素表面活性剂、生物表面活性剂、高分子表面活性剂、特殊结构表面活性剂和特殊功能表面活性剂等。元素表面活性剂主要有含氟、含硅、含磷、含硼表面活性剂。特殊结构表面活性剂又分为 Gemini 型和 Bola 型表面活性剂。特殊功能表面活性剂有反应性、手性、开关型、螯合型、光敏型和可解离型表面活性剂。

2.2　表面活性剂在溶液中的性质

具有相同成分、相同物理化学性质的均匀物质称为相，凡有不同相共存的物系，在相互接触的两相之间，总是存在相界面（其中一相是气体时，称为表面），由于界面分子和相内部分子所受的作用力不同，因此产生的各种现象称为"界（表）面现象"。

液体的表面张力来源于物质的分子或原子间的范德华力。表面张力是由于表面层分子和液体内部分子所处的环境不一样形成的，垂直作用于液体表面上任一单位长度，与液面相切的收缩表面的力就称为表面张力。

液体的表面张力是液体的基本性质，各种液体在一定的温度和压力下有一定的表面张力值。如水的表面张力为 0.072N/m，而水银为 0.475N/m。

当将表面活性剂加入水中或某一溶液中后，能大大降低水或溶液的表面张力，改变体系的界面状态，从而产生润湿、乳化、起泡、增溶等一系列作用，广泛用于工业、农业、医药、民用等领域。

2.2.1　表面活性剂在界面的吸附

将表面活性剂加入水中，表面活性剂首先是溶于水中，继续增加表面活性剂浓度，表面活性剂就开始在溶液表面（或界面）定向形成吸附膜，亲水基一端朝向水相，疏水基一端朝向气相、油相等憎水相，并在表面或界面排列成单分子层（见图 2-3）。非极性憎水基的部分越大，憎水性越强，表面活性剂分子也就越聚集于表面，其表面活性就越强。

2.2.2 形成胶束

1912年，英国胶体化学家McBain等首次提出了胶束假说，1988年，美国密歇根大学的科学家们用电子显微镜直接观察到了表面活性剂水溶液中胶束的存在。在水中，水分子之间通过氢键形成一定的结构。当水中溶解了表面活性剂后，水中的一些氢键被亲油基碳氢链隔断而重新排列，而水溶液中的表面活性剂分子的亲油端就发生相互靠拢的缔合现象，在水溶液中缔合成胶束（micelle），如图2-4所示。表面活性剂结构不同、表面活性剂在水中的浓度不同形成的胶束的大小和形状也不同。胶束的大小用形成胶束的表面活性剂的平均数目，即聚集数n来衡量。一般表面活性剂亲油端的碳链越长，胶束聚集数会增大。表面活性剂在水中浓度低（小于临界胶束浓度）时，只能在水中形成小胶团（McBain小胶团），见图2-5(a)；表面活性剂浓度超过临界胶束浓度不太多时，胶团的形状大多呈球形（Hartley球形胶团），见图2-5(b)；表面活性剂在水中的浓度10倍于临界胶束浓度或更高时，胶团的形状呈棒状（Debye腊肠式胶团），见图2-5(c)；随着水中表面活性剂浓度的继续增加，棒状胶团进一步聚集为六角形棒状胶团，见图2-5(d)；再增大，就会形成巨大的层状胶团，见图2-5(e)。当然一些特殊的新型表面活性剂如Gemini表面活性剂，受其结构的影响，形成的胶团形状会有不同。

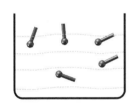 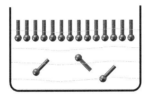

图 2-3　表面活性剂在界面定向形成吸附膜

图 2-4　表面活性剂在水溶液中形成胶束

(a) McBain 小胶团

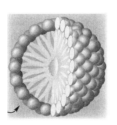

(b) Hartley 球形胶团

(c) Debye 腊肠式胶团

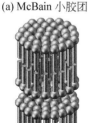

(d) 六角形棒状胶团

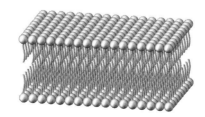

(e) 层状胶团

图 2-5　常见胶束形状

2.2.3 润湿

固体表面和液体接触时，原来的固-气界面消失，固体表面上的气体被液体取代，形成新的固-液界面，此过程即为润湿。

在固、液、气三相交界处，自固-液界面经过液体内部到气-液界面的夹角叫做接触角，接触角 θ 是三种表面张力相互作用达平衡时的夹角，接触角越小润湿性能越好。

$$\cos\theta = \frac{\gamma_{g\text{-}s} - \gamma_{l\text{-}s}}{\gamma_{g\text{-}l}}$$

$\theta < 90°$ 为润湿，$\theta = 0°$ 为完全润湿（铺展），$\theta > 90°$ 为不润湿，$\theta = 180°$ 为完全不能润湿。

由润湿方程可以看出固体表面能越高，$\gamma_{g\text{-}s}$ 越大，越易润湿，即高表面能固体比低表面能固体易于被润湿。一般液体的表面张力都在 0.1N/m 以下，大于此值的固体称为高能表面固体，如金属及其氧化物，硫化物、无机盐等无机固体；而低于 0.1N/m 的固体则称为低能表面固体，如有机固体、高聚物等。固体能被表面张力低于其表面能的液体润湿。高能固体表面如与一般液体接触，体系表面的吉布斯自由能将有较大降低，故能为一般液体所润湿，低能表面固体一股润湿性能不好。

为了改变液体对固体表面的润湿性能，常在液体中加入表面活性剂，它有两方面的作用。

（1）改变固体表面性质

高表面能固体比低表面能固体易于润湿。表面活性剂是两亲分子，它的极性基易被吸附于固体表面，非极性基伸向空气，形成定向排列的疏水吸附层，使高能表面变成低能表面。如在选矿工艺中常使用黄原酸钾（钠）浮选方铅矿，黄原酸钾（钠）在方铅矿粒表面发生化学吸附，极性基与固体表面的金属原子联结，非极性基朝外，使其润湿性能大大降低，而易于附着在气泡上，从水中"逃出"漂浮于表面。能降低高能固体表面润湿性的表面活性剂很多，常见的有氟表面活性剂、有机硅化合物、高级脂肪酸、重金属皂类及有机铵盐等，其中硅和氟表面活性剂效果最好。如用二氯二甲硅烷处理玻璃，发生化学键合，在玻璃表面变成稳定的憎水层，这种玻璃可防雨雾造成的模糊不清。

（2）提高液体的润湿能力

水不能在低能固体表面上铺展时，往水中加入一些表面活性剂后，其表面张力降低，就能很好地润湿固体表面。这种表面活性剂称为润湿剂。但并不是所有的能降低表面张力的表面活性剂都能提高润湿性能，阳离子表面活性剂就很少用作润湿剂。这是因为，固体表面常带有负电荷，易于与带相反电荷的表面活性正离子相吸附，而形成亲水基向内（固体）、亲油基向外（朝水）的单分子层，反而不易被水润湿。适合作润湿剂的是阴离子表面活性剂。例如，二丁基萘磺酸钠（俗名拉开粉）就是一种良好的润湿剂，肥皂和合成洗涤剂以及某些非离子表面活性剂等也是良好的润湿剂。将表面活性剂加入水中，可制成抑尘剂，表面张力降低的水对尘埃颗粒的润湿作用增加，可以有效防止飘尘的产生，有效减轻煤厂、矿井、路面等场所的扬尘污染。

2.2.4 分散作用

分散是指固体粒子分散在液体中，粒子很细（$1 \sim 10\mu m$）称为胶体分散，粒子大于此值称为粗分散。在分散过程中由于分散相表面积增大，体系的自由能也增大，因而处于不稳定状态，容易聚集形成沉淀。如果加入表面活性剂，可以在固液界面上吸附而降低界面自由能，使分散相趋于比较稳定。如果粒子带电，并在其周围形成水化层，则因相同电荷的排斥作用或水化层的屏蔽作用，也可防止粒子的聚集沉淀。

在纳米粉体的制备和应用中，纳米粉体的分散决定着其优异性能的发挥，而解决纳米粉体分散性的最有效方法就是对纳米粉体表面进行改性处理，表面活性剂可发挥重要的作用。

2.2.5 乳化作用

（1）乳状液

两种互相不混溶的液体，一种液体以微滴状分散于另一种液体中所形成的多相分散体系，称为乳状液。组成乳状液的两相，一般一相是水相，另一相是与水不溶的有机液体，常称为油相。乳状液有两种类型，一种是外相（连续相）是水相，内相（分散相）是油的水包油型乳状液，用 O/W 型来表示；另一种是外相（连续相）是油相，内相（分散相）是水的油包水型乳状液，用 W/O 型来表示。如表 2-5 所示，液滴大小不同，乳状液的颜色也会有所不同。

乳状液对我们并不陌生，牛奶、原油就是常见的乳状液。

表 2-5　液滴大小与乳状液的颜色关系

液滴大小/μm	乳状液颜色	原因（可见光波长 400～800nm）
>1	乳白色	液滴直径>入射光波长
0.1～1	蓝色、半透明	液滴直径<入射光波长
0.05～0.1	灰色、透明	液滴直径<入射光波长
<0.05	透明	

无论是工业上还是日常生活中，乳状液都有广泛的应用，例如高分子工业中的乳液聚合，油漆、涂料工业的乳胶，化妆品工业的膏、糊，机械工业用的高速切削冷却润滑液，农业上杀虫用的喷洒药液，印染业中的色浆等，都是乳状液。

两种纯的、互不相混溶的液体即使经过长时间剧烈搅拌也不能形成稳定的乳状液，稍稍放置，又会分成两层。实验证明，要得到稳定的乳状液，必须加入第三种物质，这第三种物质称为乳化剂，一般是表面活性剂或高分子物质。加入表面活性剂，可以降低两相界面张力，使乳液稳定。不同类型的乳状液所适用的表面活性剂也不同。一般有如下四种方法判定乳状液的类型。

① **黏度法**　在乳状液中加入分散相后它的黏度一般都是上升的。如果加入水，黏度上升的是 W/O 型，黏度下降的是 O/W 型。

② **稀释法**　乳状液能被其外相所稀释。

③ **染色法**　将极微量的油溶性染料加到乳状液中，若整个乳状液带有染料的颜色，则该乳状液是 W/O 型的，仅液滴带色的是 O/W 型的。将极微量的水溶性染料加到乳状液中，若整个乳状液带有染料的颜色，则该乳状液是 O/W 型，仅液滴带色的是 W/O 型的。

④ **电导法**　O/W 型的有良好的电导性，而 W/O 型乳状液的导电性很差。

（2）乳化剂的作用

乳化剂的作用主要有以下三方面。

① **降低界面张力**　表面活性剂在相界面上会发生吸附，表面活性剂分子会定向、紧密地吸附在油/水界面上，使界面能降低，防止了油或水的聚集。例如，煤油/水的界面张力一般在 40N/m，往其中加入适当的表面活性剂，其界面张力可降至 1N/m 以下，煤油就可容

易地分散在水中。

② **增加界面强度**　表面活性剂在界面上吸附，形成界面膜，当表面活性剂浓度较低时，界面上吸附的分子较少，界面强度较差，所形成的乳状液稳定性也差。继续增加表面活性剂溶液浓度，表面活性剂分子在界面会形成一个紧密的界面膜，其强度相应增大，乳状液珠之间的凝聚所受到的阻力增大，形成的乳状液的稳定性就较好。实践证明，作为乳化剂的表面活性剂必须加入足够量，一般要超过表面活性剂的临界胶束浓度，才具有最佳的乳化效果。

③ **界面电荷的产生**　如果加入的表面活性剂是离子型表面活性剂，液滴表面上吸附的表面活性剂分子的亲水端是带电离子，使液滴相互接近时就产生排斥力，从而防止了液滴聚集。

当水为连续相时，水中的表面活性剂形成亲油基朝里，亲水基朝外的正胶团将分散相油滴包裹在胶束中，形成稳定的水包油型乳状液。当油为连续相时，水滴为分散相，这时油相中的表面活性剂形成的胶束是亲油基朝外，亲水基朝里，称之为反胶团，水滴可稳定地存在于反胶团中，形成油包水型的乳状液，如图 2-6 所示。

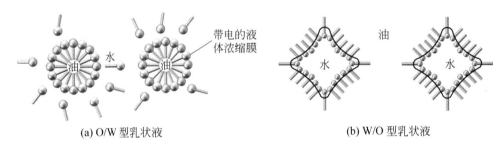

(a) O/W 型乳状液　　　　　　　　　　　(b) W/O 型乳状液

图 2-6　O/W 型、W/O 型乳状液的形成示意

（3）破乳

很多情况下希望得到的乳状液稳定，如化妆品中的各种霜、膏，食品生产中的各种奶油等。但也有不少情况是要求破坏乳状液的稳定性，除去水分，如原油、工业废水。使稳定的乳状液的两相达到完全分离，成为不相溶的两相，这种过程称为破乳。一般破乳的方法有物理机械方法和化学方法。物理机械方法主要有电沉降法、超声分散法、加热法、过滤法等；化学方法是往乳状液中加入能破坏形成稳定乳状液所需的乳化剂性能的破乳剂。

（4）多重乳液和微乳液

多重乳液是一种 O/W 型和 W/O 型共存的乳状液复杂体系。若在分散相的油珠里含有一个或多个水珠，这样的油珠被分散在水相中形成乳状液，该体系被称为水/油/水型乳状液。它的外相是水，内相是油，而油相里又含有分散的一个或多个小水珠，即称为水包油包水型，常用（W/O）/W 表示。如果是内部含有一个或多个小油珠的水珠被分散在油相中，则形成的是油包水包油型乳状液，常用（O/W）/O 表示。多重乳液主要应用于化妆品中。

微乳液是指一种液体以粒径在 $10\sim100nm$ 的液珠分散在另一不相溶的液体中形成的透明和半透明的分散体系。形成微乳液不仅需要油、水和表面活性剂，一般还要加入相当量的极性有机物（一般为醇类），这类极性有机物称为微乳液的辅助表面活性剂或辅助乳化剂，微乳液是由油、水和高浓度的乳化剂及辅助乳化剂组成。

2.2.6　泡沫和消泡

泡沫是以气体为分散相的分散体系。分散介质可以是固相和液相，前者为固体泡沫，后者较为常见，即气体分散在液体中的分散体系。在工业和日常生活中泡沫用途很广，如泡沫浮选、泡沫灭火、洗涤、泡沫分离等。但有时则希望抑制泡沫，如发酵、蒸馏、溶液过滤等。

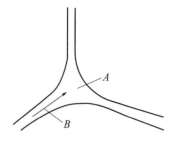

图 2-7　气泡交界处的液膜变化
A—三个气泡的交界处，
或称为 Plateau 边界；
B—两个气泡的交界处

泡沫有两种聚集态，一种是稀泡，气体以小的球状均匀分散在较黏稠的液体中；另一种是浓泡，即通常所说的泡沫，气泡间被一层液膜隔开（见图 2-7）。

纯液体很难形成稳定的泡沫，如纯水。对泡沫起稳定作用的物质称为起泡剂。表面活性剂和大分子化合物（如蛋白质、明胶、聚乙烯醇、甲基纤维素、皂素等）都是好的起泡剂。

泡沫的存在是因为气泡间有液膜。一方面泡沫液膜中的液体会因重力排液和表面张力排液而流失，从而使液膜变薄；另一方面气泡内气体扩散。液膜排液和气体扩散使小气泡越来越小直至消失，大气泡逐渐变大直至破坏。泡沫的稳定性与表面黏度、界面膜的弹性、液膜的自修复作用、泡沫的液膜表面带的电荷和表面活性剂分子的结构有关。有研究发现，两种表面活性剂的复配应用，可增强泡沫的稳定性。

消泡分两方面，一是防止泡沫的形成；二是消除已形成的泡沫。可通过物理或化学的方法消泡。物理方法主要包括：搅动、加热或冷却、加压或减压、过滤、离心或超声波处理。化学方法主要包括：抑泡和消泡，降低泡沫稳定性，加入与起泡剂反应的物质。常用消泡剂有醇、酸、油脂、二甲基硅烷等。

2.2.7　增溶作用

表面活性剂在水溶液中形成胶束后具有能使不溶或微溶于水的有机物的溶解度显著增大的能力，胶束的这种作用称为增溶。能产生增溶作用的表面活性剂就叫做增溶剂，被增溶的有机物称为被增溶物。增溶作用与溶液中胶团的形成有密切关系，在达到临界胶束浓度之前，并没有增溶作用。

表面活性剂不同、被增溶物不同，增溶的方式也不同，被增溶物与胶团的相互作用即增溶方式一般认为有以下四种。

① 增溶物是非极性分子时，增溶物分子可溶于胶团内部的碳氢链中，因为胶团内核有液态烃的性质，此种增溶作用就如同非极性分子溶于非极性烃类化合物的液体中，如图 2-8（a）所示。

② 对于长碳链醇、胺、脂肪酸等极性的难溶有机物会增溶于胶团的定向表面活性剂分子之间，这些难溶有机物穿插于胶团的表面活性剂分子之间形成混合胶团，如图 2-8（b）所示，非极性碳氢链增溶于胶团内部，极性基混合于表面活性剂极性基之间，多通过氢键相互作用。

③ 对于像邻苯二甲酸二甲酯之类的既不溶于水又不溶于烃的增溶物，其增溶方式是增溶于胶团表面，即胶团与溶剂交界处，如图 2-8（c）所示。

④ 如果起增溶作用的表面活性剂是聚氧乙烯型的非离子表面活性剂，则是属于如图 2-8（d）所示的增溶方式。

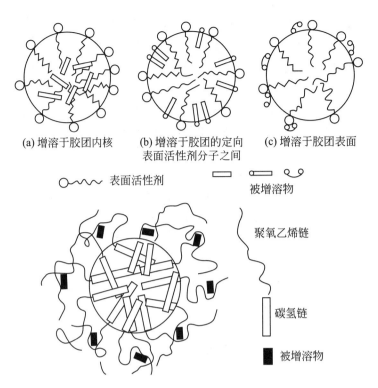

(a) 增溶于胶团内核　　(b) 增溶于胶团的定向　　(c) 增溶于胶团表面
　　　　　　　　　　　表面活性剂分子之间

⌒∿ 表面活性剂　　　　　▭ ▭ ↶ 被增溶物

聚氧乙烯链

碳氢链

被增溶物

(d) 增溶于非离子表面活性剂聚氧乙烯之间

图 2-8　四种典型增溶方式

　　某一种物质的增溶方式，可能是上述的其中一种，也可能是多种方式综合。增溶要与溶解现象和乳化作用相区别。

　　表面活性剂的增溶作用除了应用于洗涤、清洁等传统领域外，近年来还应用于环保、化学反应、分离等领域。如用于受污染土壤的修复，表面活性剂将土壤中的有机污染物增溶在表面活性剂的胶束中，从土壤有机质中解吸，再进一步通过洗脱达到去除土壤中有机污染物、修复土壤的目的。利用表面活性剂形成胶束的亲油性，当用含表面活性剂的水溶液淋洗被石油烃污染的土壤时，可使土壤中的石油烃从土壤中向水相迁移，达到土壤修复的目的。

　　利用胶束的增溶作用，结合超滤技术发展起来的胶束强化超滤技术可以用于含重金属离子、有机污染物废水的处理。胶束催化也是一个新兴的研究方向。

2.2.8　洗涤

　　洗涤功能是表面活性剂最主要的功能。洗涤作用的基本过程：

$$物品·污垢 + 洗涤剂 \rightleftharpoons 物品 + 污垢·洗涤剂$$

　　去污洗涤是在界面上发生的物理化学的表面现象和胶体现象。洗涤去污作用是表面活性剂具有最大实际用途的基本特性。洗涤过程是在液体介质中完成的，洗涤作用是在污垢、物体和溶剂之间发生一系列界面现象和作用的结果。尽管增溶作用在这个过程中起一定作用，但洗涤的基本过程并不是污垢被增溶于洗液中。表面活性剂是两亲结构体，能优先吸附于两相的界面上，在洗涤过程中起着十分重要的作用。在水中大多数污垢和纤维都带负电荷，加入阳离子表面活性剂，对洗涤不但无利反而有害（但阳离子表面活性剂可以和非离子表面活性剂复配成去油污的洗涤剂）。如用阴离子表面活性剂洗涤纺织品，表面活性剂在纤维和污垢上的吸附引起它们的静电排斥作用，降低了污垢在纤维上的附着力，使污垢易于离开织物表面而进入洗液中，同时由于污垢带有相同的电荷，彼此相互排斥而不聚集沉淀。

2.2.9　浮选

浮选涉及气、固、液三相。首先要选择合适的表面活性剂作起泡剂，当在水中通入空气或由于水的搅动使空气进入水中时，表面活性剂的憎水端在气-液界面面向气泡的空气一方定向，亲水端仍在溶液内，形成了气泡。另一种起捕集作用的表面活性剂（一般都是阳离子表面活性剂）吸附在固体矿粉的表面，这种吸附随矿物质的不同而有一定的选择性，主要是利用晶体表面的晶格缺陷，而向外的憎水端部分插入气泡中，这样气泡就能把特定的矿粉带走，达到选矿的目的（见图2-9）。

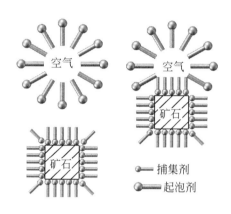

图 2-9　浮选过程示意

2.2.10　其他作用

表面活性剂除上述基本性质外，还有一些特殊的作用。

（1）柔软平滑作用

纤维在加工过程中因摩擦产生起毛、断裂、静电，使纤维的柔滑性变差，触感粗糙；洗涤也会使织物的表面覆盖物、润滑成分去除，使织物变得手感粗糙。利用阳离子表面活性剂高效定向吸附性能，可在纤维表面覆盖一层亲油基团膜层（如图2-10所示），从而具有柔软效果。

图 2-10　阳离子表面活性剂在纤维表面的吸附

（2）抗静电作用

利用表面活性剂对纤维表面进行处理，可起到抗静电的作用。不同种类的表面活性剂抗静电效果因各自的结构不同而有差别，其中以阳离子型、两性型表面活性剂为优，其次是非离子表面活性剂和阴离子表面活性剂。因纤维不同，每种表面活性剂的抗静电效果也有差别。表面活性剂的憎水基吸附在物体表面，亲水基趋向空气而形成一层亲水性膜，吸收空气中的水分，好像在物体表面多了一层水层，这样产生的静电就易于传递到大气中去，从而降低了表面的电荷，起到抗静电作用。如果是以亲水基吸附在物体表面，当表面活性剂的浓度大于临界胶束浓度时，表面活性剂的疏水基间相互作用，可进一步形成亲水基向外的第二层吸附层，同样将亲水基趋向空气而形成一层亲水性膜，起到抗静电作用（如图 2-11 所示）。

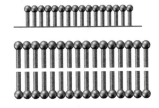

图 2-11　表面活性剂的抗静电作用

（3）杀菌作用

表面活性剂中有些官能团能与蛋白质发生作用而具有杀菌作用，以阳离子表面活性剂为主，其次是两性表面活性剂。当阳离子表面活性剂吸附在细菌表面时，除了能与蛋白质发生作用而具有杀菌作用外，同时表面活性剂能在细菌表面形成一层憎水基朝外定向排列的致密的单分子层，阻止水分和营养成分进入菌体内，从而起到杀菌的作用。

（4）缓蚀和防锈作用

阳离子表面活性剂可以定向吸附在金属表面形成亲油基朝外的膜层，将水和其他腐蚀性介质遮蔽隔离，以起到防止腐蚀、生锈的作用。

阴离子表面活性剂能将一些腐蚀介质包容到胶束内部，使腐蚀介质不能或不易与金属表面接触，因此也能起缓蚀作用。

2.3　表面活性剂物性常数

2.3.1　临界胶束浓度

表面活性剂在溶液中形成胶束的最低浓度称为临界胶束浓度（critical micelle concentration，CMC）。低于此浓度，表面活性剂以单分子方式存在于溶液中，高于此浓度，表面活性剂以单体和胶束的动态平衡状态存在于溶液中。在温度和压力一定的条件下，测定溶液的表面张力、渗透压、摩尔电导率、去污能力和增溶能力等一系列物理化学性质随浓度变化的规律时，发现在某一浓度这些性质会发生急剧变化（见图 2-12），这一浓度称为表面活性剂的临界胶束浓度（CMC）。一些表面活性剂的临界胶束浓度如表 2-6 所示。

临界胶束浓度可用来衡量表面活性剂的活性大小。CMC 越小，则表示该表面活性剂形成胶束所需的浓度越低，即达到表面饱和吸附的浓度就越低，因而，改变表面

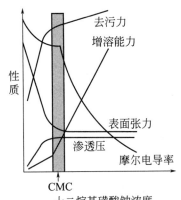

图 2-12　十二烷基磺酸钠水溶液的性质随浓度的变化

性质，起到润湿、乳化、增溶、起泡等作用所需的浓度也越低，表示该表面活性剂的活性越大。温度、碳氢链长度、碳氢链分支情况、碳氢链不饱和度、亲水端、憎水端等因素都会影响 CMC 大小。

表 2-6　一些表面活性剂的临界胶束浓度（CMC）

类型	表 面 活 性 剂	温度/℃	CMC/(mol/L)
阴离子型	$C_{11}H_{23}COONa$	25	$2.6×10^{-2}$
	$C_{12}H_{25}COOK$	25	$1.25×10^{-2}$
	$C_{15}H_{31}COOK$	50	$2.2×10^{-3}$
	$C_{17}H_{35}COOK$	55	$4.5×10^{-4}$
	$C_{16}H_{33}COOK$	50	$1.2×10^{-3}$
	松油酸钾	25	$1.2×10^{-2}$
	$C_8H_{17}SO_4Na$	40	$1.4×10^{-1}$
	$C_{10}H_{21}SO_4Na$	40	$3.3×10^{-2}$
	$C_{12}H_{25}SO_4Na$	40	$8.7×10^{-3}$
	$C_{14}H_{29}SO_4Na$	40	$2.4×10^{-3}$
	$C_{15}H_{31}SO_4Na$	40	$1.2×10^{-3}$
	$C_{16}H_{33}SO_4Na$	40	$5.8×10^{-4}$
	$C_8H_{17}SO_3Na$	40	$1.6×10^{-1}$
	$C_{10}H_{21}SO_3Na$	40	$4.1×10^{-1}$
	$C_{12}H_{25}SO_3Na$	40	$9.7×10^{-3}$
	$C_{14}H_{29}SO_3Na$	40	$2.5×10^{-3}$
	$C_{16}H_{33}SO_3Na$	50	$7.0×10^{-4}$
	$p\text{-}n\text{-}C_6H_{13}C_6H_4SO_3Na$	75	$3.7×10^{-2}$
	$p\text{-}n\text{-}C_7H_{15}C_6H_4SO_3Na$	75	$2.1×10^{-2}$
	$p\text{-}n\text{-}C_8H_{17}C_6H_4SO_3Na$	35	$1.5×10^{-2}$
	$p\text{-}n\text{-}C_{10}H_{21}C_6H_4SO_3Na$	50	$3.1×10^{-3}$
	$p\text{-}n\text{-}C_{12}H_{25}C_6H_4SO_3Na$	60	$1.2×10^{-3}$
	$p\text{-}n\text{-}C_{14}H_{29}C_6H_4SO_3Na$	75	$6.6×10^{-4}$
阳离子型	$C_{12}H_{25}NH_2·HCl$	30	$1.4×10^{-2}$
	$C_{16}H_{33}NH_2·HCl$	55	$8.5×10^{-4}$
	$C_{18}H_{37}NH_2·HCl$	60	$5.5×10^{-4}$
	$C_8H_{17}N(CH_3)_3Br$	25	$2.6×10^{-1}$
	$C_{10}H_{21}N(CH_3)_3Br$	25	$6.8×10^{-2}$
	$C_{12}H_{25}N(CH_3)_3Br$	25	$1.6×10^{-2}$
	$C_{14}H_{29}N(CH_3)_3Br$	30	$2.1×10^{-3}$
	$C_{16}H_{33}N(CH_3)_3Br$	25	$9.2×10^{-4}$
	$C_{12}H_{25}(NC_5H_5)Cl$	25	$1.5×10^{-2}$
	$C_{14}H_{29}(NC_5H_5)Br$	30	$2.6×10^{-3}$
	$C_{16}H_{33}(NC_5H_5)Cl$	25	$9.0×10^{-4}$
	$C_{18}H_{37}(NC_5H_5)Cl$	25	$2.4×10^{-4}$
两性型	$C_8H_{17}N^+(CH_3)_2CH_2COO^-$	27	$2.5×10^{-1}$
	$C_8H_{17}CH(COO^-)N^+(CH_3)_3$	27	$2.5×10^{-1}$
	$C_8H_{17}CH(COO^-)N^+(CH_3)_3$	60	$2.5×10^{-1}$
	$C_{10}H_{21}CH(COO^-)N^+(CH_3)_3$	27	$2.5×10^{-1}$
	$C_{12}H_{25}CH(COO^-)N^+(CH_3)_3$	27	$2.5×10^{-1}$
非离子型	$C_6H_{13}(OC_2H_4)_6OH$	20	$7.4×10^{-2}$
	$C_6H_{13}(OC_2H_4)_6OH$	40	$5.2×10^{-2}$
	$C_8H_{17}(OC_2H_4)_6OH$	—	$9.9×10^{-3}$

类型	表 面 活 性 剂	温度/℃	CMC/(mol/L)
非离子型	$C_{10}H_{21}(OC_2H_4)_6OH$	—	9.0×10^{-4}
	$C_{12}H_{25}(OC_2H_4)_6OH$	—	8.7×10^{-5}
	$C_{14}H_{29}(OC_2H_4)_6OH$	—	1.0×10^{-5}
	$C_{16}H_{33}(OC_2H_4)_6OH$	—	1.0×10^{-6}
	$C_{12}H_{25}(OC_2H_4)_6OH$	25	4.0×10^{-5}
	$C_{12}H_{25}(OC_2H_4)_7OH$	25	5.0×10^{-5}
	$C_{12}H_{25}(OC_2H_4)_{14}OH$	25	5.5×10^{-5}
	$C_{12}H_{25}(OC_2H_4)_{23}OH$	25	6.0×10^{-5}
	$C_{12}H_{25}(OC_2H_4)_{31}OH$	25	8.0×10^{-5}
	$C_{16}H_{33}(OC_2H_4)_7OH$	25	1.7×10^{-6}
	$C_{16}H_{33}(OC_2H_4)_9OH$	25	2.1×10^{-6}
	$C_{16}H_{33}(OC_2H_4)_{12}OH$	25	2.3×10^{-6}
	$C_{16}H_{33}(OC_2H_4)_{15}OH$	25	3.1×10^{-6}
	$C_8H_{17}OCH(CHOH)_5$	25	2.5×10^{-2}
	$C_{10}H_{21}OCH(CHOH)_5$	25	2.2×10^{-3}
	$C_{12}H_{25}OCH(CHOH)_5$	25	1.9×10^{-4}
	$C_6H_{13}[OCH_2CH(CH_3)_2(OC_2H_4)_{9.9}OH]$[1]	20	4.7×10^{-2}
	$C_6H_{13}[OCH_2CH(CH_3)_3(OC_2H_4)_{9.7}OH]$[1]	20	3.2×10^{-2}
	$C_6H_{13}[OCH_2CH(CH_3)_4(OC_2H_4)_{9.9}OH]$[1]	20	1.9×10^{-2}
	$C_7H_{15}[OCH_2CH(CH_3)_3(OC_2H_4)_{9.7}OH]$[1]	20	1.1×10^{-2}
	$C_9H_{19}C_6H_4O(C_2H_4O)_{9.5}H$[1]	25	$(7.8 \sim 9.2) \times 10^{-5}$
	$C_9H_{19}C_6H_4O(C_2H_4O)_{10.5}H$[1]	25	$(7.5 \sim 9.0) \times 10^{-2}$
	$C_9H_{19}C_6H_4O(C_2H_4O)_{15}H$[1]	25	$(1.1 \sim 1.3) \times 10^{-4}$
	$C_9H_{19}C_6H_4O(C_2H_4O)_{20}H$[1]	25	$(1.4 \sim 1.8) \times 10^{-4}$
	$C_9H_{19}C_6H_4O(C_2H_4O)_{30}H$[1]	25	$(2.5 \sim 3.0) \times 10^{-4}$
	$C_9H_{19}C_6H_4O(C_2H_4O)_{100}H$[1]	25	1.1×10^{-3}
	$C_9H_{19}COO(C_2H_4O)_{7.0}CH_3$[1]	27	8.0×10^{-4}
	$C_9H_{19}COO(C_2H_4O)_{10.3}CH_3$[1]	27	10.5×10^{-4}
	$C_9H_{19}COO(C_2H_4O)_{11.9}CH_3$[1]	27	14.0×10^{-4}
	$C_9H_{19}COO(C_2H_4O)_{16.0}CH_3$[1]	27	16.0×10^{-4}
	$(CH_3)_3SiO[Si(CH_3)_2O]Si(CH_3)—CH_2(C_2H_4O)_{8.2}CH_3$[1]	25	5.6×10^{-5}
	$(CH_3)_3SiO[Si(CH_3)_2O]Si(CH_3)—CH_2(C_2H_4O)_{12.8}CH_3$[1]	25	2.0×10^{-5}
	$(CH_3)_3SiO[Si(CH_3)_2O]Si(CH_3)—CH_2(C_2H_4O)_{17.3}CH_3$[1]	25	1.5×10^{-5}
	$(CH_3)_3SiO[Si(CH_3)_2O]_9Si(CH_3)—CH_2(C_2H_4O)_{17.3}CH_3$[1]	25	5.0×10^{-5}

① 氧乙烯数为平均值。

  同系物的碳原子数增加，CMC 减小。具有支链的表面活性剂比相同碳数的直链表面活性剂的 CMC 高。碳氢链的不饱和度增加，CMC 增高。碳氢链中有极性基时，表面活性剂的 CMC 增高。碳氢链中有苯环时，表面活性剂的 CMC 降低。碳氟的表面活性剂 CMC 比碳氢链的低。温度升高，离子型表面活性剂的 CMC 增高，而非离子型表面活性剂的 CMC 降低。离子型表面活性剂的 CMC 较非离子型表面活性剂的 CMC 大得多，碳氢链相同时，前者可以是后者的 100 倍。这是因为离子型表面活性剂的亲水基团的水化作用较强，易溶于水，而非离子型表面活性剂的亲水基团的亲水能力较低。

对同一系列的表面活性剂，若亲水端一定，则不论是阴离子或非离子型，其CMC随憎水端大小的增加而下降。在非离子型表面活性剂中CMC随聚氧乙烯醚聚合度的下降而下降。

2.3.2 亲水、亲油平衡值

在表面活性剂的应用中，需根据不同目的选择适当亲油亲水性的表面活性剂。Griffin提出了用一个相对值——亲水亲油平衡值（HLB值）来衡量表面活性剂的亲水性。

(1) HLB值的规定

HLB(hydrophilic lipophilic balance) 是表示表面活性剂的亲水、亲油性好坏的指标。HLB值越大，表面活性剂的亲水性越强；HLB值越小，表面活性剂的亲油性越强。一般以石蜡的HLB值为0、油酸的HLB值为1、油酸钾的HLB值为20、十二烷基硫酸钠的HLB值为40作为标准。阴、阳离子型表面活性剂的HLB值在1～40，非离子型表面活性剂的HLB值在1～20。根据表面活性剂的HLB值，可大致了解其可能的用途，如表2-7所示。

表2-7　HLB值范围及其应用性能

HLB 值	用　途	HLB 值	用　途
1.5～3	W/O 型消泡剂	8～18	O/W 型乳化剂
3.5～6	W/O 型乳化剂	13～15	洗涤剂
7～9	润湿剂	15～18	增溶剂

HLB值为1.5～3的有消泡作用，3.5～6为油包水（W/O）型的乳化剂，7～9有润湿作用，8～18为O/W型乳化剂，13～15有洗涤作用，15～18有增溶作用。

(2) HLB值的确定

表面活性剂的HLB值一般可根据水溶法和计算法来确定。

① **水溶法**　水溶法是在常温下将表面活性剂加入水中，依据其在水中的溶解性能和分散状态来估计其大致的HLB值范围，见表2-8。水溶法较为粗略，随意性大，但操作简便、快捷，适用于大致的HLB值范围确定。

表2-8　HLB值范围及其水溶性

HLB 值	水 中 状 态	HLB 值	水 中 状 态
1～4	不分散	8～10	稳定的乳白色分散体
3～6	分散不好	10～13	半透明至透明分散体
6～8	振荡后成乳白色分散体	>13	透明溶液

② **计算法**　计算法有多种，这里仅介绍非离子表面活性剂HLB值的计算。

$$HLB = 20 \times 亲水基质量/表面活性剂质量$$

如果亲水基是只有聚氧乙烯的简单聚氧乙烯非离子表面活性剂，其 $HLB = E/5$，式中，E 为分子中环氧乙烷的质量分数。对多种表面活性剂的混合体系，HLB具有加和性：

$$HLB_{mix} = \sum x \cdot HLB$$

式中，x 是表面活性剂的质量分数。

表2-9是一些典型表面活性剂的HLB值。

表 2-9　一些典型表面活性剂的 HLB 值

表面活性剂	商品名称	类型	HLB 值
油酸			1
油酸钠	钠皂	A	18
油酸钾	钾皂	A	20
十二烷基硫酸钠	AS	A	40
十四烷基苯磺酸钠	ABS	A	11.7
烷基芳基磺酸盐	Atlas G-3300	A	11.7
三乙醇胺油酸盐	FM	A	12
十二烷基三甲基氯化铵	DTC	C	15
N-十六烷基-N-乙基吗啉基乙基硫酸盐	Atlas G-263	C	25~30
失水山梨醇单月桂酸酯	Span-20 或 Arlacel 20	N	8.6
失水山梨醇单棕榈酸酯	Span-40 或 Arlacel 40	N	6.7
失水山梨醇单硬脂酸酯	Span-60 或 Arlacel 60	N	4.7
失水山梨醇三硬脂酸酯	Span-65 或 Arlacel 65	N	2.1
失水山梨醇单油酸酯	Span-80 或 Arlacel 80	N	4.3
失水山梨醇三油酸酯	Span-85	N	1.8
聚氧乙烯失水山梨醇单月桂酸酯	Tween-20	N	16.7
聚氧乙烯失水山梨醇单月桂酸酯	Tween-21	N	13.3
聚氧乙烯失水山梨醇单棕榈酸酯	Tween-40	N	15.6
聚氧乙烯失水山梨醇单硬脂酸酯	Tween-60	N	14.9
聚氧乙烯失水山梨醇单硬脂酸酯	Tween-61	N	9.6
聚氧乙烯失水山梨醇三硬脂酸酯	Tween-65	N	10.5
聚氧乙烯失水山梨醇单油酸酯	Tween-80	N	15
聚氧乙烯失水山梨醇单油酸酯	Tween-81	N	10.0
聚氧乙烯失水山梨醇三油酸酯	Tween-85	N	11
失水山梨醇倍半油酸酯	Arlacel 83	N	1.8
失水山梨醇倍半油酸酯	Arlacel 85	N	3.7
失水山梨醇三油酸酯	Arlacel C	N	3.7
聚氧乙烯山梨醇蜂蜡衍生物	AtlasC-1706	N	2
聚氧乙烯山梨醇蜂蜡衍生物	AtlasC-1704	N	2.6
聚氧乙烯山梨醇六硬脂酸酯	AtlasC-1050	N	2.6
丙二醇单硬脂酸酯	AtlasC-922	N	3.4
丙二醇单硬脂酸酯	AtlasC-2158	N	3.4
聚氧乙烯山梨醇蜂蜡衍生物	AtlasC-2859	N	4
丙二醇单月桂酸酯	AtlasC-917	N	4.5
丙二醇单月桂酸酯	AtlasC-3851	N	4.5
二乙二醇单油酸酯	AtlasC-2139	N	4.7
二乙二醇单硬脂酸酯	AtlasC-2145	N	4.7
聚氧乙烯山梨醇蜂蜡衍生物	AtlasC-1702	N	5

表面活性剂	商品名称	类型	HLB值
聚氧乙烯山梨醇蜂蜡衍生物	AtlasC-1725	N	6
二乙二醇单月桂酸酯	AtlasC-2124	N	6.1
聚氧乙烯二油酸酯	AtlasC-2242	N	7.5
四乙二醇单硬脂酸酯	AtlasC-2147	N	7.7
四乙二醇单油酸酯	AtlasC-2120	N	7.7
聚氧乙烯甘露醇二油酸酯	AtlasC-2800	N	8
聚氧乙烯山梨醇羊毛酯油酸衍生物	AtlasC-1493	N	8
聚氧乙烯山梨醇羊毛酯衍生物	AtlasC-1425	N	8
聚氧丙烯硬脂酸酯	AtlasC-3608	N	8
聚氧乙烯山梨醇蜂蜡衍生物	AtlasC-1734	N	9
聚氧乙烯氧丙烯油酸酯	AtlasC-2111	N	9
四乙二醇单月桂酸酯	AtlasC-2125	N	9.4
六乙二醇单硬脂酸酯	AtlasC-2154	N	9.6
混合脂肪酸和树脂酸的聚氧乙烯酯类	AtlasC-1218	N	10.2
聚氧乙烯十六烷基醚	AtlasC-3806	N	10.3
聚氧乙烯月桂基醚	AtlasC-3705	N	10.8
聚氧乙烯氧丙烯油酸酯	AtlasC-2116	N	11
聚氧乙烯羊毛酯衍生物	AtlasC-1790	N	11
聚氧乙烯单油酸酯	AtlasC-2142	N	11.1
聚氧乙烯单棕榈酸酯	AtlasC-2086	N	11.6
聚氧乙烯单月桂酸酯	AtlasC-2127	N	12.8
聚氧乙烯山梨醇羊毛脂衍生物	AtlasC-1431	N	13
聚氧乙烯月桂基醚	AtlasC-2133	N	13.1
聚氧乙烯蓖麻油	AtlasC-1794	N	13.3
聚氧乙烯单油酸酯	AtlasC-2144	N	15.1
聚氧乙烯油基醚	AtlasC-3915	N	15.3
聚氧乙烯十八醇	AtlasC-3720	N	15.3
聚氧乙烯油醇	AtlasC-3920	N	15.4
乙二醇脂肪酸酯	Emcol EO-50	N	2.7
丙二醇单硬脂酸酯	Emcol PO-50	N	3.4
二乙二醇脂肪酸酯	Emcol DP-50	N	5.1
丙二醇脂肪酸酯	Emcol PS-50	N	3.4
丙二醇脂肪酸酯	Emcol PP-50	N	3.7
聚氧乙烯脂肪酸酯	Emulphor VN-430	N	9
聚氧乙烯单油酸酯	PEG 400 单油酸酯	N	11.4
聚氧乙烯单月桂酸酯	PEG 400 单月桂酸酯	N	13.1
烷基酚聚氧乙烯醚	Igepal CA-630	N	12.8
聚醚 L31	Pluronic L31	N	3.5
聚醚 L35	Pluronic L35	N	18.5
聚醚 L42	Pluronic L42	N	8
聚醚 L61	Pluronic L61	N	3

表 面 活 性 剂	商 品 名 称	类 型	HLB 值
聚醚 L62	Pluronic L62	N	7
聚醚 L63	Pluronic L63	N	11
聚醚 L64	Pluronic L64	N	15
聚醚 L68	Pluronic L68	N	29

注：A—阴离子表面活性剂；C—阳离子表面活性剂；N—非离子表面活性剂。

2.3.3 克拉夫脱点

克拉夫脱点（Krafft point）是离子型表面活性剂的一种特性常数。离子型表面活性剂在水中的溶解度随温度的升高而慢慢增加，但达到某一温度以后，溶解度迅速增大，这一点的温度称为临界溶解温度，也叫作 Krafft 点，用 T_k（或 K_p）表示。这一点的浓度其实就是该温度下的临界胶束浓度，一般来说 Krafft 点越高，CMC 值越小。Krafft 点高的表面活性剂亲油性好，Krafft 点低的表面活性剂亲水性好，离子型表面活性剂的 T_k 越低，使用温度就越低。离子型表面活性剂应在 Krafft 点以上使用。表面活性剂的 Krafft 点如表 2-10 所示。

表 2-10 表面活性剂的 Krafft 点

表 面 活 性 剂	Krafft 点（T_k）/ ℃	表 面 活 性 剂	Krafft 点（T_k）/ ℃
$C_{12}H_{25}SO_3^-Na^+$	38	$n\text{-}C_7F_{15}SO_3^-Na^+$	56.5
$C_{14}H_{29}SO_3^-Na^+$	48	$n\text{-}C_8F_{17}SO_3^-Li^+$	<0
$C_{18}H_{37}SO_3^-Na^+$	70	$C_{10}H_{21}CH(CH_3)C_6H_4SO_3^-Na^+$	31.5
$C_{10}H_{21}SO_4^-Na^+$	8	$C_{14}H_{29}CH(CH_3)C_6H_4SO_3^-Na^+$	54.2
$C_8H_{17}COO(CH_2)_2SO_3^-Na^+$	0	$C_{14}H_{29}[OCH_2CH(CH_3)]_2SO_4^-Na^+$	<0
$C_{10}H_{21}COO(CH_2)_2SO_3^-Na^+$	8.1	$[C_{16}H_{33}N(CH_3)_3]^+Br^-$	25
$C_{14}H_{29}COO(CH_2)_2SO_3^-Na^+$	36.2	$[C_{18}H_{37}NH_3]^+Cl^-$	27

2.3.4 浊点

温度对非离子表面活性剂溶解度的影响与对离子型表面活性剂的影响相反。温度升高会使非离子表面活性剂在水中的溶解度降低。对非离子型表面活性剂，其亲水作用依赖于醚氧或其他氧、氮等杂原子与水的极性相互作用或氢键相互作用，温度的升高会使这类作用减弱，温度低时易溶于水，成为澄清的溶液，温度升高，溶解度降低，至一定温度以上，非离子表面活性剂水溶液将分离出表面活性相，外观由清亮变浑浊，这个开始变浑浊的温度就称为浊点。在浊点是非离子型表面活性剂的一种特性常数。在浊点以上的温度非离子型表面活性剂的应用受到限制，浊点越高的非离子表面活性剂使用的温度范围越宽，性能较为优越。非离子型表面活性剂应在浊点以下使用。

2.4 阴离子表面活性剂

在表面活性剂工业中，阴离子表面活性剂是发展最早、产量最大、品种最多、工业化最成熟的一类。这类表面活性剂溶于水后生成的亲水基团带负电，按其亲水基又分为羧酸盐型 R—COONa、磺酸盐型 R—SO_3Na、硫酸酯盐型 R—O—SO_3Na、磷酸酯盐型 R—OPO_3Na_2 等。羧酸盐型的亲油基主要由天然油脂提供。磺酸盐型的亲油基主要由石油化学品如正构烷烃、α-烯烃、直链烷基苯等提供。依亲油基结构不同，磺酸盐型又可分为烷基磺酸盐、α-烯烃磺酸盐、直链烷基苯磺酸盐等。硫酸酯盐型、磷酸酯盐型的亲油基主要由脂肪醇提供。

2.4.1 羧酸盐型阴离子表面活性剂

脂肪酸的碱金属盐、碱土金属盐、高价金属盐、铵盐和有机胺盐统称为脂肪酸盐，也称为皂。其化学通式为 $RCOOM_{1/n}$，n 为反离子的价数。在水中使用的通常是一价反离子的脂肪酸碱金属盐和铵盐，如脂肪酸钠（RCOONa）、脂肪酸钾（RCOOK）。其亲油基通常为 $C_{12}\sim C_{18}$ 脂肪酸中的 $C_{11}\sim C_{17}$ 正构烷基。

高级脂肪酸盐是使用最早的洗涤剂，但只能在中性和碱性条件下使用。在 pH 值低于 7 时会形成不溶于水的游离脂肪酸。

水溶性脂肪酸皂能与硬水中的钙、镁等多价离子发生复分解反应形成皂垢。失去洗涤能力：

$$RCOONa + H^+ \longrightarrow RCOOH + Na^+$$
$$2RCOONa + Ca^{2+} \longrightarrow (RCOO)_2Ca + 2Na^+$$

脂肪酸钠，又称钠皂、硬皂，是块状肥皂和香皂的主要成分。脂肪酸钾，又称钾皂、软皂，常用来制取液体皂，刺激性比钠皂大。硬脂酸锂，可用来制造多功能高级润滑脂的稠化剂。硬脂酸钡，在金属加工中用作干燥润滑剂。硬脂酸铝，是一种颜料悬浮分散。有机胺皂（二乙醇胺皂），可用作乳化剂、润湿剂。脂肪酸盐的性质除与金属离子的种类有关外，还与脂肪酸的碳链长度有关，碳链越长，凝固点越高，制成的皂越硬。硬脂酸钠是白色粉末，易溶于热水和热乙醇，常用作化妆品的乳化剂。月桂酸钾是淡黄色的浆状物，易溶于水，主要用于液体皂和香波的生产，能产生丰富的泡沫。松香皂多用于洗衣皂。

羧酸盐型表面活性剂制备的典型反应是皂化反应，方程式如下：

$$\begin{array}{cccc}
\text{H}_2\text{COOCR} & & \text{钠皂} & \text{CH}_2\text{OH} \\
| & & & | \\
\text{HCOOCR} + 3\text{NaOH} & \longrightarrow & 3\text{RCOONa} + & \text{CHOH} \\
| & (\text{或 KOH}) & (\text{或 RCOOK}) & | \\
\text{H}_2\text{COOCR} & & & \text{CH}_2\text{OH} \\
& & (\text{钾皂}) & \\
& & & (\text{甘油})
\end{array}$$

传统的生产工艺采用间歇式的大锅煮皂，用开口蒸汽翻煮加入苛性钠溶液的油脂，然后经盐析和碱析使脂肪酸钠与含甘油的水分离。也可直接用氢氧化钠中和脂肪酸直接制皂。如果先将油脂甲酯化再制皂，可大大提高甘油的回收率和脂肪酸皂的品质。

除了传统的油脂和碱液皂化、碱液直接中和脂肪酸制皂生产的普通高级脂肪酸盐外，还可以以长碳链的琥珀酸、蛋白水解物、高级醇聚环氧乙烷醚非离子表面活性剂为原料生产多羧酸皂、N-酰基氨基羧酸盐和聚醚羧酸盐，是润湿、乳化作用良好的表面活性剂。脂肪醇聚氧乙烯醚与氯乙酸钠、氢氧化钠反应生成的脂肪醇聚氧乙烯醚羧酸盐（AEC）有良好的生物降解性，对皮肤温和，泡沫丰富持久，可用于洗面奶、沐浴露。

2.4.2 磺酸盐型阴离子表面活性剂

磺酸盐型表面活性剂有烷基苯磺酸盐、烷基磺酸盐、α-烯烃磺酸盐、脂肪酸的磺烷基酯、脂肪酸的磺烷基酰胺、琥珀酸酯磺酸盐、石油磺酸盐、木质素磺酸盐、烷基甘油醚磺酸盐等。

（1）烷基苯磺酸盐

烷基苯磺酸盐（alkyl benzene sulfonate，ABS）是阴离子表面活性剂中最重要的一个品种，是我国合成洗涤剂活性物的主要成分，是优良的洗涤剂和起泡剂。由于生物降解性差，过去以四聚丙烯和苯反应生成的支链烷基苯磺酸盐基本不再用于洗涤及配方中，目前主要是采用直链烷基苯磺酸盐（LAS）。

烷基苯磺酸盐是一种黄色油状液体，经纯化后，可以形成六角形或斜方形薄片结晶。

烷基苯磺酸盐的通式是 $C_nH_{2n+1}C_6H_4SO_3Na$。其结构式是：

$$R-\overset{\overset{\displaystyle R'}{|}}{\underset{\underset{\displaystyle H}{|}}{C}}-C_6H_4-SO_3Na$$

苯磺酸盐没有表面活性，只有当苯环上的氢原子被合适碳数的烷基取代后，才具有表面活性。碳数太少，烷基苯磺酸盐有好的水溶性和润湿性，但亲油性差，在水溶液中不能形成胶束，表面活性（如去污力）差。直链烷基苯磺酸盐（LAS）的亲油端在 C_8 以上才具有表面活性。烷基苯磺酸盐的表面活性随烷基碳链原子数的增加而增大。但碳链过长时，其在水中溶解度过低，也不能形成胶束。当烷基碳链原子数超过 18 时，表面活性明显下降（见图 2-13～图 2-16）。

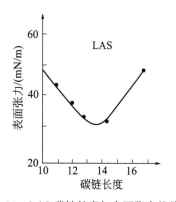

图 2-13 LAS 碳链长度与表面张力的关系

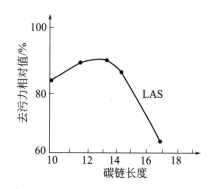

图 2-14 LAS 碳链长度与去污力的关系

烷基苯磺酸盐可通过磺化反应制得，烷基苯与发烟硫酸或 SO_3 气体、氯磺酸等发生磺化反应，再用碱中和：

$$R-C_6H_5 + SO_3 \longrightarrow R-C_6H_4SO_3H + NaOH \longrightarrow R-C_6H_4SO_3Na$$

（2）烷基磺酸盐

烷基磺酸盐（sodium alkyl sulfonate，SAS）有与 LAS 类似的发泡性和洗涤效能，且水

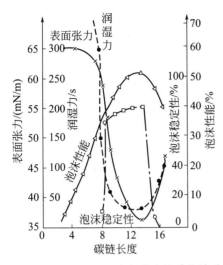

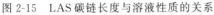

图 2-15 LAS 碳链长度与溶液性质的关系

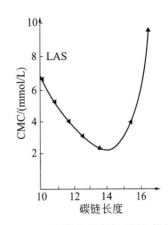

图 2-16 LAS 碳链长度与 CMC 的关系

溶性好,最早是德国赫斯脱公司开发。SAS 不能用于洗衣粉(会使洗衣粉发黏、不松散),只用于液体配方中,对皮肤损伤小,主要用于液体洗涤剂,如餐具洗涤剂。SAS 可作为硬水环境下使用的润湿剂、分散剂和乳化剂。SAS 生物降解性好,2~3d 即可全部降解。

烷基磺酸盐通式为 $C_nH_{2n+1}SO_3Na$,碳数在 $C_{12}~C_{20}$ 范围内,以 $C_{13}~C_{17}$ 为佳。烷基磺酸盐一般由烷烃在紫外线引发下经磺氧化反应制得:

$$RH+SO_2+O_2 \longrightarrow RSO_3H$$

目前工业化生产方法是水-光法磺氧化。

(3) α-烯烃磺酸盐

α-烯烃与 SO_3 在适当条件下反应、中和、水解,得到具有表面活性的阴离子混合物,即为 α-烯烃磺酸盐(AOS)。AOS 是一种高泡、水解稳定性好的阴离子表面活性剂,具有优良的抗硬水能力,低毒、温和、刺激性低,生物降解性好,用途广泛。AOS 在较宽的碳数范围内具有较高的表面活性、较好的溶解性和起泡力及润湿性。

AOS 的组成复杂,其主要成分是烯基磺酸盐、羟烷基磺酸盐、二磺酸盐。通式为 $RCH=CH(CH_2)_nSO_3Na$。AOS 的表面张力、CMC 和去污力等表面活性也与其亲油基的大小即碳链长度有很大的关系。与 LAS 不同,AOS 在较宽的碳数范围内它的各种表面活性都能保持在较佳的值。如图 2-17、图 2-18 所示,在碳数大于 14 后,仍有低的表面张力和 CMC,所以 AOS 的去污力、起泡性、润湿力都要优于 LAS(如图 2-19~图 2-21 所示)。$C_{14}~C_{18}$ 的 AOS 都具有比较好的起泡力和润湿力。

具有很好起泡力和去污力的 AOS,毒性和刺激性也低,而且在硬水中也有良好的去污力。AOS 还有较高的环境安全性。图 2-22 是 AOS 和 LAS 的生物降解速度,AOS 在 5d 内可完全降解而消失,不会污染环境,而 LAS 在一个月之后废水中仍残留约 30% 的碳。因此 AOS 在液体和粉状洗涤剂中都得到广泛应用,还成为无磷洗涤剂、液体洗涤剂中 LAS 的主要替代品。AOS 主要用于配制香波、块皂、牙膏、浴液、餐具洗涤剂、重垢洗涤剂等,工业上主要用作乳化剂、润湿剂等。

(4) 其他磺酸盐阴离子表面活性剂

① 石油磺酸盐　石油磺酸盐是石油中的芳香烃与 SO_3 或发烟硫酸反应的产物,是石油

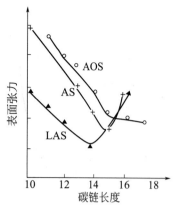

图 2-17　AOS 碳链长度与表面张力的关系

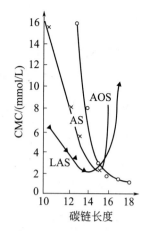

图 2-18　AOS 碳链长度与 CMC 的关系

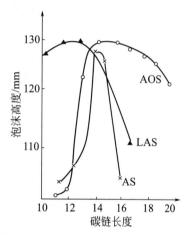

图 2-19　AOS 碳链长度与泡沫力的关系

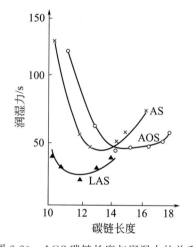

图 2-20　AOS 碳链长度与润湿力的关系

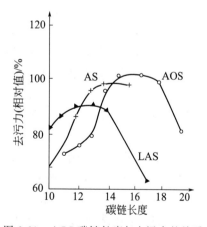

图 2-21　AOS 碳链长度与去污力的关系

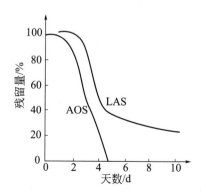

图 2-22　AOS 和 LAS 的生物降解速度

馏分酸处理的副产物，石油磺酸盐以油溶性的为主，可在燃料油中作为分散剂，农药中用作乳化剂，并常用在钢铁件清洗和润滑中作缓蚀剂，也是三次采油中使用的表面活性剂，可提高石油采收率。

② **木质素磺酸盐** 制浆过程中，用亚硫酸处理制浆液时，会得到木质素磺酸盐。木质素磺酸盐是一种廉价的表面活性剂，主要用作水泥减水剂、钻井泥浆悬浮剂和水处理螯合剂，还可用作碳纳米管的分散剂、导电高分子材料的掺杂剂和金属离子吸附剂。

③ **脂肪酸的磺烷基酯**（RCOOCH$_2$CH$_2$SO$_3$Na） 最有名的就是 IgeponA 系列，这种表面活性剂对水的硬度不敏感、冷水溶解性好，有良好的起泡性和润湿力，对皮肤温和、刺激性小，主要用于配制化妆品和个人卫生用品。

④ **脂肪酸的磺烷基酰胺** 即 IgeponT 系列（209 净洗剂），N-油酰基-N-甲基牛磺酸钠，耐 pH、电解质、温度、氧化剂性能高，广泛用于个人卫生用品、高档精细纤维织物的净洗，也是染色助剂、精炼剂等的重要组成，其各项性能都优于 IgeponA。

⑤ **琥珀酸酯磺酸盐** 顺丁烯二酸酐与适当碳链长度的含羟基或氨基的化合物（如脂肪醇、脂肪醇环氧乙烯醚、烷醇酰胺、甘油酯等）反应可以生成琥珀酸单酯或双酯，再进一步与亚硫酸钠发生加成反应，就可生成琥珀酸单酯或双酯磺酸盐（MS）。MS 作为发泡剂和清洗剂大量用于日用化工领域，在涂料合成、印染、医药、造纸等领域也有广泛的应用。

⑥ **重烷基苯磺酸盐（HABS）** 重烷基苯磺化后用碱中和可生成重烷基苯磺酸盐 HABS，可在油田开采中用于三次采油中驱油，提高采油率。

⑦ **油脂乙氧基化物磺酸钠（SNS）** 天然油脂乙氧基化和磺化后制得的新型绿色表面活性剂，去污性能好，低泡，具有良好的水溶性和耐硬水性，配伍性好，可用于各种清洗剂和个人护理产品的复配。

⑧ **脂肪酸甲酯磺酸盐（MES）** 天然油脂甲酯化磺化后与碱中和反应可制得脂肪酸甲酯磺酸盐，可代替传统石油基阴离子表面活性剂 LAS、AOS 等，用于洗衣粉、液体洗涤剂、牙膏、肥皂等日用化学品中，毒性低、易生物降解、性能温和，对水的硬度有良好的耐受性。

⑨ **脂肪酸甲酯乙氧基化物磺酸盐（FMES）** 脂肪酸甲酯乙氧基化可生成脂肪酸甲酯乙氧基化物（FMEE），FMEE 磺化后生成脂肪酸甲酯乙氧基化物磺酸盐（FMES）。FMES 相较于 MES，有更好的耐硬水性能。

2.4.3 硫酸酯盐型阴离子表面活性剂

含活性氧或双键的化合物与各种硫酸化试剂如三氧化硫、发烟硫酸等发生硫酸化反应，通过氧原子架桥疏水链上会引入—SO$_3$H，生成酸性硫酸酯，用碱中和后得到的硫酸酯盐也是阴离子表面活性剂的一大类。

硫酸酯盐阴离子表面活性剂主要有脂肪醇硫酸酯盐（FAS）、脂肪醇聚氧乙烯醚硫酸酯盐（AES）、仲烷基硫酸酯盐（Teepol）、脂肪酸衍生物的硫酸酯盐、不饱和醇的硫酸酯盐等。

（1）脂肪醇硫酸酯盐

脂肪醇硫酸酯盐（fatty alcohol sulfate，FAS 或 AS）是继肥皂之后出现的一类最老的阴离子表面活性剂，其通式为 ROSO$_3^-$M$^+$，M$^+$ 可为碱金属离子或铵离子、有机胺离子。天然醇硫酸化再碱中和即可制得 FAS。

$$ROH + SO_3 \longrightarrow ROSO_3H \longrightarrow ROSO_3Na + H_2O$$

国内产品代号为 K$_{12}$ 的表面活性剂产品即是此类表面活性剂。FAS 较易水解（尤其是在酸性介质中），在硬水中去污力比 LAS 好，起泡力很低，可用于配制低泡洗涤剂。主要用于配制香波、合成香皂、洗浴用品、牙膏、剃须膏等盥洗用品。十二醇硫酸钠（K_{12}）是牙膏中常用的发泡剂，也是洗涤剂、清洗剂的重要组分。较高碳数的 FAS，如 C_{18} 产品除了具有良好的洗净功能外，还能在洗后赋予织物柔软感，是用于高温洗涤的重垢型洗涤剂的主要成分。

商品 FAS 是不同碳链长度的同系物的混合物，它的水溶性要比与其平均碳数相应的单一化合物的高。目前使用最大量的是钠盐，铵盐因其刺激性低、起泡性好也开始有使用。

（2）脂肪醇聚氧乙烯醚硫酸酯盐

FAS 的抗硬水性较差，如在脂肪醇分子上加成 2～3 个环氧乙烷后再硫酸化，中和制得的产品其抗硬水性能大大增加，这就是脂肪醇聚氧乙烯醚硫酸酯盐（AES）。AES 的溶解性能、抗硬水性能、起泡性能、润湿性能均优于 FAS，且刺激性低于 FAS，因而可取代配方中使用的 FAS 而广泛用于香波、沐浴用品、剃须膏等盥洗卫生用品中，也是轻垢、重垢洗涤剂、地毯清洗剂、硬表面清洁剂配方中的重要组分。由于其良好的抗硬水性，可作为无磷洗涤剂的配制。一般 AES 多与 LAS 复配使用。与大量非离子表面活性剂复配使用时，可保持洗涤剂有高的泡沫性和透明度。

一般是以 C_{12}～C_{14} 椰油醇为原料，与 2～4mol 环氧乙烷缩合，再进一步进行硫酸化，用氢氧化钠、氨、醇胺（乙醇胺）中和制得。

$$RO-(CH_2CH_2O)_n-H+ClSO_3H \longrightarrow RO-(CH_2CH_2O)_n-SO_3H+HCl$$
$$RO-(CH_2CH_2O)_n-H+SO_3 \longrightarrow RO-(CH_2CH_2O)_n-SO_3H$$
$$RO-(CH_2CH_2O)_n-H+H_2NSO_3H \longrightarrow RO-(CH_2CH_2O)_n-SO_3NH_4$$
$$RO-(CH_2CH_2O)_n-SO_3H+NaOH \longrightarrow RO-(CH_2CH_2O)_n-SO_3Na$$

以脂肪醇聚氧乙烯醚为原料，用三氧化硫酯化，再用氨水中和可以制得脂肪醇醚硫酸铵 $[RO(CH_2CH_2O)_n-SO_3NH_4$，AESA]，是一种具有良好去污力、抗硬水性好、低刺激性、高发泡力、无毒的阴离子表面活性剂，可用于餐具清洁剂、洗发香波、沐浴露的配方中。

（3）其他硫酸酯盐

① **仲烷基硫酸酯盐** α-烯烃与硫酸反应，得到仲烷基硫酸酯，中和后即为仲烷基硫酸酯盐：

$$RCH\!\!=\!\!CH_2 + H_2SO_4 \longrightarrow \underset{\underset{OSO_3H}{|}}{RCHCH_3} \xrightarrow{NaOH} \underset{\underset{OSO_3Na}{|}}{RCHCH_3} + H_2O$$

烷基链的碳原子数为 10～18，它的溶解性和润湿性好，制成粉状产品容易吸潮结块，一般是制成液体和浆状洗涤剂，通常作为辅助表面活性剂与其他表面活性剂复配使用。商品名为 Teepol。

② **脂肪酸衍生物的硫酸酯盐** 脂肪酸衍生物的硫酸酯盐，其通式为 $RCOXR'OSO_3M$，其中 X 为氧（属酯类）、NH 或烷基取代的 N（酰胺），R' 是烷基或亚烷基、羟烷基、烷氧基，有良好的润湿性和乳化性，通常用于化妆品和个人保护用品。

③ **不饱和醇的硫酸酯盐** 不饱和醇的硫酸酯盐主要有油醇硫酸盐（$C_{18}H_{35}OSO_3Na$），有低的 Krafft 点，0℃时仍呈透明状，并有低的表面张力和 CMC。

④ **烷基酚醚硫酸酯盐**（APS） 烷基酚聚氧乙烯醚与氨基磺酸反应得到烷基酚醚硫酸酯盐，具有皮肤刺激性低、价格便宜、泡沫丰富、去污力强等优点，但其生物降解性差，已逐渐被 AES 代替。

2.4.4 磷酸酯盐型阴离子表面活性剂

磷酸酯盐型阴离子表面活性剂包括磷酸单酯、磷酸双酯。烷基磷酸酯不耐酸、硬水，它的钙和镁盐是不溶的。

$$
\begin{array}{cc}
\text{RO} & \text{RO}\\
| & |\\
\text{HO—P=O} & \text{RO—P=O}\\
| & |\\
\text{ONa} & \text{ONa}
\end{array}
$$

磷酸酯盐阴离子表面活性剂可与其他表面活性剂复配成纤维纺丝用的油剂，起平滑、抗静电的作用。脂肪醇的磷酸酯钠对酸碱稳定，易于生物降解，具有良好的去污能力，可用于金属、玻璃等的清洗。

磷酸酯盐具有较好的抗静电性，且温和，在化妆品和个人卫生用品中的应用也日渐广泛。

当高级脂肪醇聚环氧乙烷醚和烷基酚聚环氧乙烷醚和磷酸发生酯化反应时，还将得到具有一些非离子表面活性剂性质的非离子表面活性剂阴离子化的产品——高级脂肪醇聚环氧乙烷醚磷酸酯盐。烷醇酰胺磷酸酯盐、高分子聚磷酸酯、硅氧烷磷酸酯等新型的磷酸酯盐阴离子表面活性剂也开始开发出来。

2.5 阳离子表面活性剂

阳离子表面活性剂在水溶液中离解时生成的表面活性离子带正电荷。水溶液中阳离子表面活性剂在固体表面的吸附是极性基团朝向固体表面，吸附在带负电荷的固体表面，疏水基朝向水相，使固体表面呈"疏水"状态，通常不用于洗涤和清洗。主要用作矿石浮选剂、织物柔软剂、抗静电剂、杀菌剂、防水剂，发用调理剂、油田杀菌剂、纤维匀染剂、金属缓蚀剂和防锈剂。阳离子表面活性剂作为模板剂，在新型介孔、中孔材料合成中的应用也越来越引起人们的重视。

2.5.1 脂肪胺盐

脂肪胺盐又分为伯胺盐、仲胺盐、叔胺盐，其通式为：

$$
\begin{array}{c}
\text{R}^1\\
|\\
\text{R—N·HX}\\
|\\
\text{R}^2
\end{array}
$$

式中，R 为 $C_{10}\sim C_{18}$ 烷基；R^1、R^2 为低分子烷基、甲基、乙基、苄基或氢原子；X 为卤素、无机或有机酸根。

脂肪胺盐是伯胺、仲胺、叔胺与酸（如盐酸、硫酸、乙酸等）的反应产物，是弱碱的盐：

$$RNH_2 + HCl \longrightarrow RN^+H_3Cl^-$$

$$
C_{12}H_{25}N\begin{array}{c}\text{CH}_3\\ \\ \text{CH}_3\end{array} + CH_3COOH \longrightarrow C_{12}H_{25}\overset{\text{CH}_3}{\underset{\text{CH}_3}{N^+}}\!\!-\!\!H \cdot CH_3COO^-
$$

（十二烷基二甲基叔胺醋酸盐）

脂肪胺盐一般是不挥发的无臭固体，易溶于水。脂肪胺盐在酸性条件下具有表面活性，少量的胺盐就能显著降低水的表面张力，可在酸性介质中作乳化、分散、润湿剂，也用作矿物浮选剂、颜料粉末表面憎水剂。缺点是在碱性条件下，胺游离出来而失去表面活性。

2.5.2 季铵盐

季铵盐的通式是：

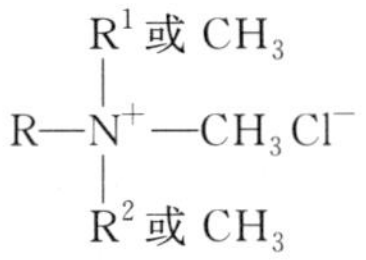

$$R—N^+—CH_3 \quad Cl^-$$

式中，R^1、R^2 是乙基、苄基。

季铵盐一般是由叔胺与烷基化试剂（如氯甲烷、苄基氯等）作用合成的：

$$RN(CH_3)_2 + CH_3Cl \longrightarrow RN^+(CH_3)_3Cl^-$$

季铵盐的溶解度随碳链长度增加而降低，碳数小于 14 的季铵盐易溶于水，碳数大于 14 的难溶于水。常见的季铵盐有单长链烷基季铵盐和双长链烷基季铵盐，单长链烷基季铵盐如十二烷基三甲基溴化铵、十六烷基三甲基溴化铵，溶于极性有机溶剂，不溶于非极性有机溶剂。双长链烷基季铵盐几乎不溶于水，溶于非极性有机溶剂，如双十八烷基二甲基氯化铵、双十二烷基二甲基氯化铵。

2.5.3 杂环阳离子表面活性剂

杂环阳离子表面活性剂有吡啶季铵盐和咪唑啉季铵盐。吡啶季铵盐在常温下为黑色油状或膏状物，有轻微臭味，所以不用于洗涤剂中，一般用作助染剂和杀菌剂等，其最大用途是用作纤维疏水剂。吡啶季铵盐的一般结构式如下：

$$RN^+ \bigcirc Cl^- \text{ 或 } RN^+ \bigcirc Br^-$$

吡啶或烷基吡啶与季铵化试剂卤代烷反应就可合成吡啶季铵盐。

咪唑啉与卤代烃反应可合成咪唑啉季铵盐：

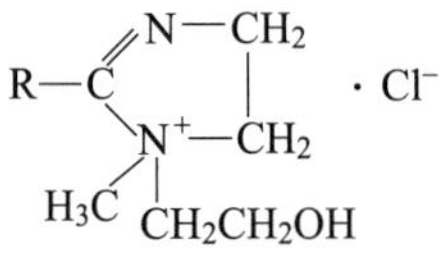

咪唑啉季铵盐可作柔软剂、杀菌剂。其他杂环类季铵盐还有嘧啶和喹啉季铵盐。表 2-11 是常用的一些季铵盐阳离子表面活性剂及其用途。

表 2-11 季铵盐阳离子表面活性剂及其用途

名　称	结　构　式	用　途
1231[①] 阳离子表面活性剂	$C_{12}H_{25}N(CH_3)_3^+Br^-$	抗静电、杀菌
乳胶防黏剂 DT	$C_{12}H_{25}N(CH_3)_3^+Cl^-$	乳胶防黏、杀菌
1631[①] 阳离子表面活性剂	$C_{16}H_{33}N(CH_3)_3^+Br^-$	柔软、杀菌
1831[①] 阳离子表面活性剂	$C_{18}H_{37}N(CH_3)_3^+Cl^-$	柔软、杀菌、抗静电、乳化、破乳
1227[①] 十二烷基二甲基苄基氯化铵(洁而灭)	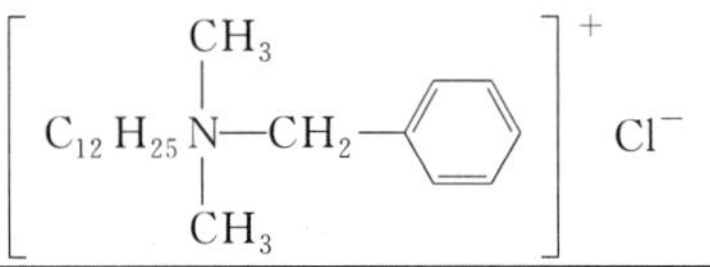 $\left[C_{12}H_{25}N(CH_3)_2—CH_2—C_6H_5 \right]^+ \quad Cl^-$	杀菌、抗静电、柔软、缓染

名　称	结　构　式	用　途
新洁而灭	$\left[\begin{array}{c} CH_3 \\ C_{12}H_{25}-N-CH_2-\bigcirc \\ CH_3 \end{array}\right]^+ Br^-$	杀菌
缓染剂 DC	$\left[\begin{array}{c} CH_3 \\ C_{12}H_{25}-N-CH_2-\bigcirc \\ CH_3 \end{array}\right]^+ Cl^-$	柔软、缓染
双十八烷基二甲基季铵盐	$\left[\begin{array}{c} C_{18}H_{37} \quad CH_3 \\ N \\ C_{18}H_{37} \quad CH_3 \end{array}\right]^+ Cl^-(Br^-,CH_3SO_4^-)$	柔软、抗静电

① 前两个数字代表长链烷基的碳数，第三个数字代表甲基的数目。

2.5.4　氧化胺阳离子表面活性剂

氧化胺是氧与叔胺分子中的氮原子直接化合的氮化物，分为长链脂肪族氧化胺、芳香族氧化胺、杂环氧化胺三种。氧化胺具有较小的临界胶束浓度，一般认为氧化胺是具有弱阳离子性的非离子表面活性剂，可以与阴离子表面活性剂复配。氧化胺有优异的溶解油脂性能，常与阴离子表面活性剂 AS、LAS 复配，具有去污增效作用和增稠作用。氧化胺还具有一定的抑菌性，可起到杀菌增效的作用，可用在重垢洗涤剂、厨房洗涤剂和化妆品中。

2.5.5　聚合季铵盐表面活性剂

两个或两个以上的含氮阳离子表面活性剂聚合可生成一种新型的阳离子表面活性剂，聚合度较小，分子量小于 2000 的为低聚阳离子表面活性剂，分子量大于 2000 的为高聚季铵盐表面活性剂。高聚季铵盐表面活性剂在石油化工、造纸、日用化学品有很好的应用，是洗发水及其他化妆品常用的阳离子表面活性剂。

2.5.6　非氮阳离子表面活性剂

非氮阳离子表面活性剂主要有季鏻盐、季锍盐和季锍盐。季鏻盐（$R_3P^+R'X^-$）的化学和热稳定性优于季铵盐，主要用作乳化剂、杀虫剂和杀菌剂。季锍盐（$\begin{array}{c} R^1 \\ R^2-S-X \\ R^3 \end{array}$）对皮肤刺激性小，杀菌性能好，可与肥皂和阴离子表面活性剂复配。季锍盐也可与肥皂和阴离子表面活性剂复配，在复配体系中保持高效杀菌效果。

2.6　两性表面活性剂

两性表面活性剂虽然其产量只占表面活性剂总量的很小一部分，却是近年来发展速度最快的一类表面活性剂。两性表面活性剂以其独特的功能著称，除了具有良好的表面活性、去污、乳化、分散、润湿等作用外，还同时具有杀菌、抗静电、柔软性、耐盐、耐酸碱、生物降解性，最大特征在于它既能给出质子，又能接受质子，在不同的环境呈不同的性质，能使带正电荷和带负电荷的物体表面成为亲水表面层，具有良好的配伍性和低毒性，使用十分安全，在民用和工业应用上日益广泛。两性表面活性剂分子与单一的阴性表面活性剂和阳性表面活性剂不同，在分子的一端同时存在酸性基和碱性基，酸性基主要是羧基、磺酸基、磷酸基，碱性基为氨基和季铵基，能与阴、阳、非离子型表面活性剂配伍，能耐酸、碱。

两性表面活性剂对 pH 值极为敏感，在等电点时显示两性，此时在水中溶解度较小，泡沫、润湿、去污性能稍差，而在高 pH 值时显示阴离子性，在低 pH 值时显示阳离子性。但也有例外，如 $RN(CH_3)_2CH_2COO^-$ 在高于等电点时显示两性，在低于等电点时显示阳性，与阴离子相混，易生成沉淀。磺基甜菜碱及硫基甜菜碱在任何 pH 值呈两性。

两性表面活性剂主要有咪唑啉型、甜菜碱型、氨基酸型、磷酸酯型。

2.6.1 咪唑啉型两性表面活性剂

咪唑啉型两性表面活性剂是两性表面活性剂中产量最大的一种。咪唑啉型两性表面活性剂无毒，性能柔和无刺激。主要用于香波、浴液和化妆品中，常作织物柔软剂、抗静电剂，也能用作乳化剂、除草剂、杀虫剂。单羧基甲基化的咪唑啉衍生物及氧化胺表面活性剂可抗革兰阳性菌、革兰阴性菌、真菌及原虫，用于抗菌性香波、除体臭剂。

2.6.2 甜菜碱型两性表面活性剂

甜菜碱是从甜菜中提取的天然含氮化合物三甲基乙酸铵。天然甜菜碱不具有表面活性，当其中的一个甲基被长碳链取代后才具有表面活性。主要有羧基甜菜碱和磺基甜菜碱两类。

羧基甜菜碱，如 BS-12：

$$C_{12}H_{25}-\overset{\overset{\displaystyle CH_3}{\displaystyle |}}{\underset{\underset{\displaystyle CH_3}{\displaystyle |}}{N^+}}-CH_2COO^-$$

甜菜碱型表面活性剂性能温和、刺激性小，配伍性强，可用于化妆品、乳化剂、低刺激性香波制品中。

磺基甜菜碱 $[R(CH_3)_2N^+CH_2CHOHCH_2SO_3^-]$ 有很强的抗硬水能力，用于洗涤剂及纺织制品中，也用作织物柔软剂、抗静电剂、杀菌剂等。

2.6.3 氨基酸型两性表面活性剂

氨基酸中氨基上的氢原子被长碳链烷基取代就成为具有表面活性的氨基酸表面活性剂。溶液碱性时转变为阴离子型，溶液酸性时转变为阳离子型。主要有羧酸型氨基酸表面活性剂和磺酸型氨基酸表面活性剂。用于洗涤剂、香波的配方，还可用于杀菌剂、去臭剂、锅炉除锈剂、防锈剂和纺织匀染剂等，如十二烷基氨基丙酸 $C_{12}H_{25}-NHCH_2-CH_2COOH$。

2.6.4 含磷两性表面活性剂

含磷两性表面活性剂以卵磷脂为代表，大豆和卵黄中含量最高。"卵磷脂"这个词本身由希腊文"Lekiths"派生出来，意指"蛋黄"，因为卵磷脂最初是在蛋黄中发现，一只鲜蛋黄中约含 10% 卵磷脂（近年来卵磷脂被誉为与蛋白质、维生素并列的"三大营养素"，备受社会关注，已成为保健品市场的"黄金产品"）。卵磷脂是吸湿性很强的白色蜡状固体，在空气中易被氧化逐渐变成黄色，久则变成棕褐色。溶于乙醇和乙醚，不溶于丙酮。

卵磷脂有 α 和 β 两种异构体，自然界常见的是 L-α-卵磷脂：

$$
\begin{array}{c}
\qquad\qquad\qquad O \\
\qquad\qquad\qquad \parallel \\
O \qquad CH_2O\!-\!C\!-\!R \\
\parallel \qquad\quad | \\
R'\!-\!C\!-\!O\!-\!C\!-\!H \quad O \\
\qquad\qquad | \qquad \parallel \qquad\qquad\qquad\qquad + \\
\qquad CH_2O\!-\!P\!-\!OCH_2CH_2N(CH_3)_3\ OH^- \\
\qquad\qquad | \\
\qquad\qquad OH
\end{array}
$$

2.7 非离子表面活性剂

非离子表面活性剂的亲水基为一定数量的含氧基团（常为醚基和羟基）。在水溶液中不电离，不易受酸、碱、盐等电解质存在的影响。非离子表面活性剂的耐硬水性好，碳链相同的非离子表面活性剂比对应的离子型表面活性剂的 CMC 低，在水中容易形成胶束。分子中亲水基比例不同，非离子表面活性剂的溶解、乳化、润湿、分散、渗透等性能变化很大。可与阴、阳离子和两性表面活性剂良好配伍。

非离子表面活性剂的疏水基原料是具有活泼氢原子的疏水化合物，如高碳脂肪醇、脂肪酸、高碳脂肪胺、脂肪酰胺等。亲水基原料有环氧乙烷、聚乙二醇、单乙醇胺、二乙醇胺等。

非离子表面活性剂可分为四类：聚氧乙烯型非离子表面活性剂、多元醇型非离子表面活性剂、聚醚型-环氧乙烷和环氧丙烷嵌段共聚物、烷醇酰胺系非离子表面活性剂。

2.7.1 聚氧乙烯型非离子表面活性剂

聚氧乙烯型非离子表面活性剂是由含有亲油基及活性氢（如—OH、—NH_2、—COOH 中的 H）的化合物与一定量的环氧乙烷加成制得。反应通式如下：

$$
R\!-\!H^* + nCH_2\underset{\displaystyle O}{\underline{\quad}}CH_2 \xrightarrow{\text{催化剂}} R\!\!\left(CH_2CH_2O\right)_{\!n}\!H^* \quad (H^* \text{表示活性氢})
$$

聚氧乙烯型非离子表面活性剂分子中的聚氧乙烯键就像一个亲水基，电负性大的氧原子排列在链的外侧，容易与水分子中的氢形成氢键，使其具有水溶性。一个醚氧原子可以结合 20～30 个水分子。因此聚氧乙烯型非离子表面活性剂的环氧乙烷加成数越多，其水溶性越好，浊点越高，表面张力降低能力越弱。环氧乙烷加成数相同时，憎水基中碳原子数越多，浊点越低，表面张力降低能力越强。脂肪醇聚氧乙烯醚的 EO(环氧乙烷) 加成数越多，HLB 值越大（见图 2-23）。同离子型表面活性剂相比，非离子表面活性剂的起泡力低。

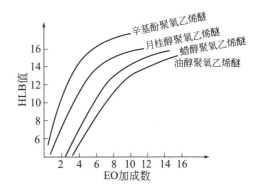

图 2-23　脂肪醇聚氧乙烯醚的 HLB 值

聚氧乙烯型非离子表面活性剂没有离子解离，在酸性、碱性及金属盐溶液中都稳定，与阴离子和阳离子表面活性剂有很好的相容性。其生物降解性与聚氧乙烯醚的聚合度有明显的关系，憎水基相同的产品，所加成环氧乙烷数越多，其生物降解性越差，其中以烷基酚聚氧乙烯醚的生物降解性最差。

（1）脂肪醇聚氧乙烯醚

脂肪醇聚氧乙烯醚（AEO）是非离子表面活性剂中的大品种，具有优良的润湿、低温洗涤、乳化、耐硬水和生物降解功能。一般是用 $C_{10} \sim C_{18}$ 的伯醇或仲醇（如月桂醇、油醇、十八醇）在碱催化剂（NaOH）存在时与环氧乙烷反应，在 $130 \sim 180℃$，$0.2 \sim 0.5MPa$ 下得到脂肪醇聚氧乙烯醚。脂肪醇聚氧乙烯醚的通式是：$RO(CH_2CH_2O)_nH$，R 是 $C_{10} \sim C_{18}$ 链。

$$R{-}OH + nCH_2{-}CH_2 \xrightarrow{\text{催化剂}} RO(CH_2CH_2O)_nH$$

AEO 生物降解性能好、泡沫低，具有优良的乳化和去油污性。AEO 是无色液体或蜡状物，其碳链长度、环氧乙烷加成数及分布都对产品的物化性能和应用性能有很大影响。AEO 的浊点、相对密度、黏度等随环氧乙烷加成数的增大而增大，但其表面活性如去污力、起泡性、润湿和分散力则是开始随环氧乙烷加成数的增大而增大，到最大值后，继续增加环氧乙烷加成数，其表面活性又开始下降。

AEO 不溶于碱溶液，是液体洗涤剂的理想原料，对各种纤维都有较 LAS 好的去污力。国内的商品名为平平加系列。BASF 公司的 Emulan AF、Lutensol A，Sandoz 公司的 Sandozin NI；ICI 公司的 Lutrol Al 14 等都是 AEO 类表面活性剂。

（2）烷基酚聚氧乙烯醚

烷基酚聚氧乙烯醚是由烷基酚与环氧乙烷反应制得的系列产品。通式为：

$$R{-}\langle\text{benzene}\rangle{-}(CH_2CH_2O)_n OH$$

苯酚与烯烃或醇在酸性催化剂下反应制得烷基酚，烷基酚再在碱性催化剂作用下与环氧乙烷加成即可得烷基酚聚氧乙烯醚：

$$R{-}\langle\text{benzene}\rangle{-}OH + nCH_2{-}CH_2 \longrightarrow R{-}\langle\text{benzene}\rangle{-}(CH_2CH_2O)_n OH$$

R 的碳原子数少（C_8 或 C_9），很少有 C_{12} 以上。烷基酚聚氧乙烯醚是无色至淡黄色液体或蜡状物，不易生物降解，毒性也较大，在民用洗涤剂配方中很少加入，主要在工业上应用，如纺织印染处理、金属加工、农药乳化剂。国内代表产品有"OP"或"Oπ"系列产品。BASF 公司的 Lutensol AP(6，7，8，9，10)、Zgepal、Triton X-100，美国的 Tergitol 12-P，英国 ICI 公司的 Lissapol 都属此类产品，主要用作乳化剂。

（3）脂肪酸聚氧乙烯酯

脂肪酸聚氧乙烯酯是聚氧乙烯类非离子表面活性剂中最早开发的产品，是脂肪酸与环氧乙烷或聚乙二醇的加成物：

$$RCOOH + nCH_2{-}CH_2 \longrightarrow RCOO(CH_2CH_2O)_n H$$

$$RCOOH + HO(C_2H_4O)_n \longrightarrow RCOO(CH_2CH_2O)_n H$$

脂肪酸聚氧乙烯酯是浅色的液体或蜡状物。这类表面活性剂分子结构中含酯键，在酸、碱溶液中易水解。一般用于食品、化妆品、医药行业作乳化剂。

（4）其他聚氧乙烯醚非离子表面活性剂

① 脂肪胺聚氧乙烯酯 脂肪胺与环氧乙烷加成会生成具有阳离子性质的脂肪胺聚氧乙烯酯：

$$RNH_2 + 2nCH_2 \overset{\displaystyle \diagdown \!\!\!\! O \!\!\!\! \diagup}{-\!\!\!-} CH_2 \longrightarrow RN[\!\!+\!\!CH_2CH_2O\!\!+_n\!\!H]_2$$

当 n 增大，主要体现出非离子表面活性剂的性能。脂肪胺聚氧乙烯醚主要用作匀染剂、防水剂、防蚀剂。

② 聚氧乙烯烷基醇酰胺 聚氧乙烯烷基醇酰胺是烷基醇酰胺与环氧乙烷的加成物：

$$RCONH(C_2H_4O)_n \quad 或 \quad RCON\overset{\displaystyle (C_2H_4O)_x}{\underset{\displaystyle (C_2H_4O)_y}{\diagup\!\!\!\diagdown}}$$

具有较强的发泡和稳泡性，耐水性比脂肪酸聚氧乙烯酯好，特别是在碱性溶液中。

③ 聚氧烯烃整体共聚表面活性剂 常用的有环氧丙烷与环氧乙烷的整体共聚物，亲油基一般是聚氧丙烯基。亲水基是聚氧乙烯基。

2.7.2 多元醇型非离子表面活性剂

多元醇型非离子表面活性剂含有多个羟基作为亲水基团，一般是多元醇与脂肪酸酯化形成多元醇酯，是安全性较高的一类非离子表面活性剂。

多元醇型非离子表面活性剂的主要亲水基原料是甘油、季戊四醇、山梨醇、失水山梨醇和糖类等（多羟基化合物），疏水基团原料是 $C_{12} \sim C_{18}$ 脂肪酸。

多元醇型非离子表面活性剂主要有乙二醇酯、甘油酯、聚甘油酯、戊醛糖和丁糖醇酯、山梨醇酯、失水山梨醇酯、蔗糖酯、聚乙烯多元醇酯等。

（1）乙二醇酯

最简单的多元醇型非离子表面活性剂是乙二醇的单酯。环氧乙烷与过量的水进行水合作用制取乙二醇，乙二醇再与脂肪酸直接酯化产生单酯和双酯的混合物。此类产品一般用作农药和化妆品中的乳化剂。乙二醇单、双酯在化妆品和其他卫生用品中一般用作珠光剂。

$$RCOOH + HOCH_2CH_2OH \longrightarrow RCOOCH_2CH_2OH + RCOOCH_2CH_2OOCR$$

（2）甘油单脂肪酸酯

甘油单脂肪酸酯简称单甘酯，是甘油和脂肪酸酯化的产物，是一种重要的非离子表面活性剂。单甘酯对人体无害，广泛用作食品乳化剂，其中甘油硬脂酸单酯是食品中用量最大的乳化剂品种。化妆品和其他工业中也有应用。

甘油和脂肪酸酯化反应式如下：

$$\begin{array}{c} C_{11}H_{23}COOCH_2 \\ C_{11}H_{23}COOCH \\ C_{11}H_{23}COOCH_2 \end{array} + 2 \begin{array}{c} CH_2OH \\ CHOH \\ CH_2OH \end{array} \xrightarrow[>200℃]{NaOH} 3 \begin{array}{c} C_{11}H_{23}COO—CH_2 \\ HO—CH \\ HO—CH_2 \end{array}$$

（3）聚甘油酯

聚合甘油是甘油在碱性或酸性催化剂存在下加热，分子内脱水而制得。聚合甘油与脂肪酸在 $190 \sim 220℃$ 下酯化，或与油脂进行酯交换还可得到聚甘油脂肪酸酯。聚合甘油的单硬脂酸酯是性能良好的油溶性乳化剂，可用于医药、食品、化妆品和地板蜡等方面。

(4) 四元醇酯和五元醇酯

聚戊四醇与脂肪酸（如油酸、软脂酸、硬脂酸）直接酯化，可得到一种四元醇酯混合物。

$$C_{11}H_{23}COOH + HOCH_2-\underset{\underset{CH_2OH}{|}}{\overset{\overset{CH_2OH}{|}}{C}}-CH_2OH \xrightarrow[200℃]{NaOH} C_{11}H_{23}COOCH_2-\underset{\underset{CH_2OH}{|}}{\overset{\overset{CH_2OH}{|}}{C}}-CH_2OH$$

木糖醇五元醇和硬脂酸进行酯化得到木糖醇五元醇单硬脂酸酯。

(5) 脱水山梨醇酯和聚氧乙烯脱水山梨醇酯

① **脱水山梨醇酯** 采用山梨醇和甘露醇为亲水基原料，同乙酐、月桂酰氯、月桂酸反应可得到不同的山梨醇酯。

D-山梨醇脱水、内醚化生成山梨醇酐，醇酐上的羟基与脂肪酸酯化即可合成脱水山梨醇酯。其中脂肪酸采用月桂酸、棕榈酸、硬脂酸和油酸酯化的产物对应的单酯的商品名代号分别为 Span-20、Span-40、Span-60、Span-80，硬脂酸和油酸的三酯的商品名代号分别为 Span-65 和 Span-85。

$$C_{11}H_{23}COOH + C_6H_8(OH)_6 \xrightarrow{NaOH} \begin{cases} \xrightarrow{190℃} C_{11}H_{23}COOC_6H_8(OH)_5 \\ \xrightarrow{230\sim250℃} C_{11}H_{23}COOC_6H_8O(OH)_3 \end{cases}$$

Span 的分子结构通式为：

（R＝$C_{12}\sim C_{18}$ 烷基）

Span 类产品低毒、无刺激性，在医药、食品、化妆品中用作乳化剂和分散剂。Span 类产品油溶性大，有良好的乳化力，但作乳化剂时一般要与其他水溶性好的非离子表面活性剂，如 Tween 系列复合使用。Span 也可用来配制纺织油剂，它对纤维表面具有良好的平滑作用。

② **聚氧乙烯脱水山梨醇酯** 上述的多元醇表面活性剂主要是亲油性的非离子表面活性剂，为了使它具有亲水性，常常在剩余的羟基上进行乙氧基化，获得聚氧乙烯多元醇酯。如聚氧乙烯脱水山梨醇酯就是由脱水山梨醇酯同环氧乙烷反应制得。脱水山梨醇酯加成环氧乙烷后，其商品名代号相应地由 Span 变为 Tween。

式中，$x+y+z=n$。

乙氧基化后聚氧乙烯多元醇酯的亲水性增加，如表 2-12 所示。主要用作油田助剂、乳化分散剂。

(6) 蔗糖酯

蔗糖脂肪酸酯简称蔗糖酯（SE），是无色或淡黄色的蜡状物或固体，具有吸水性，100℃软化，120℃分解。

$$RCOOCH_3 + C_{11}H_{22}O_{11} \xrightarrow{90\sim100℃} RCOOC_{11}H_{21}O_{10}$$

表 2-12　Span 和 Tween 系列 HLB 值

商 品 名 称	化 学 组 成	HLB 值
Span-85	失水山梨醇三油酸酯	1.8
Span-65	失水山梨醇三硬脂酸酯	2.1
Span-80	失水山梨醇单油酸酯	4.3
Span-60	失水山梨醇单硬脂酸酯	4.7
Span-40	失水山梨醇单棕榈酸酯	6.7
Span-20	失水山梨醇单月桂酸酯	8.6
Tween-61	聚氧乙烯(4)失水山梨醇单硬脂酸酯	9.6
Tween-81	聚氧乙烯(5)失水山梨醇单油酸酯	10.0
Tween-65	聚氧乙烯(20)失水山梨醇单油酸酯	10.5
Tween-85	聚氧乙烯(20)失水山梨醇三油酸酯	11.0
Tween-21	聚氧乙烯(4)失水山梨醇单月桂酸酯	13.3
Tween-60	聚氧乙烯(20)失水山梨醇单硬脂酸酯	14.9
Tween-80	聚氧乙烯(20)失水山梨醇单油酸酯	15.0
Tween-40	聚氧乙烯(20)失水山梨醇单棕榈酸酯	15.6
Tween-20	聚氧乙烯(20)失水山梨醇单月桂酸酯	16.7

　　由于蔗糖酯易生物降解，可为人体吸收，对人体无毒，不刺激皮肤和黏膜，具有良好的乳化、分散、润湿、去污、起泡、黏度调节、防止老化等性能，可用作食品乳化剂、食品水果保鲜、糖果润滑脱模剂和快干剂等。还可用作洗涤剂、医药、农药、动物饲料等的添加剂。在日用化妆品中，能促进皮肤柔软、滋润，是无泪型儿童香波、低刺激性洗涤用品的主要成分。这类表面活性剂被国际卫生组织推荐为首选食品添加剂，可在食品中任意添加，被认为是由可再生资源合成表面活性剂的重要代表之一。

　　蔗糖酯也可以通过加成环氧乙烷提高水溶性，使其应用范围更广。其分子结构通式为：

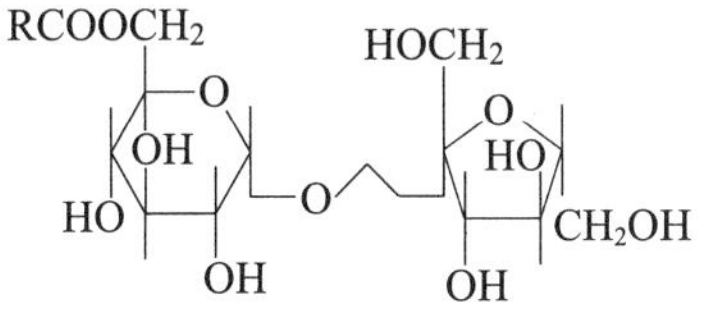

2.7.3　烷基醇酰胺

　　烷基醇酰胺是脂肪酸和乙醇胺的缩合产物。脂肪酸通常为椰子油脂肪酸、月桂酸，乙醇胺为单乙醇胺（$H_2NCH_2CH_2OH$）、双乙醇胺［$HN(CH_2CH_2OH)_2$］、三乙醇胺［$N(CH_2CH_2OH)_3$］。

　　常用的烷基醇酰胺有单乙醇酰胺（$H_2NCH_2CH_2COOR$）、二乙醇酰胺［$RCON(CH_2CH_2OH)_2 \cdot NH(CH_2CH_2OH)_2$］。烷基醇酰胺没有浊点，能使表面活性剂水溶液变稠，可大大提高产品的黏度，具有稳泡性，可提高洗涤剂的去污和携污能力。一般用于防锈、柔软、抗静电。

2.7.4 烷基苷

烷基苷（APG）是淀粉或其水解产物葡萄糖与脂肪醇反应的产物。烷基苷的结构式如下：

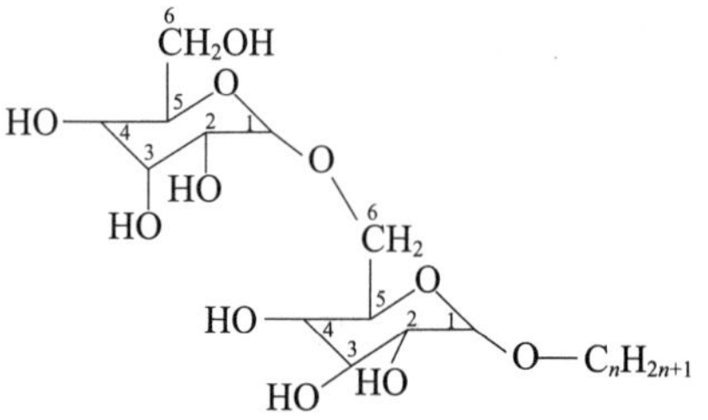

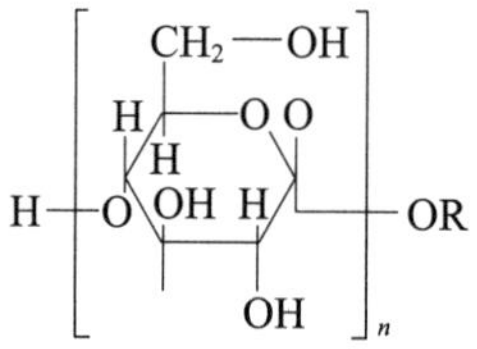

$(R=C_2 \sim C_{16}, n=1 \sim 3)$

2.8 特殊表面活性剂

通常表面活性剂的亲油基是碳氢长链，分子中含有氧、氮、硫、氯、溴和碘等元素，称之为碳氢表面活性剂或普通表面活性剂。如果亲油基是非碳氢链，如碳氟链，或含有除上述几种元素之外的硅、磷、硼等元素的表面活性剂，则称为特殊表面活性剂。一般有含氟表面活性剂、含硅表面活性剂、冠醚表面活性剂、高分子表面活性剂、生物表面活性剂，还有含其他元素的表面活性剂（如含 Ti、Sn、Zr、Ge、S、B 等）。

还有些表面活性剂的亲水基和亲油基不是普通表面活性剂的单一亲水基和亲油基，而是具有双亲水基和双亲油基的特殊结构，统称为特殊结构表面活性剂。主要有两大类，Gemini 型和 Bola 型表面活性剂。

另外，有一些表面活性剂具有一些特殊的功能，如化学反应性和手性表面活性剂和开关型、螯合型表面活性剂，都属于特殊功能性表面活性剂。

2.8.1 含氟表面活性剂

含氟表面活性剂是碳氢链中氢原子被氟取代后的表面活性剂，碳氢链中氢原子可被氟全部取代或部分取代，全部被氟原子取代的称为全氟表面活性剂，部分被氟取代的称为部分氟化。一般含氟表面活性剂都是全氟表面活性剂。

含氟表面活性剂的制备一般是首先合成含所需碳原子数的碳氟化合物，然后引入各种亲水基团制成各类含氟表面活性剂。碳氟化合物的合成有电解氟化法、氟烯烃调聚法和氟烯烃齐聚法。

含氟表面活性剂的亲水基部分和普通碳氢表面活性剂的亲水基是基本一样的。根据引入的亲水基团的不同，含氟表面活性剂也可分为阴离子含氟表面活性剂、阳离子含氟表面活性剂、两性含氟表面活性剂和非离子含氟表面活性剂，以及其他类型的氟碳表面活性剂如含硅氟碳表面活性剂、混杂型表面活性剂、长链型表面活性剂和无亲水基氟碳表面活性剂等。

氟是所有元素中电负性最大的，而范德华原子半径又是除氢之外最小的，有最低的原子极化率，所以 C—F 键能比 C—H 键能大，键长也更长，因此 C—F 键很牢固。由如此牢固的 C—F 键组成的全氟烃也就有了异乎寻常的稳定性，所以含氟表面活性剂具有高度热、化学稳定性，全氟烷基磺酸盐的热分解温度高达 420℃，在浓硝酸、浓硫酸中也不被破坏。含氟表面活性剂还有高表面活性，既憎水又憎油，这就是含氟表面活性剂的"三高二憎"的特点。

含氟表面活性剂的高表面活性，一方面能使水的表面张力降到很低的值；另一方面表现在用量很少。一般表面活性剂的应用含量为 0.1%～1%，水溶液的最低表面张力只能降到 30～35mN/m，而含氟表面活性剂一般用量为 0.005%～0.1%，水溶液的最低表面张力可降到 20mN/m 以下。表 2-13 列出了几种表面活性剂水溶液的表面张力，可以明显看出含氟表面活性剂的表面活性远远高于一般表面活性剂。一般表面活性剂的疏水链长为 C_{12}～C_{18}，含氟表面活性剂的疏水链长为 C_6～C_{10}，其 CMC 也较低，如表 2-14 所列。

表 2-13　几种表面活性剂水溶液的表面张力（25℃）　　　单位：mN/m

表面活性剂	水溶液质量分数/%			
	1.0	0.1	0.01	0.001
$C_8F_{17}SO_3N(C_2H_5)(C_2H_4O)_{14}H$	18.5	18.5	20.0	25.0
$C_8H_{17}C_6H_4O(C_2H_4O)_{11}H$	30.4	30.0	31.1	46.1
$C_8F_{17}SO_3N(C_2H_5)CH_2COOK$	14.3	14.7	19.0	34.2
$C_{12}H_{25}SO_4Na$	32.7	31.9	44.5	—

表 2-14　几种表面活性剂水溶液的 CMC

表面活性剂	CMC/(mol/L)	表面活性剂	CMC/(mol/L)
$C_8F_{17}COOK$	0.0003	$C_{12}H_{25}COOK$	0.0125
$C_7F_{15}COONa$	0.031	$C_{10}H_{21}COONa$	0.032
$C_8F_{17}COONa$	0.0001	$C_{12}H_{25}COONa$	0.0081
$C_{10}F_{21}COONa$	0.00043	$C_{16}H_{33}COONa$	0.00058

含氟表面活性剂可应用于合成洗涤剂、化妆品、食品、橡胶、塑料、油墨等诸多行业。主要用作润湿剂、乳化剂、抗静电剂等，也是性能优越的脱模剂，塑料、橡胶的表面改性剂、防雾剂。利用含氟单体进行乳液聚合制备氟树脂和氟橡胶时，必须使用含氟表面活性剂作乳化剂。塑料、橡胶加工过程添加含氟表面活性剂的脱模剂，其用量可以是普通碳氢类和硅类脱模剂的 1/50。作为塑料、橡胶的表面改性剂，能使塑料、橡胶具有良好的抗粘性能，使污物难以黏附在表面。塑料、橡胶中添加的含氟表面活性剂，能形成摩擦系数很小的氟烃定向膜层，大大减少因摩擦而产生的静电，提高生产安全性。氟表面活性剂可用作金属浸蚀剂、光亮处理剂和酸洗缓蚀剂等金属表面处理剂，使金属表面具有良好的防水、防油、防污效果，并提高金属表面的光洁度。

含氟表面活性剂价格较高，还不可能在通常使用碳氢表面活性剂的领域大量使用，但由于其特有的高表面活性和高耐热、高化学稳定性，以及既憎水又憎油的独特性能，在一些特殊行业和要求较高的领域，含氟表面活性剂有着不可替代的作用。如用其制备性能优异的"轻水"灭火剂，将含氟表面活性剂与适当的碳氢表面活性剂配合，使水的表面张力大大降低，可以在油面上铺展成水膜，适合于扑灭石油产品的火焰。

铬雾抑制剂是含氟表面活性剂的典型应用。在电镀金属铬的工业中，在镀铬池中，只有

8%～10%的铬最终用于铬涂层，其他以铬酸雾的形式逸出，既造成很大的损失，又对环境和人体有极大的污染和损害。因为镀铬溶液是强碱性、强氧化性的，普通碳氢链表面活性剂在其中很容易被破坏，导致碳氢链表面活性剂失去表面活性。碳氟链则非常稳定，甚至在三氧化铬（CrO_3）这样的强氧化剂溶液中也不被破坏，能充分发挥其表面活性。添加千分之几的全氟烷基磺酸盐，就能降低镀液的表面张力，在液面形成致密、稳定的细小泡沫层，能有效阻止铬酸雾的逸出，防止环境污染，保护工人健康，而且减少铬的损失。

在日用化学品方面，含氟表面活性剂也可发挥很好的作用。如在地板上光蜡中，将含氟表面活性剂溶于液体蜡，制成离子型或非离子型乳液，即乳液上光剂。地板擦过这种上光剂后，即有一层发亮的薄膜。家具用含氟表面活性剂处理后，可保持表面光洁，不易玷污。在粉状化妆品中加入少量含氟表面活性剂，可提高其憎水性和分散性，有利于涂敷均匀，感官细腻，保持性好。

将含氟表面活性剂加入杀虫剂中，能使杀虫剂更好地在植物叶子表面润湿和易于渗透到害虫体内，使杀虫剂效果更好。

一些全氟烃基的有机物，如全氟三丙胺、全氟三丁胺、全氟萘胺可用作血液替代品，在人体中起输送氧气的作用。

一般阴离子表面活性剂和阳离子表面活性剂混合，易产生沉淀，失去表面活性。而氟碳表面活性剂的阴离子和阳离子混合，不但不产生沉淀，在其阴、阳离子混合体系中形成了液晶，使水溶液的表面张力比各自的单独值还低，这可大大拓展其应用范围。

2.8.2　含硅表面活性剂

含硅表面活性剂是有机硅化合物（即聚硅氧烷化合物）的一类，结构与一般碳氢表面活性剂相似，也是由亲水基和憎水基两部分组成。亲水基是聚氧乙烯链、羧基或其他极性基团，憎水基是由硅氧烷链构成。含硅表面活性剂的合成一般是通过使有机硅中间体接上亲水基团，形成各种表面活性剂，也有阴离子、阳离子、非离子、两性离子四种类型。硅氧烷链憎水性大，因此硅表面活性剂具有良好的表面活性（见表2-15）。

表 2-15　几种含硅表面活性剂的表面张力

品　　种		表 面 张 力/(mN/m)
阴离子型	$(CH_3)_3Si(CH_2)_{10}SO_3Na$	30
	$(CH_3)_3C(CH_2)_{10}SO_3Na$	40～41
阳离子型	$(CH_3)_3Si(CH_2)_8N(CH_3)_3Br$	33
	$(CH_3)_3C(CH_2)_8N(CH_3)_3Br$	42～43
非离子型	$(CH_3)_3Si(CH_2)_6O(CH_2CH_2O)_{6\sim8}H$	29～30
	$(CH_3)_3C(CH_2)_6O(CH_2CH_2O)_{6\sim8}H$	35

含硅表面活性剂具有较高的耐热稳定性，Si—O—Si 键到350℃才开始断裂。含硅表面活性剂具有优良的润湿性能，对低能固体表面如聚苯乙烯类也能完全润湿。含硅表面活性剂在浊点以上具有良好的消泡性，是一种很好的抑泡剂。含硅表面活性剂对皮肤无刺激、无毒、安全，具有涂平性、润滑性、渗透性、脱模性、平滑性、抗静电性、乳化分散性、消泡

性和防雾性，在化妆品、卫生用品、金属加工、纤维加工、涂料油墨等行业都得到广泛应用。

非离子含硅表面活性剂的合成：

$$
\begin{array}{c}
\underset{\substack{|\\CH_3}}{\overset{\substack{CH_3\\|}}{CH_3-Si-CH_2-O}}\underset{\substack{|\\CH_3}}{\overset{\substack{CH_3\\|}}{-Si}}\cdots O\underset{\substack{|\\CH_3}}{\overset{\substack{CH_3\\|}}{-Si}}-OC_2H_5 + HO(C_2H_4O)_xR \xrightarrow{-C_2H_5OH}
\end{array}
$$

$$
\begin{array}{c}
\underset{\substack{|\\CH_3}}{\overset{\substack{CH_3\\|}}{CH_3-Si-CH_2-O}}\underset{\substack{|\\CH_3}}{\overset{\substack{CH_3\\|}}{-Si}}\cdots O\underset{\substack{|\\CH_3}}{\overset{\substack{CH_3\\|}}{-Si}}-O(C_2H_4O)_xR
\end{array}
$$

2.8.3 氟硅表面活性剂

将含氟的表面活性剂与有机硅材料反应键合可合成氟硅表面活性剂。该类表面活性剂结合了含氟表面活性剂和含硅表面活性剂的优点，具有良好的抗静电、防水、防污、防油的特点和耐寒、耐热、耐溶剂性，可应用于橡胶工业中作抗静电剂、脱模剂、偶联剂；也可用于油田开采中作驱油剂、破乳剂、降凝剂；用作建筑涂料中的助剂，可赋予涂层良好的防水、防污性能。

2.8.4 含其他元素的表面活性剂

含其他元素的表面活性剂还有含硫表面活性剂、含硼表面活性剂、含磷表面活性剂。

含硫表面活性剂可用于杀菌、杀虫等。

多元醇类化合物与硼酸反应生成的硼酸酯就是含硼表面活性剂的主要品种，含硼表面活性剂沸点高、不易挥发、耐高温、可水解，可用作高分子材料的抗静电剂、阻燃剂等。

2.8.5 冠醚型表面活性剂

在冠醚环（环状的聚氧乙烯）上引入疏水基后的化合物具有表面活性，称为冠醚表面活性剂，是一种非常有效的相转移催化剂。长链烷基冠醚可制成各种离子选择电极。

2.8.6 高分子表面活性剂

分子量在数千以上并具有表面活性的物质都属于高分子表面活性剂。高分子表面活性剂同样具有阴离子、阳离子、非离子、两性多种类型（表 2-16），也有天然的如藻朊酸钠、淀粉衍生物、蛋白质或多肽衍生物等天然高分子表面活性剂。

表 2-16 高分子表面活性剂的分类

类 型	天 然	半 合 成	合 成
阴离子型	海藻酸钠 果胶酸钠	羧甲基纤维素、羧甲基淀粉、甲基丙烯酸接枝淀粉	甲基丙烯酸共聚物、马来酸共聚物
阳离子型	壳聚糖	阳离子淀粉	聚乙烯基吡咯烷酮
非离子型	玉米淀粉	甲（乙）基纤维素	聚乙烯醇
两性型	蛋白质、多肽衍生物		

高分子表面活性剂不同于小分子表面活性剂，降低表面张力的能力一般，也不形成胶束，其去污力、起泡力和渗透力都较低，分子量数万以下的适合用作分散剂。但高分子表面活性剂在各种界面和表面上有良好的吸附性能，分散性和凝聚、增溶性能俱佳。由于许多高分子表面活性剂有良好的保湿作用、增稠作用，具有成膜性，黏附力高，所以也具有相当的乳化稳定性，可用作防水、防油、消泡、抗静电等。分子量百万以上的多用作絮凝剂。

2.8.7 生物表面活性剂

由细菌、酵母和真菌等微生物代谢产生的具有表面活性特征的化合物称为生物表面活性剂，主要有糖脂系生物表面活性剂、磷脂系生物表面活性剂、脂肪酸系生物表面活性剂、高分子系生物表面活性剂（脂多糖）。以糖脂类表面活性剂为主，有鼠李糖脂、槐糖脂、海藻糖脂和甘露赤藓糖醇酯等。

2.8.8 特殊结构表面活性剂

特殊结构表面活性剂主要有两种，即 Gemini 型和 Bola 型表面活性剂。

与一般的表面活性剂结构不同，Gemini 型表面活性剂由三部分组成：疏水基、亲水基和连接基，如图 2-24 所示。包含两个疏水基，两个亲水基，相当于是由两个传统的阳离子表面活性剂通过连接基将它们的亲水端连接形成一个二聚的表面活性剂。连接基团可以是聚亚甲基、聚氧乙烯基、聚氧乙烯基等柔性基或亚甲苯基、对苯乙烯基等刚性基。

疏水基　　亲水基　连接基　亲水基　　疏水基

图 2-24　Gemini 型表面活性剂的结构

根据 Gemini 型表面活性剂亲水基的不同，同样可以分为阳离子型、阴离子型、非离子型等表面活性剂。最早合成的 Gemini 型表面活性剂是阳离子型的，目前研究最多的也是 Gemini 型阳离子表面活性剂。Gemini 型阳离子表面活性剂一般可溶于水、乙醇、丙酮等极性溶剂，这种表面活性剂分子中增加了一条疏水链，在水溶液中的临界胶束浓度比单阳离子的要低 1～3 个数量级，有很低的克拉夫脱点，温度利用范围比较大，也更容易在表面做定向排列。Gemini 型表面活性剂通常在水中形成线形、双层或树枝状胶团。

Gemini 型阳离子表面活性剂与普通阳离子表面活性剂相比，更易吸附在气液界面上，更容易形成胶团，从而更能降低水溶液的表面张力。Gemini 型阳离子表面活性剂具有良好的钙皂分散性，是优良的润湿剂，有更好的发泡和稳泡性能。可用作织物柔软剂、抗静电剂、化妆品中的乳化剂、头发调理剂、胶体稳定剂等。

Bola 型表面活性剂是由两个亲水的极性基团用一根或多根疏水链连接键合起来的化合物，形似南美土著人的一种武器 Bola（由一根细绳两端各连接一个小球）而得名，结构如图 2-25 所示。

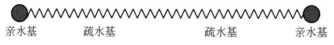

亲水基　　　疏水基　　　　疏水基　　　亲水基

图 2-25　Bola 型表面活性剂的结构

Bola 型表面活性剂的疏水基可以是饱和或不饱和的碳氢链，也可以是碳氟链。根据两端亲水基的不同，同样可分为阳离子型、阴离子型和非离子型。另外根据疏水基两端连接的亲水基是否相同，Bola 型表面活性剂还可分为对称型和不对称型。根据分子结构的不同，Bola 型表面活性剂又可以分为单链型、半环型和环型（双链）。

当疏水基相同时，Bola 型表面活性剂因为具有两个极性头，亲水性更强，在水中的溶解度更好，Krafft 点也更低，所以 Bola 型表面活性剂的室温溶解性更好，具有较高的临界胶束浓度。与传统的表面活性剂相比，Bola 型表面活性剂降低水表面张力的能力不是很强，其最大特点是有两个临界胶束浓度，第一 CMC 和第二 CMC，只有当浓度大到和超过第二 CMC 后才形成胶束。Bola 型表面活性剂较少应用于传统表面活性剂应用领域，而是在新型介孔材料和纳米材料制备领域和生物医药领域有潜在的良好应用前景。

2.8.9　特殊功能表面活性剂

特殊功能表面活性剂主要有反应型、手性、开关型、螯合型、光敏型和可解离型表面活性剂。

反应型表面活性剂是一种带有反应基团的表面活性剂，其分子由三部分组成：亲水基、亲油基和反应基团。这种表面活性剂带有的反应基团能与所吸附的基体发生化学反应，永久地键合到基体表面，反应后不丧失表面活性，从而对基体起表面活性作用。主要有 pH 响应性表面活性剂、二氧化碳响应性表面活性剂、光响应性表面活性剂、磁性表面活性剂、氧化还原响应性表面活性剂、酶响应性表面活性剂和温度响应性表面活性剂等。

开关型表面活性剂既有乳化功能又有破乳功能。溶于水中的开关型表面活性剂会因电化学、光化学或其他化学反应而发生分子结构的变化而丧失表面活性，从而改变表（界）面张力，实现破乳。

手性表面活性剂是含有手性中心的表面活性剂，除具有一般表面活性剂的性能外，还具有手性分子的特性，可用于不对称合成、手性识别和手性分离。

螯合型表面活性剂则同时具有螯合性和表面活性，可以解决洗涤剂中添加含磷螯合剂导致的水体富营养的环境问题。

光敏型表面活性剂含有光敏基团，在光照和无光照条件下分子结构或胶束结构会发生变化，可应用于表面活性剂从水溶液中分离的环境修复、胶束包裹药物等有效成分的可控释放等方面。

2.9　表面活性剂的分析

在对表面活性剂进行定性或定量分析前，应去除干扰物。一般的表面活性剂中可能含有的干扰物有无机盐、水分、油脂、矿物油、有机溶剂等，常见干扰物和去除方法见表 2-17。

表 2-17　表面活性剂中常见干扰物和去除方法

干 扰 物	去 除 方 法	干 扰 物	去 除 方 法
无机盐	热乙醇	矿物油	有机溶剂萃取
有机溶剂	水蒸气蒸馏	水分	减压干燥、旋转蒸发器
油脂	有机溶剂萃取		

表面活性剂定性方法主要有以下几种。

（1）离子型表面活性剂

① **电解法**　用 5% 的表面活性剂水溶液，以铜作电极，在 45V 电压下电解。如果表面活性剂离子在阳极附近沉降而形成黏性层则是阴离子表面活性剂；反之则是阳离子表面活性剂。该法耗时较长，不常使用。如果表面活性剂在水中的溶解度较低也不能用此法。

② **用已知离子型的表面活性剂判定**　当表面活性剂离子遇到带相反电荷的表面活性剂离子时，能相互作用失去亲水性而产生沉淀。对离子型表面活性剂一般用 1% 的就可以了。如果表面活性剂在溶液中超过 1%，体系中过剩的表面活性剂有增溶作用而看不到沉淀，影响测定结果。

③ **用电荷相反的染料离子判定**　当将带相反电荷的离子性染料加入离子型表面活性剂溶液中时，离子型表面活性剂会与带相反电荷的染料离子结合形成络合物，使染料的亲水性降低，并产生颜色变化。由于染料离子的颜色与染料离子——表面活性剂络合物的颜色明显不同，由此可判断是否有络合物生成，从而判定表面活性剂的离子类型。常用染料和显色现象见表 2-18。

表 2-18　离子型表面活性剂鉴定常用染料和显色现象

测定方法	现　　象	结　　果
亚甲基-氯仿法	氯仿层显蓝色	阴离子型
百里酚蓝法	溶液呈红紫色	阴离子型
溴酚蓝法	溶液呈深蓝色	阳离子型
	溶液呈紫色荧光的亮蓝色	氨基酸型、甜菜碱型两性表面活性剂
Bürger 法	水层呈绿色,石醚层无色,两相界面绿色或无色	无表面活性剂
	水层呈黄色,石醚层无色,两相界面深蓝色	阴离子型
	水层呈蓝色,石醚层无色,两相界面为黄色	阳离子型
	两相界面形成薄薄的乳浊液层	非离子型

（2）非离子型表面活性剂

浊点试验　非离子型表面活性剂在水中的溶解度随温度升高会降低，当温度升到一定值（浊点）后，非离子表面活性剂在水溶液中析出，溶液突然变混浊。加热待测的表面活性剂溶液，如果能在某一温度观察到溶液变混浊，即可判定该溶液中含有非离子表面活性剂。

（3）仪器鉴定法

可用于表面活性剂分析鉴定的仪器有红外光谱法（IR）、薄层色谱法（TLC）、核磁共振法、元素分析仪、高效液相色谱法（HPLC）。凝胶渗透色谱（GPC）主要用于分析非离子表面活性剂。

2.10　表面活性剂的新进展

目前表面活性剂以石油基表面活性剂为主，十二烷基磺酸盐阴离子表面活性剂用量最大，国内以磺化为代表的阴离子表面活性剂生产规模饱和，但高品质、特殊功能的表面活性剂市场紧缺，依赖进口。

近年来，天然油基的绿色表面活性剂在逐渐取代石油基表面活性剂，AES、SAS、MES 的用量逐年增加，APG、AEO 和 FMEE 等天然醇系为主的非离子表面活性剂发展迅速，高效、低刺激、易生物降解、低毒甚至无毒的生物、天然表面活性剂的开发和应用日渐增多。

在表面活性剂的应用方面，除传统的洗涤剂、化妆品等应用外，表面活性剂在新型介孔材料制备、土壤修复、分离、反应领域的应用也日益广泛。

同时，表面活性剂使用过程可能产生的环境风险也日益引起人们的关注。如已被广泛用于石油烃污染土壤的增效修复的表面活性剂，在土壤中的残留可能会破坏地下水环境；水中表面活性剂对人体的潜在危害的研究也日益增多。

● 习 题

2-1 表面活性物质和表面活性剂有什么异同点？

2-2 判断"分子结构式中同时包含亲水基团和亲油基团的物质就是表面活性剂"这句话的对错，并简述原因。

2-3 临界胶束浓度 CMC 与 HLB、浊点、克拉夫脱点之间有何关联？

2-4 表面活性剂的活性与 CMC 的大小有何关联？

2-5 阳离子表面活性剂可用作润湿剂吗？为什么？

2-6 哪种表面活性剂具有柔软平滑作用？为什么？

2-7 表面活性剂为什么具有抗静电作用？

2-8 阴离子表面活性剂的去污力与碳链原子数之间有何关系？

2-9 阳离子表面活性剂能否用于衣物洗涤去污？

2-10 非离子表面活性剂的 HLB 与 EO 加成数有什么关系？

2-11 分析 Span 类产品与 Tween 类产品的亲水亲油性能差异。

2-12 解释含氟表面活性剂的"三高二憎"。

2-13 高分子表面活性剂的应用主要有哪些？

2-14 电镀铬工业中，将＿＿＿＿＿＿表面活性剂加入电解液中，阻止铬酸雾的逸出，防止环境污染，并有利于铬的回收利用。

　　A. 含氟　　　　　　　B. OP-9　　　　　　　C. 阳离子　　　　　　D. 含硅

2-15 下列表面活性剂 HLB 值最小的是＿＿＿＿＿＿，最大的是＿＿＿＿＿＿。

　　A. $C_{12}H_{25}(OC_2H_4)_6OH$ 　　　　　　　　B. $C_{12}H_{25}C_6H_4SO_3Na$

　　C. $C_{10}H_{21}C_6H_4SO_3Na$ 　　　　　　　　D. $C_{10}H_{21}SO_3Na$

　　E. $C_{14}H_{29}(OC_2H_4)_6OH$

2-16 下列表面活性剂临界胶束浓度最大的是＿＿＿＿＿＿，最小的是＿＿＿＿＿＿。

　　A. $C_{12}H_{25}(OC_2H_4)_7OH$ 　　　　　　　　B. $C_{12}H_{25}(OC_2H_4)_5OH$

　　C. $C_{10}H_{21}(OC_2H_4)_7OH$ 　　　　　　　　D. $C_{10}H_{21}(OC_2H_4)_9OH$

　　E. $C_{14}H_{29}(OC_2H_4)_5OH$

2-17 　A. $C_{12}H_{25}(OC_2H_4)_4OH$ 　　　　　　　B. $RNH_2CH_2CH_2COO^-$

　　C. $C_{16}H_{33}N(CH_3)_3Cl$ 　　　　　　　　D. $C_{12}H_{25}O(OC_2H_4)_2SO_4Na$

　　E. $R{-}N[CH_2{-}CH_2{-}(CH_2CH_2O{-})_n OCH_2{-}CH_2OH]_2$

　　＿＿＿＿＿＿是阴离子表面活性剂，＿＿＿＿＿＿是阳离子表面活性剂，＿＿＿＿＿＿是非离子表面活性剂，_____是两性表面活性剂。

2-18 下列表面活性剂中，Krafft 点最高的是_____，最低的是_____。

A. $C_8H_{17}COO(CH_2)_2SO_3Na$ 　　　　　B. $C_{10}H_{21}COO(CH_2)_2SO_3Na$

C. $C_{12}H_{25}COO(CH_2)_2SO_3Na$ 　　　　D. $C_{14}H_{29}COO(CH_2)_2SO_3Na$

2-19 亲水基团相同的表面活性剂，亲油基碳链越长，增溶能力越_____。

2-20 对于聚氧乙烯醚类型的非离子表面活性剂，在碳链相同的情况下，随着聚氧乙烯醚亲水链长度的增加，其 CMC _____，HLB 值_____，浊点_____。

2-21 四种表面活性剂的浊点如下，不能在室温下使用的是_____。

A. $C_9H_{19}C_6H_4(C_2H_4O)_8H$　23.9℃　　　B. $C_9H_{19}C_6H_4(C_2H_4O)_{10}H$　62.5℃

C. $C_9H_{19}C_6H_4(C_2H_4O)_{50}H$　111℃　　D. $C_9H_{19}C_6H_4(C_2H_4O)_{17}H$　99.5℃

2-22 已知一些表面活性剂及其 CMC，其中_____的 HLB 值最大，_____的 HLB 值最小。

A. $C_8H_{17}SO_3Na$ 　　　　　　　　　　CMC：1.6×10^{-1} mol/L

B. $C_{16}H_{33}N^+(CH_3)_2CH_2C_6H_4Cl^-$ 　　CMC：9.0×10^{-4} mol/L

C. $C_6H_{13}O(CH_2CH_2O)_6H$ 　　　　　　CMC：7.4×10^{-2} mol/L

D. $C_{12}H_{25}O(CH_2CH_2O)_7H$ 　　　　　CMC：8.0×10^{-5} mol/L

2-23 下列表面活性剂中，_____可以在硬水中使用。

A. 月桂酸钠 　　　　　　　　　　B. 月桂酸三乙醇胺

C. 月桂酸聚乙二醇酯 　　　　　　D. 月桂酸钾

2-24 有关表面活性剂的乳化作用和分散作用的区别，下列描述错误的是_____。

A. 乳化作用是互不相溶的两种液体中的一相以微滴状分散于另一相中；分散作用是一相以微粒状固体均匀分散于另一液相中

B. 乳化形成的溶液称为乳化液，分散形成的溶液称为悬浮液

C. 乳化剂都是非离子型的，分散剂都是离子型的

D. 一种表面活性剂可以用作乳化剂，也可以用作分散剂

2-25 在一个充满泡沫的水桶中，加入以下物质中的_____可以迅速消泡。

A. 对甲苯磺酸钠 　　　　　　　　B. 十六烷基甜菜碱

C. Tween80 　　　　　　　　　　D. 十二醇

第3章

日用化学品

日用化学品是人们在日常生活中所需的化学产品。1958年我国开始生产合成洗涤剂，从此开始形成独立的日用化学工业。进入20世纪80年代以后，随着社会的发展、人们生活水平的提高，日用化学工业得以快速发展，日用化学工业总产值逐年增长，2005年中国日用化学品的产值达到1370亿元。2013年日化行业的主营业务收入增加为3866.54亿元。2023年我国化妆品出口达到457.6亿元。日用化学品已成为人们衣、食、住、行等日常生活的重要组成部分。日用化学品种类繁多，但迄今为止，洗涤用品和化妆品仍是日用化学品的主体。

3.1 洗涤剂

所谓洗涤剂是指以去污为目的而设计复配的制品。通常是由主要组分表面活性剂（活性组分）和辅助组分助洗剂、添加剂等组成。

3.1.1 洗涤原理

通常意义上的洗涤是指从载体（这里所说的载体是指需清洗的物体如衣服、餐具、水果、窗户玻璃等）表面去除污垢的过程。在洗涤时，通过洗涤剂的作用以减弱或消除污垢与载体之间的相互作用，使污垢和载体的结合转变为污垢与洗涤剂的结合，最终通过清洗等方法使污垢与载体脱离。因为被清洗的对象和污垢是多种多样的，所以洗涤是一个十分复杂的过程，洗涤作用的基本过程可用下面的简单关系表示：

$$载体·污垢＋洗涤剂 \rightleftharpoons 载体＋污垢·洗涤剂$$

洗涤过程一般可分为两个阶段，一是在洗涤剂的作用下，污垢与载体分离；二是脱离下来的污垢被分散、悬浮于介质中，不再聚集沉积在载体表面。洗涤过程是一个可逆过程，分散、悬浮于洗涤剂中的污垢也有可能重新沉淀到被洗物上。因此，一种优良的洗涤剂除了具有使污垢易于脱离载体的能力外，还应有较好的分散和悬浮污垢、防止污垢再沉积的能力。

污垢通常分为固体污垢、液体污垢两大类。固体污垢主要是泥沙、灰尘、烟灰、纤维、皮屑等不溶于水的细微颗粒。液体污垢有油性污垢和水溶性污垢。油性污垢主要是一些动植物油脂、矿物油、脂肪酸、脂肪醇等。水溶性污垢包括糖、淀粉、果汁、有机酸、血、蛋白质、尿以及无机盐等。

污垢在物体上的黏附有物理性黏附和化学性黏附两种，物理性黏附又分机械力黏附和静电黏附两种。

去除污垢洗涤的过程一般认为有以下几个步骤（图 3-1）：

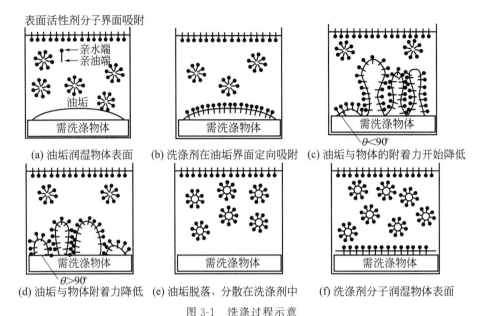

（a）油垢润湿物体表面　（b）洗涤剂在油垢界面定向吸附　（c）油垢与物体的附着力开始降低

（d）油垢与物体附着力降低　（e）油垢脱落、分散在洗涤剂中　（f）洗涤剂分子润湿物体表面

图 3-1　洗涤过程示意

① 吸附，洗涤剂中的表面活性剂在污垢及载体的界面发生定向吸附；

② 润湿与渗透，由于表面活性剂的界面定向吸附，洗涤剂可渗透到污垢和载体之间，使洗涤剂润湿载体，降低污垢与载体的附着力；

③ 污垢的脱落，污垢与载体的附着力降低后，再施加外力作用，促使污垢从载体表面脱落；

④ 污垢的分散与稳定，从载体表面脱落的污垢被分散、被乳化或被增溶在洗涤剂溶液中，保证脱落的污垢不再附着于洗净的载体表面。

洗涤过程涉及的体系复杂多样，因而影响洗涤作用的因素众多，主要的物理、化学因素有以下几方面。

（1）吸附作用

即表面活性。洗涤剂的必要组分之一是表面活性剂，因此大多数优良的洗涤剂溶液均具有较低的表面张力与界面张力。根据固体表面润湿的原理，对于一定的固体表面，液体的表面张力越低，通常润湿性能越好，所以洗涤剂中的表面活性剂分子能够逐渐向污垢和载体之间渗透并按其基团的极性进行定向吸附，一方面使污垢与载体之间的界面张力大幅度地降低，结合开始松弛；另一方面污垢因吸附表面活性剂分子而承受一种挤压的力，加上水的浮力，污垢就与载体脱离而进入洗涤液中，即所谓的污垢的卷离。

阳离子表面活性剂通常不宜作洗涤剂主要组分。这是由于在水中大多数污垢和纤维都带负电，溶液中的阳离子表面活性剂会以亲水端朝向固体表面，在固体表面形成亲油端朝外的单分子层膜，使固体表面疏水，不易润湿，易黏附油污，产生反洗涤作用。故阳离子表面活性剂虽然有较低的表面张力，但是并不利于洗涤。

（2）乳化作用

如果污垢是油污类，当油污吸附表面活性剂分子后，油水间的界面张力降低，油和水即可发生乳化作用，形成水包油型乳状液而不再附着于载体表面。

（3）增溶作用

洗涤剂溶液中的表面活性剂浓度达到临界胶束浓度以后，表面活性剂分子在溶液中即可集聚在一起而形成胶束。这些亲油基向内、亲水基向外的胶束能把不溶于水的污垢包容到胶束内部而使其随着胶束"分散"到水中而增溶。从而使油污不可能再沉积，提高洗涤效果。疏水基烃链长或含不饱和烃链的表面活性剂增溶效果好，非离子表面活性剂比阴离子表面活性剂的增溶能力强。

在一般的洗涤去污过程中，表面活性剂的用量很少，洗涤液中表面活性剂的浓度往往达不到临界胶束浓度。在洗涤过程中，在临界胶束浓度下，表面张力随表面活性剂浓度的增加而降低，表面活性随之提高，洗涤作用也随之增强。胶团的增溶作用并不是去污的主要因素，表面活性才是影响洗涤的主要因素。

（4）分散作用

表面活性剂分子能使固体污垢不聚集、沉积，分散悬浮在水溶液中，不容易再被吸附到载体表面上去。在溶液中含有一些有机助剂，如羧甲基纤维素等，和一些无机助剂，如泡花碱和磷酸盐等，可以提高固体微粒悬浮液的稳定性。

（5）泡沫作用

人们习惯上认为洗涤剂的好坏决定于泡沫的多少。实际并非如此，许多经验和研究结果都表明，洗涤作用与泡沫作用没有直接关系。但是泡沫在洗涤制品的使用中经常是不可缺少的，如洗发或洗浴时有丰富细腻的泡沫使人感到滑润舒适，令人感到愉快。

泡沫还起到携带污垢的作用。对于泡沫丰富的洗涤液而言，泡沫可以作为洗涤液是否有效的一个标志，因为脂肪性油污对洗涤液的起泡力有抑制作用，当脂肪性油污过多而洗涤剂的加入量不够时，洗涤液就不会生成泡沫，并使原有的泡沫消失。

洗涤去污过程是多种因素作用的结果。表面活性剂分子的表面活性使污垢易于从载体表面卷离是洗涤去污的主要因素。乳化、分散和增溶在防止污垢再沉积方面起主要作用。

表面活性剂疏水基的碳数多少也对洗涤剂的去污效果有影响。当亲水端相同时，先是随着碳数的增加，去污力提高。达到最大值后，随着碳数的继续增加，表面活性剂的溶解度逐渐变差，去污能力逐渐降低。为达到良好的洗涤作用，用于洗涤的表面活性剂应达到适当的亲水基与亲油基平衡，其亲水亲油平衡值 HLB 值在 13～15 为宜。

3.1.2 洗涤剂用表面活性剂

在洗涤剂中起主要去污作用的是表面活性剂，也称为活性物质。它们在水中能迅速溶解，并能显示出良好的去污、起泡、增溶、乳化、润湿、分散等性能。在洗涤剂中加入哪种表面活性剂以及加入量的多少，对洗涤剂的整体质量影响很大。

洗涤剂中使用的表面活性剂主要有烷基苯磺酸钠、脂肪醇硫酸盐、α-烯基磺酸盐、脂肪醇聚氧乙烯醚硫酸盐、烷基硫酸盐、脂肪醇聚氧乙烯醚、烷基苷。

烷基苯磺酸钠是洗涤剂中用量最多的表面活性剂，以 C_{11}～C_{12} 的线型烷基苯磺酸钠为主。脂肪醇硫酸盐（AS）是重垢织物洗涤剂、轻垢液体洗涤剂、餐具洗涤剂、地毯清洗剂的主要成分。脂肪醇聚氧乙烯醚硫酸盐（AES）主要用于液体洗涤剂中。烷基苷（APG）是 20 世纪 90 年代开发的一种新型表面活性剂，具有高表面活性、泡沫丰富、去污力强，易与其他表面活性剂配伍。烷基苷无毒，无刺激，能迅速生物降解，已成为新的洗涤剂用表面活性剂，用于配制洗衣粉、餐具洗涤剂、液体洗涤剂等合成洗涤剂。

由于表面活性剂之间的协同效应，洗涤剂配方中，采用两种或两种以上的表面活性剂，可有效提高其表面活性，去污效果好。在表面活性剂总含量相同的条件下，两种或两种以上的表面活性剂的有关性能，特别是去污能力要比单一表面活性剂为好。

3.1.3 洗涤剂用辅助原料

合成洗涤剂中除表面活性剂外还要有各种助剂，才能发挥良好的洗涤能力。助剂本身有的有去污能力，但很多本身没有去污能力，但加入洗涤剂后，可使洗涤剂的性能得到明显的改善，减少表面活性剂的用量、降低成本，称为洗涤助剂或助洗剂，也有称为洗涤强化剂或去污增强剂的。助洗剂是洗涤剂中必不可少的重要组分。助洗剂按其结构分为无机助洗剂和有机助洗剂两大类。也可按洗涤助剂的功能分，主要有硬水软化剂、碱性缓冲剂、抗污垢再沉积剂、增稠剂、增溶剂、摩擦剂、荧光增白剂、漂白剂、起泡剂、稳泡剂、抑泡剂、消泡剂、柔软剂、防腐剂、抗菌剂、酶、香精、色素、珠光剂等。

(1) 硬水软化剂

硬水软化剂主要是螯合剂和离子交换剂。洗涤用水不同程度的都含有钙、镁等离子，会降低洗涤效果、使织物变色、手感发硬等。加入螯合剂和离子交换剂，可以将金属离子螯合在水中和固定在离子交换剂中，保持洗涤剂的高去污效果。起硬水软化作用的可以是能螯合金属离子的无机助剂聚合磷酸盐、能与水中金属离子交换的分子筛和可与金属离子发生络合反应的有机络合剂等。

① 聚合磷酸盐 聚合磷酸盐有许多品种，在洗涤剂中使用的主要有三聚磷酸钠（又称磷酸五钠）、焦磷酸四钠（或钾）、三偏磷酸钠和六偏磷酸钠等。

在洗涤剂中磷酸盐主要是起螯合水中钙、镁等离子的作用，可降低水的硬度，使水软化。水中的钙、镁等金属离子通过复分解反应而进入磷酸盐分子的阴离子之中：

$$Na_2^{2+}(Na_2P_2O_7)^{2-} + Mg^{2+}Cl_2^{2-} \longrightarrow Na_2^{2+}(MgP_2O_7)^{2-} + 2NaCl$$

焦磷酸四钠

$$Na_3^{3+}(Na_2P_3O_{10})^{3-} + Ca^{2+}Cl_2^{2-} \longrightarrow Na_3^{3+}(CaP_3O_{10})^{2-} + 2NaCl$$

三聚磷酸钠

各种聚磷酸盐螯合钙、镁离子的能力不同。对钙离子的螯合能力以六偏磷酸钠为最大，对镁离子则以焦磷酸四钠的螯合能力最大；三聚磷酸钠对钙、镁的螯合能力介于两者之间。

聚合磷酸盐是洗涤剂中用量最大的无机助剂，除了起螯合水中钙、镁等离子的作用外，它还能与肥皂或 LAS 等表面活性剂产生协同效应，可使油脂乳化、无机固体粒子胶溶从而使洗涤剂达到更好的去污效果。聚合磷酸盐在洗涤液中还能起到碱性缓冲作用，使洗涤剂溶液的 pH 值保持在适宜的范围内，pH 值不发生大幅度的变化。在粉状洗涤剂中加入聚合磷酸盐类助剂，能使产品不吸潮、不结块，使产品具有良好的流动性。

近年来，由于水域污染，造成藻类大量繁殖，我国从 20 世纪 80 年代开始太湖、滇池等水域以及一些近海海域发生水藻爆发和赤潮现象，其主要原因之一就是水中富含磷，造成水体富营养化，使水域生态系统遭到破坏。因此近年来洗涤剂中磷的用量受到限制，我国一些地区如太湖流域、滇池、杭州、深圳、山东省和辽宁省等地相继出台了强制性使用无磷洗涤剂的规定。寻求在价格、性能等方面可以完全取代聚合磷酸盐的无磷助洗剂，发展无磷合成洗涤剂是今后合成洗涤剂的重要发展方向之一。

② **分子筛**　主要是 4A 型分子筛。分子筛可与钙离子、镁离子交换，起到软化硬水的作用，是聚合磷酸盐的替代品，是重要的无磷助洗剂。提高分子筛的白度、降低粒度、提高它的钙镁离子交换能力，能有效提高分子筛的使用效果。

③ **有机络合剂**　络合剂可以和硬水中的钙、镁离子等螯合，形成溶解性的络合物，消除这些金属离子对表面活性剂、过氧化物漂白剂、荧光增白剂等的不良影响，提高洗涤剂的去污性能。有机络合剂有乙二胺四乙酸（EDTA）、乙二胺四乙酸二钠（EDTA-2Na）、氮川三乙酸钠、柠檬酸钠等。乙二胺四乙酸二钠为白色粉末，易吸湿，极易溶于冷水与微温水中。水溶液呈弱碱性，在高温及碱性介质中均稳定，络合金属离子的能力不受温度的影响。

乙二胺四乙酸二钠能与许多金属离子（碱金属除外）形成较稳定的络合物，乙二胺四乙酸二钠与二价金属离子（如钙离子 Ca^{2+}、镁离子 Mg^{2+}）形成的络合物在碱性或微酸性溶液中都很稳定，与三价金属离子如铁离子 Fe^{3+}、铝离子 Al^{3+} 形成的络合物，在 pH 值为 $1\sim2$ 的溶液中很稳定，与四价金属离子，如钛离子 Ti^{4+} 形成的络合物甚至在 pH 值小于 1 的溶液中就很稳定。乙二胺四乙酸二钠可在极短的时间里络合大多数金属离子，但室温下络合铬离子 Cr^{3+}、铁离子 Fe^{3+}、铝离子 Al^{3+} 较慢，加热可促使络合反应加速进行。

常用的氮川三乙酸钠（次氨基三乙酸钠）为一水化合物，分子式为 $N(CH_2COONa)_3 \cdot H_2O$，为白色粉末，易溶于水，有典型的乙酸铵气味。它可将硬水中的钙、镁离子络合成溶于水的络合物，从而达到软化硬水的效果。反应式如下：

次氨基三乙酸钠在硬水中的软化效率与水溶液的温度成正比例，温度升高，效率增加。可代替磷酸盐用于家用洗涤剂中。

柠檬酸钠是白色晶体或粒状粉末，相对密度 1.857(23.5℃)。150℃失去结晶水，加热分解，在潮湿空气中受潮，在热空气中产生风化现象，易溶于水，不溶于乙醇。水溶液的 pH 值为 8。柠檬酸钠可用作合成洗涤剂的无磷软水助剂，代替三聚磷酸钠，能起到络合洗涤液中的钙、镁离子的作用。

改性聚丙烯酸钠、改性淀粉等大分子聚合物能络合水中的钙、镁离子，也是无磷硬水软化剂的研究开发方向。

(2) 碱性缓冲剂

碱性缓冲剂可使洗涤液在洗涤过程中维持一定的碱性，保持洗涤液的去污能力。碳酸盐和硅酸盐是常用的碱性缓冲剂。硅酸盐通常和碳酸盐配伍使用，是无磷洗涤剂的主要助剂。

① **碳酸盐**　洗涤剂中添加的碳酸盐主要有碳酸钠、碳酸氢钠、倍半碳酸钠和碳酸钾等。在浓缩洗衣粉中，碳酸钠是最重要的助剂之一。在洗涤剂中配入一定的碳酸钠，不仅可以降低临界胶束浓度，还可以使洗涤液保持一定的碱度，使洗涤系统在遇到酸性污垢时仍能具有足够的 pH，而不至于降低去污力。

洗涤剂中碳酸钠含量过高（如超过 0.25% 时），对织物纤维的强度有一定影响，对皮肤也有刺激作用。用于洗涤丝、毛和人造纤维等织物的洗涤剂，不能配加纯碱。

② **硅酸盐**　主要有偏硅酸钠和水玻璃等。硅酸盐加入洗涤剂中，有缓冲洗涤剂溶液碱性的作用，可维持洗涤剂溶液的 pH 稳定。硅酸盐还有保护作用，可以使纤维织物强度不受损伤。硅酸盐的软化硬水作用、抗腐蚀作用、泡沫稳定作用以及良好的悬浮力、乳化力、润

湿力使它成为洗涤剂的主要助洗剂。粉状洗涤剂使用硅酸盐还能起到防结块的作用，可使粉状洗涤剂松散，易流动。

（3）抗污垢再沉积剂

抗污垢再沉积剂即携污剂。一些水溶性高分子化合物，如羧甲基纤维素、聚乙二醇、聚乙烯吡咯烷酮和聚乙烯醇等与污垢有很强的结合能力，能把污垢包围并分散在水中。防止污垢集聚再沉积在已洗净的物体表面。

① **羧甲基纤维素**　羧甲基纤维素由纤维素（聚合葡萄糖）与氯乙酸反应，羧甲基（—CH_2COOH）取代葡萄糖单元上的羟基（—OH）而制得。羧甲基纤维素在水中的溶解量较小，且溶解速度缓慢，故一般使用它的钠盐，即羧甲基纤维素钠。羧甲基纤维素钠本身无去污作用，它在洗涤剂中的主要作用是防止污垢的再沉积。羧甲基纤维素钠对棉织物的抗污垢再沉积效果好于合成纤维织物和毛织物的。羧甲基纤维素钠还能提高洗涤剂的起泡力、泡沫稳定性、稠度、抑制洗涤剂对皮肤的刺激作用。

② **聚乙烯吡咯烷酮（PVP）**　N-乙烯吡咯烷酮（N-vinylpyrrolidone，NVP）在适当的引发剂作用下，或者光照下即可发生聚合反应得到聚乙烯吡咯烷酮。

常用的聚乙烯吡咯烷酮产品的分子量为 $5000 \sim 700000$。商品 PVP 是白色、乳白色或略带黄色的固体粉末，也有以 $30\% \sim 60\%$ 水溶液出售的供不同用途的工业品。PVP 是一种水溶性高分子化合物，在洗涤剂溶液中，能有效防止污垢再沉积。

③ **聚乙烯醇**　为白色或微黄色粉末，分子式 $\left\lparen CH_2CHOH \right\rparen_n$。常用的聚乙烯醇的分子量为 $30000 \sim 220000$。干燥无塑性的聚乙烯醇为白色粉末，在 $200℃$ 时软化分解，能溶于水，不溶于石油溶剂。在合成洗涤剂工业上被用作抗再沉积剂，比羧甲基纤维素性能优越，可完全替代羧甲基纤维素。

（4）漂白剂、荧光增白剂

① **过碳酸钠**　是碳酸钠与过氧化氢结合而成的产物，其分子式为 $2Na_2CO_3 \cdot 3H_2O_2$。过碳酸钠溶解于水中后解离出 H_2O_2，产生很强的漂白作用。在彩漂洗衣粉和杀菌洗衣粉中使用。

② **过硼酸钠**　与过碳酸钠一样，属于含氧类漂白剂，溶于水生成过氧化氢，具有较强的漂白作用，可复配制成高效彩漂洗衣粉，与普通洗衣粉相比具有更强的去污力和增白性，且不会损伤原物颜色，能有效地除去血渍、茶锈、汗迹等难洗涤污垢，使白色衣物更加洁白，花色更加鲜艳。

过硼酸钠的商品有两种形式，一种是四水合过硼酸钠，另一种是单水合过硼酸钠。四水合过硼酸钠（$NaBO_3 \cdot 4H_2O$）在 $60℃$ 以上的热水中才有最佳效果，多为习惯温水洗涤的欧美等国用作洗衣粉中的添加剂。单水合过硼酸钠（$NaBO_3 \cdot H_2O$）水溶解性好，能在低温下迅速分解释放出高含量活性氧。

③ **次氯酸钠（钙）**　用于织物的漂白，也用于水的杀菌消毒。

④ **荧光增白剂**　荧光增白剂是指那些能发射出荧光的化合物。根据 QB/T 2953—2008《洗涤剂用荧光增白剂》标准规定，用于洗涤剂的荧光增白剂分为两大类：二苯乙烯基联苯类和双三嗪氨基二苯乙烯类，为白色、淡黄色或淡黄绿色粉末状或细颗粒状的。

$$MO_3S-\!\!\!\!-\!\!\!\!\!\bigcirc\!\!\!\!-CH\!\!=\!\!CH-\!\!\bigcirc\!\!-\!\!\bigcirc\!\!-CH\!\!=\!\!CH-\!\!\bigcirc\!\!-SO_3M$$

二苯乙烯基联苯类

双三嗪氨基二苯乙烯类

荧光增白剂的增白作用是一种光致发光的物理现象，不是漂白化学反应。荧光增白剂既可吸收紫外线，也能反射可见光。按照斯托克斯定则，其发射光的波长比吸收光的波长要长。在紫外线光源的照射下，增白剂吸收波长为 300~400nm 的紫外线后，发射出波长为 400~500nm 的可见光，因而产生了荧光。这些荧光与微黄色调互补而显示白色，例如，我国国产的 33 号荧光增白剂的最大吸收波长为 350nm，最大荧光发射波长为 443nm，色调为蓝色荧光。增白剂在洗衣粉中的配加量一般为 0.1%~0.5%，超过 0.3% 后，容易引起泛黄。纺织工业洗涤坯布用的洗衣粉（去污剂）中不宜添加荧光增白剂，否则织物在印染时将产生斑点。

（5）增稠剂

随着我国液体洗涤剂市场的发展，增稠剂也成为重要的一种洗涤助剂。增稠剂能提高液体洗涤剂的黏度，改变产品外观，提高产品的稳定性，并使消费者产生产品的活性物多的印象。常见的增稠剂有无机盐类，如氯化钠（或钾、铵）、单（或二）乙醇胺氯化物等，最常用的是氯化钠，增稠效果明显。但这类增稠剂的加入量不能过量，过量反而使体系黏度降低。长碳链的脂肪醇和烷醇酰胺也能起到增稠作用。大分子的纤维素类和高分子聚合物、天然胶、无机高分子化合物如蒙脱石等都是常用的增稠剂。

（6）其他助洗剂

① **填料**　主要是硫酸钠，用以降低洗涤剂的成本。在粉状洗涤剂中硫酸钠的加入有防止结块的作用，有助于洗衣粉的成型。浓缩洗衣粉和超浓缩洗衣粉中硫酸钠的用量很小，有的甚至不加硫酸钠。

② **四硼酸钠（硼砂）**　为弱碱性助剂，有良好的污垢分散性、起泡性，可调节黏度，能减少黏结，改善粉剂的自由流动性。

③ **水溶助长剂**　主要有对甲苯磺酸钠、二甲苯磺酸钠、尿素等。水溶助长剂在洗涤剂中起到增溶、调节黏度、降低浊点等作用，还可用作偶合剂。用在粉状洗涤剂中，可降低料浆的黏度，使粉体易于喷雾干燥，并防止成品粉结块，增加粉体的流动性。

④ **阳离子表面活性剂**　主要是长碳链季铵盐，可用作柔软剂和杀菌剂、抗静电剂。

⑤ **溶剂**　洗涤剂中常用的溶剂有乙醇、异丙醇、乙二醇、乙二醇单甲醚、乙二醇单丁醚、乙二醇单乙醚、松油、四氯化碳、三氯乙烯、二氯乙烷、煤油等。这些溶剂有助于将脂肪性或油溶性的污垢从被洗物上清除。

⑥ **防腐剂**　微生物的滋生和繁殖，会引起洗涤制品霉变、腐败变质、洗涤性能降低等。为防止微生物的滋生和繁殖，需加入杀菌剂或防腐剂，洗涤剂中常用防腐剂有尼泊金酯类、甲醛、苯甲酸钠、三溴水杨酰苯胺、二溴水杨酰苯胺等。

⑦ **酶制剂**　洗涤用酶制剂主要有蛋白酶、脂肪酶、淀粉酶和纤维素酶等，它们对特定污渍有高效水解能力，添加在洗涤剂中，可提高洗涤剂的去污力，尤其是对一些难去除的污垢如血渍、油脂、果汁等有很好的去污效果。酶制剂可以是液体酶，也可以是粉状的。根据需要，洗涤剂中还可加入摩擦剂，如氧化铝粉、骨粉等，以提高去污效果。如果是机洗用洗涤剂，为了省时省水、易于漂洗，可能还需要添加抑泡、消泡剂。为了美观和好闻，可加入香精、色素、珠光剂等。

3.1.4　洗涤剂分类

洗涤剂包括肥皂和合成洗涤剂两大类。肥皂是历史极其悠久而至今仍被广泛使用的一种洗涤用品。它的起源可追溯到公元前 2800 年，直到进入 19 世纪，因路布兰制碱法的出现，使碳酸钠供应量充足，价格下降，所以肥皂价格也开始下降，肥皂从此开始迅速普及。1840 年鸦片战争后，肥皂产品逐渐输入中国市场，从此洋皂代替了中国的皂荚。

合成洗涤剂通常按用途分类，有家用和工业用洗涤剂两大类（见图 3-2）。按清洗的对象不同，家用洗涤剂又分为服装用、厨房用、硬表面用和个人清洁用品。洗发、沐浴等个人清洁用品，除了清洁功能外，通常还有养发、护肤等功能，所以通常归类到化妆品中。

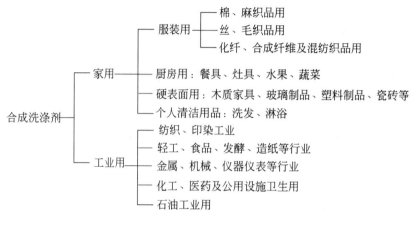

图 3-2　合成洗涤剂的分类

合成洗涤剂按去污能力不同，又可分为重垢型洗涤剂和轻垢型洗涤剂两种。

按产品状态，合成洗涤剂又分为粉状洗涤剂、液体洗涤剂、块状洗涤剂、粒状洗涤剂、膏状洗涤剂等。以粒状、粉状洗涤剂和液体洗涤剂为主，中国的粒状、粉状洗涤剂所占比例达到 75％，而欧美、日本等发达地区和国家市场上粒状、粉状洗涤剂所占比例为 60％。

3.1.5　合成洗涤剂

3.1.5.1　粒状合成洗涤剂

粉状、粒状合成洗涤剂即我们日常用的洗衣粉，品种繁多。根据泡沫丰富与否分成高泡和低泡洗衣粉。按洗衣粉中表面活性剂的含量分为 3 种：30 型、25 型、20 型，分别含表面活性剂 30％、25％、20％。根据助剂中是否含磷又分为含磷和无磷洗衣粉，按去污能力又分轻垢型洗衣粉和重垢型洗衣粉。高泡洗衣粉以手洗为主，也可机洗，漂洗时费水。低泡洗衣粉适于机洗，易漂清。浓缩洗衣粉的活性物是多种表面活性剂的复配，且非离子表面活性剂含量较高，少用甚至不用填料，低泡但去污力很大。

（1）粒状合成洗涤剂的制造

粉状洗涤剂最初是采用盘式烘干法生产，到 20 世纪 40 年代末，由喷雾干燥法取而代之，50 年代中期出现的高塔喷雾空心颗粒成型法生产的产品呈空心颗粒状态，易溶解却不易吸潮，粉状的合成洗涤剂产品就逐渐被淘汰，目前常用的洗衣粉以粒状为主。

高塔喷雾干燥成型技术是首先将表面活性剂、助剂等洗涤剂配方中的各种成分调制成一定黏度的浆料，再用高压泵和喷射器将浆料喷成细小的雾状液滴，同时通入 200～300℃的热空气，雾状液滴与热空气相遇，能在短时间内迅速干燥成空心颗粒，干燥后的颗粒冷却、筛分后即得成品。一般采用的是逆流式喷雾干燥法，浆料由塔顶向下喷出，热空气从塔底进入塔内后由下向上经过塔顶。图3-3是逆流式喷雾干燥法生产过程示意图。

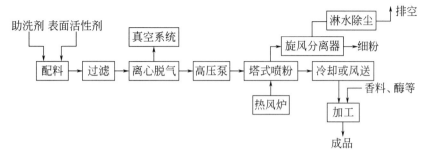

图 3-3　逆流式喷雾干燥法生产过程示意

利用硅酸钠的胶黏性，将其喷洒到固体物料上，再将液体物料分批加到固体物料上，液体物料会被干料吸附，相互聚集形成颗粒产品，这种方法称为附聚成型法（图3-4），是近20多年发展起来的一种新型粒状洗涤剂的成型方法。

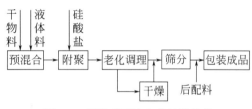

图 3-4　附聚成型法生产过程示意

用于粒状洗涤剂生产的还有流化床成型法、干混法、喷雾干燥-附聚成型组合工艺。干混法是最简单和最经济的方法，只需将配方中的各种固体和液体物料按要求的比例混合均匀、成型过筛即可。在粒状洗涤剂生产的过程中要注意香料、酶、漂白剂、荧光增白剂、柔软剂等一些对温度、湿度敏感的助剂只能在最后加入，也就是我们所说的后配料。

（2）粒状合成洗涤剂配方原则

性能优良的洗涤剂应在低温下有好的去污力，用量少，效果好。洗涤剂的耐硬水性要好，水的硬度不影响其去污力。洗涤剂应具有与洗涤方法相适应的发泡性，漂洗时消泡性能好，易漂清。洗后织物上不留不良的气味、不损害织物、不褪色。

洗涤剂应对皮肤无刺激作用。对人体安全，且生物降解性好，能降解彻底。洗衣粉的外观要颜色洁白，颗粒均匀、不结块、不飞扬、易溶解、自由流动性好。

洗衣粉基本的复配原则都是一致的，由活性物质表面活性剂和软水剂、碱性缓冲剂、抗污垢再沉积剂、填料、少量水等组成，根据需要还会加入荧光增白剂、香精、色素等助剂。

但洗涤对象不同、洗涤条件（如水的硬度、洗涤温度、洗涤方式等）不同，选用的表面活性剂和与之配伍的助剂的种类和含量也会不同。表3-1是几种典型洗涤剂的配方实例。

表 3-1　典型洗涤剂配方

轻垢洗衣粉	组分	LAS	AEO-9	三聚磷酸钠	CMC	硅酸钠	硫酸钠	肥皂	荧光增白剂	水	其他助剂
	含量/%	12	4	18	1	5	49.9	2	0.1	6	2

续表

重垢洗衣粉	组分	LAS	AEO-9	碳酸盐	CMC	硅酸钠	硫酸钠	4A沸石	荧光增白剂	水	其他助剂
	含量/%	1	20	30	1	8	20.2	10	0.1	8	1.7

低泡洗衣粉	组分	LAS	皂片	三聚磷酸钠	CMC	水玻璃	硫酸钠	聚醚	荧光增白剂	对甲苯磺酸钠水	水
	含量/%	10	4	38	1.4	6	20	4	0.1	3	余量

浓缩洗衣粉	组分	LAS	AEO	AES	$NaBO_3 \cdot 4H_2O$	CMC	硫酸钠	碳酸钠	硅酸钠	肥皂	荧光增白剂	4A沸石	水
	含量/%	26	6	2	5	1	12	5	13	2	0.1	20	余量

一般轻垢洗衣粉，表面活性剂含量低，以烷基苯磺酸盐为主，不配或少配非离子表面活性剂，因衣物的污染程度不高，洗涤过程中脱落的污垢对洗涤液的碱性影响不大，一般可少加或不加碳酸盐，硅酸钠的含量也低，填料硫酸钠的添加量大。

重垢洗衣粉中活性组分多，表面活性剂含量高，一般都是两种或两种以上表面活性剂复配，除烷基苯磺酸盐外，还会添加其他阴离子表面活性剂，尤其是会加入非离子表面活性剂，增加去污效果。洗涤下来的大量污垢会降低洗涤液的碱性，影响洗涤效果，为了稳定洗涤液的 pH 值，要加大碳酸盐用量，硅酸钠的加入量也会增加，同时减少硫酸钠的量。

在普通洗衣粉中加入非离子表面活性剂或肥皂，由于表面活性剂的协同作用，使烷基苯磺酸钠的发泡力受到抑制，就可制成低泡洗衣粉。同时润湿、分散、乳化、增溶、去污的性能也因多种表面活性剂的协同效应比单一表面活性剂要好，这种洗衣粉泡沫少、去污力强、易漂洗，特别适用于机洗。

浓缩洗衣粉的活性物含量高，是多种阴离子和非离子表面活性剂的复配物，而且其中非离子表面活性剂的含量高。浓缩洗衣粉中的固体助剂要有一定的颗粒度、表观密度，碳酸钠的比表面积要大，沸石粉的粒径要小（小于 $4\mu m$），少用或最好不用填料硫酸钠。浓缩洗衣粉一般用附聚成型法生产，为实心颗粒，表观密度大，体积小。浓缩洗衣粉属低泡洗衣粉，漂洗容易，省水，是一种节能型产品。

3.1.5.2 液体合成洗涤剂

液体洗涤剂和粒状洗涤剂一样，也是由表面活性剂和助洗剂组成的合成洗涤剂，以水为溶剂，所以要求表面活性剂和助洗剂都要有良好的水溶性。水溶性较好的表面活性剂有烷基苯磺酸盐、醇醚硫酸盐、醇醚、烷醇酰胺、烷基磺酸盐等。液体洗涤剂中选用的非离子表面活性剂要浊点适中，不能太高也不能太低，以保证液体洗涤剂在储运和使用过程中的稳定透明外观。用于水的软化的螯合剂主要有柠檬酸钠、焦磷酸钾等溶解性好的无机助剂，有时也可加入少量三聚磷酸钠。为了提高液体洗涤剂配方中各组分的水溶性，通常配方中还需加入增溶剂。弱碱性液体洗涤剂中常用的增溶剂有尿素、低碳醇、低碳烷基苯磺酸钠等。液体洗涤剂用水主要是去离子水。

液体洗涤剂的制备工艺简单，一般是先将固体原料溶解或熔化，加入带搅拌装置的反应釜中，混合和乳化，过滤除去机械杂质，再放入均质设备中均质老化，得到均匀稳定的液体后真空脱气，快速排除产品中的气泡，灌装即可。液体洗涤剂又分重垢型、轻垢型、浓缩型、柔软型、漂白型液体洗涤剂，还有液体消毒剂。这里主要介绍重垢型、轻垢型液体洗涤剂。

（1）重垢型液体洗涤剂

重垢型液体洗涤剂碱性高，去污力强，可以代替洗衣粉和肥皂，在西欧、美国使用比较广泛。重垢型液体洗涤剂的活性物由多种表面活性剂复配组成，含量高，分无助剂和含助剂重垢型液体洗涤剂。无助剂重垢型液体洗涤剂中活性物含量一般在 30%～50%，含助剂重垢型液体洗涤剂中活性物含量一般在 10%～30%。浓缩液体洗涤剂全部由液态表面活性剂组成，为多种阴离子和非离子表面活性剂的复配液。各种洗涤剂的配方见表 3-2 和表 3-3。

表 3-2　液体洗涤剂配方

无助剂重垢型配方 1	组分	AEO	LAS	三乙醇胺	乙醇	KCl	H_2O
	含量/%	30	15	10	5	2.5	37.5
无助剂重垢型配方 2	组分	AEO	LAS	三乙醇胺	乙醇	二甲苯磺酸钠	H_2O
	含量/%	34	8.5	2	11	1.1	余量
浓缩液体洗涤剂	组分	LAS-Na	AEO-9	FAS	AES		
	含量/%	58.7	19.5	2.3	19.5		

表 3-3　含助剂重垢型液体洗涤剂配方

配方 1	组分	LAS	AES	三聚磷酸钠	Na_2CO_3	增白剂	香料	水
	含量/%	9	2.2	11	4	0.3	0.3	73.2
配方 2	组分	LAS	AEO	Na_2CO_3	CMC	焦磷酸四钠	水	
	含量/%	8.0	3.0	5.0	0.5	25.0	58.5	
配方 3	组分	LAS	肥皂	脂肪醇酰胺	柠檬酸钠	硅酸钠	水	
	含量/%	9	2	1	21	3	余量	

（2）轻垢型液体洗涤剂

轻垢型液体洗涤剂主要用来清洗较易去除的污垢，如羊毛、丝绸等轻薄、高档衣服面料上的污垢。这些面料要求洗涤剂不会损伤织物，洗后织物柔软、不收缩、不起毛、不泛黄。针对这些要求调整配方结构，复配成中性或弱碱性、脱脂力弱的温和液体洗涤剂就是轻垢型洗涤剂。轻垢型液体洗涤剂活性物主要是阴离子表面活性剂和非离子表面活性剂，含量不超过 20%，不用碳酸钠、硅酸钠等碱性助剂，多选用有机络合物抗污垢再沉积剂，如表 3-4 所列。

表 3-4　轻垢型液体洗涤剂配方

组分		LAS	AEO	AES	APG	脂肪醇酰胺	乙醇	三乙醇胺	水
含量/%	配方 1	5	5	7		2	5		余量
	配方 2	10	2	2				4	余量
	配方 3		4		16				余量

3.1.6　肥皂

肥皂是指至少含有 8 个碳原子的脂肪酸的碱性盐类的总称。具有良好洗涤功能的肥皂是碳原子数 12～18 的脂肪酸盐。碳原子数小于 8 的脂肪酸盐在水中溶解度大，但表面活性差，而碳原子数大于 22 的脂肪酸盐在水中溶解度太小，影响其使用，都不适于制作肥皂。

3.1.6.1　肥皂分类

肥皂主要是按组成和用途分类，也可按形状分。按组成分为碱金属皂、有机皂、其他金属皂。脂肪酸钠，称为钠皂，脂肪酸钾，称为钾皂。由于钾皂比钠皂软，所以钾皂又称为软皂，钠皂又称为硬皂。钠皂和钾皂多用作家用洗涤皂。氨、乙醇胺、二乙醇胺、三乙醇胺与脂肪酸反应制得的铵皂和有机皂，主要用作干洗皂、纺织用皂、家用洗涤剂等，也可用于化妆品中。其他金属皂如碱土金属皂、重金属皂，没有水溶性，主要是工业用，如用于制造擦亮剂、油墨、油漆、织物的防水剂、润滑油的增稠剂、塑料稳定剂等。按其用途可分为家用洗涤皂和工业用皂。主要是固体皂，也有液体皂。家用皂又分洗衣皂、香皂和多功能皂如药皂等。按形状分有块皂、皂粉、皂片、透明皂、半透明皂、液体皂等。

3.1.6.2　肥皂的生产

以油脂为原料与苛性碱溶液反应就可制取肥皂，也可以脂肪酸为原料用苛性碱中和制取，或以甲酯为原料与苛性碱溶液进行皂化反应制取。

肥皂的生产工艺流程简单。首先是油脂的精制，去除油脂中的杂质、磷脂、胶质、色素和特殊的气味等。皂化制备皂基，有老式的冷制皂法和半沸制皂法，间歇式沸煮制皂法和现代连续皂化法目前使用广泛，连续的脂肪酸中和法也有采用。皂化形成的皂基含 30%～32% 的水分，要通过干燥将水分降到 10%～15%。将干燥后的皂基和香料、颜料等助剂加入捏合机中强力搅拌混合均匀再传送到混合机中均化，使皂基、各添加成分混合更均匀，皂体组织更加细腻、紧密，肥皂晶相转变，提高肥皂的发泡力、去污力。经均化后的肥皂送入压条机，压条成型，切成符合要求的单块皂坯，最后在肥皂表面打印上特定的商标标识等即可包装、装箱，作为商品出售。图 3-5 是肥皂的生产工艺流程简图。

图 3-5　肥皂的生产工艺流程简图

3.1.6.3 肥皂的主要原料

① **油脂** 用于制皂的油脂主要有食用油脂、工业用油脂和野生植物油脂。油是在常温下呈液体的甘油三酸酯，脂是在常温下呈固态的甘油三酸酯。同一油脂在常温下有时是液体，有时是固体，所以习惯上油和脂不作严格区别，统称为油脂。常用的有牛羊油、猪油、花生油、棉籽油、豆油、茶油、玉米油、蓖麻油、椰子油、棕榈油等。

② **脂肪酸** 制皂用的天然脂肪酸主要是由油脂或油脂精炼时产生的皂脚和其他一些废油分解而成。主要有肉豆蔻酸、棕榈酸、硬脂酸、亚麻酸、油酸等。

③ **松香** 松树分泌出的松脂，由松节油和松香组成。松香是透明的固体，主要成分是松香酸。在肥皂中加入松香可增大肥皂的溶解度，增加泡沫和去污力。松香在空气中易被氧化，肥皂中添加松香，可防止肥皂氧化。松香的添加还可降低肥皂成本，一般在洗衣皂中添加，添加量可到30%，太多会使衣服发黏。香皂中一般不添加。其他原料见表3-5。

表 3-5　制皂用其他原料

原　　料		典型代表	用　　途
碱	无机碱	氢氧化钠、氢氧化钾、碳酸钠、碳酸钾	皂化反应用
	有机碱	三乙醇胺	
盐		氯化钠	制皂时作盐析剂
		硅酸钠（即水玻璃，又称泡花碱）	助洗剂
脱色剂	吸附剂	活性白土、活性炭	油脂脱色
	脱色剂	次氯酸钠、双氧水、保险粉（连二亚硫酸钠的俗称）	脱除肥皂用油脂的色泽
着色剂		各种色素	赋予肥皂一定的颜色，增加肥皂的美感
香料		洗衣皂用香精、香皂用香精	掩盖异味，加香
透明剂		乙醇、甘油、蔗糖、山梨醇、丙二醇、聚乙二醇、乙醇胺等	提高肥皂的透明度
钙皂分散剂		烷基硫酸盐、烷基苯磺酸盐、脂肪醇聚氧乙烯醚、单甘酯二硫酸盐等	增溶，防止不溶性金属盐的产生，增强肥皂的去污力
根据需要可加入荧光增白剂、抗氧剂、杀菌剂、螯合剂等			

3.1.6.4 肥皂的主要品种

（1）洗衣皂

洗涤衣服用的肥皂就叫洗衣皂，是块状硬皂，主要活性成分是高级脂肪酸钠，助洗剂有硅酸钠、碳酸钠、色素、香精、透明剂、钙皂分散剂、荧光增白剂等。

洗衣皂的水溶液呈碱性，属碱性洗涤剂。在软水中去污力好，有脱脂作用。洗衣皂的耐硬水性差，在硬水中会形成皂垢，使去污力下降。洗衣皂不适于洗涤高档的丝毛制品。长期用洗衣皂洗涤白色织物，会出现织物泛黄现象。

（2）香皂

香皂是带有芳香气味的块状硬皂，主要用来洗手、沐浴等人体清洁。制造香皂的动植物油脂的精炼处理过程要比洗衣皂的复杂。香皂的总脂肪含量大于洗衣皂，达80%以上，而洗衣皂的只有不到60%。香皂中添加的香精量比洗衣皂的要多，质量也要更好。香皂泡沫丰富、对皮肤无刺激性。香皂一般都有美观的颜色和外观造型。

（3）多功能皂

具有除洗涤、去污功能之外的增白、治疗、护肤等功能的肥皂或香皂，有增白洗衣皂、富脂皂、药皂、减肥皂、美容皂等。通常是在普通肥皂或香皂配方中添加功能性助剂。

① **增白洗衣皂** 添加了特效增白剂和多种表面活性剂，具有抗硬水、去污力强、洗后衣物洁白不泛黄的优点，特别适合内衣、领口、袖口等油性污垢的洗涤。

② **富脂皂** 是一种护肤香皂，在香皂配方中添加富脂剂，减轻肥皂的脱脂作用对皮肤的破坏和刺激。所有能在皮肤上形成疏水性薄膜使皮肤柔软、润滑的物质都可作富脂剂。常用的富脂剂有椰子油、羊毛脂及其衍生物、海龟油、水貂油等油脂。脂肪酸、硅氧烷类、乳酸盐、氨基酸盐、高碳烃类、高级脂肪醇、磷脂、水解蛋白、硬脂酸单甘酯等能产生润滑、富脂感或抑制水分挥发的化合物都可用作富脂剂。但富脂剂的加入要不影响香皂的性能和使用。

③ **药皂** 在香皂中加入特定药物，具有杀菌、祛臭或治疗某种皮肤病功效的块状硬皂称为药皂。药皂中添加的药物种类很多，要求加入的药物安全、无毒、对皮肤无不良影响，且能和药皂中的其他成分配伍良好。这些药物可以是杀菌剂、中草药、硫黄、两性表面活性剂等。

④ **美容皂** 又称为营养皂，是在普通香皂配方中添加了具有美容、营养皮肤功能的营养物质的块状硬皂。常用的营养物质有维生素、磷脂、奶粉、蜂蜜、人参、珍珠、花粉以及各种天然提取物如木瓜提取物、芦荟汁等。

⑤ **减肥皂** 是添加了减肥剂、减肥药物的香皂。

（4）皂粉

粉状或颗粒状肥皂，除肥皂外还添加 AEO 等非离子表面活性剂和其他助剂如三聚磷酸钠、硅酸钠等，兼有合成洗涤剂和肥皂的双重优点。皂粉去污力强、水溶性好、抗硬水能力好、泡沫低、生物降解性好。

（5）皂片

薄片肥皂（1.2mm 左右），在水中溶解性好，呈弱碱性，刺激性小，性能温和。

（6）液体皂

液体或膏状肥皂，多为钾皂或铵皂。液体皂中还会添加表面活性剂、护肤剂、富脂剂等助剂。液体皂发泡性好、去污性好、对皮肤温和，主要用于洗手、沐浴。

（7）其他皂

香皂配方中添加透明剂后，可制成表面透明的块状硬皂，称为透明皂。肥皂或香皂中添加表面活性剂或钙皂分散剂就形成了复合洗衣皂或复合香皂。如果在皂化时，使皂基混入气泡，就可制成多孔质的浮水皂，可浮在水面上，便于沐浴时使用。如果是儿童专用的香皂，就要使用低刺激性、性能温和的儿童香皂。

3.1.7 干洗用洗涤剂

干洗用洗涤剂利用溶剂的溶解能力和表面活性剂的增溶能力达到洗涤的目的，可以排除水洗引起的变形、缩水、褪色等不良后果。表 3-6 是两种干洗剂的配方组成。

表 3-6 干洗剂的配方组成

配方 1	组分	200 号溶剂汽油	石油磺酸钠	斯盘-80	十二烷基醇酰胺	1%苯并三氮唑的酒精溶液	蒸馏水
	含量/%	94	1	1	1	1	2

配方2	组分	四氯乙烯	月桂酸二乙醇酰胺	油酸	羟乙基二甲基硬脂酸基对甲苯磺酸铵	异丙醇	水
	含量/%	65	1	5	14	10	5

干洗用洗涤剂主要由表面活性剂、溶剂、助溶剂、漂白剂、抗污垢再沉积剂、缓蚀剂、柔软与抗静电剂和杀菌剂等组成。表面活性剂一般是阴离子和非离子表面活性剂，HLB值为3~6，含量0.2%~1%。

溶剂主要是石油系溶剂、卤代烃等。干洗用溶剂要求对污垢有好的溶解能力，但又不与被洗物如纤维等反应，不引起染料褪色、塑料变形。干洗性溶剂要有合适的挥发性，使织物经洗后易干燥，但要不易燃烧，以保安全。干洗用溶剂还要是毒性小，对人体尽可能无刺激，对洗涤设备没有腐蚀性。助溶剂有异丙醇、乙醇、丙酮、丁醇、环己醇和水。漂白剂是双氧水、过氧酸及其盐。

3.1.8　其他洗涤剂

在家庭日常生活中，除了要经常洗涤衣物外，还有水果、蔬菜、厨房的餐具、炉灶、卫生间的马桶、浴缸、地毯、地砖、窗户、皮革、塑料、汽车等需要清洗。随着人们生活水平的提高，对洗涤剂的要求也越来越高，除了基本的洗涤去污功能外，对其杀菌性、柔软性等其他功能性的要求也越来越多。根据洗涤使用的场合、清洗的对象不同有厨房用洗涤剂、卫生间用洗涤剂、玻璃清洗用洗涤剂等。杀菌洗涤剂、柔软洗涤剂等特殊功能洗涤剂也日渐增多。这些洗涤剂的基本组成与前面提到的洗涤剂的一致，只是会根据洗涤使用的场合、清洗对象的污垢特点和希望其具备的功能在基本成分的基础上添加各自需要的添加剂。

3.1.8.1　厨房用洗涤剂

厨房用洗涤剂是家庭日用洗涤剂中最常用的一类。由于厨具的不同，又可分为许多不同类型的专用洗涤剂，如蔬菜瓜果清洗剂、餐具洗涤剂、炉灶清洗剂、抽油烟机专用清洗剂等。

（1）蔬菜瓜果清洗剂

蔬菜瓜果清洗剂用于洗涤蔬菜水果，要求安全无害，不影响蔬菜瓜果的风味、色彩，能有效去除残留的农药、肥料，清洗后容易漂洗干净，不残留在蔬菜瓜果的表面。因此，这类清洗剂的活性物一般是无刺激性、安全的非离子表面活性剂或两性表面活性剂，以天然表面活性剂为佳。选用更安全的螯合剂如柠檬酸钠，添加乙醇等安全无毒的溶剂以利于残留农药的去除（见表3-7）。与食品接触的洗涤剂的安全要求需遵循国家相关标准，如《食品安全国家标准　食品接触材料及制品通用安全要求》（GB 4806.1—2016）和《食品安全国家标准　洗涤剂》（GB 14930.1—2022）。

表3-7　蔬菜瓜果清洗剂配方

组　分	十四酸蔗糖酯	柠檬酸钠	葡萄糖酸	乙　醇	丙二醇	CMC	水
含量/%	15	10	5	9	1	0.15	59.85

（2）餐具洗涤剂

我们通常在市场上所见的洗洁精就是餐具洗涤剂，是指用于洗涤附着于金属、陶瓷、玻璃、塑料等材质的餐具表面上的油脂、蛋白质、碳水化合物或这些物质的热分解物的洗涤剂。在合成洗涤剂分类中，餐具洗涤剂通常都是液体产品，属于轻垢型洗涤剂。

由于餐具洗涤剂与食品及皮肤有密切接触，因此必须对人体绝对安全，对皮肤要尽可能温和。去油污性能好，能有效地清除动植物油污及其他污垢。不损伤玻璃、陶瓷、金属制品的表面，不腐蚀餐具、炉灶等厨房用具。不影响食品的外观和口感、气味。

餐具洗涤剂又分手洗用、机洗用和杀菌消毒餐具洗涤剂。手洗用餐具洗涤剂要求起泡力高，pH 值为 4.0～10.5。机洗用洗涤剂要求低泡甚至无泡，pH 值可高些，但一般不超过10.5。餐具洗涤剂不允许使用荧光增白剂，限制使用有毒有机溶剂如甲醇等。按 GB 9985—2000《手洗餐具用洗涤剂》及该标准 2008 年的第 2 号修改单规定，甲醇含量≤1mg/g，甲醛含量≤0.1mg/g，砷含量≤0.05mg/kg（1％溶液中以砷计），重金属≤1mg/kg（1％溶液中以铅计）。所用防腐剂应为卫生部颁发的《化妆品卫生规范》（2007 年版）中表 4 所列物质，并必须符合其中规定的最大允许使用浓度、使用范围和限制条件等内容。所用着色剂应为《化妆品卫生规范》（2007 年版）中表 6 所列物质，并符合相关的使用规定。餐具洗涤剂中所用表面活性剂要对皮肤温和、生物降解性好、颜色浅、无异味、对人体无毒。有些餐具洗涤剂还会添加釉面保护剂，如乙酸铝、硼酸盐、锌酸盐等，保护餐具釉面不受洗涤剂侵蚀。餐具洗涤剂配方示例见表 3-8。

表 3-8　餐具洗涤剂配方

组分		LAS	AES	非离子或两性表面活性剂	乙醇	香料	水
含量/％	配方 1	18	7		5	0.1	余量
	配方 2		16	3	6	0.1	余量
	配方 3	17	14	4	3	0.1	余量

（3）厨房设备清洗剂

厨房中许多用于食品加工、排除油烟的设备由于污垢不同、设备不同需要专门的清洗剂，像炉灶清洗剂、抽油烟机清洗剂。这些设备上的污垢主要是油污，一般会选用脱脂、除油污性强的烷基苯磺酸盐、烷基硫酸盐等阴离子表面活性剂作活性物，炉灶清洗剂中常用聚醚、乙醇胺、乙二醇二丁醚、三丙二醇正丁醚等提高去油污性能，碱性物质的量也会加大，有时还会加入氧化铝粉等有摩擦作用的粉料。表 3-9 为厨房设备清洗剂配方。

表 3-9　厨房设备清洗剂配方

炉灶清洗剂	组分	AEO	异丙醇	氨水	水	Al_2O_3 粉		
	含量/％	1.0	15.0	2.0	72	适量		
强碱性油垢清洗剂	组分	氢氧化钠	磷酸三钠	三乙醇胺	碳酸钠	硅酸钠	十二烷基硫酸钠	水
	含量/g	80	80	35	80	100	5	1000
溶剂型油垢清洗剂	组分	AEO-9	乙二醇二丁醚	单乙醇胺	水			
	含量/％	2	5	4	89			

3.1.8.2 玻璃清洗剂

玻璃清洗剂主要由非离子表面活性剂、溶剂和助剂组成。常用的非离子表面活性剂有脂肪醇聚氧乙烯醚、烷基酚聚氧乙烯醚、烷基醇酰胺、聚醚等。玻璃清洗剂中添加的有机溶剂主要有异丙醇、乙醇、乙二醇单丁醚、甘油等，既可提高洗涤剂去除油污的效果，又能使玻璃产生防雾效果。玻璃清洗剂中的助剂主要是一些碱性助剂，如氨水、乙醇胺。甲苯磺酸钠作为助溶剂、EDTA 作为金属离子络合剂也可加入玻璃洗涤剂中。根据需要还可添加色素和香精。对汽车挡风玻璃、眼镜、浴室穿衣镜等特定透明材料的清洗，还会加入防雾剂，使其在一定时间内不生雾结霜，保持光亮透明。常用的防雾剂有丙二醇、丙二醇醚、异丙醇、有机溶纤剂等。玻璃清洗剂主要是低泡轻垢型液体洗涤剂，也有气雾剂型洗涤剂。表 3-10 为玻璃清洗剂配方。

表 3-10　玻璃清洗剂配方

玻璃清洗剂	组分	AEO	异丙醇	香精	水
	含量/%	4.0	8.0	0.1	87.9
玻璃防雾清洗剂	组分	AEO-9	OP-10	异丙醇	水
	含量/%	1.5	0.5	45	余量

按 GB/T 23436—2009《汽车风窗玻璃清洗液》规定，汽车风窗玻璃清洗液，一般有两种类型：水基型和疏水型。水基型的又分为冰点温度≤0℃的普通型和≤-200℃的低温型。汽车玻璃清洗液除了有洗净力的要求外，对汽车的金属部件、橡胶部件、塑料部件和车身涂膜的腐蚀和影响均要符合 GB/T 23436—2009《汽车风窗玻璃清洗液》的要求。如果是疏水型的清洗液，洗后车窗玻璃的抗水性要≥65°。

3.1.8.3 卫生间清洗剂

卫生间清洗剂由表面活性剂、水溶性高分子聚合物、溶剂、助剂等组成。由于马桶有尿碱和异味，通常马桶清洗剂还可添加酸性物质如盐酸、草酸、硼酸和杀菌剂。卫生间清洗剂又分卫生间瓷砖清洗剂、浴盆清洗剂、马桶清洗剂等，可以是液状、膏状、粉状、块状和气雾剂型。卫生间清洗剂要求有很好的去污渍、杀菌、除臭等功能，对人体无害、不损陶瓷。

表 3-11 是马桶和浴盆、瓷砖清洗剂的配方。配方中添加的盐酸或磷酸能与尿碱反应，有效去除尿渍。吡咯烷酮-苯乙烯共聚物可抗污垢再沉积。氯代磷酸三钠有漂白和杀菌作用，还能去异味。草酸、摩擦剂、焦磷酸钾（$K_4P_2O_7 \cdot 3H_2O$）和磷酸二氢钠（$NaH_2PO_4 \cdot 2H_2O$）的存在能提高去污效能。

表 3-11　卫生间清洗剂配方

马桶清洗剂	组分	辛基酚聚氧乙烯醚	盐酸(32%)或磷酸(10%)	吡咯烷酮-苯乙烯共聚物	氯代磷酸三钠	水		
	含量/%	4.0	30.0	1.0	5.0	60.0		
浴盆、瓷砖清洗剂	组分	AES	LAS	AEO	$K_4P_2O_7 \cdot 3H_2O$	$NaH_2PO_4 \cdot 2H_2O$	草酸	摩擦剂	水
	含量/%	6.0	12.0	3.0	4.0	2.0	2.0	适量	71.0

3.1.8.4 汽车清洗剂

我国汽车市场近年来呈持续、稳步和快速的增长态势。巨大的汽车市场背后有着同样巨大的汽车清洗剂市场。汽车清洗剂主要有汽车燃油系统清洗剂、车身表面清洗剂、汽车内室清洗剂和汽车空调清洗剂等。

(1) 汽车燃油系统清洗剂

汽车发动机燃油系统的清洁与否直接影响汽车的正常运行和汽车尾气的污染程度。当汽车行驶一段时间后，灰尘会在汽车油箱、进油管等部位形成类似油泥式的沉积物，汽油中存在的烯烃等不稳定成分在一定温度下发生氧化和聚合反应形成的胶质和树脂状黏稠物也会逐渐增多，还有汽油本身的杂质都会在燃油系统形成一定量的沉积物，这些沉积物慢慢干化变硬，就是我们通常所说的积炭，这些积炭会影响汽车的正常运行、使汽车排放的尾气恶化，影响空气质量。使用合适的清洗剂对汽车燃油系统定期清洗，是保证车辆处于良好的运行状况、减少尾气排放的有效方法。

传统清洗油污的方法是采用汽油、柴油和煤油等石油产品，有去油污力强、清洗干净的优点，但也存在易燃、危害人体健康、产生不利环境的挥发性有机物等缺点。目前以表面活性剂为活性物的汽车燃油系统清洗剂已逐步取代清洗用油。

汽车燃油系统清洗剂含有多种表面活性剂和助剂，主要由碱、有机溶剂与表面活性剂这三种基本成分组成，根据需要还可加入配位剂、氧化剂、缓蚀剂、吸附剂与防污垢再沉淀剂等其他助剂。燃油系统清洗剂用表面活性剂大多是非离子型表面活性剂和阴离子型表面活性剂，阳离子型表面活性剂很少被应用在清洗剂中。常用的碱性物质有氢氧化钠、碳酸钠、磷酸钠与硅酸钠等，一般是几种碱性物质复配，组成碱性清洗剂。碱性清洗剂能与植物油发生皂化反应，去污能力强。碱性清洗剂价格便宜，但强碱会使机械部件受到伤害。普通洗衣粉中用的磷酸盐和聚磷酸盐助剂如正磷酸盐、磷酸氢二钠、磷酸二氢钠、多聚磷酸钠（六偏磷酸钠、三聚磷酸钠和焦磷酸四钠）等也可添加到清洗剂中。羧甲基纤维素、羟基纤维素等水溶性高分子聚合物的添加可有效防止污垢再沉积，提高去污能力。石油类、卤代烃类、醇类有机溶剂对油类有较强的溶解能力，可除去重油垢、焦油垢与焦炭垢。

(2) 车身表面清洗剂

汽车车身表面清洗剂主要用于清洗车身表面的灰尘、油污，同时要求在清洗时对车身进行护理。车身表面清洗剂既要有清洗功能又要有上蜡功能，清洗的过程中在车漆表面能形成一层蜡膜，使车身表面光亮，保护车身表面漆层。车身表面清洗剂一般由多种表面活性剂和蜡类、溶剂和助剂组成。要求不腐蚀表面漆层、不破坏蜡膜、泡沫丰富。车身表面清洗剂中用的表面活性剂一般是非离子表面活性剂，有的还会添加阳离子表面活性剂，清洗后车身表面有抗静电性。如果是需要对车身重新打蜡，就要选用脱蜡清洗剂。这种清洗剂含有强溶解功能的溶剂，能溶解车身表面的油垢和以前打上的蜡。表 3-12 就是一个具有清洗和上蜡功能的车身表面清洗剂的配方组成。

表 3-12　车身表面清洗剂配方

组分	巴西棕榈蜡	煤油	OP-10	OP-5	三乙醇胺	骨粉	水
含量/%	5.34	26.73	3.85	2.56	0.58	5.34	余量

（3）汽车内室清洗剂

根据车内各部件的材料不同，汽车内室清洗剂又分织物清洁保护剂、塑料橡胶清洁上光剂、真皮清洁增光剂等。织物清洁保护剂、塑料橡胶清洁上光剂、真皮清洁增光剂主要是对车内的各种丝绒、棉、毛、化纤等织物和地毯、座椅、塑料橡胶制品、皮革制品进行清洗和保护。组成和前面介绍的干洗用洗涤剂基本相同，但要选用低毒、易挥发、异味少、安全的清洗剂。多是气雾剂型，将其喷在需清洗的部位，再用清洁干布擦拭干净即可。这类织物清洁保护剂要求不腐蚀制品表面、不使制品褪色，有的还会添加硅酮类等上光剂，清洗后还能在制品表面形成保护膜。

（4）汽车空调清洗剂

汽车空调系统清洗剂，一般要使用具有除菌和去污两种功能的专用清洗剂。要求对灰尘等污垢的清除效果好，有良好的杀灭霉菌和病菌的作用，对人体无害，对汽车内的金属及塑料部件无腐蚀作用，不可燃、安全性好等。

多种阴离子表面活性剂、非离子表面活性剂、两性离子表面活性剂都有很好的洗涤去污效果，但由于两性表面活性剂的价格较高，较少采用。由于将阴离子表面活性剂与非离子表面活性剂混配使用时，往往有比单一使用阴离子或非离子表面活性剂时更好的去污效果，所以在配方中大都是采用阴离子与非离子两种表面活性剂的复配。空调清洗剂中添加的杀菌剂包括次氯酸钠等含氯杀菌剂、过氧化氢等过氧化物杀菌剂、胺盐或季铵盐类型的低分子或高分子型的阳离子杀菌剂等。

3.1.8.5　多功能洗涤剂

除了上述的洗涤剂外，还有一些特殊功能的洗涤剂，除具有良好的去污作用外，还分别具有杀菌、柔软、抗静电、去除衣物局部污垢等特殊性能，它可使被洗衣物在除去污垢的同时，获得理想的清洁效果，并有消毒和柔软等效果。这些多功能洗涤剂主要有杀菌洗涤剂、柔软抗静电洗涤剂、加酶洗涤剂、漂白洗涤剂、彩漂洗涤剂、消毒洗涤剂、除臭洗涤剂等。

（1）杀菌洗涤剂

杀菌洗涤剂有三种类型，第一种是自身具有杀菌作用的表面活性剂，主要是阳离子表面活性剂和两性表面活性剂。第二种是在本身没有杀菌作用的洗涤剂中加入杀菌剂，如阳离子表面活性剂、漂白粉、次氯酸钠、二氯异氰尿酸钠和氯化磷酸钠等。阳离子表面活性剂与一般含有阴离子表面活性剂的洗涤剂配伍性很差，几乎不能复配，主要是以非离子表面活性剂为活性物的洗涤剂中添加。漂白粉、次氯酸钠气味大、稳定性差，二氯异氰尿酸钠和氯化磷酸钠杀菌力强，配伍性好，是杀菌洗涤剂的实用成分。第三种是表面活性剂与消毒元素结合后，形成新的带有表面活性性质的消毒药物，如把碘加入非离子表面活性剂分子而形成的产物——碘伏（iodophor）。粉状杀菌洗涤剂就是我们通常所说的消毒洗衣粉，液态的杀菌洗涤剂即液体消毒剂。表 3-13 是两种杀菌洗涤剂的配方组成。

表 3-13　杀菌洗涤剂配方

配方 1	组分	烷基苯磺酸钠	三聚磷酸钠	荧光增白剂	二氯异氰尿酸钠	碳酸钠	硅酸钠	硫酸钠	水	
	含量/%	15	20	0.1	10	5	4	44	1.9	

配方 2	组分	烷基二甲基苄基氯化铵	$C_{10} \sim C_{16}$ 合成脂肪酸单乙醇酰胺	三聚磷酸碱金属盐	$C_{18} \sim C_{20}$ 烷基氨二丙酸钠	2,6-二羟甲基环己酮	$C_8 \sim C_{18}$ 合成脂肪醇	香料	荧光增白剂	水
	含量/%	3~8	1~8	6~15	12~20	2~8	0.3~2	0.1~0.5	0.1~0.5	余量

（2）柔软抗静电洗涤剂

天然纤维表面上都有一层脂质保护层，棉花有棉蜡，羊毛有羊毛脂，用手触摸能产生一种柔软丰满的感觉。洗涤剂的碱性和表面活性，使这层保护层被破坏，织物逐渐变硬、变粗糙。洗涤后的衣物会失去洗涤前的柔软性，在穿用时使人们的皮肤感到不舒服。柔软洗衣剂添加织物柔软剂，可以在织物表面形成柔软舒适的膜层，使被洗涤的衣物感到柔软和舒适。

对于那些化学纤维类衣服，虽然具有耐穿、易洗、抗潮、防蛀等多种优点，但表面干燥，常带有较多的静电。在秋天等干燥的天气里，穿着化纤织物走过地毯或靠在沙发上滑动以及穿脱衣服时，人们有时会感到像电击一样，甚至能看到静电的火花，化纤衣服也容易着尘。在洗涤剂中加入柔软剂及抗静电剂，衣物洗涤后，能明显改善甚至消除上述现象。

柔软剂主要有表面活性剂柔软剂、反应型柔软剂、非表面活性剂柔软剂，应用最多的是表面活性剂柔软剂。其中最重要的是阳离子季铵盐，代表性的有双烷基二甲基季铵盐类、二酰胺基烷氧基季铵盐、咪唑啉化合物、烷基二甲基苄基季铵盐等。

两性表面活性剂、非离子表面活性剂、阴离子表面活性剂有的也有柔软作用。但其柔软抗静电性能不如阳离子表面活性剂。柔软抗静电洗涤剂是将柔软抗静电剂加入洗涤剂中，使洗涤和柔软过程合二为一，在洗涤去污过程中，赋予织物良好的柔软抗静电性。由于阳离子表面活性剂和阴离子表面活性剂的配伍性差，一般是以非离子表面活性剂作为洗涤剂的活性成分，与阳离子表面活性剂复配。因阳离子表面活性剂具有杀菌作用，因此用柔软剂处理的织物也可起到防霉作用。也可用去污性能好的阴离子表面活性剂和两性表面活性剂配伍，但由于两性表面活性剂价高，柔软抗静电性能不如阳离子表面活性剂，这种配伍的产品不多。现在市场上也出现了能与阴离子型洗涤剂配伍的阳离子柔软剂，这种柔软型洗涤剂产品省时、省力、省水，因此很受消费者欢迎。

织物柔软剂也可用于洗涤完成以后的漂洗过程和衣物干燥过程，或将织物柔软剂直接喷附在衣物上。在这些过程中使用的柔软剂，主要成分是阳离子表面活性剂，一般不具备去污能力，不能用于洗涤。为免普通洗衣粉中的阴离子表面活性剂与阳离子表面活性剂相互影响，该类柔软剂一定要在洗涤完成并漂洗干净后再使用，不可在洗涤过程中直接与洗衣粉混合使用。如果使用以非离子表面活性剂作为活性成分的洗涤剂则不会产生上述现象。

柔软抗静电剂要易分散于水中，对洗涤的对象有适当的亲和力，在洗涤后还有残余吸附，能赋予纤维以柔软和蓬松的性能（手感），可减少纤维间摩擦，增加润滑感，能使纤维产生抗静电作用。好的柔软抗静电剂应不影响织物色彩，经其处理后的织物，不失去其易润湿性，不产生油状感。表 3-14 列出了三种柔软抗静电洗涤剂的配方组成。

表 3-14　柔软抗静电洗涤剂配方

配方1	组分	双十八烷基二甲基氯化铵	壬基酚聚氧乙烯醚	乙二醇	异丙醇	香精	色素	去离子水
	含量/%	4~6	0.5~1	2~5	1~2	0.1~0.3	适量	余量
配方2	组分	C_{12}~C_{15} AEO-7	三乙醇胺	荧光增白剂	牛油烷基三甲基氯化铵	柠檬酸钠	其他	水
	含量/%	21	1.7	0.5	4.0	4.0	4.0	64.8
配方3	组分	阳离子表面活性剂	AEO	乙醇	水			
	含量/%	5	23	15	57			

（3）加酶洗涤剂

为了提高去污力，出现了加酶洗衣粉，目前在洗涤剂中使用的酶共有 4 种：蛋白酶、脂肪酶、淀粉酶、纤维素酶。它们有着对污垢的特殊去污能力。

将碱性蛋白酶、纤维素酶、淀粉酶、脂肪酶等加入各种普通洗衣粉、浓缩粉配方中，可制得加酶洗衣粉，其配方实例如表 3-15 所列。

表 3-15　加酶洗衣粉配方

组分	AES	AEO	甲苯磺酸钠	乙醇	苯甲酸钠	柠檬酸	甲酸钠	蛋白酶	水
含量/%	15	15	6	4	1	2	1	1	余量

在液体洗涤剂中添加液体蛋白酶、液体脂肪酶、液体纤维素酶时，要先将酶稀释到水或丙二醇溶液中，再在最后加入液体洗涤剂配方中，添加量为 0.3%～0.6%。

（4）漂白洗涤剂

对于白色织物，希望洗后仍能保持原有白度、不泛黄。通常洗涤剂中加入高效漂白剂的漂白洗涤剂具有这种功效。

常用的漂白剂有双氧水、过碳酸钠、过硼酸钠、过氯酸盐等，可加入液体洗涤剂中，制成液体漂白洗涤剂。

用于彩色衣物洗涤漂白的漂白洗涤剂又称为彩漂洗涤剂，其基本组成与普通洗涤剂基本相同，只是添加了化学或光学漂白剂，使用时，能有效氧化衣物上的污垢，但不损坏衣物原来的色泽，保持衣物的色彩鲜艳、光泽好。彩漂洗涤剂的漂白剂主要是氧系漂白剂如过碳酸钠、过硼酸钠。

（5）其他特殊去污、除臭洗涤剂

对一些特殊的物体如较易脏污的衣、领等一般洗涤剂的清洗效果不好，有些还有特殊臭味如运动鞋、袜等，这些都需要特殊去污、除臭的洗涤剂，主要是一些加酶洗涤剂和杀菌洗涤剂。表 3-16 是一些常用特殊去污洗涤剂的配方。

表 3-16　特殊去污洗涤剂配方

衣领净	组分	AEO-10+AEO-7	AES	OP	酶	酶稳定剂	乙缩丙二醇乙酸酯	溶剂	低沸点烷烃	乳化剂	水
	含量/%	1+2	4	3	5	6	7	8	9	10	余量
除汗臭洗涤剂	组分	烷基苄基二甲基氯化铵	天然脂肪酸烷基酰胺	戊二醛	焦磷酸钠+焦磷酸钾	Irgasan	壬基酚聚氧乙烯醚	香料	水		
	含量/%	18	6	4	3	1.8	3	1.2	63		

3.1.8.6　其他物品清洗用洗涤剂

除了上述种种洗涤剂外，人们的日常生活和生产活动中还有许多物品需要清洗，像冰箱、皮革制品、金属器皿如金银器皿、塑料橡胶制品、唱片、磁头、电子产品以及上水、下水用排水管等。配制或选择与这些需清洗物品对应的洗涤剂时，要清楚被清洗对象的特性、物品上附着的污垢的类型，原则是洗涤剂要有效清洗污垢，但不损坏被清洗物品，尤其是唱片、磁头、电子产品类，不能影响其功能。在此就不一一列出，需要了解的可参考相关的洗涤剂配方手册和工具书。

3.1.9　洗涤剂性能测试

洗涤剂性能主要是指洗涤剂的去污力、抗污渍再沉积能力、发泡力。手洗洗涤剂一般发泡力要好，机洗洗涤剂则要求低泡。

用不同的油污液染制白色织物布，再用待测洗涤液洗涤污布，比较白色织物布、污布和洗涤后污布的白度，就可以测定洗涤剂的去污力。比较白色织物在污染的洗涤液中洗涤后白色下降的情况，可以表征洗涤过程中洗涤剂的抗污渍再沉积能力。详细测试方法和步骤见GB/T 13174—2008《衣料用洗涤剂去污力及循环洗涤性能的测定》。

用一定硬度的水配成洗涤剂溶液，在一定温度下，将200mL洗涤液从90cm高度流到刻度量筒底部50mL相同洗涤液的表面，用在初始或5min时测量得到的泡沫高度表征该洗涤剂的发泡力，详细测试方法和步骤见GB/T 13173—2008《表面活性剂　洗涤剂试验方法》。

3.1.10　洗涤剂的发展

中国合成洗涤剂起步于1958年，年产量不足万吨，结构单一，主要是支链烷基苯磺酸盐为主的洗衣粉。其后20年，发展受限，到1978年产量仅32万吨，人均不足0.34kg，远低于当时全球平均水平。改革开放后，中国合成洗涤剂进入快速发展阶段，到1998年产量超280万吨，20年间增长近八倍。2000年年产量达到322万吨，人均年消费超过2.5kg。在"十一五"到"十三五"期间，中国合成洗涤剂进入结构转型、技术升级、工艺改进、大规模化发展阶段，到2018年，国内合成洗涤剂产量超过1350万吨。产品已从初期的单一支链烷基苯磺酸盐为主的洗衣粉发展为脂肪醇硫酸酯盐、脂肪醇聚氧乙烯醚硫酸酯盐、脂肪醇聚氧乙烯醚、烷基苷、甜菜碱型和氨基酸型两性表面活性剂、季铵盐型阳离子表面活性剂复配使用的品种丰富、功能多样的洗衣液、洗涤剂。

目前，洗涤剂的发展主要是在高使用安全性、环境友好性、多功能性、高效性和节能性的新型洗涤剂开发方面。

肥皂、合成洗涤剂的安全性主要是从对人体和对环境的安全性两方面考虑。对人体的安全性主要是考虑洗涤剂的毒性、刺激性、过敏性、致癌性、皮肤粗糙性和进入人体后是否积蓄、能否迅速排出体外的代谢性能等。尤其是添加有香料、着色剂、杀菌剂、酶等助剂的洗涤剂更要注意这方面的问题，确保使用的安全性。尤其是水果蔬菜、餐具、婴儿衣服洗涤剂等特殊清洗对象的洗涤剂，对其安全性的要求会更趋严格。

洗涤剂对环境的安全性主要是指其生物降解性，能在短时间内彻底分解为水、二氧化碳和其他无机小分子物质的洗涤剂是对环境友好的洗涤剂。

干洗用洗涤剂对环境的安全性还应考虑其溶剂对臭氧层的消耗，应选择消耗臭氧层潜能值低的消耗臭氧层物质替代产品。随着人们生活水平的提高和生活节奏的加快，衣物的干洗所占比例日渐增加，干洗溶剂对环境和人体健康的影响已成为不容忽视的问题。我国干洗洗涤剂用溶剂主要以四氯乙烯为主，一方面我国《纺织品干洗后四氯乙烯残留量的测定》（GB/T 24115—2009）在 2010 年 2 月开始实施后，干洗用洗涤剂必须减少干洗溶剂在衣物上的残留；另一方面四氯乙烯溶剂是消耗臭氧层物质（ODS），属于《关于消耗臭氧层物质的蒙特利尔协议书》规定要淘汰的 ODS，在我国的《中国逐步淘汰消耗臭氧层物质国家方案》（修订稿）中已明确要逐步禁止生产和消费，寻找替代四氯乙烯的环境友好的绿色溶剂是干洗用洗涤剂发展必须解决的课题。

含磷化合物会引起水体的富营养化，使水域生态系统遭到破坏，造成藻类大量繁殖，发生水藻爆发现象，洗涤剂的无磷化和低磷化也是今后洗涤剂发展的重要方向。

随着洗涤剂用量的日益增大，洗涤剂废水中的重金属污染、有机物污染给环境带来的危害也逐渐引起人们的重视。越来越多的家用清洁洗涤剂中杀菌剂、防腐剂的使用，导致进入污水体系的杀菌剂和防腐剂的量逐渐增加，诱导细菌产生耐药性的可能性也明显加大，人们对水体中合成洗涤剂的残留及影响越来越关注。加强合成洗涤剂行业的标准化建设，促进国内行业标准与国际接轨是今后洗涤剂行业发展的重要方面。

易漂清的洗涤剂能有效减少漂清所需的水量，减少洗涤废水的排放，也是洗涤剂配方研究中应注意的问题。

多功能、高效除垢、液体化洗涤剂可减少洗涤剂用量、节省洗涤时间。开发低温洗涤时仍有高效洗涤能力的洗涤剂，可节省能源，这些都是今后洗涤剂发展的趋势之一。洗涤剂配方中添加过氧化物的有氧洗涤剂，洗涤时能产生强氧化性的活性物，起到杀菌、除异味、漂白作用，也是一种新型的多功能洗涤剂。

发展工业、专用型洗涤剂，加大工业洗涤剂在相关行业的应用，是今后洗涤剂行业的另一重要发展方向。

3.2 化妆品

化妆品是清洁和美化人们面部、皮肤、毛发、牙齿等处的日常用品，从古至今，都与我们的生活密切相关，尤其是在物质生活丰富的现代社会，各种化妆品已成为我们生活中不可或缺的一部分。化妆品的生产规模、品种和质量都有了明显的发展和提高，已成为日用化学品工业的重要组成部分。

3.2.1　化妆品的定义和分类

（1）化妆品的定义

按我国《化妆品安全技术规范》（2015 年版）：化妆品"是指以涂擦、喷洒或者其他类似的方法，散布于人体表面任何部位（皮肤、毛发、指甲、口唇等），以达到清洁、消除不良气味、护肤、美容和修饰目的的日用化学工业品"。

使用合适的化妆品能使人体的皮肤、毛发、口腔等清洁，并美化、修饰容貌，增强个人魅力、保持卫生健美。化妆品的正确使用可清除皮肤表面及毛发的脏污，修饰和美化人的皮肤表面和毛发，营养、保护皮肤和毛发，预防、抑制面部及口腔的疾病及脱发。

（2）化妆品的分类

化妆品品种繁多，分类方法各异，可以按剂型分，也可按功能分，还可按使用者年龄、性别分。我国有统一的国家产品分类标准，其中也有化妆品的分类标准。依据标准《化妆品分类》（GB/T 18670—2017），按照化妆品的功能分类，可分为清洁类化妆品、护理类化妆品及美容/修饰类化妆品；按照化妆品的使用部位分类，可分为皮肤用化妆品、毛发用化妆品、指（趾）甲用化妆品和口唇用化妆品。详见表 3-17。

表 3-17　化妆品分类

部位	功能			部位	功能		
	清洁类化妆品	护理类化妆品	美容/修饰类化妆品		清洁类化妆品	护理类化妆品	美容/修饰类化妆品
皮肤	洗面奶(膏) 卸妆油(液、乳) 卸妆露 清洁霜(蜜) 面膜 溶液 洗手液 洁肤 花露水 洁颜粉 洁面粉	护肤膏(霜) 护肤乳液 化妆水 面膜 护肤啫喱 润肤油 按摩精油 按摩基础油 花露水 痱子粉 爽身粉	粉饼 胭脂 眼影(膏) 眼线笔(液) 眉笔(粉) 香水 古龙水 香粉(蜜粉) 遮瑕棒(膏) 粉底液(霜) 粉条 粉棒 腮红 粉霜	毛发	洗发液 洗发露 洗发膏 剃须膏	护发素 发乳 发油/发蜡 焗油 发膜 睫毛基底液 护发喷雾 护甲水(霜)	定型摩丝/发胶 染发剂 烫发剂 睫毛液(膏) 生(育)发剂 脱毛剂 发蜡 发用啫喱水 发用漂浅剂 定型啫喱膏
				指(趾)甲	洗甲液	指甲硬化剂	指甲油 水性指甲油
				口唇	唇部卸妆液	润唇膏 润唇啫喱 护唇液(油)	唇膏 唇彩 唇线笔 唇油 唇釉 染唇液

3.2.2　化妆品的原料

化妆品是由多种原料通过复配技术配制而成的具有多种功效的产品。化妆品的原料种类繁多、性能各异，作用不同：按用途分，可分成基质原料和辅助原料；按来源分，可分成天然原料和合成原料。

3.2.2.1　基质原料

基质原料是调配各种化妆品的主体，即基础原料。主要有以下类别。

(1) 天然油脂类

甘油脂肪酸酯是组成动植物油脂的主要部分。在常温时呈液态的称为油，呈固态的称为脂，根据来源可分为植物性油脂和动物性油脂。适于作化妆品的植物性油脂有椰子油、橄榄油、蓖麻油、杏仁油、花生油、大豆油、棉籽油、棕榈油、芝麻油、扁桃油、麦胚芽油、鳄梨油等。动物性油脂有牛脂、猪油、貂油、海龟油等。

油脂用作化妆品原料时，对皮肤作用缓和，使皮肤细胞柔软，在皮肤表面形成疏水薄膜，能抑制表皮水分的蒸发，防止皮肤干燥、粗糙，为皮肤提供保护作用。

(2) 蜡类

主要是作为固化剂提高制品的性能和稳定性，提高液态油的熔点，赋予产品触变性，改善对皮肤的柔软效果，在皮肤表面形成疏水薄膜，能抑制表皮水分的蒸发，赋予产品光泽，提高产品价值，改善产品成型性，便于使用。可分为植物性蜡和动物性蜡。植物性蜡有棉蜡、霍霍巴蜡、小烛树蜡、巴西棕榈蜡等，动物性蜡有羊毛脂、蜂蜡、鲸蜡、虫蜡。

巴西棕榈蜡是从南美巴西产的棕榈叶中浸取而得，熔点 66～82℃，是天然蜡中熔点最高的一种。巴西棕榈蜡广泛用于唇膏的制造，以增加其耐热性，并赋予光泽，还可用于睫毛膏等锭状化妆品。

羊毛脂是淡黄色至暗棕黄色黏性半固体膏状物，有令人不愉快的羊膻味。密度 0.924g/cm³，熔点 38～42℃，可由毛纺工业中羊毛开毛工序中的羊毛屑精制提取制得，或由羊毛洗涤中的废液经溶剂提纯、脱色、脱臭而得。羊毛脂具有良好的润湿、保湿、渗透性能以及防止脱脂的功能，没有油腻感，能形成一层致密的润肤膜。

羊毛醇是黄色至棕黄色油膏或蜡状固体，略有气味。熔点 45～75℃，主要成分为高碳链直链脂肪醇和胆固醇，长期储存不易腐败。由羊毛脂水解而得［酸值（以 KOH 计）＜2mg/g，碘值 20～35g/100g，皂化值（以 KOH 计）＜12mg/g］。乳化性能比羊毛脂好得多，用于护肤和护发用品，在皮肤和头发上形成致密膜，给人以柔软、光滑感。

鲸蜡是抹香鲸头部提取出来的油腻物经冷却和压榨而得。鲸蜡是珠白色半透明固体，无嗅无味，由抹香鲸脑加压过滤去除硬脂酸酯，再加入氢氧化钠与水共沸，然后洗涤而得。主要成分为鲸蜡酸、鲸蜡酯、硬脂酸酯、月桂酸酯、豆蔻酸酯。

蜂蜡由蜜蜂腹部的蜡腺分泌而得，是构成蜂巢的主要成分，具有抗菌和愈合创伤的功能。近年来用它制造香波、洗发剂、高效去头屑洗发剂（治疗真菌引起的多头皮屑症）。

虫蜡是由昆虫所产生的蜡，主要有川蜡和印度虫蜡两种。川蜡，又名中国蜡，白色至淡黄色纤维状晶体，熔点 65～80℃，将白蜡虫分泌在所寄生的女贞树或白蜡树枝上的蜡质物用热水溶化，提取出蜡，再经熔融、过滤、精制就得到虫蜡。其主要成分为二十六碳酸二十

六碳醇酯 $CH_3(CH_2)_{24}COO(CH_2)_{25}CH_3$，硬度大，性质稳定，不溶于水，易溶于苯、汽油等有机溶剂。印度虫蜡，是寄生于印度虫胶树上的昆虫所分泌的一种胶状物，此胶状物脱蜡时，虫蜡作为虫胶的副产品得到，熔点 80～85℃。

(3) 高碳烃类

高碳烃类包括烷烃和烯烃两类，烃类在化妆品中主要起溶剂作用，净化皮肤表面。主要有角沙烷、液体石蜡、凡士林、固体石蜡、微晶石蜡等。角沙烷，是由角鲨的肝脏中提取的角鲨烯进行加氢反应，再精制而得的无色透明液体，主要成分是六甲基二十四烷（异三十烷）。角沙烷对皮肤的刺激性较低，能使皮肤柔软，是一种极稳定的油脂原料。

(4) 粉质类

主要有滑石粉、高岭土、钛白粉、氧化锌、硬脂酸锌、硬脂酸镁、碳酸钙、碳酸镁等。化妆品用的粉质原料皆为白色粉末，细度达 300 目以上，水分含量应在 2% 以下，其质量要求很高，不得检出致病菌，金属铅、汞、砷的含量和 pH 值都应加以控制。

滑石粉是天然矿产含水硅酸镁（$3MgO \cdot 4SiO_2 \cdot H_2O$），性柔软，具有光泽和滑爽的特性，对皮肤不发生任何化学作用，是制造香粉的不可缺少的原料。

高岭土是天然硅酸铝（$2SiO_2 \cdot Al_2O_3 \cdot 2H_2O$），有油腻感，对皮肤的黏附性好，有抑制皮脂及吸收汗液的作用。

钛白粉即二氧化钛粉，为无色无臭的无定形粉。是重要的白色颜料，有很强的着色力和遮盖力，对紫外线也有较强的折射作用，用于各种粉状化妆品和防晒化妆品的配制。传统的化妆品用二氧化钛粉是未经表面处理的锐钛矿和金红石两种。经表面处理的二氧化钛粉分亲水型和亲油型两种，新型的纳米金红石型二氧化钛粉在化妆品中的应用也日趋广泛。

氧化锌粉又名锌白，无色无臭的白色粉末。也有较强的着色力和遮盖力，同时还有收敛性和杀菌作用，主要用于香粉类化妆品。

硬脂酸锌、硬脂酸镁是一种金属皂，对皮肤有润滑、柔软和黏附性。用于香粉和爽身粉等化妆品。

碳酸钙、碳酸镁对皮肤汗液、油脂有吸着性，碳酸镁的吸收性更好。因用量过多会使皮肤干燥，一般不超过 15%。

(5) 溶剂类

溶剂是化妆品的主要组成部分，主要有水、乙醇、丁醇、戊醇、异丙醇，还有多元醇，小分子的酮、醚、酯类（多用作指甲油的溶剂）。

化妆品所用水，要求水质纯净、无色、无味，且不含钙、镁等金属离子，无杂质。广泛使用在化妆品中的是去离子水和蒸馏水。

醇类是香料、油脂类的溶剂。乙醇主要是利用其溶解、挥发、芳香、防冻、灭菌、收敛等特性，应用在制造香水、花露水、发水等。丁醇是制造指甲油的原料。戊醇用作指甲油的偶联剂。异丙醇有杀菌作用。酮类有丙酮、丁酮。酯类有乙酸乙酯、乙酸丁酯、乙酸戊酯。醚类主要有二乙二醇单乙醚、乙二醇单甲醚、乙二醇单乙醚等。

3.2.2.2 辅助原料

除基质原料外的所有原料都叫辅助原料，它们是为达到化妆品的某些功能而加入的物质，如香精香料、色料、防腐剂、抗氧化剂、保湿剂、水溶性高分子化合物、表面活性剂、营养添加剂等。

（1）香精香料

香料是指能使人们的嗅觉或味觉感到愉快，并能记忆其特征的挥发性物质。香料按用途可分为食用香料、日用香料、工业用香料。按来源可分为天然香料、合成香料。天然香料又分成动物香料、植物香料。合成香料又分为单离香料、合成香料、调和香料。

① 天然香料 动物香料有龙涎香、麝香、灵猫香、海狸香。植物香料是从植物的花、果、籽、叶、茎、根、皮、树脂中提取的香料物质。

龙涎香，取自抹香鲸肠内的病态分泌结石。其密度比水低，排出体外后漂浮于海面或冲至岸边而为人们所采集。其主要有效成分是无香气的龙涎香醇（$C_{30}H_{52}O$），经过自氧化和光氧化作用而成为具有强烈香气的化合物：γ-二氢紫罗兰酮、2-亚甲基-2,2-二甲基-6-亚甲基环己基丁酯、α-龙涎香醇、$3a$,6,6,9a-四甲基十二氢萘并［2.1.6］呋喃，这些化合物共同形成了强烈的龙涎香气。

海狸香，在海狸的生殖器附近有两个梨状腺囊，其内的白色乳状黏稠液即为海狸香，主要成分为对乙基苯酚、苯甲醛、内酯及海狸香素。

麝香，雄性麝鹿的分泌物（位于麝鹿脐部的香囊），固态时麝香发出恶臭，用水或酒精高度稀释后才散发出独特的动物香气。主要芳香成分是一种饱和大环酮——3-甲基环十五酮。

灵猫香，来自灵猫的囊状分泌腺，无需特殊加工，用刮板刮取香囊分泌的黏稠分泌物即为灵猫香。主要的香成分是灵猫酮，化学结构是 9-环十七酮。

② 合成香料 从植物香料中，通过蒸馏、分馏、挤压、萃取等处理分离出其中的一种或数种组分称为单离香料。合成香料是用化学合成的方法制得的香料。合成的香料中大多含有醇、醛、酮、酯、酚官能团或氮化物。

用几种或几十种天然的、合成的单体香料，按香型、用途等要求，调配而成的混合体称为香精，可直接用于加香产品中。

（2）色料

色料分有机合成色素、无机颜料、天然色素。有机合成色素包括染料和色淀、颜料。染料又分为水溶性染料和油性染料。色淀是指不溶于水的染料和颜料。颜料是一种不溶于水、油、溶剂的使别的物质着色的粉末，主要有白色颜料氧化锌、二氧化钛，红色颜料三氧化二铁，黄色颜料氢氧化亚铁，紫色颜料紫群青，绿色颜料氧化铬，黑色颜料炭黑和四氧化三铁，广泛用于口红、胭脂及其他演员化妆品。天然色素取自动植物，如胭脂虫红、姜黄和叶绿素。

（3）防腐剂

在化妆品中常加有蛋白质、维生素、油、蜡等，还有水分，容易滋生和繁殖细菌、霉菌、酵母等微生物。为了防止化妆品变质，需加入防腐剂。

用于化妆品的防腐剂一般要求含量极少就能抑菌、颜色要淡、味轻、无毒、无刺激、储存期长、配伍性能好、溶解度大。分为酸类、酚类、对羟基苯甲酸酯类、酰胺类、季铵盐类、醇类。卷发剂、染发剂、收敛剂、爽身粉、香水、化妆水等，因产品本身不具备微生物生长的条件，配方中没有水分，不需加防腐剂，pH 值高于 10 或低于 2.5 的产品、乙醇含量大于 40% 的产品、甘油、山梨醇和丙二醛在水相中的含量高于 50% 及含有高浓度香精的产品都属于不需加防腐剂的范围。

常用的防腐剂有葡糖酸内酯、柠檬酸、柠檬酸钠、苯氧乙醇、苯甲酸钠、乳酸、对羟基苯甲酸甲酯、甲基氯异噻唑啉酮、甲基异噻唑啉酮。乙基己基甘油（辛氧基甘油），有防腐增效作用，还有保湿作用，可赋予配方令人愉快的肤感，它对很多传统防腐剂（如苯氧乙醇）广谱性有很大的改善。乙基己基甘油通过降低微生物细胞壁表面张力，降低细菌的活性使防腐体系更有效、更快，一般可与EDTA-二钠复配使用。

（4）抗氧化剂

化妆品中含有动、植物油脂、矿物油，这些组分在空气中易氧化，而降低化妆品的质量，甚至产生对人体有害的物质。所以化妆品中必须加抗氧化剂防止化妆品氧化。主要有苯酚系、醌系、胺系、有机酸、酯类以及硫黄、磷、硒等无机酸及其盐类抗氧化剂。常用的抗氧化剂主要有生育酚、生育酚乙酸酯、EDTA-二（四）钠、二丁基羟基甲苯（BHT）。

（5）水溶性高分子化合物

水溶性高分子化合物是化妆品中常用的添加剂之一，起稳定分散体系的作用（或称胶体保护作用）。对乳液、蜜状半流体起增黏作用，对膏霜类半固体起增稠或凝胶化作用，还具有成膜性、黏合性、气泡稳定作用、保湿作用。

化妆品中常用的水溶性高分子化合物有天然、半合成和合成高分子化合物。天然高分子化合物有动物明胶、植物树胶，如阿拉伯树胶、果胶、海藻酸钠等。半合成高分子化合物主要有甲基纤维素、乙基纤维素、羧甲基纤维素、羟乙基纤维素、羟丙基纤维素、阳离子纤维素聚合物和瓜耳胶及其衍生物。合成高分子化合物主要是聚乙烯醇、聚乙烯吡咯烷酮、聚丙烯酸钠、聚氧化乙烯、聚乙烯甲基醚及其共聚物、羧基乙烯聚合物等。

（6）营养添加剂

随着人们生活水平的提高，除了要求化妆品具有清洁、护肤等基本功能外，还希望化妆品有营养和保健作用。添加合适的营养成分可使化妆品具有良好的营养保健性能。添加到化妆品中的营养添加剂要求对人体安全、对皮肤无刺激性、与其他原料配伍良好。

常用的营养添加剂有维生素类、氨基酸类、蛋白质类、花粉、中草药提取液、果蔬提取液。为了使化妆品有美白、祛斑、抗皱等功能还会添加表皮生长因子、透明质酸、熊果苷、曲酸、果酸、超氧化物歧化酶、甲壳素及衍生物、胎盘提取液等活性物质。

（7）保湿剂

皮肤是重要的储存水分的器官，它的储水量仅次于肌肉。正常情况下皮肤的储水量约占人体所有水量的$18\%\sim20\%$，大部分储存在皮内。婴儿皮肤储水量高达80%。

皮肤之所以有吸湿能力、保湿能力，是因为人体内有天然保湿因子（natural moisturing factors，NMF）的缘故。天然保湿因子是由氨基酸、吡咯烷酮羧酸、乳酸盐、柠檬酸、PO_4^{3-}、糖、有机物、肽和钾、钙、镁、钠离子及其他未确定物组成。

给皮肤补充水分防止干燥的高吸湿性的水溶性物质，称为保湿剂。皮肤保湿的机理，一是吸湿，二是防止内部的水分散发。主要有甘油、丙二醇、聚乙二醇、山梨醇、甘露醇、木糖醇、乳酸和乳酸钠、吡咯烷酮羧酸钠、透明质酸、水解胶原蛋白等。

神经酰胺是一种类磷脂，它占角质层脂中$40\%\sim50\%$比重，是角质层脂质的主要成分。它在保持角质层水分平衡上起极重要的作用。

透明质酸钠，化学名称为(1-4)-O-β-D-葡萄糖醛酸-(1-3)-2-乙酰氨基-2-脱氧-β-D-葡萄糖，分子式$(C_{14}H_{22}NNaO_{11})_n$，为白色至淡黄色粉末或颗粒，无特殊异味。

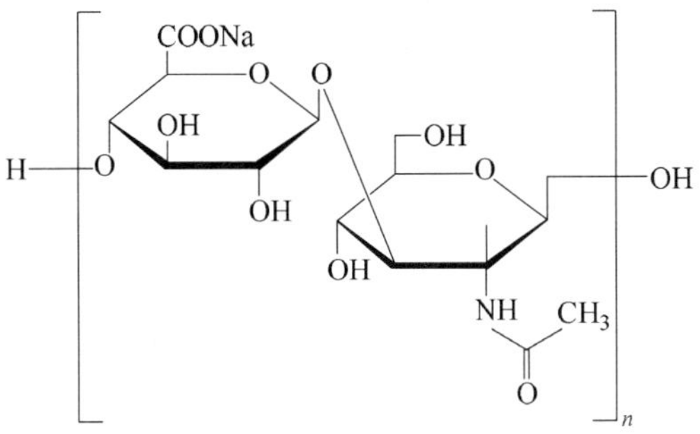

透明质酸钠分子结构式

几丁质和几丁聚糖是从甲壳纲动物（蟹、虾）和昆虫的硬壳中提取出来的甲壳质。它有良好的吸水性，成为化妆品中天然添加剂。如 NMF-2、NMF-16、NMF-8 都属这类保湿剂。

乙酰基玻尿酸（AcHA）是一种高分子保湿剂。高分子保湿剂的一侧以疏水性牢固地结合在皮肤表面，它的亲水性一侧裸露在大气中可以充分地吸收水分。它的吸水性很强，有良好的保湿作用，是最新一代的保湿剂。

（8）表面活性剂

表面活性剂是化妆品中重要的辅助原料。阴离子表面活性剂主要起去污、增溶、分散等作用，常用的有月桂醇硫酸酯盐、月桂醇聚氧乙烯醚硫酸酯盐。非离子表面活性剂主要起润湿、乳化等作用，如乙二醇二硬脂酸酯、吐温系列及其他多元醇型非离子表面活性剂。阳离子表面活性剂主要起柔软、抗静电、杀菌、调理等作用，常用的瓜儿胶羟丙基三甲基氯化铵，还有增稠作用。两性表面活性剂常用于低刺激性香波、浴液的配制和护发品的调制。聚合季铵盐如聚季铵盐-10，常用在洗发香波等化妆品中，有防皮肤冻裂、令肌肤光滑柔润、防头发开叉、形成透明膜层的作用，氨基酸类的两性表面活性剂因其对人体的刺激性低、毒性低被用于婴幼儿化妆品中。

化妆品中大量的霜膏类化妆品都是乳状液。乳状液的类型及其稳定性直接影响着化妆品的性能。用作化妆品乳化剂的主要是非离子表面活性剂。

乳状液的性能受加入乳化剂的性能和用量、互不相溶的两相的体积比影响。使用亲油性好的乳化剂易生成 W/O 型乳状液，使用亲水性好的乳化剂易生成 O/W 型乳状液。一般以两相中体积大的一相为连续相。乳化过程的搅拌方法和条件对形成的乳状液的性能也有影响。

乳状液是热力学上的不稳定体系，长期放置将使油水分层，一般可通过减小两相的密度差、提高连续相的黏度、加入合适的表面活性剂作乳化剂提高其稳定性。

表面活性剂能够定向地吸附在油水界面上，亲水的极性基团伸向水相，亲油的非极性基团伸入油相，形成定向的单分子层使表面张力降低。表面活性剂能在分散相周围的界面上形成保护膜，阻止分散相粒子聚集，使乳状液稳定。

合适乳化剂的选择对化妆品的性能和储存使用稳定性都有很大影响。要选择用量少、乳化效果好，与配方中其他成分配伍性好，不影响产品的色、味的安全稳定的乳化剂。

在化妆品的主要配方成分确定后，根据乳化对象确定乳化剂合适的 HLB 值，再按 HLB 值选择乳化剂。不同表面活性剂的 HLB 值不同，可根据表面活性剂在水中溶解情况判断其 HLB 值的范围（表 3-18）。

表 3-18　不同 HLB 值表面活性剂在水中的溶解情况

表面活性剂在水中的溶解情况	HLB 值范围	表面活性剂在水中的溶解情况	HLB 值范围
不分散	1～4	半透明至透明分散体	10～13
分散得不好	3～6	澄清透明溶液	>13
剧烈搅拌后成乳白色分散体	6～8		

乳化剂的憎水基团与被乳化对象结构相似或乳化剂在被乳化物中易溶时，乳化效果一般较好。当乳化剂的憎水基团与被乳化物亲和力较强时，不但乳化效果好，而且乳化剂用量也减少。表 3-19 列出了一些常见乳化对象要求乳化剂具有的 HLB 值。

表 3-19　不同乳化对象要求乳化剂具有的 HLB 值

乳 化 对 象	HLB 值		乳 化 对 象	HLB 值	
	O/W	W/O		O/W	W/O
植物油	7～9	—	日本蜡	12～14	—
牛脂	7～9	—	固体石蜡	11～13	—
石蜡	9	4	脂肪酸酯	11～13	—
轻质矿物油	10	4	液体石蜡	12～14	6～9
重质矿物油	10.5	4	无水羊毛脂	14～16	8
石油	10.5	4	油酸	16～18	7～11
凡士林	10～13		油醇	16～18	6～7
挥发油	13	—	硬脂酸	17	—
鲸蜡油(C_{16})	13	—	蜂蜡	10～16	

选择乳化剂时，应选择 HLB 值相近的表面活性剂作为乳化剂进行乳化试验。一般 O/W 型乳状液选用乳化剂的 HLB 值要较 W/O 型的大。使用复配的乳化剂比单一结构的乳化剂效果好。选择合适的乳化剂主要靠实践经验，需要不断地摸索和研究。

工业上制备乳状液的方法可按乳化剂、水、油的加入顺序和方式分为转相乳化法、自然乳化法、机械乳化法。转相乳化法是先将加有乳化剂的油加热成液体，然后在搅拌的同时加入温水，开始时加入的水成微滴分散于油中，是 W/O 型，随着水的继续加入，乳状液逐渐变稠。至最后黏度急剧下降，转相为 O/W 型乳状液。流动性好的油常采用自然乳化法，即将乳化剂溶于油中，然后投入大量的水中，油表面不断被乳化，逐渐分裂成小液滴分散于水相中，最后形成乳化液。机械乳化法采用匀化器、胶体磨等乳化机械进行强制乳化。

3.2.3　化妆品的生产

化妆品的生产，大多是物料间的物理混合，较少发生化学反应。所用生产设备无需耐高压、高温，多采用间歇操作。涉及的单元操作主要有粉碎、研磨、粉末制品的混合、乳化、分散、分离和分级、物料输送、加热和冷却、灭菌和消毒、产品的成型包装、容器的清洗等。

绝大多数化妆品都含有一定量的水，合格的化妆品用水对产品的质量至关重要。用于化妆品复配的水必须经过处理去除水中的金属离子如钙、镁、铁、锰等。水中有机物、细菌等存在也将严重影响产品的品质。化妆品用水可以是蒸馏水、去离子水，但都必须是无菌水。用蒸馏、离子交换、电渗析淡化、反渗透的方法可以制得符合化妆品生产需要的水。

通过真空乳化器、乳化搅拌器、超声波乳化器、均质乳化搅拌器和胶体磨等设备可生产均匀、细腻、低气泡、稳定的霜膏类化妆品（见图 3-6）。

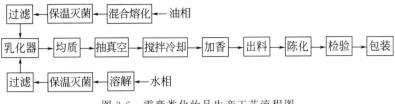

图 3-6　霜膏类化妆品生产工艺流程图

液体化妆品生产常用的设备有配料锅、储存罐、过滤机、液体灌装机等。将制造液体化妆品如香水的配料（香料、乙醇等）加入配料锅，搅拌混合均匀，形成粗制品，储存在储存罐中熟化（陈化）数天到数月不等，过滤去除杂质后，通过液体灌装机装瓶。储存罐应选用稳定性好的材料，如不锈钢、玻璃等，不要使用铁容器。储存期间应通风、避光。熟化的时间因产品不同有差异，一般化妆水 2～3d 就可以，香水却要长达 2～3 个月，使香气充分的协调统一，提高产品质量。

粉状化妆品生产常用的设备有粉碎机、筛粉机、粉饼压制机、灭菌器、包装机等。首先将粉体原料粉碎到所需粒度，过筛去除粗糙粒子，将符合要求的细粉（>300 目）加入灭菌器中用环氧乙烷气体灭菌，再用粉饼压制机压制成一定形状的粉饼，包装即可。为了使粉料与颜料等辅助原料混合均匀，通常会采用球磨机进行研磨、混合。

3.2.4　肤用化妆品

肤用化妆品的主要功能是清洁皮肤、调节和补充皮肤的油脂、使皮肤表面保持适量的水分，并通过皮肤表面吸收适量的滋补剂和治疗剂，保护皮肤和营养皮肤、促进皮肤的新陈代谢。肤用化妆品是化妆品工业发展最迅速的部分，是化妆品的重要一类。

肤用化妆品可分为清洁皮肤用化妆品、保护皮肤用化妆品、营养皮肤用化妆品、祛斑美白化妆品、抗衰老化妆品。

（1）清洁皮肤用化妆品

清洁皮肤用化妆品有清洁霜、泡沫清洁剂、磨砂膏、面膜、沐浴剂和化妆水等。清洁霜一般由油相（油、脂、蜡类）、水相、乳化剂、保湿剂、防腐剂、香精等组成，可以是 O/W 型，也可以是 W/O 型。一般 W/O 型清洁霜适用于干性皮肤的清洁，O/W 型的用于油性皮肤。表 3-20 是洗面奶的配方组成。其中油相物凡士林、石蜡、液体石蜡、十六醇可溶解皮肤表面的油溶性污垢。丙二醇、甘油等水相物溶解水溶性污渍。HLB 值为 3.8 的亲油性更好的单硬脂酸甘油酯与亲水性的聚氯乙烯单月桂酸酯（HLB=13.1）协同作用，起到润湿、分散、发泡、去污和乳化的作用，在洗涤的过程中与油相和水相物协同作用去污。配方中的油相还有护肤、营养皮肤的功能，而丙二醇、甘油可起到保湿的作用。

表 3-20　清洁霜（洗面奶）配方

组　分	质量分数/%	组　分	质量分数/%	组　分	质量分数/%
凡士林	18	单硬脂酸甘油酯	3.0	香料	0.6
石蜡	5	聚氯乙烯单月桂酸酯	3.0	防腐剂	适量
液体石蜡	28	丙二醇	4.0	精制水	35.9
十六醇	1.5	甘油	1.0		

泡沫清洁剂主要包括油性原料、洗净剂（表面活性剂）、保湿剂及其他水溶性成分。油性原料主要包括高级脂肪醇，如十六醇、十八醇等，还有羊毛脂、脂肪酸酯等，主要作为溶剂和润肤剂。洗净剂主要是表面活性剂，一般是阴离子、非离子和两性表面活性剂。保湿剂主要是甘油、丙二醇、山梨糖醇等，有的高级泡沫清洁剂还会加入透明质酸发挥保湿作用。水溶性高分子主要起稳定和增稠的作用。泡沫清洁剂配方见表 3-21。

表 3-21　泡沫清洁剂配方

组　　分	质量分数/%	组　　分	质量分数/%
白油	25.0	三乙醇胺	0.5
单硬脂酸聚乙二醇(600)酯	10.0	防腐剂	适量
三丙乙醇胺	1.0	香精	适量
Carbopol934 树脂	0.5	去离子水	63.0

磨砂膏在普通 O/W 型的乳液或浆状物清洁霜配方中添加了极细微的砂质粉粒，不但能去除皮肤污垢，而且能去除角质层老化和死亡的细胞。磨砂膏就是由膏霜类化妆品的基质原料和磨砂剂组成（见表 3-22）。磨砂剂可以是天然的植物果核的精细颗粒（如杏核粉、橄榄仁粉、核桃粉等）、天然矿物粉末（如二氧化钛粉、滑石粉）和合成磨砂剂（聚乙烯、聚苯乙烯、聚酰胺树脂、尼龙、石英等的细微颗粒）。

表 3-22　磨砂膏配方

组　　分	质量分数/%	组　　分	质量分数/%
十六~十八醇硫酸酯钠盐	15.0	硅铝酸镁	1.0
硬脂酸单甘油酯	6.0	乳酸	适量
十六~十八醇、PEG20 硬脂酸酯	1.0	杏仁壳粉、橄榄核粉	10.0~15.0
玉米油	2.0	防腐剂	适量
椰油酰胺基丙基甜菜碱	5.0	香精	适量
羊毛醇	2.0	去离子水	加至 100
羊毛油	0.5		

面膜主要功能是在面部皮肤上形成不透气的薄膜，主要有粉末、黏土、剥离、泡沫、浆泥类、成型类等类型。

沐浴剂也称为沐浴露、沐浴液，主要是以各种表面活性剂为主要活性物质并加入滋润剂、保湿剂和其他清凉止痒、营养等效果的添加剂、香精、色素等。沐浴液配方见表 3-23。

表 3-23　沐浴液配方

组　　分	质量分数/%	组　　分	质量分数/%
脂肪醇聚氧乙烯醚硫酸盐	18.0	水溶性羊毛脂	2.0
脂肪醇聚氧乙烯醚磺基琥珀酸单酯二钠盐	8.0	甘油	4.0
椰油酰胺基丙基甜菜碱	10.0	柠檬酸	适量
月桂醇二乙酰胺	4.0	香精、色素	适量
防腐剂	适量	去离子水	54.0

化妆水是一种黏度低、流动性好的液体化妆品，主要成分是保湿剂、收敛剂、水、少量表面活性剂。表 3-24 列出了化妆水中的主要成分及含量。Span-60 是乳化剂，月桂基醚具有增溶功效，油醇是柔软剂，丙二醇是保湿剂，溶解性好的乙醇是助溶剂，同时又具有清凉、杀菌、收敛等作用。

表 3-24　化妆水配方

组　　分	质量分数/%	组　　分	质量分数/%
失水山梨醇单硬脂酸酯(Span-60)	1.5	乙醇	10.0
月桂基醚	0.5	香料	适量
油醇	0.1	色素	适量
丙二醇	4.0	精制水	加至 100

（2）保护皮肤用化妆品

这类化妆品可提供皮肤充分的水分和脂质，有滋润、保护、营养、美化皮肤的功效。一般由柔软剂、吸湿剂、乳化剂、增稠剂、活性成分等组成。有水包油型、油包水型和蜜类护肤品。

最典型的水包油型护肤品就是雪花膏，由油相、水相、乳化剂、香精、色素、保湿剂、润肤剂等组成，根据需要还可加入防腐剂、营养成分、药物等辅助成分。

通常所说的冷霜就是一种油包水型的护肤品，可有效防止皮肤变粗糙、皲裂。基本组成与水包油型护肤品类似，但油相含量高，超过 50%，水相原料用量较低。所以选用乳化剂的 HLB 值不同，油/水型的比水/油型的大。表 3-25 是三种护肤化妆品的配方实例。

表 3-25　护肤化妆品配方

油/水型润肤霜配方		水/油型润肤霜配方		润手霜配方	
组　　分	含量/%	组　　分	含量/%	组　　分	含量/%
杏仁油	8.0	液体石蜡	25	鲸蜡醇	10.0
轻质液体石蜡	8.0	橄榄油	30	鲸蜡醇硫酸钠	0.2
鲸蜡	5.0	石蜡	1.0	硬脂酸	8.0
鲸蜡醇	2.0	凡士林	2.0	脂蜡醇	3.0
羊毛脂	2.0	羊毛脂	2.0	尼泊金甲酯	0.1
单硬脂酸甘油酯	14.0	倍半油酸失水山梨醇酯	2.5	月桂醇硫酸钠	1.0
甘油	5.0	甘油	3.0	香料、色素	适量
精制水	56	精制水	34.5	精制水	加至 100

蜜类护肤品是半流动状态的液态霜，呈乳液、奶液状态。

（3）营养皮肤用化妆品

营养皮肤用化妆品是一类含有营养活性成分的化妆品，一般是在普通的化妆品组成中再添加合适的天然动植物提取物和生化活性物质，达到保护、营养、修复、调整皮肤的目的。这类营养活性成分主要有激素、水解蛋白、人参浸取液、维生素、胎盘组织液、卵磷脂、角鲨烷、蜂王浆等。

（4）祛斑美白化妆品

人类的表皮层中存在一种黑素细胞，能够形成黑色素，是人体的主要色素，决定了皮肤颜色的深浅。如果黑色素细胞的活性增强，产生的黑色素颗粒增加，就会产生色斑。

皮肤黑色素的产生过程包括黑色素细胞的迁移、黑色素细胞的分裂成熟、黑色素小体的形成、黑色素颗粒的转移以及黑色素的排泄等一系列复杂的生理生化过程。黑色素在人体内的前体是酪氨酸，一般认为黑色素的生成机理是酪氨酸经酪氨酸酶催化而成的。酪氨酸氧化形成黑色素的过程是复杂的，首先酪氨酸在酪氨酸酶的作用下转化为多巴（DOPA），多巴进一步氧化为多巴醌（DOP aquinone），多巴醌经过分子内环合变成多巴色素，再经过脱羧和氧化反应，生成吲哚醌，最后聚合成黑色素。

正常时，黑色素能吸收过量的日光光线，尤其是紫外线，保护人体。若生成的黑色素不能及时的代谢而聚集、沉积或对称分布于表皮，就会在皮肤上形成雀斑、黄褐斑和老年斑等。紫外线能够引起酪氨酸酶的活性和黑色素细胞活性的增强，促进黑色素的生成。

以防止色素沉着为目的的祛斑美白化妆品的基本原理主要是：

① 抑制黑色素的生成，通过抑制酪氨酸酶的生成和酪氨酸酶的活性；

② 黑色素还原，使形成的黑色素淡化；

③ 促进黑色素的代谢，使黑色素迅速排出体外；

④ 防止紫外线进入，通过有防晒效果的制剂，用物理方法阻挡紫外线。

祛斑美白化妆品的功能就是抵御紫外线、阻碍酪氨酸酶的活性和改变黑色素的生成途径、清除氧自由基、对黑色素进行还原和脱色。

研究发现果酸及其衍生物、动物蛋白、有些中草药提取物、维生素类、壬二酸类、曲酸及其衍生物、熊果苷等具有上述的功效。

熊果苷是从植物中分离得到的天然活性物质，化学名为氢醌-β-D-吡喃葡萄糖苷或4-羟苯基-β-D-吡喃葡萄糖苷，能抑制酪氨酸酶的活性。

曲酸（又称为曲菌酸）及其衍生物是生物制剂，也有抑制酪氨酸酶活性的作用。

抗坏血酸（维生素C）是最具代表性的黑色素生成抑制剂，使DOPA还原。

胎盘提取液、壬二酸、酸性黏多糖也都有美白作用。

祛斑美白化妆品由油相、水相、祛斑美白活性物、乳化剂、精制水、防腐剂等组成。表3-26是一种美白乳液的配方。

表3-26 美白乳液配方

组　　分	质量分数/%	组　　分	质量分数/%
L-抗坏血酸-聚氧乙烯加成物	2.0	甘油	5.0
橄榄油	15.0	对羟基苯甲酸甲酯	0.1
棕榈酸异丙酯	5.0	乙醇	7.0
聚氧乙烯壬基酚醚	0.5	去离子水	加至100.0

(5) 抗衰老化妆品

抗衰老化妆品多为营养霜和乳液，含有抗衰老的活性物质。研究表明超氧化物歧化酶SOD、细胞生长因子、α-羟基酸AHA物质（果酸、柠檬酸、乳酸等）、胶原蛋白和弹力蛋白可以在一定程度上延缓皮肤衰老。

有研究认为氧自由基是造成人类衰老及癌症的重要因素，而SOD可消除体内过多的超氧自由基，有抗炎、抗辐射、抗肿瘤、抗衰老的作用，用在化妆品中，能有效防止皮肤干燥、变黑及炎症。

表皮生长因子（epidermal growth factor，EGF）是由53个氨基酸组成的分子量为6045的多肽物质，1959年美国Vanderbit大学医学系的Stanley Cohen博士首次发现（因而获得

1989 年度诺贝尔生理医学奖）。细胞生长因子主要有表皮生长因子（EGF）、碱性纤维细胞生长因子（BFGF）、上皮细胞修复因子（ERF）等。

鳄梨油和豆油的非皂化物、维生素 A 的衍生物（维生素 A 棕榈酸酯）、芦荟提取物，十六、十八碳脂肪酸酯或醇，维生素 C 棕榈酸酯、维生素 E 醋酸酯、胸腺酸，都对纤维细胞有促进作用，可加速表皮死细胞脱落，具有抗皱、抗衰老功能。表 3-27 是一种抗衰老化妆品——果酸除皱祛斑霜的配方组成。

表 3-27　果酸除皱祛斑霜配方

组　　分	质量分数/%	组　　分	质量分数/%
乙醇酸	2.1	甘油	10.0
维生素 A 棕榈酸酯	1.0	对羟基苯甲酸甲酯	0.2
维生素 E 醋酸酯	0.5	氯代烯丙基氯化六亚甲基四胺	0.1
十六烷酯蜡	8.4	月桂硫酸钠	2.5
十六烷醇	4.0	去离子水	加至 100.0
十八烷醇	10.0		

3.2.5　毛发用化妆品

毛发用化妆品是用来清洁、营养、保护和美化人们毛发的化妆品。包括洗发化妆品、护发化妆品、整发化妆品、染发化妆品、烫发化妆品、剃须化妆品等。

（1）洗发化妆品

洗发化妆品（香波，shampoo）主要由表面活性剂、辅助表面活性剂、添加剂组成。

洗发化妆品用表面活性剂一般是阴离子、非离子、两性离子表面活性剂，多为脂肪醇硫酸盐（AS）和脂肪醇聚氧乙烯醚硫酸盐（AES）、α-烯烃磺酸盐（AOS）等。这些表面活性剂能提供良好的去污力和丰富的泡沫。

辅助表面活性剂主要有 N-酰基谷氨酸钠（AGA）、甜菜碱类、烷基醇酰胺、氧化胺类、聚氧乙烯山梨醇酐月桂酸单酯（吐温-20）、醇醚磺基琥珀酸单酯二钠盐等。

为了使香波具有某种理化特性和特殊效果，通常要添加各种添加剂。主要有稳泡剂、增稠剂、稀释剂、螯合剂、澄清剂、赋脂剂、抗头屑剂等。吡硫鎓锌、甲基氯异噻唑啉酮、甲基异噻唑啉酮、硫酸锌是抗头屑剂。用于稳泡的主要有酰胺基醇、氧化胺类表面活性剂。氯化钠等无机盐、水溶性高分子、胶质原料都是洗发化妆品中常用的增稠剂。为了使洗后头发光滑、流畅，要加入赋脂剂，一般是油、脂、醇、酯类，如羊毛脂、橄榄油、高级脂肪酸酯、硅油等。

好的洗发香波应该是具有良好的去污能力，但又不去除头发自然的皮脂。根据发质不同，洗发香波中的组分要相应调整。通常分干性头发用、中性头发用和油性头发用香波。油性头发用香波可选用脱脂力强的阴离子表面活性剂。而干性头发用香波配方中就应少用或不用阴离子表面活性剂，提高配方中赋脂剂的比例。

针对婴儿用的洗发香波，强调的是其低刺激、作用温和、原料口服毒性低。配方中不用会刺激婴儿眼部的无机盐增稠剂和磷酸盐螯合剂，而选用天然的水溶性高分子化合物。选用的表面活性剂也要安全、低刺激性的，主要选用磺基琥珀酸酯类、氨基酸类阴离子表面活性剂、非离子表面活性剂和两性表面活性剂。其他助剂如防腐剂、香精、色素等的选择也要合适，用量要少。表 3-28 是普通洗发香波和婴儿香波的配方实例。

表 3-28　洗发香波配方

普通洗发香波配方		婴儿香波配方	
组　分	质量分数/%	组　分	质量分数/%
十二烷基聚氧乙烯醚硫酸钠	10	十二醇醚磺基琥珀酸盐	5.0
十二烷基硫酸钠	5	椰油酰胺丙基甜菜碱	5.0
乙二醇单硬脂酸酯	3	咪唑啉型甜菜碱	7.0
月桂酸二乙醇酰胺	2	水解胶原蛋白	1.0
羊毛脂衍生物	1	香精	适量
蛋白质衍生物	3	防腐剂	适量
防腐剂	适量	去离子水	82.0
香料	适量		
染料	适量		
精制水	76		

（2）护发化妆品

护发制品的作用主要是使头发保持天然、健康和美观的外观，光亮而不油腻，使头发有光泽、柔软、易梳理。主要有发油、发蜡、发乳、护发素、焗油等。

发油的主要原料是植物油和矿物油。发蜡主要是油脂和蜡，以凡士林为主，也用蓖麻油、松香等。发乳是由油相、水相、乳化剂和其他添加剂组成的乳状液。以阳离子表面活性剂为主要成分的护发化妆品称为护发素。焗油主要由一些渗透性强、不油腻的植物油组成，如貂油、霍霍巴蜡等，再添加季铵盐和阳离子聚合物以及对头发有优良护理作用的硅油作调理剂和一些助渗剂。焗油涂抹于头发后一般需将头发温热处理约数十分钟，使焗油膏中的营养成分渗透到头发内部补充脂质成分，修复受损的头发。加入了助渗剂的焗油膏可不加热，即所谓的免蒸焗油膏。表 3-29 列出了护发素和焗油膏的配方组成。

表 3-29　护发化妆品配方

普通护发素配方		调理护发素配方		焗油膏配方	
组　分	质量分数/%	组　分	质量分数/%	组　分	质量分数/%
十六烷基三甲基溴化铵	1.0	双硬脂基二甲基氯化铵	1.2	丙二醇	2.0
十八醇	3.0	白矿油	1.5	聚乙二醇(75)-羊毛脂	1.0
硬脂酸单甘油酯	1.0	十六醇醚	0.5	羟乙基纤维素	0.5
羊毛脂	1.0	十六醇、十八醇	5.0	聚季铵盐-10	1.0
香精	适量	维生素 A 棕榈酸酯	0.1	油酸醚单乙醇胺乙酰胺	1.0
色素	适量	维生素 E 醋酸酯	0.4	椰油三甲基氯化铵	6.0
去离子水	加至 100.0	硬脂酸	1.0	霍霍巴蜡	2.0

普通护发素配方		调理护发素配方		焗油膏配方	
组　　分	质量分数/%	组　　分	质量分数/%	组　　分	质量分数/%
		水解蛋白	1.0	水解胶原蛋白	0.5
		二甲氧基二甲基乙内酰脲	0.1	柠檬酸	适量
		对羟基苯甲酸甲酯	0.15	香精、色素	适量
		柠檬酸	适量	防腐剂	适量
		香精、色素	适量	去离子水	86.0
		去离子水	加至100.0		

(3) 整发化妆品

整发化妆品就是固发剂，主要包括喷雾发胶、发用摩丝、发用凝胶等。喷雾发胶主要由化妆品原液、喷射剂、耐压容器、喷射装置四部分组成。发用摩丝是气溶胶泡沫状润发、定发制品，其配方是由原液（水、表面活性剂、聚合物）和喷射剂组成。

(4) 染发化妆品

主要是指改变头发颜色的化妆品，通常称为染发剂。一般分为漂白剂、暂时性染发剂、永久性染发剂（二剂型）、半永久性染发剂。主要组成有染料（色剂）、溶剂、表面活性剂、增稠剂、保湿剂、乳化剂、香精、防腐剂、水等。

(5) 烫发化妆品

头发的化学成分主要是由称为角朊的蛋白质构成，角朊的主要成分是胱氨酸，它的分子中含有二硫键，二硫键的存在保持了头发的刚度和弹性，烫发的实质就是将 α-角朊的直发自然状态改变成 β-角朊的卷发状态或相反。化学烫发液中的活性成分可将角朊中的二硫键还原，再用氧化剂使头发在卷曲状态下重新生成新的二硫键，而实现永久形变。还原剂一般是巯基乙酸（毒性大）和巯基乙酸的铵盐或钠盐（毒性较低）（碱性条件下使用），氧化剂（中和剂）常用的有过氧化氢、溴酸钠和硼酸钠等。

(6) 剃须化妆品

剃须化妆品主要是为了软化、膨胀须发，清洁皮肤以及减少剃须过程中的摩擦和疼痛。一般由脂肪酸（硬脂酸、椰子油脂肪酸等）、保湿剂（丙二醇等）、表面活性剂、香精、溶剂（水）、杀菌剂等添加剂组成。

3.2.6　美容化妆品

美容化妆品是指美化容貌用的化妆品，主要用于眼、唇、脸及指（趾）甲等部位，以达到修饰容貌的目的。主要分为脸部美容化妆品、眼部美容化妆品、唇部美容化妆品和指甲美容化妆品。

(1) 脸部美容化妆品

脸部美容化妆品主要包括粉底类化妆品、香粉类化妆品、胭脂类化妆品。其主要原料包括着色颜料、白色颜料、珠光颜料、体质颜料，有的还会加入有润肤作用的油脂类（如羊毛脂等）、保湿剂、防晒剂、防腐剂、香精、表面活性剂，如果是液状粉底，还需去离子水。脸部美容化妆品配方见表 3-30。

表 3-30 脸部美容化妆品配方

O/W 型粉底霜配方		香粉配方		胭脂配方	
组　分	质量分数/%	组　分	质量分数/%	组　分	质量分数/%
钛白粉	8.5	滑石粉	72.0	滑石粉	56.0
滑石粉	9.0	高岭土	10.0	高岭土	10.5
着色颜料	2.0	二氧化钛	5.0	碳酸镁	6.0
硬脂酸	3.3	液体石蜡	3.0	硬脂酸锌	8.0
十六醇	1.2	山梨糖醇	4.0	颜料	14.5
白矿油	1.5	山梨糖醇酐倍半油酸酯	2.0	白油	1.7
肉豆蔻酸异丙酯	3.5	丙二醇	2.0	凡士林	2.2
羊毛脂	3.0	香料、颜料	2.0	羊毛脂	1.1
硬脂酸甘油酯	0.6			香精	适量
吐温-60	1.4			防腐剂	适量
丙二醇	8.0				
三乙醇胺	2.0				
香精、防腐剂	适量				
去离子水	56.0				

（2）眼部美容化妆品

眼部美容化妆品主要包括眼影、睫毛膏、眼线笔、眉笔等。表 3-31 是眉笔、眼影粉、眼影膏的配方实例。

表 3-31 眼部美容化妆品配方

眉笔配方		眼影粉配方（桃红色珠光）		乳化眼影膏配方	
组　分	质量分数/%	组　分	质量分数/%	组　分	质量分数/%
石蜡	30.0	滑石粉	17.3	硬脂酸	12.0
蜂蜡	16.0	硬脂酸锌	7.0	蜂蜡	4.6
虫蜡	13.0	二氧化钛、云母、胭脂红	40.1	三乙醇胺	3.6
液体石蜡	7.0	群青桃红	4.4	凡士林	20.0
矿脂	12.0	群青蓝	0.6	无水羊毛脂	4.5
羊毛脂	10.0	二氧化钛覆盖云母	3.0	甘油	5.0
颜料（炭黑）	12.0	云母、二氧化钛、氧化铁	19.0	颜料	10.0
		白矿油	8.0	去离子水	余量
		防腐剂	0.6		

（3）唇部美容化妆品

唇部美容化妆品又称口红，是锭状的唇部美容化妆品，主要由油、脂、蜡类、色素组成，通常还加入香精和抗氧化剂。

唇膏中使用的颜料多数是两种或两种以上调配而成，主要有可溶性染料、不溶性颜料、珠光颜料三类。唇膏的香料既要芳香舒适、口味和悦，又要考虑其安全性，一般使用一些花香、水果香和某些食品香料，如橙花、茉莉、玫瑰、香豆素、香兰素等，用量一般在 2%～4%。油脂和蜡类是唇膏的基本原料，含量一般在 90% 左右，主要有蓖麻油、橄榄油、可可脂、无水羊毛脂、鲸蜡、鲸蜡醇、单硬脂酸甘油酯、肉豆蔻酸异丙酯、精制地蜡（硬化剂）、巴西棕榈蜡、蜂蜡、小烛树蜡、凡士林、白油等。如果是防水唇膏还要添加抗水性的硅油组分，如二甲基硅氧烷，涂布后形成憎水膜。表 3-32 是透明唇膏配方。

表 3-32　透明唇膏配方

组　　　分	质量分数/%	组　　　分	质量分数/%
地蜡	12.0	橄榄油	5.0
蜂蜡	18.0	肉豆蔻酸异丙酯	10.0
微晶蜡	6.0	羊毛酸	2.0
白凡士林	20.0	聚乙二醇羊毛酸酯	2.0
可可脂	10.0	香精	适量
白油	15.0	抗氧化剂	适量

（4）指甲美容化妆品

指甲美容化妆品主要包括指甲护理剂、指甲表皮清除剂、指甲油、指甲油清除剂。

指甲油要求涂敷容易、干燥成膜快速、光亮度好、耐摩擦、不易碎、能牢固附着在指甲上。指甲油的主要原料可分为成膜物质、树脂、增塑剂、溶剂、颜料。

成膜物质主要有硝酸纤维、醋酸纤维、醋丁纤维、乙基纤维、聚乙烯化合物及丙烯酸甲酯聚合物等。

树脂主要有醇酸树脂、氨基树脂、丙烯酸树脂等。

增塑剂是为了增加膜的柔韧性、减少收缩，还可增加膜的光泽，一般有磷酸三丁酯、柠檬酸三甲酯等。

溶剂是指甲油的主要成分，占 70%～80%，主要是用来溶解成膜物质、树脂和增塑剂，调节体系黏度。指甲油用溶剂是一些挥发性物质，一般都是混合溶剂，由真溶剂、助溶剂、稀释剂组成。真溶剂主要有丙酮、丁酮、乙酸乙酯、乙酸丁酯、乳酸乙酯等。助溶剂是醇类，如乙醇、丁醇。常用的稀释剂有甲苯、二甲苯等。

除传统的有机溶剂型指甲油外，还有以水代替有机溶剂的水性型指甲油，这种水性型指甲油对生产者和使用者都更安全，也更环保。如果是儿童用指甲油，不得使用甲苯，新的指甲油轻工行业标准 QB/T 2287—2011 规定甲苯在其他指甲油产品中的用量也不得大于 25%。由于指甲油含有大量有机溶剂，所以要求与指甲油接触的容器材料要无毒，不含有或释放可能对使用者有害的有毒物质。指甲油中的铅、汞、砷、甲醇的含量要符合《化妆品卫生规范》规定，如果是水性型指甲油，其微生物指标同样要符合《化妆品卫生规范》规定。

3.2.7　香水类化妆品

香水是香精的酒精溶液，香精含量不超过 20%。古龙水的香精加入量为 3%～8%，酒精含量大于 90%。如果将香精溶解或吸附在固体材料中，可制成便于携带的固体香水。以水为溶剂的乳化香水也已出现。香水配方实例见表 3-33。

表 3-33 香水配方

古龙水配方		乳化香水配方		固体香水	
组　分	质量分数/%	组　分	质量分数/%	组　分	质量分数/%
香柠檬油	1.2	硬脂酸	2.0	香精	18
迷迭香油	0.1	蜂蜡	0.5	石蜡	32
苦橙花油	0.5	单硬脂酸聚乙二醇酯	6	白凡士林	45
薰衣草油	0.05	甘油	6	液体石蜡	5.0
柠檬油	0.6	三乙醇胺	1.0		
唇形花油	0.05	尼泊金甲酯	0.1		
龙涎香酊	0.5	香精	6.0		
橙花水	5	水	78.4		
酒精(95%)	92				

3.2.8　口腔卫生用品

口腔卫生用品主要包括牙膏、牙粉、漱口水等。牙膏主要由摩擦剂、保湿剂、发泡剂、增稠剂、甜味剂、香精、防腐剂、芳香剂、赋色剂和具有特定功能的活性物质、净化水组成。

摩擦剂是提供牙膏洁齿功能的主要原料。主要可分为碳酸钙类、磷酸钙类、氢氧化铝类、沉淀二氧化硅类、硅铝酸盐类等，常用的有轻质碳酸钙、天然碳酸钙、磷酸氢钙、二水磷酸氢钙、二氧化硅。

保湿剂主要是防止膏体水分的蒸发，防止膏体变硬，方便使用。主要有甘油、丙二醇、聚乙二醇、山梨醇、甘露醇、木糖醇、乳酸钠、吡咯烷酮羧酸钠等。

发泡剂主要是表面活性剂。使用最广泛的是十二醇硫酸钠，还有椰子酸单甘油酯磺酸钠、2-醋酸基十二烷基磺酸钠、鲸蜡基三甲基氯化铵、十二酰甲胺乙酸钠等。

增稠剂可使牙膏具有一定的稠度，一般有羧甲基纤维素（CMC）、羟乙基纤维素、鹿角菜胶、海藻酸钠、二氧化硅凝胶等。

甜味剂主要有糖精、木糖醇、甘油、橘皮油等。香精多为薄荷香型、果香型、留兰香型、茴香香型等。防腐剂一般是食用防腐剂，如苯甲酸钠、尼泊金丁酯等。一些防龋齿、消炎、止痛、除渍剂的特殊添加剂也可添加。表 3-34 是牙膏的配方实例。

表 3-34　牙膏配方

组　分	质量分数/%	组　分	质量分数/%	组　分	质量分数/%
磷酸氢钙	45.0～50.0	月桂醇硫酸钠	2.0～2.8	香精	0.9～1.1
羧甲基纤维素钠	0.06～0.15	甘油	10.0～12.0	去离子水	加至 100.0
硅酸铝镁	0.4～0.8	山梨醇	13.0～15.0		
焦磷酸钠	0.5～1.0	糖精	0.2～0.3		

牙膏是每个人日常必需的护理产品,其产品质量和卫生安全与我们的健康息息相关,为此国家制定了《牙膏用原料规范》(GB 22115—2008),规定了禁止作为原料添加到牙膏中的组分如二甘醇、乙二醇、抗生素、一些卤代烃、化学药物、一些着色剂等,并对允许加入牙膏中的防腐剂、着色剂等组分的使用范围、限制条件和最大使用浓度都做了详尽的规定。

3.2.9 特种化妆品

特种化妆品是指通过某些特殊功能以达到美容、护肤、治疗等特种作用的化妆品类型。主要包括防晒、祛臭、祛斑、育发、脱毛等化妆品。

(1) 防晒化妆品

防晒化妆品有屏蔽或吸收紫外线的作用,可减轻因日晒引起的皮肤损伤。防晒化妆品主要含有防晒剂、油脂类、抗氧化剂、乳化剂、香精、防腐剂、去离子水(水溶性的)。

防晒剂主要有两大类型,一种是物理防晒剂,如二氧化钛、氧化锌、氧化铁等,可将光线反射出去,也称紫外线屏蔽剂。另一种是化学防晒剂,这些化学防晒剂对紫外线有吸收作用,可将有害的光线滤除,主要有水杨酸薄荷酯、安息香酸薄荷酯、氨基苯甲酸薄荷酯、单水杨酸乙二醇酯、甲基伞形花内酯、苯基吲哚、苯基香豆素、对氨基苯甲酸甘油酯、对氨基苯甲酸异丁酯、对羟基萘酸、异黄樟素、苄基乙酰苯。防晒化妆品分为乳化液、酒精溶液、油类、油膏类、乳化膏霜类。表 3-35 是防晒油的一个配方。

表 3-35 防晒油配方

组　　分	质量分数/％	组　　分	质量分数/％
水杨酸薄荷酯	6	液体石蜡	20.5
棉籽油	50	香精、色素、抗氧化剂	0.5
橄榄油	23		

(2) 祛臭化妆品

体臭包括腋臭、脚臭等。体臭因人种、性别、年龄及气候环境的不同而差别很大,西方人大汗腺发达,体味较重,东方人较轻。人体的体臭主要是由大汗腺引起的,大汗腺分泌的汗液中含有蛋白质、脂质、类固醇、葡萄糖、胺等成分,这些成分经皮肤表面细菌,如色原性杆菌分解作用,生成脂肪酸和氨,散发出酸腐的气味,引起体臭。腋臭污染物中可检出壬酸和癸酸等低级脂肪酸,脚臭污染物中能检出异戊酸,这些成分可能是产生体臭的主要原因。

在祛臭化妆品中添加收敛剂可以抑制汗液的分泌,起到间接除臭效果。收敛剂对蛋白质有凝聚作用,能使汗腺口肿胀而堵塞汗液的排出,多为铝、锌的盐类,如碱式氯化铝、硫酸铝、硫酸铝钾、柠檬酸锌、苯酚对磺酸锌等。

使用杀菌剂杀死细菌或抑制细菌的繁殖可有效防臭除臭。常用的杀菌剂有六氯二羟基二苯甲烷、硼酸、盐酸以及季铵类化合物。硼酸为白色粉末,具有收敛性和杀菌作用,除臭产品中最大允许用量为 3％。六氯二羟基二苯甲烷,无臭具有很好的杀菌性,除臭产品中最大允许用量为 0.1％。

氧化锌或某些碱性锌盐可以和散发臭味的低级脂肪酸作用,生成无臭的脂肪酸盐,使低级脂肪酸所带的特异臭味挥发不出来。我们称这些物质为除臭剂。

如果体臭较微弱，可以直接添加芳香剂来掩盖。将祛臭物质、抗菌成分添加到油性原料可制成固体祛臭剂。表 3-36 为祛臭化妆品配方实例。

表 3-36　祛臭化妆品配方

祛臭化妆水		固体祛臭剂	
组　分	质量分数/%	组　分	质量分数/%
羟基氯化铝	20.0	氧化锌	12.0
氯化二甲基苯甲胺	0.2	固体石蜡	12.0
氯化乙烯油醇醚	0.5	蜂蜡	23.0
丙二醇	5.0	凡士林	23.0
乙醇	25.0	液体石蜡	30.0
去离子水	49.3	香精	适量
香精	适量	抗氧剂	适量

3.2.10　新型化妆品

(1) 微胶囊化妆品

微胶囊化妆品，能够定时、缓慢释放。活性成分经微囊化后，可以按照要求的速率逐步释放，以达到长效、高效的目的。如防晒剂、芦荟等天然植物包于微胶囊中，利用其缓释功效，可延长活性成分的作用时间。将除臭剂用水溶性高分子材料包裹成微胶囊，用于人体后，微囊壁会随着汗液的渗出被破坏，使除臭成分释放出来，其释放速度根据出汗程度而定，因而可以被高效利用。

为了保护化妆品不受外界因素影响，使产品性能稳定，常常将其中的有效成分微胶囊化。如维生素 C、维生素 E、氨基酸，超氧化歧化酶（SOD）等活性物质容易受空气、温度等外界条件以及产品配方中其他成分的影响，将其包裹于微胶囊中，可以提高稳定性。

微胶囊化妆品，可减少特殊添加剂对皮肤的刺激。维 A 酸、果酸等对皮肤有良好的再生、抗衰老功效，但直接与皮肤接触会对皮肤产生刺激。将其包在微胶囊中既防止了皮肤的刺激，又可以缓慢释放，为皮肤提供持久的保护作用。防晒化妆品中的防晒剂对皮肤有刺激作用，日本专利报道可采用明胶作包覆物，制成微胶囊添加在产品中，减少了防晒剂对皮肤的刺激，同时防晒效果不减。

微胶囊化还能使不相容物质在同一体系中存在。如持久性染发化妆品通常分为两剂，使用前再混合在一起，给包装和使用都带来了不便，使用微胶囊技术可将两剂分别用微胶囊包裹，使它们稳定地存在于同一体系中，染发时通过摩擦使囊壁破裂，在头发上发生反应染发。

微胶囊化妆品可以遮盖不良颜色和气味。如在化妆品中加入磁性微粒，通过按摩可将皮肤外部死亡细胞、排泄物及多余脂肪除去，有很好的健肤效果，但磁性微粒呈黑色影响洗面奶的外观，可用钛白粉包裹成微胶囊，使外观呈白色。

(2) 脂质体化妆品

在化妆品中，脂质体主要作为活性组分的载体，如天然保湿因子、维生素 C 和维生素 E。脂质体化妆品除了具有微胶囊的优越性外，还有其独特的性质。

脂质体中的卵磷脂、胆固醇等本身就是天然的表面活性剂，具有良好的亲水性和亲油性，因此可以提高乳液的稳定性。

脂质体与皮肤有良好的亲和性，实验发现，将脂质体作用在皮肤表面后，可以不断渗入皮肤并在角质层中积聚，其中的大量不饱和脂肪酸和亲水基组织可分解到角质层中，给皮肤补充必要的脂肪酸，使皮肤不会由于这种酸的不足导致丘疹和黑头增多现象，亲水基则可以润湿角质化的组织，通过这两种作用，可以明显提高皮肤的湿度，改善皮肤的粗糙度。

由于脂质体具有双分子层结构，可以同时包封油性组分和水性组分。皮肤角质层中的脂类结构与脂质体的膜非常相似，都具有双膜结构，因此可以增强有效成分对皮肤的渗透性，使活性成分可达到皮肤深层更有效地被吸收，而膜材类脂却可滞留在皮肤。

（3）液晶化妆品

液晶在化妆品中的应用始于 20 世纪 80 年代末。液晶可代替染料，减小由于染料造成的对皮肤的刺激。化妆品中的液晶一般采用混合液晶。透明水溶性基质中的液晶呈现出不同花纹，在室温下呈现彩色，具有漂亮的外观。应用于化妆品中的液晶一般最好选用人体中存在的胆甾醇酯类，必须是无毒，不对皮肤产生刺激。此外胆甾醇衍生物本身具有滋润作用，可以给皮肤补充营养。

3.2.11 化妆品的安全性

安全性、稳定性和功能性是评价化妆品质量的重要指标。化妆品经常出现的质量问题主要有毒性、致病菌感染、一次刺激性和异状敏感性反应等。

（1）化妆品的安全性评价

化妆品要进行必需的安全性评价。唇膏等易经口误服的化妆品要进行急性口服毒性试验和皮肤毒性试验。发用产品和易触及眼睛的产品要进行皮肤、眼刺激性试验。防晒、祛斑、美白等化妆品需进行过敏性试验以及皮肤的光毒性、光过敏性试验和人体激光斑贴试验。对一些治疗性、反应性化妆品（如染发剂），致畸、致癌、致突变试验也是必需的。关注实验用动物的福利伦理，采用非动物替代技术进行化妆品安全评价方兴未艾。化妆品的急性经口毒性、吸入毒性、皮肤和眼睛的刺激性、致癌性等安全性评价实验都有了国家标准替代方法。各种化妆品具体的安全性检测项目、检测程序和方法，可参考我国《化妆品安全技术规范》（2015 年版）规定。

化妆品常含有酸、碱、盐、表面活性剂等化学性成分。这些化学性物质作用于皮肤、器官的黏膜等后经常引起刺激性皮肤病变，又称为刺激性接触皮炎，是化妆品引起的最为常见的一种皮肤损害，也是皮肤局部迅速出现的急性炎症。引发原因有化学因素和物理因素。

皮肤病变的特点是使用该种化妆品者都有可能发生皮肤病变，而且初次使用后即可发生。停止使用后，皮肤可迅速好转、消退；再用，可再复发。

在化妆品中的色素成分如偶氮类有机合成染料，抗氧剂中的丁基羟基茴香醚、二丁基羟基甲苯，染发剂中的对苯二胺，还有某些香料成分等都可引发过敏性接触皮炎，这种皮炎是由于化妆品内存在的致敏性物质引起的抗原-抗体反应。化妆品中的有些成分甚至会引发鼻炎、荨麻疹、哮喘等症状发生。

化妆品的毒性是由于化妆品的原料或组分中含有毒性的物质。主要是指有毒性的物质含量超出规定允许限量的范围，或添加了规定禁止使用的某些有毒性的成分。

粉类化妆品中的无机粉质原料中常含有某些重金属元素，如汞、铅、砷等，这些重金属元素通过皮肤进入体内，长期积累不仅造成色素沉积，而且还可能引起重金属中毒。《化妆品卫生标准》规定了化妆品中有毒物质汞的限量为 1mg/kg，铅的限量为 10mg/kg，砷的限量为 2mg/kg。

《化妆品安全技术规范》（2015 年版）中列出的限用物质共有 47 种。这些物质允许作为化妆品的组成成分，但是不准超过规定的最大允许浓度，必须在允许的使用范围和使用条件下应用，并且规定了在产品标签上必须加以说明的内容。

在《化妆品安全技术规范》（2015 年版）中规定了 1388 种物质禁止用作化妆品的原料或成为化妆品的组分，主要有农药、药物及放射物质等，如西药毒性药品、毒性中药、麻醉药类和抗精神病药中的甲硝唑、联苯胺、三（五）氯苯酚、硫氯酚、酸性黄 1、酸性橙 7、磺脲类、8-甲氧基补骨脂素（花椒毒素、呋喃香豆素类）。

与化妆品安全性相关的法规有《化妆品卫生标准》（GB 7916—1987）、《化妆品卫生化学标准检验方法》（GB 7917.1～GB 7917.4—1987）、《化妆品微生物标准检验方法》（GB 7918.1～GB 7918.5—1987）、《化妆品安全性评价程序和方法》（GB 7919—1987）、《化妆品检验规则》（GB/T 37625—2019）。

（2）化妆品的稳定性评价

化妆品的稳定性是指在储存和使用过程中，化妆品的功效、颜色、香气、外观形态稳定。影响化妆品稳定性的主要是微生物污染、氧化等。预防致病菌感染可通过对原材料、物料的消毒灭菌，生产环境、生产设备、管道、容器的无菌处理，生产工艺的控制，配方中添加合适、有效的防腐剂等综合控制手段来实现。

从化妆品中检出并对人致病的细菌有铜绿假单胞菌、金黄色葡萄球菌、肺炎克雷白杆菌、粪大肠杆菌、蜡样芽孢杆菌和链球菌等；真菌主要有青真菌、曲真菌、交链疱真菌等。这些致病菌随着化妆品涂布于人体皮肤、面部、毛发上，一些致病菌可通过皮肤的损伤部位或口腔而侵入体内。

我国《化妆品卫生规范》规定必须检测的化妆品微生物项目有细菌总数、粪大肠菌群、金黄色葡萄球菌、绿脓杆菌、霉菌、酵母菌。每克或每毫升化妆品中不得检出粪大肠菌群、金黄色葡萄球菌、绿脓杆菌等致病菌。《化妆品卫生标准》还规定眼部、口唇、口腔用化妆品以及婴儿和儿童用化妆品细菌总数不得大于 500 个/mL 或 500 个/g。其他化妆品细菌总数不得大于 1000 个/mL 或 1000 个/g。

（3）化妆品的功能性评价

不同的化妆品，具有不同的功能，进行化妆品的功能性评价时，要针对性地进行相关测试。防晒产品的 SPF(sun protection factor) 防晒因子就是主要用来评价防晒护肤品的防紫外线效率的。防晒化妆品的 SPF 越大，其保护作用越强：

$$SPF = MED(PS)/MED(US)$$

式中　MED(PS)——已被保护皮肤引起红斑所需最低的紫外线剂量；

　　　MED(US)——未被保护皮肤引起红斑所需最低的紫外线剂量。

防晒产品的防晒效果评价也可以采用非动物替代的体外测试方法，将一定量的防晒产品均匀涂抹于粗糙的 PMMA 板上，通过测试 PMMA 板上防晒薄膜的紫外线透射光谱来评价防晒产品的防晒效果。

使用皮肤平滑仪、检测角质层含水量变化等测试可测定化妆品的润肤、护肤性。毛发卷曲弹力试验、拉伸试验可测试烫发剂的功能性。

目前许多特殊功能的化妆品,很多时候还是仅靠消费者的自我感觉,这是远远不够的,制定客观的标准,利用专门测试仪器或试验进行评价十分必要。

3.2.12 化妆品的发展

化妆品的发展趋势主要表现在如下几个方面。

① 多功能综合作用的化妆品。

② 天然化妆品。化妆品的原料、生产及产品经历了由天然产品向化学合成产品,继而从化学合成产品向天然产品的两次转变。但现代天然化妆品不是简单的复旧,它完全不同于古代的原始化妆品。现代天然化妆品是应用现代科学技术,通过对天然物质的合理选择,对其中有效成分进行分离、提纯、改性,再与其他原料合理调配而成。现代天然化妆品与原始的化妆品相比,从性能、稳定性、安全性等方面都大为改观。如最新崛起的天然水果中含有的有机果酸系列护肤美容化妆品以及富含多种维生素、氨基酸、微量元素、活性酶和芦荟系列化妆品等受到了消费者的广泛青睐。

③ 生物技术应用于化妆品。利用生物技术制得有生理活性的生物制品,如超氧化歧化酶(SOD)、表皮生长因子(EGF)、透明质酸和聚氨基葡萄糖等添加到化妆品中,使化妆品具有某种特殊功能。

④ 新材料、新技术应用于化妆品。如纳米粉体、液晶材料、天然色素、新型高效表面活性剂、高效防腐剂等新材料在化妆品中使用,能有效提高化妆品的品质。

⑤ 化妆品品类细化、专业化。针对不同人群、不同年龄段、不同性别甚至不同工作领域的化妆品会逐渐增多,如男士专用、儿童专用、孕妇专用、老人专用、熬夜人士等专用化妆品开始出现和增加。

● 习 题

3-1 表面活性剂在洗涤剂中的作用是什么?

3-2 合成洗涤剂中为什么要添加聚磷酸盐?可用什么物质取代聚磷酸盐?

3-3 为什么要发展无磷洗衣粉?

3-4 洗涤过程中洗涤液的 pH 值会发生什么变化?这种变化会影响洗涤效果吗?如何解决?

3-5 哪些助洗剂有抗污垢再沉积能力?

3-6 重垢洗涤剂和轻垢洗涤剂的组成有何不同?

3-7 肥皂生产的主要原料有哪些?

3-8 干洗用表面活性剂的 HLB 值有何要求?

3-9 如何通过合适配方的调整保证蔬菜瓜果清洗剂的安全性?

3-10 简述防雾玻璃清洗剂的配方组成。

3-11 卫生间清洗剂应具有良好去污性、_____、_____。

3-12 汽车清洗剂主要有_____、_____、_____、_____。

3-13 汽车燃油系统清洗剂主要用以去除_____。

3-14 车身表面清洗剂如何保证车身清洗后的光亮?

3-15 同时具有杀菌和洗涤功能的洗涤剂的配方中表面活性剂如何复配?

3-16 柔软抗静电洗涤剂的复配原则是什么?

3-17 洗涤剂中常用的酶有哪几种？

3-18 哪些是化妆品的基质原料？

3-19 肤用化妆品又分哪几类？

3-20 哪些化妆品中要添加防腐剂？为什么？

3-21 化妆品保湿剂的保湿机理是什么？

3-22 表面活性剂在化妆品中的作用有哪些？

3-23 皮肤清洁用化妆品的组成是什么？其中哪些组分有清洁去污能力？

3-24 皮肤保护用化妆品中选用哪类表面活性剂？它在其中起什么作用？

3-25 洗发香波的组成是什么？如何根据使用对象和使用者的肤质调整配方中的哪些成分？

3-26 牙膏的组成是什么？表面活性剂的作用是什么？其中主要去污除垢作用的是哪个组分？

3-27 微胶囊化妆品有何优点？

3-28 一洗发香波配方含如下成分，其中哪些是表面活性剂，分别起什么作用？该洗发水宣称可减少头屑头痒，试分析是配方中的哪一种（或哪些）成分的作用；该洗发水同时宣称可使头发水润顺滑，试分析是配方中的哪一种（或哪些）成分的作用：

月桂醇硫酸酯钠、月桂醇聚醚硫酸酯钠、氯化钠、椰油酰胺丙基甜菜碱、乙二醇二硬脂酸酯、吡硫鎓锌、柠檬酸钠、椰油酰胺 MEA、二甲苯磺酸钠、聚二甲基硅氧烷、香精、苯甲酸钠、瓜儿胶羟丙基三甲基氯化铵、柠檬酸、苯甲醇、泛醇、泛醇基乙基醚、盐酸、甲基氯异噻唑啉酮、甲基异噻唑啉酮、水。

3-29 根据所学内容，设计一个婴儿洗涤剂配方。

3-30 洗衣液、沐浴露、护手霜、牙膏配方中都有十二醇硫酸钠，请问十二醇硫酸钠在这些配方中所起的作用相同吗？如不同，请写出在各配方中的作用。

3-31 某洗涤剂企业生产的厨房抽油烟机清洗剂的配方由十二烷基苯磺酸钠、三聚磷酸钠、硫酸钠和水组成，推出市场后消费者反映其产品去污效果一般，你认为对上述配方做哪些调整可提高去污效果？为什么？

3-32 分析机洗用洗涤剂和手洗用洗涤剂的配方的异同点。

第4章

胶黏剂

人类使用胶黏剂的历史源远流长，早在几千年前，人类就学会了用黏土、骨胶、淀粉、动物血和松脂等天然物作为胶黏剂，制造房屋、家具、武器。中国是历史上应用粘接技术最早的国家之一，远在秦朝，就以糯米浆和石灰制成的灰浆作为万里长城基石的胶黏剂。我国古代的铠甲、弓箭、刀鞘等都是使用天然的胶黏剂骨胶等粘接制成的。但作为一个行业，并没有得到充足的发展，直到1909年，Baekeland发明了酚醛树脂，合成树脂胶黏剂的生产才开始，在随后的数十年中，合成橡胶胶黏剂、乙烯树脂类胶黏剂、聚氨酯树脂胶黏剂、环氧树脂胶黏剂、氰基丙烯酸树脂胶黏剂、热熔胶、丙烯酸酯胶黏剂等合成胶黏剂相继出现，使粘接技术进入到一个全新的时代。目前胶黏剂已成为一类重要的精细化工产品，建筑、包装、医疗卫生、轻纺、汽车、机械设备、电子、航天航空等各个领域以及人们日常生活的各个方面都已离不开胶黏剂。

4.1 胶黏剂概述

《胶黏剂术语》（GB/T 2943—2008）：通过物理或化学作用，能使被粘物结合在一起的材料称为胶黏剂。

4.1.1 胶黏剂的组成

胶黏剂是由多种材料组成的，主要有基料（也称为黏料或主体材料）、辅助材料。

（1）胶黏剂的基料

胶黏剂的基料就是使两被粘物结合在一起时起主要作用的物质。可以是天然产物，也可以是人工合成的高聚物，可以是有机物，也可以是无机物。作为胶黏剂的基料首先要对被粘物体有良好的润湿性能，以便均匀涂胶，其次应具有优良的综合力学性能，还要有良好的环境性能，保证胶层在各种外界条件下能保持良好的粘接强度。基料一般是固体或黏稠的液体。

常用的基料按其结构可分为树脂型聚合物、橡胶型、无机物三大类。

树脂型聚合物主要有聚乙烯（PE）、聚丙烯（PP）、聚苯乙烯（PS）、聚氯乙烯（PVC）、氯乙烯-偏氯乙烯共聚物、聚丙烯酸酯、聚醋酸乙烯酯、丙烯腈丁二烯苯乙烯（ABS）树脂等。

橡胶型一般有氯丁橡胶、丁腈橡胶、乙丙橡胶、丁基橡胶等合成橡胶和天然橡胶。

可用作胶黏剂基料的无机物一般有无机盐、低熔点金属和非金属、金属氧化物。

(2) 胶黏剂的辅助材料

为了使胶黏剂粘接性能好，有良好的储存、使用性，一般需在基料中添加一定的辅助材料。胶黏剂的辅助材料主要包括溶剂、增塑剂、偶联剂、固化剂、促进剂、防老剂、阻聚剂、填料、引发剂、增稠剂、稳定剂、络合剂、乳化剂、防霉剂、阻燃剂、分散剂等。

① 溶剂 胶黏剂的基料一般是固体或黏稠的液体，不易施工，加入溶剂可以提高胶黏剂的润湿能力、提高胶液的流平性，从而方便施工，提高粘接强度。溶剂的极性应与基料的极性相适应，遵守溶解度参数相近原则，溶剂和基料的溶解度的差值不能大于1.5。溶剂的挥发性还要适当，不能太快或太慢。当然还要考虑溶剂的毒性、成本。胶黏剂溶剂有两大类：有机溶剂和水。有机溶剂主要有脂肪烃、环烷烃、芳香烃、卤代烃、醇类、醚类、酮类、酯类、酰胺类、砜类等。

② 增塑剂 主要是减弱分子间力，提高胶黏剂的韧性和耐寒性，极性也要和基料接近，常用的增塑剂有邻苯二甲酸酯、磷酸酯和己二酸酯等。

③ 偶联剂 偶联剂分子中含有特殊的极性和非极性基团，能同时与极性物质和非极性物质产生一定的结合力，改善被粘物表面性能，增进粘接强度。常用的偶联剂一般有硅烷和钛酸酯两种类型。

④ 固化剂 可使低分子聚合，一般是有机胺类。环氧树脂类双组分胶黏剂一般都要使用固化剂。

⑤ 填料 是可改变胶层的性能，降低胶黏剂的成本，基本与基料不起反应的一类物质，主要是金属粉、金属或非金属氧化粉、天然矿粉、玻璃纤维、碳纤维、石墨等。

⑥ 促进剂 能加速固化剂与基料反应，促进固化。

⑦ 防老剂 提高胶黏剂的耐候性能。

⑧ 阻聚剂和稳定剂 阻止和延缓胶黏剂中的基料在储存过程中自行交联，提高胶黏剂的储存稳定性。常用的有对苯二酚。

⑨ 引发剂 是在一定条件下能分解产生自由基的物质，主要有过氧化二苯甲酰、过氧化环己酮、过氧化异丙苯等。

⑩ 其他辅助材料 根据需要胶黏剂可能还需加入增稠剂、络合剂、乳化剂、防霉剂、阻燃剂等其他辅助性材料。

不同的胶黏剂所要求加入的辅助材料不同，有些助剂可少加或不加，应视具体情况而定。

4.1.2 胶黏剂的分类

胶黏剂的种类繁多，性能各异，一般可按主体材料、用途、形态、性能等分类。

(1) 按主体化学成分及特性分类

- 胶黏剂
  - 无机：硅酸盐、硫酸盐、磷酸盐、硼酸盐、熔接玻璃、金属和氧化物型等
  - 有机
    - 天然：天然树脂和橡胶、蛋白质、淀粉、沥青等
    - 合成
      - 树脂型
        - 热固性：酚醛树脂、环氧树脂、聚酯、聚氨酯等
        - 热塑性：乙烯树脂类、丙烯酸酯类等
      - 橡胶型：氯丁橡胶、丁苯橡胶等
      - 复合型：聚乙烯醇缩醛、酚醛-氯丁橡胶、环氧-丁腈橡胶等

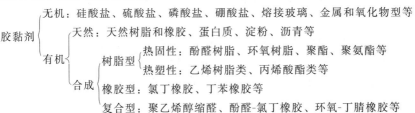

（2）按用途分

按用途分，胶黏剂主要有以下几类。

① **结构胶**　用于受力结构件胶接，并能长期承受较大动、静负荷。

② **非结构胶**　用于非受力结构件的胶接。

③ **特种胶**　提供某些特殊场合应用的胶接剂如导电、导热、导磁和医用、光敏胶。

④ **密封胶**　密闭封住，防止内部物体的渗漏和外部物体的进入。

还可以按使用领域分为汽车用胶、家具用胶、制革用胶、纤维用胶、建筑用胶等。

（3）按形态分

胶黏剂按其外观形态主要分为粉状、膏状、棒状、胶膜、胶带、水溶液型、乳液型、溶剂型、热熔型等。

（4）按性能分

按性能分，胶黏剂主要有压敏胶、再湿胶、瞬干胶、厌氧胶、耐高温胶、耐低温胶、微胶囊胶黏剂。

（5）按固化方式分

按胶黏剂的固化方式可分为室温固化胶、高温固化胶、溶剂挥发固化胶、光敏固化胶、压敏固化胶、热熔固化胶、吸湿固化胶、厌氧固化胶等。

4.1.3　胶黏剂的应用

粘接与铆接、焊接、螺钉连接等相比有许多优点：

① 不论材质的种类、形状、厚度、大小相同与否均可适时粘接；

② 没有铆接、焊接、螺钉连接的应力集中问题，可延缓材料的疲劳，可延长粘接件的使用寿命；

③ 可以减少零件数量，减轻结构重量；

④ 粘接工艺简单，容易操作；

⑤ 可进行特殊条件下的快速粘接。

但粘接也存在粘接强度不够高、耐久和耐候性差、粘接可靠性不好确定等问题。

由于胶黏剂的上述优点，随着社会的发展，胶黏剂的需求量越来越大，在工业、农业、交通、医疗、国防和人们日常生活各个领域都得到了广泛应用，在国民经济中将发挥愈来愈大的作用。

随着我国汽车保有量的逐年急增，汽车产量连年增加，汽车用胶黏剂、密封剂也快速发展，用量大增。汽车用胶黏剂、密封剂主要用于汽车车身、内装饰、挡风玻璃、焊缝密封、减震和隔热部件、防石击涂料、刹车片和离合器片等部位或部件上。

胶黏剂最大应用的市场是建筑行业，占胶黏剂市场近50%，其次为纸制品及包装、制鞋、木材加工、纺织、胶黏带和标签。

胶黏剂不仅在木材加工、纸加工、包装、建筑、纺织、机械、运输、橡胶产品生产等行业有着广泛的应用，同时在航空航天、电子等高新技术领域也起着重要的作用。在航空工业，使用粘接代替铆接、焊接、螺钉连接，使飞机的自身重量不断减轻，满足提高航速、降低飞行成本、能耗的要求。宇航工业和空间技术中大量采用的蜂窝结构、高强度复合材料、玻璃钢、泡沫材料和密封材料无一不需要胶黏剂和密封剂。在电子工业各种集成电路分立器件、线路板及电视机、计算机、摄像机等机器的生产和组装都是使用胶黏剂和密封剂。光刻胶是集成电路制造的核心材料，光刻胶的质量直接影响集成电路芯片的制造成本和质量。半导体芯片的发展与光刻胶技术的发展密不可分。

现代社会几乎没有不用胶黏剂的行业，胶黏剂的研究和发展、胶黏剂性能的好坏直接影响和制约着相关行业的发展和进步。

4.2 粘接机理

粘接是一个非常复杂的物理、化学过程。粘接作用发生在需要连接的相互接触的界面间，所以首先胶黏剂必须能充分润湿被粘表面，同时胶黏剂和被粘物体之间要有足够的黏合力。有关粘接的理论说法各异，一般认为主要是以下几种理论。

（1）机械理论

机械理论是最早提出的粘接理论，这种理论认为对于多孔材质的被粘物体，在粘接过程中，胶黏剂渗透到被粘物体的表面的空隙中，经过固化，产生机械键合。一般有钉键作用、勾键作用、根键作用和榫键作用。

在粘接过程中，由于胶黏剂渗透到被粘物的直筒形孔隙中，固化后形成很多聚合物钉子，使胶黏剂与被粘物之间产生很大摩擦力而增加彼此之间的黏合力，这种现象称"钉键"。

在被粘物表面孔隙中，有许多是呈钩状的，当渗入其中的胶黏剂固化后，形成许多聚合物勾称为"勾键"。

胶黏剂与被粘物孔隙就像树根一样牢固的结合力，称为"根键"。

胶黏剂渗入被粘物孔隙形成许多具有发散锥形聚合物榫面，将被粘物牢牢紧固，称为"榫键"。

机械理论认为粘接是简单的机械嵌定，它无法解释致密被粘物如玻璃、金属等的粘接。

（2）吸附理论

吸附理论认为粘接是与吸附现象类似的表面过程。吸附理论认为胶黏剂分子充分地润湿被粘物表面，并且与之良好接触，分子间的距离小于50nm时，两种分子之间发生相互吸引作用，并最终趋于平衡，这种界面间的相互作用力主要是范德华力，这种分子间力不但有物理吸附，也有时存在化学吸附，正是这种吸附力产生了胶接。

表面张力小的物质易于润湿表面能高的物质表面，所以为了使被粘物表面易被润湿，一般涂胶前要很好地清洗处理被粘物表面，除去表面张力小的油污等污垢，并用物理或化学的方法处理被粘物表面，提高其表面能。此外，可向胶黏剂中加入可降低表面张力的物质如表面活性剂等，提高胶黏剂的润湿性，可以提高粘接的效果。

吸附理论是被广泛接受的一种粘接理论，但对有些粘接现象也无法做出合适的解释，如非极性聚合物之间的粘接。

（3）扩散理论

扩散理论又称为分子渗透理论。该理论认为，聚合物之间的粘接是由扩散作用形成的，即两聚合物端头或链节相互扩散，从而导致界面的消失和过渡区的产生。胶黏剂和被粘物两者的溶解度参数越接近，粘接温度越高，时间越长，其扩散作用也越强，由扩散作用导致的粘接力也越高。聚合物之间的粘接最适合用这种理论解释，但不能解释聚合物与金属之间的粘接。

（4）静电（双电层）理论

该理论认为胶黏剂与被粘材料接触时，在界面两侧会形成双电层，从而产生静电引力而产生粘接。聚合物与金属胶接时，适用该理论。

此外还有化学键理论，认为胶黏剂分子与被粘物表面通过化学反应形成化学键合而产生较高强度的粘接。当胶黏剂分子存在电子对，而被粘物分子又可提供空轨道，这时就认为粘接是通过配位键力结合，用环氧树脂胶粘接金属时适用这种配位键理论。

通常粘接的过程中，不会是只有某单一粘接作用，大多是两种甚至多种粘接作用的共同作用结果。

4.3 无机胶黏剂

无机胶黏剂（inorganic adhesives）是由无机物组成的胶黏剂，其耐热性、阻燃性、耐久性、耐油性等比有机胶黏剂要好。从固化机理看，可分为空气干燥型（水玻璃、黏土）、水固化型（石膏、水泥等）、热熔型（低熔点金属、低熔点玻璃、玻璃陶瓷、硫黄）、反应型（硅酸盐类、磷酸盐类、胶体氧化铝、牙科胶泥）。按黏料可分为硅酸盐、磷酸盐、硫酸盐、硼酸盐、胶体氧化铝等。

（1）硅酸盐类胶黏剂

硅酸盐类胶黏剂以硅酸盐为黏料，可以是气干型、水固型、反应固化型。这类胶黏剂适用于金属、陶瓷、玻璃、石材、包装箱等的粘接。

气干型硅酸盐胶黏剂中的水分在空气中挥发后，氧化硅溶胶变成凝胶固化。该胶黏剂价格低廉，对纸张、木材有良好的粘接效果，也能粘接玻璃、陶瓷等。

水固型的硅酸盐胶黏剂就是遇水可硬化的硅酸盐水泥（波特兰水泥）。

反应固化型硅酸盐胶黏剂的黏料是硅酸盐，在固化剂（碱土金属的氧化物或氢氧化物）作用下固化，这类胶黏剂有很高的粘接强度和耐热高温性能，主要用于金属与陶瓷的粘接。

配方实例（质量分数）

玻璃釉质粉	氧化铁	硅酸钠
50%	50%	适量

将玻璃釉质粉、氧化铁过筛（320目），称量后，用硅酸钠调成糊状，即可使用。需在室温固化 3h，40~60℃下固化 3h，80~100℃下固化 3h，120~150℃下固化 2h。

（2）磷酸盐类胶黏剂

这类胶黏剂包括正磷酸盐、偏磷酸盐、焦磷酸盐、多聚偏磷酸盐及磷酸，它们与固化剂反应的产物即为胶料，固化剂主要有金属氧化物、氢氧化物、硼酸盐、硅酸盐、金属盐等。

氧化铝、石灰、石英玻璃粉末与磷酸混合制成胶泥，称为磷酸-硅酸盐胶，用氧化硅凝胶固化即可形成粘接，主要用于牙科，作牙齿填充料。磷酸锌胶用于牙齿修补。磷酸-氧化铜胶主要由 CuO 粉、H_3PO_4、缓冲剂（氢氧化铝，用于延长固化时间）组成。主要用于刀具、模具等的粘接以及补漏、密封等，一般是现调现用，常温下自然干燥固化：

$$2CuO + 2H_3PO_4 + H_2O \longrightarrow 2CuHPO_4 + 3H_2O$$

（3）硫酸盐类胶黏剂

硫酸盐类胶黏剂的黏料是烧石膏 $\left(CaSO_4 \cdot \dfrac{1}{2}H_2O\right)$，它遇水即还原成生石膏（$CaSO_4 \cdot 2H_2O$）而固化。

（4）其他胶黏剂

将 1 份甘油与 2~3 份 PbO 混合 24h，即成 PbO-甘油胶黏剂，主要用于电子设备粘接、密封陶瓷制件。利用硫的低熔点（110℃），熔融后加入炭黑、多硫化合物，制成的硫胶黏剂，可用于粘接金属等。由氧化铝、硼砂、NiO、Fe_2O_3、K_2CO_3、红铅、石英、NaF 等调制而成的陶瓷胶黏剂，具有高的粘接强度和优良的耐高温性能，可用于粘接陶瓷、金属、玻璃钢等多种材料。

4.4　天然胶黏剂

天然胶黏剂是人类最早使用的胶黏剂，至今已有数千年的历史。天然胶黏剂使用方便，粘接迅速，储存时间长，价格便宜，但因其胶接强度不够理想，耐水性差等缺点，影响了其发展和应用。但天然胶黏剂一般为水溶性，大多无毒或低毒，是环境友好的胶黏剂，现在又重新被人们所重视，近年来人们正致力于对天然胶黏剂进行化学改性研究，以进一步提高性能、扩大应用范围。天然胶黏剂主要包括动物胶、植物胶、矿物胶及海洋天然胶黏剂。

动物胶黏剂可分为骨胶、酪朊胶、血朊胶、鱼胶和虫胶等，是由 α-氨基酸分子以肽键连接起来的高分子，其中主要的几种氨基酸是水溶性的，其平均分子量为 $2 \times 10^4 \sim 25 \times 10^4$。骨胶是以骨骼为原料，皮胶是以动物皮为原料，明胶则是纯度较高的骨胶。这三种胶都做成粒状或粉状的商品供应。骨胶的特点是对极性基材具有良好的黏合力，胶液初黏性好，胶液容易配制，使用方便，价格低廉，能适应高速自动化生产的需要。木材工业上用于制造胶合板、家具组装、体育用品及乐器制造；包装工业大量用于纸箱生产等。

植物胶黏剂可分为淀粉胶黏剂、植物蛋白胶和树脂胶黏剂（包括松香胶、桃胶、冷杉胶、阿拉伯胶等）。

矿物胶黏剂可分为硫黄胶黏剂、沥青胶黏剂、蜡质胶黏剂。将硫黄加热熔化后加入松香、液体聚硫橡胶、辉绿岩粉等即可制得硫黄胶黏剂。在石油沥青中加入环氧树脂、聚乙烯醇缩丁醛、水泥等即制得沥青胶黏剂。将蜡类（地蜡、石蜡等）、树脂及机油等熔融在一起即制得蜡质胶黏剂。

沥青胶防水密封性能好，对金属、玻璃有一定的粘接力，但软化点较低，主要用于防水密封工艺中。蜡质胶电性能优异，并具有可折性，但黏附力差，主要用于电子产品、线圈、磁芯等的定位与固定。硫黄胶耐酸，主要用于酸性地面瓷砖的铺设。

改性羧甲基淀粉胶黏剂、大豆蛋白和胶原蛋白胶黏剂已成为实现木材加工无甲醛化的常用胶黏剂。

4.5　合成聚合物胶黏剂

常用的合成聚合物胶黏剂有热塑性胶黏剂、热固性胶黏剂、橡胶类胶黏剂和复合胶黏剂。

4.5.1 热塑性合成树脂胶黏剂

热塑性胶黏剂的黏料为线形聚合物，粘接过程中不形成新的化学键，能以溶液状、乳液状或熔融状态进行粘接操作，使用方便。这种黏合剂在加热时会熔化、软化，遇水会溶解，在一定压力下会蠕变，一般多用于要求粘接强度不高的非结构性粘接。

4.5.1.1 乙烯树脂类胶黏剂

(1) 聚醋酸乙烯系胶黏剂

主要是指以醋酸乙烯为单体的聚醋酸乙烯胶黏剂，醋酸乙烯的聚合可采用本体聚合、溶液聚合和乳液聚合等多种方法。用作胶黏剂的一般为乳液聚合，得到的产物称为聚醋酸乙烯乳液胶黏剂，简称"白乳胶"或"白胶"，可用于书籍装订、标签、箱制品、纸张的印花、卷烟纸、木材加工、皮革加工、瓷砖粘贴等许多方面，还可用于制造无纺布（制一次性使用毛巾、医用床单、手术衣、工业滤布）。

聚醋酸乙烯乳液胶黏剂较其他聚合法生成的聚合物分子量高而黏度又不是最大，机械强度好，成本低而且无毒，但存在耐水性、耐热、耐溶剂性不好和蠕变等问题。

下面简单介绍聚醋酸乙烯乳液胶黏剂的生产配方（表 4-1）和工艺。

表 4-1　聚醋酸乙烯乳液胶黏剂生产配方

原料	醋酸乙烯	水	PVA	过硫酸铵	OP-10	碳酸氢钠	DBP
质量分数/%	47.30	42.56	4.10	0.09	0.50	0.15	5.30
作用	单体	溶剂	增稠剂	引发剂	乳化剂	缓冲剂	增塑剂

其生产工艺如下：

① 将过硫酸铵、碳酸氢钠分别加入适量水中，配成 10% 的过硫酸铵、10% 碳酸氢钠水溶液；

② 把部分水和 PVA 加入反应器中，加热、搅拌，使之溶解；

③ 加入剩余的水、OP-10、单体总量的 15% 和过硫酸铵用量的 40%；

④ 缓慢升温到 75～78℃；

⑤ 在 3～5h 内向反应器内滴加完剩余的单体和过硫酸铵溶液；

⑥ 保持反应 0.5h；

⑦ 降温到 50℃，加入 10% 碳酸氢钠水溶液和 DBP（邻苯二甲酸二甲酯），搅拌均匀，40℃ 时出料，包装。

聚醋酸乙烯胶黏剂又分为乳液型、溶液型和热熔胶型三种。上述配方就是乳液型聚醋酸乙烯胶黏剂，主要用于粘接纤维性材料、多孔材料，一般不宜粘接金属。

溶液型聚醋酸乙烯胶黏剂常用的溶剂有低级酮、卤代烃、甲苯和甲醇等，固含量为 30%～35%，可将固体聚合物直接溶于适当的溶剂中制得。这类胶黏剂对非极性表面的粘接强度好，但耐水性和耐热性比乳液型聚醋酸乙烯胶黏剂差。

聚醋酸乙烯热熔胶型主要用于无线装订，可用于纸-金属箔-塑料薄膜之间的黏合。

(2) 聚乙烯醇胶黏剂

聚乙烯醇胶黏剂通常是以水溶液的形式使用，固含量低（5%～10%），固化速度慢，在搅拌下将聚乙烯醇溶于 80～90℃ 热水中即成，作为胶黏剂采用聚合度偏高为宜，一般视需要还会加入填料、增塑剂（聚乙二醇、甘油，提高胶层的柔性）、熟化剂（硫酸钠、多元有机酸和醛类，使聚乙烯醇交联）、防腐剂等助剂，主要用于纸品粘接。如一般民用胶水就是将 5～10 份聚乙烯醇加入 95～90 份的水中，加热到 80～90℃即可。

（3）聚乙烯醇缩醛胶黏剂

聚乙烯醇与不同的醛类进行缩醛反应则制得聚乙烯醇缩醛，缩醛度为 50% 时，可溶于水，可配成水溶液胶黏剂，如聚乙烯醇缩甲醛，即 107 胶水，曾大量用于建筑内墙刷浆，由于聚乙烯醇缩甲醛胶黏剂中含有游离甲醛，对环境有污染，对人体有危害，已禁止用于家庭装修。聚乙烯醇缩丁醛韧性很好，而且耐光、耐湿性好，主要用于无机玻璃的粘接。

（4）聚乙烯型胶黏剂

聚乙烯型胶黏剂以低分子量的聚乙烯为基料，主要用于生产热熔胶，用于纸箱、食品包装容器的热封、非纺织布的制造、地毯拼缝胶黏带、汽车地毯衬背、服装衬布的粘接等。

分子量为 500～5000 的聚乙烯为白色或微黄色粉末或颗粒，呈蜡状，自身就具有黏性，不加其他成分也可制成热熔胶，但一般需添加增黏剂、微晶蜡、抗氧化剂、填料等。

4.5.1.2 丙烯酸树脂类胶黏剂

丙烯酸系列胶黏剂的适用范围非常广泛，可以说所有的金属、非金属材料都能用丙烯酸系列胶黏剂粘接。按胶黏剂的形态和应用特点可大致分为：溶剂型、乳液型、反应型、压敏型、瞬干型、厌氧型、光敏型、热熔型等。

丙烯酸树脂胶黏剂的广泛使用性是与其单体的特殊性有很大关系的。首先有大量的丙烯酸酯和甲基丙烯酸酯等单体可供选择；其次，这些单体很容易与大量其他的烯烃单体进行共聚；而且丙烯酸树脂胶黏剂可制成各种物理形态：溶液、乳液、悬浮液、热熔性固体；在聚合物链上还可带不同的官能团以适应不同的要求，既可以是热固性的，也可以是热塑性的，还可以是水溶性的，可以自交联，也可以外加交联剂交联。

（1）溶剂型丙烯酸酯胶黏剂

溶剂型丙烯酸酯胶黏剂是由各种丙烯酸树脂溶于有机溶剂而成，常用的溶剂有二氯甲烷、氯仿、二氯乙烷、四氯乙烷、氯苯等，主要用于有机玻璃的粘接，可使有机玻璃（聚甲基丙烯酸甲酯）溶解，互相渗为一体，粘接力很强，耐水性很好，常温固化。如将 5 份丙烯酸甲酯溶于 95 份氯仿中，就可得到简单的丙烯酸甲酯胶黏剂，但这类胶黏剂有刺激性气味，对环境污染和人体危害大。

（2）乳液型丙烯酸酯胶黏剂

乳液型丙烯酸酯胶黏剂是以丙烯酸酯（$C_4 \sim C_8$）和其他单体（如甲基丙烯酸二甘油醚、醋酸乙烯、乙烯基异丁酯、氯乙烯和苯乙烯等）在引发剂存在下，经乳液共聚而得。乳化剂的品种及用量对聚合稳定性有决定性作用，一般采用阴离子和非离子表面活性剂混合乳化剂。表 4-2 是乳液型丙烯酸酯胶黏剂配方。

表 4-2 乳液型丙烯酸酯胶黏剂配方

原料	丙烯酸酯			丙烯酸	N-羟甲基丙烯酰胺	水
	甲酯	乙酯	辛酯			
质量/g	90	352	150	15	13	160
作用	混合单体			单体	交联剂	溶剂

其制法如下：

① 将 13g N-羟甲基丙烯酰胺溶于 130g 水中，配成 N-羟甲基丙烯酰胺水溶液；

② 将丙烯酸甲酯、乙酯、辛酯三种单体和丙烯酸混合成丙烯酸酯混合单体；

③ 在反应器中加入纯水 560g、OP 系列乳化剂 40g、N-羟甲基丙烯酰胺水溶液 80g、丙烯酸甲（乙、辛）酯 240g；

④ 搅拌，通入 N_2 气 20min；

⑤ 加入过硫酸钾和偏亚硫酸钠各 0.5g；

⑥ 升温至 55℃；

⑦ 保持 55℃，缓慢滴入剩余的混合单体及丙烯酰胺水溶液；

⑧ 加入过硫酸钾和偏亚硫酸钠各 40mL，总反应时间 240min。

(3) 氰基丙烯酸酯胶黏剂

氰基丙烯酸酯胶黏剂，即常用的 501、502、504 等胶，其主要成分为 α-氰基丙烯酸酯：

$$CH_2=\overset{\overset{\displaystyle CN}{|}}{C}-COOR$$

R 代表烷基，可以是甲基、乙基、丁基和异丙基。

目前一般是采用将相应的氰乙酸酯与甲醛发生加成缩合反应，然后加热裂解这种缩合产物，即得氰基丙烯酸酯。首先烷基氰乙酸酯与甲醛在碱性催化剂下发生 Knoevenagel 缩合反应，生成烷基-2-氰丙烯酸酯预聚物：

$$\overset{\overset{\displaystyle CN}{|}}{CH_2COOR} + nCH_2O \xrightarrow[\triangle]{\text{碱催化剂}} \left[CH_2-\overset{\overset{\displaystyle CN}{|}}{\underset{\underset{\displaystyle COOR}{|}}{C}} \right]_n + nH_2O$$

然后在五氧化二磷脱水剂、氢醌和二氧化硫等阻聚剂、邻苯二甲酸二丁酯（DBP）等热转移剂存在下加热预聚物烷基-2-氰丙烯酸酯到 140～260℃，预聚物解聚即生成 α-氰丙烯酸酯（粗品），最后经减压精馏得到无色透明的液体。

$$\left[CH_2-\overset{\overset{\displaystyle CN}{|}}{\underset{\underset{\displaystyle COOR}{|}}{C}} \right]_n \xrightarrow[DBP, \triangle]{P_2O_5、H^+、\text{氢醌}、SO_2} CH_2=\overset{\overset{\displaystyle CN}{|}}{\underset{\underset{\displaystyle COOR}{|}}{C}}$$

α-氰基丙烯酸酯胶黏剂的配制，就是以 α-氰基丙烯酸酯为主体，加入便于此类胶储存和使用的一些助剂，如稳定剂（SO_2、CO_2、P_2O_5、醋酸铜）、阻聚剂（对苯二酚）、增稠剂、增塑剂，还可适当添加填料。表 4-3 是一般 502 胶水的配方。

表 4-3　502 胶水配方

组　分	质量分数/%	组　分	质量分数/%
α-氰基丙烯酸乙酯	94	对苯二酚	微量
甲基丙烯酸甲酯-丙烯酸共聚物	3	二氧化硫	微量
磷酸三甲酚酯	3		

α-氰基丙烯酸酯分子的 α-碳原子上同时连接上了两个强烈的吸电子基团—CN 和—COOR，易与材料表面吸附的水分子接触，快速产生碳阴离子，迅速发生本体聚合，瞬间固化。

氰基丙烯酸酯胶黏剂属于产量少、价格较贵的一类胶黏剂，有使用方便、应用范围广、瞬时固化粘接（粘接时间几秒钟）快等优点，除了聚乙烯和聚四氟乙烯等外，它几乎可以粘接所有物质，但韧性差、耐热性差、不能实施大面积粘接、价格较贵，虽然抗拉强度高，但韧性差、抗冲击和抗剥离强度低、不耐水。

4.5.1.3　杂环高分子胶黏剂

一些杂环高分子化合物具有良好的耐热性，并且耐低温性能也很好，在胶黏剂领域引起了广泛的重视，在航空航天领域的应用效果很好。

杂环高分子化合物结构中存在环状结构，使分子间或链段间的作用力增强，分子链的刚性增大，尤其是那些含有多个稠环的共轭梯状、片状或棒状高分子化合物，分子链或链段的相对运动极为困难，因此耐热性能很好。

(1) 聚苯并咪唑胶黏剂

聚苯并咪唑（PBI）是杂环高分子化合物中第一个用作耐高温胶黏剂的杂环聚合物，它是由芳香四胺与芳香二酸及其衍生物之间进行熔融缩聚反应而制得的。PBI 有优良的瞬时耐高温性能，在 538℃不分解，在 400℃下施加一定的压力固化，可在 538℃下短期使用。聚苯并咪唑胶黏剂的耐低温性能也很好，在液氮环境其剪切强度可达 29.43～39.24MPa，这类胶黏剂可以粘接铝合金、不锈钢、金属蜂窝结构材料、硅片、聚酰胺薄膜等材料。但 PBI 耐老化性欠佳，超过 250℃会发生降解，而且固化过程会释放大量苯酚和水，容易在胶层中留下气孔，影响其使用。

(2) 聚酰亚胺胶黏剂（PI）

聚酰亚胺胶黏剂有优良的力学性能，对电、热等都有极高的稳定性，耐化学腐蚀，耐辐射，能在 370～390℃下长期使用，在 500～550℃下可以短期使用，在−200℃下仍具有优良的物理力学性能与耐环境性能。广泛用于铝合金、钛合金、不锈钢、陶瓷等材料的自粘与互粘。

(3) 聚喹喔啉胶黏剂（PQ）

聚喹喔啉胶黏剂具有优异的热稳定性，耐热可达 400℃，短期耐热可达 700℃，热分解温度一般高于 500℃，可用作结构粘接，在飞机制造方面，可以粘接钛蒙皮与蜂窝结构材料。

(4) 聚芳砜胶黏剂

聚芳砜胶黏剂使用温度一般高于 250℃，可低于−200℃使用。

(5) 聚次苯硫醚胶黏剂

聚次苯硫醚胶黏剂 500℃无明显失重，700℃完全降解，有优良的粘接力，作为结构胶使用，能粘接玻璃、陶瓷及各种金属材料。

杂环高分子胶黏剂具有良好的耐高温、低温性能，其耐老化、耐化学介质、耐疲劳性能均良好，但固化条件太苛刻，需要在高温（280～315℃）、高压（0.5～1.4MPa）下长时间（5～10h）加热才能完全固化。另外价格昂贵，难以在一般工业中广泛使用。

4.5.1.4　氟树脂胶黏剂

氟树脂主要有聚四氟乙烯（PTFE）、四氟乙烯与全氟乙烯醚共聚物（PFA）、四氟乙烯与全氟丙烯共聚物（FEB）、聚三氟氯乙烯（PCTFE）、乙烯与四氟乙烯共聚物（ETFE）、乙烯与三氟氯乙烯共聚物（ECTFE）、聚偏氟乙烯（PVDF）、聚氟乙烯（PVF），有好的耐热性和阻燃性，如聚四氟乙烯（PTFE）长期使用温度可达250℃，且有非常优秀的不黏附性，即表面能很低，可以粘接含氟塑料和金属，其中含氟塑料的表面能只有0.0185N/m，是典型的难黏材料。

4.5.2 热固性合成树脂胶黏剂

热固性胶黏剂在热、催化剂的作用下，黏料在粘接过程中形成新的化学键，固化后不熔化、不溶解，可作结构性胶。这类胶主要有酚醛树脂、环氧树脂等胶黏剂。

4.5.2.1 酚醛树脂胶黏剂

酚醛树脂胶黏剂（phenol-formaldehyde resin adhesives）是第一个人工合成的高聚物，早在20世纪初，酚醛树脂就被用来胶接木材，后来用来胶接金属和塑料。到目前为止，在合成胶黏剂领域中，按绝对用量来说，酚醛树脂胶黏剂仍是最大的品种之一，其改性品种酚醛-缩醛、酚醛-丁腈胶在金属结构胶中占有很重要的地位。

酚醛树脂是由酚类（苯酚、甲酚、二甲酚等）和醛类（甲醛、乙醛、糠醛等）在酸或碱催化剂作用下合成的聚合物。酚醛树脂的制备时，首先将熔化的苯酚加入反应釜内，搅拌，在40~45℃加入相应催化剂和水，保温一定时间，加入甲醛溶液，升温到合适的反应温度缩聚反应一定时间后，即可得到红棕色的透明黏稠液体。根据加入的催化剂不同，纯酚醛树脂又分为水溶性的（以NaOH为催化剂）、醇溶性的（以NH_4OH为催化剂）、钡酚醛树脂[以$Ba(OH)_2$为催化剂]。其中以水溶性的酚醛树脂胶黏剂最重要，大量用于木材的加工。

催化剂不同、原料配比不同得到的酚醛树脂的性质不同，在碱催化剂作用下，醛过量时，生成的是热固性树脂，在酸催化剂作用下，酚过量时，生成的是热塑性树脂。

酚醛树脂胶黏剂一般选用热固性酚醛树脂，一般需加入甲醛或能产生甲醛（六亚甲基四胺、多聚甲醛）的物质作固化剂。还可加热到150~160℃进行热固化，加入适当的酸（盐酸、磷酸、硫酸、石油磺酸等）可在较低温度下固化，碱[NaOH、$Ba(OH)_2$、MgO、氨水]的存在也可使酚醛树脂固化。

（1）未改性酚醛树脂胶黏剂

未改性酚醛树脂胶黏剂是由酚醛树脂、固化剂和溶剂配制而成。主要有水溶性酚醛树脂胶黏剂、醇溶性酚醛树脂胶黏剂、钡酚醛树脂胶黏剂。常用的固化剂有石油磺酸、对甲苯磺酸、盐酸乙醇溶液、磷酸乙二醇溶液等。常用的溶剂有丙酮、乙醇等。未改性酚醛树脂胶黏剂主要用于粘接木材、层压板、胶合板、泡沫塑料、纸制品或其他多孔材料。表4-4列出了两个酚醛树脂的配方和用途。

表4-4 酚醛树脂配方和用途

配方实例1	质 量 份	配方实例2	质 量 份
2127钡酚醛树脂	100	203酚醛树脂	90
石油磺酸	14.6~21.5	六亚甲基四胺	10~15
丙酮	10	乙醇	适量
用于木材、砂轮、灯泡等的粘接		用于金属、电木、陶瓷、木材等的粘接	

（2）改性酚醛树脂胶黏剂

纯酚醛树脂作胶黏剂时，综合机械性能不理想，一般会加入其他有机高分子化合物进行改性，用以提高粘接强度和耐热性能。改性酚醛树脂可用作结构胶黏剂，广泛用于金属或非金属的粘接。主要有酚醛-缩醛（以聚乙烯醇缩醛改性）、酚醛-丁腈（用丁腈橡胶改性）、酚醛-尼龙、酚醛-环氧树脂、酚醛-氯丁橡胶、酚醛-有机硅胶、酚醛-氟橡胶型胶黏剂。表 4-5是一些改性酚醛树脂胶黏剂的配方和用途。

表 4-5　改性酚醛树脂胶黏剂的配方和用途

类　型	配　方	质量份	用　途
酚醛-缩醛胶黏剂（FS-4）	氨酚醛树脂 聚乙烯醇缩丁醛 乙醇	11 59 530	用于铝合金、铜、陶瓷、玻璃、塑料、层压板等的粘接
酚醛-丁腈胶黏剂（J-04）	钡酚醛树脂 丁腈混炼胶① 醋酸乙酯	300 100 500	用于各种金属、金属与非金属的粘接，尤其是刹车片和摩擦片的粘接
酚醛-尼龙胶黏剂（SY-7）	氨酚醛树脂 羟甲基尼龙 乙醇	20 80 250	用于粘接钢、玻璃钢、硬质泡沫等
酚醛-环氧树脂（J-42）	酚醛树脂 环氧树脂 铝粉 双氰胺 8-羟基喹啉铜	100 49 149 9 1.5	用于金耐高温的粘接与修补
酚醛-有机硅胶	酚醛树脂 聚乙烯醇缩甲乙醛 正硅酸乙酯 没食子酸丙酯 三乙醇胺 醋酸乙酯:乙醇(6:4)	150 100 30 2.8 2.8 840	用于粘接金属、玻璃钢、蜂窝材料等

①　丁腈混炼胶：丁腈橡胶（100 份）、炭黑（10 份）、氧化锌（5 份）、硫黄（2 份）、没食子酸丙酯（1份）、硬脂酸（0.5 份）。

为了降低酚醛树脂胶黏剂胶液中游离甲醛和苯酚的含量，还可以选择其他的可提供醛基、羟基的环境友好的原料对其进行改性，如尿素、木质素、淀粉类等，从而减少甲醛和苯酚的用量。这类木质素、淀粉改性的酚醛树脂可以制成水溶性的胶黏剂，减少有机溶剂的用量，减少酚醛胶黏剂生产、施胶和使用过程中 VOC 的排放。

（3）间苯二酚-甲醛树脂胶黏剂

用间苯二酚与甲醛在酸性或碱性催化剂作用下会发生加成缩合反应得到棕红色至红褐色均匀透明液体间苯二酚-甲醛树脂。间苯二酚-甲醛树脂可用于配制室温固化或热固化胶黏剂，多用三聚甲醛固化，同样可用丁腈橡胶、聚乙烯醇缩醛或其他高聚物对其改性。间苯二酚-甲醛树脂胶黏剂有优良的耐候性、耐热性、耐水性、耐化学性和耐生物性，主要用于粘接木材，制造高级耐水胶合板，也可用于粘接金属、塑料、纤维、皮革、尼龙和橡胶等。因间苯二酚-甲醛树脂胶黏剂成本较高，一般不单独使用，多用 $50\%\sim80\%$ 的苯酚代替间苯二酚合成树脂，或将间苯二酚-甲醛树脂加入酚醛树脂中，可有效降低胶黏剂的成本。

（4）酚醛树脂胶黏剂特点

酚醛树脂胶黏剂有极性大、粘接力强、刚性大、耐热性高的优点，其耐老化、耐水、耐油、耐磨、耐化学介质、耐霉菌性能也好。酚醛树脂胶黏剂电绝缘性好，易于改性，抗蠕变，尺寸稳定性好。但酚醛树脂胶黏剂也有脆性大、剥离强度低、胶层颜色深（随时间还会变深）的缺点。酚醛树脂胶黏剂一般需加热固化，固化时间长，固化过程收缩率大。酚醛树脂胶黏剂的胶液含有游离苯酚和甲醛，有毒性，固化时气味较大，对环境和使用者都有危害。

(5) 酚醛树脂胶黏剂使用注意事项

酚醛树脂胶黏剂在涂胶时，要注意使用方法，方法得当，才会有良好的胶黏效果：

① 酚醛树脂胶黏剂含有溶剂，一般要涂胶 2～3 次，每次涂胶后要晾置一定时间（15～30min），有时还要升温烘烤后趁热粘接；

② 固化时需加压，防止气孔产生，保证胶层致密；

③ 达到固化温度后，冷却降温要缓慢，减少内应力的产生；

④ 胶中含易燃溶剂，涂胶时有游离苯酚和甲醛挥发，注意通风防火；

⑤ 含无机填料的胶黏剂，用前要搅匀。

4.5.2.2 环氧树脂胶黏剂

环氧树脂胶黏剂（epoxy resin adhesives）于 1946 年开始工业生产，曾有“万能胶”之称，是一种粘接性能很好、使用广泛的胶黏剂。环氧树脂按分子结构可分为缩水甘油基与环氧化烯烃两类。按环氧树脂的主要组成物质可分为二酚基环氧树脂、酚醛环氧树脂、硅环氧树脂、聚丁二烯环氧树脂等。二酚基缩水甘油醚型环氧树脂又称为双酚 A 环氧树脂，由双酚 A（二酚基丙烷）和环氧丙烷在碱性催化剂作用下缩合而成，是目前产量最大、使用面最广、生产工艺最成熟的一种环氧树脂。

环氧树脂胶黏剂主要由环氧树脂、固化剂、增韧剂、填充剂等构成，具有很好的粘接强度和耐环境性能，电绝缘性能优良，品种繁多，应用极广，是最重要的一种胶黏剂。

环氧树脂只有与固化剂配合使用才能发挥其性能。固化剂的种类、性能、用量对固化制度、操作工艺及固化产物的各项性能影响很大，是环氧树脂胶黏剂中不可缺少的组成部分。

固化剂一般可分为反应固化和催化固化两类：

- 固化剂
  - 反应型固化剂
    - 胺类
      - 脂肪胺：伯胺、仲胺、二乙烯三胺
      - 芳香胺类：间苯二胺
      - 脂环族胺：六氢吡啶
      - 改性胺：593 固化剂
      - 混合胺：间苯二胺与二氨基二苯甲烷
    - 酸酐类：有机酸酐（顺丁烯二酸酐）、苯酐
    - 聚合物：低分子聚酰胺、酚醛树脂、聚氨酯
    - 潜伏型：双氰胺、酮亚胺
  - 催化型固化剂
    - 咪唑类：2-乙基-4-甲基咪唑
    - 叔胺类：三乙醇胺、苄基二甲胺
    - Lewis 酸类：三氟化硼甘油、氯化亚锡

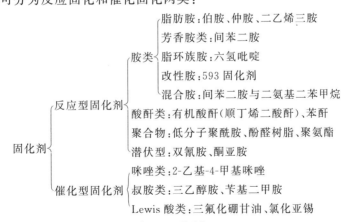

按固化温度又可分为常温、中温和高温固化剂。

环氧当量或环氧值是环氧树脂的重要质量指标：

$$环氧当量=\frac{环氧树脂的分子量}{环氧基数目}$$

$$环氧值=\frac{100}{环氧当量}=\frac{环氧基数目}{环氧树脂的分子量}\times 100$$

环氧当量是指含一个环氧基的环氧树脂的质量，以 g/eq 表示。环氧值是表示 100g 环氧树脂中含有环氧基的当量数，以 eq/100g 表示。环氧值越大，分子量越小，树脂的黏度越低。环氧值的大小决定着固化剂用量的多少。一般用作胶黏剂的环氧树脂的平均分子量小于 700、软化点低于 50℃。分子量大于 900 的环氧树脂在室温下呈固态，用于涂料和层压材料。常用作环氧树脂胶黏剂基料的环氧树脂有 E-51、E-44、E-42、E-35、E-31，"51、44" 等数值代表环氧值，E-12、E-20 是固体环氧树脂。

在环氧树脂胶黏剂中，为了加速固化速度，降低固化温度，缩短固化时间，有时会加入一些物质，如酚类、胺类，这些物质称为固化促进剂。

如果要降低黏液的黏度，改善施工工艺，增大填料的填充量和延长胶液的适用期，就需要加入稀释剂，如溶剂和含有环氧基的低分子化合物，如环氧丙基丁基醚等。

配制环氧树脂胶黏剂时加入的增韧剂和填料，可改变环氧树脂胶黏剂的脆性、强度、粘接力、抗冲击强度等综合性能。

环氧树脂胶黏剂脆性大，延伸率低，可以通过加入一些特殊的聚合物材料对环氧树脂胶黏剂进行改性，如液体丁腈橡胶、共聚尼龙、酚醛树脂、有机硅树脂等，可以克服上述的不足之处。

环氧树脂胶黏剂极性大、粘接力强。这种胶粘接固化时收缩率小，尺寸稳定性好，有优良的电性能，耐介质性好。环氧树脂胶黏剂原料易得，配制简单，易于改性，使用方便，使用温度宽、适应性强，毒性低、危害性小。但环氧树脂胶黏剂韧性不佳、脆性大，耐热性差，剥离强度很低，不耐冲击振动。

环氧树脂胶黏剂一般用于粘接金属、陶瓷、玻璃、石材、竹木等。对未经处理的聚乙烯、聚丙烯、聚四氟乙烯、聚苯乙烯、聚氯乙烯等塑料无粘接性。对橡胶、皮革、织物等软质材料的粘接力也很差。表 4-6 列出了各种环氧树脂胶黏剂的典型配方和应用。

表 4-6　环氧树脂胶黏剂的典型配方和应用

序号	配方	质量份	固化条件	应用
1	E-44 环氧树脂 邻苯二甲酸二丁酯(DBP) 二乙烯三胺 Al_2O_3	100 15 8 30	室温，24h	粘接金属
2	E-51 环氧树脂 邻苯二甲酸二甲酯(DMP) 多乙烯多胺 JLY-121 聚硫橡胶	100 3 8 20	室温，1~2d 或 60℃，4~6h	粘接金属和非金属材料
3	E-42 环氧树脂 548 共聚尼龙 双氰胺 溶剂[95%甲醇-苯＝(7∶3)]	20 80 2 450mL	压力 0.1~0.3MPa，165~170℃，2h	粘接铝合金、不锈钢、碳钢、黄铜等
4	E-42 环氧树脂 氨酚醛树脂 间苯二酚	100 22.5~50 7.5~10	压力 0.5MPa，105℃，2h +170℃，10h	用于铝合金及其他金属的粘接

序号	配方	质量份	固化条件	应用
5	E-44 环氧树脂 聚乙烯醇缩丁醛 氧化铝粉 三乙胺 丙酮	100 20 50 20 适量	压力 0.2MPa,30℃,3d	用于金属、塑料、机床导轨的粘接

在普通环氧树脂胶黏剂中加入羰基铁粉,可以制成导磁胶,用于变压器铁芯的粘接,在普通环氧树脂胶黏剂中加入金属粉,可以制成导电胶,用于电子等行业。

玻璃钢船体、飞机蜂窝结构板材、金属-层压塑料制品等的粘接都可以使用环氧树脂胶黏剂。

4.5.2.3 橡胶类胶黏剂

(1) 氯丁橡胶胶黏剂 (chloroprene rubber adhesives)

氯丁橡胶又称聚氯丁二烯,是以 2-氯-1,3-丁二烯为主要原料经乳液聚合而制得的一种弹性体,其结构通式为

$$\left[H_2O-\underset{\underset{Cl}{|}}{C}=CH-CH_2 \right]_n$$

氯丁橡胶为白色或淡黄色片状或块状韧性固体,粘接性好,具有较高的拉伸长度和伸长率。其耐老化、耐热、耐油、耐化学腐蚀性好。在橡胶胶黏剂中,氯丁橡胶胶黏剂是应用最广泛、产量最大的一种胶黏剂,它在航空、汽车、建筑以及制鞋业中均有广泛的市场,尤其是在制鞋业,氯丁橡胶胶黏剂占制鞋用胶量的80%左右。

氯丁橡胶黏剂主要由氯丁橡胶或胶乳与硫化剂、促进剂、防老剂、改性(增黏)树脂、填料、溶剂等配制而成。它的硫化剂通常不用硫黄,而用 4% 的氧化镁与 5% 的氧化锌混合物,它们还是稳定剂,氧化镁可吸收氯丁橡胶老化时缓慢放出的氯化氢。

粘接用氯丁橡胶仅能溶解于芳香烃和氯代烃中,这两种烃的毒性较大,所以一般采用混合溶剂,即芳香烃和汽油、醋酸乙酯的混合溶剂。

氯丁橡胶也可以通过加入许多树脂如古马隆树脂、松香脂、萜烯树脂、烷基酚树脂而加以改性,提高其耐热性和粘接力。表 4-7 是一些典型氯丁橡胶胶黏剂的配方实例。

表 4-7　氯丁橡胶胶黏剂配方

配方 1		配方 2(普通鞋用胶)	
组　　分	质量份	组　　分	质量份
氯丁橡胶	100	氯丁橡胶(快速结晶型)	80
MgO	8	氯丁橡胶(中等结晶型)	20
CaCO$_3$	100	轻质氧化镁	4
防老剂	2	萜烯树脂	2
ZnO	10	2402 树脂	8
汽油	136	210 树脂	5
醋酸乙酯	272	甲苯	320
		120 号溶剂汽油	120
		6 号溶剂汽油	100

(2) 丁腈橡胶胶黏剂（nitrile rubber adhesives）

丁腈橡胶是丁二烯与丙烯腈经乳液聚合而制得的共聚弹性体，简称 NBR，其结构通式为

$$\begin{array}{c} \text{---[CH}_2\text{---CH}=\text{CH---CH}_2\text{]}_m\text{[CH}_2\text{---CH]}_n\text{---} \\ | \\ \text{CN} \end{array}$$

丁腈橡胶为灰白色或浅黄色块状弹性体，有优异的耐油、耐热性和气密性，其耐热性优于氯丁橡胶和丁苯橡胶。丁腈橡胶胶黏剂由丁腈橡胶、硫化剂、促进剂、填充剂、增塑剂、增黏剂、防老剂和溶剂组成。丁腈橡胶胶黏剂的硫化剂有硫黄、过氧化二异丙苯、氧化镁、氧化铜、氧化锌等。丁腈橡胶胶黏剂一般以炭黑为填充剂，氧化铁、氧化锌、钛白粉、超细硅酸铝等也可用作丁腈橡胶胶黏剂的填充剂。

丁腈橡胶胶黏剂的结晶性差，一般不单独用作胶黏剂，多和与其相容性好的酚醛树脂、环氧树脂等配用。丁腈橡胶胶黏剂的耐臭氧性和耐紫外线作用差，常用没食子酸丙酯等作防老剂。丁腈橡胶胶黏剂的溶剂一般是混合溶剂，如醋酸乙酯与甲苯、甲苯与二氯乙烷、醋酸乙酯与甲苯及丙酮等。

丁二烯与丙烯腈再加丙烯酸经乳液聚合得到的丁腈胶乳加入增稠剂、氨水、树脂溶液等助剂后可制成丁腈胶乳胶黏剂，这种胶黏剂不含有机溶剂，可减少对环境的污染。

(3) 丁苯橡胶胶黏剂（styrene-butadiene rubber adhesives）

丁苯橡胶胶黏剂是以丁二烯和苯乙烯为单体，通过乳液或溶液聚合而制得的共聚弹性体，简称 SBR。将丁苯橡胶溶于适当的溶剂，加入增黏剂、硫化剂、促进剂、活化剂、填充剂、防老剂即制得溶剂型丁苯橡胶胶黏剂。用于丁苯橡胶、金属、玻璃、聚苯乙烯、木材等的粘接。乳液型丁苯橡胶胶黏剂可用作地毯背衬胶黏剂、PVC 地板胶黏剂、铝箔-牛皮纸复合用胶黏剂等。

将苯乙烯-丁二烯-苯乙烯三嵌段共聚物、增黏树脂、增塑剂、防老剂、填充剂、增稠剂、增强剂、渗透剂、溶剂等助剂溶解混配，可制成 SBS 系列胶黏剂，包括 SBS 热熔胶、SBS 压敏胶、SBS 密封胶和 SBS 乳液胶黏剂。

(4) 丁基橡胶胶黏剂（butyl rubber adhesives）

丁基橡胶是异丁烯与少量（<3%）异戊二烯共聚而得的合成橡胶。丁基橡胶胶黏剂主要由丁基橡胶、增黏剂、硫化剂、促进剂、稳定剂、补强剂、溶剂组成。主要用于丁基橡胶制品及其与金属、塑料、橡胶等的粘接。

(5) 天然和改性天然橡胶胶黏剂

将天然橡胶直接溶于有机溶剂中可以配制成一定黏度的胶液，添加防老剂、促进剂等助剂就可制得各种溶剂型天然橡胶胶黏剂。

天然橡胶化学改性产品氯化橡胶、氢氯化橡胶可以配制成相应的胶黏剂。如果以天然树脂、纤维素等无毒物质对其改性，还可以制得低有机溶剂的、水基的环境友好型胶黏剂。

4.5.2.4　聚氨酯胶黏剂

分子链中含有氨基甲酸酯基团或异氰酸酯基的一类胶黏剂统称为聚氨酯胶黏剂（polyurethane adhesives），分为多异氰酸酯和聚氨酯两大类。聚氨酯是指以异氰酸酯的化学反应为基础，用多异氰酸酯与含有羟基、氨基等活性基团的化合物反应生成的加成物。多异氰酸酯胶黏剂是以多异氰酸酯单体或其低分子衍生物配制而成的反应型胶黏剂，这类胶黏剂具有粘

接力强、适用面广、可以常温固化等优点，且有独特的耐低温性能，可耐－250℃低温，但毒性大，不耐热，主要用于包装、纺织、汽车、飞机制造、建筑、家具和制鞋等行业。

聚氨酯黏合剂的原料主要有多异氰酸酯和多羟基化合物两大类，常用的多异氰酸酯有甲苯二异氰酸酯（TDI）、二苯甲烷二异氰酸酯（MDI）、亚己基二异氰酸酯、三苯甲烷三异氰酸酯（TPMTI）及多亚甲基多苯基多异氰酸酯（PAPI）等。多羟基化合物主要有多羟基聚合物与多羟基大分子，前者主要是含有羟基的聚酯、聚醚、聚丙烯酸酯、环氧树脂等，后者主要是蓖麻油及其衍生物、木焦油等。

异氰酸酯基和多羟基化合物在常温下需加入一定的催化剂，常用的催化剂有叔胺、过渡金属有机酸盐、有机磷化合物等。

聚氨酯黏合剂的溶剂一般使用酮、酯、芳烃等，要求不与异氰酸酯基反应，不影响其活性，还要有合适的溶解性和挥发性。

根据需要，聚氨酯黏合剂中有时还会加入表面活性剂、防老剂、着色剂等。

许多多异氰酸酯直接溶解于适当的有机溶剂中就可用于粘接橡胶、织物及橡胶与织物、金属的粘接。这类胶黏剂的固化原理是多异氰酸酯与被黏物之间的化学反应。

聚氨酯黏合剂可以是双组分的，甲组分是含羟基组分的主剂，乙组分是含异氰酸酯基团的固化剂部分。这种双组分聚氨酯胶黏剂是聚氨酯胶黏剂中品种最多、用量最大、用途最广的产品，主要用于软质材料或软质材料与金属等硬质材料的粘接。典型的应用有包装用聚氨酯胶黏剂（如可耐高温蒸煮杀菌的软包装盒）、静电植绒用胶黏剂。

单组分聚氨酯黏合剂主要有三种固化形式，第一种是利用其活泼基团（NCO）与空气中的水分或被黏物表面吸附的羟基进行化学反应的湿固化型。第二种是利用其组成中的活泼成分室温稳定，加热后会发生化学反应而固化的热固化型。第三种是电子束、紫外线等射线的作用发生自由基聚合而使聚氨酯迅速交联固化的射线固化型。

制鞋业使用的多是具有高弹性和高耐磨性、吸振性的羟基聚氨酯，也称为聚氨酯热塑性弹性体。

通过向聚氨酯分子结构中引入部分亲水基团，就可以制得水性聚氨酯胶黏剂，具有不易燃、气味小、污染小等优点，在木材、软包装、汽车、制鞋等工业都有很好的应用前景。利用有机硅、丙烯酸酯、环氧树脂、氟碳化合物等对水性聚氨酯改性，可以提高水性聚氨酯胶黏剂的耐水性、耐溶剂性、柔韧性、耐候性等性能。

无溶剂聚氨酯胶黏剂在软包装行业的应用，可以减少溶剂型聚氨酯胶黏剂使用过程中挥发的有机溶剂对环境的影响，软包装行业对无溶剂聚氨酯胶黏剂的需求快速增长。

4.5.2.5 有机硅树脂胶黏剂

有机硅又称硅酮、硅氧烷，是由硅氧相互交联的硅氧烷有机聚合物。有机硅胶黏剂具有耐高温、耐腐蚀、耐候性能和优良的电绝缘性能。主要分为硅树脂、硅橡胶、有机硅压敏胶等几种类型，在航空航天、电子、机械加工、建筑及医疗行业应用广泛。

（1）硅树脂型胶黏剂

硅树脂是由硅氧键为主链的三向结构组成，制备硅树脂的单体是氯硅烷，这些氯硅烷通过醇解而制得烷氧基硅烷，用硅树脂作胶黏剂时，常加入一些无机填料和有机溶剂，可用于粘接金属、非金属及玻璃钢等材料。这种胶黏剂固合时需加热和加压。

（2）硅橡胶型胶黏剂

硅橡胶是以硅氧键为主链的线形橡胶态的高分子物质，分子量从几万到几十万不等。硅橡胶型胶黏剂必须在固化剂或催化剂作用下才能缩合成为有一定交联度的弹性体。根据固化温度可分为高温固化、室温固化、低温固化（介于高温和室温之间：40～120℃）三类。室温固化的单组分硅橡胶型胶黏剂一旦与空气中的水分接触就能快速固化。

4.5.2.6 氨基树脂和呋喃树脂胶黏剂

氨基树脂主要有脲醛树脂，是尿素和甲醛在催化剂作用下加成和缩合反应形成的。以脲醛树脂为主要成分，加入盐酸、醋酸或氯化铵、硫酸铵等固化剂和其他助剂（填充剂、耐水剂、甲醛结合剂、增黏剂、发泡剂、防老剂）就可调制成脲醛树脂胶黏剂（urea resin adhesives），主要用于生产胶合板、刨花板、层压板和纤维板等。甲醛结合剂一般是尿素、三聚氰胺、豆粉、面粉、白乳胶，能有效降低该胶黏剂使用过程中释放的甲醛量。三聚氰胺树脂胶黏剂（melamine-formaldehyde resin adhesives）主体材料是三聚氰胺与甲醛加成缩聚的产物。改性的三聚氰胺树脂胶黏剂广泛用于木材的综合加工。

呋喃树脂胶黏剂主要有糠醛树脂、糠醛丙酮树脂、糠醇糠醛树脂，其耐热、耐腐蚀性好，机械强度高，适用于木材、塑料、陶瓷的黏合。

这一类胶黏剂和酚醛树脂胶黏剂是木材工业常用的胶黏剂，尤其是脲醛、酚醛和三聚氰胺树脂胶黏剂，但其甲醛释放问题一直影响和制约其使用。行业和普通民众对无醛胶黏剂的需求更高、更迫切，国家也推出了更严格和更完善的国家标准《室内装饰装修材料 人造板及其制品中甲醛释放限量》（GB 18580—2017）。木材行业越来越多地使用木质素、天然高分子等无醛胶黏剂取代上述"三醛胶"。

4.5.2.7 不饱和聚酯胶黏剂

不饱和聚酯胶黏剂（unsaturated polyester resins adhesives）由不饱和聚酯树脂、交联剂、引发剂、促进剂、阻聚剂、其他辅助材料等组成。不饱和聚酯树脂由多元酸和多元醇缩聚而成。通常用来制备不饱和聚酯的二元醇有丙二醇、乙二醇、多缩乙二醇、双酚丙烷。不饱和二元酸是马来酸酐、反丁烯二酸、内亚甲基四氢邻苯二甲酸酐等，如在制备中加入多官能的单体，可以制备具有各种分子结构的不饱和聚酯。

交联剂一般是乙烯衍生物（如苯乙烯）。过氧化苯甲酰、过氧化环己酮等用作其引发剂。叔胺、过渡金属皂、二甲苯胺、环烷酸钴为促进剂。阻聚剂对苯二酚、2,6-二叔丁基对甲苯酚的加入可提高储存稳定性。为了提高胶黏剂的性能还可根据需要加入其他辅助材料，如为了减少固化时的体积收缩会加入一些热塑性树脂如聚醋酸乙烯酯、聚乙烯醇缩丁醛等。为了降低成本，抑制反应热，改善胶层的力学性能可加入硅微粉、铝粉、玻璃纤维等填料。

不饱和聚酯胶黏剂是通过过氧化物引发剂引发自由基聚合反应固化的。交联剂在不饱和聚酯树脂分子链之间形成桥键。不饱和聚酯的粘接强度一般较低，原因是不饱和聚酯在固化过程中体积收缩很严重，使接头存在很大内应力，可以采用如下办法降低体积收缩率：①通过共聚降低树脂中不饱和键含量；②采用聚合过程收缩率低的单体；③加入适量无机填料；④加入热塑性高分子。

不饱和聚酯胶黏剂可用于金属、非金属、有机玻璃、聚苯乙烯、树脂、聚氯乙烯树脂、聚碳酸酯等的粘接。

4.5.2.8 快固丙烯酸酯胶

快固丙烯酸酯胶（quick set acrylic structural adhesives）也称为第二代丙烯酸酯胶黏剂（second generation adhesives，SGA），是一种双组分、室温快速固化结构胶，因其常为双组分包装，也称为快固 AB 胶。快固丙烯酸酯胶由丙烯酸酯类单体或预聚体、弹性体、增韧树脂、引发剂、促进剂、稳定剂、增稠剂和触变剂等组成。常用的丙烯酸酯类单体主要是丙烯酸甲酯、正丁酯等。常用的弹性体有丁腈橡胶、氯磺化聚乙烯等。引发剂通常是过氧化物如异丙苯过氧化氢、过氧化苯甲酰、叔丁基过氧化氢等。常用的促进剂为能与引发剂反应在室温下产生活性自由基的有机胺类、硫化物、金属有机化合物等物质。稳定剂一般有对苯二酚、对苯醌、硝基化合物，可提高胶黏剂的储存稳定性。下面是典型 AB 胶的配方（质量份），将 A、B 分别涂在钢材表面，叠合 30min 后即可。

A：甲基丙烯酸甲酯	75	B：甲基丙烯酸甲酯	75
甲基丙烯酸	3	丁腈橡胶	25
ABS	25	异丙苯过氧化氢	9
促进剂	5		

4.5.3 热熔胶

热熔胶（hot melt adhesives）是一种通过加热熔化后涂胶，冷却即行固化的方式来实施粘接的胶黏剂。制备热熔胶的材料基本上都是固体物质，其软化点必须较高，能使制得的热熔胶在室温下不发黏，熔融时流动性好，具有良好的润湿性，对一般材料亲和力大，本身的内聚强度高，能形成完好的粘接。热熔胶含 100% 固体物质，无环境污染，固化速度快，可反复使用，但耐热性差，难涂布均匀，不宜大面积使用。

(1) 热熔胶的组成和分类

热熔胶可按基料种类分成天然材料热熔胶（沥青、松香、虫胶等）、合成材料热熔胶。合成材料热熔胶又分为热固性树脂热熔胶和热塑性树脂热熔胶。热固性树脂热熔胶有环氧树脂和酚醛树脂两类。热塑性树脂热熔胶有乙烯基树脂热熔胶（基料为聚乙烯等）、聚酯热熔胶（基料为共聚聚酯）、聚酰胺热熔胶、聚氨酯热熔胶、聚苯氧硫醚酚氧热熔胶。

热熔胶一般由树脂或聚合物、增黏剂、增塑剂、黏度调节剂、抗氧化剂、填料等组成。热熔胶的主体成分包括树脂、弹性体或其他聚合物，主要有 EVA 树脂、聚酰胺树脂、聚酯、聚氨酯、聚乙烯醇、乙烯-丙烯酸乙酯共聚物（EEA）、乙烯-丙烯酸共聚物（EAA）等。热熔胶中常用的增黏剂有松香及其衍生物、萜烯类树脂、石油树脂、酚醛树脂、古马隆树脂等。增塑剂一般为苯二甲酸酯类，如邻苯二甲酸二辛（丁）酯等，可加快热熔胶的熔化速度、改善柔韧性和耐寒性，提高对被黏物表面的润湿性。黏度调节剂多为蜡类，如石蜡、微晶蜡、地蜡、低分子聚乙烯蜡等，可降低黏度、提高流动性、润湿性，防止胶料结块，减少拉丝现象，降低成本。抗氧化剂是为了防止热熔胶在熔融时的氧化和分解，延长使用寿命，一般加入 2,6-二叔丁基对甲酚（BHT）等。填料的加入可减小热熔胶固化时的收缩率，提高粘接强度和耐热性，防止自黏，延长操作时间。填料一般有滑石粉、轻质碳酸钙、硫酸钡、石英粉、氧化锌、钛白粉、炭黑、氧化镁、陶土等。

(2) 常用热熔胶

① 聚乙烯-醋酸乙烯（EVA）热熔胶是目前用量最大的热熔胶，EVA 树脂中醋酸乙烯酯含量为 20%～30%，主要用于粘接塑料、纸张、木材、金属等材料，用于包装、装订、木材加工等行业。

② 聚氨酯热熔胶粘接强度较聚酯热熔胶好，硬度较聚酰胺热熔胶低。润湿性能好，可用于金属、玻璃、塑料、木材和织物等材料的粘接。

③ 聚酰胺热熔胶的粘接强度高，柔韧性、耐热性、耐介质性都好，对金属、陶瓷、塑料、木材和织物、聚乙烯等难黏材料都有良好的粘接性能。

④ 聚酯热熔胶耐水、耐热、耐候、耐介质性好，但熔融黏度大，不易手工操作。

⑤ 乙烯-丙烯酸乙酯（EEA）热熔胶用于金属膜、塑料薄膜、纸板、纤维等材料的粘接及人造板的封边。

聚乙烯型热熔胶的配方实例和生产技术：

低密度聚乙烯	10000g	乙酸乙酯	30g
过氧化苯甲酰（BPO）	1.2g	其他助剂	适量
丙烯酸异辛酯	15g		

制备工艺：将 BPO 加入乙酸乙酯中，完全溶解制得溶液，将该溶液和低密度聚乙烯、丙烯酸异辛酯加入高速混合机中混合均匀（称为预混料），将预混料加入螺杆挤出机，在 220～240℃ 和真空条件下制得聚乙烯型热熔胶。

一般的热熔胶耐热性能差，经再次受热，又会变软和熔融。现在已有一些热熔胶粘接后不再熔融，这类热熔胶称为可固化热熔胶。如紫外线固化、电子束固化热熔胶等。如果在聚酯、聚酰胺、聚氨酯中加入金属粉、炭黑、石墨粉等导电材料还可制成导电热熔胶。

一般的热熔胶都是在中高温度（大于 100℃）熔融涂胶，在热熔胶的受热熔融过程中，易氧化、分解，产生 VOCs。开发熔融温度低（如 60～70℃）的低温熔融的热熔胶，更节能环保和安全，尤其适用于有低 VOCs 要求的食品包装、医疗卫生品等行业。低温热熔胶要求低温熔融时黏度合适、易于施胶、胶体对被粘基体的黏附力好。

4.5.4　厌氧胶

厌氧胶（anaerobic adhesives）是由丙烯酸酯单体、引发体系等组成的一类在隔绝氧时能快速固化而发挥粘接作用的一类反应型丙烯酸酯胶黏剂。

厌氧胶为单组分，易润湿渗透，耐候、耐介质性能好。用于动力机车螺丝的紧固、工业设备的浸渗补漏、互接构件间的密封锁固。

（1）厌氧胶的组成

厌氧胶由聚合性单体、引发剂、促进剂、助促剂、稳定剂、阻聚剂、增塑剂、增稠剂、触变剂等组成。

聚合性单体主要是甲基丙烯酸酯、双甲基丙烯酸多缩乙二醇酯等。引发剂是厌氧胶的重要组成组分，常用的引发剂有异丙苯过氧化氢、叔丁基过氧化物等，易与甲基丙烯酸酯类单体混合，得到稳定的体系。用量一般为 2%～5%，太少固化时间太长，太多会影响储存期。促进剂可使引发剂引发聚合时的固化速度加快，又不会影响厌氧胶的储存器和粘接强度，主要是含氮化合物、含硫化合物和过渡金属化合物，如 N,N-二甲基对甲苯胺等有机含氮化合物、四氢喹啉、苯肼、四甲基硫脲、十二烷基硫醇、丙二腈、锌酸铜等。助促剂单独使用时并无促进固化的作用，当促进剂存在时，却能提高促进剂加速固化的效果。助促剂主要是亚胺类和羧酸类化合物如糖精、抗坏血酸、甲基丙烯酸、三苯基膦、邻苯二酰亚胺等。稳定剂是指能够延长厌氧胶的储存期，而又不影响加速固化和胶黏性能的物质，可以是自由基聚合阻聚剂，如苯二酚、对苯醌、硝基化合物、草酸等。螯合剂也是常用的稳定剂。因金属离子能参与氧化还原反应，促进引发作用，影响储存稳定性，可加入螯合剂如乙二胺四乙酸二钠，消除厌氧胶中的可溶金属离子的影响，提高厌氧胶的储存稳定性。

（2）厌氧胶的固化

氧化还原引发体系相互作用产生活性中心 R，R 与单体作用引发聚合反应。体系中有氧存在时，氧与链自由基结合生成链自由基或链过氧化物，这些新形成的链自由基或链过氧化物很不活泼，使聚合反应终止。隔绝氧时，聚合反应进行，厌氧胶固化。

厌氧胶配方实例：

组分	质量份	组分	质量份
双甲基丙烯三缩乙二醇酯	100	四氢喹啉	0.3
异丙苯过氧化氢	2～3	糖精	0.5
对苯二酚	0.01	增稠剂	适量

4.5.5 光敏胶

主体成分和厌氧胶一样，也是丙烯酸双酯化合物，引发剂是光敏引发剂，如安息香醚等，在紫外线照射下能迅速固化而起粘接作用。紫外线固化的丙烯酸双酯胶黏剂又称为第三代丙烯酸双酯胶黏剂（third generation adhesives）。被粘物体中必须有一种是透光材料，通常多用于光学材料的粘接，以高压汞灯提供人工光源。

4.5.6 压敏胶

压敏胶黏剂（pressure sensitive adhesives）是一种略施压力即可瞬时粘接的一种胶黏剂。压敏胶黏剂是制造胶黏带的一种胶黏剂。压敏胶的使用始于医用橡皮膏，后来出现的绝缘胶布、商品上粘贴的标签以及各种用来包装封口的单面胶、粘贴固定用的双面胶都属压敏胶。由于压敏胶可直接使用，黏合容易，可反复揭贴，无毒无味，储运和使用非常方便，用途广泛，近年来发展迅速。

4.5.6.1 压敏胶黏剂的种类

压敏胶黏剂的种类很多，可以从不同的角度进行分类。

（1）按压敏胶黏剂的主体成分分类

① 弹性体型压敏胶　这类压敏胶所用的弹性体最早是天然橡胶，以后逐步扩展到各种合成橡胶、热塑性弹性体。按所用弹性体，可将这类压敏胶进一步分为天然橡胶压敏胶、合成橡胶和再生橡胶压敏胶、热塑性弹性体压敏胶。

天然橡胶压敏胶是开发最早、至今产量仍然很大的一类橡胶型压敏胶黏剂。它们是以天然橡胶弹性体为主体，配合以增黏树脂、软化剂、防老剂、颜填料和交联（硫化）剂等添加剂的复杂混合物。由于天然橡胶既有很高的内聚强度和弹性，又能与许多增黏树脂很好混溶，得到高的黏性和对被粘材料良好的湿润性，所以天然橡胶是比较理想的一类压敏胶黏剂主体材料。其主要缺点是分子中存在着不饱和双键，耐光和氧的老化性能较差。但通过交联和使用防老剂等措施后，可使它的耐候性和耐热性得到改善。用天然橡胶压敏胶黏剂几乎可以制成各种类型的压敏胶黏制品。

合成橡胶和再生橡胶压敏胶以丁苯橡胶、聚异戊二烯橡胶、聚异丁烯和丁基橡胶以及氯丁橡胶、丁腈橡胶等合成橡胶为主体，配以增黏树脂、软化剂、防老剂等添加剂可制成相应的压敏胶。这些压敏胶黏剂都有它们各自的特点，但它们都没有天然橡胶压敏胶黏剂重要。

再生橡胶，尤其是由再生天然橡胶制成的压敏胶黏剂也具有不错的性能，价格也比较低廉，因而也受到重视。

热塑性弹性体压敏胶黏剂是热熔压敏胶黏剂，以苯乙烯-丁二烯-苯乙烯嵌段共聚物（SBS）和苯乙烯-异戊二烯-苯乙烯嵌段共聚物（SIS）为主要原料。SIS 的流动性比 SBS 好，以 SIS 为原料的热熔压敏胶比 SBS 为原料的热熔压敏胶韧性好，SIS 基的耐老化性能也优于 SBS 基的热熔压敏胶，长期使用性能稳定，无 SBS 的渗油现象，不易失去黏结性能。由于不使用溶剂，因此不会产生环境污染，生产效率高，SIS 基热熔压敏胶黏剂的发展迅速，在包装、标签、纺织、医疗和卫生用品等领域有广泛应用。

② **树脂型压敏胶**　这类压敏胶所用的树脂有聚丙烯酸酯、聚氨酯、聚氯乙烯、聚乙烯基醚等。其中聚丙烯酸酯是目前用得最多的，其产量已经超过天然橡胶压敏胶。

聚丙烯酸酯压敏胶黏剂由各种丙烯酸酯单体共聚而得的丙烯酸酯共聚物为主体材料，是最重要的一类树脂型压敏胶黏剂。丙烯酸酯压敏胶外观无色透明并有很好的耐候性，一般不必使用增黏树脂、软化剂和防老剂等添加剂就能得到很好的压敏粘接性能，故配方简单。利用共聚和交联可以制得满足各种不同性能要求的压敏胶黏剂。近 20 年来，这类压敏胶黏剂发展非常迅速，并已经取代了天然橡胶压敏胶的霸主地位。

有机硅及其他树脂型压敏胶黏剂是由有机硅树脂和有机硅橡胶混合组成的压敏胶黏剂，具有优异的耐高温和耐老化性能，是一类比较重要的特种压敏胶黏剂，它的主要用途是制造各种高档的压敏胶黏制品。

聚乙烯基醚是发展较早的一类树脂型压敏胶黏剂，但它的重要性已逐渐为丙烯酸酯压敏胶所取代。此外，乙烯-乙酸乙烯酯共聚物（EVA）、聚氨酯、聚酯、聚氯乙烯等树脂也能配成各种压敏胶黏剂。

(2) 按压敏胶的形态分类

压敏胶黏剂可以分为溶剂型压敏胶、水溶液型压敏胶、乳液型压敏胶、热熔型压敏胶以及压延型压敏胶、微球再剥型压敏胶、可固化压敏胶等多种类型。目前，乳液型、溶剂型和热熔型压敏胶黏剂占主要地位。

(3) 按压敏胶主体聚合物交联形式分类

按压敏胶主体聚合物是否交联可将压敏胶分为交联型和非交联型压敏胶。交联型压敏胶按其交联方式可分为加热交联型、室温交联型、光交联型等。交联型压敏胶具有很好的粘接强度，特别适合于制作永久性压敏标签。

按胶黏剂涂布的形态又可分为单面压敏胶和双面压敏胶。

4.5.6.2　压敏胶的结构与组成

由压敏胶制成的工业产品虽然很多，但结构上主要有三种，即单面压敏胶黏带、双面压敏胶黏带和压敏胶黏片材。它们的结构如图 4-1 所示，一般由压敏胶黏剂、基材、底层处理剂（底涂剂）、隔离剂和隔离纸等部分组成。压敏胶的胶黏剂需涂布于某一种材料上，我们称之为基材，要求具有较好的机械强度、较小的伸缩性、厚度均匀及能被压敏胶润湿等。常用的有塑料薄膜、玻璃纸、金属箔片、无纺布、发泡材料等。为了使压敏胶方便存放和运输、使用，防止压敏胶粘连，基材的背面要涂隔离剂（背面处理剂），或在有压敏胶的表面加防黏纸（隔离纸）。为了增强压敏胶与基材之间的黏合力，需在基材的正面涂布底胶（primer），即底涂剂。

压敏胶		压敏胶		隔离纸
底涂剂		底涂剂		压敏胶
基材		基材		底涂剂
隔离剂		底涂剂		基材
		压敏胶		
		隔离纸		
（a）单面胶		（b）双面胶		（c）压敏胶黏片

图 4-1　压敏胶结构

底涂剂的作用类似于偶联剂，其表面能一定要介于压敏胶和基材之间，它的作用是使压敏胶黏剂和基材之间的粘接力提高，揭除胶黏带时胶黏剂仍然黏在基材上，不会玷污被粘表面。底涂剂对基材的黏合力要优于压敏胶。底涂剂应是化学惰性的，底涂效果不受环境温度变化的影响，底涂剂的成分既不影响压敏胶的性能，也不影响基材的性能，同时也不被压敏胶溶液的溶剂溶解。

隔离剂是一种防黏剂，一般是疏水性物质，如长碳链烷基化合物、有机硅化合物、全氟化烷基聚合物等。如果基材本身就是疏水好的难粘聚合物如聚乙烯、聚丙烯、聚四氟乙烯等，就一般不必使用隔离剂。

隔离纸是在一般的纸品上涂上一层有机硅隔离剂而成的。

除了上述这些部分外，压敏胶的关键是其涂布于基材上的胶黏剂，表 4-8 是压敏胶胶黏剂的一般组成。

表 4-8　压敏胶胶黏剂的组成

组成成分	质量分数/%	组成成分	质量分数/%
基料：橡胶或树脂	15～60	硫化剂	0～2
增黏剂：松香、萜烯树脂	0～50	防老剂	0～1
增塑剂：环烷油、邻苯二甲酸酯类	0～20	溶剂：汽油、甲苯、醋酸乙酯	适量
填料：氧化锌、二氧化硅等	0～40		

4.5.6.3　压敏胶的黏附性能

一般的胶黏剂不论是固体还是液体的，涂布时都呈液态，只有固化后才能具有实际强度。而压敏胶是处于半固态，与被粘物接触后，只要施加一定的压力，就会湿润被粘表面并将被粘物粘牢，产生实用的粘接强度。压敏胶的这种对压力敏感的粘接性能是它的最基本性能，也是其区别于其他胶黏剂的显著标志。

表征压敏胶粘接性能的指标有四种粘接力：初黏力 T（tack）、黏合力 A（adhesion）、内聚力 C（cohesion）和黏基力 K（keying），见图 4-2。

性能良好的压敏胶必须满足 $T<A<C<K$ 的平衡关系。初黏力 T 又称快黏力，是指当压敏胶黏制品和被粘物以很轻的压力接触后立即快速分离所表现出来的抗分离能力。一般即所谓用手指轻轻接触

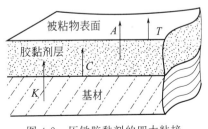

图 4-2　压敏胶黏剂的四大粘接性能示意

胶黏剂面时显示出来的手感黏力。

黏合力 A 又称剥离力，是指用适当的压力和时间进行粘贴后压敏胶黏制品和被粘表面之间所表现出来的抵抗界面分离的能力。

黏基力 K 是指胶黏剂与基材，或胶黏剂与底涂剂及底涂剂与基材之间的粘接力。

内聚力 C 是指胶黏剂层本身的强度，一般用胶黏制品粘贴后抵抗剪切蠕变的能力即持黏力来表示。

这几种粘接性能之间如满足上述 $T<A<C<K$ 那样的关系，胶黏制品就不但具备了对压力敏感的粘接特性，而且还能满足应用的基本要求。否则，就会产生种种质量问题。例如，若 $T>A$，就没有对压力的敏感性能，若 $A>C$，则揭除胶黏制品时就会出现胶层破坏，导致胶黏剂玷污被粘表面、拉丝或黏背等弊病；若 $C>K$，就会产生脱胶（胶层脱离基材）的现象。

可见，压敏胶黏剂的上述四大粘接性能及其相互之间的关系，就是它们的基本性能。在研究和制备压敏胶黏剂及其胶黏制品时，首先必须满足这些性能要求。当然，其他性能要求，如胶黏制品的机械强度、电绝缘性能、柔韧性（以上主要决定于基材）以及耐热、耐腐蚀、耐介质和大气老化（以上主要决定于胶黏剂）等，在选择基材和胶黏剂配方时也是必须考虑的。

表 4-9～表 4-11 是一些典型压敏胶的配方。

表 4-9　医用氧化锌橡皮胶配方

医用氧化锌橡皮胶	组分	天然橡胶	酯化松香	氧化锌	防老剂	羊毛脂	甲苯-汽油溶剂
	质量份	100	75	50	1.5	5	适量

表 4-10　电绝缘胶黏带配方

电绝缘胶黏带	组分	丁苯橡胶	氧化锌	颜料	酚醛树脂	酯化松香	白蜡油	树脂
	质量份	100	5	0.3	12	40	25	40

表 4-11　通用型胶带配方

通用型胶带	组　分	丙烯酸辛酯	醋酸乙烯	丙烯酸	N-羟甲基丙烯酰胺
	质量份	75	20	4	1

当今社会，网络购物、快递外卖的快速发展推动了压敏胶的应用和发展。近年来，压敏胶在包装等领域的大量使用，不可避免地产生了大量的压敏胶废弃物，造成了不容忽视的环境问题。除上述传统的压敏胶外，可生物降解的压敏胶、无溶剂的辐射固化压敏胶的研发和使用将缓解目前的环保现状。

4.6　其他胶黏剂

除上述各种胶黏剂外，其他还有导电胶、导磁胶、导热胶、密封胶、光学功能胶、医用胶、点焊胶黏剂（先涂胶后点焊、先点焊后施胶）、应变胶黏剂（制作应变片基底用的基底胶和粘贴应变片用的贴片胶）、发泡胶黏剂（胶黏剂升温固化过程中能自动发泡，引起体积膨胀，充满所处部件的不规则空间，使它们粘接在一起，形成一个完整的受力体系）等。

用于导电粘接的胶黏剂称为导电胶黏剂，固化或干燥后具有一定的导电性能和良好的粘接性能，使被黏材料之间形成电的通路。导电胶黏剂分为无机导电胶和有机导电胶，按导电材料不同又可分为金系、银系、铜系、镍系、碳系导电胶。导电胶黏剂由黏料、导电填料、增韧剂、固化剂、偶联剂、溶剂等组成。黏料主要有环氧树脂、酚醛树脂、丙烯酸树脂、有机硅树脂、不饱和聚酯树脂等。导电填料主要有金粉、银粉、铜粉、镍粉、锆粉、石墨粉等。表 4-12 是两种导电胶的配方组成。

表 4-12　导电胶的配方组成

型　　号	组成（质量份）			
SY-11	E-51 环氧树脂(100)	三乙醇胺(10～15)	银粉(200～265)	
301 导电胶	301 酚醛树脂(1)	聚乙烯醇缩丁醛(0.5)	电解银粉(37.5)	乙醇(47.5)

导磁胶就是在普通胶黏剂中加入磁性填料羰基铁粉等，使固化后的胶层有磁性，主要用于磁性元件的粘接与密封。

在环氧树脂和有机硅树脂等黏料中加入不同种类、不同数量的金属粉和其他导热填料，可制得性能不同的导热胶。

能在医疗领域使用的胶黏剂通称为医用胶黏剂，包括粘接人体组织、医疗器械、包装用品以及医疗辅助用的胶黏剂。

直接用于人体的医用胶黏剂主要是用于粘接脏器、肌肉、神经、黏膜、血管、皮肤等的软组织胶黏剂，如 α-氰基丙烯酸酯胶和纤维蛋白胶、压敏胶。另一类是粘接和固定骨头、牙齿等硬组织的胶黏剂，如骨水泥、甲基丙烯酸甲酯、丙烯酸酯类黏固粉等。

医用胶要对人体组织的粘连性和相容性好，能在有水和组织液的条件下进行粘接，并能在室温和常压下快速固化，固化后的胶膜应富有挠曲性和弹性。医用胶应是单组分液态，不含非水溶剂，无毒、无三致（致突变、致畸、致癌变）性，可被组织吸收，不作为异物留在体内。

水下胶黏剂可在潮湿界面和水下环境进行粘接。水下胶黏剂具有一定的表面活性作用，能将被粘物表面的水分子置换或混溶，能在水下对被粘表面良好润湿。胶黏剂遇水后保持稳定，不被水破坏，不与水混溶，可在水下条件完全固化，且能耐水浸泡。水下胶黏剂类型和应用主要有：环氧树脂型、聚氨酯型、不饱和聚酯型、α-氰基丙烯酸酯型。以环氧树脂型为多，与一般环氧树脂胶不同之处是使用了水下固化剂和吸水性填料（氧化钙、石膏粉等）。主要用于水坝、水管、潮湿环境、船、地下建筑等的粘接、修补、堵漏。

光刻胶是集成电路制造的核心材料，由感光树脂、增感剂、溶剂和其他添加剂组成。光刻胶涂在硅片表面干燥成胶膜，被紫外光曝光后，在显影溶液中的溶解度会发生变化，从而在硅片表面刻蚀所需的电路图形。根据其化学反应机理和显影原理，可分负性胶和正性胶两类。光照后形成不可溶物质的是负性胶；反之，对某些溶剂是不可溶的，经光照后变成可溶物质的即为正性胶。

性能优良的光刻胶要求其使用过程中具有良好的分辨率、高对比度、高敏感度（光刻胶上产生一个良好的图形所需一定波长光的最小能量值或最小曝光量），其黏滞性黏度（光刻胶流动性）、黏附性（光刻胶黏着于衬底的强度）、抗蚀性、表面张力应合适。

光刻胶一般分为光聚合型、光分解型、光交联型和含硅光刻胶四种。光聚合型采用烯类单体，在光作用下生成自由基，自由基再进一步引发单体聚合，最后生成聚合物，具有形成正像的特点。光分解型采用含有叠氮醌类化合物的材料，经光照后，会发生光分解反应，由油溶性变为水溶性，可以制成正性胶。光交联型采用聚乙烯醇月桂酸酯等作为光敏材料，在光的作用下，其分子中的双键被打开，并使链与链之间发生交联，形成一种不溶性的网状结构，起到抗蚀作用，这是一种典型的负性光刻胶。

按曝光波长，光刻胶又可分为 G-line、I-line、KrF、ArF&ArFi、EUV 光刻胶。

光刻胶显影示意见图 4-3。为了避免光刻胶线条的倒塌，线宽越小的光刻工艺，就要求光刻胶的厚度越薄，对光刻胶的性能要求也越高。光刻胶的性能和光刻技术决定了电子元件在芯片上的集成度，光刻胶是集成电路制造的核心材料，光刻胶的质量直接影响集成电路的成本、良率及性能。先进的光刻胶一直是国外对中国禁运的关键技术之一。

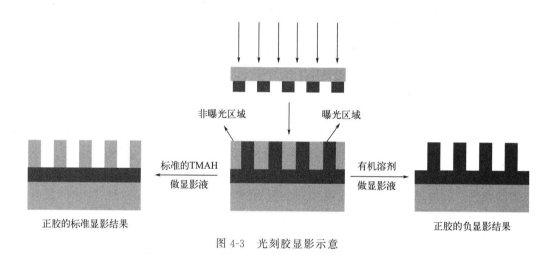

图 4-3　光刻胶显影示意

4.7　粘接的基本工艺

胶接是三大连接技术（机械连接、焊接、胶接）之一，如何选择胶黏剂、进行正确的接头设计、做好表面处理工作以及施胶和掌握粘接条件是实施良好胶接的关键因素。

（1）胶黏剂的选择原则

胶黏剂的种类繁多，各有其适用的范围，在胶接之前，正确地选择合适胶黏剂是保证良好胶接的关键。一般应考虑被粘接物的性质（如材质，是同材料还是不同材料间实施胶接等）、被粘接物应用的场合及受力情况、粘接过程有关特殊要求、粘接效率及成本，但对于如何选用胶黏剂还缺乏系统的理论方法和完整的数据资料，主要还是要靠知识和经验的积累。现就粘接剂的选用的一些基本原则做简单阐述。

① 了解被黏结物质的性质。根据材料的具体特性去选择合适的胶黏剂。金属及合金材料极性大、表面致密、强度高，一般都用于受力结构，应选用强度较高的胶黏剂，如环氧树脂类。热固性塑料用性能相近的热固性胶黏剂粘接效果好，聚苯乙烯、聚氯乙烯、ABS、聚

碳酸酯（PC）、尼龙可选用室温固化胶黏剂、热熔胶等，橡胶类材料是弹性体，应选用橡胶性或韧性胶黏剂。表 4-13 列出了各种材料常用的胶黏剂。

表 4-13　各种材料常用的胶黏剂

材料名称	常 用 胶 黏 剂
钢铁	环氧改性胶、无机胶、丙烯酸酯胶
铝及合金	环氧改性胶、丙烯酸酯胶、聚氨酯胶、酚醛-丁腈胶
不锈钢	环氧-聚酰胺胶、环氧-丁腈胶、聚氨酯胶、聚苯硫醚胶
铁及合金	环氧-聚酰胺胶、酚醛-缩醛胶、快固丙烯酸酯胶
玻璃钢	环氧胶、酚醛-缩醛胶、快固丙烯酸酯胶
有机玻璃	α-氰基丙烯酸酯胶、聚氨酯胶、快固丙烯酸酯胶
聚苯乙烯	α-氰基丙烯酸酯胶
ABS	α-氰基丙烯酸酯胶、快固丙烯酸酯胶、聚氨酯胶、不饱和聚酯胶
硬聚氯乙烯	过氯乙烯胶、酚醛-氯丁胶、快固丙烯酸酯胶
软聚氯乙烯	聚氨酯胶、快固丙烯酸酯胶、PVC 胶
聚碳酸酯	α-氰基丙烯酸酯胶、聚氨酯胶、快固丙烯酸酯胶
天然橡胶	天然橡胶胶黏剂、氯丁胶、聚氨酯胶、SBS 胶
氯丁橡胶	氯丁胶、丁腈胶
丁腈橡胶	丁腈胶
丁苯橡胶	氯丁橡胶、聚氨酯胶、SBS 胶
木材	白乳胶、脲醛胶、酚醛胶、丙烯酸酯乳液胶、SBS 胶
纸张	聚乙烯醇胶、聚乙烯醇缩醛胶、白乳胶、热熔胶
皮革	氯丁胶、聚氨酯胶、热熔胶、SBS 胶
陶瓷	环氧胶
玻璃	环氧-聚酰胺胶、不饱和聚酯胶、厌氧胶

② 清楚胶黏剂的性能。

③ 选用的胶黏剂的表面张力要低于被粘物的表面能。

④ 明确粘接的用途与目的。受力的选用结构胶，如环氧胶类；机械零部件紧固防松，用厌氧胶；快速定位用瞬干胶；高温用无机胶；光学玻璃粘接用光敏胶等。

⑤ 考虑使用条件。

⑥ 可操作性。如对于耐热性差的部件粘接，不选用高温固化胶，连续生产的流水线上，选用快干胶等。

⑦ 成本和来源。保证性能的前提下，选用低价、易得胶黏剂。

⑧ 选择污染低、环境友好的胶黏剂。

（2）胶接接头设计

避免应力集中，受力最好在胶接强度最大的方向上，合理增加胶接面积，保持胶层厚度一致，防止层间剥离。

（3）表面处理

更新表面、适量增加粗糙度、改变表面的物化性质，可有效提高粘接的强度和牢度。对被粘物表面进行处理可分为物理法（打磨、喷砂、机械加工、电晕处理等）和化学法（溶剂清洗，酸、碱或无机盐溶液处理，阳极化处理等）。

4.8 胶黏剂的环保问题和发展趋势

　　胶黏剂行业的迅速发展，为我们带来了种种便利，粘接技术在日常生活、现代经济、国防、高新技术发展中发挥着越来越重大的作用，但同时也为我们带来了新的环境污染问题。通常人们广泛重视的是胶黏剂的功能和应用，而忽视了胶黏剂生产使用过程中带来的环保问题。人类社会进入21世纪，科学技术的高速发展、人口的高度集中、环境的日益恶化已严重影响甚至制约了经济和社会的发展。其中环境污染问题已引起高度重视，提出了绿色化工、环境友好、零排放的环保新概念。保护环境、可持续发展已成为人类的共识。在胶黏剂行业，胶黏剂的生产和使用过程中尽量减少甚至不产生对人体、环境有害的物质，发展环境友好型胶黏剂，应成为21世纪胶黏剂行业的发展方向。

(1) 胶黏剂的环保问题

　　传统胶黏剂中存在很多挥发性有机物（VOC），如胶黏剂中使用的有机溶剂苯、溶剂汽油、醇等，胶黏剂主体材料中聚合不完全的游离化合物，如酚醛、脲醛、三聚氰胺胶黏剂中的游离甲醛、苯酚，还有氨水、苯乙烯、多异氰酸酯、二氧化硫等，这些挥发性有机物（VOC）排放到大气中，对环境会造成污染，影响人类健康，有的甚至有致癌、致畸性，卤代烃还会破坏大气臭氧层。

　　热固性胶黏剂大多要使用固化剂，这些固化剂多是有毒的有机胺。研究也发现增塑剂邻苯二甲酸二丁酯等对人体健康有害。胶黏剂中使用的填料有些也会造成危害，如石棉粉、重金属、颜料。一些有毒有害的助剂如橡胶防老剂也被确认为有较大毒性甚至致癌性。

　　与人们日常生活密切相关的胶黏剂使用标准日趋严格和完善，如《室内装饰装修材料人造板及其制品中甲醛释放限量》（GB 18580—2017）、《食品安全国家标准　食品接触材料及制品用添加剂使用标准》（GB 9685—2016）等。为了减少胶黏剂生产和使用过程对环境和人体健康的影响，保护环境，制定了标准《环境标志产品技术要求　胶黏剂》（HJ 2541—2016），明确生产过程中不添加苯、甲苯、二甲苯、乙苯、卤代烃、有机锡、镉、铅等有害物质，对木材加工用胶黏剂、水基型包装胶黏剂、鞋和箱包用胶黏剂、建筑用胶黏剂、地毯用胶黏剂、书刊装订用胶黏剂中苯、甲醛、卤代烃、总VOC等有害物质的种类和限量都有了要求。

(2) 胶黏剂发展趋势

　　发展环境友好型胶黏剂、采用先进的清洁生产工艺、研发新型高功能胶黏材料是今后胶黏剂发展的趋势。

　　胶黏剂水性化、无溶剂化可以减少胶黏剂生产、使用过程中VOC的释放。以水为溶剂或水分散的水基胶黏剂替代溶剂型胶黏剂可有效减少胶黏剂使用过程中有机溶剂挥发造成的危害。厌氧胶、光固化胶、无溶剂聚氨酯胶等无溶剂胶黏剂在涂胶固化的过程中无异味、无刺激性，对环境和人体危害小，也是今后胶黏剂发展的趋势之一。热熔胶、热熔压敏胶、水溶粉状胶、反应型固体胶棒等固体化的胶黏剂在使用过程中无挥发物散发，能有效降低环境的污染。选用低毒、无毒的溶剂、助剂、基料、填料也是胶黏剂今后发展的方向。

● 习 题

4-1 胶黏剂主要由哪些成分组成？

4-2 书籍装订常用什么胶黏剂？

4-3 有机玻璃的粘接可选用哪类丙烯酸酯胶黏剂？

4-4 要完成瞬间的固化粘接宜选用哪种胶黏剂？

4-5 哪种有机聚合物胶黏剂耐高温性能好？

4-6 酚醛树脂胶黏剂涂胶时有哪些注意事项？

4-7 胶合板的生产一般使用哪种胶黏剂？

4-8 环氧树脂胶黏剂所用的固化剂有哪些？

4-9 氯丁橡胶的硫化剂是硫黄吗？为什么？

4-10 厌氧胶能用金属容器储存吗？为什么？

4-11 压敏胶的粘接力越大越好吗？

4-12 撕掉商品上的价格标签时，标签纸剥离，在商品表面残留不易去除的胶层，是什么原因？

4-13 家具加工时，可用模塑造型胶经蒸汽焗软后用于装饰品的造型，并在木板表面粘牢，干固后不再需要机械连接。这种胶是什么类型的胶黏剂？

4-14 对被黏物表面进行打磨处理，能提高粘接强度和牢度，为什么？

4-15 热固性胶黏剂一定是双组分胶黏剂吗？

4-16 光学材料的粘接可用哪类胶黏剂？

4-17 多孔材料能用厌氧胶粘接吗？

4-18 胶黏剂中哪些成分会对环境造成污染？

4-19 环境友好的胶黏剂的特点是什么？

4-20 "热塑性胶黏剂的耐热性比热固性胶黏剂差"的说法是否正确？为什么？

4-21 "无机胶黏剂的使用温度高于有机胶黏剂"的说法是否正确？为什么？

4-22 简述室内装饰装修材料用胶黏剂选用注意事项。

4-23 "天然胶黏剂比有机合成胶黏剂更环保安全"的说法是否正确？为什么？

4-24 用于航空航天领域的耐热胶黏剂可选用 _____。

    A. 环氧树脂胶黏剂   B. 聚氨酯树脂胶黏剂

    C. 氰基丙烯酸酯胶黏剂   D. 杂环高分子胶黏剂

4-25 金属螺丝的紧固防松动可用什么胶黏剂？

第5章

涂　料

5.1　概述

涂料是指用特定的施工方法涂覆到物体表面后、经固化在物体表面形成有一定强度的连续保护膜，或者形成具有某种特殊功能涂膜的一种精细化工产品。涂料的应用十分广泛，家居内墙涂饰、外墙保护、家具装饰、桥梁保护、汽车面饰、船舶的涂装、玩具的装饰、武器的伪装、金属部件的防锈防腐等，不论是日常生活、国民经济建设还是国防建设等方面都能见到涂料的身影。2020年，中国涂料行业规模以上企业1968家，全年总产量达到2459.1万吨。中国已成为世界涂料生产和消费大国，以合成树脂涂料占主导地位，形成了醇酸、丙烯酸、乙烯、环氧、聚氨酯树脂涂料为主体的系列产品。

5.1.1　涂料的作用

涂料是涂覆在被涂物体表面，通过形成涂膜而起作用，涂料的作用主要有以下几个方面。

（1）保护作用

物体暴露在大气中，受到水分、气体、微生物、紫外线等的作用，会逐渐发生腐蚀，如金属氧化锈蚀、木材虫蛀腐烂、水泥风化、塑料老化等，从而逐渐丧失其原有性能，使用寿命降低。在物体表面涂覆涂料后，涂料在物体表面形成干燥固化的薄膜，使水分、空气中的氧等腐蚀性介质不能直接作用于物体，可有效防止或避免腐蚀的发生，从而有效延长物体的使用寿命。如金属材料在海洋、大气和各种工业气体中的腐蚀极为严重，一座钢铁结构的桥梁，不用涂料加以保护，只能有几年的寿命，若使用合适的涂料保护并维修得当，寿命可达百年以上。工业生产中使用的各种管道、储罐、塔、釜等各种设备也要通过使用各种涂料加以保护。当涂料本身老化失效时，我们还可以定期刮除旧的涂层，涂布新涂层以达到长期保护的目的。物体表面形成的涂层，还可以增加物体的表面硬度，提高其耐磨性。如耐划伤汽车涂料、手机涂料等可以有效保护汽车、手机表面。

（2）装饰作用

在涂料中加入不同的颜料，可使涂膜具有各种颜色，增加物体表面的色彩和光泽，还可以修饰和平整物体表面的粗糙和缺陷，改善外观质量，提高商品价值。

火车、汽车等交通工具，房屋建筑，家具，日用品，玩具等因为使用了不同色彩的涂料装饰，才让我们周围的世界如此色彩缤纷、绚丽多彩。

（3）标志作用

涂料可作色彩广告标志，利用不同色彩来表示警告、危险、安全、前进、停止等信号。各种危险品、化工管道、机械设备等涂上不同颜色的涂料后，容易识别、便于准确操作，如氧气钢瓶为天蓝色瓶身上黑字，氢气钢瓶则是深绿色瓶身上红字，空气钢瓶是黑色瓶身上白字，工厂的输水管为绿色，蒸汽管线为红色等；公路划线、铁道标志等也需要不同色彩的涂料以保证安全行车；在各种容器、机械设备及办公设备外表涂上各种色彩的涂料可以调节人的心理情绪。有些涂料对外界条件还具有明显的响应性质，如温致变色、光致变色等，更可起到警示的作用。

（4）其他特殊作用

除了以上三种功能外，某些涂料还具有特殊功能。例如，阻燃涂料可以提高木材的耐火性；导电涂料可以赋予非导体材料以表面导电性和抗静电性；示温涂料可以根据物体温度的变化呈现不同的色彩；防污涂料可以防止海洋生物在船体表面的附着；隐身涂料可以减少飞机对雷达波的反射；阻尼涂料可以吸收声波或机械振动等交变波引起的振动或噪声，用于舰船可吸收声呐波，提高舰船的战斗力，用于机械减振可大幅度延长机械的寿命，用于礼堂、影院可减少噪声等；医院等公共场所使用抗菌涂料可提高安全性，减少交叉感染。防滑涂料的使用，可以改进物体表面的摩擦力，在车间、停车场、人行道等地面及船舶甲板等场所使用，可有效减少人员滑倒摔伤事故的发生。

5.1.2　涂料的组成

涂料一般由成膜物质、溶剂、颜料和助剂组成（除特别说明，本章中所列配方实例中的组分单位均为质量份）。

（1）成膜物质

成膜物质又称基料，是使涂料牢固附着在被涂物体表面上形成连续薄膜的主要物质，是构成涂料的基础，决定着涂料的基本性质。可以是天然油类、合成树脂，也可以是橡胶类弹性体。

用作成膜物质的天然油类一般是动植物油，以植物油为主。树脂有醇酸树脂、聚酯树脂、酚醛树脂、氨基树脂、环氧树脂、丙烯酸树脂、聚氨酯树脂、乙烯基树脂、纤维素类树脂等。橡胶主要是天然及合成橡胶等。由于不同的成膜物质有不同的化学结构，其化学物理性质和机械性能各异，有的耐候性好，有的耐溶剂性好或机械性能好，因此其应用范围也不同。

（2）溶剂

溶剂是挥发成分，包括有机溶剂和水。主要作用是使基料溶解或分散成为黏稠的液体，以便涂料的施工。在涂料的施工过程中和施工完毕后，这些有机溶剂和水挥发，使基料干燥成膜。溶剂的选用除考虑其对基料的相容性或分散性外，还需要注意其挥发性、毒性、价格等。一个涂料品种既可以使用单一溶剂，也可以使用混合溶剂。常将基料和挥发成分的混合物称为漆料。

（3）颜料

颜料为分散在漆料中的不溶的微细固体颗粒，分为着色颜料和体质颜料，主要用于着色、提供保护、装饰以及降低成本等方面。

（4）助剂

助剂在涂料配方中所占的份额较小，但却起着十分重要的作用。各种助剂对涂料的储存、施工、所形成膜层的性能都有着重要的作用，常见的助剂有以下八种。

① **流平剂**　流平剂的作用就是改善涂层的平整性，包括防缩孔、防橘皮及流挂等现象。不同类型的涂料和同一类型的涂料因成膜物质不同，其流平机理不一样，使用的流平剂的化学结构也不一样。好的流平剂应具有下面三种功能：

a. 降低涂料与底材之间的表面张力，使涂料对底材具有良好的润湿性；

b. 调整溶剂挥发速度，降低黏度，改善涂料的流动性，延长流平时间；

c. 在涂膜表面形成极薄的单分子层，以提供均匀的表面张力。

并不是所有的涂料都需要另外添加流平剂。溶剂型涂料成膜机理是靠溶剂的挥发，溶剂的沸点越高，其挥发速度越慢，流平时间就会延长，可通过选择合适沸点的溶剂来调整其挥发速度、延长流平时间来控制涂膜的平整度和致密性，这时高沸点的溶剂就是流平剂。如芳烃、酮类、酯类，一般是高沸点溶剂的混合物。

水溶性涂料的成膜机理与溶剂性涂料一样，是靠水或水/醇的挥发成膜，因此溶剂的挥发速度可通过高沸点的醇的使用或加水性增稠剂两种方法来控制，从而达到流平的目的。水分散涂料主要以乳胶涂料为主，因乳液成膜机制是乳胶粒子的堆积，增稠剂也起到了漆膜的流平作用。

粉末涂料是在静电喷涂后烘烤成膜的，其流平性主要决定于成膜物质对基材的润湿性，因此其流平剂的加入主要是提高成膜物质对基材的润湿性。粉末涂料常用的流平剂有两类，一类是高级丙烯酸酯与低级丙烯酸酯的共聚物或它们的嵌段共聚物，另一类是环氧化豆油和氢化松香醇。

② **增稠剂**　涂料中加入增稠剂后，黏度增加，形成触变型流体或分散体，从而达到防止涂料在储存过程中已分散颗粒（如颜料）的聚集、沉淀，防止涂装时的流挂现象发生。增稠剂在溶剂型涂料中称为触变剂，在水性涂料中则称为增稠剂。制备乳胶涂料，增稠剂的加入可控制水的挥发速度，延长成膜时间，从而达到涂膜流平的功能。

水性涂料使用的增稠剂主要有水溶性和水分散型高分子化合物。早期水性涂料使用的增稠剂多为天然高分子改性物，如树胶类、淀粉类、蛋白类及羧甲基纤维素钠，存在易腐败、霉变及在水的作用下降解而失去增稠效果等缺点，因此现在已很少使用。目前常用的是增稠效率高、不霉变、不降解的合成高分子型增稠剂，具有用量少、增稠效果好、不影响涂料的其他性能的优点。合成高分子增稠剂主要有水溶性的聚丙烯酸钠、聚甲基丙烯酸钠、聚醚等。

③ **表面活性剂**　水性涂料中一般要使用合适的表面活性剂提高颜料的分散效果，有时表面活性剂还可增加不同组分的相容性。在水性涂料中常用的表面活性剂主要为烷基酚聚氧乙烯醚类非离子表面活性剂。

④ **颜料分散剂**　颜料分散剂也称润湿分散剂，常用的颜料分散剂主要有无机类、表面活性剂类和高分子类，效果较好的是高分子类。无机类主要有聚磷酸钠（焦磷酸钠、磷酸三钠、磷酸四钠、六偏磷酸钠等）、硅酸盐（偏硅酸钠、二硅酸钠）。表面活性剂类包括阳离子型、非离子型和阴离子型表面活性剂，最常用的阴离子型表面活性剂有烷基硫酸钠、油酸钠，阳离子型表面活性剂有烷基季铵盐等，主要用于非水分散的涂料中。非离子型表面活性剂有脂肪醇聚氧乙烯醚、烷基酚聚氧乙烯醚等，主要用于水溶性涂料，目的是降低表面张

力、提高颜料的润湿性。两性表面活性剂主要有大豆卵磷脂，很早就在溶剂型涂料中应用。高分子类包括天然高分子，主要用于溶剂型涂料；合成高分子，有聚羧酸盐、聚丙烯酸盐、聚甲基丙烯酸盐、顺丁烯二酸酐-异丁烯(苯乙烯)共聚物、聚乙烯吡咯烷酮、聚醚衍生物等。

⑤ **增塑剂** 增塑剂可改善涂膜的柔韧性，降低成膜温度。常用增塑剂为邻苯二甲酸二丁酯。

⑥ **催干剂** 催干剂又称干燥剂，是能加速漆膜氧化、聚合交联、干燥的有机金属皂化合物。与固化剂不同，催干剂不参与成膜。催干剂主要用于油性漆，油性漆中的桐油或亚麻油等成膜物质，其分子结构中含有不饱和双键，遇空气中的氧，开始氧化，双键打开形成自由基，然后与其他双键进行交联固化，干燥和固化是同时进行的。油性漆使用如环烷酸锰、钴、铅、锌类催干剂，可以加快氧打开双键的速度，使固化速度加快，干燥时间缩短。

⑦ **固化剂** 固化剂亦称交联剂或架桥剂，其作用是使线形树脂发生交联反应，从而提高漆膜的耐热性、耐水性、耐溶剂性、耐打磨性等。如环氧树脂涂料需有机胺类固化剂才能形成稳定的涂膜。

⑧ **稳定剂** 稳定剂一般是能吸收紫外线的化合物，改善漆膜的耐老化性能。

另外，在涂料中根据需要还需加入的助剂有防腐剂、防霉剂、防潮剂、防冻剂、消泡剂等。

5.1.3 涂料的分类与命名

涂料种类繁多，可根据成膜物质、形态、用途、涂装方法等来分类。根据我国《涂料产品分类和命名》(GB 2705—2003)国家标准，主要是以涂料产品的用途为主线，并辅以成膜物质来分类。

① 根据用途分，涂料产品主要有建筑涂料、工业涂料和通用涂料。建筑涂料又可分为墙面涂料、防水涂料、地坪涂料和功能性建筑涂料。工业涂料主要包括汽车涂料，木器涂料，铁路、公路涂料，轻工涂料，船舶涂料，防腐涂料和其他专用工业涂料。上述两类涂料没有覆盖的无明确特定应用领域的涂料归类为通用涂料。详见表 5-1。

表 5-1 涂料分类（按用途）

	产品类型	主要成膜物质
建筑涂料	墙面涂料 合成树脂乳液内墙涂料 合成树脂乳液外墙涂料 溶剂型外墙涂料 其他墙面涂料	丙烯酸酯类及其改性共聚乳液，醋酸乙烯及其改性共聚乳液，聚氨酯、氟碳树脂等，无机黏合剂
	防水涂料 溶剂型树脂防水涂料 聚合物乳液防水涂料 其他防水涂料	EVA、丙烯酸酯类乳液，聚氨酯、沥青、PVC 胶泥(或油膏)、聚丁二烯等树脂等
	地坪涂料 水泥基等非木质地面涂料	聚氨酯、环氧树脂等
	功能性建筑涂料 防火涂料 防霉(藻)涂料 保温隔热涂料 其他功能性建筑涂料	聚氨酯、环氧树脂、丙烯酸酯类、乙烯类、氟碳树脂等

产　品　类　型		主要成膜物质
工业涂料	汽车涂料	汽车底漆（电泳漆） 汽车中途漆 汽车面漆 汽车罩光漆 汽车修补漆 其他汽车专用漆
		丙烯酸酯、聚酯、聚氨酯、醇酸树脂、环氧树脂、氨基树脂、硝基树脂、PVC 等
	木器涂料	溶剂型木器涂料 水性木器涂料 光固化木器涂料 其他木器涂料	聚酯、聚氨酯、丙烯酸酯类、醇酸树脂、氨基树脂、硝基树脂、酚醛树脂、虫胶等
	铁路、公路涂料	铁路车辆涂料 道路标志涂料 其他铁路、公路设施用涂料	丙烯酸酯类、聚氨酯、环氧树脂醇酸树脂、乙烯类树脂等
	轻工涂料	自行车涂料 家用电器涂料 仪器仪表涂料 塑料涂料 纸张涂料 其他轻工专用涂料	聚氨酯、聚酯、醇酸树脂、丙烯酸酯类、环氧树脂、酚醛树脂、氨基树脂、乙烯类树脂等
	船舶涂料	船壳及上层建筑物漆 船底防锈漆 船底防污漆 水线漆 甲板漆 其他船舶漆	聚氨酯、醇酸树脂、丙烯酸酯类、环氧树脂、乙烯类树脂、酚醛树脂、氯化橡胶、沥青等树脂等
	防腐涂料	桥梁涂料 集装箱涂料 专用埋地管道及设施涂料 耐高温涂料 其他防腐涂料	聚氨酯、丙烯酸酯类、环氧树脂、醇酸树脂、酚醛树脂、氯化橡胶、乙烯类、沥青、有机硅、氟碳树脂等
	其他专用工业涂料	卷材涂料 绝缘涂料 机床、农机、工程机械用涂料 航空、航天涂料 军用器械涂料 电子元器件涂料 其他专用涂料	聚酯、聚氨酯、环氧树脂、丙烯酸酯类、醇酸树脂、酚醛树脂、氨基树脂、乙烯类树脂、有机硅、氟碳、硝基树脂等
通用涂料	调合漆 清漆 磁漆 底漆 腻子		改性油脂、天然树脂、酚醛、沥青、醇酸树脂等

② 根据主要成膜物质分类，详见表 5-2。

表 5-2　涂料分类（按成膜物质）

主要成膜物质		主要产品类型
油脂漆类	天然动植物油、合成油等	清油、厚漆、调合漆、防锈漆、其他油脂漆
天然树脂漆类	松香、虫胶、乳酪素、动物胶及其衍生物等	清漆、调合漆、磁漆、底漆、绝缘漆、生漆、其他天然树脂漆
酚醛树脂漆类	酚醛树脂、改性酚醛树脂等	清漆、调合漆、磁漆、底漆、绝缘漆、防锈漆、耐热漆、黑板漆、防腐漆、其他酚醛树脂漆
沥青漆类	天然沥青、(煤)焦油沥青、石油沥青等	清漆、磁漆、底漆、绝缘漆、防污漆、船舶漆、耐酸漆、防腐漆、锅炉漆、其他沥青漆
醇酸树脂漆类	甘油醇酸树脂、季戊四醇醇酸树脂、其他醇类的醇酸树脂、改性醇酸树脂等	清漆、调合漆、磁漆、底漆、绝缘漆、船舶漆、防锈漆、汽车漆、木器漆、其他醇酸树脂漆
氨基树脂漆类	三聚氰胺甲醛树脂、脲(甲)醛树脂及其改性树脂等	清漆、磁漆、绝缘漆、美术漆、闪光漆、汽车漆、其他氨基树脂漆
硝基漆类	硝基纤维素(酯)等	清漆、磁漆、铅笔漆、木器漆、汽车修补漆、其他硝基漆
过氯乙烯树脂漆类	过氯乙烯树脂等	清漆、磁漆、机床漆、防腐漆、可剥漆、胶液、其他过氯乙烯树脂漆
烯类树脂漆类	聚二乙烯乙炔树脂、聚多烯树脂、氯乙烯醋酸乙烯共聚物、聚乙烯醇缩醛树脂、聚苯乙烯树脂、含氟树脂、氯化聚丙烯树脂、石油树脂	聚乙烯醇缩醛树脂漆、氯化聚烯烃树脂漆、其他烯类树脂漆
丙烯酸酯类树脂漆类	热塑性丙烯酸酯类树脂、热固性丙烯酸酯类树脂等	清漆、透明漆、磁漆、汽车漆、工程机械漆、摩托车漆、家电漆、塑料漆、标志漆、电泳漆、乳胶漆、木器漆、汽车修补漆、粉末涂料、船舶漆、绝缘漆、其他丙烯酸酯类树脂漆
聚酯树脂漆类	饱和聚酯树脂、不饱和聚酯树脂等	粉末涂料、卷材涂料、木器漆、防锈漆、绝缘漆、其他聚酯树脂漆
环氧树脂漆类	环氧树脂、环氧酯、改性环氧树脂等	底漆、电泳漆、光固化漆、船舶漆、绝缘漆、划线漆、罐头漆、粉末涂料、其他环氧树脂漆
聚氨酯树脂漆类	聚氨(基甲酸)酯树脂等	清漆、磁漆、木器漆、汽车漆、防腐漆、飞机蒙皮漆、车皮漆、船舶漆、绝缘漆、其他聚氨酯树脂漆
元素有机漆类	有机硅、氟碳树脂等	耐热漆、绝缘漆、电阻漆、防腐漆、其他元素有机漆

主要成膜物质		主要产品类型
橡胶漆类	氯化橡胶、环化橡胶、氯丁橡胶、氯化氯丁橡胶、丁苯橡胶、氯磺化聚乙烯橡胶等	清漆、磁漆、底漆、船舶漆、防腐漆、防火漆、划线漆、可剥漆、其他橡胶漆
其他成膜物质类涂料	无机高分子材料、聚酰亚胺树脂、二甲苯树脂等以上未包括的主要成膜材料	

③ 根据涂料或成膜物质的性状、形态来分类，例如溶液涂料、乳液涂料、粉末涂料、有光涂料、多彩涂料、双组分涂料、纳米涂料、水性涂料等。

④ 根据涂膜的特殊功能来分类，例如打底涂料、防锈涂料、防腐涂料、防污涂料、防霉涂料、耐热涂料、防火涂料、电绝缘涂料、荧光涂料等。

⑤ 根据涂装和固化方法来分类，例如刷涂涂料、电泳涂料、烘涂涂料、流态床涂装涂料、光固化涂料等。

还可以根据涂料中是否含有颜料等来进行分类。未添加颜料称为清漆，添加颜料则称为色漆。

涂料全名是由颜色或颜料名称加上成膜物质名称，再加上基本名称（特性或专业用途）而组成。不含颜料的清漆，则是由成膜物质名称加上基本名称而组成。

涂料中含有多种成膜物质时，一般选取起主要作用的那种成膜物质命名。如果用两种或三种成膜物质命名，则主要成膜物质在前，次要成膜物质在后，如红环氧硝基磁漆。

涂料的基本名称表示涂料的基本品种、特性和专业用途，例如清漆、磁漆、底漆、罐头漆、防火漆等，详见表 5-3。

表 5-3　涂料的基本名称

基本名称	基本名称	基本名称
清油	压载舱漆	卷材漆
清漆	化学品舱漆	光固化涂料
厚漆	车间（预涂）底漆	保温隔热涂料
调合漆	耐酸漆、耐碱漆	机床漆
磁漆	防腐漆	工程机械用漆
粉末涂料	防锈漆	农机用漆
底漆	铅笔漆	发电、输配电设备用漆
腻子	罐头漆	内墙涂料
大漆	木器漆	外墙涂料
电泳漆	家用电器涂料	防水涂料
乳胶漆	自行车涂料	地板漆、地坪漆

基本名称	基本名称	基本名称
水溶(性)漆	玩具涂料	锅炉漆
透明漆	塑料涂料	耐油漆
斑纹漆、裂纹漆、橘纹漆	(浸渍)绝缘漆	耐水漆
锤纹漆	(覆盖)绝缘漆	防火涂料
皱纹漆	抗弧(磁)漆、互感器漆	防霉(藻)涂料
金属漆、闪光漆	(黏合)绝缘漆	耐热(高温)涂料
防污漆	漆包线漆	示温涂料
水线漆	硅钢片漆	涂布漆
甲板漆、甲板防滑漆	电容器漆	桥梁漆、输电塔漆及其他(大型露天)钢结构漆
船壳漆	电阻漆、电位器漆	航空、航天用漆
船底防锈漆	半导体漆	烟囱漆
饮水舱漆	电缆漆	黑板漆
油舱漆	可剥漆	标志漆、路标漆、马路划线漆
汽车底漆、汽车中涂漆、汽车面漆、汽车罩光漆	集装箱漆	胶液
汽车修补漆	铁路车辆涂料	其他未列出的基本名称

在成膜物质和基本名称之间可插入能标明涂料用途和特性的词语，如白硝基球台磁漆。

如果涂料需要烘烤干燥，则在成膜物质和基本名称之间添加"烘干"二字，如铁红环氧聚酯酚醛烘干绝缘漆。涂料名称里如果没有"烘干"二字，标明该涂料可自然干燥。

如果是多组分涂料，需要在涂料名称后用括号注明，如聚氨酯木器漆（双组分）。

涂料的辅助材料有稀释剂、防潮剂、催干剂、脱漆剂、固化剂和其他辅助材料。

5.2 树脂涂料

5.2.1 油基树脂涂料

油基树脂涂料是一种历史悠久的涂料品种（即通常所称的"油漆"），涂料以 20％～40％干性植物油或半干性植物油配以油溶性树脂为主要成膜物，包括清油、油性厚漆、调合漆等。

油类分子通常含有双键，在干燥过程中受空气中氧的活化作用聚合成膜。根据干燥性能的差异，可分为以下几类：干性油（碘值＞150mg/g），如桐油、亚麻仁油、梓油（青油）、大麻油；半干性油（碘值为 100～150mg/g），如豆油、棉籽油；不干性油（碘值＜100mg/g），如蓖麻油、椰子油等。油脂漆中的植物油一般是干性油或半干性油。

油脂漆一般由植物油、树脂、颜料、填料、催干剂、溶剂几部分组成，实例如下：

Y00-7	
组分	质量份
桐油	100
环烷酸钴	0.25
环烷酸锰	0.50

白 Y02	
组分	质量份
氧化锌	24
锌钡白	16
群青	0.1
松香钙皂液	0.5
熟油	14.4
重体碳酸钙	45

空气中的氧与植物油中脂肪酸的双键反应干燥成膜。含共轭双键的脂肪酸油脂干燥的速度比含非共轭双键的油脂快得多。加入催干剂（如金属皂及环烷酸钴、锰、铅）后，干燥速度明显提高，非共轭双键的脂肪酸必须含三个双键以上才能在室温下干燥，而含两个双键的脂肪酸只有在烘烤温度下才有良好的干燥性能。无催干剂时，含非共轭双键的亚麻油干燥速度要 120h，含共轭双键的桐油则只需 48～72h，有催干剂存在时，亚麻油、桐油的干燥速度分别可缩短到 135min、75min。

油脂漆广泛用于建筑、维修和其他要求不高的涂装工程，具有价格便宜、使用方便、涂膜性能好、漆膜柔韧、耐候性优良、生产简单、施工方便等优点，对钢材和木材表面均有很好的润湿性，且对施工无特殊要求。但油脂漆也具有干燥缓慢，漆膜不能打磨抛光，水膨胀性大，光泽、硬度、耐碱性均不及树脂漆等缺点。油脂漆的生产工艺简单，将油脂、催干剂、溶剂混合，调漆再过滤包装即可得所需成品。

5.2.2 沥青涂料

沥青是一种黑色的硬质可塑性物质或无定形的黏稠物质，组成复杂，主要包括矿物油、树脂质、沥青质、沥青酸等。根据来源可分为天然沥青、石油沥青、焦油沥青。

沥青涂料主要由沥青，油类（亚麻聚合油等），树脂（松香酯等），催干剂（环烷酸锌、钴等），颜填料，溶剂（丁醇、松节油、二甲苯等）组成。下面是沥青耐酸涂料的配方（质量份）：

天然沥青	6.7	200 号油漆溶剂油	22.5
石油沥青	6.7	环烷酸钴	6
氧化铅	0.15	松香钙皂	4.2
亚麻聚合油	3.75	二甲苯	26
松香改性酚醛树脂	6.3		

沥青涂料有良好的耐水性和耐酸碱性，并具有良好的电气绝缘性，且来源丰富、生产工艺简单，所以生产成本低。但沥青涂料不耐强酸氧化剂、不耐有机溶剂，耐温性差。一般用作防腐涂料、金属保护涂料、电气绝缘涂料。橡胶改性的橡胶沥青涂料常用为防水涂料。

5.2.3 醇酸树脂涂料

1927年醇酸树脂的发明使涂料工业的发展有了新的突破，使涂料工业开始摆脱以干性油与天然树脂合并熬炼制漆的传统旧法而真正成为化学工业的一个部门。

(1) 醇酸树脂原料

合成醇酸树脂所用的基本原料是二元酸（酐）、多元醇、植物油或脂肪酸。表5-4列出了醇酸树脂合成用原料。

表5-4　醇酸树脂合成用原料

多元醇	二元酸	脂肪酸(单元酸)	植物油
甘油	邻苯二甲酸酐	植物油脂肪酸	桐油
季戊四醇	间苯二甲酸	合成脂肪酸	亚麻仁油
三羟甲基丙烷	对苯二甲酸	松香酸	梓油(青油)
乙二醇	顺丁烯二酸酐	十一烯酸	脱水蓖麻油
山梨醇	癸二酸	苯甲酸及其衍生物	豆油、棉籽油
木糖醇			蓖麻油、椰子油

(2) 醇酸树脂涂料的组成和分类

醇酸树脂由有机酸、多元醇、油类、颜料、溶剂组成。将一定油度的醇酸树脂与催干剂、颜料、填料、溶剂混合就可配制成所需的醇酸树脂涂料。醇酸树脂中所含油的品种和量都对醇酸树脂涂料的性能有影响。按油的品种可分为干性油醇酸树脂涂料和不干性油醇酸树脂涂料。按醇酸树脂中油的含量（油度）可分为短油度、中油度、长油度醇酸树脂涂料。油度计算公式如下：

$$含油量＝（油质量/树脂理论产量）×100\%$$

油度越高，涂膜表现出油的特性越多，比较柔韧耐久，漆膜富有弹性，适用于涂装室外用品。油度越短，涂膜表现出树脂的特性越多，比较硬而脆，光泽、保色、抗磨性能较好，易打磨，但不耐久，适用于室内用品的涂装。表5-5列出了不同油度的醇酸树脂涂料的用途。表5-6是一种长油度醇酸树脂的配方组成和对应的灰色长油度醇酸树脂桥梁面漆配方。

表5-5　不同油度的醇酸树脂涂料的用途

油度	油含量/%	用　　途
短	30～40	用于汽车、玩具、机器部件等作面漆
中	40～60	用于磁漆、底漆、金属装饰漆、建筑用漆、车辆用漆、家具用漆
长	60～70	用于钢铁结构涂料、户外建筑用漆

无油醇酸树脂涂料与氨基树脂合用可制造烘漆，漆膜光亮、保光保色性好，能耐高温烘烤（200℃），硬度比一般短油度醇酸氨基烘漆高一倍，还可保持相当的柔韧性，附着力好。无油醇酸烘干磁漆用于轿车、漆包线以及高级工业品方面，也可与硝基漆合用，制造高光泽、附着力好、外观漂亮的硝基磁漆。

氨基树脂是由多氨基官能团的原料与醛类（甲醛）反应，再以醇类改性制得的材料。氨基醇酸树脂涂料的涂膜脆性大，附着力差，一般不单独使用，通常与其他树脂并用，如前述与无油醇酸树脂合用制烘漆。

表 5-6 一种长油度醇酸树脂的配方组成和对应的灰色长油度醇酸树脂桥梁面漆配方（质量份）

醇酸树脂的配方					
组分	苯二甲酸酐	氧化铅	季戊四醇	亚麻油	松节油	200 号油漆溶剂油
含量	19.8	0.035	10.6	69.6	12.0	75

醇酸树脂涂料的配方														
组分	成膜物质	颜料					填料	催干剂					流平剂	溶剂
	醇酸树脂	铁红	黄丹	铁蓝	炭黑	中铬黄	钛白粉	环烷酸锰(3%)	环烷酸铅(12%)	环烷酸锌(3%)	环烷酸钴(3%)	环烷酸钙(2%)	硅油(1%)	二甲苯
含量	76	3.1	0.1	1.1	0.8	1.0	10.8	0.2	1.8	1.5	0.13	1.0	0.2	余量

（3）醇酸树脂涂料特点

醇酸树脂涂料具有干结成膜快、不易老化、耐候性好、漆膜柔韧坚牢、耐摩擦、抗醇类溶剂性能良好等优点。但缺点是完全干燥时间长、耐水性差、不耐碱。防湿热、霉菌和盐雾的三防性能上也还不能完全得到保证。

5.2.4 丙烯酸树脂涂料

丙烯酸树脂是由丙烯酸酯或甲基丙烯酸酯及它们和烯烃型单体（如丙烯腈、丙烯酰胺、醋酸乙烯、苯乙烯等）共聚的聚合物制成。可以以有机溶剂为溶剂制成热塑性和热固性涂料丙烯酸树脂。也可以作为乳液、水性涂料和粉末涂料的成膜物质。

这里先介绍溶剂型丙烯酸树脂涂料组成，乳液型丙烯酸树脂涂料在水性涂料部分介绍。

溶剂型丙烯酸树脂涂料由丙烯酸树脂、颜填料、增塑剂、溶剂等组成。丙烯酸树脂由甲基丙烯酸酯、甲基丙烯酸等单体在引发剂作用下聚合而成。丙烯酸树脂涂料用溶剂一般是醋酸丁酯，以甲苯、乙醇、丙酮等为助溶剂。表 5-7 是典型丙烯酸树脂清漆和磁漆的配方。

表 5-7 丙烯酸树脂清漆和磁漆配方

清 漆		磁 漆		清 漆		磁 漆	
组分	含量/%	组分	含量/%	组分	含量/%	组分	含量/%
丙烯酸树脂溶液	30.0	丙烯酸树脂溶液	8.0	醋酸丁酯	25.0	颜料	0.6
硝酸纤维素	21.4	过氯乙烯树脂	5.8	乙醇	7.6	醋酸丁酯	7.2
苯二甲酸二丁酯	3.0	苯二甲酸二丁酯	1.6	甲苯	10.0	丙酮	6.5
苯二甲酸二辛酯	3.0	钛白粉	8.0			甲苯	22.3

丙烯酸树脂具有优良的色泽，可制成透明度极好的水白色清漆和纯白磁漆。丙烯酸树脂涂料保光、保色、耐光、耐候性好，紫外线照射不分解或变黄，能长期保持原有色泽。丙烯酸树脂涂料耐热性好，也可耐一般酸、碱、醇和油脂。可制成中性涂料，调入铜粉、铝粉使之具有金银一样光耀夺目的色泽，不会变暗。丙烯酸树脂涂料可长期储存不变质。利用环氧树脂、有机硅、氟碳化合物、纳米复合材料等改性后的改性丙烯酸树脂涂料的耐候、耐热、耐冷、耐沾污、自洁净性能等方面都更优良。

5.2.5 环氧树脂涂料

环氧树脂涂料的成膜物质是环氧树脂，需要与固化剂或脂肪酸进行反应、交联而成为网状结构的大分子，从而显示出各种优良的性能。

环氧树脂涂料是合成树脂涂料的重要组成，种类很多。按施工方式可分为喷涂用涂料、辊涂用涂料、流涂用涂料、静电用涂料、电泳用涂料、粉末涂料和刷涂用涂料等。

按用途可分为建筑用、工业用和特种三种用途涂料。主要有建筑涂料、汽车涂料、舰船涂料、木器涂料、机器涂料、标志涂料、电器绝缘涂料、导电及半导电涂料、耐药品性涂料、防腐蚀涂料、耐热涂料、防火涂料、示温涂料、润滑涂料、烧蚀隔热涂料、食品罐头涂料和阻燃涂料等。

按固化方法不同又分为自干型涂料、烘烤型涂料、辐射固化涂料等。

根据所用固化剂种类不同又分胺固化型涂料、酸酐（或酸）固化型涂料和合成树脂固化型涂料等。

环氧树脂涂料可以是有机溶剂型涂料、水性（水乳化性和水溶性）涂料，也可以是粉末涂料。

表 5-8 是胺固化环氧树脂涂料的配方组成。

表 5-8　胺固化环氧树脂涂料配方（质量份）

组分 1（配方 1 为红丹防锈漆、配方 2 为白色磁漆）							
成分		环氧树脂(E-20)	红丹	硅藻土	滑石粉（325 目）	丁醇醚化三聚羟胺甲醛树脂(50%)	钛白粉	甲苯-丁醇（4∶1）
含量	配方 1	28.0	59.9	5.65	4.65	0.85		25.0
	配方 2	29.9			4.95	1.85	36.6	24.0
组分 2（固化剂）								
配方 1		己二胺:1.63,酒精:1.63			配方 2		己二胺:1.67,酒精:1.67	

环氧树脂涂料具有很好的耐化学药品性、保色性、附着力、绝缘性，环氧涂料的主要缺点是耐候性差（光老化性差）、耐水性差。环氧树脂中含有芳香醚键，漆膜经日光（紫外线）照射后易降解断链，所以户外耐候性较差，漆膜易失光变色，然后粉化，故不宜用作户外的面漆。另外该涂料是双组分，用前调配，在储存和使用上不方便。

5.2.6　聚氨酯涂料

聚氨酯涂料是聚氨基甲酸酯涂料的简称，但并不是由氨基甲酸酯单体聚合而成，而是由多异氰酸（主要是二异氰酸酯）与多元醇结合而成。常用的二异氰酸酯有甲苯二异氰酸酯（TDI）、己二异氰酸酯（HDI）、二异氰酸二甲苯酯（XDI）。在树脂的合成中常用的催化剂有甲基二乙醇胺、二甲基乙醇胺、N-甲基吗啉、丁基二月桂酸锡、环烷酸铅（锌、钴）、三丁（乙）基膦。聚氨酯涂料常用的溶剂是醋酸乙酯、醋酸丁酯、醋酸溶纤剂、二甲苯、环己酮。

聚氨酯涂料具有耐磨性强、装饰性好、附着力好、耐化学药品性好、耐高温、耐低温性好的特点，但生产成本高，施工时涂料中的游离异氰酸酯对人体有害。聚氨酯涂料主要用于木制家具、乐器、船舶甲板、飞机表面、化工设备的防腐涂料，以及油罐、油库、石油管道涂覆。聚氨酯改性的氨基丙烯酸烘烤清漆是汽车常用涂料。

5.2.7　聚酯涂料

聚酯树脂是一种很重要的合成树脂，由多元酸和多元醇缩聚而成。聚酯涂料分为饱和聚酯涂料和不饱和聚酯涂料两大类。

饱和聚酯树脂主要由饱和的二元酸和二元醇经缩聚而成，这种饱和聚酯树脂不含不饱和键，活性基团是羟基或羧基，加入固化剂氨基树脂或多异氰酸酯后，加热能交联固化成膜。它的涂膜外观、力学性能和耐久性很好，可制成溶剂型、高固体分型等涂料，广泛用于卷钢材料、轻工家电、家具等行业。

不饱和聚酯树脂主要由不饱和的二元酸和二元醇所生成的不饱和线型聚酯树脂，含有$C=C$双键。将常温固化的不饱和聚酯树脂溶于可共聚的单体中即制成不饱和聚酯涂料。这种聚酯树脂含有的双键与其他单体混合，在引发剂和促进剂作用下，常温固化成膜。不饱和聚酯涂料的涂膜外观平滑、光亮度和透明度好，耐化学药品性好、耐水性好、耐磨性好、无毒无污染，而且硬度高，强度大，主要用作高端木器家具底漆以及乐器漆。另外由于其室温固化，可常压下成型，工艺性能灵活，特别适用于大型和现场制造玻璃钢制品。如果在不饱和聚酯涂料中加入光敏物质，还可采用光敏固化。

5.2.8　酚醛涂料

酚醛涂料以酚醛树脂为成膜物质，主要成分有酚醛树脂、植物油、催干剂、颜料、填料、溶剂等。酚醛涂料的优点是漆膜光亮坚硬，耐水性及耐化学腐蚀性好。缺点是容易变黄，不宜制成浅色漆，耐候性不好。酚醛涂料主要用于防腐涂料、绝缘涂料，可用于一般金属、木材表面的涂饰。

5.2.9　橡胶涂料

橡胶涂料以天然橡胶和合成橡胶为成膜物质。天然橡胶很难直接用于涂料，需改性。主要组成橡胶有氯化橡胶、环化橡胶、氯丁橡胶、丁腈橡胶等。

下面是氯化橡胶公路划线涂料配方（%）：

氯化橡胶	10.0	甲乙酮	10
氯化石蜡	$3^{①}+6^{②}$	钛白粉	10
重体碳酸钙	10.0	陶土	10
重晶石粉	20.0	改性膨润土	0.5
环氧丙烷	0.5	甲苯	20

① 含氯48%的液体氯化石蜡。

② 含氯70%的固体氯化石蜡。

5.2.10　有机硅涂料

有机硅涂料以有机硅聚合物或有机硅改性聚合物为主要成膜物质。由于有机硅聚合物主链为$Si-O-Si$结构，键能大，具有有机和无机的双重性能，有优异的耐热阻燃性、绝缘性和良好的耐水性、耐候性、耐潮性。有机硅涂料无毒无味、生理惰性，主要用作耐热涂料、耐候涂料、电绝缘涂料。但有机硅涂料需高温固化，且固化时间长，力学性能差、附着力差、耐化学药品性差，成本较高。有机硅涂料多进行改性，常见的有有机硅改性树脂涂料、有机硅改性醇酸树脂涂料、有机硅改性聚酯树脂涂料、有机硅改性丙烯酸树脂涂料、有机硅改性环氧树脂涂料。

5.3 水性涂料

与传统的有机溶剂型涂料不同，水性涂料以水代替有机溶剂，具有无毒、对环境友好的优点，已经成为环保型涂料的主要品种，广泛用于建筑、汽车、桥梁、家具、金属铸造等行业。根据成膜物质是溶于水中还是分散在水中形成乳状液，水性涂料又分为水溶性涂料和水分散性涂料，后者以乳液涂料为主。

5.3.1 水溶性涂料

水溶性涂料主要由成膜物质、中和剂、助溶剂、固化剂、颜料、溶剂水组成。水溶性涂料的成膜物质是一些分子链上含亲水基团的树脂，通过中和剂二乙胺、乙醇胺、氨等的作用使其有良好的稳定性。醇类如乙醇、甲基溶纤素、二乙二醇甲醚等助溶剂的存在能提高树脂的水溶性。六甲氧基三聚氰胺等固化剂可使水溶性树脂干燥后变成水不溶性。根据需要水溶性涂料中可加入钛白粉、立德粉、铅铬黄、铁红、群青、炭黑、石墨等颜料。

按成膜物质不同，水溶性涂料可分为以下几类。

① **水溶性油** 不饱和油与不饱和酸（顺酐）反应。

② **水溶性环氧酯** 环氧树脂与不饱和脂肪酸酯化成环氧酯，再与不饱和羧酸或酸酐加成。引入羧基，最后中和成盐。

③ **水溶性醇酸树脂** 引入多元酸、多元醇和油类、中和剂、助溶剂可使醇酸树脂有较好的水溶性。

④ **水溶性聚酯树脂** 加大醇的用量提高水溶性。

⑤ **水溶性丙烯酸酯树脂** 加入带极性基团的丙烯酸系或丙烯酰胺系的单体共聚。

⑥ **水溶性酚醛树脂涂料** 使用合适碱性催化剂，降低酚醛树脂的缩聚度，使树脂分子上的羟甲基含量的增加来提高其水溶性。

⑦ **水溶性氨基树脂涂料** 聚合过程的羟甲基化和甲醚化获得较好的水溶性。

⑧ **水溶性聚氨酯涂料** 首先合成含亲水基团的预聚物，中和分散后进行扩链而得到稳定的水性聚氨酯分散体，就可制成水溶性的聚氨酯涂料。表5-9是水性环氧地坪涂料配方示例。

表 5-9 水性环氧地坪涂料配方

组分 1							
成分	水性固化剂	去离子水	颜填料	润湿分散剂	消泡剂	流平剂	增稠剂	色浆
含量/%	16.0～35.0	15.0～30	32.0～60.0	0.1～0.8	0.1～0.7	0.1～0.5	0.1～0.8	0～3.0

组分 2	
成分	分子量低的液态环氧树脂	活性稀释剂
含量/%	15.0	85.0

按用途分，水溶性涂料有水溶性建筑涂料和家具涂料、金属涂料、汽车涂料、塑料涂料等。按功能分，有水溶性防腐涂料、阻燃涂料、防锈涂料、耐温涂料、磁性涂料等。

水溶性涂料有自干型的，也有烘干型的，以电泳涂装为多，可以是阳极电泳和阴极电泳涂装。

水溶性涂料以水代替有机溶剂降低了成本，且涂料在施工和干燥固化过程中没有有机溶剂挥发，有利于环境保护和人身安全，在湿表面和潮湿环境中可直接涂覆施工。电泳涂装的涂膜均匀、平整，防护性能更好。由于涂料为水溶性，涂装工具可以用水清洗，减少了有机清洗溶剂的消耗，节约资源并减少了对环境的污染。但水溶性涂料也存在干燥时间长的缺点，对木材、纸张等材料的涂装易产生缺陷，涂膜中残留的亲水基团会降低涂膜的耐水性和耐腐蚀性，容易出现发霉等现象。涂料中添加的中和剂、助溶剂和固化剂也会对环境和人体造成危害。

5.3.2 乳液涂料

乳液涂料以水代替有机溶剂，以合成树脂代替油脂，树脂以细微颗粒的形式分散在水中。为了提高乳液涂料的稳定性和涂装性，要借助于一系列的助剂。乳液涂料的组成如下：

① 成膜物质，以丙烯酸树脂和聚乙烯树脂为主；
② 增塑剂，调节树脂的柔韧性和提高其耐低温性，主要有邻苯二甲酸二丁酯；
③ 增稠剂，调节涂料的黏度，防止颜填料的聚集沉积，主要是高分子聚合物；
④ 分散剂，提高颜填料的分散性，防止其再聚集；
⑤ 润湿剂，改善颜填料的润湿性；
⑥ 消泡剂，制造和涂膜时消泡，防止涂膜干燥后产生气孔、针眼；
⑦ 防腐剂，防止涂料在储存过程中腐败变质；
⑧ 防霉剂，防止涂膜长霉；
⑨ 防冻剂，降低涂料冰点；
⑩ 防锈剂，防止涂装在金属表面时生锈；
⑪ 乳化剂，提高乳液涂料的稳定性。

常见的乳液涂料主要有丙烯酸酯、聚乙烯树脂两大类。

（1）丙烯酸酯乳液涂料

由丙烯酸酯或甲基丙烯酸酯及它们和烯烃型单体（丙烯腈、丙烯酰胺、醋酸乙烯、苯乙烯等）共聚的聚合物制成。有全丙烯酸酯乳液涂料、苯乙烯-丙烯酸酯乳液涂料、醋酸乙烯-丙烯酸酯乳液涂料、醋酸乙烯-氯乙烯-丙烯酸酯乳液涂料（三元乳液）。表5-10是丙烯酸酯乳液涂料的配方实例。

表5-10　丙烯酸酯乳液涂料配方

聚丙烯酸丁酯乳液		聚丙烯酸丁酯乳液涂料	
原　　料	质量份	原　　料	质量份
甲基丙烯酸丁酯单体	100	聚甲基丙烯酸丁酯乳液(30%)	100
甲基丙烯酸	5.3	聚乙烯醇溶液(10%)(增稠)	20
过硫酸铵	1.5	水	9
丁基萘磺酸钠(拉开粉)	1.2	钛白粉	18
水	250	滑石粉	3
氨水	适量	硫酸钡	2
		磷酸三丁酯(消泡剂)	0.8
		OP-10(乳化剂)	0.1
		六偏磷酸钠	1.2

（2）聚乙烯树脂涂料

主要有醋酸乙烯均聚乳液涂料、醋酸乙烯共聚乳液涂料，后者又分为醋酸乙烯-顺丁烯二酸二丁酯共聚外用乳液涂料、醋酸乙烯-丙烯酸酯共聚乳液涂料、醋酸乙烯-叔碳酸乳液涂料。表 5-11 是醋酸乙烯乳液涂料配方。

表 5-11　醋酸乙烯乳液涂料配方（体积分数）　　　　单位：%

物　　料	配方 1	配方 2	配方 3
聚醋酸乙烯-顺丁烯二酸二丁酯共聚外用乳液	35.5	44	40
钛白粉	17.8	14.6	11.5
硫酸钡	8.8	7.4	4.2
羧甲基纤维素	0.07	0.07	0.14
聚甲基丙烯酸钠（增稠）	0.04	0.04	
六偏磷酸钠	0.3	0.3	0.14
乳化剂 OP-10	0.16	0.12	
醋酸苯汞（防霉剂）	0.4	0.4	0.2
松油醇	0.16	0.16	
水	加至 100	加至 100	加至 100

（3）着色涂料（色漆）

着色涂料又称色漆，由成膜物质、颜料、溶剂和助剂调制而成，用作面漆，起装饰、保护作用。颜料与漆料（基料，成膜物质）的比例是色漆配方设计中的重要参数。在选定成膜物质与漆料后，就要考虑颜/基比。涂膜的性能与成膜物质的体积-颜料体积的比例有关，与两者的质量关系不大。生产中常以颜料体积浓度（PVC）来计算颜料漆料的用量。

$$PVC = \frac{颜料的真体积}{成膜物质的体积+颜料体积} = \frac{\dfrac{100}{\rho_B}}{\dfrac{100}{\rho_P}+\dfrac{OA}{\rho_B}}$$

式中，ρ_B 为成膜物质密度；ρ_P 为颜料密度；OA 为颜料吸油量。

在干漆膜里，成膜物质恰恰填满颜料颗粒空间的空隙而无多余量时的颜料体积与成膜物质体积之比按百分比计叫做临界颜料体积密度（CPVC），随着 PVC 的增加，干漆膜的耐水性逐渐降低，光泽由光、半光至无光，透气、透水性由低至高，底层生锈性逐渐严重，颜料达到或超过 CPVC 时，漆料在漆膜中将不能呈连续状态，颜料不与成膜物质连接，漆膜强度削弱，透水性、污染性增强。表 5-12 是几种乳液涂料的配方组成，配方 4 的 PVC 大于配方 3 的，而配方 3 的又大于配方 2 的，其耐水性依次是配方 2＞配方 3＞配方 4。

表 5-12　乳液涂料的配方组成（体积分数）　　　　单位：%

物　　料	配方 1	配方 2	配方 3	配方 4
聚醋酸乙烯乳液（50%）	42	36	30	26
钛白粉	26	10	7.5	20
锌钡白		18	7.5	
碳酸钙				10
硫酸钡			15	

物　　料	配方 1	配方 2	配方 3	配方 4
滑石粉	8		8	5
瓷土粉				9
羧甲基纤维素	0.1	0.1	0.17	
羟乙基纤维素				0.3
聚甲基丙烯酸钠(增稠)	0.08	0.08		
六偏磷酸钠	0.15	0.15	0.2	0.1
五氯酚(防霉剂)		0.1	0.2	0.3
醋酸苯汞(防霉剂)	0.1			
苯甲酸钠(防腐剂)			0.17	
亚硝酸钠(防腐剂)	0.3	0.3	0.02	
乙二醇(消泡、防冻)		3		
磷酸三丁酯			0.4	
缩二乙二醇丁醚醋酸酯				2
水	加至 100	加至 100	加至 100	加至 100

5.4　粉末涂料

　　不论是有机溶剂性涂料还是水性涂料，它们都是液态的。粉末涂料则为 100% 固体，不含有机溶剂，直接涂覆成膜。粉末涂料的成膜物质是树脂，也需加入固化剂、流平剂、稳定剂、颜填料等助剂。用作成膜物质的树脂主要有环氧树脂、聚酯树脂、丙烯酸树脂，这些树脂一般要是热固性树脂，有好的机械粉碎性能，其熔融温度与分解温度相差要大，稳定性要好，保证在熔融涂膜时不会分解。好的粉末涂料在熔融时黏度要低，使其易流平成膜。由于大多粉末涂料是通过静电涂装，所以还要求粉末涂料有好的电性能。表 5-13 是几种粉末涂料的配方组成。

表 5-13　粉末涂料配方

配方 1		配方 2		配方 3	
组　　分	含量/%	组　　分	含量/%	组　　分	含量/%
双酚 A 环氧树脂	56	聚酯树脂	55.4	羟基丙烯酸树脂	54.5
改性均苯四甲酸二酐	3.5	改性三聚氰胺树脂	8.5	封闭型异氰酸酯	20
钛白粉	40	固化促进剂	微量	钛白粉	25
流平剂	余量	流平剂	0.1	流平剂	0.5
		钛白粉	36		

　　粉末涂料具有不含有机溶剂、利用率高、涂膜的力学性能比溶剂型涂料好和膜层厚等优点，但也存在生产工艺复杂、成本较高、涂装设备特殊的缺点。而且粉末涂料需烘烤固化，施工过程有粉尘污染，有爆炸的危险。环氧粉末涂料主要用于输油管道、汽车部件、建筑材料的防腐涂层，也常用于家用电器、金属制品、仪器仪表等的涂装。

5.5 无机涂料

无机涂料是一种以无机材料为主要成膜物质，添加颜填料、助剂、固化剂等配制成的涂料。相比于以树脂、油脂等有机聚合物为成膜物质的有机涂料，对环境无污染，不易老化、耐候性好、使用寿命长，耐热、耐腐蚀，防火效果好，是一种绿色环保涂料。

无机涂料按成膜物质分，主要有碱金属硅酸盐涂料、磷酸盐涂料、硅溶胶涂料、水性无机陶瓷涂料四种类型。

碱金属硅酸盐涂料又称为水玻璃基无机涂料，水玻璃的化学式为 $R_2O \cdot nSiO_2$，R 可以是钾或钠元素，以钠水玻璃为多。水玻璃涂膜后，与空气中的水、CO_2 作用，形成原硅酸盐 $Si(OH)_4$，$Si(OH)_4$ 不断聚合干燥，形成多聚原硅酸高聚物，黏结固化成膜。形成的水玻璃涂层耐热、耐酸性好，但耐水性和耐碱性差，可通过改性，提高其耐水性。

$$Na_2O \cdot nSiO_2 + (2n+1)H_2O \Longrightarrow 2NaOH + nSi(OH)_4$$

$$nSi(OH)_4 \longrightarrow [Si(OH)_4]_n \longrightarrow nSiO_2 + 2nH_2O$$

$$Na_2O \cdot nSiO_2 + 2nH_2O + CO_2 \longrightarrow Na_2CO_3 + nSi(OH)_4$$

$$nSi(OH)_4 \longrightarrow [Si(OH)_4]_n \longrightarrow nSiO_2 + 2nH_2O$$

磷酸盐涂料由黏结剂、固化剂、填充骨料和助剂组成。黏结剂为磷酸盐，也是磷酸盐涂料的成膜物质，常用的有磷酸铝、磷酸镁、磷酸锆。高温时，磷酸盐发生脱水缩聚反应形成大分子网状结构。

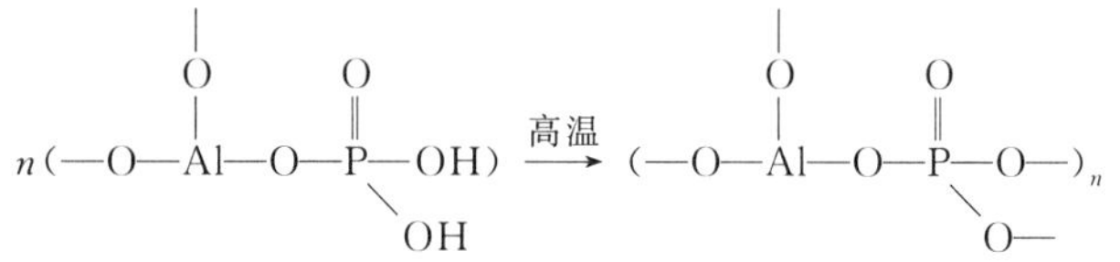

在有金属氧化剂固化剂存在时，磷酸盐可在常温条件下失水，聚合反应形成交联网状结构。

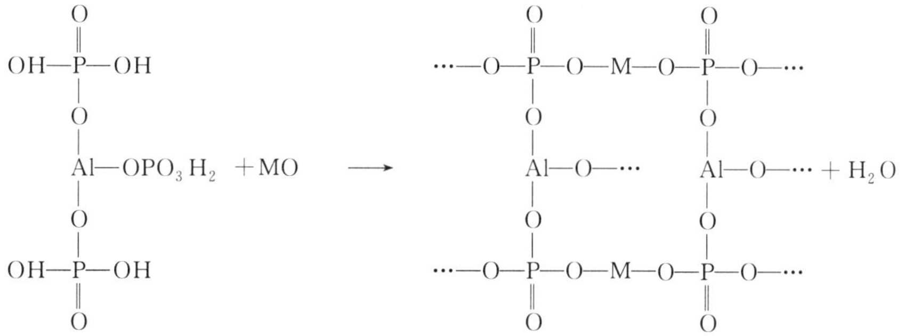

常用的固化剂有金属氧化物、铝酸盐、硅酸盐、硼酸盐，可用作固化剂的金属氧化物有 Cu_2O、MgO、ZrO_2 等，AlN 和 NH_4F 也可用作固化剂。

填充骨料主要有氧化铝、碳化硅、石英粉、黏土、玻璃纤维、石墨以及金属 Sn、Al、Zn 等，使用不同的填充骨料可获得不同功能的涂料。加入氧化铝、碳化硅，可获得耐磨性能优良的陶瓷涂层。Sn 的添加可降低涂层的摩擦系数，石墨的加入可使涂料膜层有很好的润滑性。含 Al-Zn 的磷酸盐涂料有良好的防腐蚀性能。

磷酸盐涂料有良好的耐溶剂性能，耐磨损、耐老化、耐热性能和优异的金属附着力，可用于武器、海洋设备、航空设备、管道的涂装保护。一般的磷酸盐涂料都要高温固化，涂膜固化后脆性大，通过加入硅溶胶改性或加入有机聚合物改性，可改善磷酸盐涂料的缺陷。

将二氧化硅胶体分散在水中，辅以颜料、填料和助剂即可制得硅溶胶涂料。纯硅溶胶涂料脆性大，涂膜易开裂，可通过加入有机聚合物改性获得性能优良的改性硅溶胶涂料，常见的有苯丙-硅溶胶涂料。

水性无机陶瓷涂料的成膜物质主要是金属或非金属氧化物、氮化物，还有少量多烷氧基有机硅烷。将金属醇盐水解形成溶胶，喷涂于物体表面成膜，干燥形成凝胶，高温烘烤至完全胶凝，形成像陶瓷釉层样的涂层。水性无机陶瓷涂料附着力强、耐候性强，能耐高温、耐磨、耐腐蚀，是一种绿色环保的涂料。

虽然无机涂料在耐候性、耐高温性、耐腐蚀性、防霉、防锈、低 VOCs 方面具有有机涂料不可比拟的优点，但也有固化温度高、脆性、涂膜易开裂等缺点，所以结合无机、有机涂料优点，克服各自缺点的无机-有机复合涂料将是未来绿色环保涂料研发的方向之一。

5.6 纳米涂料

纳米涂料一般由纳米材料与有机涂料复合而成，更严格地讲应称作纳米复合涂料（nanocomposite coating）。纳米复合涂料必须满足两个条件，一是至少有一种材料的尺度在 1~100nm，二是纳米相使涂料性能得到显著提高或增加了新功能。纳米涂料包括金属纳米涂料和无机纳米涂料两种。

金属纳米涂料主要是指材料中含有纳米晶相的涂料。无机纳米涂料则是由纳米粒子之间的熔融、烧结复合而得。目前用于涂料的纳米粒子主要是一些纳米金属氧化物、纳米金属粉末和纳米无机盐类。纳米金属氧化物主要有 TiO_2、Fe_2O_3、ZnO 等。纳米金属粉末主要是纳米 Al、Co、Ti、Cr、Nd、Mo 等。纳米无机盐类有纳米 $CaCO_3$ 和层状硅酸盐，如一维的纳米级黏土。

纳米涂料的制备方法可分为四种。

① **溶胶凝胶法** 由纳米粒子在单体或树脂溶液中的原位生成。

② **原位聚合法** 将纳米粒子直接分散在单体中，聚合后生成纳米涂料。

③ **共混法** 将纳米粒子和树脂溶液或乳液的共混复合得到。

④ **插层法** 通过单体或聚合物溶液进入无机纳米层间制得纳米涂料，这种方法只适合蒙脱土一类的层状无机材料。

纳米粒子在涂料中有效稳定的分散是制备性能优良的纳米复合涂料的关键。纳米涂料中的纳米粒子如果分散不好，不仅达不到预期目的，还有可能破坏涂料的稳定性。目前分散纳米粒子的方法有电化学方法、化学分散法、物理分散法。

纳米技术在涂料领域应用可改善传统涂料性能，由于纳米粒子比表面积大，与有机树脂之间存在良好的界面结合力，可提高原有涂层的强度、硬度、耐磨性、耐刮伤性等力学性能，而且由于其对可见光可透，还可保证涂层的透明性，利用这一特性可制备高耐刮伤性汽车涂料、家具漆等。

新型纳米材料的使用还可制备出新的功能性纳米涂料，如军事隐身涂料、静电屏蔽涂料、纳米抗菌涂料、纳米界面涂料等。

国外在纳米涂料的研究开发和产业化方面起步较早，尤其美国与日本在这方面走在了世界前列。美国研究开发成功并已进行产业化的有豪华轿车面漆、军事隐身涂料、绝缘涂料等，另外还开展了光致变色涂料、透明耐磨涂料、包装用阻隔性涂层等纳米涂料的研究。日本则在静电屏蔽涂料、光催化自清洁涂料的研究开发方面取得了成功并实现了产业化。

国内纳米涂料的发展起步于20世纪90年代末期，主要集中在改善建筑外墙涂料的耐候性和建筑内墙涂料的抗菌性方面。在工业用涂料、航空航天涂料以及功能性纳米涂料的研究开发和产业化方面还有待进一步发展。

由纳米二氧化钛光催化剂制成的涂料具有光催化净化功能，用紫外灯照射光催化涂料，光催化剂受激发产生的电子-空穴对能将空气中有机或无机的污染物如氮氧化合物（NO_x）、甲醛、苯、二氧化硫等直接分解成无害的物质，从而达到消除空气污染、净化空气的目的。如将纳米TiO_2用于金属色轿车面漆。

丙烯酸乳液涂料中添加纳米级ZnO（10～80nm）可制成抗紫外老化的乳液涂料。纳米级二氧化钛、二氧化锡、三氧化铬等与树脂复合可制成静电屏蔽涂料。纳米级钛酸钡与树脂复合可制成高介电绝缘涂层。用纳米级Fe_3O_4与树脂复合制成的磁性涂料性能优越。将纳米SiO_2粒子加入涂料后可使涂料的耐磨性提高一倍，从而制得高耐磨透明涂料。添加有纳米银粒子的涂料有很好的抗菌性能。

加入纳米ZrO_2、TiO_2、石墨烯对水性环氧树脂涂料改性，可明显提高涂层的致密性，使涂层的防腐性、耐水性及耐候性都得以显著改善。利用纳米氧化锌、氧化硅、石墨烯可制得聚氨酯防腐涂料。纳米氧化硅、氧化钛与氟改性的丙烯酸树脂共混，可制得超疏水涂料，赋予涂层自洁净作用。

5.7 辐射固化涂料

辐射固化主要包括紫外线（ultraviolet）固化（简称UV固化）和电子束（electronic beam）固化（简称EB固化）。

UV固化涂料由预聚物、单体、光引发剂、颜料等组成。光引发剂是指能吸收辐射能，产生具有引发聚合能力的活性中间体的物质。如安息香［学名苯偶姻$C_6H_5COCH(OH)$-C_6H_5］及其衍生物（如安息香二甲醚），在吸收紫外线后，会发生C—C键断裂，产生自由基，这些自由基就会引发涂料中单体、预聚物的聚合反应。芳香酮类也是最常用的光引发剂之一，含硫化合物如巯基化合物、硫酯化合物、硫杂蒽醌、含硫苯乙酮用作光引发剂也有较长的历史。光固化涂料中的单体主要是各种丙烯酸酯。预聚物有环氧丙烯酸酯、聚氨酯丙烯酸酯、聚酯丙烯酸酯、聚醚丙烯酸酯、丙烯酸树脂、不饱和聚酯等。紫外线固化涂料中所用的颜料要尽量少的吸收紫外线，不影响光引发剂的功效，不会降低光固化速度。

UV固化涂料用于木器涂装业，使天然木材等木制品产生高光泽的装饰面，有良好的耐磨、耐溶剂、耐热性能。UV固化光纤涂料以快捷的固化速度、优良的防护及光学性能在光纤的生产和使用中发挥了重要的作用。还有汽车前灯透镜上的UV固化耐擦硬涂层、仪表面板等都是UV固化涂料应用的成功实例。UV固化在塑料、金属、玻璃、陶瓷、石材的涂装领域应用也不断增长。

用 UV LED 作为新型光源代替高压汞灯，可以减少汞污染，提高电光能量转化效率，是 UV 固化涂料的发展趋势。

相对于传统 UV 固化涂料，水性光固化涂料涂层卫生安全性高，可减少助溶剂用量，是新型的 UV 固化涂料。

EB 固化是通过高能电子束使成膜物质产生自由基，从而引发高分子均聚物和活性稀释剂交联成膜，所以 EB 固化涂料相对于 UV 固化涂料，交联密度更高、强度更好，可不使用光引发剂，涂层的安全性、耐候性更优，但设备投资大，主要用作木器涂料、建筑一体板涂料、医疗用品涂料。

5.8　功能涂料

涂料除了具有一般的装饰和保护作用外，通常还应具有一些特殊的功能，如防锈、阻燃、防污等，这些具有特殊功能的涂料统称为功能涂料，主要有防锈涂料、防污涂料、防霉涂料、抗菌涂料、防水涂料、隔热保温涂料、耐热涂料、导电涂料、绝缘涂料、防火涂料、夜光涂料、美术漆等。

5.8.1　防锈涂料

钢铁的生锈腐蚀是在水中或潮湿环境中形成化学电池而造成的。防锈涂料就是在金属表面形成一层致密的涂膜，将氧气和水分的渗透减少到最低限度。防锈涂料通过添加防锈颜料抑制锈蚀的产生。

防锈涂料由成膜物质、防锈颜料、体质颜料、添加剂组成。成膜物质主要有油脂、油基树脂、醇酸树脂、环氧树脂、聚氨酯、氯丁橡胶、沥青、乙烯共聚树脂。

防锈颜料主要有铅白、碱式硫酸铅、氧化锌，通过与成膜物质中的酸成分反应，形成渗透性小的致密膜而起到防锈的作用。铅丹、一氧化二铅、碳氮化铅、氰胺化铅等化合物除了能与成膜物质中的酸成分反应，形成渗透性小的致密膜而有防锈的作用外，其化合物本身呈微碱性，可抑制锈蚀的形成。碱式铬酸铅、铬酸锌（309 锌铬黄）既能与成膜物质中的酸成分反应，也能利用铬酸离子抑制锈蚀的发生，具有这种防锈功能的还有铬酸锌钾（109 锌铬黄）、铬酸钾钡。锌粉的添加可提高涂膜的耐水性，也能起到防锈作用。涂料中加入铝粉、石墨等颜料，会在涂膜中按层次排列，形成渗透小的涂膜，达到防锈的目的。

防锈涂料中的体质颜料即填料，可以降低成本并赋予涂膜一定的物理性能。主要有滑石粉、碳酸钙、硫酸钡、云母粉、硅藻土等。

防锈涂料可按防锈颜料和成膜物质进行分类，主要有铁红防锈涂料、铅丹防锈涂料、铬酸锌防锈涂料和锌粉防锈涂料。

按溶剂分有水性防锈涂料和溶剂型防锈涂料，以水为溶剂的防锈涂料有水性丙烯酸防锈涂料、水性苯丙防锈涂料和水性聚氨酯环氧防锈涂料、水性酚醛防锈涂料等。以水为溶剂，对环境污染少，储存、运输和施工都更安全环保，在机械、车辆、船舶、桥梁、建筑、化工等领域的应用日渐广泛。

一般的涂料在钢铁表面涂装时都要彻底除锈，费时费力，对于大型户外工程设备完全除锈有时是不可能的，这时就需要可直接涂刷于锈蚀表面的带锈涂料（锈面涂料）。渗透型带锈涂料如油性（鱼油）铅丹涂料，它可渗透到锈中，将锈封闭，阻隔氧气和水分透入锈层。而稳定型带锈涂料是靠活性颜料来稳定锈层，生成杂多酸络盐、尖晶石结构、Fe_2O_3 等以达到持久的防锈效果。如果涂料中添加无机酸、有机酸及其络合物（磷酸、水杨酸、亚铁氰化钾、乙酰丙酮等），这些化合物可与锈发生反应并生成稳定产物，使锈层变成涂膜中具有保护作用的稳定物质。

5.8.2 防污涂料

防污涂料主要用于船舶或水下设施上，如石油钻井平台、跨海大桥、海底输油管道的防污，涂在船底或水下设施表面，杀死附着的海洋生物，防止船底或水下设施表面被腐蚀。防污涂料主要由防污剂、成膜物质、溶剂、助剂组成。

防污涂料的防污剂有无机防污剂和有机防污剂两大类。无机防污剂一般是金属氧化物及其盐类，如铜粉、氧化亚铜、氧化锌、氧化汞、硫氰酸亚铜、无水硫酸铜等。这些物质可使生物的细胞蛋白质沉淀，降低生物机体的新陈代谢作用。有机防污剂主要是有机锡化物、有机硫化物、有机铅化物、有机砷化物、有机铋化物等，如有机锡化合物双三丁基氧化锡等，有机硫化物福美双，有机铅化合物三苯基醋酸铅，有机砷、有机铋化合物等。

防污涂料的成膜物质要有一定的耐水性和水解性。主要有煤焦沥青、丙烯酸酯、氯化橡胶和环氧树脂等。助剂主要是松香、铜皂等。

防污涂料中的防污剂在海水作用下逐渐溶解、扩散或水解（并可自抛光）使其周围的海水不适合海洋生物生存，使已附着的生物死亡，从而减少海洋生物在船底附着。

由于传统的 Hg、As 类防污剂剧毒，最早被淘汰。20 世纪 70～80 年代开始自抛光的有机锡防污涂料成为防污涂料的主流。但随着有机锡防污涂料的大量使用，发现有机锡会对海洋造成污染，可能引起海洋生物的遗传变异，甚至进入人体，危害人类。从 1986 年美国海军率先停止使用有机锡防污涂料后，各国陆续停用，到 2008 年，已全面禁止使用 TBT（三丁基锡）有机锡防污涂料。目前国内外以氧化亚铜类防污涂料为主。但随着使用量的增加，也会使海洋环境污染日益加剧。无锡自抛光防污涂料、有机氟和有机硅的低表面能防污涂料、仿生防污涂料已成为无毒或低毒的环境友好防污涂料的发展方向。

5.8.3 耐热涂料

耐热涂料一般是指在 200℃以上涂膜不变色、不脱落，仍能保持适当的物理机械性能的涂料。主要用于高温蒸汽管道、热交换器、发动机部位、排气管、烟囱、耐高温部件。

耐热涂料种类有有机耐热涂料和无机耐热涂料。有机耐热涂料主要是杂环聚合物耐热涂料、元素有机（硅、氟、钛）耐热涂料。无机耐热涂料有硅酸乙酯、硅酸盐、硅溶胶、磷酸盐耐热涂料。耐热涂料中添加的颜料和填料也应有一定的耐热性。常用的耐热颜料有钛白、氧化锌、氧化锑、镉黄、氧化铁红、钴蓝、氧化铬绿、炭黑、金属粉。常用的耐热填料是滑石粉、云母粉、玻璃粉。

5.8.4 导电涂料

导电涂料是一种新型涂料，涂覆于绝缘体表面可以形成导电涂膜并能排除积聚的静电荷，已广泛应用于电子工业、建筑工业、航天工业等领域。一般分为掺合型（添加型）导电涂料和本征型（结构型）导电涂料。

掺合型（添加型）导电涂料的成膜物质为天然树脂和合成树脂，不具有导电性，需添加导电填料如 Au、Ag、Cu、Ni、Al 等金属粉末和 Ni-Ag、Cu-Al 合金粉末，以及碳系导电填料石墨、石墨纤维、碳纤维、炭黑、碳化硅、碳纳米管等。

抗静电剂可以消除底材表面的静电荷，抗静电剂多是一些有机表面活性剂，如长碳链的季铵盐、长链的磷酸盐或酯及磺酸盐等。

本征型（结构型）导电涂料以导电聚合物为成膜物质。导电聚合物可以是由共轭双键构成大共轭体系的高聚物，如聚乙炔、聚苯乙炔等。

5.8.5 绝缘涂料

电导率为 $10^{-20} \sim 10^{-10} \, S/m$ 的涂料被称为绝缘涂料。主要有以下几类。

① **漆包线绝缘涂料** 主要用于浸涂各种裸体铜线、合金线，提高和稳定漆包线的性能。

② **浸渍绝缘涂料** 主要用于浸渍各类电机、电器变压器线圈、绕组及绝缘纤维材料，使其达到规定的耐热抗电性能。

③ **覆盖绝缘涂料** 用于各类电机、电器、绕组线圈的外层保护，提高机件的抗潮性、绝缘性、耐化学药品性、耐电弧等。

④ **硅铜片绝缘涂料** 主要涂覆于硅铜片表面，起到耐油、防锈、防止硅铜片叠合后间隙涡流的产生。

⑤ **黏合绝缘涂料** 适用于黏合各类云母片、云母板、云母纸等。

⑥ **电子元件绝缘涂料** 主要用于电阻、电容、电阻器等元器件的绝缘保护。

常用的漆包线漆为油基树脂漆和酚醛清漆、聚乙烯醇缩醛树脂漆和聚氨酯漆，对苯二甲酸酯漆也是广泛应用的漆包线漆。酚醛树脂漆、氨基树脂漆、环氧树脂漆等都可用作浸渍漆，如果要求更高的耐热性，可使用有机硅树脂漆。

5.8.6 防火涂料

防火涂料涂装在物体表面，可增大材料绝热性能、隔离火源或空气，起到延长基材着火时间、阻止火焰蔓延传播、推迟结构破坏时间的作用。

（1）防火涂料的防火原理

防火涂料的主要功能，就是对物体起防火阻燃保护作用。其保护作用原理，随防火涂料类型和被保护基材的不同而不同。

燃烧必须具备三个条件：可燃物质、助燃剂（空气、氧气）、火源，且三个条件同时存在并相互接触才能燃烧。防火涂料即通过阻断这类接触以达到防火的目的。

（2）防火涂料的种类

防火涂料按防火阻燃的作用机理可分为膨胀型和非膨胀型两类。膨胀型防火涂料常温时为普通涂膜，高温或燃烧时，涂膜膨胀炭化，形成一个比原来膜厚度大几十倍甚至上百倍的不易燃的海绵炭化层，隔绝外界火源起到阻燃的作用。非膨胀型防火涂料高温或燃烧时涂膜释放出灭火性气体并形成不燃的"釉层"隔绝空气。

膨胀型防火涂料由成膜物质、发泡剂、成炭剂、脱水成炭催化剂、防火添加剂、无机颜填料和辅助剂组成。成膜物质是水性树脂如醋酸乙烯乳液、聚乙烯醇、含氮树脂（三聚氰胺甲醛树脂）等。脱水成炭催化剂的作用是促进和改变涂膜的热分解过程，常用的有磷酸二氢铵、有机磷酸酯等。成炭剂是形成三维空间结构泡沫炭化层的物质基础，它们是一些含碳量高的多羟基化合物，如淀粉、季戊四醇、糊精等。发泡剂会促进涂膜膨胀并形成海绵状结构。常用的发泡剂有三聚氰胺、六亚甲基四胺、偶氮化合物等。

非膨胀型防火涂料由难熔性有机树脂、难燃添加剂、颜料、填料组成。难熔性有机树脂是指含卤素的树脂，如溴化醇酸树脂、氯化橡胶、氯化石蜡等。难燃添加剂有含磷、氮、卤素的有机化合物，如磷酸三丁酯，还有硼系、锑系、铝系、锆系等无机难燃添加剂。颜料、填料主要有三氧化二锑、氢氧化铝、石棉粉（纤维）、磷酸锌、二氧化钛、高岭土、偏硼酸钡等。表 5-14 是防火涂料配方。

表 5-14 防火涂料配方

膨胀型防火涂料		非膨胀型防火涂料	
组 分	质量份	组 分	质量份
聚醋酸乙烯乳液(60%)	18	聚氯丁橡胶乳液(50%)	100
三聚氰胺树脂	11	二氧化钛	10
聚磷酸铵	22	氢氧化铝	80
季戊四醇	16	三氧化二锑	5
氯化石蜡	3.0	石棉纤维	10
表面活性剂	3.0	抗氧化剂	2
水	27		

5.8.7 示温涂料

示温涂料的主要成分是热敏变色颜料，可在一定温度范围内改变颜色，用来指示被涂物体的温度，起到警示和指示的作用。热敏变色颜料有可逆的与不可逆的两类。可逆的热敏变色颜料有碘化金属复盐、Co 盐或 Ni 盐与六亚甲基四胺的化合物。如碘化铜复盐，常温为胭脂红色，65℃变为咖啡色，温度降低又恢复原色。不可逆的热敏变色颜料有金属的磷酸盐、碳酸盐和碱式碳酸盐等。如氧化铁红，常温为黄色，280℃变为红色，温度降低不会恢复原色。

示温涂料是将热敏变色颜料与树脂均匀混合，树脂一般用虫胶或线形酚醛树脂、醇酸树脂、丙烯酸树脂等，溶剂一般用酒精。将热敏变色颜料与树脂放在酒精中摇动，使树脂溶解，使颜料分散均匀即可。涂料的稠度以适于涂刷为准。也可将示温涂料制成笔式的产品，可以随时往测定部位上画线。至于笔的制法与一般铅笔相同。

5.8.8 伪装涂料

军事设施、器械的表面涂一种涂料，在可见光、红外线、紫外线、雷达波等侦察条件下，起到伪装自己、迷惑敌人的目的，这种涂料称为伪装涂料。

涂料的伪装是通过颜料的组合和选择来实现的。在可见光的范围内，伪装涂料主要是为了产生与背景一致的颜色。在电磁波范围区，伪装涂料除颜色要求外，还要求它能产生与背景一致的反射波谱，从而使伪装目标与背景色度亮度一致，并改变目标外形，达到伪装的目的。伪装涂料不仅要考虑颜色与背景一致，而且要考虑反射波谱与背景一致，平面特征也要考虑，以避免镜面反射。伪装涂料一般为无光或平光涂料，光泽在 10% 以下。伪装涂料常用滑石粉、二氧化钛、二氧化硅、碳酸钙作消光剂。

伪装涂料可分为单色迷彩、多色迷彩、仿造迷彩。单色迷彩适于背景色调、亮度比较单调的地域如沙漠。多色迷彩适于背景色调、亮度比较复杂的地域，是符合目标活动区域内基本颜色的各种斑点组成的多色彩变形迷彩。仿造迷彩需根据实地迷彩绘出与背景相适应的图案的迷彩。

根据光波波段不同伪装涂料又分为防可见光伪装涂料、防近红外伪装涂料、防雷达波伪装涂料、防紫外线伪装涂料。

防可见光伪装涂料主要以过氯乙烯树脂、丙烯酸树脂、醇酸树脂、聚氨酯树脂、有机硅树脂等为成膜物质，加入颜料、填料、消光剂和溶剂等。

防近红外伪装涂料，要具有极低的红外线吸收率、高温稳定性和导热性。防红外涂料模拟天然叶绿素，仅是伪装的一方面，涂料还应在红外中有高度的反射，那么这种伪装涂料，不论在红外或全色照片中均难以区别，适用于叶绿素伪装。红外线伪装涂料配制的关键是颜料的选择与配合。合适的防近红外伪装涂料的颜料有 ZnO、CoO、Cr_2O_3、TiO_2 及其复合物所组成的绿色颜料，红外线反射曲线与叶绿素接近。ZnO 加到 $Cr\text{-}Co\text{-}TiO_2$ 体系中，制得的青绿色颜料，和叶绿素有相同的可见光与红外光的反射率。将 CoO、Cr_2O_3、Sb_2O_3 煅烧 1h，所制成的颜料具有天然叶绿素特性。锌酸钴绿也是很好的防近红外伪装涂料的颜料。

用于军事目的的防雷达波伪装涂料其基本组成有三部分，一是基料，主要是树脂和橡胶-丁腈橡胶、氯丁橡胶、丁基橡胶、聚异丁烯、聚氯乙烯、聚氨酯等；二是颜料，主要是铁磁性材料、导电材料等，是防雷达波伪装涂料组成中的核心部分；三是可提高和改善涂层的物理机械性能、施工性能、表面状态等的辅助材料。

防雷达波伪装涂料要对电磁波有最大的吸收、反射最小、吸收电磁波波长范围宽、体积和重量小、能在较宽的温度范围内工作、耐光线作用和海水腐蚀、使用期长。

防紫外线伪装涂料必须是白色的。但不是所有的白色涂料都具有优良的紫外线反射性能。防紫外线伪装涂料用颜料有硫酸盐、碳酸盐、硅酸盐，钡、钙、镁的金属氧化物等。防紫外线伪装涂料的基料主要有醇酸树脂、环氧树脂、乙烯类树脂、硝酸纤维素树脂、氯化橡胶等。防紫外线伪装涂料主要是用于雪景地域的伪装。

新型的伪装涂料还有变色龙式的涂料、防中红外伪装涂料、防远红外伪装涂料、吸收声呐波涂料等伪装涂料。

5.8.9 磁性涂料

磁性记录材料是在各种底材上涂布磁性涂料而制成的。磁性记录材料的质量很大程度上取决于磁性涂料。磁性涂料由颜填料（磁性粉末）、成膜物质、助剂、溶剂组成。

常见的磁性记录材料主要有磁带、磁盘、磁卡片、磁鼓、磁泡。性能优良的磁性记录材料的磁性涂料应是具有高记录密度、高灵敏度、高度分散性和高度稳定性、耐久性，走带性好——磁性涂层要尽可能的薄，表面要平整光滑。

磁粉是磁性涂料的核心组分。一般分为氧化物磁粉和金属磁粉两大类。氧化物磁粉主要有针状 $\gamma\text{-}Fe_2O_3$ 磁粉、含钴 $\gamma\text{-}Fe_2O_3$ 磁粉、CrO_2 粉。金属磁粉主要有针状铁粉、Fe-Co、Fe-Ni、Fe-Co-N 等。

磁性涂料的成膜物质一般采用多种树脂的混合体，如氯乙烯-醋酸乙烯-乙烯醇共聚物、氯乙烯-丙烯腈偏二氯乙烯-丙烯腈共聚物、丙烯酸或甲基丙烯酸及其衍生物的共聚物、聚氨酯、聚苯醚树脂、环氧树脂、乙烯类树脂。

磁性涂料所用溶剂应使磁浆具有一定的流动性，良好的分散性、稳定性。主要有甲乙酮、丙酮、环己酮、甲基异丁基酮、甲苯、二丙酮醇、异丙醇、丁醇、溶纤剂、四氢呋喃等。

磁性涂料的助剂主要是使磁性涂料的性能得以改进，使磁层表面光滑，摩擦系数降低，减少静电，减少漏码，延长使用寿命。助剂的品种主要有分散剂、偶联剂、增强剂、润滑剂、防静电剂等。分散剂主要是卵磷脂、油酸钠、硬脂酸钠、烷基磺酸盐等。偶联剂一般用钛酸酯、硅酸酯。常用三氧化二铝作增强剂，以提高磁性涂层对磁头的抗冲击性。采用有机硅化合物和高级脂肪酸酯类如硅油、橄榄油、肉豆蔻酸、丁氧基硬脂酸乙酯、聚异丁烯、液体石蜡等作润滑剂，可降低磁头与磁带表面的摩擦力。炭黑、乙炔炭黑、微粒化石墨、三甲铵乙内酯是磁性涂料常用的防静电剂。

5.8.10　含氟涂料

含氟涂料的成膜物质是氟树脂，如聚偏二氟乙烯（PVDF）、FEVE 氟树脂-氟乙烯（FE）和乙烯基醚（VE）类的共聚物。其分子结构中含有氟原子，分子结构如图 5-1 所示。这种分子结构能保护其自身免受紫外线、热或其他介质侵害。氟树脂具有很小的透氧性，所以能很好地防止底材锈蚀。正是由于氟树脂的这些结构特点，使含氟涂料在耐候性、耐化学药品性、高耐腐蚀性和高装饰性等方面，具有其他涂料无法比拟的综合优点，因此广泛应用于航天航空、桥梁车辆、船舶防腐和化工建筑等领域，是铝材、钢材、塑料、水泥、木材表面的理想防护和装饰涂料，具有广泛的用途。目前已获得应用的大致有以下几类。

图 5-1　FEVE 分子结构中的螺旋式结构

① **航天航空用漆**　由于含氟涂料对铝、镁合金具有优异的附着力，耐候性好，柔韧性好，硬度高，动摩擦系数也小，耐低温（−40℃ 以下性能良好），耐雨蚀，且可常温施工，故为飞机蒙皮漆的理想品种，可用于飞机内舱及管道。

② **钢结构防腐涂料**　因含氟涂料耐盐雾、耐化学药品性能好，涂膜致密，抗渗透性能好，故可广泛用于海上设施和石油化工防腐。以环氧厚膜富锌底漆、环氧厚膜中间层和含氟聚氨酯涂料的配套涂层是钢结构桥梁的最新配套组成。

③ **高耐候性装饰面漆**　由于含氟聚氨酯涂料涂膜典雅柔软、不泛黄、不失光、不变色、耐久性好、易清洗，因此可用于高耐候性的装饰性面漆，如汽车、火车、户外标志等面漆。

④ **建筑装饰用漆**　PVDF 多用于铝材卷涂料，而含氟聚氨酯涂料由于可以常温干燥，且可喷涂、刷涂，加之高装饰、高耐候性、抗玷污性、可清洗的特点，故可作为建筑外墙的装饰用漆。

5.8.11　防霉抗菌涂料

在涂料中添加一种或几种抑菌剂，可有效抑制墙面、地面等建筑物表面的霉菌生长，能有效保护和美化潮湿场所的墙面等建筑物表面。这种涂膜能抑制霉菌繁殖生长的涂料就是防霉涂料。防霉涂料与普通涂料最大的不同就是涂料中添加了霉菌抑制剂，即防霉剂。

防霉涂料中添加的防霉剂既要求不会与涂料的其他组分发生化学反应而失去防霉效果，又要求加入的防霉剂不会影响涂料的颜色和涂布性。考虑到成本和防霉效果，合适的防霉剂应该是添加量少而防霉效果好且长效。

防霉剂分无机防霉剂和有机防霉剂，无机防霉剂主要是铜、银、锡等金属的无机盐、石灰等，有机防霉剂主要有有机汞、有机锡、有机铜、有机砷、有机硫、醛类和酚类化合物、有机酸类、酯类、酰胺类、腈类、异噻唑啉类、杂环化合物等。但随着环境保护要求的日趋严格和国家对涂料中金属盐和挥发性物质用量的限制，很多传统的防霉剂如有机汞、有机锡、有机铜、有机砷、有机硫、醛类和酚类化合物等，现已被禁止或限制在涂料中使用。更安全、低毒、操作简便的新型环境友好型的防霉剂是未来发展的方向，如纳米银、铜和锌和纳米氧化钛等。

当涂料中添加的是广谱抗菌剂时，这种涂料就成为抗菌涂料。常用的抗菌剂有无机抗菌剂如银系、铜系、锌系抗菌剂和 TiO_2 光催化抗菌剂，有机抗菌剂以阳离子表面活性剂为主。

5.8.12　防水涂料

防水涂料的涂膜层要求有一定的弹性和厚度，能防止水分子透过涂膜层渗透，要求有好的憎水性和耐水性，其成膜物质一般选用聚氨酯、氯丁橡胶、沥青、丙烯酸酯、聚氯乙烯、硅橡胶等。

5.8.13　其他功能涂料

其他功能涂料还有吸音（隔音）涂料、防滑涂料、可剥涂料、自洁净涂料、夜光涂料、荧光涂料、美术漆（如皱纹漆、锤纹漆）等。

吸音（隔音）涂料一般由吸音材料、成膜树脂、溶剂和助剂组成。涂料中添加吸音效果好的孔隙丰富的纤维等材料，可以达到降低噪声的目的。

防滑涂料可以增加物体表面的粗糙度，增大物体表面摩擦系数。一般由树脂、颜填料、防滑粒料、助剂、溶剂组成。树脂多用环氧树脂或改性环氧树脂。防滑粒料主要有有机聚合物粒子（橡胶粒子、聚氨酯粒子等）、无机物（石英砂、氧化铝、玻璃片等），可掺入涂料中或涂料施工后固化时喷洒在涂料表面。防滑涂料要有良好的耐磨性、耐候性，在使用寿命期间不开裂、不粉化、不脱落。根据使用场所的不同，还可满足特殊要求，如扶手的防滑涂料不能太粗糙；人行天桥、步道的要有弹性；航空母舰的防滑粒料受冲击后要成粉状等。防滑涂料多用在船舶甲板、海上作业平台和各种民用场所。

可剥涂料是一种临时保护涂料，可在基材表面形成一层起保护作用的致密的漆膜，保护结束后，可直接揭下，而不会对被保护基体造成影响。可剥涂料由成膜物质、助剂和溶剂组成。可剥涂料固化成膜后，形成的漆膜要求附着力低，易于剥离。主要成膜物质从最初的氯丁橡胶类到丁苯橡胶类，目前以热塑性弹性体如苯乙烯-丁二烯三嵌段共聚物（SBS）为多。新型聚氨酯类、丙烯酸树脂类和聚乙烯醇类水性可剥涂料相较于溶剂型可剥涂料，没有挥发溶剂对环境的污染，对环境更加友好。

自洁净涂料的自洁净原理有两种，一是涂料中有光催化剂，在光照作用下，将涂层表面的有机污染物降解；二是涂料含有疏水材料，可形成超疏水膜层，使污染物不易沾染。

夜光涂料是在一般涂料中添加磷光性颜料，用于道路等的标识。一般以树脂为成膜物质。荧光涂料是涂料配方中添加了荧光颜料。

皱纹漆的成膜物质是油基树脂和醇酸树脂，其中含有聚合不够的桐油，并添加了较多的催干剂，在烘烤成膜时，聚合不够的桐油起皱，较多的催干剂使涂膜表面快速干燥，而里层干得慢，进一步强化了涂膜的皱纹效果。在乙烯基树脂漆中添加聚二甲基丙烯酸乙二醇酯，也能使涂膜产生皱纹的效果。

锤纹漆是由于涂料较稠、不易流平，而溶剂又挥发得快，在涂料喷溅操作时，呈漩涡状形成涂膜，快速干燥的过程中，涂料中添加的铝粉随漩涡固定形成如同锤击金属表面形成的均匀花纹，但涂膜是光滑的。

5.9 涂料的发展

随着经济的高速发展，涂料行业也得到快速发展，我国传统涂料的生产产能趋于饱和甚至过剩，但高性能、高技术含量、具有特殊功能的高端涂料产能不足甚至部分完全依赖进口。

中国汽车产销量连续 12 年世界第一，与之相应的是汽车涂料的发展，大量新技术的国产化和新型涂料的成功生产和使用，促进了汽车行业的发展。含有重金属的传统电泳涂料产品已全部退出市场，取而代之的是环境友好型的电泳涂料，水性汽车涂料和高固体分涂料已经在汽车涂装中普遍使用。

应用于核电站、航空母舰、导弹等军工领域及海洋工程、大型桥梁、隧道等的重防腐涂料，可有效阻止建筑物吸收太阳能辐射、降低建筑物表面温度的隔热涂料，适用于医院等特殊公共场所的抗菌抗病毒涂料，以及高效防滑涂料、水性防火涂料、水性 UV 固化涂料、粉末 UV 固化涂料、仿生防污涂料、超疏水涂料、超耐高温涂料都是未来我国涂料行业需加大研发力度的领域。

2016 年联合国环境规划署（UNEP）发布了《全球法律限制含铅涂料报告》，包括中国在内的 70 个国家也发布了相关的限制铅涂料条例。我国在 2019、2020 年相继发布了一系列涂料的有害物质限量标准 [《室内地坪涂料中有害物质限量》（GB 38468—2019）、《船舶涂料中有害物质限量》（GB 38469—2019）、《建筑用墙面涂料中有害物质限量》（GB 8582—2020）、《车辆涂料中有害物质限量》（GB 24409—2020）、《工业防护涂料中有害物质限量》（GB 30981—2020）]，并对涂料生产源头产生的挥发性有机物排放做出了规范（GB 37824—2019《涂料、油墨及胶黏剂工业大气污染物排放标准》）。随着国际国内对涂料中有毒有害物质使用限制日趋严格，相应代用品的开发和使用也是势在必行。

未来，节省资源、降低能耗和无污染是涂料发展的方向，应研发低毒、无毒的非甲醛、苯类、卤代烃类溶剂和非重金属离子的催干剂，以水性涂料、高固含量涂料、粉末涂料代替有机溶剂涂料。另一方面开发新型特殊功能涂料满足快速发展工业生产要求，让公路桥梁建设、海洋工程建设、船舶、集装箱、核电建设、航空航天所需关键涂料及涂料助剂国产化亦是未来涂料行业的发展方向。

● 习　题

5-1　涂料主要有哪些作用？

5-2　油基树脂涂料的干燥机理是什么？金属环烷酸盐起什么作用？

5-3　醇酸树脂涂料的油度和涂膜性能之间有何关系？

5-4 溶剂型丙烯酸树脂涂料和乳液型丙烯酸树脂涂料的组成有何不同？为什么？

5-5 着色涂料中的颜料体积浓度对涂膜的性能有何影响？

5-6 简述防锈涂料的防锈机理。

5-7 防污涂料的防污原理是什么？

5-8 防火涂料有几种类型？简述其防火原理。

5-9 示温涂料是如何起警示作用的？

5-10 含氟涂料有何特点？

5-11 什么是纳米涂料？

5-12 溶剂性涂料使用过程中存在什么环境问题，有何解决方法？

5-13 防霉抗菌涂料中，有机抗菌剂以____为主。

    A. 阴离子型表面活性剂   B. 阳离子型表面活性剂

    C. 非离子型表面活性剂   D. 两性表面活性剂

5-14 现有一款色漆，在使用中发现存在耐水性差、光泽低的问题，试从颜料体积浓度的角度来解释原因并提出改进方案。

5-15 防火涂料中加入的三聚氰胺，在高温和燃烧时会发生什么变化而起到阻燃作用？

5-16 传统的丙烯酸树脂磁漆配方组成如下：丙烯酸树脂溶液、苯二甲酸二丁酯、钛白粉、滑石粉、醋酸丁酯、甲苯。由于在生产和使用过程有甲苯挥发，对环境造成影响，如果以水代替甲苯，开发丙烯酸树脂乳液涂料，上述配方组成上应做哪些调整？

第6章

染料与颜料

6.1 染料概述

我国是世界上最早应用染料的国家。公元前 2600 年，中国就有染料应用的记载。公元前 11 世纪的商朝，中国染料和染丝技术就已相当成熟。人类最早使用的染色物质来自自然界的植物和矿物。我们的祖先是从蓼蓝植物的茎和叶中提取蓝靛，再在碱液中用发酵法使之还原成可溶于碱液的靛白，再由空气氧化成靛蓝。直到 19 世纪末，各种含靛蓝的植物仍是获取靛蓝的唯一来源。

随着纺织印染工业的发展，从植物中提取色泽单一的几种染料已不能满足人们对染料日益增长的需要，迫切需要发展合成染料工业。炼焦工业的发展又为发展合成染料提供了丰富的原料，如苯、萘、蒽醌等。1856 年英国青年 Perkin 发现了第一个合成染料"苯胺紫"，1858～1861 年 Verguin 和 Lanth 发现了品红与甲基紫，从而奠定了合成染料的基础。

合成染料的发展已有 160 多年的历史，有近 7000 多个品种，工业化生产的也有 2000 多个品种。20 世纪 90 年代以前，西欧是世界染料的主要生产地，总产量占世界染料的 40%，原西德是世界染料第一生产国，如 BASF 公司、Bayer 公司等。2000 年前后世界染料市场经过兼并重组，强强联合，形成了国际上 3 家主要的全球性染料供应商：德司达、亨斯迈和科莱恩，并一度占据了全球市场 50% 左右的市场份额。此后，随着世界染料工业重心的转移，中国和印度的染料工业取得了长足的进展，逐渐成为世界染料的主要生产基地。我国染料制造行业的总产量由 1949 年的 5000t 上升至 1994 年 17.9 万吨，产能扩张十分迅速；1994 年开始中国的染料产量已位居世界第一，成为世界染料生产大国，近年来我国染料生产量和印染使用量均占世界的 70% 以上。目前我国的染料产品大约有 700 多种，涵盖各大染料 11 个类别，能满足国内 90% 以上的市场需求。随着合成新技术的迅速发展，染料新产品也层出不穷。目前染料工业已发展成为一门独立的精细化工行业。

6.1.1 染料的概念

染料是能使其他物质获得鲜明、均匀、坚牢色泽的有色有机化合物。染料一般是可溶性的（溶于水或有机溶剂），或能转变为可溶性溶液，或有些不溶性的染料可通过改变染色工艺或经过处理成为分散状态而使纤维物质染色。主要用于各种纺织纤维的染色，也可用于皮革、纸张、高分子材料、油墨或食物的上色，使它们具有一种暂时的或耐久的色泽。

具有实用价值的染料需满足的条件是：能染着指定物质，颜色鲜艳，与被染物结合牢固，使用方便，成本低廉，无毒。

染料的应用途径：

① **染色**　染料由外部进到被染物内部而使被染物获得颜色，如各种纤维、织物、皮革等的染色。

② **着色**　在物体形成最后固体形态之前，将染料分散于组成物之中，成型后即得有色物体，如塑料、橡胶及合成纤维的原浆着色。

③ **涂色**　借助涂料作用，使染料附于物体表面而使物体表面着色，如涂料、印花油漆等。

6.1.2　染料的分类和命名

染料的种类按用途来分可分为蛋白纤维用染料、纤维素纤维用染料、合成纤维用染料；若按性能结构来分，可分为活性染料、分散染料、阴离子染料、偶氮染料、蒽醌染料、靛族染料、硫化染料、酸性染料和其他水溶性染料。

染料均是分子结构较复杂的有机化合物，有些品种的结构至今尚未确定，用化学名称来命名染料名称长，应用不便，且从化学名称中看不出该染料是否适用，所以染料有专门的命名法。我国对染料是从应用出发命名，名称由冠称、色称和词尾三部分组成，详见表 6-1。

表 6-1　国内染料命名用词

1	冠称		直接,直接耐晒,直接铜盐,直接重氮,酸性,弱酸性,酸性络合物,酸性媒介,中性,阳离子,活性,还原,可溶性还原,分散,硫化,可溶性硫化色基,色酚,色盐,快色素,氧化,毛皮,混纺,酞菁素,颜料,色淀,耐晒色淀,涂料色浆,油溶,醇溶,食用
2	色称		嫩黄,黄,金黄,深黄,橙,大红,红,桃红,玫红,品红,红紫,枣红,紫,蓝,翠蓝,湖蓝,艳蓝,深蓝,绿,艳绿,黄棕,红棕,棕,深棕,橄榄绿,草绿,灰,黑等
3	词尾	色光	B—带蓝光或青光;G—带黄光或绿光;R—带红光
		色光品质	F—色光纯;D—深色或稍暗;T—深
		性质与用途	C—耐氯,棉用 I—还原染料的坚牢度 K—冷染(国产活性染料中 K 表示热染) L—耐光牢度或均染性好 M—混合物 N—新型或标准 P—适用于印花 X—高浓度(国产活性染料 X 表示冷染)

① **冠称**　有 31 种，表示染色方法和性能。

② **色称**　表示染料在被染物上染色的色泽，色泽的形容词采用"嫩""艳""深"三字。我国染料商品采用 30 个色称。

③ **词尾**　以拉丁字母或符号表示染料的色光、色光品质及特殊性能和用途。例如，活性艳红 X-3B 染料："活性"即为冠称，"艳红"即为色称，X-3B 是词尾；X 表示高浓度，3B 为较 2B 稍深的蓝色，表明该染料为带蓝光的高浓度艳红染料。

国外染料冠称基本上相同，色称和词尾有些不同，也常因厂商不同而异。

染料索引：

染料索引（colour index，CI）是英国染色家协会（SDC）和美国纺织化学家协会（AATCC）汇编了国际染料、颜料品种合编出版的索引。在染料索引中染料命名着眼于应用。1921 年出第一版，1971 年出的第三版共分五卷，增订本两卷。前三卷按染料的应用特性分类。例如碱性绿 4，指明这是一个绿色碱性染料，大致适用于聚丙烯腈纤维、纸张，可能还适用于羊皮，还提供了应用方法的技术数据、牢度数据等。第四卷按染料的化学结构分类，并提供了制备方法的要点，染料的化学结构用一个 5 位数字来表示，但并不是十分精确的，例如，CI 结构数在 11000～19999 的染料为单偶氮化合物；在 73000～73999 的染料为靛族化合物。第五卷主要是各种牌号染料名称对照，制造厂商的缩写，牢度试验以及专利，普通名词和商业名词索引等。所以碱性绿 4 的全称是"CI 碱性绿 4，42000，孔雀绿"，数字指明了它是三苯甲烷染料，孔雀绿是通俗的或商品的名称。

CI 按应用和结构类别对每个染料给予两个编号。借助于 CI，可方便地查阅染料的结构、色泽、性能、来源和染色牢度等参考内容。

6.2 颜色与染料染色

6.2.1 光与颜色

物质的颜色是由于物体对白光各个成分进行选择性的吸收及反射的结果，无光就没有颜色。白光是红、橙、黄、绿、青、蓝、紫等各种色光按一定比例混合而成的混合光，当白光照到物体上时，物体要吸收一部分光，反射一部分光。被吸收的光以热的形式弥散到周围环境，反射的光就是人们观察到的颜色。当物体选择性地反射一定波长的可见光，人们就可看到物体呈现红、黄、蓝等彩色（表 6-2）；而当白光全部被物体反射则为白色；如全部透过物体则为无色；若全部被吸收，则该物体显黑色；如果仅部分按比例被吸收，显出灰色。在色度学中，白色、灰色、黑色称为消色，也称为中性色。中性色的物体对各种波长可见光的反射无选择性。

表 6-2 反射光波长与颜色的关系

波长/nm	780～627	627～589	589～550	550～480	480～450	450～380
观察到的颜色	红	橙	黄	绿	蓝	紫

物体呈现的颜色为该物体吸收光谱的补色。所谓补色，即指若两种颜色的光相混为白光，则这两种颜色互为补色。图 6-1 是一个理想的颜色环示意图，顶角相对的两个扇形，代表两种互补的颜色光，它们以等量混合形成白光。绿色没有与之互补的单色光，根据它在环中的位置，绿色的补色介于紫、红之间，是紫与红相加的复合光，在环中以一个开口的"扇形"表示。

若在颜色环上选取三种颜色，每种颜色的补色均位于另两种颜色中间，将它们以不同比例混合，就能产生位于颜色环内部的各种颜色，则这三种颜色称为三原色。而红、绿、蓝三色就是最佳的三原色。

颜色的三种视觉特征为：色调（色相），明度（亮度），纯度（饱和度）。

色调是颜色最基本的性质，表示色与色之间的区别，是人眼对颜色的直接感觉，如红色、黄色、绿色、蓝色等。单色光的色调取决于其波长，混合光的色调取决于各种波长的光的相对量。物体表面的色调取决于其反射光中各波长光的组成和它们的能量。色调以光谱色或光的波长表示。

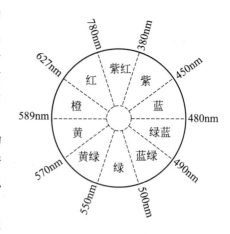

图 6-1 颜色环

明度是人眼睛对物体颜色明亮程度的感觉，即对物体反射光强度的感觉，用以描述颜色的鲜艳度或灰暗度。明度与光源的亮度有关，光源愈亮，颜色的明度也愈高。明度可以用物体表面对光的反射率来表示。

纯度，亦称饱和度，指颜色的纯洁性。纯度取决于物体表面对光的反射选择性程度。若物体对某一很窄波段的光有很高的反射率，而对其余光的反射率很低，表明该物体对光的反射选择性很高，颜色的纯度高。单色的可见光纯度最高，而中性色（白、灰、黑）的纯度最低。纯度可用颜色中彩色成分和消色成分的比例来表示。

6.2.2 染料的发色基团

日常生活中可见到的有色物质种类繁多，然而有色的化学品并不多见，许多化学品都是无色的。有色物质是在光谱的可见光区域有吸收的物质，它们的波长在 380nm（紫）和 750nm（红）之间。由于物质的颜色是它所吸收的颜色的补色，所以吸收蓝光的染料具有黄色，而吸收黄色的染料有蓝色，不吸收可见光谱的物质是白色，而吸收可见光谱全部波长的物质是黑色。这就是普通染料及颜料产生颜色的原理。

有机染料的颜色与染料分子结构中的发色基团有关，含发色基团的分子称为发色体。发色基团有：

$$\diagdown C{=}C\diagup \quad \diagdown C{=}O \quad -NO_2 \quad -N{=}O \quad -N{=}N- \quad \text{(苯环)}$$

偶氮基和亚硝基大都具有颜色，其他基团则在某些情况下有颜色。除了发色基团外，染料分子还含有其他基团，这些基团能改变邻近的发色基团的颜色和吸收强度，但是它本身不能给予颜色，羟基、氨基或卤基能加强吸收，并使吸收波长移向长波区，这些基团被称为助色基团。

除发色基团和助色基团外，染料分子还可能含有其他基团以满足染料的各种特殊要求。如含有磺酸盐基—SO_3Na 能使染料具有水溶性，而长碳链烷基则降低水溶性。

6.2.3 染料染色

染料染色为染料稀溶液的最高吸收波长的补色，是染料的基本染色。吸收程度由吸光度（ε 或摩尔消光系数）来表示，它决定颜色的浓淡。而颜色的不同，取决于染料的最大吸收波长（λ_{max}），见图 6-2。

染料结构不同，其 λ_{max} 不同。如果移向长波一端称为

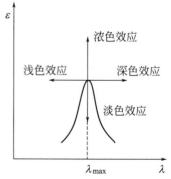

图 6-2 颜色效应与吸收光谱的关系

红移，颜色变深，又称深色效应或蓝移；若 λ_{max} 移向短波，称为紫移，颜色变浅，称浅色效应。若染料对某一波长的吸收强度增加为浓色效应，反之为淡色效应。

6.3 染料的应用

6.3.1 蛋白质纤维用染料

蛋白质纤维一般是指基本组成物质是蛋白质的一类纤维，按来源可分为天然蛋白质纤维和人造蛋白质纤维。蛋白质纤维含有 α-氨基酸单元 $RCH(NH_2)COOH$ 的长链以及游离的—COOH、—NH_2 基等。蛋白质纤维染色时，通过盐键连接上染料分子而达到染色效果。

可用于蛋白质纤维染色用的染料有酸性染料、碱性染料、中性染料、酸性媒介染料及酸性络合染料等。

酸性染料绝大多数含有磺酸基和羧酸基，通常以其钠盐的形式存在，易溶于水，在水中形成阴离子。按其结构的不同，可分为偶氮染料、蒽醌染料、三芳甲烷染料及硝基染料等。如：

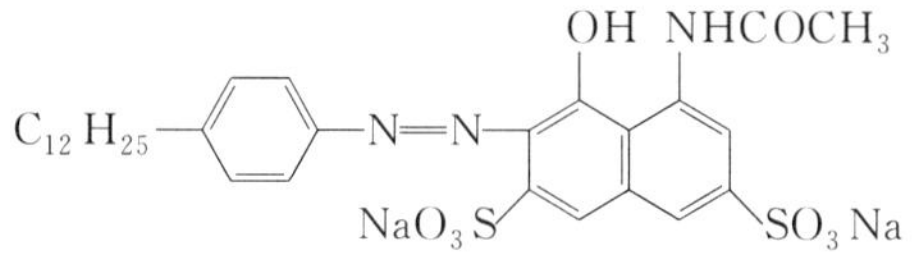

CI 酸性红 138

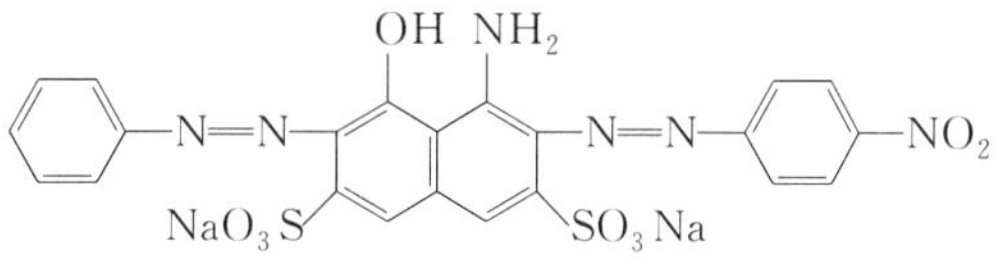

CI 酸性黑 1

酸性染料色泽鲜艳，色谱齐全。主要用于羊毛和蚕丝的染色，也用于皮革、造纸、墨水等方面，对纤维素纤维一般无着色力。

碱性染料是在水溶液中能直接离解生成阳离子或与酸成盐后生成阳离子的一类染料，可溶于水。这类染料虽然颜色非常鲜艳，但是其日晒牢度很差，已经逐渐被淘汰。碱性染料可分为偶氮、二苯甲烷、三苯甲烷、吖啶、吖嗪、噻嗪等类型。如：

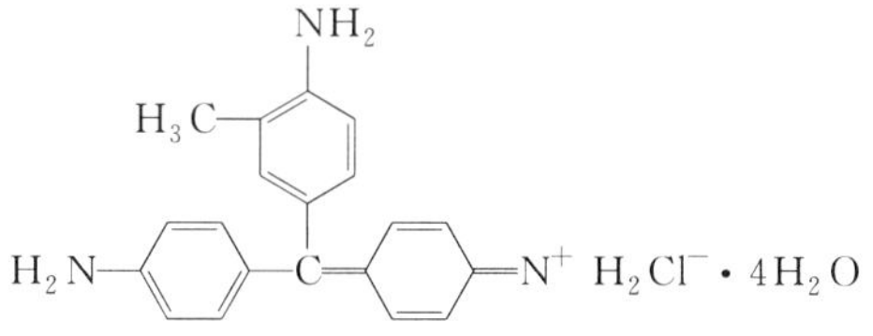

碱性品红

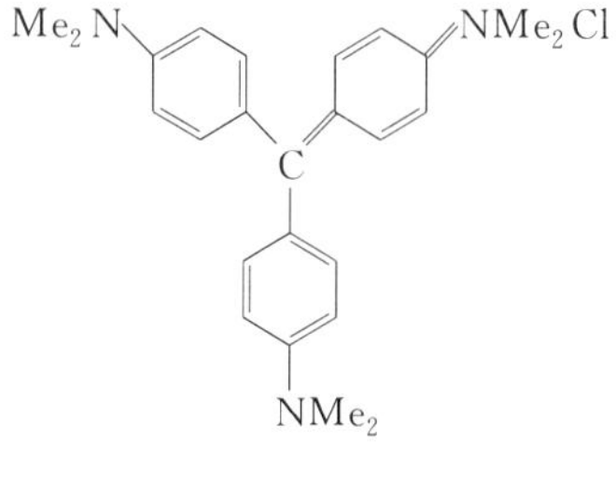

CI 碱性紫 3

酸性和碱性染料的特点及染色原理如下。

① 在酸性或碱性介质中使用。

② 酸性和碱性染料与纤维之间靠离子键的结合而染色。酸性染料分子中含有磺酸基或羧酸基，在水中形成阴离子：

$$染料—SO_3Na \longrightarrow 染料—SO_3^- + Na^+$$

在酸性染浴中，羊毛、皮革、丝绸等蛋白质天然纤维中的伯氨基会形成正离子，与染料中的负离子产生离子键结合而染色：

$$染料—SO_3^- + H_3N^+—蛋白质纤维—COOH \longrightarrow 染料—SO_3^- \cdots H_3N^+—蛋白质纤维—COOH$$

碱性染料通常是季铵盐化合物，易给出阳离子与蛋白质纤维中的—COOH 产生离子键结合：

$$蛋白质纤维—COOH + NaOH \longrightarrow 蛋白质纤维—COO^-Na^+ + H_2O$$

$$蛋白质纤维—COO^-Na^+ + 染料 \longrightarrow 蛋白质纤维—COO^-染料 + Na^+$$

③ 优缺点：染色均匀；耐洗牢度不高。

④ 能与金属离子形成配位络合物的酸性染料，称为金属络合染料。

⑤ 如要对纤维素纤维进行染色，必须借助于碱性金属的氧化物作媒染剂，因为酸性染料对纤维素没有亲和力。

6.3.2 纤维素纤维用染料

另一类天然纤维是纤维素纤维。纤维素纤维是大吨位的天然纤维，尤其棉纤维在天然纤维中占比 94.9%，是继涤纶之后的第二大纤维类别，研究其染色具有重要意义。纤维素纤维包括棉、麻、人造纤维等，不含酸性和碱性基团，不能与染料形成离子键，但含有大量羟基，所以，纤维素纤维染色的原理是一些染料与纤维素纤维分子中的羟基形成了氢键或通过与纤维分子的羟基、氨基反应形成了共价键而使纤维染色的。可用于纤维素纤维染色用的染料有直接染料、冰染染料、还原染料、硫化染料、活性染料等。

（1）直接染料

直接染料与纤维分子通过形成两个以上的氢键以及范德华力相结合，分子中含有磺酸基、羧基而溶于水，在水中以阴离子形式存在，与纤维素具有很强的亲和力，染棉时不需媒染剂，可使纤维直接染色，故称直接染料。由于直接染料是通过物理吸附或氢键结合而使纤维素纤维染色的，所以染色纤维的耐水洗和耐摩擦牢度低。在中性或弱碱性介质中能染棉、麻等，在中性或弱酸性介质中能染羊毛、蚕丝等。

直接染料按化学结构分为偶氮型、二苯乙烯型、酞菁型和二噁嗪型。典型产品有刚果红、直接黄 11 等。直接染料染色方便，色谱齐全，价格低廉，缺点是染色是可逆的，易褪色、染色坚牢度差；其许多重要品种均是联苯胺及其衍生物，致癌，已受到禁用。目前提出了一些中间体以代替联苯胺，例如：

$$H_2N—\underset{}{\bigcirc}—CONH—\underset{}{\bigcirc}—NH_2$$

4,4'-二氨基苯甲酰苯胺

5-氨基-2-(4-氨基苯基)苯并咪唑

$$H_2N—\underset{}{\bigcirc}—NHCONH—\underset{}{\bigcirc}—NH_2$$

4,4'-二氨基二苯脲

$$H_2N—\underset{}{\bigcirc}—O—\underset{}{\bigcirc}—NH_2$$

4,4'-二氨基二苯醚

1,5-二氨基萘

（2）冰染染料

由冰染色酚和冰染色基（芳伯胺）的重氮盐发生偶合而在纤维染席上形成不溶性染料，

与纤维完全以氢键结合。冰染染料染色纤维素纤维需要色酚打底和色基显色两个过程，色基显色过程通过与已经吸附在纤维上的色酚发生偶合反应，通常在近于 0℃下进行的，故称冰染染料。冰染染料色泽鲜艳，坚牢度好，适用范围广，色谱齐全和价格低廉，广泛用于纤维素纤维、丝、毛、聚酯、尼龙和醋酸纤维等染色，但使用较复杂。

（3）还原染料

在碱液中将染料用保险粉（$Na_2S_2O_4$）还原后使棉纤维上染后再氧化显色。还原染料多为蒽醌衍生物和蒽酮衍生物，有不溶和可溶于水两种。不溶性染料在碱性溶液中还原成可溶性的隐色体，织物浸于隐色体溶液，染色后在空气中暴露氧化使其在纤维上恢复其不溶性而使纤维着色。可溶性染料则省去还原一步。

CI还原黄 2

这类染料主要用于纤维素纤维的染色和印花。优点是耐洗、耐光、坚牢度优异；缺点是颜色较暗。

（4）硫化染料

不定结构化合物，和还原染料相似，不溶于水，需先用硫化钠还原为可溶形态，纤维染色后在空气中氧化显色。硫化染料用于染棉已经超过 1 个世纪，典型产品是硫化黑，它的制备是以 2,4-二硝基苯酚和多硫化钠水溶液共热，吹入空气使所有还原体都氧化成为不溶性染料。芳香环以二硫键与二硫氧键相连，在应用时，硫化钠破坏二硫键和二硫氧键，在芳香环上留下—SNa 基。这种较小的分子可溶于水，在空气中可再氧化为原来的不溶性物质。

综上所述，酸性染料和碱性染料染色蛋白质纤维，直接染料、冰染染料、还原染料和硫化染料染色纤维素纤维都近似物理结合，因而酸性染料、碱性染料、直接染料和硫化染料染色的纤维耐水洗和耐湿摩擦牢度都较低。为了改进天然纤维染色牢度，科研工作者使用固色剂来提高直接染料等染色纤维的染色牢度，但还是不能解决大多数染料的牢度问题。而冰染染料和还原染料由于不溶于水使得其染色的纤维素纤维具有很好的耐水洗和耐湿摩擦牢度，但是冰染染料的染色过程比较复杂，还原染料分子结构和生产过程也很复杂，使得其用量也越来越小。

（5）活性染料

染棉、麻、黏胶纤维和羊毛的最好染料。活性染料分子中含有能与纤维分子中羟基、氨基等发生反应形成共价键的活性基团，通过与纤维形成共价键而使纤维着色，又称反应染料。活性染料与纤维素的反应分为亲核取代反应和亲核加成反应。由于活性染料与纤维素纤维以共价键结合，所以特别耐洗。最初的活性染料 ProcionM 来源于三氯均三嗪，它和染料反应使之含有活性基。作为母体染料，常用偶氮、蒽醌和酞菁等染料，反应后生成均三嗪取代物，它在弱碱溶液中应用于纤维的染色或印花。假如染料对纤维素有亲和力，它就和纤维素上的大量离解的羟基反应使染料分子借均三嗪桥基和纤维相连。后来相继开发出其他活性基团以使染料与纤维相结合，包括三氯吡嗪酰胺衍生物、二氯哒酮、二氯喹噁啉-6-羧酰胺衍生物、乙烯砜、2-羟乙基磺酰胺硫酸酯衍生物、某些丙烯酸衍生物。

$$Dye-HNOC\text{（三氯嘧啶环）} \quad Dye-N\text{（二氯哒酮环）} \quad Dye-NHOC\text{（二氯喹噁啉环）}$$

三氯吡嗪酰胺染料　　　　二氯哒酮染料　　　　二氯喹噁啉-6-羧酰胺染料

$$Dye-SO_2CH=CH_2 \quad Dye-NHSO_2CH_2CH_2OSO_3H \quad Dye-NHCOCH_2CH_3$$

乙烯砜染料　　　　　2-羟乙基磺酰胺硫酸酯染料　　　　丙烯酰胺染料

活性染料的优点是色谱齐全、色泽鲜艳、匀染性好、耐洗、性能优异、工艺简单经济、适应性强、成本低,其色相和性能基本上与市场对纤维和衣料的要求相适应,是目前性价比最高的纤维用染料,也是取代禁用染料和其他类型纤维(包括纤维素纤维、蛋白质纤维和聚酰胺纤维)用染料的最佳选择之一。自从 1956 年活性染料问世以来,经过 70 余年的发展已逐步取代冰染染料、直接染料、硫化染料和还原染料,成为纤维素纤维印染的主要染料。活性染料近年来产量显著增长,世界产量已超过染料总产量的 1/4,名列纤维素纤维用染料的首位。

虽然活性染料是一类发展前景很好的染料,但是活性染料染色时,存在染料水解的问题,造成染料利用率低。另外,彻底去除纤维上水解活性染料需要消耗大量的水,产生大量含染料的废水,带来水资源浪费和水资源污染问题。活性染料染色过程中,还必须加入大量盐,以降低染料上染纤维的静电斥力,促进染料上染。大量盐的加入进一步加重了染色废水的污染。因此如何提高活性染料利用率,实现低盐(无盐)低碱染色,减少废水排放和污染等一直是活性染料领域重点关注的发展方向和研究课题。

6.3.3　合成纤维用染料

在二十世纪三四十年代,合成纤维开创了纺织纤维的新纪元,相继有多种合成纤维问世。染料的发展历来与纤维的开发紧密联系。合成纤维包括尼龙、锦纶、聚酯纤维、三醋酸纤维、聚丙烯腈纤维、聚丙烯酸纤维等高分子聚合物。这些聚合物分子链上无活性基团,其结构中缺少羊毛和棉那样的空隙,且有显著的憎水性。因此通常采用分散染料、阳离子染料等染色。

(1) 分散染料

分子中无离子化基团,不溶于水,染色时借助阴离子或非离子型分散剂成为高度分散的胶体分散液,在高温下渗透进高分子纤维中,并被次价键力固着在纤维上而染色。对具有显著憎水性的化纤织物(如聚酯、三乙酸纤维等)具有良好的亲和力。由于染料不溶于水,所以耐洗牢度很好。分散染料多为不溶性的偶氮染料和蒽醌染料,最常见的分散染料是简单的不溶性单偶氮染料。例如 CI 分散红 1,11110:

$$O_2N-\text{（苯环）}-N=N-\text{（苯环）}-N\begin{cases}CH_2CH_2OH \\ CH_2CH_3\end{cases}$$

最近 20 年,偶氮类和杂环类分散染料成为分散染料研发的主流,一些具有良好染色性能且耐日晒和耐水洗牢度好的分散染料新品种相继见诸报道。在开发或筛选聚酯超细纤维用染料的过程中,发现杂环分散染料较其他类别的品种具有更好的性能,深得染料与染色领域内工作者喜爱。分散染料的优点是色谱齐全、色泽鲜艳、水洗牢度优良、适用性强。随着化纤工业的大量发展,分散染料的生产数量猛增,其世界年产量已占到世界染料总量的 45％～

47%，名列染料之首。

分散染料染尼龙可以得到很均匀的颜色，但是既不很深又不耐洗，所以常常采用酸性染料，它可以和聚酰氨链上的氨基结合。由于尼龙纤维上的结晶度的变动，酸性染料渗入的程度也不同，虽然染色很坚牢，但匀染性差，两种效果互相制约。

目前，国外的染料研究者在分散染料方面的研究工作更为突出，尤其在新型分散染料的分子结构设计方面。国内相关研究机构较少参与分散染料的基础性研究。

(2) 阳离子染料

阳离子染料又称碱性染料和盐基染料，分子中常带有一个季铵阳离子，溶于水中呈阳离子状态。它是聚丙烯腈纤维的专用染料，具有强度高、色泽鲜艳、耐光牢度好等优点，不仅用于腈纶和腈纶混纺织物的染色和印花，而且能用于改性涤纶、改性锦纶和丝绸的染色。

近年来，在低碳经济、结构调整和产业升级的大背景下，阳离子染料可染改性合成纤维迎来发展新机遇，市场潜力巨大。随着纺织业技术的发展，纺织品趋向高档化、多功能化，对常规产品的优化、阳离子改性纤维、抗起毛起球纤维等新产品纤维的需求迫切。阳离子改性纤维的研究从最开始的化学改性到近年来的物理化学表面改性，开发更加多样化，功能更加细化，以应对市场不断提高的多层次的需求。同时阳离子纤维生产越来越低碳环保、绿色节能。阳离子染料可染改性合成纤维的开发，最开始只是常规开发，注重颜色，随着市场需求的升级，阳离子染料可染改性合成纤维的开发日益复杂，出现了个性化的产品，一些抗菌、抗静电、抗紫外等新型功能化合成纤维及其面料研发也愈加火热。从 2000 年开始，经过十多年的快速发展，各种针织服饰层出不穷。服用类针织品由传统的内衣进入休闲服与时装领域，朝着舒适、保健、防护等功能性服装方向发展，阳离子染料可染改性合成纤维在针织面料中的应用十分广泛。

6.3.4 常用的功能染料

近年来，染料工业的研究重点开始由传统的染料向功能染料转变。功能染料与传统染料的区别在于它不单纯以染色为应用目的。该类染料的特殊功能与相关的光、热、电、化学、生物等学科交叉，应用于高技术领域。因此功能染料是指具有特殊功能性或专用性的染料。最重要的有以下几种。

(1) 近红外吸收染料

近红外吸收染料是一类功能性染料，由于其在近红外光区有很好的吸收且应用广泛，成了近年来染料行业研究重点之一。近红外吸收染料，就是利用它在 $700 \sim 1400nm$ 之间有强吸收的特点，可以作为一种光记录材料，在光敏数据盘，如激光唱片等领域对其加以利用。目前的光记录材料虽然仍以无机材料为主，但由于有机染料具有高清晰度和高灵敏度等方面的优点，得以迅速发展。镓-砷半导体激光是光记录材料的光源，它的发射激光波长为 $780 \sim 830nm$，因此必须开发在此吸收区的近红外吸收材料。具有近红外吸收功能的物质正不断被发现，例如菁染料、酞菁染料、金属络合物染料、醌型染料、偶氮染料、游离基型染料、芳甲烷型染料等。典型的有机近红外吸收染料的分子结构如下所示：

（2）液晶显示染料

用于手表、计算器液晶中的彩色显示染料是能与液晶配合的二色性染料，例如下列结构的染料：

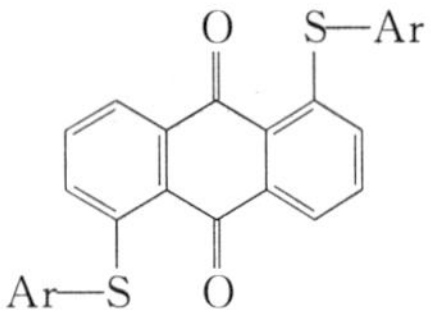

| 黄 | 红 | 蓝 |

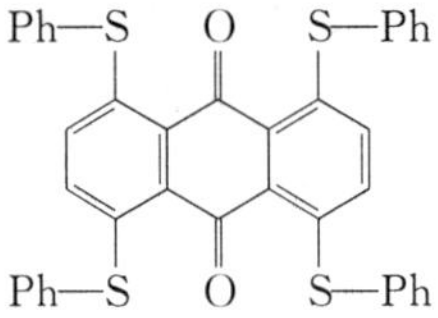

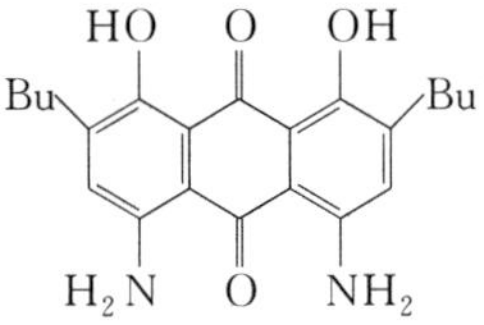

液晶随外加电压而转动，染料分子随之而转动，光吸收随之而改变。

（3）激光染料

激光染料是一种高量子产率的荧光染料，激光照射于染料溶液池中使染料分子激发出光子，此光子在池中往复反射，在极短时间内使其他染料分子激发放射，于是激光由半反射面中射出，光谱符合于染料的荧光光谱，然后用滤光片选择所需的激光波长，用于光谱学和大气污染监测、同位素分离、特定光化学反应、彩色全息照相以及疾病诊断治疗等方面。

1996 年，国际商用机器公司（IBM）的 Sorokin 和 Lankark 发现氯化铝酞菁染料可以产生受激发射，实现激光震荡，随后其他几种菁染料的受激发射也被人们发现。1967 年，Sorokin 等又用罗丹明 6G 染料进行激光输出，制成了第一台染料激光器。继氯化铝酞菁染料后，科学工作者们又发现了许多新的激光染料，主要有以下几类：①菁染料（产生红外域激光）；②香豆素及其衍生物（产生荧绿光区激光）；③咕吨类（产生绿橙光区激光）；④闪烁体类（产生紫外至460nm 的激光）；⑤双荧光发色团的激光染料；⑥噁嗪类、吡啶类、甲川类、多苯类等结构。

国内外寻找调谐范围宽、效率高、稳定性好的新激光染料的工作正方兴未艾，激光染料的研究主要集中在以下两个方面：①发展新型激光染料，包括扩展紫外及红外波长的覆盖范围，增加染料的荧光量子效率及提高染料对高泵浦光的吸收，进一步提高染料的光化学稳定性；②咕吨类染料的深入开发，包括合成高荧光量子效率、结构高度刚性化的复杂化合物，在光化学稳定性高的罗丹明染料中引入使激光波长红移的取代基，开发多荧光团激光染料等。此外，红外激光染料的研究是该领域的一大热点，最为活跃的是使染料输出波长向长波方向移动，直至 1.8μm，同时染料要具有好的光化学稳定性和较高的激光转换效率。

（4）压热敏染料

作为功能性染料的一个重要门类的压敏、热敏染料，是近年来国内外染料技术开发的热点和重点之一。此类染料是一种无色的色基，色基外面包覆一层感敏材料，在受压、热作用下，释放出胶囊中的染料，与显色剂作用显色，大量用于打字带。一般为三芳甲烷染料，在碱性和中性条件下为无色的内酯，和酸接触即开环而成深色的盐。

使用时将染料溶于高沸点溶剂并做成微胶囊，涂布于复印纸下层，和涂有酸性白土的纸接触，书写或打字时微囊破裂，染料和酸性白土接触而显色。

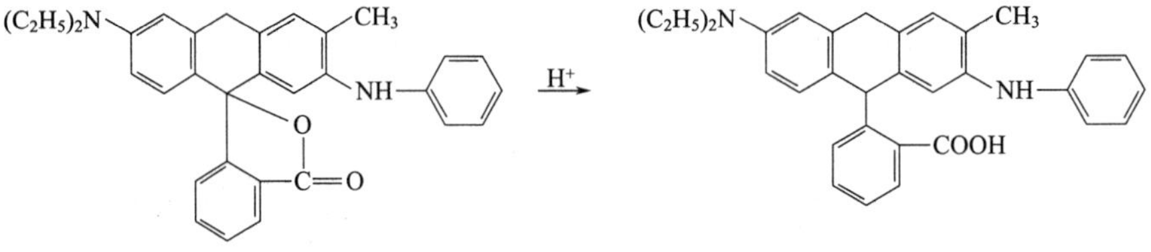

| 无色 | 绿色黑 |

热敏纸是用热笔使微囊破裂。无色染料通常用苯甲酸内酯类化合物，如结晶紫内酯、氧杂蒽-10-苯甲酸内酯等；发色剂一般为酚类化合物，如苯酚、双酚 A 等。

现代信息社会对无碳记录材料日益增长的需求为压敏、热敏染料的发展奠定了基础。现代有机合成技术的巨大进步和发展为开发新的压敏、热敏染料，改善现有商用染料的性能及合成工艺提供了更大的可能性。压敏、热敏染料在示温墨水、涂料、彩色电子摄影、印刷电路用紫外光固化树脂等新领域的应用也对其提出了更高的要求。因此，压敏、热敏染料的发展必将有更大的突破。

(5) 有机光导材料用染料

有机光导材料是当前使用广泛、发展异常迅速的一种信息记录和传递介质。染料和有机颜料可作为有机光导材料用于复印机感光筒的感光剂，随着电子照相的普及而被迅速开发。这类染料较以前使用的无机类的硒、氧化锌、硫化锌等毒性小、价格低，透明性好，成膜性好。一般为多偶氮颜料、多芳烃和胺类、苝酮二胺、蒽酮、芳酸颜料和酞菁颜料。

在有机光导材料中，由于高分子光导材料所占比重大，且光敏性也比有机化合物高，例如 PVK 的光敏性比乙基咔唑和咔唑约高 10 倍，因此高分子光导材料的研究更为人们关注，也是该领域的重点发展方向。多年来，为了提高有机光导材料的光敏性，该领域的前沿研究工作主要集中在新型光导材料、增感方法和不同器件应用等方面。

(6) 生物染色染料

用于动植物组织、细胞、血液及蛋白质、核酸等的生物染色，临床疾病检验用的各类染料，如孔雀绿、吖啶橙、茜红等。

(7) 其他功能染料

功能染料还有 pH 指示染料、光敏化染料、光变染料等。光变染料在光照下变色，黑暗中恢复原色，用于使癌细胞染色定位，使此细胞吸收激光而破坏，而不影响健康细胞。也可用于非线性光学材料，产生二次及三次谐振，从而使激光的波长转换。

6.3.5　染料的新进展

世界合成染料工业在近 160 年的发展历程中为美化人类生活和发展全球经济做出了巨大的贡献，但在一些国家却使染料工业成为高消耗、高污染的产业，这与人类发展染料工业的美好意愿相悖而行。因此，近年来世界各国都十分重视新染料的开发，目的是适应以下一些新的要求：①开发环境友好的染料，替代禁用染料和助剂；②适应新纤维和多组分纺织品染色的需要；③适应新工艺、新设备加工的需要；④适应高效、节水、节能加工的需要。新染料开发的重点是活性染料、分散染料和酸性染料等，它们分别用于纤维素纤维、聚酯纤维、聚酰胺纤维和羊毛的染色与印花，覆盖了近 90% 的纺织纤维，其中发展最快和最重要的是活性染料和分散染料。

(1) 活性染料

活性染料的开发包括新的发色体、多活性基及其在分子中的组合、连接基和不同染料的拼混。这些新活性染料的特点是：高发色强度、高直接性和固色性；高耐晒、耐洗牢度；低盐、低碱或中性染色和固色；环境友好；匀染性、重现性和配伍性好。为了适应染色或印花新工艺，还开发了许多专用活性染料如喷墨印花、小浴比、一浴法染色用的活性染料。除了纤维素纤维用活性染料外，还开发了不少毛用活性染料。

(2) 分散染料

分散染料是目前世界染料市场上开发最活跃的染料之一，其中可持续发展的新型分散染料最为重要，其性能特点是：①>88%的高上染率；②好的匀染率和重现性；③优良的提升性和相容性；④低的染色工艺参数变化的敏感性；⑤优异的可洗涤性；⑥高色牢度；⑦绿色环保。分散染料的新品种有的具有新杂环结构发色体，有的在剂型上进行改进，有的可适应超细涤纶、PLA 等新纤维染色，有的专用分散染料可用于超临界 CO_2 流体染色、含氨纶纺织品染色和喷墨印花，为了适应碱性染色或与活性染料一浴染色、还开发了一批耐碱性强的分散染料。

除了开发新的活性染料和分散染料外，为适应多组分纤维纺织品或新工艺染色，正在开发可染多种纤维的复合性染料，例如，分散-活性染料、分散-阳离子-活性染料等，不过目前还未能大量工业化生产和应用。

近年来，随着合成染料中的部分品种受到禁用，人们重新提起了对天然染料的兴趣。主要原因是大多数天然染料与环境生态相溶性好，生物可降解，且毒性较低。加上石油资源的消耗已显示合成染料原料不足，也促进了天然染料开发。天然染料一般无毒和低毒，主要来源是植物的叶花果实和根茎，容易生化降解，不会造成污染。有的天然染料来自动物和矿物。目前人们又发现细菌和真菌等微生物产生的色素也可作为天然染料来源。

值得注意的是，传统染色工艺需要大量的水来润湿和溶胀纤维，并依靠多种助剂、分散剂和表面活性剂来完成着色过程，随后还要进行一系列后续加工，过程繁杂并产生严重的污染。此外，废水中还含有重金属、含硫化合物及各种难于生物降解的有机助剂，印染废水不能通过传统的混凝、过滤、吸附、生物降解等方法进行有效处理。因此印染行业推行清洁生产是其可持续发展的必由之路。Schollmeyer 于 1991 年在世界上首先发表了有关在超临界 CO_2 中进行纤维染色的论文，轰动了染色加工行业。超临界二氧化碳染色不用水、无废水污染，属于环保型的染色工艺。染色结束后降低压力，二氧化碳迅速气化，因而不需要进行染后烘干，既缩短了工艺流程，又节省了烘燥所需的能源。而且上染速度快、匀染和透染性能好，染料的重现性极佳。二氧化碳本身无毒、无味、不燃，染料可重复利用，染色时无需添加分散剂、匀染剂、缓染剂等助剂，减少了污染，有利于环境保护。一些难染的合成纤维也可进行正常染色，解决了传统染色加工中的环境污染问题。

6.4 颜料概述

6.4.1 颜料的性能

颜料与染料不同。染料是有色的有机化合物，一般是可溶性的（溶于水或有机溶剂），或转变为可溶性溶液，或有些不溶性的染料（如分散染料等）可通过改变染色工艺或经过处理成为分散状态而使纤维物质染色。传统用途是对纺织品着色，通过被染色纤维吸附或与之发生化学结合或机械固着使纤维材料或其他物质染成鲜艳、坚牢的颜色，其自身颜色不代表它在织物上的颜色。颜料是不溶性的有色物质，以高度分散微粒状态使被着色物着色，对所有的着色对象均无亲和力，常和具有黏合性能的高分子材料合用，靠黏合剂、树脂等其他成膜物质与着色对象结合在一起。传统用途是对非纺织品（如油墨、涂料、塑料、橡胶等）进行着色。

颜料的主要指标有色相、着色力、遮盖力、透明性、耐迁移性、耐晒牢度、耐热性能、易研磨性和分散能力等。下面简单介绍几个主要指标。

① **着色力** 着色力是颜料与作为基准的白色颜料混合后颜色的强弱能力，也是指颜料赋予底物颜色深度的一种度量，是颜料的一种重要应用性能。着色力是颜料对光线吸收的结果，颜料对光线的吸收能力越大，其着色力越高。着色力性质对于调制混合颜料有应用价值。选用着色力较强的颜料，可减少用量，降低成本。

② **遮盖力** 遮盖力是指颜料涂于物体表面时，遮盖该物体表面底物的能力，常用完全遮盖单位表面积底物最少所需颜料的量来表示。遮盖力受颜料的吸光特性、粒子大小、晶型因素的影响。

③ **透明性** 一些浅色的有机颜料其涂层具有透明性。判断颜料透明性高低的方法一般是：将含有机颜料的涂层及不含有机颜料的涂层分别涂于相同的黑色底物上，通过比较底物黑度的变化来对颜料的透明性做出定量分析。

④ **耐迁移性** 迁移性指着色的橡胶、塑料等制品经过一段时间后，表面发生浮色现象。对于这类制品使用颜料，其耐迁移性是十分重要的性质。

具有使用价值的颜料需具备以下应用性能：

① 有一定的色调、明度和饱和度，色彩鲜艳、着色力强，能赋予被着色物（或底物）坚牢的色泽；

② 不溶于水、有机溶剂或应用介质；

③ 在应用介质中易于均匀分散，而且在整个分散过程中不受应用介质的物理和化学性质影响，保留它们自身固有的晶体构造；

④ 耐光、耐候、耐热、耐酸碱、耐有机溶剂。

6.4.2 颜料的分类

颜料可分为有机颜料和无机颜料两大类。有机颜料的结构、颜色规律以及合成原理与染料是一致的，也可以相互转化。水溶性染料也可以通过颜料化工艺转为不溶性的有机颜料，称为色淀。广义地说，有机颜料是不溶性染料，但并非所有的不溶性染料都可作为有机颜料。因为有机颜料是以细微颗粒的分散状态分布于被着色介质中而使物体着色，因此，其应用性能不仅取决于化学结构，而且与颜料粒径的大小、分布、粒子表面的物理状态、极性、晶型以及与介质的相容性有密切关系。有机颜料颜色鲜艳、色调明亮、色谱范围广、品种多（有 557 个，我国能生产 130 个），具有比无机颜料高得多的着色力或着色强度，有些品种还具有高透明度，适于织物印花、塑料、橡胶、油墨和高档涂料的着色。有机颜料的耐久性、耐热性、耐溶剂性等虽比无机颜料稍差，但现代开发的高性能有机颜料对此已有很大的改进，因而用量急剧增加。2020 年全世界有机颜料的总产量已达 40 万吨左右，其中我国的产量为 22 万吨，占世界总产量的 50% 以上。许多生产颜料的公司，在开发新型结构品种的同时，还致力于研究颜料的表面特性，开发出了易分散型、高透明度、高着色力、流动性优异的具有不同特性的商品，以尽量满足各类应用行业的不同要求。

无机颜料色光大多偏暗，不够艳丽，品种太少，色谱不齐全，不少无机颜料有毒。但无机颜料生产比较简单，价格便宜，有较好的机械强度和遮盖力，适用于某些塑料、玻璃、陶瓷、搪瓷、涂料的着色。这些优点是有机颜料无法比拟的，所以目前无机颜料的产量大大超过有机颜料。我国是世界无机颜料的重要消费市场和各大颜料制造商的必争之地，同时也是世界无机颜料低档及初级品的重要贡献者，目前我国已经开始大力生产高档次和高质量的无机颜料产品，市场前景广阔。

6.5 典型颜料

6.5.1 白色颜料

白色颜料包括钛白（TiO_2）、氧化锌（ZnO）、立德粉［锌钡白，是硫酸钡/硫化锌（$BaSO_4/ZnS$）的复合体］、铅白（碱式碳酸铅，即碳酸铅＋氢氧化铅）、锑白（Sb_2O_3）、锆白等无机有色物质。

(1) 钛白

无嗅无味无毒的白色粉末，是最佳的白色颜料，化学性质稳定，遮盖力和着色力强。常用的有锐钛矿型和金红石型（耐候型）。广泛用于涂料、塑料、造纸、油墨、橡胶、搪瓷、化纤和化妆品。可以说，凡是白色或浅色的工业制品，都离不开钛白粉。其产量占无机颜料的50%以上，占白色颜料的90%以上，是最重要的无机颜料。

折射率是支配颜料光学性质的首要因素，它是不透明度、遮盖力和着色力的物理基础。二氧化钛，特别是金红石型，在白色颜料（表6-3）中折射率最高，性能也最好，所以用量也最大。

表 6-3　各种白色颜料的物理性质比较

颜料	锐钛矿型二氧化钛	金红石型二氧化钛	锌钡白	氧化锌	铅白	硫化锌
相对密度	3.9	4.2		5.5~5.7	6.8	4.0
折射率	2.52	2.71		2.03	2.09	2.37
遮盖力	333	414	118	87	97	
着色力	1300	1700	260	300	100	660
紫外线吸收/%	67	90	18	93		35
反射率/%	88~99	47~50	90	80~82	75~78	88

钛白的生产有硫酸法和氯化法两种，我国以硫酸法为主。该法以钛铁矿为原料，经粉碎、硫酸酸解、浸取和还原制得硫酸氧钛液，然后经沉降、冷冻结晶、过滤除去钛液中的杂质，浓缩并水解钛液得到偏钛酸沉淀，将偏钛酸进行过滤、水洗、漂白和盐处理，进一步除去非钛杂质和提高白度后，煅烧偏钛酸以脱水、脱硫并经粉碎得到钛白粉。有时还需将钛白粉进行无机包膜或有机表面处理，提高其耐候性、耐光性、分散性等，以满足不同的使用要求。

目前，我国已成为全球第一大钛白粉生产国和消费国。但是国内钛白粉企业主要采用硫酸法生产，生产线简单重复，我国的氯化法生产技术发展缓慢。而硫酸法与氯化法生产的钛白粉品质差异较大，一部分重要行业所需的高品质钛白粉长期依赖进口。同时，硫酸法钛生产工艺由于产生大量废硫酸污染环境，其环保问题严重。近年来我国积极引导氯化法钛白粉生产的快速发展，但受制于自主知识产权和创新技术的落后。实际上，由于硫酸法和氯化法生产钛白粉都存在各自的劣势，一些科研机构一直在探索更先进的工艺，例如氟化法钛白粉生产技术。

(2) 氧化锌

又称锌白，广泛应用于橡胶制品、涂料、塑料、搪瓷、医药、印刷、纤维等工业中。氧化锌大量用于橡胶中作硫化活性剂、增强剂和着色剂，在橡胶工业中的用量约占总产量的一半。氧化锌作为颜料主要用于涂料中，氧化锌形成的薄膜较硬，有光泽，还可起到控制真菌的作用，能防霉、防止粉化，提高耐久性；在金属防锈涂料中还能起到有益的防锈效果。所以，尽管钛白粉具有很高的遮盖力、白度和较低的密度，可是氧化锌仍是一种必不可少的主要白色颜料。

氧化锌的工业生产一般有干法和湿法。干法是将含锌矿或金属锌锭在高温下产生的锌蒸气与热空气接触氧化生成氧化锌，经冷却、捕集得到产品。湿法是在锌盐溶液中加入碱类或盐类得到氢氧化锌或碱式碳酸锌，经漂洗、干燥再高温热分解、粉碎得到产品。

6.5.2 黑色颜料

黑色颜料主要有炭黑和氧化铁黑。

(1) 炭黑

主要成分是元素碳，也含有少量的氧、氢和硫。其颗粒粒度一般为 $10\sim70nm$，粒子越细，颜色越黑，着色力越强。其黑度指数为 $60\sim260$（60 为黑度最低，260 为最高），遮盖力最好。90% 用于橡胶工业作补强填充剂，10% 用于涂料、油墨、塑料和造纸工业中作着色剂。由烃类物质经气相不完全燃烧或热裂解而制得。

(2) 氧化铁黑（Fe_3O_4 或 $Fe_2O_3 \cdot FeO$）

具有饱和的蓝墨光黑色，相对密度 4.73，遮盖力和着色力均很高，耐光、耐碱性能好，耐热性能差，在较高温度下（大于 200℃以上）易氧化为红色的氧化铁，广泛用于涂料、建筑（磨光地面、人造大理石）、油墨、印刷、塑料等中。

铁黑的生产方法有直接合成法和氢氧化亚铁氧化法。由氧化法生产的铁黑的着色力明显高于合成法生成的铁黑，近几年来被广泛采用。具体方法为：把硫酸亚铁和氢氧化钠投入反应器中，立即生成氢氧化亚铁溶胶，控制 pH 值在 8 左右，通入蒸汽逐渐升温至 100℃左右进行反应，同时通入空气进行氧化，反应 $8\sim10h$ 即可制得铁黑，其主要反应如下：

$$FeSO_4 + 2NaOH \longrightarrow Fe(OH)_2 \downarrow + Na_2SO_4$$

$$2Fe(OH)_2 + \frac{1}{2}O_2 + H_2O \longrightarrow 2Fe(OH)_3 \downarrow$$

$$Fe(OH)_2 + Fe(OH)_3 \longrightarrow Fe(OH)_3 \cdot Fe(OH)_2 \xrightarrow{\text{脱水}} Fe_2O_3 \cdot FeO$$

作为黑色颜料，炭黑一直备青睐，但它是疏水性物质，在水中难以分散，使用时因粉末飞扬，易造成粉尘污染。当它与苯类物质混合时会产生 3,4-苯并芘，对人体安全产生危害，且与其树脂的混溶性差，具有分散不均匀等缺点。四氧化三铁也可作为黑色颜料使用，但由于它具有磁性、易凝聚而且制成的产品色度不稳定，热稳定性差，应用受到限制。近年来，国外研究出了一些新的黑色粉末颜料，例如低价氧化锌、氮、氧化锌等，具有无毒、分散性好、热稳定性高等优点，且易于分散在树脂中，粒径可达微粉级，可用作油漆、印刷油墨等的着色剂，橡胶塑料制品的颜料。由于其重金属含量低、无毒，更适合于化妆品行业，用于制作化妆品的着色剂。

6.5.3 黄色颜料

无机黄色颜料有铅铬黄、氧化铁黄、镉黄、钛镍黄；有机黄色颜料有乙酰乙酰芳胺黄、联苯胺黄等。

（1）铅铬黄

化学成分为铬酸铅 $PbCrO_4$、硫酸铅 $PbSO_4$ 及碱式铬酸铅 $PbCrO_4 \cdot PbO$，色泽可由柠檬黄到橘黄形成连续的一段黄色色谱。铅铬黄是传统意义上最重要的无机黄颜料，色彩鲜艳、色域广泛、遮盖力强、耐溶剂、耐热、价格低廉，具有优良的使用性能，所以在涂料、油墨、塑料等领域得到广泛应用。但是铅铬黄致命的弱点是含有铅、铬重金属元素，不能用于不得含有铅的涂料和塑料中，使之在国际上的应用受到越来越严格的限制。目前的产品 65% 左右用于涂料工业，20% 用于塑料行业，15% 用于油墨、橡胶等行业。

铅铬黄的生产一般以氧化铅为原料，用硝酸或醋酸配制成铅盐，再同重铬酸钠进行沉淀化合反应。铬黄沉淀经过洗涤、过滤、烘干、粉碎等工序，各生产批次按色泽差别以一定比例进行拼混，得到符合标准色泽的成品。最后再用硅酸钠、硫酸铝等对产品进行表面处理，以稳定铬黄的晶形，提高颜料的耐光、耐热性能。

（2）氧化铁黄（$Fe_2O_3 \cdot H_2O$）

色光由柠檬黄到橙黄。色泽鲜明，具有良好的着色力、遮盖力，着色力与铅铬黄相当，耐光、耐候性能好，热稳定性较差，加热至 $150 \sim 200 ℃$ 时开始脱水变为铁红。广泛用于底漆以及建筑涂料、油墨、橡胶、造纸等中。

氧化铁黄的制备方法是将空气、铁皮和铁黄晶种在硫酸亚铁介质中，使 Fe^{2+} 和空气中的氧作用生成三价铁沉积于晶种上，同时析出硫酸，与铁皮再反应生成硫酸亚铁，经不断氧化而逐步形成所需的氧化铁黄。

（3）镉黄（硫化镉 CdS）

色泽由浅黄到橘黄。颜色鲜艳而饱和，色谱齐全，着色力优良，耐光、耐候性好，有毒。广泛用于搪瓷、玻璃、陶瓷、涂料、塑料及绘画中；镉黄几乎适用于所有树脂的着色，在塑料中呈半透明状；还可用作电子荧光材料。由碳酸镉或草酸镉同硫黄一起煅烧制得。

（4）钛镍黄

钛镍黄是 TiO_2-NiO-Sb_2O_5 的固熔体，即在二氧化钛晶格中引入了镍和锑元素而形成的黄色颜料。其化学性质稳定，耐光、耐热、耐候性优良，胜过金红石钛白，可用于汽车、航空、路标、化工设备、建筑涂料和耐高温涂料中。该颜料无毒，可用于玩具涂料和塑料、食品包装塑料中。缺点是色浅、着色力低、分散性差，不宜单独作为黄色颜料，多作为黄基和其他有机黄色颜料配合使用，用于浅色耐候性外用涂料。其制备方法与硫酸法钛白相同，即在硫酸法钛白的盐处理工序加入镍和锑的氧化物，然后过滤、煅烧、粉碎得到产品。

（5）有机黄色颜料

乙酰乙酰芳胺黄和联苯胺黄通常具有较高的着色力、鲜艳的色光，可制备出透明与不透明型品种，耐光牢度较好，光强度较弱，热稳定性、耐溶剂性较差，多用于油墨印刷、织物印染等。乙酰乙酰芳胺黄的生产是用硝基苯胺重氮化后和乙酰乙酰芳胺偶合，这类品种中最重要的一个品种是 CI 颜料黄 74，是由对硝基邻甲氧基苯胺重氮化后与乙酰乙酰邻甲氧基苯胺偶合而得：

CI 颜料黄 74

联苯胺黄则是由 3,3′-二氯联苯胺重氮化与乙酰乙酰苯胺偶合所得:

CI 颜料黄 17

3,3′-二氯联苯胺是"控制化学品",需在严格监视的条件下进行生产。

近年来,开发环境友好型黄色颜料来取代危害人们健康和环境的钒锡黄、钒锆黄、镉黄等传统有毒金属黄色颜料成为研究热点。因此稀土在黄色颜料中的应用引起人们的广泛兴趣,目前研究较多的是金属氧化物无机颜料,它是在颜料基体中掺杂了有色过渡金属离子或稀土离子,在颜料中起到发色团的作用。稀土黄色颜料作为一种新型的绿色环保颜料,具有呈色鲜艳、着色力强、高温稳定、化学稳定、无毒无公害等优点,在陶瓷、瓷釉、橡胶、塑料、涂料、绘画颜料、搪瓷及玻璃等工业中有广阔的应用前景。

6.5.4 红色颜料

红色颜料主要有氧化铁红、钼铬红、镉红、银朱、红色有机颜料等。

(1) 氧化铁红（Fe_2O_3）

色相由红黄相到红紫相,遮盖力很高,仅次于炭黑;着色力好、耐热、耐候、耐光、耐碱性、耐溶剂,能强烈吸收紫外线,具有防锈力,价格低,毒性小,用途广泛。常用作底漆、建筑涂料、塑料、化纤、皮革等的着色;用于橡胶中具有补强防老化的作用;还可用作化妆品、绘画等。可由含水硫酸亚铁在 250~300℃ 下脱水后,经研磨粉碎再在 700~800℃ 下煅烧制得。也可利用沉淀法制得的铁黄经水洗除去水溶盐,过滤并干燥、煅烧后而得。

(2) 钼铬红

钼铬红是含钼酸铅、硫酸铅、铬酸铅的颜料,色相由橘红到红色,颜色鲜明,着色力、遮盖力优良,经表面处理,其耐候、耐光性可达优良,但有毒,一般用于涂料和塑料中。由硝酸铅、重铬酸钠、钼酸钠、硫酸钠作原料,根据配比混合共沉淀,再经过酸化,使晶型转型,并经过洗涤、过滤、干燥、粉碎等过程而制得。

(3) 镉红

镉红是 CdS/CdSe 或 CdS/HgS 固熔体,色泽由橘红到红紫,耐候和耐腐蚀性优良,遮盖力强。广泛用于搪瓷、玻璃、涂料、塑料、造纸、皮革等中。可以碳酸镉、硫和硒为起始原料,直接煅烧而成。

(4) 银朱（硫化汞、朱砂）

具有鲜艳的红色,有很高的遮盖力和着色力,其耐光性较差,用作室内颜料。用银朱和经过处理的大漆制成的银朱漆,漆膜色泽鲜明红亮,久不变色,制成的漆器是名贵的传统工艺品。银朱大量用于印泥、绘画、塑料、橡胶中。

(5) 红色有机颜料

作为基本色谱之一,在应用中具有重要的意义,在品种类型以及生产数量上居各色谱有机颜料之首。包括不溶性偶氮类、色淀类、杂环类、喹吖啶酮、1,4-吡咯并吡咯二酮颜料等。大部分红色颜料是简单的单偶氮化合物,多数由苯胺衍生物重氮化后与 2-萘酚或它的衍生物发生偶联反应制得。如 CI 颜料红 3 是由邻硝基对甲苯胺与 2-萘酚合成的：

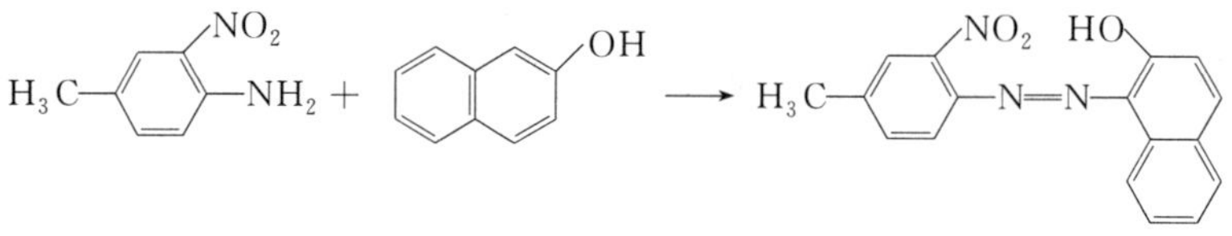

CI 颜料红 3

偶氮类、杂环类等红色颜料，不仅具有鲜明的颜色、较高的着色力与透明度，且耐热、耐溶剂性能优良，价格低廉，是高档涂料、印墨、塑料、化纤等着色的重要品种，用途广泛。

喹吖啶酮颜料又称酞菁红，属高性能有机颜料，具有高的透明度、高的耐迁移牢度、耐晒牢度、耐气候牢度和非常高的热稳定性。生产工艺复杂，但附加值高。主要用于高档轿车面漆或户外宣传广告漆、外墙涂料、油墨和耐晒塑料中。作为三原色之一的红色色浆就是由喹吖啶酮颜料制成的。典型品种有 CI 颜料紫 19、CI 颜料红 122：

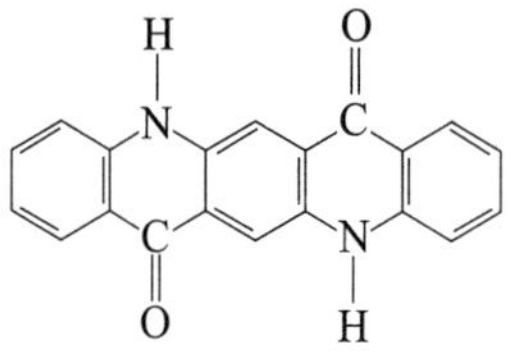

CI 颜料紫 19 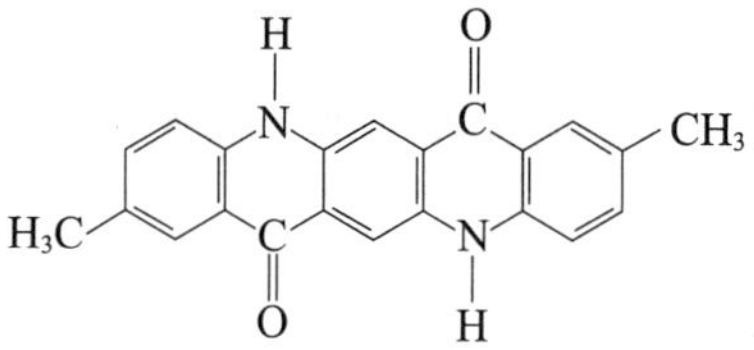   CI 颜料红 122

1,4-吡咯并吡咯二酮颜料（DPP）是近年来最有影响的新发色体颜料。它是由 Ciba 公司在 1983 年研制成功的一类全新结构的高性能颜料，不仅性能优良，而且生产工艺简单，对环境相对较友好。它的问世被誉为是有机颜料发展史上的一个新的里程碑。色谱主要为橙色和红色，色泽鲜艳，着色力高，具有很高的耐晒牢度、耐气候牢度和耐热稳定性。常用于汽车漆、涂料、油墨、合成纤维和塑料制品中，典型品种为 DPP 红（CI 颜料红 255）：

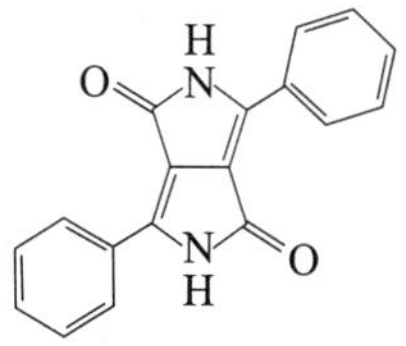

CI 颜料红 255

Ciba 公司制备 DPP 颜料的方法是用无水丁二酸酯与苯腈及其衍生物在醇钠的存在下进行缩合，反应各阶段生成的中间体无需分离且可在同一反应器中一次完成，产率相当高。该颜料的生产方法在 2003 年以前处于专利保护期，除 Ciba 公司外，世界上未有其他公司生产。2003 年以后，该颜料的专利保护陆续到期，目前世界上已有多个国家在大力开发和生产该系列颜料。

6.5.5 蓝色颜料

蓝色颜料主要有铁蓝、群青、钴蓝、有机酮酞菁、稀土蓝色颜料等。

（1）铁蓝

主要成分为 $Fe_4[Fe(CN)_6]_3$，色调从暗蓝到亮蓝，具有很高的着色力、耐光性；不耐碱和浓酸，是廉价的蓝色颜料，大量用于涂料和油墨中，尤其在油墨中呈现出优良的颜色和使用性能，多用作黑色油墨和新闻油墨的调色剂。铁蓝和铅铬黄拼成的铅铬绿，则是油漆中常用的绿色颜料。

铁蓝可由亚铁氰化钾和硫酸亚铁为原料进行沉淀反应，再在酸性介质中将沉淀物用氯酸盐或重铬酸盐加以氧化，然后经过滤、洗涤、干燥、表面处理而制得。

（2）群青

群青是以硅酸盐为主要原料，经高温煅烧而形成的多元素、多色调、无毒的无机颜料，国外已生产有蓝色、红色、紫色，以蓝色为主。我国目前只有蓝色。蓝色群青可用分子式 $Na_6Al_4Si_6S_4O_{20}$ 来表示，它色调艳丽、清新，非其他蓝色所比拟，甚至无法调配。具有极好的耐光性、耐碱性、耐热性、耐候性，在 $200℃$ 下长时期不变色，有较好的亲水性。可用于塑料、涂料、合成树脂、油墨、橡胶、建筑、纸张、洗涤剂、绘画颜料、化妆品等。

群青是以硅酸盐为主要原料，经高温煅烧而成。将经过干燥、脱水、研细的高岭土、纯碱、硫黄、石英砂和木炭按比例混合后装入坩埚炉中，在 $730\sim800℃$ 下煅烧后再进行水洗、研磨、干燥粉碎和配色处理即可。

（3）钴蓝

化学名称铝酸钴 $CoAl_2O_4$，色泽鲜明，有极优良的耐候性、耐酸碱性，能耐各种溶剂，耐热高达 $1200℃$，为一般颜料所不及。着色力不及酞菁蓝，遮盖力很弱，无毒，价格较高。主要用于耐高温涂料、陶瓷、搪瓷、玻璃、耐高温的工程塑料等的着色和美术颜料。可由硫酸钴或氧化钴等与铝化合物（钾明矾、硫酸铝等）混合煅烧而制得。

（4）有机酮酞菁

有机酮酞菁具有优异的耐光、耐热、耐候性，颜色鲜艳、着色力强，应用性能全面优异，为高级颜料。广泛用于印刷油墨、涂料、塑料、皮革、橡胶等中。其合成工艺简单，成本较低，是在钼酸铵存在下在硝基苯或三氯苯中由邻苯二甲酸酐与尿素和铜盐反应制得：

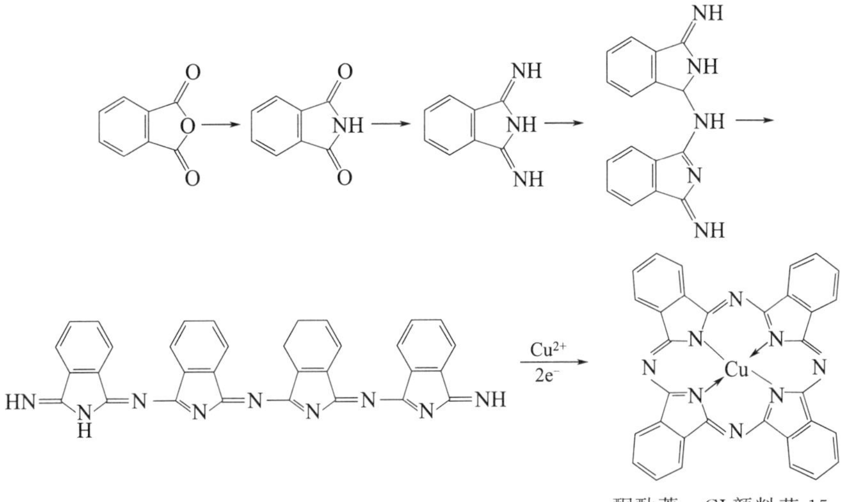

酞菁菁，CI颜料蓝15

酞菁菁颜料与偶氮系列颜料是有机颜料中的两大重要类别，两者产量之和约占总产量的 90%。主要是获得蓝色和绿色品种，国外几乎所有颜料厂均生产酞菁颜料。

（5）稀土蓝色颜料

近年来，稀土蓝色颜料受到人们的关注。稀土离子电价高，半径大，易受极化，极化强度愈高折射率愈大，在陶瓷颜料中利用稀土离子的高折射率，使装饰画面色泽鲜艳；在颜料中稀土元素起发色团的作用，显示稀土元素相应的色调，稀土元素作为掺杂剂进入其他化合物晶格中改变晶相结构或晶格参数而使颜料产生特殊色调，起着变色、稳色和助色作用；稀土元素通过电子跃迁产生的激发能传递给其他离子而产生光致变色。由稀土元素制备的无机颜料颜色更柔和、纯正、色饱和度及明度更好，同时具有耐腐蚀、高温下稳定、无毒无公害等特点。

目前，已开发的稀土蓝色颜料有稀土掺杂 $CoAl_2O_4$ 蓝色颜料、镧掺杂混合氧化物蓝色颜料、$YIn_{1-x}Mn_xO_3$ 蓝色颜料、Mn^{3+} 掺杂 YInO 三角双锥六角形层状结构蓝色颜料等。特别是在稀土化合物中掺杂 Mn^{3+} 得到三角双锥六角形单层、双层和三层的蓝色颜料，作为一种新型的环保蓝色颜料，具有呈色鲜艳、着色力强、高温及化学稳定性好等特点，可以在陶瓷、瓷釉、橡胶、塑料、涂料、绘画颜料、搪瓷及玻璃等工业中应用，具有广阔的发展前景。

6.5.6 绿色颜料

绿色颜料有铅铬绿、氧化铬绿、铁绿、酞菁绿、稀土绿色颜料等。

(1) 铅铬绿

由铬黄和铁蓝或酞菁蓝组成的混合拼色颜料，颜色鲜艳纯正，价格低廉，应用广泛。其颜色依赖于铬黄和铁蓝的比例，蓝色颜料越多，颜色越深。性能也取决于两种颜料。铬黄同酞菁蓝配制的铅铬绿色泽更艳，性能更好。主要用于配制绿色油漆和涂料。采用两种颜料进行共沉淀法制得的颜料色泽较干拼色法好。

(2) 氧化铬绿（Cr_2O_3）

橄榄绿色，具有极优良的耐热性，可耐 1000℃不变色，耐候性、耐酸碱性也好，无毒。但色调不够鲜艳明亮，遮盖力、着色力差。可用于陶瓷、搪瓷、橡胶、高温涂料的着色和美术颜料，供配制印刷纸币及有价证券的油墨。其色泽近似于植物的叶绿素，可用于伪装漆，能使红外摄影时难以分辨，在二次世界大战时曾用于武器的伪装涂料。其水合物称氧化铬翠绿，颜色呈深翠绿色，较氧化铬绿鲜艳，耐光、耐候等性能均较佳，但耐热性差，200℃以上可失去结晶水。用于涂料、油墨及美术颜料。

氧化铬绿可由氢氧化铬煅烧脱水制得；也可由重铬酸的钠盐或钾盐与还原剂（硫、软木炭、淀粉、氯化铵等）经高温煅烧而制得。

(3) 铁绿

由氧化铁黄和酞菁蓝两种颜料经机械混合的复合颜料，根据两种颜料配比的不同可以产生由浅至深绿一系列的铁绿品种。氧化铁黄虽然色泽不够鲜明，但具有耐光、耐候、耐溶剂、耐碱等许多优点；酞菁蓝的着色力强，又具备各种优良性能，两者配合效果很好。铁绿因其价格低廉，且具有独特的耐光、耐候、耐碱等性能，已取代了价格较高的氧化铬绿而成为首选的水泥着色绿色颜料。

(4) 酞菁绿

有相当生产量的唯一绿色有机颜料是 CI 颜料绿 7，由酮酞菁直接氯化而成。酞菁分子外围的十六个氢原子可被卤原子取代，形成卤代酮酞菁，随卤原子取代数量的增多，颜色加深，直至生成高级绿色颜料酞菁绿，因而酞菁绿和酞菁蓝有相同的良好性能。

(5) 稀土绿色颜料

稀土绿色颜料发色原理同稀土蓝色颜料一样。目前开发的品种有混合稀土合成的钼酸稀土 RE_2MoO_6 新型绿色颜料；碱土金属掺杂钼酸镨绿色颜料；铜酸稀土 Y_2BaCuO_5 和 $Y_2Cu_2O_5$ 绿色颜料；Ca^{2+} 掺杂 $PrPO_4$ 或 Nd_2S_3 的绿色颜料等。

6.5.7 金属颜料

金属颜料是由粉末片状的金属或合金组成,是颜料中一个特殊品种,属装饰性颜料,可使被涂装的物品绚丽多彩,具有明亮的金属光泽和金属闪光效果。

常见的金属颜料有铝粉、锌粉、铜锌粉、铅粉、不锈钢粉等。铝颜料是目前用途最广、品种最多的一类金属颜料。铝颜料遮盖能力极好,具有漂浮性,对光不透明,能反射可见光、红外线、紫外线的 $60\%\sim90\%$,对太阳光照射具有散热作用,耐气候性良好,防腐和耐水性能佳,屏蔽性良好。铝颜料还具有特殊的"双色效应",即在含有透明颜料的载体中,铝粉的光泽度和颜色深浅会随入射光的入射角度和视角的变化而发生光和色的变化。最初利用它的金属色泽作装饰用,现在发展到使被饰物具有五彩缤纷的颜色,同时还呈现金属亮点。由于铝颜料的高反射能力,由其制得的涂料能起到保温、防光和热辐射的作用,其片状的结构还能起到降低水蒸气、氧和其他腐蚀介质渗透的作用。铝粉颜料因具有这些优良特性而被广泛用于汽车、建筑材料、房屋装饰、涂料、油墨、仪器设备、家用电器等不同领域。

铝粉颜料有粉料和浆料两种形式。其制备方法有雾化法、球磨法等。空气雾化法是最早的工艺方法,它是通过喷嘴以压缩空气或惰性气体或高压水将熔化的铝喷成雾状,雾状铝冷凝成粉,然后将铝粉筛分分级形成产品。特点是生产能力大,成本低,设备简单,但生产安全性差,空气中的铝粉达到相当浓度时遇到火花可能引起爆燃。目前已开发了用惰性气体或高压水代替空气的安全喷雾法。

金属铝具有很好的延展性,很易被压制成片状的,所以铝粉颜料大都以球磨法生产。分干法球磨和湿法球磨。干法生产是用雾化铝粉、表面处理剂(油酸、亚麻酸、硬脂酸等)在惰性气体内直接研磨制取铝粉。湿法生产是以煤油或 200 号溶剂汽油作保护,添加上膜剂、分散剂、增亮剂、防沉降剂等助剂,把雾化铝粉球磨成特定的鳞片状粒子结构生产铝粉浆。通常采用湿式球磨法。改变铝粉粒度和研磨时间,可得到不同细度规格的产品。铝粉浆产品的用途与粒径有重要关系,如防锈涂料、沥青涂料及建筑物等使用的铝粉浆粒径较大。内外装饰涂料漆、调合颜料,隔热、防水等持久保护涂料则需普通细浆即可。而应用于高档装饰涂料的细白铝银浆、电镀型铝银浆、仿电镀型铝银浆等,粒径多在超细的 $22\mu m$ 以下。颜料涂层的金属效果与铝颜料的形状、表面均匀度、主要粒径、粒径分布、平均厚度、厚度分布及长宽比等因素有关。

目前,人们对铝粉颜料的研究热点是对颜料进行表面改性,已开发出机械化学改性、氧化改性、表面化学改性、胶囊改性、包覆改性和沉淀改性等表面改性方法。通过表面改性,可使活泼的铝粉惰性化,用于水性体系时表面不与水反应,提高耐候性、分散性和储存稳定性;同时通过以上各种改性方法可以制得多功能铝粉(推进剂、颜料等)。如彩色铝粉颜料是一种经过表面改性处理的片状铝粉颜料,既具有铝粉颜料原有的金属光泽,同时具有鲜艳的颜色,具有抗腐蚀性强、绝缘性好、不易褪色、价格低廉等特点,在汽车、涂料、油墨、印刷印染等工业领域和美工装饰等领域得到了广泛的应用,为拓宽金属颜料的色彩范围开辟了广阔的途径。

纳米材料与技术在粉末涂料行业的应用,促进了 GMA 丙烯酸树脂实用性开发,为金属粉末涂料在汽车等高装饰性行业的发展提供了基料基础。美国福莱克斯等公司采用高新包覆处理技术,开发出火雾、激光、变色龙等新型金属颜料,能给金属粉末涂料带来无穷的色彩变幻。徐州正菱涂装公司等研制了富含创造性的热混设施与涂装生产线，根本解决了金属粉末涂料现有加工设备生产过程中存在的质量隐患，为金属粉末涂料多层施工创造了条件。美国诺信、德国瓦格纳尔等公司开发推出了一种专用于金属粉末涂料喷涂的喷枪，为金属粉末涂料的安全施工提供了保证。阿克苏诺贝尔、徐州正菱等公司将片状锌粉成功应用于粉末涂料中，推出了锌基重防腐粉末涂料，经实际应用证明可以取代热镀锌工艺，解决了镀锌工艺造成的巨大环境污染问题。

6.5.8　珠光颜料

千百年来，晶莹剔透、光彩夺目的珍珠都是人们喜爱和珍视的装饰品。然而天然珍珠是蚌或蛤蚧等贝壳动物体内的一种"类结石体"，其来源很有限。所以，人们一直在探索采用人工制造珍珠光泽的方法。1971年，美国杜邦公司的化学家们成功地开发出新型的珠光颜料——云母钛珠光颜料，从此，人工合成珠光颜料真正进入一个具有实用价值的新阶段。

6.5.8.1　云母钛珠光颜料的特性及分类

云母钛珠光颜料是以微细天然白云母为基片，在其表面包覆一层或交替包覆多层具有高折射率的二氧化钛及其他金属氧化物膜而制成的。它利用光在二氧化钛薄层上产生的干涉现象而呈现出珠光光泽。当光线照射在云母钛珠光颜料表面时，一部分光线反射，另一部分光线则投射到下一层晶体上又重复进行光的反射和投射。由于反射光存在光程差，就会产生光的干涉现象，使颜料表面呈现出色彩绚丽、斑斓夺目的珠光光泽。包膜的厚度不同，反射光的光程差就不同。如此反复对入射光产生干涉，使复合光分解成五颜六色的单色光，从而使颜料呈现出各种不同的珠光色彩。其光学作用如图6-3所示。

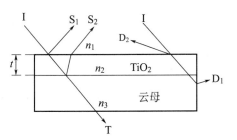

图6-3　TiO_2/云母钛珠光颜料的光学作用

I—入射光；S—反射光；D—散射光；n—折射率 $n_1 > n_2 > n_3$；T—投射光；t—TiO_2薄膜的厚度

作为新型的装饰性颜料，珠光颜料具有以下特殊的光学特性。

① 对于粒径较细的珠光颜料，在光的干涉和强烈的散射作用下，颜料会呈现出类似丝绸和软缎般细腻柔和的珍珠光泽；当粒度较粗时，强烈的反射作用和光的干涉双重效应，使得颜料会呈现星光闪烁的金属光泽。

② 若从光线的反射角观察珠光颜料时，能看到最强的干涉色，而偏离反射角时只能看到珠白色或其他吸收色，即所谓的"视角闪色效应"。

③ 采用干涉色云母珠光颜料与相应的树脂成的涂膜或塑料薄膜，在光的照射下能同时显示两种不同的颜色，即"色转移效应"。如具有干涉色的珠光漆涂装的轿车，其色彩会随着轿车车身的曲率而发生变化，色转移效应为从蓝变到橙；从黄变到紫；从红变到绿，亦即从珠光颜料的反射色变为其互补色。

云母钛珠光颜料所具有的这些特性使其具有各种奇妙和梦幻般的装饰效果。不仅色彩绚丽，而且还具有无毒、化学稳定性好、遮盖力强、折射率高、耐高温等特点，因而被广泛地应用于涂料、油墨、化妆品、橡胶和塑料皮革、印刷、陶瓷和搪瓷、纺织、玩具、汽车工业等行业中的装饰，被人们誉为"现代精细化工的工艺品"。

云母钛珠光颜料从色泽上大致可以分为银白类、彩虹类及着色类。

（1）银白类

银白类是最通用的一类云母钛珠光颜料。其 TiO_2 包覆率为 8%～28%，膜的厚度较薄，其光学厚度通常<220nm，白光在云母钛表面反射而没有透射光，所以只能呈现单一的银白色相。但 TiO_2 包覆率越高，颜料的珍珠光泽也越强烈。

（2）彩虹类

当云母表面 TiO_2 薄膜的厚度>200nm 时，入射光会产生多层次反射与干涉作用，引起不同的干涉色效应。随着薄膜厚度的增加，珠光颜料的干涉色由银白色逐渐变化到金色→红色→紫色→蓝色→绿色，呈现出绚丽斑斓的彩虹光泽，具有极好的珠光效应与视觉闪色效应。

（3）着色类

着色类是在已制得的云母基珠光颜料表面再包覆一层透明或半透明的有色无机物或有机物（如铁氧化物、铁蓝、铬绿、炭黑、有机颜料及染料等），利用这些着色物色谱广、色泽鲜艳、分散性好、色调饱和度高等优点，使颜料的珠光光泽和有色物质的光学性共同起作用，颜料更加鲜艳亮丽。近年来还发展了以稀土氧化物包膜的新型珠光颜料，使着色系列产品的品种更加多样化。

（4）耐候型

若在云母表面包覆的二氧化钛是金红石型则称为耐候型珠光颜料。与表面包覆锐钛型二氧化钛的普通珠光颜料相比，耐候型珠光颜料不仅具有色彩绚丽的珠光效果，还具有优良的耐候性能和化学稳定性、高的折射率和遮盖力，特别适合制备珠光油漆，用于高级轿车的外涂装。近年来，耐候型云母钛珠光颜料在劳斯莱斯、宝马、奥迪等许多款高级轿车上都有使用，已成为汽车工业不可缺少的装饰颜料，具有很高的附加经济价值。

6.5.8.2 云母钛珠光颜料的制备

云母钛珠光颜料的品种多，但制备方法大同小异。其共同工艺如下：

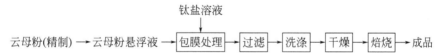

包膜过程是使钛盐（四氯化钛或硫酸氧钛）水解生成偏钛酸而沉积在云母表面形成薄膜，当包膜达到所需厚度时，将颜料过滤、洗涤、干燥，在 900℃ 左右煅烧使偏钛酸脱水生成稳定的 TiO_2 晶体，即可得到呈强烈珠光光泽的颜料。

包膜处理是制备过程中最主要也最关键的一步。为得到高质量的珠光颜料，TiO_2 包膜层必须均匀，才能得到反射力强、透明度高、颜色纯正的珠光颜料。因此包膜过程应缓慢进行，反应温度应稳定且适宜。其反应一般在溶液中进行，各种制备方法的区别也主要在这一步。目前已有的液相包膜方法主要有：加碱中和法、缓冲法、加热水解法。

（1）加碱中和法

在包膜的过程中连续向溶液中滴加入钛盐溶液，同时滴入氢氧化钠或氨水溶液中和钛盐水解产生的酸，通过控制钛盐添加量以使单位时间水解的钛盐量正好满足形成均匀包膜所需的 TiO_2 水合物量。当维持溶液 pH 值为 2 左右时，可得到最佳的包膜效果。该方法具有成本低、使用广等优点，但 NaOH 是强碱，控制 pH 值较难，在滴加过程中易出现溶液 OH^- 浓度局部过高，造成均相成核，产生白浊，影响产品的珠光光泽。所以需严格控制溶液的 pH 值，才能制得高质量的云母钛珠光颜料。

（2）缓冲法

缓冲法是用缓冲剂来控制包膜过程的 pH 值。缓冲剂可采用尿素、金属或金属氧化物、多元有机酸或羟基多元有机酸，如酒石酸、柠檬酸等。该方法 pH 值易于控制，工艺简单，产品质量稳定，但有些缓冲剂制得的产品色泽较差，反应时间较长，缓冲剂成本较高。

（3）加热水解法

钛盐在酸性介质下加热水解，用控制溶液温度和升温速度的方法来控制钛盐水解包膜的速度。最新出现的加热水解法是将钛盐等在酸性介质中沸腾水解，反应只需调节介质的起始浓度，因而操作简单、成本较低且产品性能良好。

除以上包膜的方法外还有化学气相沉积法、夹心层包膜法和混合包膜法等。

尽管云母钛珠光颜料发展历史很短，但作为特种效果颜料，以其独特优雅的光泽和多变的外观效果，在许多工业领域得到越来越多的应用。全世界云母钛珠光颜料的总产量已逾万吨，国际市场售价高达 22～58 美元/kg。其中 80% 的珠光颜料市场是被美国的美尔公司和德国的默克公司占有，日本也投入了大量的力量进行研究开发，这些发达国家的珠光颜料产品已趋于系列化、高档化。我国在珠光颜料的研究和应用方面起步较晚，与国外相比差距较大，但近年发展较快。目前国内能大量生产银白类，少量生产彩虹类、着色系列类以及金红石型云母钛珠光颜料，而一些新型的珠光颜料品种如稀土掺杂云母钛珠光颜料、稀土变色或荧光效果云母珠光颜料、耐高温含钴云母钛珠光颜料以及非云母基类的珠光颜料等也在开发之中。

珠光颜料作为一类具有闪光效果的功能颜料，在高档汽车闪光漆、化妆品等领域都得到广泛应用，有很好的应用前景。根据近年来国外研究趋势，开发以片状石英、片状玻璃为代表的新型珠光颜料基材，开发廉价的钨尾矿、钽铌尾矿为原料的珠光颜料基材具有重要研究意义。另外，充分利用本地资源特点，开发新型稀土彩色珠光颜料，不仅可以丰富现有珠光颜料品种，而且对提高稀土资源产品的附加值也起到非常重要的作用。

6.5.9 荧光颜料

6.5.9.1 荧光颜料的特性和分类

普通颜料产生颜色的原理是由于颜料对白光各个成分进行选择性的吸收及反射的结果。当白光照到颜料上时，颜料要吸收一部分光，反射一部分光。被吸收的光以热的形式弥散到周围环境，反射的光就是人们观察到的颜色。而荧光颜料虽然其反射性质与一般颜料相同，但吸收的那部分光不转化成热能，而是转换成比吸收光波长较长的荧光反射出来。这种荧光与反射光叠加结合形成异常鲜艳的色彩，而当光停止照射后，发光现象消失，为此称为荧光颜料。若选用的荧光体系的荧光波长与反射光的波长很接近，即可大大增加日光荧光颜料的总反射率，颜色更加鲜艳，更加醒目，最高可增加 3 倍。即如果观察用普通颜料所做的图案距离为 1m，则用荧光颜料所做图案在 3m 处仍可清晰地观察到。荧光颜料颜色鲜艳的另一原因是人们对不同波长光的敏感性不一样，人眼对黄、绿光最为敏感，而对蓝、紫光敏感性差。如果荧光颜料能够把照射到物体上的白光中的蓝、紫光转换成黄绿荧光发射出来，人们也会感到物体亮得多。这也就是为什么目前荧光膜多采用黄、绿和橙红等色，而很少采用蓝、紫色的原因。

为了充分地把吸收的可见光转换成荧光，目前多采用由几种荧光体做成颜料的方法。因为一种荧光体，一般只能吸收可见光的少部分，多种荧光体则可较多地吸收可见光，然后进行能量转移，从而得到更强的荧光。

荧光颜料通常根据分子结构分为有机荧光颜料和无机荧光颜料。

(1) 有机荧光颜料

又称日光型荧光颜料，主要由荧光体及载体两部分组成，是由荧光染料（荧光体）充分分散于透明、脆性树脂（载体）中而制得，颜色由荧光染料分子决定。荧光体的作用是把可见光中的短波部分转换成较长波的荧光；载体即为荧光体的附着物。当日光照射时，荧光颜料把紫外短波变成肉眼可见的长波，紫外线含量越多，它放出的荧光越强，通过适当掺合使用或配以适量非荧光颜料，可得多种不同色调的荧光颜料。若无紫外线辐射，该颜料就为不呈荧光的普通色光颜料。

(2) 无机荧光颜料

又称紫外光致荧光颜料。该类颜料在常态下其本身无色或浅白色，但在紫外线激发下，会呈现出闪亮颜色。这种荧光颜料是由金属（锌、铬）硫化物或稀土配位体与微量活性剂组成，依颜料中金属和活化剂种类、含量的不同，在紫外线照射下呈现出各种颜色的光谱。如硫化物荧光颜料的化学式为 $nZn(1-n)S \cdot CdS \cdot M$，其中 $n=0.15\sim1$，$M=0.3\%\sim1\%$（铜、银或锰），根据 n、M 的组合不同，可得各种颜色。

6.5.9.2　荧光颜料的制备

(1) 有机荧光颜料的制备

① **荧光体**　目前使用的荧光体绝大部分是荧光染料，而且一种颜色多采用几种染料。使用较多的荧光体有罗丹明、荧光素、亮黄、分散荧光黄、盐基品蓝和硫代亮黄色素等。这种荧光颜料色光来源于分子结构中含有荧光基团—CO—、—CH＝CH—、 ＝NH 和助色基团—NH$_2$、—OR、—NHR、—NHCOR 以及 π 键的有机染料。

罗丹明　　　　　　　　　　　分散荧光黄

② **载体**　现在绝大部分使用合成树脂。可供选择的载体有聚氯乙烯、聚甲基丙烯酸甲酯、醇酸树脂、三聚氰胺甲醛树脂、乙烯类树脂、聚酰胺树脂、硝化棉。据研究报道使用比较多的是改性三聚氰胺甲醛树脂，主要改性剂有甲苯磺酰胺类化合物。

制备日光荧光颜料主要有以下几种方法。

① **块状树脂法**　这是目前最广泛使用的方法。在制备树脂过程中，把荧光体加进去，得到发荧光的块状树脂，然后研磨成细粉。

② **乳液聚合法**　在水溶液或非水溶液体系中，使用乳化剂、稳定剂、荧光体进行聚合，得到发荧光的乳液聚合物，然后过滤、干燥、粉碎。

③ **树脂析出法**　用合适的溶剂溶解树脂后，析出不溶解的粒子。荧光体可以在初期加入树脂中，也可在后期对粒子染色，然后过滤、干燥，就可以得到颜料，不需要经粉碎、过筛等工艺，即可得到微米级颗粒。

由于块状树脂粉碎法制得的染色粉需经机械方法粉碎才能满足使用要求，其颗粒粒度受到树脂硬度的影响和粉碎条件的限制，有呈色不均等不足之处。选用乳化聚合法和树脂析出法可避免上述不足，颗粒可达微米级粉体，并且操作简便，反应条件易控制。

（2）无机荧光颜料的制备

该类颜料一般是由金属硫化物或稀土配位体与微量活性剂配合，经煅烧而成。其制备方法分别见图6-4和图6-5。

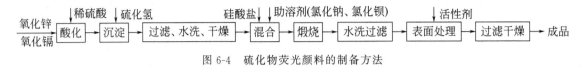

图6-4　硫化物荧光颜料的制备方法

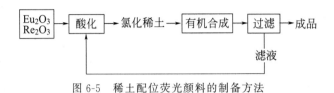

图6-5　稀土配位荧光颜料的制备方法

6.5.9.3　荧光颜料的应用

荧光颜料用途大致有：①各种印刷；②制做广告；③安全标志；④对纤维制品进行染色和涂饰；⑤塑料着色等。

有机荧光颜料在日光照射下，呈现出异常光亮的颜色，相对于使用传统颜料的同类产品而言，使用了荧光颜料的商品更精美，更能引人注目，更能刺激顾客的购买欲。通常情况下，有机荧光颜料产品不含有 Cd、Pb、Hg、Cr 等重金属，经皮肤刺激和 Acute 毒性试验结果表明荧光颜料"基本上无刺激性""基本上无毒性"，应用领域不受限制，因而广受人们的青睐。早在 20 世纪 40 年代欧美国家的图画工艺领域就在使用荧光颜料，开始主要用于销售点的陈列装潢、广告、安全标记等需要格外惹人注目的场合和场所，时至今日，有机荧光颜料已经在玩具、时装、包装、纺织印花色浆、交通标识涂料、玩具涂料、自行车烤漆以及各种油墨等领域得到广泛的应用。

无机荧光颜料主要作为灯用发光材料制备荧光灯，用于照明、复印机光源、光化学光源等。如新一代高频环保节能灯管 T5 荧光灯管，以红、绿、蓝三种颜色的荧光颜料按一定比例混合制成发光体，其发光效率高于白炽灯两倍以上，光色好、无闪频、寿命长，是目前最理想并大力推广的照明光源。无机荧光颜料还被用于电视机、示波器、雷达和计算机等各类荧光屏和显示器中。

新型荧光颜料自第二次世界大战期间在美国实用化以来，其制备及应用研究日益广泛。树脂体系趋于多样化，从最初的脲醛树脂、对甲苯磺酰胺-甲醛-三聚氰胺树脂发展到聚酯树脂、聚酯酰胺树脂、聚酰胺树脂、丙烯酸树脂、聚氨酯树脂等多种树脂体系，具有耐高温、无甲醛、耐溶剂、强荧光强度、易粉碎等特点。制备工艺也从最初的间歇式生产发展到挤出机连续生产（1992 年 CIBA-GEIGY 公司），从块状树脂法发展到乳液聚合法（1993 年 DAY-GLO 公司）和树脂析出法。二次处理方法也多种多样，通过加入各种助剂，进一步改善了荧光颜料的分散性、耐光性、抗渗色性。随着荧光颜料应用范围的不断扩大，必将涌现出更多更好的荧光颜料。

目前世界各国的荧光颜料生产商已开发出了性能各异的荧光颜料以满足市场对性能和价位的要求。鉴于这个市场的专业性，世界上只有欧美国家及日本的少数几个生产厂家在这个领域享有实质上的成功。荧光颜料在我国尚属于一个较新的产业，国内应用的高级荧光颜料主要依靠进口。近年来随着国内荧光颜料应用市场的不断增长，国内荧光颜料生产技术和研发能力有了快速的进步，国内一些厂家也能够生产同类产品，国产荧光颜料走向世界，参与国际竞争的日子已为期不远。

● 习 题

6-1 简述颜色的形成原理。

6-2 染料具有什么特征？

6-3 蛋白纤维的染色原理是什么？能染蛋白纤维的染料有哪些？

6-4 纤维素纤维的染色原理是什么？能染纤维素纤维的染料有哪些？

6-5 合成纤维的染色原理是什么？哪些染料能染合成纤维？

6-6 颜料与染料有什么区别？

6-7 无机颜料和有机颜料各有何优缺点？

6-8 近年来最有影响的有机颜料是哪一类？

6-9 金属颜料具有哪些独特的特性？

6-10 云母钛珠光颜料的形成原理及特点是什么？

6-11 荧光颜料是如何产生荧光的？荧光颜料分几类？各有什么特点？

6-12 纤维必须通过染料染色后才能显色吗？

6-13 哪种黄色颜料可用于儿童玩具？

6-14 解释用酸性染料染色的丝绸织物水洗时明显掉色的原因。

6-15 解释分散染料染色的织物水洗不掉色的原因。

第7章

功能高分子材料

7.1 概述

7.1.1 功能高分子材料的分类

20世纪70年代以来高分子学科的发展日趋成熟，主要表现在以下三个方面。

① 通用高分子材料大型工业化，建立年产数十万吨级大厂，开发高效能催化剂，降低成本，改善性能，进一步扩大用途。

② 发展高性能工程塑料与复合材料，以轻质高强结构材料代替各种金属材料，用于运载工具，减轻自重，节能和提高速度。

③ 开发特种高分子材料，以适应计算机、信息、宇航时代高科技发展的需要。所谓特种是指具有特定的性能，如耐高温、高强度、高绝缘性、光导性、分离功能等。这类高分子材料品种多，用途专一，产量小，价格高，与大量生产的有机高分子相对应，称为精细高分子，功能树脂即是其中一个重要部分。

功能树脂是指具有特殊功能的新型高分子材料。这类高分子材料除了原有的力学特性外，还有其他的功能性，如催化性、导电性、光敏性、化学性、选择分离性、相转移性、光致变色性、磁性、生物活性等，故也称为功能高分子。这类材料在高分子主链和侧链上带有反应性功能基团，并具有可逆的或不可逆的物理功能或化学活性。

功能树脂就其应用范围可分为以下几类。

① **化学功能树脂**　包括离子交换与吸附树脂、离子交换膜、渗透膜、反渗透膜、气体分离膜、酶反应膜、光合成膜、药物树脂（微胶囊）、活体用功能树脂（人造器官）、生物高分子（人造酶、核糖核酸、蛋白质、纤维素）、固定酶载体树脂、仿生传感器等。

② **机械功能树脂**　包括耐磨损材料、超高强度纤维和工程塑料等。

③ **光学功能树脂**　包括感光性树脂、太阳能电池、光导纤维和棱镜材料等。

④ **电磁功能树脂**　包括有机半导体、电绝缘材料、超导电材料、介电性树脂、磁性流体和压电材料等。

⑤ **热功能树脂**　包括耐高温材料、耐低温材料、绝热材料和发热材料等。

功能树脂性能特殊，种类繁多，用途极为广泛。功能树脂以技术密集提高了廉价通用高分子材料的附加值，赢得了新的市场，已成为精细化工产品的一个重要分支。

7.1.2 功能树脂的合成方法

功能树脂的合成是利用高分子本身结构或聚集态结构的特点，引入功能性基团，形成具有某种特殊功能的新型高分子材料。主要有以下三种合成方法。

(1) 功能单体聚合或缩聚反应

将含有功能基的单体通过聚合或缩聚制备具有某种功能基的聚合物。这种合成法较为困难而复杂。因为在制备这些单体的过程中必须引入可聚合或缩聚的反应性基团（一般为双键基团，如乙烯基等），而又不破坏单体上的功能基；同时，功能基的引入也不能妨碍聚合或缩聚反应的进行。例如制备含有对苯二酚功能基的高分子，由于对苯二酚基团具有阻聚作用，所以需先对单体进行酯化反应保护—OH 基团，使其不发生阻聚作用，聚合后再水解成—OH 基。这种制备方法是非常复杂的。首先单体合成相当困难，其次在具有活泼的乙烯基单体上进行酯化反应极不容易，再次含有微量酚羟基对聚合反应有阻聚作用。但在制得的功能高分子中，其功能基在高分子链上的分布是均匀的，而且每个链节都有功能基，其功能基含量可达到理论计算值，如下式所示：

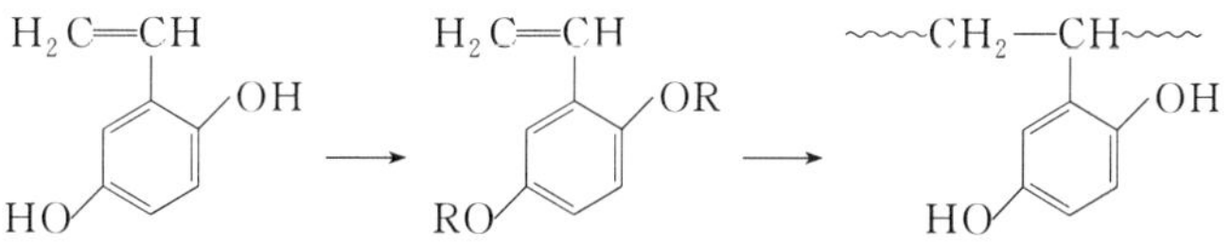

(2) 高分子的功能化反应

通过化学反应将功能性基团引入到现有的天然或合成高分子链上，这是制取功能高分子较为方便和廉价的方法。可选用的高分子原料较多，例如天然高分子中的淀粉、纤维素、甲壳素等，合成高分子中的聚苯乙烯、聚乙烯醇、聚丙烯酸、聚丙烯酰胺、聚酰胺等。这些高分子母体链节上都有可进行化学反应的基团（如羟基、氨基、羧基、苯环等），提供进行化学反应的结构。若载上两个或两个以上的功能基团，则可呈现多种功能，如可同时赋予高分子链以亲水性和疏水性，使之具有不同的反应环境，从而制备出具有多种功能的树脂。

这些高分子骨架利用得最多的是聚苯乙烯，因为：①苯乙烯单体易得、价廉；②品种多，通过选用不同交联剂和用量、调节不同的聚合条件等因素，可制得类型、孔径、粒径不同的苯乙烯聚合物或共聚物；③在苯环上可进行许多取代反应，从而可制得许多功能不同的树脂。所以，许多功能高分子都是从聚苯乙烯的高分子功能化反应开始的，如：

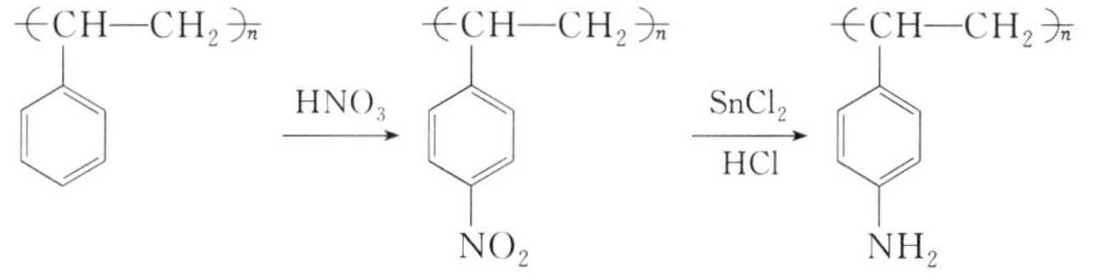

聚苯乙烯　　　　对硝基聚苯乙烯　　　　对氨基聚苯乙烯

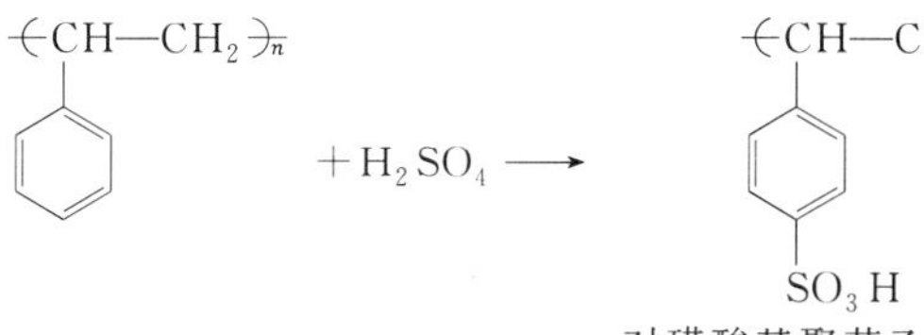

对磺酸基聚苯乙烯

(3) 与功能材料复合

通过在高分子加工过程中引入一些小分子化合物或其他添加剂而使高分子具有某些特殊

功能性质。例如，用可导电的乙炔、炭黑与硅橡胶通过机械混合即可制成导电硅橡胶，一些高分子与金属粉混合可以制成导电的黏合剂等。在制备过程中高分子链的结构并未变化，高分子只起黏合剂的作用，这种通过高分子加工工艺变化的机械混合的方法可制备许多有实用价值的功能材料，如磁性材料、医用材料等，且易于实施。

7.2 离子交换树脂

离子交换树脂是一类带有三维网状结构的、以高分子为基体、不溶于水和有机溶剂，具有可进行离子交换的官能团的物质。离子交换树脂由三部分组成，即不溶性的三维空间物质骨架、连接在骨架上的功能基团、功能基团所带的相反电荷的可交换离子（见图 7-1）。最常用的是以网型聚苯乙烯为骨架，在苯环上引入离子交换基团。在离子交换树脂中，功能基在具有三维空间立体结构的网格骨架上不能移动，但功能基所带的可以离解的离子却可以自由移动，在使用或再生时，不同外界条件下，与基团同电荷的其他离子相互交换，所以称为可交换离子。利用这种性质可以进行浓缩、分离和纯化工作。

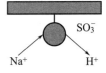

图 7-1 离子交换树脂示意

7.2.1 离子交换树脂的种类

离子交换树脂有不同的分类方法，一般是以功能基特征进行分类的，如下所示。

$$
离子交换树脂
\begin{cases}
阳离子
\begin{cases}
强酸型：-SO_3H，-CH_2SO_3H \\
弱酸型：-COOH，-ArOH，-PO_3H_3
\end{cases} \\
阴离子
\begin{cases}
强碱型：-N^+(CH_3)_3Cl^-，-(CH_2)_3N^+(CH_2CH_2OH)_3Cl^- \\
弱碱型：-NH_2，-NHR，-NR_2，-S^+R_2Cl^-，-P^+R_3Cl^-
\end{cases} \\
特种树脂
\begin{cases}
螯合树脂：-CH_2-N(CH_2COOH)_2 \ 等 \\
两性树脂：[-N^+(CH_3)_3-COOH]，[-NH_2-COOH] \\
氧化还原树脂、光活性树脂、酶活性树脂等
\end{cases}
\end{cases}
$$

① **阳离子交换树脂** 骨架上结合有磺酸（$-SO_3H$）和羧酸（$-COOH$）等酸性功能基的一类聚合物。在水溶液中，其交换基部分可像普通酸一样发生电离：

$$P-SO_3H \longrightarrow P-SO_3^- + H^+$$
$$P-COOH \longrightarrow P-COO^- + H^+$$

② **阴离子交换树脂** 骨架上结合有季铵基、伯胺基、仲胺基、叔胺基的一类聚合物。其中，以季铵基上的羟基为交换基的树脂具有强碱性，在水中可电离：

$$P-N^+(CH_3)_3OH^- \longrightarrow P-N^+(CH_3)_3 + OH^-$$

③ **两性离子交换树脂** 同一高分子骨架上同时含有酸性和碱性基团的离子交换树脂。

④ **氧化还原型离子交换树脂** 其离子交换作用与一般的氧化还原反应相似。这类树脂可以使与其交换物质的电子数改变，故又称为电子交换树脂。在有机化合物中，苯环上的酚基、硫醇基和醛基等均具有还原性。将这些官能团引入到某些高分子结构中，即可进行还原反应，如聚乙烯硫醇和聚苯乙烯硫醇（$-CH_2SH$）。

若按树脂的骨架结构不同，可分为凝胶型和大孔型。

① **凝胶型离子交换树脂** 呈透明状态，具有交联网状结构的凝胶型聚合物，多用苯乙烯和二乙烯苯在引发剂存在下进行自由基悬浮聚合而得，其凝胶孔的大小由二乙烯苯的加入含量（即交联度）而定。交联度越低，其离子交换树脂吸水量越高。在工业生产上使用最普遍的是苯乙烯-二乙烯基苯悬浮聚合得到的 1～2mm 的小球，这种小球经过磺化、氯甲基化、胺化后可得到不同性质的离子交换树脂。

② **大孔型离子交换树脂** 树脂内具有更多、更大的孔道，被交换物质易于扩散进入，比表面积大，交换速度快，效率高。

还可按聚合反应类型分为加聚型（如苯乙烯和丙烯酸-甲基丙烯酸体系树脂）和缩聚型（如苯酚-间苯二胺和环氧氯丙烷体系树脂）；按照制备高分子基体的原料分苯乙烯体系树脂、丙烯酸-甲基丙烯酸体系树脂、苯酚-间苯二胺体系树脂、环氧氯丙烷体系树脂等。

7.2.2 离子交换树脂的制备

① **强酸型阳离子交换树脂** 苯乙烯体系的阳离子交换树脂的制备是用苯乙烯和二乙烯基苯（DVB）悬浮于水中，搅拌聚合得到球状共聚物，然后用硫酸-氯磺酸等磺化剂进行磺化而制得。

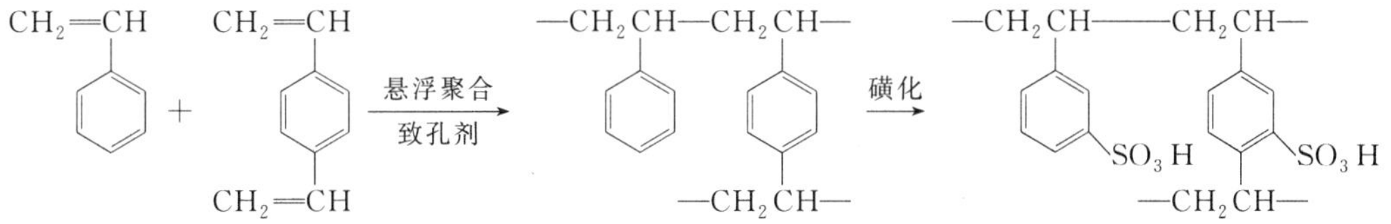

② **弱酸型阳离子交换树脂** 具有—COOH 基的弱酸型离子交换树脂几乎都是水解丙烯酸酯或甲基丙烯酸酯与 DVB 的共聚物得到的：

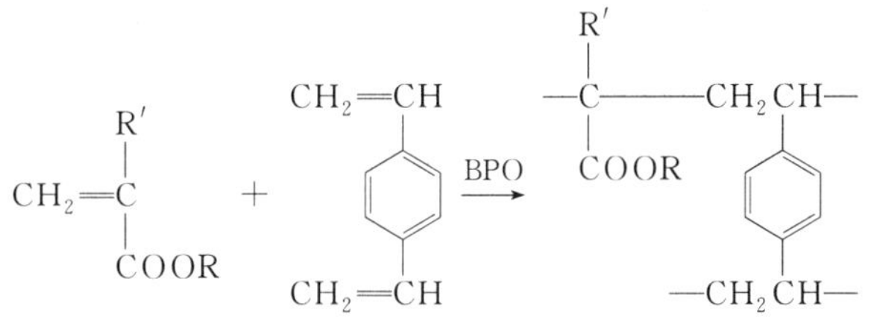

$$R' = H, CH_3, \cdots \quad R = CH_3, C_2H_5, \cdots$$

③ **强碱型阴离子交换树脂** 利用苯乙烯与二乙烯基苯共聚物小球引入强碱性有机胺基团即可制得：

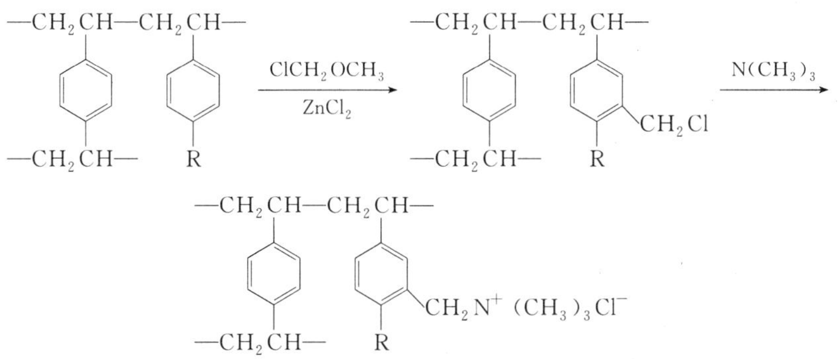

④ **弱碱型阴离子交换树脂** 如上述强碱型离子交换树脂的合成方法，引入一些弱碱性

基团即可制得弱碱型阴离子交换树脂。反应式如下：

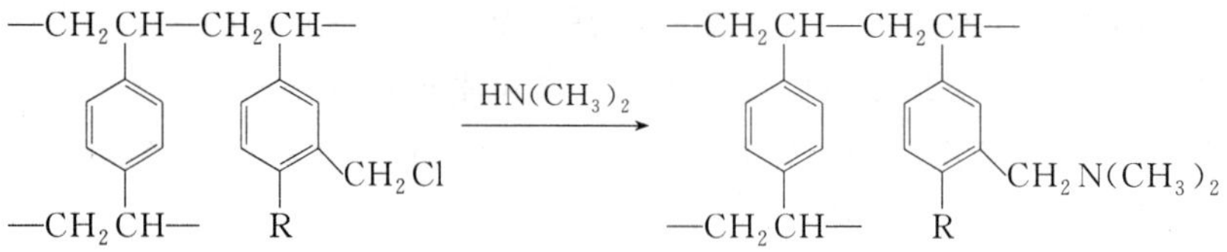

7.2.3 离子交换树脂的基本理论

离子交换的基本理论主要包括：①离子交换反应在一定条件下的反应方向和反应限度，即离子交换热力学；②离子交换反应的历程和达到平衡的时间，即离子交换动力学。

(1) 离子交换热力学

离子交换反应是可逆反应，其反应是在固态的树脂和水溶液接触的界面间发生的。阳离子交换反应可表述为

$$A^{n+} + n(R\text{—}SO_3^-)B^+ \rightleftharpoons nB^+ + (R\text{—}SO_3^-)_n A^{n+}$$

其反应平衡关系式为

$$K_B^A = \frac{(a_B)^n (a_{R_n A})}{(a_A)(a_{RB})^n}$$

式中 a_A，a_B——溶液中离子 A 和 B 的活度；

$a_{R_n A}$，a_{RB}——树脂中离子 A 和 B 的活度；

K_B^A——选择性系数，其值越大，离子交换树脂对 A 离子的交换能力就越大，就越易吸附 A 离子。

影响选择性的因素有以下几方面。

① **离子价数** 离子价数越高，其与树脂功能基的静电吸引力越大，亲和力越大，如 Ca^{2+}、Mg^{2+} 易与树脂上的 Na^+、H^+ 交换。

② **离子半径** 在水中离子会水化而使树脂膨胀，对同价离子，当原子序数增加，其水合离子的半径减小，其选择性增大，如 Ca^{2+} 的选择性大于 Mg^{2+}。

③ **树脂交联度** 交联度越高，对树脂的选择性影响越大。这是由于交联网络形成的筛网作用造成。

可根据以上因素选择离子交换树脂和被交换的离子。

(2) 离子交换动力学

离子交换的效果取决于离子交换速度，而离子交换速度主要受离子从溶液进入到树脂表面和树脂内部的扩散过程的影响。以 Na 型树脂与溶液中 Ca^{2+} 进行交换反应为例，实际离子交换过程是由如下的相对速率组成：

Ca^{2+} 从溶液通过液膜扩散到树脂表面（膜扩散）→Ca^{2+} 从树脂表面向孔内扩散（粒内扩散）→Ca^{2+} 与 Na^+ 进行交换→Na^+ 从孔内扩散到树脂表面→Na^+ 通过液膜扩散到溶液中。

其中膜扩散和粒内扩散速度是影响离子交换速度的主要因素。而影响膜扩散和粒内扩散的主要因素有：①溶液流速，增大搅拌速度或柱流速，可增加膜扩散速度；②树脂颗粒大小，减小树脂的粒度，可同时提高膜扩散和粒内扩散速度；③溶液浓度，溶液浓度较低时，膜扩散是影响交换速度的主要因素，溶液浓度较高时，粒内扩散则成为影响交换速度的主要

因素；④树脂交联度。

在水的离子软化和水的强酸强碱脱盐过程中，交换过程为液膜所控制，再生则多属受粒内扩散控制，弱酸弱碱的离子交换过程一般也受粒内扩散控制。

7.2.4　离子交换树脂的应用

离子交换树脂可用于物质的净化、浓缩、分离，物质离子组成的转变，有机物质的脱色以及作催化剂等，在许多工业生产和科技领域中得到应用。

① **水处理**　这是离子交换树脂应用最多的领域，包括硬水软化，无离子水、高纯水制备等。锅炉用水常先用强酸性离子交换树脂将水中的 Ca^{2+} 和 Mg^{2+} 交换掉：

$$2R-SO_3H + Ca^{2+}（或 Mg^{2+}）\longrightarrow (RSO_3)_2Ca[或(RSO_3)_2Mg] + 2H^+ \quad （R-树脂基体）$$

然后再使处理后的水通过一个强碱型或弱碱型的离子交换柱，将阴离子 Cl^- 等交换掉。也有使用阴、阳离子交换混合柱的：

$$(R-SO_3H + R_4NOH) + NaCl \longrightarrow (R-SO_3Na + R_4NCl) + H_2O（纯水）$$

② **铀、贵金属、稀土金属的分离提取**　如从铀矿中提取铀的方法是先用硫酸或纯碱处理铀矿，同时加入 MnO_2、$KClO_3$ 等氧化剂，使铀变成 6 价，并生成硫酸铀酰或碳酸铀酰络合阴离子：

$$U(OH)_4 + 3SO_4^{2-} \longrightarrow [UO_2(SO_4)_3]^{4-}$$

然后与氯型强碱性阴离子交换树脂进行交换：

$$[UO_2(SO_4)_3]^{4-} + 4RCl \longrightarrow R_4[UO_2(SO_4)_3] + 4Cl^-$$

再用酸性（或中性）的 NaCl 或 $NaNO_3$ 溶液洗提。

③ **医药、食品等的分离与提纯**　从发酵液中提取抗生素，过去用活性炭吸附，回收率低，残留杂质多，成本高，现均改用离子交换法。如从发酵菌丝中分离链霉素，方法是先使发酵液通过钠式羧基型阳离子交换树脂，使链霉素与 Na^+ 交换：

$$R-COONa + 链霉素盐 \longrightarrow R-COO 链霉素盐 + Na 盐$$

然后用清水洗去柱中残留的发酵液，用 0.5mol/L H_2SO_4 洗提，得链霉素硫酸盐。再用交联度较高的强酸性阳离子交换柱将少量无机盐杂质分离掉，最后使链霉素硫酸盐溶液通过弱碱性阴离子交换树脂，即可得纯度较高的中性链霉素溶液。

此外，葡萄糖的脱色精制；蔗糖、甜菜糖浆的软化、脱色精制；甘油、山梨糖醇、奶制品和酒类的纯化也用离子交换法。

随着多学科的交叉渗透发展，离子交换树脂还可以作为药物载体被应用在药剂学方面。作为一种新兴药物载体，它通过离子交换的方式将药物释放到患者体内。另外，离子交换树脂具有特殊的纳微界面结构，酸性和碱性药物都可以吸附分散在离子交换树脂内部，使其衍生了诸多优点，如掩盖药物的不良味道、促进难溶性药物的溶出、提高药物在贮存环境及体内溶出的稳定性、控制药物缓慢释放等。

④ **作催化剂**　离子交换树脂含有酸性或碱性基团，它可以代替无机酸碱在适当的条件下对水解、缩合、加成、水合、酯化、脱氢、脱水、氨解、醇解等多种反应起催化作用。可用作烯烃的水合反应制备醇、低分子醇与烯烃的醚化及醚的裂解反应、酯的水解等反应的催化剂和气体吸附剂。

用离子交换树脂作催化剂的优点是：为非均相催化反应，经过滤即能与产物分离；滤出的催化剂可回收再用；可进行连续化生产；副反应少；设备无需耐腐蚀；无污染。但是树脂类催化剂耐高温性能差，如 Amberlyst-15 树脂最高可耐 130℃，而碱性苯乙烯系树脂耐温仅 60℃左右，在反应条件下易发生热分解。除此之外，强酸性离子交换树脂为催化剂的反应体系，强酸性阳离子交换树脂容易受到原料溶液中的金属离子的污染，稳定性不好，因此在工业化应用上受到一定限制。

⑤ **分析**　在分析化学方面常用离子交换树脂来分离性质相近的离子、浓缩稀溶液、稀有元素色谱分离以及除去干扰离子等。

⑥ **医药**　离子交换树脂可用于治疗胃溃疡、肾脏病，消除腐败食物的毒素等。

⑦ **工业废水处理**　离子交换树脂可用于含铬、汞、铜、金、银废水的处理及回收。用离子交换树脂处理含重金属废水，出水水质好，可实现重金属的回收，在低浓度废水处理方面已得到了大量应用，并越来越显示出它的优越性。但离子交换树脂价格较昂贵，使用过程中易被污染，一般会有 pH 和接触时间的限制，而且再生时会带来大量的废液，处理不当更会带来二次污染，因此研究和选择成本低、选择性高、交换容量大、吸附-解吸过程可逆性好的离子交换树脂对于处理重金属废水有着重要意义。

使用过的强酸性阳离子交换树脂或强碱性阴离子交换树脂可分别用 1%～10% 的 HCl、H_2SO_4、NaCl 或 NaOH、Na_2CO_3、NH_4OH 等进行再生处理，使树脂恢复原来的化学组成而反复使用。

7.3　吸附树脂

很早人们就发现活性炭、氧化铝、硅藻土等对有机物具有吸附作用，并将它们用于脱色除臭，但这些天然材料普遍存在选择性差的缺点。20 世纪 60 年代，随着大孔离子交换树脂的发展，人们又开发出了具有吸附功能的吸附树脂。这些吸附树脂具有吸附选择性好、易再生、耐热、耐辐射、耐氧化、耐还原、强度高、使用寿命长、不溶不熔等优点，在化工等许多领域获得了日益广泛的应用。

7.3.1　吸附树脂的性质和分类

吸附树脂是一种具有网状结构的功能高分子，它不带有可供离子交换的基团，但可带有不同程度极性的基团。选择不同极性的单体和人为地调节树脂的孔径、孔径分布、孔容、孔道、比表面积等，可提高对不同极性、不同分子大小的被吸附物的特殊选择性。吸附树脂一般是直径为 0.3～1mm 的白色或淡黄色的不透明的小球，球内有许多直径为 0.001～0.1μm 的微孔，比表面积为数百平方米，表面积没有活性炭大，但孔径大，可以用溶剂将被吸附物质溶出。而吸附树脂本身由于具有主体网状的交联结构，则不溶于水和有机溶剂，加热也不熔融。其吸附特性主要取决于吸附材料表面的化学性质、比表面积和孔径。吸附大分子时，需用大孔径的吸附剂。一般吸附剂的比表面积越大，吸附容量也越大。但当孔容积一定时，孔径与比表面积成反比关系。

吸附树脂通常是按照大孔型离子交换树脂的骨架制备方法制得。大多数生产离子交换树脂的厂家及化学试剂厂都生产吸附树脂，通过选择适当的单体、致孔剂和交联剂，对孔结构进行调节以及通过化学修饰改变树脂表面性质，可获得不同的多孔吸附树脂。还可以在已制备的聚合物骨架上引入特殊功能基，以达到控制树脂性能的目的。吸附树脂所用主要单体有苯乙烯、甲基丙烯酸甲酯等；交联剂则是二乙烯苯等。

按照吸附树脂的表面性质，吸附树脂一般分为非极性、中等极性和极性三类。

非极性吸附树脂是由偶极矩很小的单体聚合制得的不带任何功能基的吸附树脂。如苯乙烯-二乙烯苯体系的吸附树脂。这类吸附树脂孔表面的疏水性较强，可通过与小分子的疏水作用吸附极性溶剂（如水）中的有机物。

中等极性吸附树脂系含有酯基的吸附树脂。例如丙烯酸甲酯或甲基丙烯酸甲酯与双甲基丙烯酸乙二醇酯或三甲基丙烯酸甘油酯等交联的一类树脂，其表面疏水性和亲水性部分共存。因此，既可用于由极性溶剂中吸附非极性物质，又可用于非极性溶剂中吸附极性物质。

极性吸附树脂是指含有酰胺基、氰基、酚羟基等含硫、氧、氮极性功能基的吸附树脂，例如聚丙烯酰胺、聚乙烯基吡啶等。它们通过静电相互作用和氢键等进行吸附，适用于非极性溶剂中吸附极性物质。

吸附在树脂上的物质可以用甲醇、丙酮等溶剂洗脱，也可视被吸附物的性质，采用其他方法洗脱。例如，被吸附物具有极性基团时，用酸或碱洗脱；若被吸附物是挥发性的，可用水蒸气吹脱。

7.3.2 吸附树脂的应用

① **生化产品的分离与精制**　利用树脂的专一性吸附特性可用于酶的分离，包括胰酶、胰弹性酶、枯草杆菌蛋白酶、辅酶 A、尿激酶及淀粉酶等。生物碱、植物激素及中草药和天然产物也可用吸附树脂进行吸附分离。另外几乎所有抗生素都可用吸附树脂进行分离、提取、浓缩、纯化，如青霉素、头孢霉素 C、赤霉素、先锋霉素、红霉素、四环素、可的松等的分离提纯。

② **食品工业**　吸附树脂可以用于食品生产中精制、脱色和提取，如脱除蔗糖中的色素，提取甜菊糖、甘草酸、α-环糊精。也可用于酒类的精制，去除酒中易造成浑浊的酯类。它还可提取食用香料、色素等。

③ **环保中的应用**　吸附树脂用于有机工业废水处理，具有适用范围宽、不受无机盐的影响、吸附效率高、再生容易，且性能稳定、寿命长等优点。废水包括含酚废水、农药废水、造纸废水、染料中间体废水等。采用树脂吸附法可有效治理化工废水，可严格控制有机物的排放，实现废水中有用物质的回收和利用，从而实现环境效益和经济效益的统一，使化学工业可持续发展。

④ **色谱应用**　吸附树脂可作为固定相来分离、富集、测定水中有机物。

虽然吸附树脂的应用广泛，但存在着机械强度差、吸附容量低、吸附选择性差等不足。因此，随着工业分离和净化领域对大孔吸附树脂性能的要求提升，为改善传统吸附树脂的吸附性能或吸附选择性，常需要对树脂进行改性以提高其分离能力。对传统的吸附树脂进行改性，不但可以优化树脂结构，提高吸附效率，而且还可以扩展吸附树脂的应用领域，也是对于吸附理论深化研究的一个热点方向。在未来树脂改性的研究工作中，尤其需要在树脂选择性和吸附效果上积极拓展，在协同作用基团改性方面深入研究，使新型改性树脂不但生产成本低，而且向更具有针对性、吸附效果更理想的方向发展。

7.4　高吸水性树脂

一般的天然吸水性材料如棉花、海绵、纸浆等都是物理吸水，吸水速率较慢，吸水量较少，加压时几乎可以将水完全挤出。高吸水性树脂是一类新型的功能高分子材料，吸水速率快，吸水量大，且保水能力非常高。与传统吸水材料相比，是一类可以极大提高性能，具有巨大开发潜力、应用价值和经济效益的功能高分子材料，在生活和生产中的各领域均有广泛的应用意义，是功能高分子材料一个重要的研究开发方向。

高吸水性树脂有多种分类方法。按原料分有改性淀粉类、改性纤维素淀粉类、合成聚合物类（包括聚丙烯酸酯、聚乙烯醇、聚氧乙烯及其衍生物）；按亲水性分有亲水单体聚合类、疏水性聚合物羧甲基化类、疏水性聚合物接枝亲水性基类，大分子上氰基、酯基水解类；按交联方法分有外加交联剂类、自交联类、辐射交联类；按制品形态分有粉末状类、纤维状类、片状类等。

高吸水性树脂的合成工艺，主要分为水溶液聚合、反相悬浮聚合、反相乳液聚合、本体聚合和辐射交联聚合 5 种方法。水溶液聚合是先进生产企业的主导工艺。反相悬浮聚合是早年开发的工艺，通过多年的生产实践，由于诸多不足，现已被生产企业逐步淘汰。辐射交联聚合工艺是当前国内外科研机构和生产企业比较关注的新方法。反相乳液聚合、本体聚合工艺已基本被淘汰。欧洲、韩国和我国台湾省的企业，如巴斯夫公司、赢创德固塞公司、LG化学和中国台湾省的台塑公司，基本采用水溶液聚合法。日本触媒株式会社、日本住友精化株式会社一直采用反相悬浮聚合法，而三大雅高分子公司两者都用，是世界上唯一拥有这两项技术的企业。在我国，高吸水性树脂生产企业类型较多，日本独资的日触化工（张家港）有限公司采用反相悬浮聚合法，三大雅精细化学品（南通）有限公司两者兼有；马来西亚公司投建的宜兴丹森科技有限公司，扬子石化-巴斯夫有限公司和台塑吸水树脂（宁波）有限公司采用水溶液聚合法。我国本土企业均采用水溶液聚合工艺技术，经过不断努力和积极探索，产品品质与世界先进企业的差距越来越小。

7.4.1　高吸水性树脂的吸水机理和特性

传统的棉麻纸等材料主要靠毛细管作用吸自由水，而高吸水性树脂主要成分为低交联度的三维网状水溶胀型高分子聚合物，网络中含有大量的强亲水基团，其吸水是靠分子中极性基团通过氢键或静电力及网络内外电介质的渗透压不同，将水主要以结合水的形式吸到树脂网络中。由高分子电解质组成的离子网络中都挂着正负离子对，如 $COO^- Na^+$，在未与水接触前，正负离子间以离子键结合，此时树脂网络中的离子浓度最大。与水接触后，由于电解质的电离平衡作用，水向稀释电解质浓度的方向移动，水被吸入网络中。

高吸水性树脂具有以下特性。

① **吸水性**　高吸水性树脂具有极高的吸水性能，能吸收自重 500～2000 倍的水。树脂不同其吸水倍率不同；对于同一类高吸水性树脂其吸水量多少主要则取决于渗透压和树脂交联度。树脂网络中固定电荷的浓度与被吸收电解质水溶液的浓度差越大，则渗透压越大，吸水量越多。吸水后分子网络扩张受到限制，吸水量就明显下降。

② **保水性**　吸水性树脂在干燥时表面会形成膜，阻止膜内水分外溢，使干燥速度逐渐

下降。而且吸水后的树脂在外加压力下也几乎挤不出水来，具有良好的储水性。这一特性使其可用在需要保持水分的场合，如卫生用品、工业用的密封剂等。

③ **吸水状态的凝胶强度** 将吸水后的高吸水性树脂投掷在平板上，表现出容易回弹的弹性行为，即使产生大变形也不破坏。在吸水量低于饱和量时，树脂显示出更大的强度。

④ **热和光的稳定性** 醋酸乙烯酯-丙烯酸酯共聚物类的高吸水性树脂在干燥状态时，对100℃以上的加热是稳定的。当温度加热到120℃以上时，吸水率开始下降，温度升至250℃开始分解。而且用氙灯照射500h，吸水率几乎无变化，与其他高吸水性树脂相比，这是一类具有良好的热和光稳定性的高吸水性树脂。

⑤ **吸氨性** 高吸水性树脂是含羧基的聚合阴离子材料，因70%的羧基被中和，30%是酸性，故可吸收氨类物质，具有除臭作用。

7.4.2 高吸水性树脂的应用

高吸水性树脂的应用范围不断扩大，目前的主要用途有以下几方面。

(1) 医疗与日用品材料

高吸水性树脂吸水后形成柔软的凝胶，对皮肤、黏膜及各器官组织没有刺激性，对机体无毒性、无致癌性，且有一定的抗凝血功能，不引起凝血，不造成血中蛋白质变质，因此，常用作医疗、医用人体器官、医药及生理卫生等方面的材料，如人工肾过滤材料、牙科用唾液吸收材料、血液吸收材料、医疗包扎带、纸巾、妇女卫生巾、尿布等。加入少量的高吸水性树脂在化妆品中，可保持香味持久，具有保水增稠、滋润皮肤的作用；加入染发剂中可以提高染色效果；加入洗发水中可适当提高黏度，保护头发和头皮，减少头皮过度的脱脂干燥，洗后头发光滑柔软。高吸水性树脂还可用作香料载体制备固体香料剂以及用作食品工业的保鲜储存材料等。

(2) 农业园艺材料

高吸水性树脂不但具有奇特的吸水、保水能力，而且能在土壤中形成团状颗粒，从而降低昼夜温差，同时还能有效地吸收肥料、农药，防止水土流失，因此，在农林业生产中占据着重要的地位。高吸水性树脂可用作土壤改良剂，掺入0.3%的量，即可显著提高土壤保湿能力，改善土壤的通透性，可作为保水剂用于沙漠治理，对控制水土流失、防止土壤沙化效果显著；可作为保湿材料包覆种子，提高发芽率；还可作农膜、农药防漂移剂、农药与化肥缓释剂等。

(3) 工业材料

在土木工程中，将高吸水性树脂与弹性物、助剂等充分混合加工，可得止水、隔水材料。高吸水性树脂也可用于城市污水处理和疏浚工程的泥浆固化，以便于挖掘和运输。高吸水性树脂还因其奇特的吸水性和较好的耐盐性，可作为油田固化剂、堵漏剂、泥浆凝胶剂、钻头润滑剂等。此外，高吸水性树脂可用作蓄热剂、蓄冷剂、有机溶剂脱水剂、空气过滤剂、建筑防渗堵漏剂、纤维改性剂、干燥剂、增稠剂等。

我国企业在高吸水性树脂产品研发、产品性能等与国外公司相比，还有较大的差距。我国企业对高吸水性树脂的研究主要在产品的聚合工艺及应用方面，对树脂生产应用的相关机理、分子结构等理论研究比较少，因此性能的提高和应用领域的拓展很难出现突破性进展。另外，高吸水性树脂生产工艺和配方的改进与提高也值得重视。由于高吸水性树脂生产工艺较复杂，生产成本较高，高吸水性树脂的聚合技术和工艺优化是一个长期的方向，例如研发反相悬浮聚合技术、采用新型助剂（引发剂、交联剂、分散剂）、采用不同改性技术等。

7.5 高分子分离膜

膜分离法是借助膜在分离过程中的选择渗透作用，使液体或气体组分分离的一种技术，广泛用于抗生素、维生素 B_1、维生素 B_2 的分离提纯，处理污水，净化气体中的有机物等。它是一种节能、无公害的物质分离工艺，已被国际上公认为今后近 50 年中最有发展前途的一种重大生产技术。

7.5.1 高分子分离膜的分离过程及分类

膜分离法是用天然或人工的合成高分子薄膜，以外界能量或化学位差（压力差、浓度差、电位差、温度差等）为推动力，对双组分或多组分的物质进行分离、分级、提纯和富集的方法。膜分离方法可用于液相和气相。液相的分离既可用于水溶液体系，也可用于非水溶液体系，还可用于含有固体微粒的溶液体系。

膜应具有两个明显的特性：①不管膜有多薄，都有两个界面，通过两个界面分别与两侧的流体相接触；②膜具有选择透过性，膜可以使流体相中的一种或几种物质透过，而不允许其他物质透过。如在一容器中，用膜将其隔成两部分，一侧是溶液，另一侧是纯水，或两侧是浓度不同的溶液，通常小分子溶质透过膜向水侧移动，而纯水透过膜向溶液侧移动的分离称为渗析或透析。若只有溶液中的溶剂透过膜向纯水侧移动，而溶质不透过膜，这种分离称为渗透。而只能使溶剂或溶质透过的膜称为半透膜。表 7-1 所示为主要的膜分离过程。

表 7-1　主要膜分离过程

膜分离过程	膜的功能	推动力	透过物质	被截留物质
超滤、微滤	脱除微粒、胶体、大分子	压力差	水、溶剂、离子、小分子	悬浮物、胶体、细菌、蛋白质、病毒、微粒子等
反渗透和纳滤	脱除盐类及低分子	压力差	水、溶剂	无机盐、糖类、氨基酸、BOD、COD
气体分离	气体、气体与蒸气分离	浓度差	易透过的气体	不易透过的气体
电渗析	脱除离子	电位差	离子	无机、有机离子
透析	脱除盐类及低分子	浓度差	离子、低分子、酸、碱	无机盐、尿素、尿酸、糖类、氨基酸

近几年来微滤（MF）、超滤（UF）、反渗透（RO）已出现相互重叠的倾向，反渗透和超滤之间出现交叉。膜分离特性示意见图 7-2。

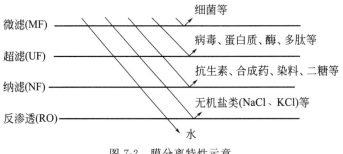

图 7-2　膜分离特性示意

高分子分离膜按其形态可分为固态膜、气态膜、液态膜；按分离对象可分为溶液分离膜、气体分离膜、控制释放膜等；按制造分离膜的材料分为醋酸纤维膜、聚酰胺膜、聚砜膜、有机硅膜、全氟磺酸膜、聚烯烃膜、含氟高聚物膜等；按膜断面状态可分为均质膜、对称膜、不对称膜以及复合膜；按膜制作方法又可分为浇铸（流延）膜、多孔支撑膜等；按膜组件形状则可分为平板膜、管式膜、中空纤维膜等。

7.5.2　高分子分离膜的制备

制膜常用的高分子材料有很多种，大致可分为以下几类，如改性的纤维素类、聚酰胺类、聚砜类、聚丙烯酸及其酯类、聚乙烯醇及其缩醛类、聚乙烯类、聚丙烯类、聚苯乙烯类、聚脲类、聚丙烯腈及多种商品高分子材料及其他们的混合物。

膜的制造工艺十分重要，即使采用同一种膜材料制成的分离膜，若其制膜工艺和工艺参数不同，性能也可能有很大的差异。采用物理或化学的方法或两种方法结合起来，可以制成具有良好分离性能的高分子膜。化学法包括聚合、共聚、接枝共聚、嵌段共聚、等离子表面聚合、表面改性、界面缩聚、高分子化学反应或辐射交联、聚合物的共混共溶、聚合物中填充物的加入再溶出以及具有功能基的聚合物的表面涂覆等多种方法，可制得具有分离性能的高分子膜。物理法成膜工艺有流延法、刮浆法、含浸法、浸胶法、抽丝法、切削法、双相拉伸法等。通过以上各种方法的配合使用，可以制得异相膜、均相膜、半均相膜、复合膜等多种膜材料。

不对称膜和复合膜的制造工艺见图 7-3。

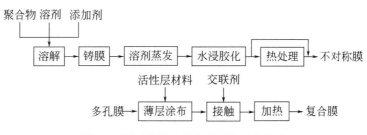

图 7-3　不对称膜和复合膜制造工艺示意

7.5.3　高分子分离膜的应用

（1）离子交换膜

离子交换膜就其化学组成来说与离子交换树脂几乎是相同的，但其形状不同，其作用机理和功能也不同，因而使用方法和场合也不同。如图 7-4 所示，离子交换树脂是树脂上的离子与溶液中的离子进行交换，间歇式操作，需要再生；而离子交换膜则是在电场的作用下对溶液中的离子进行选择性透过，可连续操作无需再生。

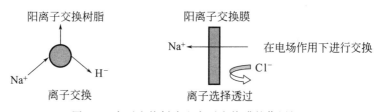

图 7-4　离子交换树脂和离子交换膜的作用机理

离子交换膜是具有反复离子交换基团的膜状树脂，在聚合物链上连接有离子交换基团，带有电荷，能形成固定电场。固定电场的存在使膜能选择透过不同电荷的离子。为了形成电中性，在膜内还存在同量异电性离子，这些离子可以在膜内移动，产生交换作用。交换基团带阴离子的，如磺酸（—SO_3^-）、羧酸（—COO^-）等，其异电性离子为氢离子（H^+）、钠离子（Na^+）等，可与其他阳离子交换，故被称为阳离子交换膜。相反，带有阳离子的，如季铵（—N^+R_3）称为阴离子交换膜。根据这些离子性物质的酸、碱性的强弱，相应的膜也分为强酸性、弱酸性、强碱性、弱碱性离子交换膜。强酸性阳离子交换膜可在任意 pH 值溶液中使用。弱酸性阳离子交换膜在酸性溶液中离解度很低，不具有离子交换功能。因而只能在中性和碱性溶液中使用。同样，强碱性阴离子交换膜可在任意 pH 值溶液中使用，弱碱性阴离子交换膜只能在中性和酸性溶液中使用。

离子交换膜主要用于电渗析、电极反应的隔膜、扩散、渗析、离子选择电极、人工肾等。主要特点是：①可分离分子级的电解质物质；②不需外加热能，即可得到浓缩液，这对热敏性物质的分离浓缩和精制尤为适用；③能处理低浓度溶液，分离和回收其中某些微量物质；④适用于一些特定溶质的精制；⑤用途广，经济效益显著。由于这些特点使得离子交换膜具有其他工业精制方法所不能比拟的优势。

（2）微滤膜和超滤膜

微滤是从液体混合物（主要是水性悬浊液）中除去尺寸 $500 \text{Å} \sim 5 \mu m (1 \text{Å} = 10^{-10} m)$ 的细菌和悬浊物质的膜分离技术。它主要是根据筛分原理将溶质微粒加以筛分。膜上的微孔径分布在 $0.1 \sim 20 \mu m$，以压力差作为推动力，在 $50 \sim 100 kPa$ 压力下，溶剂、盐类及大分子物质均能透过微孔膜，只有直径大于 50nm 的微细颗粒和超大分子物质被截留，从而使溶液或水得到净化。微滤技术是目前所有膜技术中应用最广、经济价值最大的技术，主要用于悬浮物分离、制药行业的无菌过滤等。

在很多情况下，微滤膜是一次性使用的，加上应用广泛，制造工艺要求较低，因而它是品种最多、销量最大的高分子分离膜。微滤的应用对象因孔径（μm）的大小而有所区别。其应用领域列于表 7-2。

表 7-2　微滤膜孔径大小适用范围举例

孔径/μm	用　　　途
12	微生物学研究中分离细菌液中的悬浮物
$3 \sim 8$	食糖精制,澄清过滤,工业尘埃重量测定,内燃机和油泵中颗粒杂质的测定,有机液体中分离水滴(憎水膜),细胞研究,脑脊髓诊断,药液灌封前过滤,啤酒生产中麦芽沉淀量测定,寄生虫及虫卵浓集
1.2	组织移植,细胞学研究,脑脊髓液诊断,酵母及霉菌显微镜监测,粉尘重量分析
$0.6 \sim 0.8$	气体除菌过滤,大剂量注射液澄清过滤,放射性气溶胶定量分析,细胞学研究,饮料冷法稳定消毒,油类澄清过滤,贵金属槽液质量控制,光致抗蚀剂的澄清过滤(用耐溶剂滤膜),油及燃料油中杂质的重量分析,牛奶中的大肠杆菌检测,液体中的残渣测定控制
0.45	水、食品中大肠杆菌检测,饮用水中磷酸根的测定,培养基除菌过滤,航空用油及其他油料的质量控制,血细胞计数,电解质溶液的净化,胰岛素放射免疫测定,液体闪烁测定,液体中微生物的部分滤除,锅炉用水中氢氧化铁含量的测定,反渗透进水水质控制,鉴别微生物

孔径/μm	用　　途
0.2	药液、生物制剂和热敏性液体的过滤,液体中细菌计数,泌尿镜检用水的除菌,空气中病毒的定量测定,电子工业中用于超净化制水
0.1	超净试剂及其他液体的生产,胶悬体分析,沉淀物的分离,生理膜模型
0.01~0.05	噬菌体及较大病毒(100~250nm)的分离,较粗金溶胶的分离

超滤是从液体混合物（主要是水溶液）中除去尺寸为 $1\sim500\mathring{A}$（分子量为 $1000\sim1000\times10^4$）的溶质的膜分离技术。超滤和微滤一样也是根据筛分原理以压力差作为推动力的膜分离过程。同微滤过程相比，超滤过程受膜表面孔的化学性质的影响较大。在 $100\sim1000kPa$ 的压力条件下溶剂或小分子量的物质透过孔径为 $1\sim20\mu m$ 的对称微孔膜，而直径在 $5\sim100nm$ 的大分子物质或微细颗粒被截留，从而达到了净化的目的。

超滤主要用于浓缩、分级、大分子溶液的净化，应用十分广泛。在制药工业中，超滤常用于中药针剂的精制和浓缩；在生物制品中，超滤技术已被用于狂犬疫苗、乙肝疫苗、转移因子、尿激酶等的分离提纯；在食品的牛奶加工中用超滤分离蛋白质和乳糖等小分子物质；在化学工业中也常用超滤技术进行有机溶液的分离、涂料浓缩、聚合物与单体的分离等。

（3）反渗透膜和纳滤膜

反渗透过程主要是根据溶液的吸附扩散原理，以压力差为主要推动力的膜过程。在浓溶液一侧施加 $1000\sim10000kPa$ 的外加压力，当此压力大于溶液的渗透压时，就会迫使浓溶液中的溶剂反向透过孔径为 $0.1\sim1nm$ 的非对称膜流向稀溶液一侧，这一过程叫反渗透。反渗透过程主要用于低分子量组分的浓缩、水溶液中溶解的盐类的脱除等。

反渗透在室温下进行，不发生相变，不外加电场，因此具有省能、高效、不改变被处理物料性状等特点。反渗透膜是从水溶液中除去尺寸为 $3\sim12\mathring{A}$ 的溶质的膜分离技术，即溶液中除 H^+、OH^- 以外的其他无机离子及低分子有机物不可能通过膜，所以，反渗透用于水的脱盐。经多年开发，反渗透海水淡化已达到高技术水平。目前反渗透装置建厂的投资和造水费用均低于蒸馏法，能耗亦仅为蒸馏法的1/2。表7-3列举了反渗透膜的主要应用。其中海水淡化是反渗透膜最主要的应用领域（约占50%），其流程如图7-5所示。

表7-3　反渗透膜的主要应用

应用产业部门	应用具体项目
水处理	海水、咸水淡化,纯水制造,放射性废水以及其他污水处理
化学工业	石油化工、照相工业排水回收药剂,己内酰胺水溶液浓缩,造纸工业半纤维回收等
医药工业	生药浓缩,糖液浓缩
食品加工工业	果汁浓缩,糖液浓缩,大豆及淀粉工业排水浓缩,牛奶处理,氨基酸分离、浓缩
纤维加工工业	染色水处理闭路循环
表面处理	电涂及涂装水处理
钢铁、机械工业	含油排水处理

反渗透膜在电子工业超纯水的制造中也很重要。电子工业用超纯水对水质要求很高，要

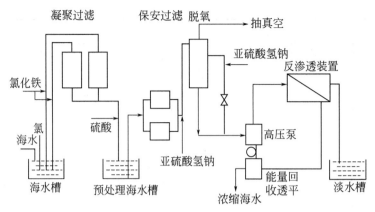

图 7-5　反渗透海水淡化工艺流程示意

求除去水中几乎全部的杂质。因为反渗透对于水的绝大部分杂质都有不同程度的排除率，设置反渗透程序后，能保证高纯水水质不因供应水水质变化而变化。

低分子有机物水溶液的浓缩，也是反渗透应用的另一重要领域。己内酰胺水溶液的反渗透浓缩，已实现工业化。牛奶反渗透浓缩是大规模工业化的反渗透应用实例，得到的浓缩牛奶便于储存、运输。此外，反渗透在环境保护中的应用也越来越引起人们重视。

纳滤膜是在渗透过程中能截留大于 95％ 的最小分子约为 1nm（不对称微孔膜平均孔径为 2nm）的膜。纳滤与反渗透原理基本相同，但纳滤有其特殊的分离功能。纳滤膜能使 90％ 的 NaCl 透过膜，而使 99％ 的蔗糖被截留，即纳滤能部分脱盐而非全部，对相对分子质量为 200～500 的有机物及胶体却完全可以脱除（超滤一般只除去分子量 10000 以上的有机物）；反渗透海水膜对低盐度水也需要高的操作压力，而纳滤膜基本上在低压下就可正常运行；由于纳滤膜表面的荷电性，纳滤可以将高价、低价盐有区别地截留并部分保留水中有益的离子（膜软化等），这是反渗透不能做到的。在分离应用中往往要求膜对盐的截留率较低，而对有机物完全截留，如糖、氨基酸与盐的适当分离以及染料与盐的分离等，此时，纳滤是一种很有发展前景的主流技术，这也是近年来纳滤膜研制日益成为重点的原因之一。

（4）超滤、反渗透和微滤的关系

目前反渗透膜、超滤膜在许多领域都得到了应用。如苦咸水、海水淡化及超纯水、医疗用水的制造等，还可用于制造医疗装置，如血液透析膜，可从血液中除去尿毒素、肝毒素、农药等。若采用超滤膜去除尿毒素并补充相当于滤液体积量的无菌水回体内，则能达到去除尿毒素的目的，也能使血压正常，不会发生由于蛋白质损失而引起的体力消耗，而成本比血液透析低。如在生物制剂和中草药提纯方面可进行人体生长素的超滤提取、浓缩人血清蛋白，中草药的精制等；在食品工业和发酵工业中可用于脱脂乳的浓缩、酱油脱色、果汁浓缩、速溶饮料的制造；在环境工程中对镀银、铬、铜、金、银、锌、镉等电镀废液进行处理。

超滤和反渗透是密切相关的两种分离技术，反渗透是从高浓度溶液中分离较小的溶质分子，超滤则是从溶剂中分离较大的溶质分子，这些粒子甚至可以大到能悬浮的程度。对小孔径的膜来说，超滤与反渗透相重叠，而对孔径较大的膜来说，超滤又与微孔过滤相重叠。也有把 1μm 的颗粒定为超滤的上限，把 10nm 的颗粒定为反渗透的上限，当颗粒物大于 50nm

后，即属于一般的颗粒过滤，说明目前对划分的界限尚无一个绝对的标准。超滤与反渗透的主要区别如下。

① 它们的分离范围不同，超滤能够分离的溶质分子量为 $100 \times 10^4 \sim 500 \times 10^4$、分子大小为 $300nm \sim 10\mu m$ 的高分子；而反渗透分离的是无机离子和有机分子。

② 它们使用的压力也不同，反渗透需要高压，一般为 $1.0 \sim 10MPa$；超滤则需要低压，一般为 $0.1 \sim 1.0MPa$。

另外超滤中一般不考虑渗透压的作用，而反渗透由于分离的分子非常小，与推动压力相比，渗透压变得十分重要而必须考虑。超滤和反渗透大都用不对称膜，超滤膜的选择性皮层孔太小，分离的机理主要是筛分效应，故其分离特性与成膜聚合物的化学性质关系不大。而反渗透膜的选择性皮层是由均质聚合物层组成的，膜聚合物的化学性质对透过特性影响很大。

一般而言，在工艺应用上单靠反渗透或超滤技术一个单元来解决所有问题的想法是不现实的，多工艺的组合往往是工业化最有效的思路，如反渗透/纳滤与薄膜蒸发、结晶、渗透蒸发以及促进传递等方式的合理组合。各种膜分离技术联合应用的典型例子是牛奶的加工，其中反渗透起脱水浓缩作用；超滤起蛋白质和乳糖等小分子物质分离作用；电渗析起除无机盐、调整牛奶及加工产品中电解质含量的作用。

（5）气体分离膜

气体分离膜大体分为多孔膜和非多孔膜（均质膜）两大类，它们的透过原理各不相同。

① **多孔膜** 多孔膜分离气体是利用气体分子在微孔内扩散速度的差别而实现的。当气体分子在孔径远小于其平均自由程的微孔中移动时，气体分子与微孔壁的碰撞多于气体分子间的碰撞，这时气体的透过速度与分子量的平方根成反比。因此混合气体的分子量相差越大，越容易分离。气体透过多孔膜时扩散速度与膜的凝胶结构、孔径和孔径分布有关，而分配系数主要取决于膜的材质和结构等。

② **非多孔膜** 气体透过非多孔膜可用溶解-扩散机理进行解释。首先，膜与气体接触，气体向膜的表面溶解。其次，因气体溶解产生的浓度梯度使气体在膜内向前扩散，当扩散至膜的另一面，气体分子脱附。当膜两边的界面处达到稳定平衡状态时，膜界面的气体浓度与气体压力符合亨利定律，膜中气体分子的扩散符合费克定律。气体与膜的亲和性及相互作用对气体透过系数有很大影响，同时膜聚合物的化学结构、聚集态、温度以及制造条件所造成的高次结构等对透过系数都有很大影响。

气体分离膜的材质由无机或有机高分子材料组成，可以是氧化铝、氮化硅、碳、银、钨及多种有机高分子材料的微细粉末在高温下的烧结体，但工业上用于气体分离的主要是高分子材质，如聚酰亚胺（PI）、醋酸纤维素（CA）、聚二甲基硅氧烷（PDMS）、聚砜（PS）、聚碳酸酯（PC）等。

近年来，随着膜科学技术的不断进步，气体分离膜的工业化应用迅速发展。目前气体分离膜已广泛用于从天然气中提取氦、气体去湿、CO_2/CH_4 分离、合成氨中 H_2/CO_2 分离以及宇宙飞船中 CO_2/O_2 分离，还用于人工肺等。

H_2 的回收利用在很多领域都会涉及。如在原油的加工过程中大多要在各工段上采用加氢处理的方法，如催化重整、加氢裂化、加氢精制、加氢脱硫等，对 H_2 资源的要求逐年增加，而在这些装置的尾气中一般都有 $20\% \sim 40\%$ 的氢气可以回收利用。在合成氨的尾气中也有大约 20% 的氢气需要回收。

传统的氢回收方法有变压吸附法和冷凝回收法。相比较而言，膜法回收氢气是一种简单有效的方法。混合高压气体进入膜组件的壳层，其中 H_2 作为优先选择透过性气体透过膜后在管程富集，其余的气体则大部分残留在壳层富集。这种方法具有投资小、操作稳定以及经济性好等优点。我国膜分离氢回收技术在合成氨工业上的应用比较多，除国外引进的膜分离装置外，自 1988 年起，中科院大连化学物理研究所研制的中空纤维氢回收组件也实现了工业规模的应用，至今已为国内外近百家化肥厂提供氢回收装置，可增产氨 3%~4%，每吨氨电耗下降 50kW·h 以上。回收的含氢气流经二级膜组件提纯后，浓度可达到 99%，可作为加氢装置的气源。

富氧和富氮一直是气体分离膜应用的一个重要领域，尤其是富氧膜，因对节约能源具有很大意义而成为当今各国研究开发的热点。在工业中，富氧空气能够使燃料充分燃烧，提高燃料利用率，降低生产成本。在医疗中随时能提供富氧空气的技术可帮助需要吸氧的病人。而 N_2 则广泛应用于管线吹洗，易燃材料的保护，食品加工和储存过程的保鲜和抗氧化，金属热加工等。经过近 40 年的研究和发展，膜法富氧或富氮技术已经比较成熟。其制氮成本仅为深冷法的一半。目前全世界大约 30% 的氮气是通过膜法生产的，其副产品即为富氧空气，其氧气浓度可从大气中的 21% 提高到 25%~30%，在冶金、陶瓷、发电等领域都有广阔的应用市场。

气体分离膜还可用于脱除气体中的水分，如用于压缩空气的除湿、油气田天然气的水分和酸性气体的脱除等。与传统的分子筛吸附干燥、冷冻干燥、醇胺吸收法相比，膜法脱湿具有工艺简单、安全、节能、设备简单、操作方便等优势。

高分子膜分离技术越来越受到人们的重视，然而目前适于制备分离膜的高分子材料有限，这些材料制成的分离膜的性能也各有长处和不足。随着石油等不可再生资源出现紧缺，有机高分子原料的来源受到威胁，开发、利用廉价易得的天然有机高分子可再生资源，对分离膜日益增长的需求尤为重要。另外，高分子分离膜还应在防污染性、耐腐蚀性及化学稳定性、耐高温性及热稳定性、高选择性和渗透性等性能方面进行提升，才能满足未来需求。所以近年来发展有机-无机复合材料，能够在较大范围内调节膜的分离性能和渗透性能，也具有很好的应用前景。

7.6 医用高分子材料

医用高分子材料是一类根据医学的需求来研制与生物体结构相适应的、在医疗上使用的材料，包括体外应用的高分子材料、体内应用的人工脏器、口腔齿科材料、高分子药物、高分子诊断试剂、高分子免疫制剂等。它是一门新兴的边缘性学科，涉及材料工艺学、化学、物理、生物科学、病理学、药物学、解剖学等多门学科。近 20 多年来发展十分迅速，极大地推动了人工器官移植技术及相关医疗技术的进步，对人类战胜疾病和保护健康具有极其重要意义。

医用高分子材料特别是一些作为人工脏器及药物而直接进入人体的高分子材料应具备许多特性，首先必须具有良好的生物相容性（包括组织相容性、血液相容性和耐生物老化性）。所谓生物相容性是指植入人体内的生物医用材料及各种人工器官、医用辅助装置等医疗器械，必须对人体无毒性、无致敏性、无刺激性、无遗传毒性和无致癌性，对人体组织、血液、免疫等系统不产生不良反应。

其次，医用高分子材料还应有良好的物理力学性能，使其加工成型容易，耐老化性好，易于消毒，且价格低廉；其形态结构应符合医用的使用要求；其研制和生产过程要按照卫生和药物管理部门的有关质量管理规范进行。

常用的医用高分子材料有很多，大致可分为聚丙烯酸羟乙酯等的聚丙烯酯系列、有机硅聚合物、聚乙烯、聚四氟乙烯、聚丙烯酯、尼龙、聚酯、聚砜、纤维素衍生物等。

7.6.1 体外应用的高分子材料

体外的医疗用材料有各种器械，如输血用具、各种管子、手术衣、绷带、粘接胶带、绷托等，主要用于临床检查、诊断和治疗等。很多产品已大量生产，如塑料输血袋、高分子缝合线、一次性塑料注射器、医用黏合剂、高分子夹板绷托、高吸水性树脂等。

高分子夹板绷托可采用乙酸纤维素及聚氯乙烯作材料，在加热后可按需求定型，冷却后变硬起固定作用。另一种尼龙纤维织物可在光照下定型，它的密度轻、强度高、耐水性好。反式聚异戊二烯也是一种合适的固定材料。聚氨酯硬泡沫是一种较新颖的夹板材料，将试剂涂布在患部，5~10min即会发泡固化，其质量仅为石膏的17%。这些高分子材料正替代笨重、闷气、易脆断和怕水的石膏绷带，为骨折病人带来福音。

高分子医用黏合剂主要采用α-氰基丙烯酸酯，它能在微量水分下迅速进行阴离子聚合，这种单体还可与蛋白质结合，与机体组织有机地结合在一起。其中α-氰基丙烯酸丁酯的止血效果、体内分解速度、抗菌性等综合效果最好，因而在临床上运用广泛，对用通常方法无法止血的病例具有迅速和持久的止血效果，可作为对肝、肾、肺、食道、肠管等脏器手术中的黏合剂和止血剂。

现在还发展了一种口罩和绷带，能选择性地透过氧，这种口罩利于心脏病患者戴用，用这种绷带包扎伤口容易愈合。

表7-4列出医用高分子材料体外应用范围及目前选用的一些材料。

表7-4　医用高分子材料体外应用范围及选用的材料

应 用 范 围	材 料 名 称
膜式人工肺	聚乙烯膜、聚四氟乙烯膜、硅橡胶膜及管
人工肾	纤维素膜及空心纤维、聚丙烯膜、聚氯乙烯与偏氯乙烯共聚膜、离子交换树脂膜、水凝胶膜
人工皮	纤维素膜等
血液导管	聚氯乙烯、聚乙烯、尼龙、硅橡胶、聚氨酯橡胶、聚四氟乙烯
体内各种插管	聚乙烯、聚四氟乙烯、硅橡胶
采血瓶	聚乙烯、聚氯乙烯
消泡剂及润滑剂	硅油
绷带	聚氨酯泡沫、异戊橡胶、聚氯乙烯、室温硫化硅橡胶
注射器	聚丙烯、聚乙烯、聚苯乙烯、聚碳酸酯
各种手术器具	聚乙烯
手术衣	无纺布
医用黏合剂	α-氰基丙烯酸酯

7.6.2 体内应用的高分子材料

在表7-5中所列出的是用于人工脏器的各种高分子材料，由于不同部位的要求不同，所选用材料也不同。

表 7-5　高分子材料制作的部分人工脏器

用　途	材　料
人工心脏	聚氨酯橡胶、聚四氟乙烯、硅橡胶、尼龙等
人工肾	赛璐玢(玻璃纸)、聚丙烯、硅橡胶、乙酸纤维素、聚碳酸酯、尼龙-66
人工肺	硅橡胶、硅酮/聚碳酸酯共聚物、聚烷基砜
人工肝脏	赛璐玢、聚苯乙烯型离子交换树脂
人工气管	聚乙烯、聚乙烯醇、聚四氟乙烯、硅橡胶、聚氯乙烯
人工输尿管和尿道	硅橡胶、聚四氟乙烯、聚乙烯、聚氯乙烯
人工眼球和角膜	硅橡胶、聚甲基丙烯酸甲酯
人工耳	硅橡胶、聚乙烯
人工乳房	聚乙烯醇缩甲醛海绵、硅橡胶海绵、涤纶
人工喉	涤纶、聚四氟乙烯、硅橡胶、聚氨酯、聚乙烯、尼龙

　　植入人体内的人造器官最基本的要求是无毒,优良的生物相容性,抗血凝性而不产生血栓,不引起过敏或肿瘤。用于不同部位的人工脏器或部件还有特殊的要求,比如人工肾的膜要能透过尿素,而不透过血清蛋白等;若与血液接触要求不产生凝血;用作眼科的材料对角膜要无刺激;用作人工心脏,要求能经过 3 亿次的往复波动;用作人工心脏透析膜时,要求材料有较高的透析效率;注射整形材料和注射粘堵材料,注射前要求流动性能好,注射后要很快固化等;口腔材料不仅要求耐磨损,还要求承受冷、热、酸、碱条件等。

　　试验结果证明,硅橡胶和聚四氟乙烯材料在化学上呈惰性、吸水性小,与肌体反应微弱,对周围组织的影响最小。硅橡胶的耐生物老化性较好,埋植在体内 17 个月后其强度和伸长变化都很小;聚氨酯材料的表面带有负电荷,使其具有较好的抗凝血性能。肝素是一种天然的酸性多糖,通过离子链、共价键或共混等方法,把肝素接到高分子材料的表面赋予负电荷,能改进材料的抗凝血性能。在诸多材料中,由于有机硅聚合物具有无毒、无生理性不良反应、耐高气温、透气性好、加工容易、价廉等优点,所以在医用高分子中占有很重要的地位。

　　目前选用这些材料在人工脏器方面的应用主要是朝着高功能化、多功能化、长久化、内植化、小型化、便携化的方向发展。

　　表 7-6 列出了用于人工组织的各种高分子材料。

表 7-6　高分子材料制作的部分人工组织

用　途	材　料
人工皮肤	聚乙烯醇缩甲醛、胶原纤维、聚丙烯织物、聚氨酯、尼龙等
人工血管	聚四氟乙烯、聚乙烯醇缩甲醛海绵、硅橡胶、尼龙等
人工骨和人工关节	聚甲基丙烯酸甲酯、聚四氟乙烯、超高分子量聚乙烯、聚酯
人工软骨	软骨膜细胞＋海绵状骨胶原
人工血细胞	氟碳化合物乳剂、人或动物的血红蛋白＋聚乙二醇
人工血液	葡萄糖(右旋糖酐)、聚乙烯醇、聚乙烯吡咯烷酮
人工神经	明胶、骨胶原、聚羟基乙酸
人工肌腱	尼龙、聚氯乙烯、涤纶、聚四氟乙烯、硅橡胶
人工齿	聚甲基丙烯酸甲酯、聚碳酸酯、聚苯乙烯、环氧树脂
人工晶状体/玻璃体	液体有机硅、骨胶原、聚乙烯醇水凝胶

高分子材料制作人工血管已有 40 多年的历史，材料也由初期使用的聚酰胺及聚丙烯腈等发展到现在的聚酯、聚四氟乙烯及聚氨酯等。最近日本 Tovay 公司研制出的聚酯纤维编织成的人工血管，其最细直径仅为头发的 1/20，水能透过管壁而血液则不能。植入不久即有活组织覆盖形成血栓层，其性能类似天然血管，临床应用效果很好。

作为人工皮肤应是柔软的，与创面有良好的亲和性，具有透气性和吸水性。聚四氟乙烯膜具有较好的透气性，但强度较差。可将聚氨酯泡沫层黏附在多孔聚四氟乙烯表面上，或将尼龙粘贴在硅橡胶膜的表面上制成复合型人工皮肤。

7.6.3　高分子药物

天然高分子作为药物，如乳粉和葡萄糖的应用已有较长历史；而合成高分子用于药物是近几十年才发展起来的。目前我们使用的药物大多是低分子药物，这类低分子药物在血液中停留时间短，很快排泄到体外，药效持续的时间不长。如通过口服或注射进入人体后，药物在人体内的浓度变化很大，这样忽高忽低的浓度会影响治疗的效果。对指定部位的施药其效果则更差。而高分子药物不易分解，具有长效、降低毒副作用、增加药效、缓释和控释药性等特点，可以达到平均给药、靶向性给药，从而提高治疗效果。

高分子药物大体可分成两类，一类是本身具有药理活性的高分子药物。这种药物只是高分子链的整体才显示医药活性，与它相应的低分子化合物，一般无医药活性或活性低。如 L-赖氨酸无药理活性，但聚 L-赖氨酸在 2.5μg/mL 的浓度下即可抑制大肠杆菌；阳离子聚合物具有杀菌性、抗病毒和对癌细胞有抑制作用；阴离子聚合物，如二乙烯基醚与顺丁二酸酐共聚制得的吡喃共聚物是干扰素诱导剂，能直接抑制许多病毒的繁殖，能治白血病、肉瘤、泡状口腔炎症、脑炎、脚和口腔等疾病。

另一类是高分子载体药物，它们是一些低分子药物通过共价键与高分子相连，或以离子交换、吸附等形式形成的高分子药物。这些高分子化的药物能控制药物缓慢释放，使代谢减速、排泄减少，药性持久、治疗效果良好、有长效、药物稳定性好，副作用小、毒性低，载体能把药物送到体内确定的部位，并能识别异状细胞；药物释放后的载体高分子无毒，可排出体外或水解后被吸收。如将聚乙烯醇-乙烯胺的共聚物与青霉素相连接，其药理活性比低分子青霉素大 30~40 倍，同时提高了抗青霉素水解酶的能力和稳定性。另如，水杨酸及其酯有抗紫外线作用，但毒性较大。当和乙烯基化合物作用并形成聚合物后，作为抗射线药其毒性就降低了很多。又如靶性抗癌药，在高分子链上引入药物基团的同时，也引入有识别能力的基团，一旦给药，这种高分子运载体会把药物运到靶——癌细胞的部位再行施药，这样可以有效地抑制和杀死癌细胞，从而避免了对正常细胞的毒害作用。

还有一类用于临床的"高分子药物"，它们是用高分子化合物作为成膜材料，将低分子药物作为囊心，包裹成高分子胶囊或微胶囊，药物通过胶囊的膜或通过微胶囊的逐渐破裂而慢慢地扩散出来，达到缓释、长效的目的。这类药物近 20 年来得到了很大发展。如某些长效避孕药等包埋于硅橡胶胶囊中，埋于皮下，可在一年内有效。选择不同溶解性的高分子包膜可控制药物根据不同的 pH 在胃（pH=1~2.5）或肠（pH=5~8）内释放出药物。胃溶性高分子应采用在酸性条件下溶解的聚合物，如聚乙烯吡啶、聚乙烯胺类、聚甲基丙烯酸氨基酯及聚氨基甲基苯乙烯等。肠溶性高分子有甲基丙烯酸与丙烯酸甲酯的共聚物、苯乙烯和马来酸酐共聚物、乙酸纤维邻苯二甲酸酯等。一些水凝胶包覆了某些肠胃药后制成内服药，当服药后水凝胶在胃内溶胀，体积变大不易进入肠道，在胃液的作用下，水凝胶球块表面不断被胃液降解溶化，同时包埋的药物也不断放出直至水凝胶直径小于胃幽门出口时进入肠道。利用水凝胶的大小和水解速度就可以控制药物的释放时间而起到缓释的作用。

聚葡萄糖酸、聚乳酸、乳酸与氨基酸的共聚物在体内可代谢成二氧化碳和水以及无毒的乳酸等，可作为药物的微胶囊材料。

此外，将一些激素、酶等物质固定在高分子上，仍能保留其生物活性且能缓慢释放，是一类发展着的、新的、潜在的高分子药物。

医用高分子材料及其应用多年来获得了长远的发展，不断开发智能、绿色、经济和高效的医用高分子材料是人们长期追求的目标。随着新技术的发展和人类的需求日益增长，医用高分子材料，特别是响应性材料，将具有更加广阔的应用前景。响应性医用高分子材料研究的种类较多，特别是多重响应性聚合物的研究和应用备受关注。多响应性聚合物能够对多种外界刺激因素产生响应，包括温度、pH、氧化还原、光、电场及磁场等。例如，聚 N,N-二甲基丙烯酰胺（PDMA）和 N-乙基吗啉甲基丙烯酸酯（PMEMA）嵌段共聚物就具有温度和 pH 双重敏感响应性。聚 N-异丙基丙烯酰胺（PNIPAM）是常用的温敏链段，也可以与其他的响应性聚合物进行共聚，制备多种多重响应性聚合物，例如可以与分子印迹聚合物共聚，对糖、蛋白和酶等生物分子具有较高的选择性响应，制备得到新型智能化响应性聚合物材料。多重响应性聚合物的制备需要考虑环境因素，因此除了选择适宜的单体材料和共聚物的合成方法，在多重响应的稳定性和精准性方面还有待深入研究。另外，了解并掌握智能材料的响应性与聚合物构象转变的关系，才能使开发的响应性高分子材料满足生物医用应用领域的广泛需求。

7.7 功能高分子的发展趋势

近年来，功能高分子的研究发展集中在以下几个方面。

（1）隐身材料

隐身技术是当今世界三大尖端军事技术之一，广泛应用于飞机、导弹、坦克、军舰、潜艇和地面军事设施，以提高武器在现代战场上的生存能力。美国在海湾战争中已成功应用隐身技术。隐身材料有雷达隐身材料、红外隐身材料、电子隐身材料、可见光隐身材料和声波隐身材料等几大类，通过在高分子基体中添加吸波、吸红外助剂，对配方和成型工艺进行优化，使常规高分子材料变成具有红外和雷达隐身功能的高分子材料。如雷达吸收材料，可以吸收和衰减由空间入射来的电波的电磁能量，使反射电波减小或基本消除。有机导电聚合物具有良好的吸波性能，已用于隐身技术的有聚乙炔、聚吡咯、聚噻吩、聚苯胺、多官能团环氧树脂、酚醛树脂等。细微粉和超微粒子一般作为吸波材料的主要成分，用于制备包括吸收衰减层、激发变换层、反射层等多层细微粉或超微粉在内的微波吸收材料，已获得良好的吸波效果。另外，铁氧体树脂复合材料、铁氧体基橡胶、碳纤维复合材料等都有良好的吸波作用。

由于细微粉和超微粒子吸波材料的制备工艺复杂，且存在一定的缺陷，因此，人们的目光已经转向隐身纳米高分子复合材料的研究，目前已取得相应的进展。今后研究的方向是使该类高分子频带更宽、功能更多、质量更轻、厚度更小。

（2）先进复合高分子材料

当今材料技术的发展趋势一是从均质材料向复合材料发展，二是由结构材料往功能材料、多功能材料并重的方向发展。这种发展趋势造就了先进复合材料的迅速崛起与快速发展。

先进复合高分子材料是指以一种材料为基体（如树脂、陶瓷、金属等），加入另一种称之为增强（或增韧）材料的高聚物（如纤维等）复合成的高功能整体结构物，这种将多相物复合在一起，充分发挥各相性能优势的结构特征赋予了高分子复合材料广阔的应用空间。目前高分子复合材料的发展和应用已进入世界科技和工业经济的各个领域，重点集中在航空航天、基础设施、沿海油气田和汽车的应用，与此同时，医用复合材料日益增长，成为近年来不可忽视的快速发展领域。

（3）生态可降解高分子材料

随着环保概念的提出，环保意识的增强，生态可降解高分子材料的开发和应用日益受到政府、企业和科研机构的重视。目前开发的具有生态可降解性的高分子材料主要以国外产品为主，国内这方面差距较大，尚处于国外产品的复制和仿制阶段。聚乳酸类高分子是目前已开发应用于生命科学新增长点——组织工程的生物可降解材料。聚乳酸高分子材料已形成了多种品种，如未经编织的单纤维合成材料、经编织的网状合成材料、具有包囊的多孔海绵状材料等。尽管如此，目前应用的生物可降解材料在生物相容性、理化性能、降解速率的控制及缓释性等方面仍存在诸多未解决的问题，有待进一步研究。

（4）智能高分子材料

智能材料系统和结构是近年国际上最活跃的研究热点之一，一经出现便引起各领域专家学者的极大兴趣和关注。智能材料系统的核心组成部分是智能材料，智能材料是对外界变化具有稳定的、可设计的响应功能的材料，可定义为"能够感知环境变化（传感或发现功能），通过自我判断和自我结论（思考或处理的功能），实现自我指令和自我执行（执行的功能）的新型材料"。该类材料集感知、驱动和信息处理于一体，形成类似生物材料那样具有智能属性。可以利用该类材料容易感知判断环境并实现环境响应的特性来制造传感器、制动器及仿生器等。因此，其将在医疗、环境监测、航空航天及制造业等方面得到广泛应用。

目前，智能材料的研究主要集中在光致变色高分子材料、形状记忆高分子材料、智能高分子凝胶、智能高分子膜材、智能高分子复合材料、智能高分子织物等方面。

（5）二氧化碳功能高分子材料

国内外化学专家十分关注碳化学的发展，把长期以来因石化能源燃烧和代谢而排放的污染环境、产生温室效应的 CO_2 视为一种新的资源，利用它与其他化合物共聚，合成新型 CO_2 共聚物材料。以 CO_2 为基本原料与其他化合物在不同催化剂作用下，可缩聚合成多种共聚物，其中研究较多、已取得实质性进展、并具有应用价值和开发前景的共聚物是由 CO_2 与环氧化合物通过开键、开环、缩聚制得的 CO_2 共聚物脂肪族碳酸酯。目前，只有美、日、韩等国已建成脂肪族碳酸酯共聚物生产线，产品主要用做牛肉的保鲜材料。由于产品成本昂贵，仍未获推广使用。我国的一些研究单位也正在加紧开展可生物降解 CO_2 聚合物的合成及加工研究，目前已有所突破。

（6）糠醛系功能高分子材料

糠醛属于多功能团化合物，所含醛基、环醚键及其共轭烯键均具有反应性。通过糠醛系树脂的功能化反应，或通过制备糠醛系功能单体并进一步聚合反应，皆可制得糠醛系功能高分子材料。在特定的反应条件下，糠醛系衍生物经开环及交联反应后，可生成具有高度共轭不饱和大 π 键结构，随着体系共轭程度的增大，电子离域性显著增加，为电子的迁移提供了可能性并会赋予其半导体性能，从而可作为电学材料。糠醛系高分子材料因具有的三维网络结构、呋喃环、共轭不饱和大 π 键以及醛基、羟基等功能基，使其具有刚性大、耐热、耐酸碱和半导体性能，无论作为热固性树脂还是用作功能材料，都具有其特殊的性能和广阔的应用场所，在高性能树脂、半导体材料、光电材料、光热转换材料、磁性材料、催化、耐辐射及耐高温等高性能复合材料等材料领域具有潜在的应用价值。

由于高分子材料在结构上的复杂性和多样性，可以在分子结构、聚集态结构、共混、复合、界面和表面甚至外观结构等诸多方面，进行单一或多种结构的综合利用，能最大程度地满足其他高技术的特殊要求。因此，功能高分子材料是未来材料科学与工程技术领域的重要发展方向。现代多学科交叉的特点促进了新型功能高分子材料的研究与发展，也孕育了新一代的功能高分子材料。目前功能高分子的发展方兴未艾，正以其独特的性能和广泛的用途形成一个新领域，受到世界各国的普遍重视。预计在未来的化工产品市场上，将占领极为重要的地位，与正在发展的通用高分子、轻质高强的复合材料鼎足而立于高分子产品市场。

● 习　题

7-1　功能树脂有哪些合成方法？

7-2　离子交换树脂具有怎样的结构？离子交换树脂是如何进行离子交换的？

7-3　影响离子交换树脂选择性的因素有哪些？如何提高离子交换的速度？

7-4　吸附树脂可分为几类？各类吸附树脂是如何进行吸附的？

7-5　高吸水性树脂的吸水机理是怎样的？高吸水性树脂具有哪些特性？

7-6　离子交换膜与离子交换树脂有何异同？离子交换膜在应用上有何特点？

7-7　微滤膜和超滤膜的分离原理是什么？它们各自的分离功能是什么？

7-8　简述反渗透膜和纳滤膜的分离原理、分离对象和分离范围。

7-9　超滤、微滤和反渗透之间的关系是怎样的？

7-10　简述气体分离膜的分离原理和主要用途。

7-11　医用高分子材料必须具备哪些特性？

7-12　高分子药物分几类？各具有什么特点？

7-13　降低水的硬度可使用哪种功能高分子材料？

7-14　除去水中的有机污染物可用哪种吸附树脂？

7-15　海水淡化可使用哪种高分子分离膜？

第8章

食品添加剂

8.1　概述

"民以食为天"，食品工业的发展对于改善人们的食物结构、方便人们生活、提高生活质量、保障身体健康具有重要的意义。近年来，我国的食品工业得到了持续、快速的发展，这与食品添加剂的使用是分不开的。可以说，食品添加剂在食品工业的发展中起了决定性的作用，没有食品添加剂，就不可能有现代食品工业。食品添加剂是现代食品工业的催化剂和基础，被誉为"现代食品工业的灵魂"。食品加工的各个领域，包括粮油加工、畜禽产品加工、水产品加工、果蔬保鲜与加工、酿造以及饮料、酒、茶、糖果、糕点、冷冻食品、调味品等的加工，都离不开食品添加剂。即使是在烹饪行业，家庭日常的一日三餐中，也要用到各种食品添加剂。食品添加剂对于改善食品的色、香、味、形，调整食品营养结构，提高食品质量和档次，改善食品加工条件，延长食品的保存期，都有着极其重要的作用。

食品添加剂已成为新兴独立的生产工业，一方面它直接影响着食品工业的发展，其价值远远大于其自身价值；另一方面；食品工业的发展又对食品添加剂提出了更高的要求。

8.1.1　食品添加剂定义

根据我国《食品安全国家标准　食品添加剂使用标准》（GB 2760—2014）规定，食品添加剂是指"为改善食品品质和色、香、味以及为防腐、保鲜和加工工艺的需要而加入食品中的人工合成或者天然物质"。

在我国，食品营养强化剂也属于食品添加剂范畴。食品卫生法明确规定食品营养强化剂是指"为增强营养成分而加入食品中的天然的或者人工合成的属于天然营养素范围的食品添加剂"。此外，为了使食品加工和原料处理能够顺利进行，还有可能应用某些辅助物质。这些物质本身与食品无关，如助滤、澄清、脱色、脱皮、提取溶剂和发酵用营养物等，它们一般应在食品成品中除去而不应成为最终食品的成分，或仅有残留。对于这类物质特称为食品加工助剂，也属于食品添加剂的范畴。

8.1.2　食品添加剂的安全使用

食品添加剂最重要的是安全和有效，其中安全性最为重要。要保证食品添加剂使用安全，必须对其进行卫生评价，这是根据国家标准、卫生要求，以及食品添加剂的生产工艺、理化性质、质量标准、使用效果、范围、加入量、毒理学评价及检验方法等做出的综合性的安全评价，其中最重要的是毒理学评价。通过毒理学评价确定食品添加剂在食品中无害的最大限量，并对有害的物质提出禁用或放弃的理由，以确保食品添加剂使用的安全性。

根据我国《食品安全国家标准　食品添加剂使用标准》（GB 2760—2024）规定，食品添加剂使用时应符合以下基本要求：

① 不应对人体产生任何健康危害；

② 不应掩盖食品腐败变质；

③ 不应掩盖食品本身或加工过程中的质量缺陷或以掺杂、掺假、伪造为目的而使用食品添加剂；

④ 不应降低食品本身的营养价值；

⑤ 在达到预期的效果下尽可能降低在食品中的使用量。

只有在下列情况下可使用食品添加剂：

① 保持或提高食品本身的营养价值；

② 作为某些特殊膳食用食品的必要配料或成分；

③ 提高食品的质量和稳定性，改进其感官特性；

④ 便于食品的生产、加工、包装、运输或者储藏。

（1）食品添加剂的危害性

食品添加剂除具有有益作用外，也可能有一定的危害性，特别是有些品种尚有一定的毒性，会对机体造成损害。毒性除与物质本身的化学结构和理化性质有关外，还与其有效浓度或剂量、作用时间及次数、接触途径与部位、物质的相互作用与机体的机能状态等条件有关。一般地说，毒性较高的物质，用较小剂量即可造成毒害；毒性较低的物质，必须较大剂量才能表现作用。因此不论其毒性强弱或剂量大小，对机体都有一个剂量-效应关系的问题，即只有达到一定浓度和剂量水平，才能显示其毒害作用。所以，所谓毒性是相对而言的，只要在一定的条件下使用时不呈现毒性，即可相对地认为对机体是无害的。

随着科学技术的发展，人们对食品添加剂的深入认识，那些对人体有害，有可能危害人体健康的食品添加剂品种被禁止使用。允许使用的食品添加剂应有充分的毒理学评价，并且符合食用级质量标准，这样才能保证在使用范围、使用方法与使用量符合食品添加剂使用卫生标准时，其使用的安全性有保证。

目前国际上认为因食品危害人体健康最大的问题首先是由微生物污染引起的食物中毒，其次是食物营养问题如营养缺乏、营养过剩带来的问题，第三是环境污染，第四是食品中天然毒物的误食，最后才是食品添加剂。由此可见，因食品添加剂产生的问题相对较少。当然如果滥用食品添加剂，或使用不符合食品卫生标准的食品添加剂是会危害人体健康，甚至造成严重后果的。

某些食品添加剂效果显著但又具有一定毒性，在添加时就必须严格控制其使用量，使安全性得到保证。以亚硝酸盐为例，亚硝酸盐长期以来一直被作为肉类制品的护色剂和发色剂，但它本身的毒性较大，而且可以与仲胺类物质作用生成对动物具有强烈致癌作用的亚硝胺。但尽管这样，亚硝酸盐在大多数国家仍批准使用，因为它除了可使肉制品呈现美好、鲜艳的亮红色外，还具有防腐作用，可抑制多种厌氧性梭状芽孢菌，尤其是肉毒梭状芽孢杆菌，防止肉类中毒。这一功能在目前使用的添加剂中还找不到理想的替代品。

（2）食品添加剂的使用要求和毒性指标

食品添加剂的具体要求如下：

① 必须经过严格的毒理鉴定，保证在规定使用量范围内，对人体无害；

② 应有严格的质量标准，其有害杂质不得超过允许限量；

③ 进入人体后，能参与人体正常的代谢过程，或能经过正常的解毒过程排出体外，或不被吸收而排出体外；

④ 用量少，功效大；

⑤ 使用安全方便。

在食品加工过程中，食品添加剂的加入必须严格遵循我国《食品添加剂使用卫生标准》和《食品添加剂卫生管理方法》。

食品添加剂的毒性是评价食品添加剂的关键，主要食品添加剂的毒性指标如下。

① 日允许摄入量（ADI，mg/kg 体重）　是指人一天连续摄入某种添加剂，而不致影响健康的每日最大摄入量，以每日每公斤体重摄入的毫克数表示，单位为 mg/kg 体重。

② 半数致死量（LD_{50}）　即动物的半数致死量，是指能使一群试验动物中毒死亡一半的投药剂量，以"mg/kg"表示。LD_{50} 是判断食品添加剂安全性的常用指标之一，它表明了食品添加剂急性毒性的大小。通常按经口 LD_{50}，将物质的急性毒性分为 6 级，见表 8-1。

表 8-1　经口 LD_{50} 与毒性分级

毒　性　级　别	$LD_{50}/(\text{mg/kg})$	毒　性　级　别	$LD_{50}/(\text{mg/kg})$
极毒	<1	低毒	501～5000
剧毒	1～50	相对无毒	5001～15000
中等毒	51～500	无毒	>15000

③ 中毒阈量　是指动物中毒所需的最少被测物质的量，即能引起机体某种最轻微中毒现象的剂量。

以上毒性指标是通过动物的急性毒性、亚急性毒性、慢性毒性试验而获得的。

根据毒理学评价，食品添加剂使用标准一般按如下方法确定。

① 根据动物毒性试验确定最大无作用剂量（MNL）。

② 根据 MNL 值定出人体每日允许摄入量（ADI）：

$$每日允许摄入量(ADI) = MNL \times \frac{1}{100}$$

③ 将每日允许摄入量（ADI）乘以平均人体质量求得每人每日允许摄入总量（A）。

④ 根据膳食调查，搞清膳食中含有该物质的各种食品的每日摄食量（C），然后即可分别算出其中每种食品含有该物质的最高允许量（D）。

⑤ 根据该物质在食品中的最高允许量（D）制订出该种添加剂在每种食品中的最大使用量（E）。原则上总是希望食品中的最大使用量标准低于最高允许量，具体要按照其毒性及使用等实际情况确定。

8.1.3　食品添加剂的分类

食品添加剂有多种分类方法，可按其来源、功能、安全性评价的不同等来分类。

按来源分，食品添加剂可分为天然食品添加剂和化学合成食品添加剂两类。前者是指利用动植物或微生物的代谢产物等为原料，经提取获得的天然物质。后者是指利用各种化学反应如氧化、还原、缩合、聚合、成盐等得到的物质，其中又可分为一般化学合成品与人工合成天然等同物，如我国使用的 β-胡萝卜素、叶绿素铜钠就是通过化学方法得到的天然等同色素。

按功能分，由于各国对食品添加剂的定义不同，因而分类也有所不同。我国在《食品安全国家标准　食品添加剂使用标准》（GB 2760—2024）中，将食品添加剂分为 23 类，见表 8-2。每类添加剂中所包含的种类不同，少则几种（如抗结剂 5 种），多则达千种（如食用香料千余种）。

表 8-2　食品添加剂分类

1 漂白剂	7 膨松剂	13 营养强化剂	19 增稠剂
2 抗结剂	8 胶基糖果中基础剂物质	14 防腐剂	20 甜味剂
3 消泡剂	9 护色剂	15 水分保持剂	21 稳定和凝固剂
4 抗氧化剂	10 增味剂	16 被膜剂	22 食品用香料
5 酸度调节剂	11 着色剂	17 面粉处理剂	23 其他
6 乳化剂	12 酶制剂	18 食品工业用加工助剂	

8.2　食品防腐剂

微生物是造成食品腐败的主要原因之一，自从人类生产的食物有了剩余，防止食品的腐败就成了保藏食品的核心问题。传统的保藏食品方法有晒干、盐渍、糖渍、酒泡、发酵等。现代食品工业则是采用很多新方法、新技术来保藏食品，如采用罐藏、真空包装、充气调理包装、冷藏、冻藏等方式。同时也会采用多种杀菌技术，如高压杀菌、辐照杀菌、电子束杀菌等。不管是采用哪种包装手段、储存方法和杀菌技术，由于微生物的无处不在和极易滋生、繁殖，对大多数食品而言，使用防腐剂是确保食品在储存期内不变质腐败的重要手段。

防腐剂是一类具有抑制微生物增殖或杀死微生物的化合物。狭义上的防腐剂并不能在较短时间内（5～10min）杀死微生物，主要是起抑菌作用。除了一般意义上的直接加入食品中的防腐剂外，还有一些是在食品储存、加工过程中使用的杀菌剂（消毒剂），食品工业上常用的杀菌剂主要起杀菌作用，要求能在较短时间内杀死微生物。

8.2.1　食品防腐剂的作用机理

食品腐败变质是指食品受微生物污染，微生物以食品为营养大量繁殖而导致食品的外观和内在品质发生变化，失去食用价值。微生物引起食品变质一般可分为细菌造成的食品腐败、霉菌导致的食品霉变和酵母引起的食品发酵。

（1）食品腐败现象

食品腐败现象是指细菌作用于各类食品，使食品原有的色泽丧失，呈现各种颜色，严重的会发出腐臭气味，产生不良滋味。以糖类为主要成分的食品，细菌可将糖类分解为多种酸及一些低分子量的气体，使食品呈现酸味及不良气味。细菌作用于以蛋白质为主要成分的食品时，则是将蛋白质分解转化为腐胺、尸胺、粪臭素等有害物质，使食品组织发生软化，产生黏液物，呈现苦味和臭味等异味。当细菌作用于脂肪时，会加速脂肪的氧化分解，使油脂中的脂肪酸分解产生醛、酮、酸等物质，同时分解产生的中间物还会相互作用，产生大量毒性物质，并散发出令人讨厌的恶臭味。造成食品腐败的微生物主要有假单胞菌属、黄色杆菌属、无色杆菌属、变形杆菌属、梭状芽孢杆菌属和小球菌属。

（2）食品霉变现象

食品霉变现象是指霉菌在代谢过程中利用食品中的碳水化合物、蛋白质为碳源和氮源生长繁殖，同时使食品外层长霉或颜色改变，且产生明显霉味。霉菌在生长代谢过程中，使得碳水化合物与蛋白质分解而导致食品变质及营养成分的破坏，若霉变是由产毒霉菌造成的，则产生的毒素对人体健康有严重影响，如黄曲霉毒素可导致癌症。引起食品霉变的霉菌主要有毛霉属的总状毛霉、大毛霉，根霉属的黑根霉，曲霉属的黄曲霉、灰绿曲霉、黑曲霉，青霉属的灰绿青霉。霉菌在较低的水分活度、较低的气温下仍可正常生长繁殖。

（3）食品发酵现象

食品发酵现象是指微生物代谢所产生的氧化还原酶使食品中的糖发生不完全氧化而引起的变质现象。常见的食品发酵有酒精发酵、醋酸发酵、乳酸发酵和酪酸发酵。

酒精发酵是食品中的糖类物质在酵母作用下降解为乙醇的过程。水果、蔬菜、果汁、果酱和果蔬罐头等易产生酒精发酵现象。

醋酸发酵是食品中的糖类物质经酒精发酵生成乙醇，进一步在醋酸杆菌作用下氧化为醋酸。食品醋酸发酵时，不但质量变劣，严重时完全失去食用价值。某些低度酒类、饮料（如果酒、啤酒、黄酒、果汁）和蔬菜罐头等常常发生醋酸发酵。

乳酸发酵是食品中的糖类物质在乳酸杆菌作用下产生乳酸，使食品变酸的现象。鲜奶和奶制品易发生这种现象。

酪酸发酵是食品中的糖类物质在酪酸菌作用下产生酪酸的现象。酪酸具有一种令人厌恶的气味。鲜奶、奶酪、豌豆类食品发生这种酸变时，食品质量严重下降。

人和微生物对物质的代谢有很大差异。当食物进入人的消化系统后，首先分解各种营养素，对食物进行第一次筛选，弃去不可分解物；其次再通过各类肠壁细胞吸收营养素，进行第二次筛选，弃去不能吸收的物质；最后通过血液与肝脏的选择性利用与吸收，分解与排除人体不能利用的物质。而微生物的代谢过程就简单得多，一般各种物质都是直接通过细胞膜进入细胞内反应，任何对其生理代谢产生干扰的物质都可干扰微生物的生长。利用人体和微生物的代谢方式的差异，可开发出对人体无任何不良影响或影响很小但对微生物的生长影响很大的防腐剂，即通常所说的"高效低毒"食品防腐剂，高效是指对微生物的抑制效果特别好，而低毒是指对人体不产生可观察到的毒害。

微生物必须满足以下几个条件才能存活和繁殖：

① 能正常地从外界获得新陈代谢所需的营养；

② 营养能在微生物体内正常新陈代谢，这有赖于其完善的酶体系；

③ 适于微生物生存的环境。

防腐剂只要能破坏或改变其中之一，就可起到防腐的作用。所以尽管防腐剂抑制与杀死微生物的机理复杂，但一般认为防腐剂对微生物具有以下几方面的作用。

① 破坏微生物细胞膜的结构或者改变细胞膜的渗透性，使微生物体内的酶类和代谢产物逸出细胞外，导致微生物正常的生理平衡被破坏而达到抑菌防腐的目的。

② 防腐剂与微生物的酶作用，如与酶的巯基作用，破坏多种含硫蛋白酶的活性，干扰微生物体的正常代谢，从而影响其生存和繁殖。通常防腐剂作用于微生物的呼吸酶系，如乙酰辅酶 A、缩合酶、脱氢酶、电子传递酶系等。

③ 其他作用，包括防腐剂作用于蛋白质，导致蛋白质部分变性、蛋白质交联而导致其他的生理作用不能进行等。

8.2.2 常用食品防腐剂

目前各国使用的食品防腐剂种类很多。根据防腐剂的来源和组成可分为化学合成和天然防腐剂，有机和无机防腐剂。美国允许使用的食品防腐剂有 50 余种，日本 40 余种。我国公布的化学合成食品防腐剂主要有苯甲酸及其钠盐、山梨酸及其钾盐、二氧化硫、焦亚硫酸钠、焦亚硫酸钾、丙酸钠、丙酸钙、对羟基苯甲酸乙酯、对羟基苯甲酸丙酯、脱氢醋酸、双乙酸钠、单辛酸甘油酯、二甲基二碳酸盐等。

8.2.2.1 苯甲酸及其钠盐

苯甲酸又称为安息香酸，其结构式为 C_6H_5COOH。苯甲酸及其钠盐是最常用的防腐剂之一。

苯甲酸为白色有荧光的鳞片状结晶或针状结晶，或单斜棱晶，质轻无味或微有安息香或苯甲醛的气味。在热空气中或在酸性条件下容易随同水蒸气挥发。苯甲酸的化学性质稳定，有吸湿性，在常温下难溶于水，微溶于热水，溶于乙醇、氯仿、乙醚、丙酮、二硫化碳和挥发性、非挥发性油中，微溶于己烷。

苯甲酸钠为白色颗粒或晶体粉末，无臭或微带安息香气味，味微甜，有收敛性，在空气中稳定，极易溶于水，微溶于乙醇。其水溶液的 pH 为 8。使用时不要与酸性物质同时溶解使用，否则会出现絮状沉淀。可与糖一同溶解，配成溶液后加入效果好。

由于苯甲酸难溶于水，因而多使用其钠盐。

其防腐效果受 pH 值影响较大。对强酸性（pH<4.5）食品有效。毒性较山梨酸强，有异味。主要用于冷饮、酱油、果酱、酱菜中，饮料中用量最大。

苯甲酸对酵母菌、部分细菌效果很好，对霉菌的效果差一些，在允许使用的最大范围内（2g/kg），在 pH 值 4.5 以下，对各种菌都有效。

苯甲酸类防腐剂是以其未离解的分子发生作用的，未离解的苯甲酸亲油性强，易透过细胞膜，进入细胞内，酸化细胞内的储碱，并能抑制细胞的呼吸酶系的活性，对乙酰辅酶 A 缩合反应有很强的阻止作用。

苯甲酸被人体吸收后，大部分在 9～15h 内，在酶的催化下与甘氨酸化合成马尿酸，剩余部分与葡萄糖醛酸化合形成葡萄糖苷酸而解毒，并全部进入肾脏，最后从尿排出。因而苯甲酸是比较安全的防腐剂，其 ADI 为 0～5mg/kg。按添加剂使用卫生标准使用，目前还未发现任何毒副作用。由于苯甲酸解毒过程在肝脏中进行，因此苯甲酸对肝功能衰弱的人可能是不适宜的。

GB 2760—2024《食品安全国家标准 食品添加剂使用标准》规定，苯甲酸和苯甲酸钠的使用标准见表 8-3。

表 8-3　苯甲酸和苯甲酸钠的使用标准

食品名称	允许最大使用量（以苯甲酸计）/(g/kg)	食品名称	允许最大使用量（以苯甲酸计）/(g/kg)
碳酸饮料	0.2	果酱（非罐头类）、果蔬汁饮料	1.0
复合调味料	0.6	风味冰、冰棍类	1.0
腌渍蔬菜	1.0	蜜饯凉果	0.5
胶基糖果	1.5	醋、酱油、酱、酱制品	1.0
配制酒	0.4	风味饮料、蛋白饮料	1.0
糖果（除胶基糖果以外的）	0.8	食品工业用浓缩果蔬汁	2.0

8.2.2.2　山梨酸及其盐类

山梨酸即 2,4-己二烯酸，结构式为 $CH_3—CH=CH—CH=CH—COOH$。

山梨酸为无色针状结晶体粉末，无臭或微带刺激性臭味，山梨酸是不饱和脂肪酸，长期暴露在空气中则易被氧化而失效。山梨酸难溶于水，溶于乙醇、乙醚、丙二醇、乙醇、植物油等。

山梨酸钾为白色至浅黄色鳞片状结晶或颗粒或粉末状，无臭或微有臭味。山梨酸钾长期暴露在空气中易吸潮、易氧化分解。山梨酸钾易溶于水，溶于丙二醇、乙醇。

山梨酸及其盐类是使用最多的防腐剂。山梨酸具有良好的防霉性能，它对霉菌、酵母菌和好气性细菌的生长发育起抑制作用，而对嫌气性细菌几乎无效。山梨酸在酸性介质中对微生物有良好的抑制作用，随 pH 值增大防腐效果减小，山梨酸为酸性防腐剂，pH 值越低，防腐能力越强，适于在 pH 值为 5～6 范围内使用。毒性为苯甲酸的 1/5，是毒性最低的防腐剂之一。可用于熟肉制品、豆制品、水产品干货、蛋制品、饮料、果酱、果汁、蜜饯、酒、酱油、醋等食品的防腐，详见表 8-4。

表 8-4　山梨酸和山梨酸钾的使用标准

食品名称	允许最大使用量（以山梨酸计）/(g/kg)	食品名称	允许最大使用量（以山梨酸计）/(g/kg)
熟肉制品、预制水产品	0.075	腌渍蔬菜、酱及酱制品	0.5
调味糖浆、酱油、醋、复合调味料	1.0	蜜饯凉果、果冻、胶原蛋白肠衣	0.5
果酒	0.6	葡萄酒	0.2
胶基糖果、蛋制品、灌肠类食品	1.5	干酪、人造黄油、果酱、豆制品、水产品干货	1.0
配制酒	0.4	风味冰、冰棍类、饮料（饮用水除外）	0.5
糖果（除胶基糖果以外的）、面包、糕点、乳酸菌饮料	1.0	食品工业用浓缩果蔬汁	2.0

山梨酸的抑菌作用机理是与微生物的有关酶的巯基相结合，从而破坏许多重要酶的作用，此外它还能干扰传递机能，如细胞色素 C 对氧的传递，以及细胞膜表面能量传递的功

能，抑制微生物增殖，达到防腐的目的。进入人体的山梨酸参与了正常的脂肪酸代谢过程，其分子中存在共轭双键，在人体中无特异的代谢效果，不对人体产生毒害。山梨酸及其盐的 ADI 为 0～25mg/kg(以山梨酸计)。

应该注意的是山梨酸易被氧化，储藏期过长的产品及不合格产品中的山梨酸的氧化中间产物，会产生异味，甚至损伤机体细胞，影响细胞膜的渗透性。

8.2.2.3 对羟基苯甲酸酯类

对羟基苯甲酸酯类，又称尼泊金酯类。用于食品防腐剂的对羟基苯甲酸酯类有：对羟基苯甲酸甲酯、对羟基苯甲酸乙酯、对羟基苯甲酸丙酯、对羟基苯甲酸丁酯和对羟基苯甲酸异丁酯。

R：$-CH_3$、$-CH_2CH_3$、$-CH_2CH_2CH_3$、$-CH_2CH_2CH_2CH_3$

对羟基苯甲酸酯类

对羟基苯甲酸酯类对霉菌、酵母菌与细菌有广泛的抗菌作用，对霉菌、酵母的作用较强，但对细菌特别是对革兰阴性杆菌及乳酸菌的作用较差，总体的抗菌作用较苯甲酸和山梨酸要强。对羟基苯甲酸酯类的抗菌能力是由其未水解的酯分子起作用，其抗菌效果不像酸性防腐剂那样易受 pH 值变化的影响，在 pH 为 4～8 的范围内都有较好的抗菌效果。

该类防腐剂主要是抑制微生物细胞的呼吸酶系与电子传递酶系的活性，破坏微生物的细胞膜结构。有些实验证明，在有淀粉存在时，对羟基苯甲酸酯类的抗菌力减弱。

对羟基苯甲酸酯类都难溶于水，通常是将它们先溶于氢氧化钠、乙酸、乙醇中，再分散到食品中，两种或两种以上的该酯类混合使用，效果更好。ADI 为 0～10mg/kg。可用于经表面处理的新鲜水果、蔬菜的防腐，最大用量为 0.012g/kg。碳酸饮料中的用量不得超过 0.2g/kg。在果酱、醋、酱油、酱及酱制品、蚝油、虾油、鱼露、果蔬汁饮料中的最大允许使用量为 0.25g/kg。

8.2.2.4 丙酸及其盐类

丙酸（CH_3CH_2COOH）是一元酸，为无色油状液体，略有辛辣油味。它是以抑制微生物合成 β-丙氨酸而起抗菌作用的，故在丙酸钠中加入少量 β-丙氨酸，其抗菌作用即被抵消，然而其对棒状曲菌、枯草杆菌、假单胞杆菌等却仍有抑制作用。

丙酸是人体正常代谢的中间产物，完全可被代谢和利用，安全无毒，其 ADI 不做限制性规定。

丙酸钠（CH_3CH_2COONa）是一种白色晶体粉末，略有丙酸的臭味，对霉菌有良好的效能，而对细菌抑制作用较小，如对枯草杆菌、八叠球菌、变形杆菌等杆菌能延迟它们的发育，对酵母菌无作用。如用于面包中，可抑制杂菌生长而基本不影响酵母菌发酵。丙酸钠是酸型防腐剂，起防腐作用的主要是未离解的丙酸，所以应在酸性食品中使用。丙酸钠用于加工干酪，最大使用量为 2g/kg。在面包和西式糕点制造中，丙酸钠的最大使用量低于 2.5g/kg，过量使用会影响面包中酵母的活力，影响面包制作。

丙酸钙（$C_6H_{10}O_4Ca \cdot nH_2O$，$n=0$，$1$）为白色结晶或白色晶体粉末或颗粒，无臭或微带丙酸气味。用作食品添加剂的丙酸钙为一水盐，对水和热稳定，有吸湿性，易溶于水，丙酸钙呈碱性，其 10% 水溶液的 pH 值为 8～10。

丙酸钙的防腐性能与丙酸钠相同，在酸性介质中形成丙酸而发挥抑菌作用。丙酸钙抑制霉菌的有效剂量较丙酸钠小，但它能降低化学膨松剂的作用，故常用丙酸钠，然而其优点在于糕点、面包和乳酪中使用丙酸钙可补充食品中的钙质。丙酸钙能抑制面团发酵时枯草杆菌的繁殖。ADI 不做限制性规定。丙酸、丙酸钙、丙酸钠在生湿面制品（如饺子皮、面条、馄饨皮）中的用量为 0.25g/kg。在原粮中的添加量可达 1.8g/kg。

8.2.2.5 脱氢醋酸及其钠盐

脱氢醋酸（dehydroacetic acid），分子式为 $C_8H_8O_4$，为无色至白色针状结晶或为白色晶体粉末，无臭，几乎无味，无刺激性。难溶于水，溶于苛性碱的水溶液，溶于乙醇和苯。

脱氢醋酸有较强的抗细菌能力，其对霉菌和酵母的抗菌能力尤强，含量 0.1% 即可有效地抑制霉菌，而抑制细菌的有效含量为 0.4%。脱氢醋酸为酸性防腐剂，对中性食品基本无效，pH 值为 5 时抑制霉菌是苯甲酸的 2 倍。在水中逐渐降解为醋酸。

脱氢醋酸和脱氢醋酸钠可用于黄油（包括浓缩黄油）、腌渍蔬菜、腌渍食用菌和藻类、发酵豆制品、果蔬汁（浆），最大使用量为 0.3g/kg。在面包、糕点、烘烤食品馅料、熟肉制品、复合调味料中的最大使用量为 0.5g/kg。淀粉制品中的最大使用量为 1.0g/kg。

8.2.2.6 双乙酸钠

双乙酸钠，又名二乙酸钠（SDA）。分子式 $C_4H_7NaO_4 \cdot xH_2O$，为白色晶状固体，易吸湿，有醋酸气味，易溶于水和醇类。

双乙酸钠主要用于防霉，溶于水时会释放乙酸渗入霉菌的细胞壁，使细胞内蛋白质变性，从而抑制霉菌的生长繁殖。ADI 为 0～15mg/kg。双乙酸钠进入人体后能参与人体代谢，产生二氧化碳和水，对人体安全。

《食品安全国家标准　食品添加剂使用标准》（GB 2760—2024）规定，大米中双乙酸钠的最大使用量为 0.2g/kg，油、豆制品、原粮、可直接食用的水产品、膨化食品中的最大使用量为 1.0g/kg，调味品中为 2.5g/kg，熟肉制品为 3.0g/kg，复合调味料为 10.0g/kg。

《食品安全国家标准　食品添加剂使用标准》（GB 2760—2024）包含的防腐剂还有单辛酸甘油酯（$C_{11}H_{22}O_4$），常温下是浅黄色黏稠液或乳白色塑性固体，不溶于水，能溶于乙醇、乙酸乙酯。单辛酸甘油酯进入人体后，分解生成二氧化碳和水，其 ADI 值也不作限量规定，主要抑制霉菌和酵母菌的生长繁殖，用于肉灌肠类食品中最大使用量为 0.5g/kg，在生湿面制品和豆馅中最大使用量为 1.0g/kg。

二甲基二碳酸是另一种用于果蔬汁饮料、碳酸饮料、果味饮料和茶饮料的抑制酵母菌、霉菌和发酵型细菌生长繁殖的防腐剂，最大使用量为 0.25g/kg。

8.2.2.7 天然防腐剂

天然防腐剂一般是指从动植物体中直接分离出来的，或从它们的代谢物中分离的具有防腐作用的一类物质。这些物质一般安全性较好，能满足人们对食品越来越高的要求。开发这类防腐剂将成为今后食品添加剂开发研究的热点。

目前市场上销售及报道的天然防腐剂大致有植物类防腐剂、微生物类防腐剂、动物类防腐剂。

(1) 植物类防腐剂

① 果胶分解物　果胶是一种水溶性天然聚合物，主要存在于柠檬、橙、柚、柑橘、葡萄等果皮中或甜菜、苹果等废渣中。日本山梨大学横土冢弘毅教授等在研究中发现以酶分解

果胶而得到的果胶分解物对食品有很强的抗菌作用,特别是对大肠杆菌有显著的抑制增殖作用。20 世纪 90 年代中期日本一家公司将果胶分解物作为天然防腐剂开发成功。目前国外以果胶分解物为主要成分配合其他天然防腐剂已广泛应用于酸菜、咸鱼、牛肉饼等食品的防腐。

② **茶多酚** 主要化学成分为 30 多种酚类化合物的总称,主体为儿茶素类。茶多酚为淡黄色至茶褐色略带茶香的水溶液或粉状固体或结晶,具有涩味。对热、酸稳定,pH 大于 8 和受光照时易发生聚合,遇铁变绿黑色络合物。大量实验表明茶多酚具有很好的防腐保鲜作用。茶多酚对枯草杆菌、金黄色葡萄球菌、大肠杆菌、番茄溃疡、龋齿链球菌以及毛霉菌、青霉菌、赤霉菌、炭疽病菌、啤酒酵母菌等有抑制作用。而且茶多酚摄入人体后对人体有很好的生理效应,能清除人体内多余的自由基,能改进血管的渗透性能,增强血管壁弹性,降低血压,防止血糖升高,促进维生素 C 的吸收与同化,调节人体内微生物,抑制细菌生长。还有抗癌防龋、抗机体脂质氧化和抗辐射等作用。

③ **琼脂低聚糖** 从海藻中提取的琼脂,主要成分是琼脂糖,其酶分解物即为琼脂低聚糖,具有较强的抑菌和防止淀粉回生老化的作用。在含量达 3.11％时能有效地减少菌落产生。目前普遍用于挂面、面包和糕点等食品中。

④ **植物提取物** 很多植物的提取物如银杏叶提取物、肉桂提取物、丁香提取物、迷迭香提取物、红曲提取物、甘椒提取物、辣椒提取物有很强的杀菌作用,可作为天然防腐剂。

a. 精油:是指一般生长在热带的芳香植物的根、树皮、种子或果实的提取物。早在史前时代香精油已作为调味品及食品添加剂,并用于医药及保存尸体。近几十年来香精油抑制微生物的作用及作为食品保存剂有不少报道。除上述这些植物的香精油可以用作天然防腐剂外,也有报道说茴芹挥发油中的茴芹脑可抑制霍乱弧菌、大肠杆菌及葡萄球菌等病菌。采用酒精提取的辛香料提取物对多种细菌均有强烈的抑制作用,辛香料提取物可和酒精并用作为防腐剂。

b. 大蒜素:大蒜是餐桌上的天然防腐剂,大蒜中含有一种被称作大蒜辣素的成分,它是很强的杀菌剂,对痢疾杆菌等一些致病性肠道细菌和常见食品腐败真菌都有较强的抑制和杀灭作用。

用大蒜水溶液对几十种污染食品的常见霉菌、酵母菌等真菌进行试验,结果发现大蒜的防腐能力与食品防腐剂苯甲酸、山梨酸效果相近似,对这些真菌都有抑制作用。大蒜溶液最低的抑菌浓度为 0.16％~0.32％。

(2) 微生物类防腐剂

① **溶菌酶** 广泛存在于鸟类、家禽的蛋清中和哺乳动物的泪液、唾液、血浆、尿、乳汁、胎盘以及体液、组织细胞内,其中在蛋清中含量最丰富。溶菌酶能作用于细菌的细胞壁而引起溶菌现象,对革兰阴性菌、好气性孢子形成菌、枯草杆菌、地衣型芽孢杆菌等都有抗菌作用。

在食品工业上溶菌酶是优良的天然防腐剂,广泛用于清酒、干酪、香肠、奶油、糕点、生面条、水产品、熟食及冰激凌等食品的防腐保鲜。

② **聚赖氨酸** 是一种广谱性防腐剂,其主要优点是在中性和酸性范围内抑菌效果良好,对革兰阳性菌和阴性菌、真菌都有显著作用,对耐热性较强的芽孢杆菌和厌乙梭菌有抑制作用,热稳定性良好。

聚赖氨酸制剂已广泛应用到食品加工业的各个领域,在盒饭和方便菜肴、面包点心、奶制品、冷藏食品和袋装食品等方面都得到了很好的防腐保鲜效果。

③ **乳酸菌细胞及其代谢物**　食用乳酸菌在食品中能产生许多抗菌活性物质，包括有机酸、乙醇、双乙酰、过氧化氢和细菌素等。乳酸菌细胞代谢产生的有机酸能使食品的 pH 值降低，若再添加 NaCl 更使作用加强。

食品中的致病菌和腐败菌在低 pH 值下难以成活，这是乳酸菌细胞抗菌能力的决定因素。另外乳酸菌细胞中所带来的竞争性对其他菌类的抑制也起一定的作用。乳酸菌的代谢产物双乙酰是奶油和干酪等乳制品特有的风味物质，对很多腐败菌和致病菌都有抑制作用。据报道，双乙酰可通过与革兰阴性菌精氨酸的结合蛋白反应，从而干扰精氨酸的利用，抑制革兰阴性菌的生长。

④ **乳酸链球菌素**　乳酸链球菌素（$C_{143}H_{228}N_{42}O_{37}S_7$）是一种新型天然食品防腐剂，是由多种氨基酸组成的多肽类化合物，对人体无毒无害，还能作为一种营养物质被人体吸收利用。

乳酸链球菌素（Nisin）又称乳酸链球菌肽，是以蛋白质为原料经过发酵提制的一种多肽抗生素类物质。乳酸链球菌素的抗菌作用是通过干扰细胞膜的正常功能，造成细胞膜的渗漏、养分流失和膜电位下降，从而导致致病菌和腐败菌细胞死亡。乳酸链球菌素对大范围的革兰阳性菌具有较强的抑制作用，可抑制葡萄球菌、链球菌、微球菌、乳杆菌中的某些菌株及大多数产芽孢梭菌、杆菌以及它们的芽孢。

乳酸链球菌素的 ADI 为 $0 \sim 0.875 \text{mg/kg}$，已广泛用于乳制品、饮料、调味品、蛋制品、熟肉制品、直接食用水产品等的防腐，最大使用量为 $0.2 \sim 0.5 \text{g/kg}$。

⑤ **酵母的代谢产物**　酵母的抗菌活性一般认为是通过代谢产物乙醇和亚硝酸盐所产生的。酵母在生长繁殖过程中有很强的猝灭毒素作用，使其在发酵食品和饮料生产中的使用极具发展潜力。

⑥ **纳他霉素**　也称匹马菌素，是由纳塔尔链霉菌产生的一种多烯烃大环内酯化合物。纳他霉素能有效抑制和杀死霉菌、酵母、丝状真菌，但对细菌和病毒无效。纳他霉素大多用于葡萄酒、果酒的生产中，用来抑制酵母生长，发酵酒中最大使用量为 0.01g/L。纳他霉素在面包、糕点、酱肉、熏肉、烤肉类食品、西式火腿、肉灌肠类食品中使用时，要求表面使用，或悬浮液喷雾或浸泡，最大使用量为 0.3g/kg。蛋黄酱和沙拉酱中为 0.02g/kg。

⑦ **曲酸**　是微生物好氧发酵的一种具有抗菌作用的有机酸，由于其特异的结构与性质，它作为食品的防腐剂、保鲜剂、护色剂均有良好的效果。

(3) 动物类防腐剂

① **鱼精蛋白**　是在鱼类精子细胞中发现的一种细小而简单的碱性球形蛋白质，能抑制枯草杆菌、巨大芽孢杆菌、地衣型芽孢杆菌、凝固芽孢杆菌、胚芽乳杆菌、干酪乳杆菌、粪链球菌等的生长。研究发现鱼精蛋白可与细胞膜中某些涉及营养运输或生物合成系统的蛋白质作用，使这些蛋白的功能受损，从而抑制细胞的新陈代谢而使细胞死亡。鱼精蛋白在中性和碱性介质中的抗菌能力较强，其热稳定性也相当高，在 210℃ 高温下加热 90min 仍有一定的活性。同时它的抑菌范围和食品防腐范围均较广，它对枯草杆菌、芽孢杆菌、干酪乳杆菌、胚芽乳杆菌、乳酸菌、霉菌、芽孢耐热菌和革兰阳性菌等均有较强的抑制作用，但对革兰阴性菌抑制效果不明显。鱼精蛋白近几年发展较快，市场上年销售额达 8 亿元，其应用最多的食品有面包、蛋糕，其次是菜肴制品、调味料等。鱼精蛋白与其他天然添加剂配合使用，抗菌效果更为显著，适用的食品防腐范围也更广。

② **壳聚糖**　又叫甲壳素，是从蟹壳、虾壳中提取的一种多糖类物质。壳聚糖具有广泛的抗菌作用，在浓度为0.4%时对大肠杆菌、普通变形杆菌、枯草杆菌、金黄色葡萄球菌均有较强的抑制作用。壳聚糖与醋酸铜、己二酸配成的防腐剂抗菌作用更明显，且不影响食品风味。壳聚糖不溶于水，通常将其溶解于食醋中，主要用于泡腌食品。

③ **蜂胶**　蜂胶中含有大量活跃的还原因子，因其较强的抗氧化性，可用作油脂和其他食品的天然抗氧化剂。蜂胶多酚类化合物具有抑制和杀灭细菌的作用。蜂胶还可用作食品天然添加剂，改善食品的口味和色泽。近年来研究还发现，蜂胶不仅在食品中应用广泛，而且具有较强的医疗保健价值。

8.2.2.8　无机防腐剂

常用的无机防腐剂有硝酸盐和亚硝酸盐，主要有硝酸钠、硝酸钾、亚硝酸钠、亚硝酸钾。硝酸盐的毒性主要是在食物、水中或体内被还原成亚硝酸盐所致。亚硝酸盐是食品添加剂中毒性最强的物质之一，人体摄入后，可与血红蛋白结合形成高铁血红蛋白而失去携氧功能，严重时可窒息而死。对人体的致死量为4～6g/kg体重。在一定条件下可转化为强致癌性的亚硝胺。亚硝酸盐易溶于水，微溶于乙醇，为白色至淡黄色结晶性粉末或块状颗粒，味微咸。ADI为0～0.06mg/kg（不适用于3月龄以下婴儿）。这类防腐剂主要用在肉类罐头、火腿、午餐肉、其他腌制肉类里，除具有防腐作用外，还是护色剂，会与肉制品中的肌红蛋白、血红蛋白作用生成鲜艳、亮红色的亚硝基肌红蛋白、亚硝基血红蛋白而护色，并产生腊肉的特殊风味。亚硝酸盐在添加时必须严格控制其使用量，保证安全性。

8.3　抗氧化剂

食品抗氧化剂是防止或延缓食品氧化，提高食品稳定性和延长食品储藏期的食品添加剂。食品在储藏运输过程中除了有微生物作用发生腐败变质外，氧化是导致食品品质变劣的又一重要因素。氧化不仅会使油脂或含油脂食品氧化酸败，还会引起食品褪色、褐变、维生素破坏，从而使食品腐败变质，降低食品的质量和营养价值，氧化酸败严重时甚至产生有毒物质，危及人体健康。因此防止食品氧化变质就显得十分重要。

防止食品氧化变质，一方面可以在食品的加工和储运环节中，采取低温、避光、隔绝氧气以及充氮密封包装等物理的方法，另一方面需要配合使用一些安全性高、效果大的食品抗氧化剂。

8.3.1　食品抗氧化剂的作用机理

食品抗氧化剂的种类很多，抗氧化作用的机理也不尽相同，但多数是以其还原作用为依据的：①抗氧化剂可以提供氢原子来阻断食品油脂自动氧化的连锁反应，从而防止食品氧化变质；②抗氧化剂自身被氧化，消耗食品内部和环境中的氧气从而使食品不被氧化；③抗氧化剂通过抑制氧化酶的活性来防止食品氧化变质。

食品的氧化变质表现为多种形式，其中油脂的氧化变质是食品氧化变质的主要形式。天然油脂暴露在空气中会自发地进行氧化，使其性质、风味发生改变，被称之为"酸败"。这是由油脂的自动氧化引起的。油脂的自动氧化是十分复杂的化学变化过程，属于一种链式反应。食品油脂中的不饱和脂肪酸全部氧化成过氧化物。由于过氧化自由基很活泼，它还可以分解成为许多小分子物质，如醛、酮、羧酸等，这些物质有令人不愉快的气味，即使油脂产生哈喇味。最后被分解的自由基相互作用，产生相对稳定的聚合物，即油脂酸败。

抗氧化剂的作用机理是比较复杂的。油溶性抗氧化剂丁基羟基茴香醚（BHA）、二丁基羟基甲苯（BHT）、没食子酸丙酯（PG）及维生素 E 均属于酚类化合物，能够提供氢原子与油脂自动氧化产生的自由基结合，形成相对稳定的结构，阻断油脂的链式自动氧化过程。

8.3.2　油溶性抗氧化剂

油溶性抗氧化剂是指能溶于油脂，对油脂和含油脂的食品有良好抗氧化作用的物质。常用的有丁基羟基茴香醚、二丁基羟基甲苯、没食子酸丙酯等，天然的有生育酚混合浓缩物等。

（1）2,6-二叔丁基对甲苯酚

2,6-二叔丁基对甲苯酚（BHT）又称二丁基羟基甲苯，简称二丁基对甲酚，分子式为 $C_{15}H_{24}O$，为无色晶体或白色结晶粉末，无臭、无味。不溶于水与甘油，溶于乙醇和各种油脂。二丁基羟基甲苯化学稳定性好，对热相当稳定，抗氧化效果好，与金属反应不着色，加热时有与水蒸气一起挥发的性质。它与其他抗氧化剂相比，稳定性较高，抗氧化作用较强，没有没食子酸丙酯那样遇金属离子反应着色的缺点，也没有 BHA 的特异臭，并且价格低廉。但是它的毒性相对较高。毒性比 BHA 稍大，但无致癌性。ADI 为 0～0.3mg/kg。

主要用于油脂、油炸食品、干鱼制品、饼干、干制食品等，最大使用量为 0.2g/kg，多与 BHA 并用。

2,6-二叔丁基对甲苯酚　　3-BHA　　2-BHA　　没食子酸丙酯

（2）丁基羟基茴香醚

丁基羟基茴香醚（BHA）有 2-BHA 和 3-BHA 两种异构体。丁基羟基茴香醚为无色至微黄色蜡样结晶粉末；具有酚类的特异臭和刺激性味道；主要用于油脂、油炸食品、干鱼制品、饼干、干制食品、罐头及腌腊肉等，是油溶性合成抗氧化剂。ADI 为 0～0.5mg/kg。最大使用量为 0.2g/kg。

（3）没食子酸丙酯

没食子酸丙酯（PG）亦称棓酸丙酯，分子式为 $C_{10}H_{12}O_5$，为白色至浅黄褐色晶体粉末，或乳白色针状结晶，无臭、微有苦味，水溶液无味。它易溶于乙醇等有机溶剂，微溶于油脂和水。对油脂的抗氧化能力很强，但是它的毒性相对较高。遇金属易着色，应避免与铁、铜器接触。具有吸湿性，对光不稳定易分解。可用于油脂、油炸食品、干鱼制品、饼干、干制食品、罐头及腌腊肉等。PG 的 ADI 为 0～1.4mg/kg，最大使用量为 0.2g/kg。由于 PG 使用少量时就容易使食品着色，一般不单独使用。常与 BHA、BHT 等复配使用，其用量一般不超过 0.05g/kg。

(4) 叔丁基对苯二酚

叔丁基对苯二酚（TBHQ），分子式 $C_{10}H_{14}O_2$，为白色至淡灰色结晶或结晶粉末，溶于油、乙醇和丙二醇，微溶于水。TBHQ 的分子结构与 BHA、BHT 相似，酚羟基更多，其抗氧化性能优于 BHA、BHT。叔丁基对苯二酚的 ADI 为 $0\sim0.2mg/kg$，在脂肪、油、乳化脂肪制品、油炸食品、方便米面食品、饼干、腌制肉制品、干制水产品、膨化食品中的最大使用量为 $0.2g/kg$。

叔丁基对苯二酚 抗坏血酸棕榈酸酯

(5) 抗坏血酸棕榈酸酯

抗坏血酸棕榈酸酯（AP），分子式 $C_{22}H_{38}O_7$，为白色至淡黄色粉末，溶于油、乙醇，难溶于水。保存时应避光、热、潮湿和隔绝空气。AP 通过与自由基反应来阻止油脂中过氧化物的生成，具有 L-抗坏血酸的抗氧化性，又能溶解在动植物油脂中，可广泛用于食品、化妆品和医药领域。

AP 被认为是营养型的抗氧化剂，在乳粉、奶油粉、油、脂肪制品、即食谷物食品、方便米面食品、面包中的最大使用量为 $0.2g/kg$。抗坏血酸棕榈酸酯是可以用于婴幼儿配方食品、辅助食品中的抗氧化剂，最大使用量为 $0.05g/kg$。

8.3.3 水溶性抗氧化剂

水溶性抗氧化剂能够溶于水，主要用于防止食品氧化变色，常用的有抗坏血酸、异抗坏血酸及其盐、植酸、乙二胺四乙酸二钠以及氨基酸类、肽类、香辛料和糖醇类等。

(1) L-抗坏血酸、异抗坏血酸及其钠盐

L-抗坏血酸（L-ascorbic acid），又称维生素 C，分子式为 $C_6H_8O_6$，为白色或略带淡黄色的结晶或粉末，无臭，味酸，遇光颜色逐渐变深，干燥状态比较稳定，但其水溶液很快被氧化分解，在中性或碱性溶液中尤甚。易溶于水，不溶于苯、乙醚等溶剂。抗坏血酸的水溶液由于易

L-抗坏血酸

被热、光等显著破坏，特别是在碱性及金属存在时更促进其破坏，因此在使用时必须注意避免在水及容器中混入金属或与空气接触。正常剂量的 L-抗坏血酸对人体无毒性作用，ADI 为 $0\sim15mg/kg$。

L-抗坏血酸类水溶性、无害的抗氧化剂应避免与重金属及空气接触，是广泛用于饮料、果蔬制品、肉制品的抗氧化剂。

(2) 乙二胺四乙酸二钠

乙二胺四乙酸二钠（EDTA-2Na），分子式为 $C_{10}H_{14}N_2O_8Na_2 \cdot 2H_2O$，为白色结晶颗粒或粉末，无臭、无味。它易溶于水，极难溶于乙醇。它是一种重要的螯合剂，能螯合溶液中的金属离子。生产中常常利用其螯合作用保持

乙二胺四乙酸二钠

食品的色、香、味，防止食品氧化变质。

按 GB 2760—2024《食品安全国家标准　食品添加剂使用标准》规定，乙二胺四乙酸二钠在果酱、蔬菜泥（酱）（番茄沙司除外）中的最大使用量为 0.07g/kg。在地瓜果脯、腌渍蔬菜、蔬菜罐头、坚果与籽类罐头、八宝粥罐头中为 0.25g/kg。饮料中（包装饮用水除外）为 0.03g/kg。

8.3.4　天然抗氧化剂

（1）生育酚

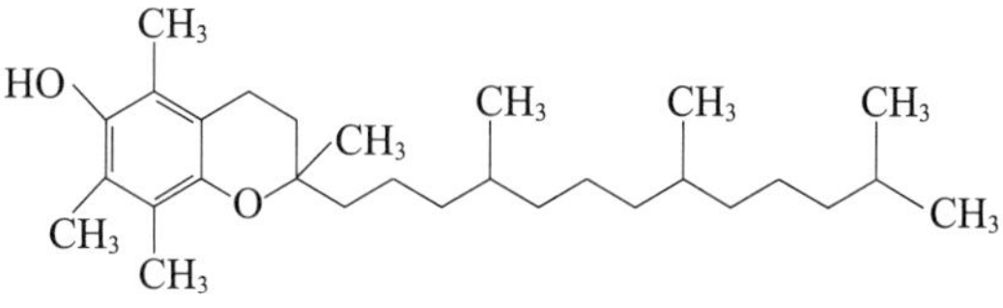

生育酚

生育酚即维生素 E。天然维生素 E 广泛存在于高等动、植物组织中，它具有防止动植物组织内脂溶性成分氧化变质的功能。

生育酚混合浓缩物为黄至褐色透明黏稠状液体，几乎无臭，不溶于水，溶于乙醇，可与丙酮、乙醚、油脂自由混合，对热稳定，在无氧条件下，即使加热至 200℃ 也不被破坏，具有耐酸性，但是不耐碱，对氧气十分敏感，在空气中及光照下，会缓慢地氧化变黑。

生育酚的抗氧化性主要来自苯环上 6 位的羟基，生育酚的抗氧化效果不如 BHA、BHT，生育酚对动物油脂的抗氧化效果比对植物油脂的效果好。这是由于动物油脂中天然存在的生育酚比植物油少。

我国生育酚混合浓缩物价格高，主要用于医药、婴儿食品、疗效食品、乳制品。生育酚的 ADI 为 0～2mg/kg，在各种油炸食品、饮料中的最大使用量为 0.2g/kg，在脂肪和油、复合调料中可按生产需要适量使用。但在即食谷物（如燕麦片等）最大使用量为 0.085g/kg。

（2）植酸

植酸，亦称肌醇六磷酸，简称 PA，分子式为 $C_6H_{18}O_{24}P_6$。植酸为浅黄色或褐色黏稠状液体。植酸广泛分布于高等植物内。植酸易溶于水、95% 乙醇、丙二醇和甘油，微溶于无水乙醇、苯、乙烷和氯仿，对热较稳定。植酸分子有 12 个羟基，能与金属螯合成白色不溶性金属化合物。植酸已广泛用于脂肪、油、腌肉制品类、酱肉制品类、西式火腿类、果蔬汁饮料等食品，最大使用量为 0.2g/kg，作为抗氧化剂、稳定剂和保鲜剂。

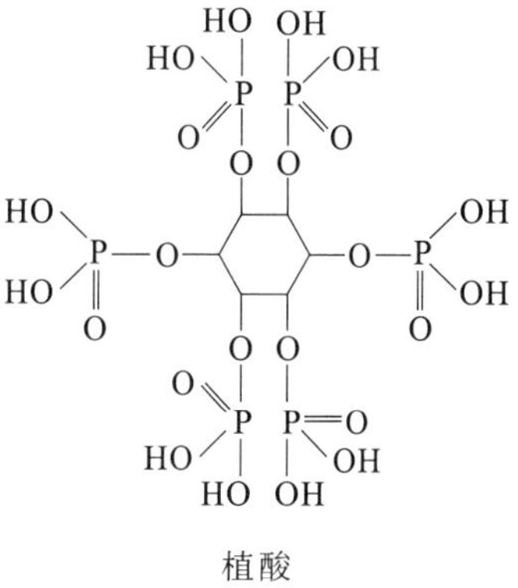

植酸

（3）迷迭香提取物

从迷迭香的叶和嫩茎中可以分离出具有抗氧化成分的迷迭香提取物，为黄褐色粉末或褐色膏状、液体，不溶于水，溶于乙醇、油脂，抗氧化效果优于 BHA，且安全无毒，还有良好的耐热性，长期高温油炸仍能保持抗氧化效果，在植物油脂中的最大使用量为 0.7g/kg。在动物油脂、油炸食品、各种腌肉、酱肉制品、膨化食品中的最大使用量为 0.3g/kg。

（4）竹叶抗氧化物

从我国南方毛竹的叶子中也能提取到具有抗氧化性的竹叶提取物，是一种无毒的天然食品抗氧化剂，为黄色或棕黄色的粉末或颗粒，既溶于水也溶于乙醇，在油脂、油炸食品、各种腌肉、酱肉制品、焙烤食品、膨化食品、水产品和饮料中的最大使用量为 0.5g/kg。

（5）茶多酚

茶多酚是由茶提取的抗氧化剂，为浅黄色或浅绿色的粉末，有茶叶味，易溶于水、乙醇、醋酸乙酯。在酸性和中性条件下稳定，最适宜 pH 值 4～8。茶多酚抗氧化作用的主要成分是儿茶素。

茶多酚与柠檬酸、苹果酸、酒石酸有良好的协同效应，与柠檬酸的协同效应最好，与抗坏血酸、生育酚也有很好的协同效应。由于植物油中含有生育酚，所以茶多酚用于植物油中可以更加显示出其很强的抗氧化能力。茶多酚不仅具有抗氧化能力，它还可以防止食品褐色，并且能杀菌消炎。

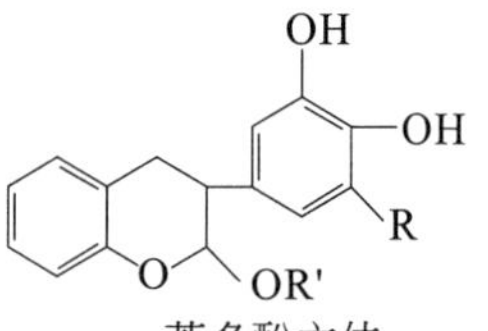

茶多酚主体

（6）甘草抗氧物

甘草抗氧物的主要成分是黄酮类、类黄酮类物质，俗称绝氧灵，为棕色或棕褐色粉末，具有甘草特有气味。甘草抗氧物为一种粉末状脂溶性物质，熔点范围为 70～90℃，对于油脂有良好的抗氧化作用，据报道，其抗氧化效果比 PG 更好。

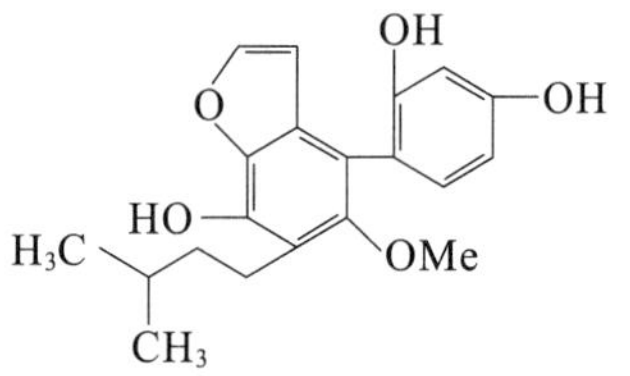

甘草抗氧物为无毒性物质，安全性高。我国规定可以用于油脂、油炸食品、肉制品、腌制鱼及饼干、方便面等含油食品。最大使用量为 0.2g/kg。

甘草抗氧物主体

8.4 食品香料与香精

食品的香气不仅增加人们的快感、引起人们的食欲，而且可以刺激消化液的分泌，促进人体对营养成分的消化吸收。人们选择食品，主要是根据食品的色、香、味。尤其是香味是诱使人们继续选用他们所喜爱食品的重要因素。食品香料和香精是指能够增加食品香气和香味的食品添加剂。食品中香味成分的含量一般较低，但却影响着食品的质量。

香料由一种或多种有机物质组成。凡是有气味物质的分子均具有一定的原子团，我们将发香的原子团称为发香团（发香基）。发香团有：羟基、羰基、醛基、羧基、醚基、酯基、苯基、硝基、亚硝酸基、酰胺基、氰基、内酯等。香料之所以发香，就是由于其分子中含有一个或数个发香团。由于发香团在分子中的结合方式与数量的不同，使食用香料产生的香气与香味不同。

食用香料按来源不同可分为天然和人工合成两大类。天然香料成分复杂，是由多种化合物组成的。天然香料又分为动物性香料和植物性香料。食品中所用的香料主要是植物性香料。天然香料依制取方法不同，形态多样，如精油、浸膏、压榨油、香脂、净油、单离香料、酊剂、香膏等。此外，某些香料如香辛料往往还加工成粉状。人工合成香料分为全合成香料和半合成香料。

食用香精的种类很多，但是在食品中的用量通常很小，量大反使人不能接受。食用香精是由多种食用香料和一些稀释剂等组成的，每种香料在香精中所占的比例就更少了。因此，食用香料一般被称为"自我限量"的食品添加剂。具体可参考我国《食品安全国家标准 食品添加剂使用标准》（GB 2760—2024）。

尽管如此，但并不是所有食品都允许添加香料、香精的，有些食品，《食品安全国家标准 食品添加剂使用标准》（GB 2760—2024）规定了巴氏灭菌奶、动植物油脂、新鲜水果蔬菜、生鲜鱼肉蛋、小麦杂粮粉、食用淀粉、原粮、大米、各类饮用水、盐及代盐品、婴幼儿配方食品、婴幼儿辅助食品、茶叶、咖啡等 29 种食品不得添加香料、香精。

8.5 食用色素

食用色素，是以食品着色为目的的一类食品添加剂。食品的颜色是食品感官质量的重要指标之一，食品具有鲜艳的色泽不仅可以提高食品感官质量，给人以美的享受，还可以增进食欲。很多天然食品都有很好的色泽，但在加工过程中由于加热、氧化等各种原因，食品容易发生褪色甚至变色，严重影响食品的感官质量。因此在食品加工中为了更好地保持或改善食品的色泽，需要向食品中添加一些食用色素。

食用色素按其来源和性质可分为食品合成色素和食品天然色素两大类。食品合成色素，也称为食品合成染料，是用人工合成方法所制得的有机着色剂。合成着色剂的着色力强、色泽鲜艳、不易褪色、稳定性好、易溶解、易调色、成本低，但安全性低。其按化学结构可分成偶氮类着色剂和非偶氮类着色剂。油溶性偶氮类着色剂不溶于水，进入人体内不易排出体外，毒性较大，目前基本上不再使用。水溶性偶氮类着色剂较容易排出体外，毒性较低，目前世界各国使用的合成着色剂有相当一部分是水溶性偶氮类着色剂。此外，食品合成着色剂还包括色淀和正在研制的不吸收的聚合着色剂。色淀是由水溶性着色剂沉淀在允许使用的不溶性基质上所制备的特殊着色剂。其着色剂部分是允许使用的合成着色剂，基质部分多为氧化铝，称之为铝淀。

食品天然色素主要是由动、植物和微生物中提取的，常用的有叶绿素铜钠、红曲色素、甜菜红、辣椒红素、红花黄色素、姜黄、β-胡萝卜素、紫胶红、越橘红、黑豆红、栀子黄等。食品天然着色剂按化学结构可以分成 6 类：①多酚类衍生物，如萝卜红、高粱红等；②异戊二烯衍生物，如 β-胡萝卜素、辣椒红等；③四吡咯衍生物（卟啉类衍生物），如叶绿素、血红素等；④酮类衍生物，如红曲红、姜黄素等；⑤醌类衍生物，如紫胶红、胭脂虫红等；⑥其他类色素，如甜菜红、焦糖色等。与合成着色剂相比，天然着色剂具有安全性较高、着色色调比较自然等优点，而且一些品种还具有维生素活性（如 β-胡萝卜素），但也存在成本高、着色力弱、稳定性差、容易变质、难以调出任意色调等缺点，一些品种还有异味、异臭。

8.5.1 合成着色剂

我国《食品安全国家标准 食品添加剂使用标准》（GB 2760—2024）规定允许使用的有机合成着色剂有：苋菜红、苋菜红铝色淀、胭脂红、胭脂红铝色淀、赤藓红、赤藓红铝色淀、新红、新红铝色淀、诱惑红、诱惑红铝色淀、酸性红、柠檬黄、柠檬黄铝色淀、日落黄、日落黄铝色淀、亮蓝、亮蓝铝色淀、靛蓝、靛蓝铝色淀共 19 种。这 19 种合成着色剂在最大使用量范围内使用都是安全的。合成着色剂有着色泽鲜艳、稳定性较好、宜于调色和复配、价格低的优点，是我国食品、饮料的主要着色剂。合成着色剂的使用标准见表 8-5。

表 8-5 合成着色剂使用标准

着色剂名称	ADI/(mg/kg)	最大使用量
苋菜红及其铝色淀	0~0.5	巧克力制品、糖果、各类饮料、果冻、配制酒中 0.05g/kg；果酱 0.3g/kg；冷冻饮料 0.025g/kg
胭脂红及其铝色淀	0~4	冷冻饮料、各类饮料、果冻、膨化食品、腌渍蔬菜、乳品、人造黄油、果酱中 0.05g/kg
赤藓红及其铝色淀	0~0.1	可可制品、巧克力制品、糖果、酱及酱制品、各类饮料、配制酒中 0.05g/kg
新红及其铝色淀		0.5g/kg
诱惑红及其铝色淀	0~7	冰激凌、即食谷物 0.07g/kg；可可类食品、巧克力类、糖浆 0.3g/kg；果冻、西式火腿 0.025g/kg
酸性红		
柠檬黄及其铝色淀	0~7.5	饮料、糖果、配制酒、豆制品、膨化食品、蜜饯 0.1g/kg；冷饮、果冻、乳制品 0.05g/kg
日落黄及其铝色淀	0~2.5	果冻 0.025g/kg；各种饮料 0.1g/kg；各种乳制品 0.05g/kg；糖果、巧克力类、调味料、面糊、煎炸粉 0.3g/kg
亮蓝及其铝色淀	0~12	乳品、冷冻饮品、糕点、饮料、果冻、配制酒 0.025g/kg
靛蓝及其铝色淀	0~5	蜜饯凉果类、可可巧克力类、饮料、配制酒 0.1g/kg

8.5.2 天然色素

(1) β-胡萝卜素

β-胡萝卜素广泛存在于胡萝卜、南瓜、辣椒等蔬菜中，水果、谷物、蛋黄、奶油中的含量也比较丰富。可以从这些植物或盐藻中提取制得，现在多用合成法制取。胡萝卜素为紫红色结晶或结晶性粉末，不溶于水，可溶于油脂。色调在低浓度时呈黄色，在高浓度时呈橙红色。

β-胡萝卜素

(2) 辣椒红

辣椒红是从辣椒属植物的果实用溶剂提取后去除辣椒素制得，其主要着色物质是辣椒红素。辣椒红为深红色黏稠状液体、膏状或粉末，不溶于水，溶于油脂和乙醇，乳化分散性及耐热性、耐酸性好，耐光性稍差，着色力强。遇铁、铜等金属离子褪色，遇铅离子产生沉淀。

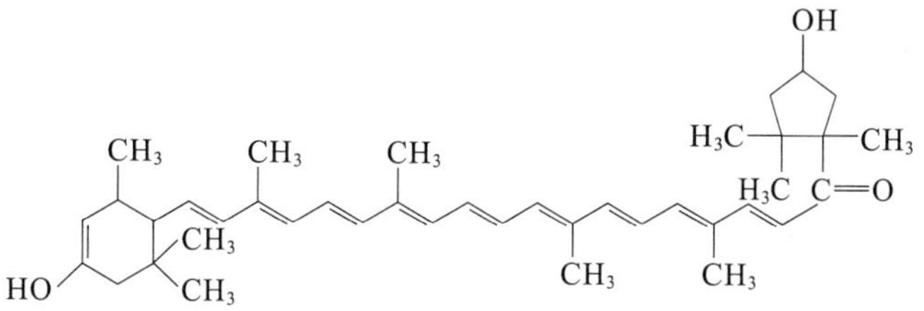

辣椒红

我国规定，辣椒红在罐头食品、酱料、冰棍、冰激凌、雪糕、饼干、熟肉制品、人造蟹肉，可按正常生产需要添加。用于糕点上彩妆时，可在奶油中添加辣椒红 3%～8%。此外，辣椒红在国外亦可制成具有一定辣味的品种对食品进行调色、调味。

（3）姜黄和姜黄素

姜黄是由姜黄的地下根茎干燥、粉碎后用乙醇等极性溶剂提取而得，为黄褐至暗黄褐色粉末，有特殊的辛辣味。姜黄素不溶于水和乙醚，溶于冰醋酸、丙二醇和乙醇，本品安全性高，世界各国广泛应用。姜黄素可与金属离子（尤其是铁离子）形成螯合物变色，也易被氧化变色。我国《食品安全国家标准　食品添加剂使用卫生标准》规定在糖果、冰激凌、果冻、碳酸饮料中的最大使用量为 10mg/kg。

（4）紫胶红

紫胶红以紫胶虫的雌虫分泌的树脂状物质为原料，用水抽提，经钙盐沉淀精制而得。为红紫或鲜红色粉末，可溶于水、丙二醇和乙醇，色调会随 pH 值的变化而变化。遇铁离子会变黑。

（5）焦糖色

焦糖色即酱色，为深褐色或黑色液体或固体，有特殊的甜香气和愉快的焦苦味，易溶于水，不溶于有机溶剂和油脂，是我国传统使用的天然色素之一。糖类物质在高温下脱水、分解和聚合而成焦糖色。

以天然物质为原料可提取多种天然色素，如从食用红甜菜根可提取甜菜红，黑豆可提取黑豆红，从高粱外果皮提取高粱红，红米提取红米红，以红苋菜为原料可提取天然苋菜红，螺旋藻中提取藻蓝等，在此不再一一列举。详见《食品安全国家标准　食品添加剂使用标准》（GB 2760—2024）。

8.6 调味剂

味是指食物进入口腔咀嚼时或者饮用时给人的一种综合感觉。通常将味分为酸、甜、苦、辣、咸、鲜、涩七味。食品加工中应用广泛的主要是酸味剂、甜味剂和鲜味剂。

8.6.1 鲜味剂

鲜味剂或称风味增强剂是补充或增强食品原有风味的物质。鲜味剂不同于酸、甜、苦、咸基本味的受体，味感也不同。它们不影响任何其他味觉、刺激，而只增强其各自的风味特征，从而改进食品的可口性。它们对各种蔬菜、肉、禽、乳类、水产类乃至酒类都起着良好的增味作用。

目前，我国批准许可使用的鲜味剂有 L-谷氨酸钠、5′-鸟苷酸二钠、5′-肌苷酸二钠、5′-呈味核苷酸二钠、琥珀酸二钠和 L-丙氨酸、甘氨酸，以及植物水解蛋白、动物水解蛋白、酵母抽提物等。

鲜味剂按其化学性质的不同主要有氨基酸和核糖核苷酸类。

氨基酸类鲜味剂主要有 L-谷氨酸钠（mono-sodium glutamate，MSG）、L-天冬氨酸钠（sodium aspavtate）、L-丙氨酸（L-alanine）、甘氨酸（glycine）。

核糖核苷酸类鲜味剂主要有 5′-肌苷酸二钠（disodium 5′-inosinate，IMP）、5′-鸟苷酸二钠（disodinm 5′-guanylate，GMP）、琥珀酸（succinic acid）及其钠盐。

水解蛋白、酵母抽提物含有大量的氨基酸、核糖核酸，属于复合鲜味剂。

(1) 谷氨酸钠

谷氨酸钠即 L-谷氨酸钠，别名味精、麸氨酸钠，分子式为 $C_5H_8NaO_4 \cdot H_2O$。谷氨酸钠无色至白色结晶或晶体粉末，无臭，微有甜味或咸味，有特有的鲜味，易溶于水（7.71g/100mL），微溶于乙醇，不溶于乙醚和丙酮等有机溶剂，无吸湿性。以蛋白质组成成分或游离态广泛存在于植物组织中。100℃下加热 3h 分解率为 13%，120℃失去结晶水，在 155～160℃或长时间受热会发生失水生成焦谷氨酸钠，鲜味下降。

$$HOOC—CH—CH_2—CH_2—COONa \cdot H_2O$$
$$| $$
$$NH_2$$

L-谷氨酸钠

谷氨酸是氨基酸的一种，是人体的营养物质，虽非人体必需氨基酸，但在体内代谢，与酮酸发生氨基转移后，能合成其他氨基酸，食用后有 96% 可被体内吸收。一般用量不存在毒性问题。空腹大量食用后会有头晕现象发生，这是由于体内氨基酸暂时失去平衡，为一时性现象，若与蛋白质或其他氨基酸一起食入则无此现象。

(2) L-丙氨酸

L-丙氨酸具有甜及鲜味，与其他鲜味剂合用可以增效，分子式为 $C_3H_7NO_2$，结构式为 $CH_3NH_2CHCOOH$，分子量为 89，熔点为 297℃，分解。L-丙氨酸属于非必需氨基酸，是血液中含量最多的氨基酸，有重要的生理作用。用于鲜味料中的增效剂。

(3) 5′-肌苷酸二钠

5′-肌苷酸二钠，化学式为 $C_{10}H_{11}N_4Na_2O_8P \cdot 7.5H_2O$，为无色至白色结晶或晶体粉末，平均含有 7.5 个分子结晶水。无臭，呈鸡肉鲜味，熔点不明显，易溶于水，微溶于乙醇，不溶于乙醚。稍有吸湿性，但不潮解。对热稳定，在一般食品的 pH 值范围（4～6）内，100℃加热 1h 几乎不分解，但在 pH 值 3 以下的酸性条件下长时间加压、加热时则有一定分解。5% 的水溶液，pH 值为 7.0～8.5。

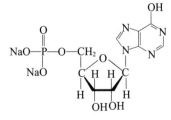

5′-肌苷酸二钠

(4) 甘氨酸

甘氨酸是结构最简单的氨基酸，广泛存在于自然界，尤其是在虾、蟹、海胆、鲍鱼等海产及动物蛋白中含量丰富，是海鲜呈味的主要成分。我国年产量已达 3000t 左右。

甘氨酸分子式为 $C_2H_5NO_2$，结构式为 H_2NCH_2COOH，分子量为 75，熔点 292℃，分

解。甘氨酸作为鲜味剂，添加到软饮料、汤料、咸菜及水产制品中可产生出浓厚的甜味并去除咸味、苦味。与谷氨酸钠同用增加鲜味。

(5) 5′-鸟苷酸钠

5′-鸟苷酸钠是无色至白色结晶或晶体粉末，平均含有7个水分子，呈鲜菇鲜味。易溶于水，微溶于乙醇，5%水溶液 pH 值 7.0~8.5，分子式为 $C_{10}H_{12}N_5Na_2O_8P \cdot 7H_2O$，分子量为 533.1。50% 5′-L-肌苷酸 CIMP+50% 5′-L-鸟苷酸（GMP）简称 I+G，为 5′-L-肌苷酸与 5′-L-鸟苷酸等重的混合物，是目前销售前景最好的鲜味剂。

5′-鸟苷酸钠

(6) 琥珀酸及其钠盐

琥珀酸及其钠盐无色至白色结晶或结晶性粉末，易溶于水，不溶于酒精。水溶液呈中性至微碱性，pH 约为 9。120℃失去结晶水，味觉阈值 0.03%。主要存在于鸟、兽、鱼类的肉中，尤其在贝壳、水产类中含量甚多，为贝壳肉质鲜美之所在。商品名称干贝素、海鲜精。

$$NaOOC-CH_2-CH_2-COONa$$

琥珀酸钠盐

鲜味剂有协调增效效应，鲜味剂之间存在显著的协同增效效应。这种协同增效不是简单的叠加效应，而是相乘的增效。加热对鲜味剂有显著影响，但不同鲜味剂之间其对热的敏感程度差异较大，通常情况下氨基酸类鲜味剂热性能较差，易分解。因此在使用这类鲜味剂时应在较低温度下加入。核酸类鲜味剂、水解蛋白、酵母抽提物较耐高温。所有鲜味剂都只有在含有食盐的情况下才能显示出鲜味。鲜味剂溶于水后电离出阴离子和阳离子，阴离子虽然有一定鲜味，但如果不与钠离子结合，其鲜味并不明显，只有在定量的钠离子包围阴离子的情况下才能显示其特有的鲜味。这定量的钠离子仅靠鲜味剂中电离出来的钠离子是不够的，必须靠食盐的电离来供给。食盐和鲜味剂二者之间存在定量关系，一般鲜味剂的添加量与食盐的添加量成反比。绝大多数鲜味剂在 pH 6~7 时，其鲜味最强。当食品的 pH<4.1 或 pH>8.5 时，绝大多数鲜味剂均失去其鲜味。但酵母味素在低 pH 情况下不产生混浊，保持透明，保持溶解的状态，使鲜味更柔和。

8.6.2 酸味剂

以赋予食品酸味为主要目的的食品添加剂总称为酸味剂。主要分有机酸味剂和无机酸味剂。常用无机酸味剂主要为磷酸。常用有机酸味剂主要有柠檬酸、苹果酸、酒石酸、富马酸、葡萄糖酸、醋酸。

(1) 柠檬酸

柠檬酸又称枸橼酸，是世界上用量最大的酸味剂。为无色半透明结晶或白色颗粒，或白色结晶性粉末。无臭，有强酸味，酸味爽快可口。柠檬酸易溶于水，使用方便。酸味纯正，温和，芳香可口。易与多种香料配合而产生清爽的酸味，适用于各类食品的酸化。

$$HO-C \begin{matrix} CH_2-COOH \\ -COOH \\ CH_2-COOH \end{matrix} \cdot H_2O$$

柠檬酸

柠檬酸有较好的防腐作用，特别是抑制细菌的繁殖效果较好。在人体中，柠檬酸为三羧酸循环的重要中间体，无蓄积作用。但多次内服大量含高度柠檬酸的饮料，可腐蚀牙齿釉质。我国规定柠檬酸可在各类食品中按"正常生产需要"添加。

（2）乳酸

乳酸即 2-羟基丙酸，为无色或微黄色的糖浆状液体，是乳酸和乳酸酐的混合物。几乎无臭，味微酸，有吸湿性，水溶液显酸性。可以与水、乙醇、丙酮任意混合，不溶于氯仿。乳酸存在于发酵食品、腌渍物、果酒、清酒、酱油及乳制品中。乳酸具有较强的杀菌作用，可防止杂菌生长，抑制异常发酵。因具有特异收敛性酸味，故使用范围不如柠檬酸广泛。除了作酸味剂外，还可用于肉、禽的防腐，使面包膨松、延长保鲜期。

（3）苹果酸

苹果酸的酸味柔和、持久性长，从理论上说，苹果酸可以全部或大部分取代用于食品及饮料中的柠檬酸，但柠檬酸已被公认为许多食品酸的标准，所以苹果酸在酸味剂市场中的地位很难超过柠檬酸。苹果酸和柠檬酸在获得同样效果的情况下，苹果酸用量平均可比柠檬酸少8%～12%（质量分数）。主要用于食品和饮料中，酸味较柠檬酸浓，有接近天然果汁的口感。

$$
\begin{array}{cccc}
\underset{\text{乳酸}}{\overset{\displaystyle\overset{H}{\underset{\displaystyle OH}{H_3C-C-COOH}}}{}} &
\underset{\text{苹果酸}}{\overset{\displaystyle HO-CH-COOH}{\underset{\displaystyle CH_2-COOH}{}}} &
\underset{\text{酒石酸}}{\overset{\displaystyle HO-CH-COOH}{\underset{\displaystyle HO-CH-COOH}{}}} &
\underset{\text{富马酸}}{\overset{\displaystyle CH-COOH}{\underset{\displaystyle HOOC-CH}{}}}
\end{array}
$$

（4）酒石酸

即 2,3-二羟基丁二酸，又称葡萄酸、二羟基琥珀酸，稍有涩味、爽快的酸味剂。酸度为柠檬酸的 1.3 倍，可用于清凉饮料、果冻、果酱和有特殊风味的罐头食品。酒石酸一般很少单独使用，多与柠檬酸、苹果酸等并用，特别适合于添加到葡萄汁及其制品中，也可作为速效合成膨松剂的酸味剂使用。

（5）富马酸

又名反丁烯二酸、延胡索酸，分子式为 $C_4H_4O_4$。

（6）磷酸

唯一的无机酸味剂，为无色透明糖浆状液体，无臭。磷酸属强酸，其酸味度比柠檬酸大2.3～2.5 倍，有强烈的收敛味和涩味。因其有利于创造可乐风味，主要用于可乐型饮料中。

8.6.3 甜味剂

甜味剂是指能赋予食品甜味的一类添加剂，主要有四类。第一类是糖类，如白糖、葡萄糖、果糖、果葡萄糖等。第二类是糖醇类，主要有木糖醇、山梨糖醇、甘露糖醇、乳糖醇、异麦芽糖醇等。第三类是化学合成的，有糖精（邻磺酰苯甲酰亚胺）、甜蜜素（环己亚胺磺酸钠）、天冬酰苯丙氨酸甲酯等。第四类是从一些植物的根、茎、叶提取的高甜度的天然甜味剂，主要有甜叶菊、甘草甜素、罗汉果苷等。

（1）糖精（钠）

糖精又名邻磺酰苯甲酰亚胺（钠），是石油有机化工合成产品，严格来说，是有甜味的化学添加剂而不是食品。除了在味觉上引起甜的感觉，口感、甜度能达到消费者的要求外，对人体无任何营养价值，是非营养型的强力甜味剂。甜度是蔗糖的 300～500 倍。在美国、西欧各国食品中使用，需注明"可能有害健康"，主要用于牙膏中。ADI 为 0～5mg/kg。

（2）甜蜜素

甜蜜素又名环己基氨基磺酸钠，甜度是蔗糖的 30～50 倍。甜蜜素在美国 20 世纪 70 年代之前消耗量曾达到 9000 吨。自发现用其与糖精混合喂养白鼠出现膀胱肿瘤现象之后，即被禁用。但法国、瑞士、西班牙、中国、韩国等仍允许使用，主要用于冰激凌、饮料、果酱、糕点、果冻、蜜饯中。ADI 为 0～11mg/kg。

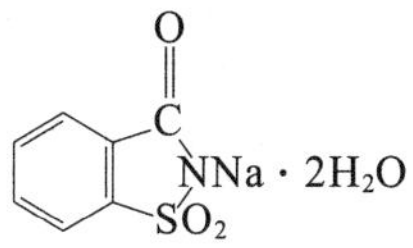

糖精 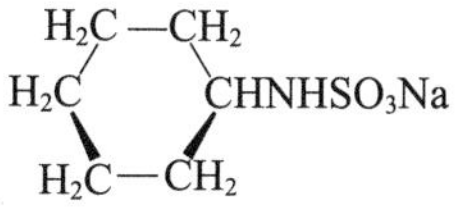　　　　　　甜蜜素 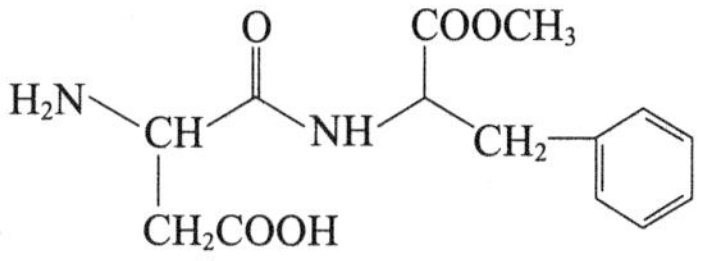　　　　　　　　　　阿斯巴甜

（3）天冬酰苯丙氨酸甲酯（APM）

天冬甜素或甜味素，又称阿斯巴甜（aspartame；aspanyl phenylalanine methyl ester），学名 N-L-α-天冬氨酰-L-苯丙氨酸甲酯。阿斯巴甜为白色结晶粉末，甜度是蔗糖的 100～200 倍。热值低、安全，进入人体后，可分解为苯丙氨酸、天冬氨酸和甲醇，经正常代谢后排出体外。主要用于碳酸饮料、果肉饮料、果酱、速溶咖啡、冷冻奶制品、口香糖等。但添加本品的食品应标明"苯酮尿症患者不宜使用"。ADI 为 0～40mg/kg。

（4）安赛蜜

安赛蜜又名双氧噁噻嗪钾（sunotte，ACI-K），白色结晶粉末，无臭，易溶于水，甜度约为蔗糖的 200 倍，ADI 为 0～15mg/kg。

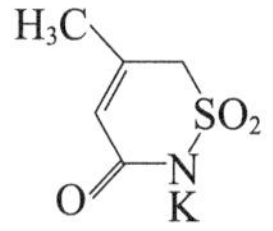

安赛蜜 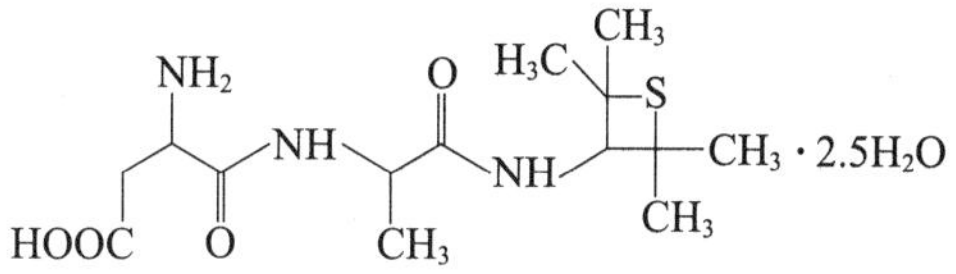　　　　　　　　　　　　阿力甜

（5）L-α-天冬氨酰-N-（2,2,4,4-四甲基-3-硫化三亚甲基)-D-丙氨酰胺

别名阿力甜（alitame），白色结晶粉末，无臭，有强甜味，风味与蔗糖接近。甜度是蔗糖的 2000 倍，热值低，因甜度高，可先稀释再使用。用于饮料、冰激凌、雪糕、焙烤食品、软硬糖果、乳制品等。

（6）海藻糖

海藻糖（α,α-海藻糖）又称为"酵母糖"（发酵制得），是 Wiggers 于 1832 年首次发现的，从那以后在大量有机体中都发现了海藻糖的存在，包括细菌、藻类、酵母、植物、昆虫和其他无脊椎动物。但是在哺乳动物中还没有发现海藻糖的分布。海藻糖是由两个葡萄糖残基经 α,α-1,1-糖苷键连接的非还原二糖，结构稳定，化学惰性，无毒性，无色无臭，口感略带甜味，低热值。在很多生物体中，海藻糖不仅以游离糖形式存在，还是各种糖脂的主要成分。

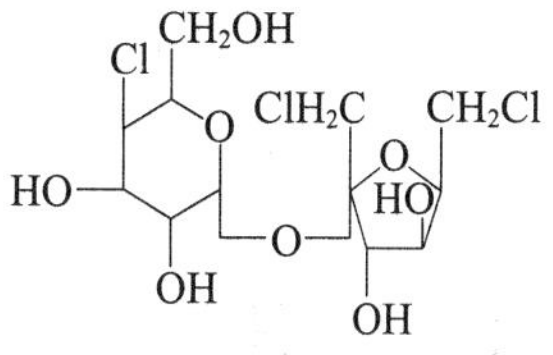

（7）三氯蔗糖

三氯蔗糖（sucralose）别名蔗糖素，是蔗糖分子中的三个羟基被氯原子取代后的产物。三氯蔗糖白色结晶粉末，甜味与蔗糖相似，甜度是蔗糖的 400～800 倍，极易溶于水，长期存放

三氯蔗糖

和高温下稳定，适用于烘烤食品，也可用于饮料、酱菜、饼干、面包、罐头水果、冰激凌等。ADI 为 0～15mg/kg。

（8）甜叶菊苷

甜叶菊是原产于南美巴拉圭等地的一种野生菊科草本植物。甜叶菊苷是它茎叶中所含有的一种双萜配糖体，分子式为 $C_{38}H_{60}O_{18}$，分子量 805.00，熔点 196~198℃，白色结晶体。甜度是蔗糖的 300 倍。食后不被人体吸收，不产生热量，是糖尿病、肥胖病患者很好的天然甜味剂。

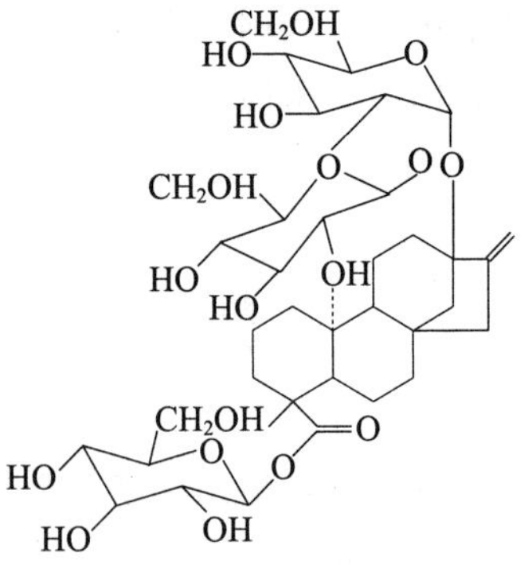

从罗汉果中也可提取甜味剂罗汉果甜苷，甜度可达蔗糖的 240 倍，低热值安全，在各类食品中可按生产需要添加。

从我国传统草药甘草中可提取甘草甜素。甘草酸铵、甘草酸一钾、甘草酸三钾都是安全高甜度的甜味剂，甜度分别是蔗糖的 200 倍、500 倍、150 倍。都可按生产需要用于各种食品中。

甜叶菊苷

甜度低于蔗糖的甜味剂有麦芽糖醇、异麦芽酮糖醇、山梨糖醇、乳糖醇、D-木糖。甜度与蔗糖相当的木糖醇，可代替蔗糖，用于糖尿病人专用食品中，但由于其能抑制酵母的生长和发酵活性，不宜用于发酵食品中。

8.7 乳化剂

大部分食品都兼有油溶与水溶的配料，一般情况下难以均匀调合混匀。因此，为了提高食品的均匀性，防止油水分离，就需要乳化剂将混溶性不同的配料均匀地混合在一起，使油脂中配料在水中溶解度提高，使食品的质地、外观、风味的均匀性得以改善。此外乳化剂还可减少加工时间、延缓食品腐败的速度以及提高食品的耐盐、耐酸、耐热、耐冷冻保存的稳定性，乳化后营养成分更易为人体消化吸收。

可用作食用乳化剂的表面活性剂主要有甘油脂肪酸酯、山梨醇脂肪酸酯、蔗糖酯、丙二醇脂肪酸酯、大豆卵磷脂等生物表面活性剂。

食用乳化剂的脂肪酸多是 C_{18} 的硬脂酸和油酸，多元醇主要有甘油、山梨醇、蔗糖、丙二醇。甘油脂肪酸酯是乳化剂中产量和用量均最大的一个品种，以单甘酯效果好。可用于糖果、饼干、面包、冰激凌。最大用量 6g/kg，毒性 ADI 不作限制规定。

山梨醇脂肪酸酯分为 Span、Tween 两类，用于面包、冰激凌、蛋糕、巧克力等。

蔗糖酯可用作蛋糕、冰激凌、饼干的发泡剂，奶制品的乳化稳定剂，巧克力的黏度调节剂。

丙二醇脂肪酸酯油包水型乳化剂，用于糕点、奶油蛋糕的发泡。

大豆卵磷脂是天然食品乳化剂，用于烘烤食品、人造奶油、颗粒饮料等，同时具有营养和保健作用。

其他乳化剂还有硬脂酸乳酸钙（钠）、醋酸异丁酸蔗糖酯、木糖醇酐硬脂酸酯、甘露醇硬脂酸酯、聚甘油脂肪酸酯。

8.8 增稠剂

食品增稠剂是指在水中溶解或分散，能增加流体或半流体食品的黏度，并能保持所在体系的相对稳定的亲水性食品添加剂。增稠剂分子中含有许多亲水基团，如羟基、羧基、氨基和羧酸根等，能与水分子发生水化作用。食品增稠剂是一类高分子亲水胶体物质，具有亲水胶体的一般性质。

食品增稠剂对保持流态食品、胶冻食品的色、香、味、结构和稳定性起相当重要的作用。增稠剂在食品中主要是赋予食品所要求的流变特性，改变食品的质构和外观，将液体、浆状食品形成特定形态，并使其稳定、均匀，提高食品质量，以使食品具有黏滑适口的感觉。例如，冰激凌和冰点心的质量很大程度取决于冰晶的形成状态，加入增稠剂可以防止结成过大的冰晶，以免感到组织粗糙有渣。增稠剂具有溶水和稳定的特性，能使食品在冻结过程中生成的冰晶细微化，并包含大量微小气泡，使其结构细腻均匀，口感光滑，外观整洁。

当增稠剂用于果酱、颗粒状食品、各种罐头、软饮料及人造奶油时，可使制品具有令人满意的稠度。当有机酸加到牛奶或发酵乳中时，会引起乳蛋白的凝聚与沉淀，这是酸奶饮料中的严重问题，但加入增稠剂后，则能使制品均匀稳定。

增稠剂的凝胶作用，是利用它的胶凝性，当体系中溶有特定分子结构的增稠剂，浓度凝胶就具有触变性，如鹿角菜胶的凝胶。有的凝胶还会发生胶凝后的脱水收缩。

增稠剂是果冻、奶冻、软糖等食品中的胶凝剂。琼脂是常用的高效增稠剂。琼脂凝胶坚挺、硬度高、弹性小；明胶凝胶坚韧而富有弹性，承压性好，并有营养；卡拉胶凝胶透明度好、易溶解，适用于制作奶冻；果胶凝胶具有良好的风味，适于制作果味制品。在糖果、巧克力中使用增稠剂，目的是起凝胶作用、防霜作用。增稠剂能保持糖果的柔软性和光滑性。

增稠剂品种很多，按来源可分为两类：天然和人工合成。天然增稠剂中，多数来自植物，也有来自动物和微生物。来自植物的增稠剂有树胶（如阿拉伯胶、黄原胶等）、种子胶（如瓜尔豆胶、罗望子胶等）、海藻胶（如琼胶、海藻酸钠等）和其他植物胶如果胶等。

① **海藻胶**（algin） 从海带等褐色藻类藻体中提取。由甘露糖酸和葡萄糖酸通过 β-1,4-糖苷键形成的线形高分子聚合物。用于罐头、冰激凌、面条。海藻酸丙二醇酯（PGA）可稳泡，用于啤酒、果汁饮料、冷冻食品等。

② **果胶**（pectin） 从植物中提取的天然添加剂。部分甲酯化的 D-半乳糖酸通过 α-1,4-糖苷键形成的线形多聚糖。用于果酱、果冻、巧克力、冰激凌、糖果等。

③ **卡拉胶**（carrageenan） 又名鹿角藻菜、角叉胶，从红海藻中提取，为硫酸化的半乳聚糖。白色或浅黄色粉末。用于果冻、糖果、冰制品等，也可作脂肪代用品。

④ **羧甲基纤维素**（CMC） 用于乳制饮料、冰制品、果酱、果冻等，以冰激凌和罐头生产中应用最多。

⑤ **明胶**（gelatin） 是动物的皮、骨等含有的胶原蛋白经部分水解后得到的高分子多肽聚合物。不溶于冷水，溶于热水，冷却后形成凝胶。有入口即化的特点。用于糕点、冷饮、果汁等。有营养价值和保健功效。

⑥ **黄原胶**（xanthan gum） 别名汉生胶、黄杆菌胶，由甘蓝黑腐病黄单胞菌以碳水化合物为主要原料经发酵制成。是 D-葡萄糖、D-甘露糖、D-葡萄糖酸组成的高分子量天然碳水化合物的聚糖体。用于冷冻食品、液体饮料、风味面包、罐头食品等。可作脂肪代用品。

⑦ **瓜尔胶**（guar gum） 即瓜尔豆胶，是半乳糖和甘露糖的聚糖，从瓜尔豆中提取。

⑧ **琼脂**（agar） 别名琼胶，冻粉，由琼脂胶和琼脂糖组成，从石花菜和江蓠等藻类提取。琼脂是半透明、白色至浅黄色的薄膜带状、碎片、颗粒或粉末。不溶于冷水，可溶于沸水。

⑨ **阿拉伯胶**（arabic gum） 又名阿拉伯树胶、金合欢胶，由阿拉伯树树干自然渗出液或割破树皮收集的渗出液经干燥制得。

⑩ **甲壳素**（chitin） 又名甲壳质、几丁质，是 2-乙酰胺-2-脱氧葡萄糖单体通过 β-1,4-

糖苷键连接起来的直链多糖，白色至灰白色片状，无臭无味，不溶于水，但能吸水胀润，有较强的吸附脂肪能力。

可用作食品增稠剂的还有淀粉和改性淀粉、环糊精等物质。

8.9 其他食品添加剂

除上述食品添加剂外，常用的食品添加剂还有营养强化剂、保鲜剂、膨松剂、漂白剂、凝固剂、疏松剂、水分保持剂、抗结剂、被膜剂、胶基糖果基础剂、酶制剂等。

保鲜剂一般是用于水果、蔬菜、大米、禽蛋、禽畜肉类等的保鲜。大米保鲜剂多为杀虫剂，必须是对人畜低毒性的。现在也有采用一些可改变正常大气比例，使大米储存环境不利于虫类存活的新型保鲜剂，如活性氧化铁粉。一些具有杀菌抑菌性的物质也是常用的保鲜剂，可吸附乙烯延缓水果过熟、腐烂的吸附剂也有水果保鲜的功效。乙氧基喹（虎皮灵）可用于苹果、梨储存期间虎皮病的防治。十二烷基二甲基溴化铵、戊二醛可对水果表面消毒，利于水果保鲜。肉桂醛、仲丁胺、邻苯基苯酚（仅在水果外部使用）可用于水果的保鲜。

膨松剂是用于焙烤食品中可使食品膨松、酥脆的一类物质。主要有碳酸氢钠、硫酸铝铵、碳酸氢铵、碳酸氢钾、酒石酸钾等，这些物质加入食品中后，在焙烤时会挥发、分解、产生气体，使面坯发起，达到膨松效果。

漂白剂主要有二氧化硫、焦亚硫酸盐、亚硫酸盐、硫黄、过氧化苯甲酰等。

水分保持剂可保持食品的水分，使产品有弹性和松软。主要有磷酸盐和多磷酸盐。

抗结剂是用来防止颗粒或粉状食品聚集结块，保持食品的松散性。多为有强吸水性、吸油性的细微颗粒，如硅铝酸钠、二氧化硅、磷酸三钙等。

胶基糖果基础剂是为胶基糖果增塑、使其耐咀嚼而添加的天然或合成的橡胶类高分子物质，主要有聚乙酸乙烯酯、丁苯橡胶等。

被膜剂是涂抹于食品外表，起保质、保鲜、上光、防止水分蒸发等作用的物质，主要有紫胶、石蜡、液体石蜡、果蜡、松香季戊四醇酯等，可用于水果、蔬菜、软糖、鸡蛋等食品的保鲜。

8.10 食品添加剂的发展趋势

近年来我国食品工业发展很快，带动了食品添加剂工业的不断发展，新的食品添加剂品种不断出现。高效、安全、无毒食品添加剂的研究开发和生产，先进的天然食品添加剂提取技术，新型设备的应用，高纯度食品添加剂的生产，多功能的食品添加剂开发都是今后食品添加剂工业的发展方向。食品添加剂的开发和发展将在很大程度上促进食品工业的发展，在现代食品工业中发挥重要的作用。

安全、高效和经济的新型防腐剂、抗氧化剂是今后开发的目标，利用生物技术、超临界萃取技术、分子蒸馏、膜技术、纳米技术等高新技术从天然动植物、微生物或它们的代谢产物中提取高效、无毒或低毒且带有保健、营养作用的防腐剂和抗氧化剂将是解决防腐剂、抗氧化剂安全性的重要途径。具有高效防腐、抗氧活性却不会被人体吸收、不参与人体正常新陈代谢过程的新型高分子聚合物防腐剂和抗氧剂也将成为安全、高效防腐剂和抗氧剂的一分子。

由于合成色素的毒性大和安全性低，天然色素的开发将成为食用色素发展的一大方向。

低热量、营养均衡性好、安全的食品强化剂的发展对提高国民健康水平有重要的意义，将会成为未来食品添加剂发展的一个重要方向。

食品添加剂使用的安全性也是今后要长期注意的问题，为了规范食品添加剂的使用、保障食品添加剂使用的安全性，卫健委根据《中华人民共和国食品卫生法》的有关规定，对《食品安全国家标准　食品添加剂使用标准》（GB 2760—2014）做了修改，制定并发布了《食品安全国家标准　食品添加剂使用标准》（GB 2760—2024）。新修订了食品安全国家标准《食品中农药最大残留限量》（GB 2763—2021）。

食品添加剂的管理除安全性外，还应考虑国际接受度，充分了解国际食品添加剂法典委员会（Codex Committee on Food Additives，CCFA）颁布的《国际食品添加剂法典通用标准》（General Standard for Food Additives，GSFA），关注我国食品添加剂使用标准与GSFA的一致性和不同点。

随着食品添加剂行业的发展，食品添加剂（次级食品添加剂）的管理、使用规范也日益受到重视。

● 习 题

8-1 食品添加剂的 ADI 值越大，其安全性越_____。

8-2 食品防腐剂的防腐机理是什么？

8-3 常用的食品防腐剂有哪些？

8-4 丙酸钠适于哪类食品的防腐？山梨酸钾适于哪类食品的防腐？

8-5 食品腐败变质和氧化变质有何不同？

8-6 比较食用天然色素和合成色素的优缺点。

8-7 哪种鲜味剂呈鸡肉鲜味？

8-8 哪种鲜味剂呈鲜菇鲜味？

8-9 无机酸味剂有哪些？

8-10 哪些甜味剂甜度高却不产生热量？

8-11 乳化剂的作用是什么？主要是哪类表面活性剂？

8-12 常用的无机防腐剂有哪些？

8-13 增稠剂的作用是什么？

8-14 什么是绿色食品？

8-15 什么情况下可在食品中添加食品添加剂？

8-16 食品中使用食品添加剂应遵循什么原则？

8-17 市售火腿肉的组成如下：猪肉、淀粉、大豆蛋白、食盐、白糖、香辛料、磷酸盐、异VC钠、红曲米、山梨酸钾、亚硝酸钠。该配方中添加了哪些食品添加剂，其作用是什么？

8-18 市售果汁饮料组成有：纯净水、白砂糖、水蜜桃汁浓缩汁、柠檬酸、阿巴斯甜、安赛蜜、食用香料、稳定剂、维生素C、β-胡萝卜素，分析该配方中添加了哪些食品添加剂，其作用是什么？分析哪种物质可用作配方中的稳定剂。

8-19 "食品添加剂零添加的食品更安全"的说法对吗？为什么？

8-20 可乐型饮料常用酸味剂是什么？

第9章

助 剂

在许多工业产品的加工生产和使用过程中，往往要添加各种辅助化学品，这些辅助化学品被称为助剂。这些助剂的添加量虽然并不多，却起着非常重要和关键的作用。它们不仅能在加工过程中改善产品的生产工艺性能，影响加工条件，提高加工效率，且可赋予产品特殊的性能，提高产品质量，增加产品使用价值和寿命，扩大产品的用途。许多新制品、新技术的成功关键主要在于这些助剂的配合，因此，人们又称助剂为"工业味精"。

助剂的范围十分广泛，涉及塑料、橡胶、合成纤维、纺织、印染、造纸、皮革、油田、机械、农药、电子和冶金等工业部门。本章限于篇幅，主要讨论塑料、橡胶、油田、造纸以及皮革等领域所使用的助剂。

9.1 橡塑助剂

橡塑助剂是指在橡胶、塑料成型加工过程中能改善加工工艺或增进产品品质并构成产品组分的辅助化学品。这些助剂用量小，但作用显著，甚至可以使某些性能有较大缺陷或加工很困难而几乎失去使用价值的聚合物变成宝贵的材料。例如，聚丙烯是一种极易老化的合成树脂，纯聚丙烯树脂压制的薄膜，在 150℃ 下 0.5h 就全脆化，使用价值极小。但在其中添加适当的稳定剂后，可经受在 150℃ 下 2000h 以上的老化考验，成为用途十分广泛的通用塑料。纯的丁苯硫化橡胶强度只有 $14 \sim 21 kgf/cm^2$（$1kgf/cm^2 = 98.0665kPa$），没有实用价值，以炭黑补强后，可以提高到 $170 \sim 245 kgf/cm^2$，成为应用最广的一种合成橡胶。所以，橡塑助剂的作用不仅仅是改善性能，有些甚至是橡塑制品加工时的所必需。随着橡塑工业的迅速发展，橡塑助剂的产量更大，新品种更多，具有更加重要的地位。

橡塑助剂主要有：增塑剂、阻燃剂、交联剂、抗氧化剂、润滑剂、热稳定剂、抗冲击改性剂、着色剂、光稳定剂、抗静电剂、发泡剂等。这些助剂往往是在产品加工过程中添加进去的，因此也称为加工助剂。

9.1.1 增塑剂

增塑剂是能使聚合物增加塑性、变软并降低脆性的物质。改变增塑剂的用量能调节塑料的柔软度。除增塑外，增塑剂还可简化塑料的加工过程。

在所有的有机助剂中，增塑剂的产量和消耗量都占第一位。现代增塑剂主要用在聚氯乙烯（PVC）制品中。PVC 性质脆硬，难以加工。添加增塑剂后，PVC 的柔性增加，加工性能变好，从而可制造出具有多种性能的 PVC 制品，因而使 PVC 成为现今最重要的通用树脂之一。一般加入小于 10％增塑剂的 PVC 制品是硬质的，加入 10％～30％增塑剂的 PVC 是半硬质的，而 PVC 软制品中增塑剂的加入量一般在 30％以上。目前 PVC 制品中所耗用的增塑剂约占其总产量的 80％～85％，其余的则主要用在纤维素树脂、醋酸乙烯树脂、ABS 树脂以及橡胶、涂料和高分子混合炸药的生产中。

（1）对增塑剂性能的基本要求

理想的增塑剂一般应具备以下性能。

① **与聚合物具有良好的相容性**　所谓相容性主要指助剂与聚合物之间的相容性及在稳定性方面的相互影响，这是作为增塑剂最主要的基本条件。因为增塑剂必须均匀地分布于聚合物之中才能发挥其功效，所以要求增塑剂与聚合物之间需能形成长期稳定的均相组成，二者之间有较好的和持久的相容性，否则增塑剂将从聚合物体系中析出（固体助剂的析出俗称喷霜，液体助剂的析出俗称渗出或出汗）而影响功效，同时又影响制品的外观和手感。一般要求 100 份树脂能相混溶 150 份增塑剂。增塑剂与聚合物的相容性主要取决于它们结构的相似性，一般而言，结构相似相容，反之亦然。

② **塑化效率高**　增塑剂的塑化效率可以表示为树脂达到某一柔软程度所需该增塑剂的量。达到同一柔软程度时需要添加的增塑剂量越少，该增塑剂塑化效率越高；反之，所需增塑剂量越多，增塑剂塑化效率越低。

塑化效率的量化一般是以邻苯二甲酸二（2-乙基）己酯（DOP）作为标准，将其塑化效率定为 100，在达到同一柔软程度的前提下，其他增塑剂用量与 DOP 用量的比值为该增塑剂的相对塑化效率。表 9-1 列出常用增塑剂对 PVC 的相对塑化效率。

表 9-1　常用增塑剂对 PVC 的相对塑化效率

增塑剂名称及缩写	相对塑化效率	增塑剂名称及缩写	相对塑化效率
邻苯二甲酸二(2-乙基)己酯,DOP	100	己二酸二(2-乙基)己酯,DOA	91
邻苯二甲酸二甲酯,DMP	92	癸二酸二(2-乙基)己酯,DOS	93
邻苯二甲酸二乙酯,DEP	82	癸二酸二丁酯,DBS	80
邻苯二甲酸二丁酯,DBP	81	己二酸二异丁酯,DIBA	78
邻苯二甲酸二庚酯,DRP	97.8	己二酸二异辛酯,DIOA	90
邻苯二甲酸二(十三烷基)酯,DTDP	150	环氧乙酰蓖麻酸丁酯	103
邻苯二甲酸二异丁酯,DIBP	87	磷酸三甲苯酯,TCP	112
邻苯二甲酸二异癸酯,DIDP	113.8	磷酸三(丁氧乙基)酯	92
邻苯二甲酸二异辛酯,DIOP	105	氧化石蜡(含氧 40％)	1.8～2.2

利用相对塑化效率可以计算增塑剂用量。例如，某 100g PVC 制品中含有 50g DOP 增塑剂，现为提高制品耐寒性拟用相对塑化效率为 93 的 DOS 来代替 DOP，要获得同样的柔韧度，则需用 DOS 的量为 $50 \times 0.93 = 46.5$(g)。

③ **低挥发性**　即增塑剂的耐久性要好。增塑剂的挥发性越低越好，以减少在成型和使用过程中由于增塑剂的挥发、损失而导致制品性能恶化，尤其对汽车内部用塑料、电线、电缆等要求更高。所以一般增塑剂的沸点较高，约 300～400℃。

④ **耐溶剂萃取性好**　水、油、有机溶剂等在与增塑制品接触过程中会对增塑剂产生萃取作用，造成增塑剂从聚合物中被抽出而使制品性能下降以及造成其他不良影响。但大多数增塑剂耐油和耐有机溶剂萃取性不好。

⑤ **耐老化性好**　指对光、热、氧、辐射等的耐受力，因为增塑剂在塑料中的加入量大，其耐老化能力直接影响塑料制品的耐老化性，所以本身应具备好的耐老化性。一般具有直链烷基的增塑剂比较稳定，支链型的则耐老化性差。

⑥ **耐寒性能好**　许多塑料制品通常多在低温环境中使用，尤其是北方的室外，如电线、电缆等，所以在这些制品中增塑剂的耐寒性很重要。增塑剂的耐寒性与结构有直接关系。分子中带有环状结构的增塑剂耐寒性较差，而具有直链烷基的增塑剂耐寒性能好，烷基链越长，耐寒性能越好；烷基支链增多，耐寒性下降。

⑦ **具有阻燃性**　塑料在成型过程中温度较高，同时塑料广泛用于建筑、交通工具、电气产品等中，在许多场合都要求制品具有非燃或难燃性。PVC 中大量采用增塑剂，而 PVC 的氯含量约为 56.8%，本身具有自熄性，故增塑剂的阻燃性能就直接关系到制品的阻燃性。若 PVC 中加入阻燃性能好的增塑剂，则它将同时起到阻燃和增塑的作用。如氯化石蜡、氯化脂肪酸酯和磷酸酯类，均可作为阻燃增塑剂加入聚合物中去。

⑧ **电绝缘性能好**　PVC 树脂本身电绝缘性能良好，加入大量增塑剂后可能使塑化的 PVC 材料电绝缘性能下降。因此，用于电线、电缆的塑料所添加的增塑剂应具有良好的电绝缘性。

⑨ **尽可能无色、无味、无毒、无污染**　这对食品、医药、化妆品包装、玩具或浅色塑料制品等是非常必要的。柠檬酸酯是无毒增塑剂，氯化石蜡基本无毒，脂肪族二元酸酯毒性也较低，而磷酸酯类一般毒性较强。

⑩ **价格低廉**　性能优异、但昂贵的增塑剂不具有实用价值。

综上所述，要符合上述条件、十全十美的理想增塑剂是没有的，在具体选用时只能抓住主要矛盾，选择比较合适的单独或混合使用，以达到价廉物美的要求。在实际应用中往往采用几种增塑剂配合使用。

（2）增塑剂的分类

① **按化学结构分类**（最常用的分类方法）　包括苯二甲酸酯类、苯甲酸酯类、苯多酸酯类、脂肪族二元酸酯类、磷酸酯类、柠檬酸酯类、环氧化物、氯化石蜡、聚酯、硬脂酸酯、多元醇脂肪酸酯等。

② **按与聚合物的相容性分类**

a. 主增塑剂：能和树脂充分相容，可单独使用。

b. 助增塑剂：与树脂相容性较差，使用目的是降低成本，提高电性能和低温性能等。只能与主增塑剂配合使用，如脂肪酸酯类。

③ **按最终用途分类**

a. 通用型：性能较全面，无特殊性能，如邻苯二甲酸酯类等。

b. 特殊型：除增塑作用外，还有其他功能，如磷酸酯类有阻燃性能，称为阻燃增塑剂。

④ **按分子量的差异分类**

a. 单体型：有固定分子量，如邻苯二甲酸酯类等。

b. 聚合型：分子结构中有若干重复链节（单体结构单位）、分子链较长，分子量较大，不固定的聚酯增塑剂。

(3) 增塑剂的主要品种

① **苯二甲酸酯类** 此类增塑剂包括邻苯二甲酸酯类、间苯二甲酸酯类和对苯二甲酸酯类。其中邻苯二甲酸酯类是使用最广泛的增塑剂，有通用增塑剂之称，大多数具有比较全面的性能，与 PVC 有良好的相容性，一般作主增塑剂使用，配合用量大，而且生产工艺简单，原料便宜易得，成本低廉，其产量达增塑剂总产量的 80% 以上。

邻苯二甲酸酯类通式为 $\begin{array}{c}\text{COOR}^1\\\text{COOR}^2\end{array}$，其中 R^1 与 R^2 为相同或不同的 $C_1 \sim C_{13}$ 烷基、环烷基、苯基或苄基等。$C_6 \sim C_{13}$ 的高碳醇酯在 PVC 中通用性能好，有支链醇酯和直链醇酯。传统的高碳醇酯大多数是支链醇酯。直链醇酯和准直链醇酯近年发展较快，它们的性能较全面，挥发性低，耐候、耐低温性能特别好，可作主增塑剂使用。它们以正构醇酯为主体，直链率为 50% ~ 80%，有的品种直链率可达 99% 以上，还可在生产中通过控制原料混合醇中不同长度亚甲基链的比例来调节增塑剂性能。

在邻苯二甲酸酯类中，邻苯二甲酸二（2-乙基）己酯（DOP）是产量最大、综合性能最好的品种，它不仅与大多数聚合物相容性好，而且增塑效率高，挥发性低，低温柔软性较好，耐水抽出，电气性能高，耐热性及耐候性良好，广泛用于 PVC 各种软质制品如薄膜、薄板、人造革、电缆料和模塑品等的加工，因而被称为"王牌"增塑剂，并被作为通用增塑剂的比较标准，其他任何增塑剂只有比 DOP 更便宜或具备独特理化性能时，才能在经济上占优势。

邻苯二甲酸酯一般采用苯酐与相应的醇经两步酯化反应而制成：

酯化过程中，单酯化反应能迅速完成，而由单酯生成双酯的反应却十分缓慢，必须使用催化剂以缩短反应达平衡的时间。硫酸和对甲苯磺酸是该酯化反应广泛使用的酸催化剂。

对苯二甲酸酯和间苯二甲酸酯的挥发性、低温性、增塑糊黏度及电性能均较相应的邻苯二甲酸酯好，被称作耐迁移增塑剂。代表品种如间苯二甲酸二辛酯（DOIP）和对苯二甲酸二辛酯（DOTP）。但由于此两种酯原料来源有限，价格昂贵，因而限制了其大量的发展。近年来国内外利用废涤纶水解制对苯二甲酸酯的成功将有助其发展。

苯二甲酸酯类增塑剂综合性能优良，但自发现邻苯二甲酸酯致癌后，其使用范围受到很大影响。近年来，对于邻苯二甲酸酯类化合物对人体健康和生态环境影响所进行的研究相当多，内容包括对动物的致癌作用、生殖毒性以及对其他生理机能的影响，对人体健康的影响，尤其是对儿童和婴儿生长发育的影响，邻苯二甲酸酯类化合物在土壤和地表水中的分布状况，室内环境中邻苯二甲酸酯类化合物的存在状况，邻苯二甲酸酯类化合物的生物降解等。2012 年，欧盟规定禁止使用邻苯二甲酸二辛酯以及其他相关产品，无疑对这类传统增塑剂行业发出挑战。我国也把 DMP、DBP 和 DOP 列入优先控制污染物黑名单。由此可见邻苯二甲酸酯类物质对人类存在的危害已经引起了世界广泛的关注。

② **脂肪族二元酸酯** 结构通式为 $R^1 OOC(CH_2)_n COOR^2$，n 一般为 2~11，R^1、R^2 为相同或不同的 $C_4 \sim C_{10}$ 的烷基或环烷基。常用长链二元酸与短链一元醇或用短链二元酸和长链一元醇进行酯化，使总碳数保持在 18~26，以保证增塑剂有良好的相容性和低挥发性。

脂肪族二元酸酯增塑剂的特点是具有优良的低温性能，可使材料或制品脆化温度降至 $-30 \sim 70℃$，有耐寒增塑剂之称。且毒性较低，塑化效率优于 DOP，但与 PVC 相容性较差，其耐迁移性、耐抽出性、耐霉菌性、电绝缘性能等均较差，不宜大量添加，一般只作辅助增塑剂，以改善制品低温性能。

脂肪族二元酸酯最早是由英国 Thompson-Houston 公司开发出来的，1940 年该公司相继开发了在 $-40℃$ 有优良低温柔软性的癸二酸二苄酯、己二酸二苄酯和壬二酸二苄酯等长链的二元酸酯。目前该类产品主要以己二酸酯、壬二酸酯及癸二酸酯等十碳以下二元酸酯为主，其中应用最广、产量最大的品种是己二酸二（2-乙基）己酯（DOA）和癸二酸二辛酯（DOS）等。

目前我国生产的脂肪族二元酸酯品种有癸二酸二（2-乙基）己酯（DEHA）、己二酸酯（DEHS）和癸二酸二丁酯（DBS）等，产量约为增塑剂总产量的 5%。其中以 DOS 的耐寒性能最好，无毒，耐热、耐光，但价格较昂贵，主要用作改进低温性能的辅助增塑剂。DOA 在此类增塑剂中居主导地位，但 DOA 分子量较小，挥发性大，耐水性差。己二酸二异壬基酯（DINA）的耐寒性与 DOA 相当，分子量较 DOA 大，挥发性小，耐水、耐油性也较好，正逐步替代 DOA。由于脂肪族二元酸价格较高，所以脂肪族二元酸酯的成本也较高。目前，国内外都在致力于开发低成本的新产品，如利用从合成己二酸的母液中得到的副产物尼龙酸（含己二酸、戊二酸和丁二酸的混合酸，简称 AGS 酸）制得的尼龙酸酯具有良好的低温性能，成本低廉，受到人们广泛注意；准直链醇来源丰富，由它代替异构醇与己二酸合成的酯，耐寒性超过 DOA 而与 DOS 相近，挥发性也比 DOA 小，其在增塑剂中的重要性日益增加。

③ **环氧化物**　环氧化物增塑剂主要有环氧化油（环氧脂肪酸甘油酯）、环氧脂肪酸单酯、环氧四氢邻苯二甲酸酯三大类。它们的分子中都含有环氧结构 —HC——CH— 。

环氧增塑剂最大特点是在增塑的同时还具有稳定化作用。在 PVC 的软制品中，只要加入 2%～3% 的环氧增塑剂，就可明显改善制品对光、热的稳定性，在农用薄膜中，加入 5% 就可大大改善其耐候性。环氧增塑剂另一特点是毒性极低，世界各国都准用于食品及医药包装材料，其原料来源于自然，产品具有可持续性和可降解性。这些特点使环氧增塑剂发展很快，在美国其消费量仅次于邻苯二甲酸酯和脂肪族二元酸酯而居第三位。

环氧化油一般由过氧酸氧化含有不饱和双键的天然油制成，其中最重要的天然油是大豆油。大豆油产量多，价廉，制得的增塑剂性能好，所以环氧化大豆油占环氧增塑剂总量的 70% 左右，其次是亚麻仁油、玉米油、棉籽油、菜籽油等，它们的环氧值较高，一般为 6%～9%，与树脂的相容性稍差，易产生渗出现象，价格也较高，所以为改善聚合物的耐光热稳定性，一般添加量仅占总增塑剂量的 5%～25%。

作为基础原料的植物油类的大豆油，主要用农作物大豆生产，可循环再生，油料来源丰富，在我国具备良好的工业原料基础，且在自然界中可降解。国外自 20 世纪 50 年代开始有环氧大豆油生产以来，环氧化工艺逐步得到改进，以陶氏公司为代表的一些跨国企业的生产工艺从最初的有机溶剂法逐步转向无溶剂法，生产效率和质量得到大幅度提升。随着 PVC 塑料工业的发展及邻苯类增塑剂的禁用在全世界盛行，作为部分替代品的环氧大豆油增塑剂的开发应用日益得到重视，其作为 PVC 塑料增塑剂，具备近乎无毒、耐热挥发、辅助热稳定三大特性，因而为 PVC 塑料制品企业所青睐。目前，国内生产企业主要有广州市海珥玛植物油脂有限公司、广州市新锦龙塑料助剂有限公司、浙江嘉澳环保科技股份有限公司、桐乡市化工有限公司等。国外已经在研发推广环氧大豆油作为 PVC 主增塑剂来使用，环氧大豆油已经成为 PVC 增塑剂不可或缺的重要组成部分。与邻苯类增塑剂相比，环氧大豆油增塑剂成本优势和环保优势巨大，将成为最有希望替代邻苯类增塑剂的品类之一。

④ **磷酸酯**　通式为 $O=P \begin{matrix} O-R^1 \\ -O-R^2 \\ O-R^3 \end{matrix}$，$R^1$、$R^2$、$R^3$ 可以是相同或不同的烷基、芳基和卤代烷基，因此有磷酸三烷基酯、磷酸三芳基酯、磷酸烷基芳基酯和含氯磷酸酯四类。

磷酸酯增塑剂最大的特点是具有良好的阻燃性和抗菌性，有阻燃增塑剂之称。它们与聚氯乙烯、纤维素、聚乙烯、聚苯乙烯等多种树脂和合成橡胶有良好的相容性，挥发性较低，抗抽出性能也较好，但低温性能较差，价格高，并且大多数磷酸酯毒性较强，不能用于与食品接触或儿童玩具制品中。磷酸酯中以磷酸三甲苯酯（TCP）的产量最大、磷酸甲苯二苯酯（CDP）次之，磷酸三苯酯（TPP）居第三位，多用于要求阻燃性的场合；脂肪族磷酸酯许多性能类似芳香族磷酸酯，但低温性能有所改善（如磷酸三辛酯，TOP）。磷酸二苯一辛酯（DPOP 或 ODP）是允许用于食品包装的唯一磷酸酯；TBXP（磷酸三丁氧基乙酯）可作耐寒增塑剂用；含卤磷酸酯几乎全部作为阻燃剂使用。

磷酸酯生产通常是由三氯氧磷或三氯化磷与醇或酚经酯化而成：

$$POCl_3 + 3ROH \longrightarrow (RO)_3PO + 3HCl\uparrow$$

$$3ROH + Cl_2 + PCl_3 + H_2O \longrightarrow (RO)_3PO + 5HCl\uparrow$$

含氯磷酸酯由三氯氧磷和环氧化物反应制得：

$$POCl_3 + 3R-\underset{O}{\underset{\diagdown\diagup}{CH-CH_2}} \longrightarrow (RCHCH_2O)_3PO \quad (R \text{ 为 } H、CH_3、CH_2Cl \text{ 等})$$
$$\underset{Cl}{|}$$

磷酸酯是一种特殊性能的增塑剂，具有增塑、阻燃、抗菌、耐磨等功效，在增塑剂中虽然所占比例不大（仅占 2%～3%），但其发展速度很快。国内磷酸酯类阻燃增塑剂无论在生产能力、产量、品种等方面都和国外发达国家有较大差距。国内在 1999 年至 2005 年期间，增塑剂产量与需求年增长率为 10.8%，而磷酸酯类增塑剂年递增近 14%，高于增塑剂整体的平均增长率，市场空间较大。而且我国具有丰富的磷矿资源，为发展磷酸酯类增塑剂提供了原料优势。因此大力发展磷酸酯类阻燃增塑剂，提高其在增塑剂、阻燃剂中的比重，是国内塑料加工助剂行业的重点发展方向。目前，国内磷酸酯类品种不超过 15 种，常用的不过 7～8 种，而日本仅大八化学公司一个公司磷酸酯类品种就达 80 多种，且产品性能优良、安全、低毒或无毒，应用领域涉及树脂特殊增塑，纤维、塑料、橡胶阻燃，高温、不燃化润滑系统及金属萃取等。因此，开发研制磷酸酯类新品、增加品种、扩充牌号、开拓磷酸酯类的应用领域，是我国磷酸酯行业今后开发研制的重点。

⑤ **聚酯增塑剂**　聚酯增塑剂是由二元酸和二元醇缩聚而成的聚合型增塑剂，结构式为 $H-(OR^1OOCR^2CO)_n-OH$，其分子量范围 800～8000。聚酯增塑剂的最大特点是耐久性优良，挥发性低，耐溶剂萃取和迁移性小，几乎不从表面渗出，是性能最为优良的增塑剂品种，有永久增塑剂之称，但塑化效率不如 DOP，一般无毒或低毒，所以用途日益广泛，近年来一直稳步发展，年产量约占增塑剂总耗量的 3%，主要用于儿童玩具、饮料软管以及汽车内制品、电线电缆、电冰箱等室内外长期使用的制品。聚酯增塑剂种类较多，一般依所含二元酸不同分为己二酸类、壬二酸类、癸二酸类等。制备聚酯的常用二元醇有乙二醇、

1,3-丙二醇；1,3-丁二醇或1,4-丁二醇、一缩二乙二醇和一缩二丙二醇等。

为提高聚酯增塑剂的应用价值，拓宽聚酯增塑剂的应用范围，同时满足产品在使用过程中一些特殊的功能性需要，促使人们对聚酯增塑剂的改性展开深入研究。目前，国内外对聚酯增塑剂的改性方法主要有嵌段共聚、支化、复配等。

将聚酯与其他单体嵌段共聚，不仅保留了聚酯的原有性能，而且达到调节共聚物的相对分子质量、共聚单体数目和种类，进行相应的改性和修饰，开发新功能的目的。目前研究较多的是对聚己内酯（PCL）进行嵌段改性。PCL具有很高的安全性，广泛作为组织工程材料、药物载体等使用，同时也作为增塑剂应用于医疗制品当中。对PCL的嵌段改性，主要是向PCL链段中引入特殊链段，达到降低PCL的结晶性，提高增塑性能，或者赋予PCL增塑剂多功能化的效果。

根据自由体积理论，支化结构使聚酯的末端基增多，为体系提供更多的自由体积，链段活动能力增强，增塑能力得到提高。另外支化结构能够破坏聚酯分子链的规整性，降低聚酯的结晶度，提升聚酯的增塑效率。在相对分子质量相同的情况下，超支化结构相对于支化结构或星形结构，具有更高的末端基密度、较大的自由体积和体系内分子的运动性能，提高了分子链的柔顺性，增塑效率随之上升。

聚酯增塑剂的复配改性在实际使用过程中，出于对成本或者使用要求的考虑，根据使用环境选择相应的增塑剂进行复配，能够达到取长补短的作用。由于聚酯增塑剂中具有较多的极性基团，因而可以很好地吸引和固定其他增塑剂，降低其向表面迁移的情况，提高了制品的安全性和耐久性，同时利用小分子增塑剂来提升增塑效率，降低制品的生产成本。例如采用聚酯与DOP进行复配使用，聚酯能明显降低DOP的挥发率与溶出率，起到吸引和固定小分子增塑剂的作用。

⑥ **含氯增塑剂** 主要包括氯化石蜡（氯代烷烃）和氯化脂肪酸酯。氯化石蜡系指 $C_{10}\sim$ C_{30} 正构烷烃的氯代物，通式为 $C_nH_{2n+2-x}Cl_x$。含氯增塑剂的最大特点是具有良好的电绝缘性、阻燃性和耐低温性能，成本低廉，但与PVC的相容性较差，对光、热、氧的稳定性也不好，一般用作辅助增塑剂，多用于电线、电缆中。氯化石蜡是在石蜡中通入氯气而制备的，以热氯化法为主。产品含氯量一般为 $40\%\sim70\%$，用作增塑剂的氯化石蜡以含氯量 50% 较为合适，此时相容性、塑化效果及加工性能均好，高含氯量（70%）的氯化石蜡一般作阻燃剂使用。

⑦ **柠檬酸酯** 柠檬酸酯是环保型增塑剂，具有无毒、无臭、耐热、耐寒、耐候、耐水等综合性能，由柠檬酸与醇在催化剂存在下酯化而得。典型品种有柠檬酸三乙酯（TEC）、乙酰柠檬酸三乙酯（ATEC）、乙酰柠檬酸三正丁酯（ATBC）、柠檬酸三正丁酯（TBC）、柠檬酸三正己酯（THC）、乙酰柠檬酸三正己酯（ATHC）等。其中ATBC和TBC应用最为普遍。TBC可作为乙烯基树脂及纤维素的增塑剂，具有无毒、相容性好、增塑效率高等优点。用于树脂中能够防止霉菌的生长，用于醋酸纤维素能提高光稳定性。但与DEHP相比，在使用中容易析出。另外，TBC同时也是制备ATBC的重要原料。

柠檬酸酯类增塑剂对PVC的增塑作用十分明显，它的增塑效果几乎可以1∶1替代DOP。但由于生产成本导致的价格过高等问题，目前主要应用在无毒安全性要求较高的一些领域，如食品包装、医用器具、儿童玩具以及个人卫生用品等方面。除了用作增塑剂以外，柠檬酸酯类产品还在硝化纤维、油田化学品、化妆品添加剂、洗涤助剂、乳化剂等方面有着广泛的应用。

柠檬酸酯类增塑剂是塑料行业的首选环保型增塑剂之一。国外见报道的柠檬酸酯产品有50多种,生产柠檬酸酯的国家主要有美国、荷兰、法国、日本、德国等。在国外以乙酰柠檬酸三正丁酯(ATBC)为代表的柠檬酸酯产品已是大众化化工产品,但是国内市场应用还是有限。我国在20世纪90年代初期开始研究开发柠檬酸酯,主要研究单位是南京金陵石化研究院。1992年南京金陵石化研究院ATBC产品小试成功,其技术指标可达到国外同类产品标准,2002年该院的千吨级生产装置成功生产出产品,投入批量生产。目前除供应国内数十家PVC产品出口企业外,还直接批量出口日本、欧盟等发达地区,并对外宣称目前其ATBC生产规模可达6kt/a。目前我国柠檬酸产量占世界第二位,为柠檬酸酯类增塑剂的制备提供了丰富的原料、供应可靠。

⑧ 其他增塑剂

a. 苯多酸酯:包括偏苯三酸酯和均苯四酸酯。

偏苯三酸酯　　　　　　　　　　　均苯四酸酯

代表品种有偏苯三酸三辛酯(TOTM)、偏苯三酸三异辛酯(TIOTM)等,由1,2,4-偏苯三甲酸酐与醇在 H_2SO_4 催化下酯化而成。这类增塑剂的优点是综合性能好,不仅具有较好的相容性、加工性和低温性能,而且挥发性低,耐热性、耐抽出性和耐迁移性好,兼具单体邻苯二甲酸酯和聚酯增塑剂两者的优点,因而用途广泛,但价格较高。目前主要用于105℃级的电线中。均苯四酸酯性能更好,但原料来源有限,价格高,一般用于尖端科学和军工产品。

b. 多元醇酯:是多元醇和饱和一元脂肪酸或苯甲酸生成的酯。不同的多元醇酯其性能、用途各不相同,如二元醇脂肪酸酯具有优良的低温性能,用作PVC的辅助增塑剂;双季戊四醇酯具有优良的耐热老化、耐抽出性和优良的电性能,主要用于高温电绝缘材料中;二元醇苯甲酸酯有良好的耐污染性能,可作PVC的主增塑剂;甘油三乙酸酯无毒,可用于食品包装材料中。

c. 石油酯:是由石蜡经氯磺酰化后再与苯酚酯化而得到的烷基磺酸苯酯,与甲酚酯化而得到的烷基磺酸甲苯酯等。石油酯对PVC有良好的相容性和增塑效率,电性能、力学性能均好,是一种通用的增塑剂。用石油酯及氯化石蜡代替邻苯二甲酸二丁酯、邻苯二甲酸二辛酯和癸二酸二辛酯加入PVC薄膜中,其制品可保持原有的柔软性。

近年来全球的PVC需求量飞速增长,增塑剂的产能和产量随之飞速增长。传统邻苯二甲酸酯类增塑剂由于环保和安全要求,其应用进一步被法律限制,因此安全环保、高效廉价和可持续性的新型环保增塑剂成为行业发展的趋势。在我国,柠檬酸、大豆等环保增塑剂的合成原料来源广泛,随着柠檬酸酯类增塑剂、环氧增塑剂的发展,环保型增塑剂成为热点。但目前我国环保型增塑剂的生产也面临一些问题,一是生产工艺不够成熟,副产品多,产品收率不高;二是产率不高,成本较高,如柠檬酸酯类增塑剂的催化剂价格高,导致产品成本高。未来国内增塑剂行业应尽快优化增塑剂的产品结构,缩减传统的邻苯类增塑剂产品的结构比例,加快环氧增塑剂、柠檬酸酯类增塑剂、偏苯三酸酯类增塑剂、聚酯类增塑剂的开发和应用。同时应采用高效无毒的催化剂和成熟的生产工艺,克服产品成本高的问题,提升产品性能,提高产品复合性能,使产品功能多元化,加大复配技术的开发利用,拓宽应用领域。

9.1.2　阻燃剂

聚合物是有机材料，均具有可燃性，在加热并有氧的情况下会发生自由基连锁反应而燃烧。阻燃剂是一类可以阻止聚合物引燃或抑制火焰传播的助剂，因此，在聚合物中添加阻燃助剂是提高材料阻燃性最有效而简便的方法。随着塑料在建筑、汽车、电器、工程等方面的应用不断扩大，阻燃剂在塑料中的作用越来越重要，产量和新品种迅速发展，已跃居塑料助剂的第二位，仅次于增塑剂。

9.1.2.1　阻燃剂的作用机理

阻燃剂一般通过下面一种或几种途径达到阻燃目的。

①　**吸热热量**　一些阻燃剂在受热情况下会发生分解反应吸收热量或热分解产生不燃性挥发物的汽化热，使聚合物温度降低，从而阻止或减缓聚合物的燃烧，起到阻燃作用。具有吸热效应的多是一些含有结晶水的物质，如 $Al(OH)_3$，受热时放出结晶水并蒸发为水蒸气而吸收大量热量。

②　**形成非可燃性保护层**　阻燃剂在聚合物燃烧时使其表面形成一层炭化隔离层或本身分解生成不挥发的玻璃状物质，覆盖在聚合物表面，隔绝热、氧传递而达到阻燃目的。

③　**稀释作用**　阻燃剂在燃烧温度下分解产生大量不燃性气体，如水、二氧化碳、氨气、卤化氢气体等，将可燃性气体浓度稀释到可燃烧浓度范围以下，阻止燃烧的发生。

④　**捕捉自由基**　一些阻燃剂能捕捉自由基，终止燃烧连锁反应，使燃烧速度降低直至火焰熄灭。

⑤　**协同作用**　某些物质本身阻燃作用很小或不具有阻燃作用，而与其他阻燃剂并用时能显示出较强的协同阻燃效应。如单独使用氧化锑（Sb_2O_3）作为阻燃剂效果很差，但若与卤化物并用却有优良的阻燃效果。因为氧化锑在高温下会与卤化物反应生成高沸点的挥发性卤化锑，可长时间地留在燃烧区域，促使聚合物脱卤化氢并表面炭化，同时又可捕捉自由基，具有极强的协同阻燃作用。

⑥　**抑烟作用**　一些阻燃剂具有吸热、覆盖隔离和转移效应，其阻燃过程发生在凝聚相，抑制了可燃性气体的产生，同时具有抑烟作用。如金属氧化物、氢氧化物、硼酸盐等无机阻燃剂都具有极好的抑烟效果。

阻燃剂的作用往往是上述多种效应的综合结果。

9.1.2.2　阻燃剂分类及主要品种

具有阻燃作用的物质，大多是周期表中第 V A、Ⅶ A 族元素及 Al、B、Zr、Sn、Mo、W、Mg、Ca、Ti 等元素化合物，最常用的是磷、溴、氯、锑、铝和硼的化合物。阻燃剂有反应型和添加型两大类。反应型阻燃剂是在聚合物合成中参与反应，使聚合物含有阻燃单体而使之具有阻燃性，其阻燃性能持久，对其他性能影响较小，主要有卤代酸酐和含磷多元醇等；添加型阻燃剂是将阻燃剂与聚合物混合后加工成型而使其具有阻燃性，使用简便，适用范围广，但对使用性能会造成一定影响，主要有磷系阻燃剂、卤系阻燃剂和无机阻燃剂，其用量占阻燃剂产量的 80%。

（1）磷系阻燃剂

磷系阻燃剂主要有磷酸酯、含卤磷酸酯以及红磷、磷酸铵等。磷系阻燃剂在燃烧时分解成磷酸、偏磷酸、聚偏磷酸；磷酸形成非燃性液膜，沸点达 300℃；偏磷酸、聚偏磷酸是强酸和强脱水剂,可使聚合物强烈脱水炭化;不挥发的磷化合物还具凝结剂作用,使炭化物凝成非燃性保护层而具有覆盖隔离效应,同时具有抑烟作用,因而磷系阻燃剂阻燃效果好,添加量小,含1%磷阻燃剂的效果相当于含溴4%～7%、含氯15%～30%阻燃剂的效果。

① **磷酸酯和含卤磷酸酯** 主要品种有磷酸三甲苯酯(TCP)、磷酸三苯酯(TPP)、磷酸三(二甲苯酯)(TXP)、磷酸三(二氯丙酯)和磷酸三(二溴丙酯)等。磷酸酯主要作为阻燃型增塑剂使用。卤代磷酸酯的分子中同时含有卤素、磷两种阻燃元素,具有协同效应,阻燃效果优良。含溴磷酸酯由于被怀疑有致癌性已很少使用。

② **红磷** 红磷遇热反应生成磷酸,进一步脱水成偏磷酸、聚偏磷酸,因而具有阻燃作用。红磷可单独使用也可与含氮阻燃剂、$Al(OH)_3$、$Mg(OH)_2$等配合使用,协同效果更好。经微胶囊化表面处理的红磷性质稳定,阻燃性、加工性好,有广阔的发展前景。

③ **磷酸铵及膨胀型阻燃剂** 磷酸铵及膨胀型阻燃剂中的磷、氮活性组分相互间产生协同效应,当聚合物燃烧时在材料表面形成一层膨松多孔的均质炭层,起到隔热、隔氧、抑烟等作用,并较少生成有毒气体,阻燃效果好,用途广泛。近年来国外已研制出多种以磷、氮为活性组分、不含卤素和氧化锑的膨胀型复合阻燃剂,效果很好。

未来磷系阻燃剂的发展方向将是具有高热稳定性、化学稳定性、良好电性能和高阻燃性能的工程塑料用新型高端磷系阻燃剂,具体有以下几个研究方向:①提高阻燃剂的热稳定性和材料相容性;②磷系阻燃剂的超细化;③制备含有多官能团,且含有多种阻燃元素一体的高效阻燃剂;④研究具有增塑、防老化、防水、抗静电等多功能阻燃剂;⑤开发高效、低烟、低毒、对材料性能影响小的阻燃剂。

(2) 卤系阻燃剂

卤系阻燃剂在高温下会分解产生不燃性卤化氢气体,一是具有稀释效应,二是可覆盖于材料表面隔绝空气和热,具有隔离作用,最重要的是卤化氢能捕捉燃烧过程中生成的高能量的 HO•自由基,将其转变成低能量的 X•自由基和水,同时 X•自由基与烃反应又再生为卤化氢,从而切断燃烧连锁反应,降低反应速度,起到阻燃作用:

$$HO\cdot + HX \longrightarrow X\cdot + H_2O$$
$$X\cdot + RH \longrightarrow HX + R\cdot$$

卤系阻燃剂主要是氯和溴的化合物。

① 溴系阻燃剂品种繁多,如溴代二苯醚类、溴代苯酚类、溴代邻苯二甲酸酐类、溴代双酚 A 类、溴代多元酸类、溴代聚合物及其他一些类型。溴系阻燃剂效果好,一般添加量小,对聚合物力学性能影响较小,但对紫外线的稳定性较差。

② 氯系阻燃剂结合能比溴化物大,与 HO•自由基反应速度慢,所以氯系阻燃剂阻燃效果不如溴系阻燃剂,添加量大,约为溴化物的 2 倍,且热稳定性较差,但价格低廉。氯系阻燃剂主要有氯化石蜡(有氯含量42%、50%、70%三种)、四氯双酚 A(TCBPA)、四氯邻苯二甲酸酐 (TCPA)、全氯戊环癸烷、六氯环戊二烯、双(六氯环戊二烯)、环辛烷、氯化聚乙烯 (CPE) 等。低含氯量品种作阻燃增塑剂使用,高氯含量品种用作阻燃剂。

卤系阻燃剂是目前应用最广泛的塑料阻燃剂,但是由于卤素燃烧所产生的有毒气体和不可降解性,卤系阻燃剂面临挑战。事实上,在新型无卤阻燃剂飞速发展的同时,卤系阻燃剂也发生着革命性的变化。为了满足性能、健康和环保等多方面的需求,各国政府和相关企业先后对新型卤系阻燃剂和现有卤系阻燃剂的改性研究给予高度关注和大力投入。主要表现在以下几个方面:①调整现有的卤系阻燃剂产品结构,并研发出多溴二苯醚的替代品。现在已经投入使用的主要有十溴二苯基乙烷、溴代三甲基苯基氢化茚，这两种阻燃剂燃烧和热裂解时不产生多溴二苯并二噁烷及多溴二苯并呋喃，对环境友好。②针对原有卤系阻燃剂的弱点，研发具有独特功能的新型卤系阻燃剂。例如，美国大湖公司研发出了 Firemaster 系列 CP 44B 等型号的溴代聚苯乙烯，此类材料具有更加优异的流动性和热稳定性，能很好地分散在材料中，并赋予材料鲜艳、持久的色泽。③综合各种阻燃因子的优点，研发复合型卤系阻燃剂。这类阻燃剂可以是一种含多种阻燃成分的阻燃剂，也可由几种相容性较好的阻燃剂共混而成，综合各个阻燃剂的优点，用量少、效率高。例如美国大湖公司研发了溴-磷共混阻燃剂，共混阻燃效果显著，而且可以起到增塑剂的作用，特别适用于聚氨酯发泡塑料。

(3) 无机阻燃剂

无机阻燃剂主要靠吸热效应起阻燃作用，稳定性好，不析出、不挥发、无毒、不产生腐蚀性气体、价廉、安全性高，兼有协效阻燃、抑烟和降低有毒气体功能。例如，$CaCO_3$ 可与 PVC 燃烧产生的 HCl 气体发生如下反应：

$$2HCl + CaCO_3 \longrightarrow CaCl_2 + CO_2 + H_2O$$

无机阻燃剂主要类型有金属氢氧化物、金属氧化物和钼化合物、硼化合物等。

① **金属氢氧化物**　用量最大，它们具有阻燃、抑烟及填充功能，阻燃效果差，需大量添加，因而对制品物理性能及机械加工性能有影响，经表面处理和微细化后可得到改善。主要品种有 $Al(OH)_3$ 和 $Mg(OH)_2$，主要用于聚酯、环氧树脂等热固性树脂以及聚氯乙烯、聚乙烯、聚苯乙烯和乙烯-乙酸乙烯共聚物等热塑性树脂的阻燃。其特点是燃烧时不产生有害气体。

② **金属氧化物**　一般作为阻燃协效剂与卤素、磷阻燃剂等配合使用。卤系阻燃剂与许多金属氧化物之间具有协同效应，其中与氧化锑并用效果最好，加入 Fe_2O_3、ZnS、ZnO 等金属氧化物对卤氧化锑的热分解温度还具有调节作用，可适应多种不同分解温度的聚合物。其中胶体 Sb_2O_5 的阻燃性能更高，且热稳定性能好，发烟量低，易添加、易分散且价格低廉，作为卤系阻燃剂的协效剂广泛用于橡塑、化纤制品中。

③ **钼化合物**　主要是三氧化二钼和钼酸盐（八钼酸铵等），是增塑 PVC 和含卤热固性聚酯，以及 ABS 的有效阻燃消烟剂。它可以抑制 PVC 热分解中芳香族化合物的生成；与含卤树脂发生氧化还原反应生成多价钼氯化合物，促进烷基上的偶联、交联反应，增加成焦量而达到抑烟目的。近年钼系抑烟剂很受重视，特别是其复合体系，如 Mo-B、Mo-Sb、Mo-Al-Sb-B 体系等，可在材料的阻燃性和抑烟性之间求得最佳平衡。

④ **硼化合物**　主要有硼酸锌、硼酸铵、偏硼酸钡等。硼酸锌作为 Sb_2O_3 的代用品，价格较低，与卤系具有协同效应。硼酸锌脱水温度高，加工稳定性好，折射率与聚合物近似而能够保证透明度，抑烟及余烬效果好，绝缘性好并比 Sb_2O_3 毒性低。

(4) 含氮阻燃剂

目前使用最广泛的含氮阻燃剂是三聚氰胺，大量作为膨胀型涂料或阻燃成分用于阻燃聚氨酯泡沫塑料。三聚氰胺与许多聚合物有良好相容性，具有低毒、价廉的优点。三聚氰胺还具有易加成、取代和缩合的多反应性，非常有利于含氮新阻燃剂的开发。

近年来，以磷、氮为代表的膨胀型阻燃剂发展较快，其具有无卤、低毒、低烟的特点，被更多地应用于聚烯烃，尤其是聚丙烯的阻燃。膨胀型阻燃的原理是在高温下迅速膨胀，形成大量发泡炭层，起到很好的隔热、隔氧、抑烟作用，同时能够防止熔滴。均三嗪系列 IFR 是无卤膨胀阻燃剂中一类十分重要的化合物，其合成早在 1888 年就已见诸报道，这类化合物具有抑烟、低毒、无腐蚀、阻燃效果佳以及对热及紫外线稳定等优点。此外，这类化合物的结构比较特殊，由于富含叔氮既可以充当气源，又兼具碳源作用，这种优异的结构使它容易构建起双源或三源无卤膨胀阻燃体系。

9.1.2.3　阻燃新技术

(1) 结炭技术

高聚物燃烧时，在凝聚相产生结炭就能达到阻燃目的。在材料表面结炭的厚度达1mm时，就能承受743℃的高温而不着火。在涂料中，季戊四醇、聚磷酸铵和三聚氰胺可分别作为良好的碳化剂、碳化催化剂和发泡剂。可将三者按一定配比添加于涂料中，就能制成性能优良的阻燃涂料。此外，将易碳化的高聚物与不能碳化的高聚物共混，如将易结炭的聚苯醚与高抗冲聚苯乙烯共混，就可因能结炭而大大提高阻燃性；若再添加少量的气相灭火的含卤阻燃剂，就具有很高的阻燃性能。这种结炭技术将广泛应用。

(2) 微胶囊化技术

微胶囊化能阻止阻燃剂的迁移，提高阻燃效果、改善稳定性、改变剂型等。微胶囊化技术的研究已成为阻燃技术研究的前沿。近年来，国外已有微胶囊化商品，如杜邦公司的氟利昂氟碳化合物用聚合物使其微胶囊化，并用于PVC、PP以及PVR（聚氨酯），具有很好的效果。

(3) 微粒化技术

采用新技术将氢氧化铝、氢氧化镁、氧化锑等阻燃剂微粒化，可改善其流动性、加工性，提高阻燃效果等。氢氧化铝的平均粒度要求达到$1\mu m$，氧化锑由于要添加到树脂中去则要求更细的粒度，一般均在$0.5\mu m$以下。如用粒度$0.015\sim0.020\mu m$的Sb_2O_3胶体作阻燃剂处理纤维，其阻燃效果可提高3倍，其他性能也有所提高。目前微粒化技术的主要方向是超细化和纳米化。阻燃剂的粒径愈小，比表面积就愈大，阻燃效果就愈好。运用超细化技术的阻燃聚合物将有机聚合物的柔韧性好、密度低、易于加工等优点与无机填料的强度和硬度较高、耐热性较好、不易变形等优点高度结合，已显示出强大的生命力。

(4) 表面改性技术

无机阻燃剂具有较强的极性与亲水性，同非极性聚合物材料相容性差，界面难以形成良好的结合和粘接。为改善其与聚合物间的粘接力和界面亲和性，采用偶联剂对其进行表面处理是最为有效的方法之一。常用的偶联剂是硅烷和钛酸酯类，如经硅烷处理后的ATH，阻燃效果好，能有效提高聚酯的弯曲强度和环氧树脂的拉伸强度；经乙烯-硅烷处理的ATH，可用于提高交联乙烯-醋酸乙烯共聚物的阻燃性、耐热性和抗湿性。钛酸酯类偶联剂和硅烷偶联剂可以并用，能产生协同效应。另外，烷基乙烯酮异氰酸和含磷钛酸盐等，可作为$Al(OH)_3$表面处理的偶联剂。经过表面改性处理后的氢氧化铝，表面活性得到了提高，增加了与树脂之间的亲和力，改善了制品的物理机械性能，增加了树脂的加工流动性，降低了氢氧化铝表面的吸湿率，提高了阻燃制品的各种电气性能，而且可将阻燃效果由V-1级提高到V-0级。

(5) 交联技术

交联高聚物的阻燃性能比线型高聚物好得多。在热塑性塑料加工时添加少量交联剂，使塑料变成部分网状结构，不仅可改善阻燃剂的分散性，还有利于塑料燃烧时产生结炭作用，提高阻燃性能，并能增加制品的物理机械性能、耐候、耐热性能等。例如在软质PVC中加入少量季铵盐，使其受热形成交联的阻燃材料。采用辐射法、加入金属氧化物和交联剂等方法使高聚物交联，不但减少了燃烧时可燃性熔体的滴落，而且改变了共混高聚物的表面结构及界面结构，增强了机械强度。还可以将硅烷基团对 PS 进行接枝改性，促进成炭以提高阻燃性能。

(6) 大分子技术

大分子技术是阻燃研究中刚新起的技术之一，近年来其研究非常活跃，成果显著。例如，溴系阻燃剂发展的新特点是提高溴含量和增大分子量。众所周知，溴系阻燃剂的主要缺点是会降低被阻燃基材的抗紫外线稳定性，燃烧时生成较多的烟、腐蚀性气体和有毒气体，所以其使用受到一定限制，通过大分子技术可以改变这种状况。高分子量的阻燃剂特别适合于各类工程塑料，在迁移性、相容性、热稳定性、阻燃性等方面，均大大优于许多小分子阻燃剂，有可能成为今后更新换代的产品。未来针对不同高分子材料的大分子阻燃剂将是一个重点方向，主要涉及大分子阻燃剂的表面迁移设计，适用于多种高分子材料应用的改性技术，以及兼顾高分子材料性能的结构功能型大分子阻燃剂等诸多方面。

(7) 复配增效技术

将多种阻燃剂复配协同阻燃。如将卤系和磷系复配，除保持自身阻燃特性外，在燃烧过程中会产生卤磷化合物及其水合物，这些气相物质具有更大阻燃效果；将卤系和无机阻燃剂复配，则可集中卤系阻燃剂的高效和无机阻燃剂的抑烟、无毒、价廉等功能，典型例子是锑氧化物和卤化物的复配，不但具有协同效应，提高了材料的阻燃性能，并能减少卤系阻燃剂的用量；无机阻燃剂间复配，如用硼酸锌和磷酸锌增效的氯化有机阻燃剂，密度低，不结垢，紫外稳定性好，可添加于 PS 中。

添加增效剂可以大幅度降低阻燃剂的用量，提高阻燃性能、降低产品成本。已经公认的两大类增效剂为卤-锑和磷-氮增效剂。近年来，发现某些有机过氧化物，许多抗氧剂，酸性填料（如 TiO_2、Fe_2O_3）等，对阻燃剂都有明显的增效作用。因此，阻燃配方应该充分发挥复配增效作用，以最低的用量取得最大的阻燃效果。

总之，进行阻燃剂的复配，必须充分考虑高聚物的热力学性能后选择最适宜的阻燃剂品种，最大限度地发挥阻燃剂的协效性。同时考虑与各种助剂如增塑剂、热稳定剂、分散剂、偶联剂、增韧剂之间的相互作用，达到减少用量、提高阻燃效果的目的。

9.1.3　抗氧化剂

塑料、橡胶、纤维和涂料等高分子聚合物在加工、储存及使用过程中，由于受内、外环境等多种因素的影响，其性能会慢慢变坏并逐渐失去使用价值，这种现象称为高聚物的老化。老化是一种不可逆的化学反应过程，主要表现在以下几方面。

① 外观：材料表面变色、发黏、变硬、变软、脆化、裂纹、变形、沾污、发霉等；
② 物化性能：如密度、熔点、透光率、溶解度、分子量、透气等性能发生变化；
③ 机械性能：如伸长率、拉伸强度、硬度、弹性、附着力、耐磨强度等性能变化；
④ 电性能：如绝缘电阻、介电常数、介质损耗、击穿电压等性能发生变化。

9.1.3.1　聚合物老化机理

引起聚合物老化的因素很多，最为重要的是光、热、氧三个因素。在光、热、氧的作用下，聚合物会发生降解和交联两类不可逆的化学反应，从而破坏了高聚物原有的结构。降解反应包括主链断裂、解聚或聚合度不变的链分解反应，主链的断裂会产生含有若干个链节的小分子（如聚乙烯、聚丙烯、聚氯乙烯等的氧化断链）；解聚反应产生单体（如聚甲醛、聚甲基丙烯酸甲酯等的热解聚），聚氯乙烯脱氯化氢反应即链分解。交联反应是主链聚合度不变，支链断裂，生成共轭双链，大小分子发生交联反应，产生网状结构或体型结构。降解和交联反应有时在同一聚合物的老化过程中发生，只不过反应主次不同。

为延长材料使用寿命，抑制或延缓老化现象的发生，通常采用的方便、经济而有效的方法是在材料中加入能防止光、热、氧、臭氧等对聚合物产生破坏作用的抗老化剂。根据抗老化剂的作用机理和功能，通常将它们分为抗氧化剂、热稳定剂、光稳定剂等类型，统称为稳定剂。有些稳定剂兼具几种作用，但没有一种万能的稳定剂，所以各类稳定剂常配合使用。

9.1.3.2　抗氧化剂作用原理

聚合物的氧化老化过程是以自由基链式反应方式进行的具有自动催化特征的热氧化反应，包括链的引发、链的增长和链的终止三个阶段。因此，抗氧剂的作用主要在以下两方面：

① 终止链的引发和链游离基的生成或增长——主抗氧剂（酯类）；

② 促使游离基转移，产生链的结合或歧化，终止降解反应——助抗氧剂。

对抗氧剂的基本要求是与树脂相容性好，无毒或低毒，抗氧效力快而高，稳定不易分解，挥发性尽可能低，不污染产品，最好为液体，使用方便、价廉。其在聚合物中的常用量一般为 $0.1\%\sim1.5\%$。

9.1.3.3　抗氧化剂分类及主要品种

抗氧化剂种类繁多，分类方法也有多种。按照作用机理不同可分为链终止型和预防型抗氧化剂；按照化学结构可分为胺类、酚类、含硫化合物、含磷化合物等；按照用途不同还可分为塑料抗氧化剂（用于塑料、纤维）、橡胶抗氧化剂（亦称防老剂）、石油抗氧化剂和食品抗氧化剂等。

（1）胺类抗氧化剂

胺类抗氧化剂也称防老剂，是一类历史最久、应用效果很好的抗氧剂，它们对氧、臭氧的防护作用很好，对热、光、曲挠、铜害的防护也很突出。但具有较强的变色性和污染性，所以主要用于橡胶制品、电线、电缆、机械零件及润滑油等领域，尤其在橡胶加工中占有着极其重要的地位。依结构差别，胺类防老剂可进一步分为二芳基仲胺类、对苯二胺类、醛胺类和酮胺类。各代表性的品种如下。

① **二芳基仲胺类**　代表品种防老剂 A(N-苯基-α-萘胺)，由 α-萘胺和苯胺在对氨基苯磺酸催化下于 250℃脱去一分子氨缩合而成。它是天然橡胶与丁苯、氯丁等合成胶中经常使用的防老剂，可防止由热、氧、曲挠等引起的老化，而且对铜害有一定的防护作用，但污染性大，不适于浅色制品。

防老剂 A

② **对苯二胺类**　其通式：R^1HN—⟨⟩—NHR^2　（R^1、R^2 为烷基或芳基）。对苯二胺类抗氧剂的防护作用很广，对热、氧、臭氧、机械疲劳、有害金属均有很好的防护作用，应用广泛，是目前发展最快、最重要的一类抗氧化剂。缺点是污染性严重，只适用于深色制品。有二烷基对苯二胺、二芳基对苯二胺、烷基芳基对苯二胺型，典型品种如防老剂 288〔N,N'-双（1-甲基-正庚基）对苯二胺〕，主要用作天然胶、合成胶的防老剂，同时具有抗臭氧作用。用量一般为 $0.5\%\sim3.0\%$；防老剂 4010(N-环己基-N'-苯基对苯二胺)，高效防老剂，对臭氧、风蚀、机械应力引起的曲挠龟裂抑制性能好，对热、氧和铜害也有显著的防

护作用，适宜于制造飞机、汽车、电缆等橡胶制品及聚丙烯塑料中。用量分别为 0.5%～1.5% 和 0.1%～1.0%；防老剂 4010NA（N-异丙基-N′-苯基对苯二胺），耐热、耐臭氧、耐曲挠龟裂性比 4010 效果更好，喷霜小。但挥发性高，有污染，主要用于黑色橡胶、合成胶制品。

③ **醛胺或酮胺缩合物** 醛酮分子中的羰基与胺发生加成缩合反应生成的醛胺或酮胺缩合物。醛胺类主要有防老剂 AP（醛胺比为 1∶1）和防老剂 AH（醛胺比为 2∶1），抗氧性及热稳定性优越，有少量沾污性。主要用于橡胶轮胎、工业胶管、电线等深色制品中。

防老剂 AP　　　　　　　　防老剂 AH　　　　　　　　防老剂 124

酮胺类是极为重要的橡胶防老剂。如防老剂 124（2,2,4-三甲基-1,2-二氢化喹啉聚合物），一般具有抗热氧老化和抗曲挠龟裂作用，污染性小，无喷霜，价格低廉，可用于浅色的天然和合成橡胶制品，宜用于高温受热设备和热带地区，用量 1%～6%。

胺类防老剂中的萘胺类防老剂由于其致癌性已经被许多发达国家禁用。以苯胺和对取代基苯胺为基础原料合成的防老剂多为酮胺缩合产物，产物组分较多，合成工艺复杂。近年来，以对苯二胺和对氨基二苯胺为基础原料合成的对苯二胺类衍生物发展迅速，前景较好。目前国内外主要使用的防老剂品种就是对苯二胺类防老剂 4010NA、4020。国内生产对苯二胺类防老剂的企业不多，大部分靠进口来满足市场需求。未来胺类防老剂的发展趋势是：①开发高效环保型胺类防老剂，例如天然氨基酸；②开发新型中间体合成技术。中间体价格质量对防老剂产品价格质量影响很大，因此开发一种新的胺类中间体引领胺类防老剂非常重要；③开发新型反应性防老剂。例如在对苯二胺衍生物中的反应性防老剂中引入的聚合功能官能团，如双键和三键；在橡胶的混炼和高温硫化过程中直接结合在橡胶分子上，避免添加性防老剂的挥发和迁移造成损失和污染，提高其在橡胶中的稳定性。

(2) 酚类抗氧化剂

酚类抗氧化剂是发现使用最早、应用领域最广泛的抗氧剂类别之一。虽然其防护能力较胺类弱，但最大的优点是无污染性，一般低毒或无毒，故被广泛用于塑料行业，具有很好的发展前景。该类抗氧化剂品种繁多，大多数为受阻酚结构，即在酚羟基的邻位有 1～2 个较大的基团。有烷基单酚、烷基多酚、硫代双酚等类型。代表性品种介绍如下。

① **2,6-二叔丁基-4-甲酚（264）** 最典型、产量最大的品种，是各项性能优良的通用性抗氧剂，特点是不变色、不污染。可用于多种高聚物，还可大量用于石油产品和食品工业中作抗氧剂，一般用量为 0.5%～2%。由对甲酚与异丁烯进行烷基化反应而成。

② **抗氧化剂 SP** 即苯乙烯化苯酚，对氧、紫外线的抗变色性强，分散性好，不易析出，污染性小，适用于白色或浅色橡胶制品，用量为 0.5%～2.0%。也用于聚烯烃、聚甲醛等塑料制品中，用量为 0.01%～0.50%。其合成反应如下：

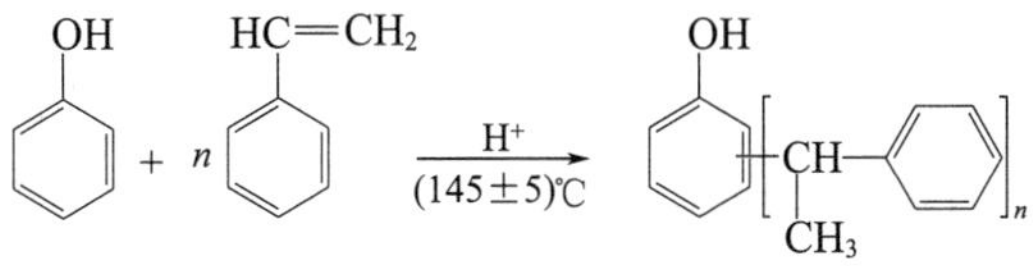

$$ (n=1\sim3) $$

③ **抗氧化剂 1076**　化学名称为 1-(3,5-二叔丁基-4-羟基苯基) 丙酸十八酯。其分子量较大，挥发性低，无毒、无色、不污染，具有极好的热稳定性、耐水抽提性及与聚合物的相容性，是比较优秀的品种，有逐渐取代抗氧剂 264 的趋势，但价格较高。一般用量为 0.1%～0.5%。

④ **抗氧化剂 2246**　化学名称为 2,2'-亚甲基双（4-甲基-6-叔丁基苯酚），具有抗光、热、氧作用，无毒、无色、无污染，用于塑料橡胶中，用量为 0.5%～1.5%。

⑤ **抗氧化剂 CA**　化学名称为 1,1,3-三（2-甲基-4-羟基-5-叔丁基苯基）丁烷，其分子量高，挥发性小，加工稳定性好，抗氧化性能优良且可抑制铜害，无污染，主要用于塑料和合成胶，用量分别为 0.02%～0.50%和 0.5%～3.0%。

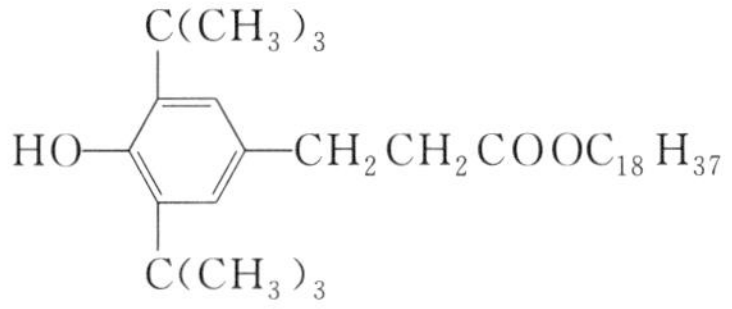

抗氧化剂 1076 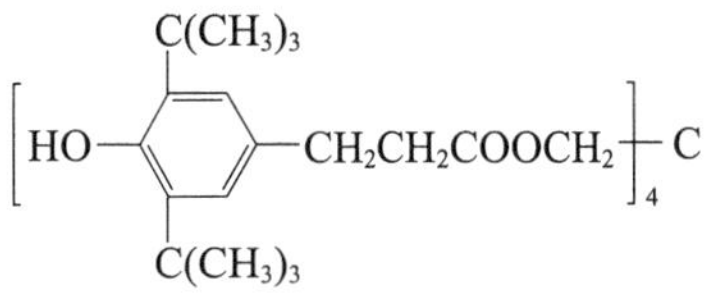　　　　　　　　　　抗氧化剂 1010

⑥ **抗氧化剂 1010**　化学名称为四〔(3,5-二叔丁基-4-羟基苯基) 丙酸〕季戊四醇酯，是酚抗氧化剂中非常重要的一个品种。它与大多数树脂相容性好，挥发性小，耐热、耐水及耐洗涤剂抽出性好，不变色、不污染、无臭味，可用于多种塑料和橡胶中，一般用量 0.1%～1.0%。由（3,5-二叔丁基-4-羟基苯基）丙酸甲酯与季戊四醇进行酯交换反应制成。

⑦ **防老剂 2246-S**　化学名称 2,2'-硫代双（4-甲基-6-叔丁基苯酚），属硫代双酚系，具有链终止和分解过氧化物双重作用，抗氧化效率高，不污染、不变色。广泛用于浅色与艳色的天然与合成橡胶制品，如白色轮胎及乳胶制品，用量为 0.1%～1.0%。由 2-叔丁基-4-甲基苯酚与二氯化硫在 40～50℃的温度下反应制得：

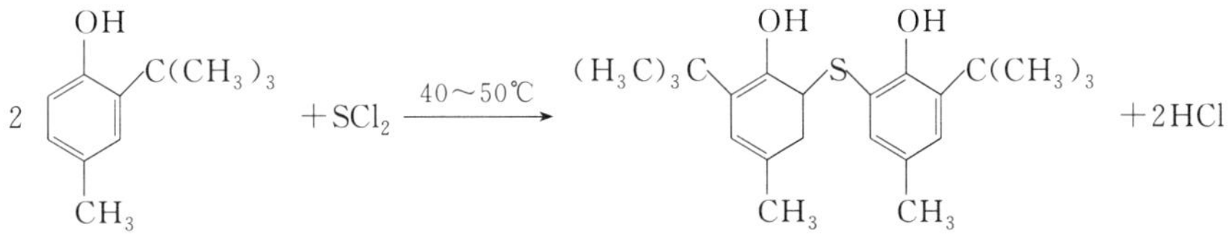

酚类抗氧剂的发展趋势是提高抗氧剂的分子量、降低挥发性、提高抗氧效率、降低毒性，使其更适合于在较高温度下加工和使用。非对称受阻酚类抗氧剂的开发及生产代表了当今世界聚合物抗氧化领域的一大趋势，在高性能塑料制品中的应用具有广阔的前景。反应型和聚合型受阻酚类抗氧剂的开发也非常活跃。反应型受阻酚类抗氧剂因为含有反应基团，在高分子热加工或聚合中，通过化学反应或自由基反应键合在高分子链上。聚合型酚类抗氧剂由带有受阻酚单元的单体通过均聚或共聚得到。这两类新型酚类抗氧剂也代表了抗氧剂一个重要的研究方向。另外，抗氧剂理论不断发展，用量子化学方法来探讨其作用机理，并通过分子轨道加以计算，这些理论的发展也将促进受阻酚类乃至整个抗氧剂领域的发展。

(3) 二价硫化物及亚磷酸酯类抗氧化剂

二价硫化物及亚磷酸酯类抗氧剂具有突出的耐热性和耐变色性，其发展和应用越来越受到人们的重视。亚磷酸酯类抗氧剂广泛应用于聚烯烃树脂的聚合加工。它与酚类抗氧剂并用能够产生极好的协同效应，与受阻胺抗氧化剂一起使用时能提高聚合物的耐候性能及耐变色性。

① 硫代二丙酸月桂醇酯 $[S(CH_2CH_2COOC_{12}H_{25})_2,DLTDP]$ 和硫代二丙酸十八碳醇酯 $[S(CH_2CH_2COOC_{18}H_{37})_2,DSTDP]$ 属过氧化物分解型辅助抗氧化剂，与主抗氧化剂具有显著协同作用，毒性小，气味亦小，广泛用于聚乙烯、聚丙烯及合成橡胶等。其合成是先将丙烯腈和硫化钠水溶液在 20℃ 作用，生成硫代二丙腈，再用 55℃ 硫酸水解，制得硫代二丙酸，然后与相应醇酯化而成。

② 亚磷酸二苯基辛基酯（ODP）和亚磷酸三（壬基苯基）酯（TNP） ODP 抗氧化效率及耐水解性比三芳基亚磷酸酯强，与酚类共用可明显改善变色及脆化性，主要用作无污染性稳定剂。TNP 无毒、无污染性，与酚类并用时防护效能大增，用于塑料及橡胶制品中，用量分别为 0.1%～0.3% 和 1%～2%。

亚磷酸酯作为辅助抗氧剂越来越受到关注，开发势头强劲。原因一是其具有优异的综合性能，二是它们能与多种助剂协同使用，不会发生诸如硫醚类与 HALS 配合使用时的"对抗"效应。亚磷酸酯与酚类抗氧剂配合使用可以满足当今塑料加工的高温化趋势。目前亚磷酸酯类抗氧剂的开发趋势有：①受阻酚类亚磷酸酯，已成为磷系抗氧剂的主流产品，其原因是受阻酚结构的高度空间位阻效应利于提高亚磷酸酯的水解稳定性能。②季戊四醇双亚磷酸酯，品种层出不穷。季戊四醇酯衍生的双亚磷酸酯类抗氧剂有效磷含量高，耐热稳定性好，分解氢过氧化物能力强，是聚烯烃、ABS 等聚合物理想的加工稳定剂和色泽改良剂。③高分子质量抗氧剂，开发备受重视。高相对分子质量抗氧剂的最大特点是挥发性低、耐析出性高，因而具有较好的耐久性，为塑料再生奠定了基础。④高耐水解的亚磷酸酯，提高其耐水解稳定性一直是世界各国关注的焦点。

近年来，我国在亚磷酸酯类抗氧剂生产和研发等方面已取得一定进展，但合成工艺相对落后，产品质量较低，与国外同类产品差距较大，水解稳定性差。未来应当深入研究和改进现有抗氧剂的生产工艺，提高产品性能和工艺水平；深入研究亚磷酸酯类抗氧剂与其他助剂协同作用机理，开发性能优异的复合型塑料添加剂品种；开发高性能、低毒的亚磷酸酯类抗氧剂品种，满足市场需求。

9.1.4 热稳定剂

聚氯乙烯（PVC）是应用非常广泛的热塑性树脂之一，但因其结构中存在缺陷，热稳定性很差。一般说来，温度在 100℃ 以上即开始发生脱氯化氢、生成不饱和结构、出现大分子交联及热变色等降解现象，达到 160～200℃ 时，这种降解更为剧烈，而且脱出的 HCl 具有自催化作用，因而脱去更多的 HCl，如此恶性循环，塑料颜色变深，由黄色变为棕色甚至变黑，因而导致材料性能劣化。由于 PVC 只有在 160℃ 以上才能加工成型，加工过程中容易发生热降解现象。所以，热稳定剂是 PVC 塑料加工的主要助剂之一，它能防止聚氯乙烯在加工过程中由于热和机械剪切所引起的降解，使制品在使用过程中长期防止热、光、氧的破坏作用。一般 PVC 软制品中加量 2%，PVC 硬制品中加量 3%～5%。

热稳定剂的作用机理是吸收中和氯化氢，抑制其自动催化反应。所以作为热稳定剂的基本条件是能抑制脱 HCl 反应的进行或能结合高聚物降解时放出的 HCl，终止它的自动催化作用，且与 HCl 生成的产物对制品无影响，与 PVC 相容性好，无毒或低毒，能破坏生成颜色的多烯体系，价廉等。一般均用复配热稳定剂，才能满足上述条件。

常用的热稳定剂有铅系、有机锡系、金属皂系、稀土系和复合稳定剂等。

① **铅系** 是开发最早、现仍大量使用的热稳定剂，其使用量占热稳定剂总量的 60%。突出的优点是具有卓越的热稳定效能和优良的电绝缘性能，遮盖力好，价格低廉。缺点是不透明、有毒，相容性和分散性差，有硫化污染，无润滑性，需与润滑剂并用。广泛用于电线、电缆、运输带、各种不透明的软硬制品等中。主要品种有三盐基硫酸铅 $3PbO \cdot PbSO_4 \cdot H_2O$、二盐基亚磷酸铅 $2PbO \cdot PbHPO_3 \cdot \frac{1}{2}H_2O$、盐基性亚硫酸铅 $nPbO \cdot PbSO_3$、硅酸铅 $PbSiO_3$、硬脂酸铅等。其中三盐基硫酸铅因其热稳定性超群而应用非常广泛。因为铅是重金属，对人体有害，所以在使用粉状铅系稳定剂时应有良好通风设备，最好与液体增塑剂先配制成预分散体后使用。

出于卫生和环保的考虑，各国都相继采取了禁用铅盐稳定剂的措施。目前铅盐稳定剂除了坚持无尘化、复合化道路外，还需努力提高单体铅盐热稳定剂的效能，采用与铅有协同作用的辅助稳定剂部分替代铅盐，从而达到降低用量和减少污染的目的。

② **有机锡系** 有机锡是目前用途最广、效果最好和最有发展前景的一类高效热稳定剂，它可置换 PVC 高分子链中存在的活泼氯原子（烯丙基氯），引入稳定的酯基，消除合成材料中热降解的引发源，从而使聚合物稳定。它具有优良的耐热性、耐硫化污染和优异的综合稳定效果，具有高度透明性，如在制备乙烯基透明塑料硬管时则必需添加有机锡热稳定剂。多数产品无毒或低毒，缺点是价格昂贵，但使用量少，小于 2%。不具备润滑性质，需与润滑剂合用。代表品种如二月桂酸二丁基锡 $[(C_4H_9)_2Sn(OCOC_{11}H_{23})_2]$、马来酸二丁基锡 $[(C_4H_9)_2Sn(OCOCH=CHCOOH)_2]$、马来酸单丁酯二丁基锡 $[(C_4H_9)_2Sn(OCOCH=CHCOOC_4H_9)_2]$、十二硫醇二正丁基锡 $[(C_4H_9)_2Sn(SC_{12}H_{25})_2]$、二硫代醋酸异辛酯二丁基锡 $[(C_4H_9)_2Sn(SCH_2COOC_8H_{17})_2]$ 等。

③ **金属皂系** 通式为 $M(COOR)_n$，一般为钙、锌、钡、镉等的硬脂酸、棕榈酸、月桂酸盐，例如硬脂酸（钙、锌等）。这类化合物与 PVC 配合进行热加工时，起着 HCl 的接受体作用，有机羧酸基先与氯发生置换反应，由于酯化作用而使 PVC 稳定化，同时还具有润滑作用。

在这些金属皂类稳定剂中，镉、锌皂类初期耐热性好，钙、镁、锶皂类长期耐热性好；镉、锌、铅、钡、锡皂类耐候性较好；铅、镉皂类有毒和硫化污染，钙、锌无毒（如硬脂酸钙）可用于食品塑料。但钙锌类稳定剂存在"烧锌"现象；添加量较大，稳定效果不及铅盐类稳定剂；成本较高，价格高于铅盐类稳定剂；加工时易析出，喷霜。为了解决以上问题，钙锌稳定剂往往需复配使用。

④ **稀土系** 稀土热稳定剂具有热稳定性好、无毒、用量少、易混合塑化，独特的偶联、内增塑、增韧、增艳作用，优良的透明性、耐候性和绝缘性能，安全卫生、制品性能优良、与其他种类稳定剂之间有广泛的协同效应等特点，其出现填补了稀土在塑料工业中应用的空白，扩大了塑料的应用领域，减轻了对环境的污染，已日益引起塑料及助剂生产企业的关注。稀土稳定剂的主要成分是镧元素和铈元素的有机或无机盐类，其主要品种是硬脂酸稀土以及稀土盐和铅盐复合型稳定剂，如硬脂酸稀土、脂肪酸稀土、水杨酸稀土、柠檬酸稀土、月桂酸稀土、辛酸稀土等。我国稀土资源较丰富，丰富的资源优势大大促进了稀土类热稳定剂的研究。

⑤ **有机锑系** 有机锑热稳定剂分为硫醇锑和羧酸锑热稳定剂两大类，结构可用 SbX_n

表示，其中 $n=3$ 或 4，X 则为酯基烷基硫醇根、逆酯基烷基硫醇根、烷基硫醇根、羧酸根基团中的一种或多种。在用量较低时与有机锡相似，用量高时热稳定性不如有机锡。有机锑稳定剂具有优良的初期着色性、透明性好、无毒、加入量少、价格低等优点，缺点是耐光性和润滑性差，使用时应配伍光稳定剂。国内目前已研发出硫醇锑及其复合物热稳定剂 AST 系列产品和羧酸锑热稳定剂 AO 型系列产品。其中 AST-201 因具有高效、无毒、用量少、加工性能好等特点，可与硫醇锡 TM181FS 相媲美。

⑥ **水滑石稳定剂**　水滑石稳定剂是日本在 20 世纪 80 年代开发的一类新型无机辅助热稳定剂。其典型的化学组成是 $Mg_6Al_2(OH)_{16}CO_3 \cdot 4H_2O$，具有层状结构。其热稳定效果比钡皂、钙皂及其混合物好。该产品无毒、价廉，已被美国食品药物管理局（FDA）认可，氯乙烯食品卫生协议会（JHPA）及欧洲各国也认可了其安全性。此外，还具有透明性好、绝缘性好、耐候性好及加工性好等优点，能与锌皂及有机锡等热稳定剂复合成一类极有开发前景的无毒辅助热稳定剂。

⑦ **复合稳定剂**　复合稳定剂由多种热稳定剂组成，以发挥其协同效应。固体复合热稳定剂主要是硬脂酸皂，其次是月桂酸皂和油酸皂等，用于硬质 PVC 管材和异型材，其润滑性好，不降低制品硬度和 PVC 软化点；液体复合热稳定剂是以两类金属皂为主体，配合亚磷酸酯等有机辅助稳定剂及抗氧剂和溶剂等多种组分构成的复配物。金属皂组分主要是油酸、蓖麻油酸等不饱和脂肪酸皂及辛酸、丁基苯甲酸等低分子有机酸皂；抗氧剂多用双酚A；溶剂主要采用矿物油、液体石蜡、高级醇或增塑剂等。可复配出多种性能和用途不同的品种。一般来说，它们与树脂和增塑剂的相容性好，可促进凝胶化而使透明性增加，并且易计量、不起尘，用于 PVC 软制品中。

热稳定剂是聚氯乙烯（PVC）制品加工中必不可少的助剂。铅盐在所有热稳定剂中效果最好，但因给水管道全面禁铅的法律要求，对高效、安全、低毒的热稳定剂的研发日益迫切。钙锌复合稳定剂、有机和稀土热稳定剂等可以作为铅盐、镉盐稳定剂的替代品，是热稳定剂发展的方向。美国 Cookson 公司、Witco 公司等都已向市场推出不含镉的复合金属稳定剂。Witco 公司的 Mark6736、Mark6747、Mark6748 用于电线电缆料，具有良好的绝缘性能，Mark4782 适用于透明制品。Cookson 公司的 Synpron AH16、Synpron AH132、Synpron 350 系列等可用于多个领域。有机热稳定剂中的含氮热稳定剂，尤其是尿嘧啶类衍生物已拥有较好的热稳定效果，具备成为主稳定剂的能力，且其分子结构可设计，目前已能够与一些商用钙锌稳定剂相媲美，是最具发展前景的一类热稳定剂。

9.1.5　光稳定剂

太阳光中紫外线引起聚合物的光老化是尤为严重的。聚合物在户外使用过程中受到大气环境，特别是太阳光中紫外线及氧的作用而发生的老化现象，称为光氧化老化。能抑制或减弱光降解作用，提高材料耐光性的助剂称光稳定剂。

光稳定剂有光屏蔽剂、紫外线吸收剂、猝灭剂和自由基捕获剂四种，各类光稳定剂作用机理不同。它们犹如四道防线，在光老化的不同阶段保护聚合物免受紫外线的破坏。

(1) 光屏蔽剂

光屏蔽剂是能吸收和反射紫外线的物质，它是光稳定的第一道防线，即在聚合物与光辐射源之间设立一道屏障，可以减少紫外线的透射，使内部聚合物免受光的危害。很多颜料是光屏蔽剂，将其加在聚合物中或涂于表面，除着色外还起屏蔽紫外线的作用。炭黑、二氧化钛、活性氧化锌等来源广、价廉的无机颜填料都是比较有效的光屏蔽剂，尤其炭黑的屏蔽效果最突出，几乎吸收全部可见光，添加少量炭黑即可使耐候性提高数十倍，如户外用电线均为黑色，但只限用于厚制品和黑色制品。炭黑的粒度以 $15\sim25\mu m$ 为佳，其粒度愈小、分散性愈好，光稳定效果愈好；添加量以 2% 为宜。

活性氧化锌是一种价廉、耐久、无毒的光稳定剂，多用在高密度、低密度聚乙烯、聚丙烯等方面。粒度为 $0.11\mu m$ 的氧化锌效果最佳。

随着纳米技术的工业化应用，将大幅度提高光屏蔽剂在塑料制品中的耐光性和耐候性能。如美国杜邦公司新推出的纳米级 TiO_2 光稳定剂 DLS210 在农用薄膜、化纤织物、户外塑料和化纤制品中应用效果良好。

（2）紫外线吸收剂

紫外线吸收剂是目前光稳定剂的主体。这类光稳定剂能够选择性地强烈吸收紫外线并进行能量转移，将吸收的光能转换为热能或以无害的低能辐射形式释放或消耗掉。它犹如第二道防线，将未被屏蔽的紫外线吸收，从而起到保护聚合物的作用。紫外线吸收剂包括的化合物类型较多，应用最多的是二苯甲酮类、苯并三唑类及水杨酸芳香酯类等。

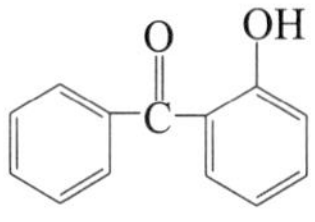

二苯甲酮类 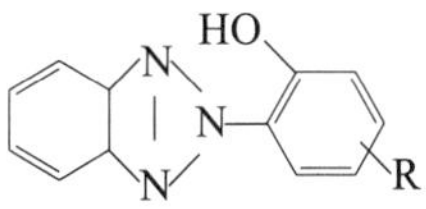　　　　　苯并三唑类 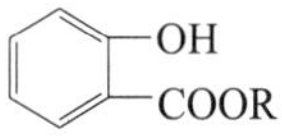　　　　　水杨酸芳香酯类

二苯甲酮类是目前应用最广的一类光稳定剂，它与树脂相容性好，对热和光稳定，毒性低，对聚烯烃的稳定效果突出，也广泛用于聚氯乙烯、ABS、聚酰胺、涂料等中，可用于制造无色或浅色制品。其制备一般是由适当的酚与苯甲酰氯进行酰基化反应而成：

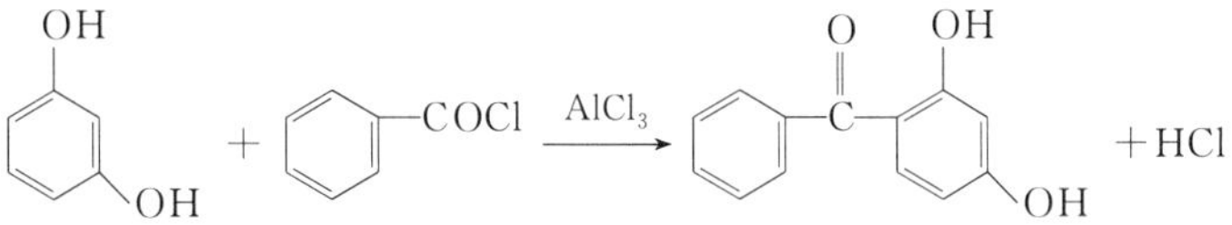

苯并三唑类对紫外线的吸收区域宽，几乎不吸收可见光，具有良好的光热稳定性，挥发性小，广泛用于聚烯烃、聚碳酸酯、聚酯、ABS 及涂料中。水杨酸芳香酯类是应用最早的一类紫外线吸收剂，与树脂相容性好，无味、低毒，原料易得，生产工艺简单，发展前景看好。但在吸收一定光能后可发生分子内重排，生成的产物吸收部分可见光，使制品有变黄倾向。

紫外线吸收剂多用于厚制品的光稳定保护，而在薄制品中所需添加量较大，成本较高，对防止制品表面光老化和薄制品的光老化效果不佳。

（3）猝灭剂

当聚合物吸收未能屏蔽的紫外线时，聚合物处于不稳定的"激发态"，为防止其进一步分解产生活性自由基，猝灭剂能从受激聚合物分子上将激发能消除，使之回复到低能状态，所以，猝灭剂也称能量转移剂，是光稳定化的第三道防线。它本身对紫外线吸收能力很小，多用于塑料薄膜和纤维。

猝灭剂主要是镍的有机配合物。代表品种有硫代双（辛基苯酚）镍，即光稳定剂 AM-101，N,N-二正丁基二硫代氨基甲酸镍等。由于其分子中含有重金属镍，从保护环境和人体健康方面考虑，西欧、美国、日本等发达国家和地区已经停止使用猝灭剂，近年来国内猝灭剂的产量也逐渐减少。

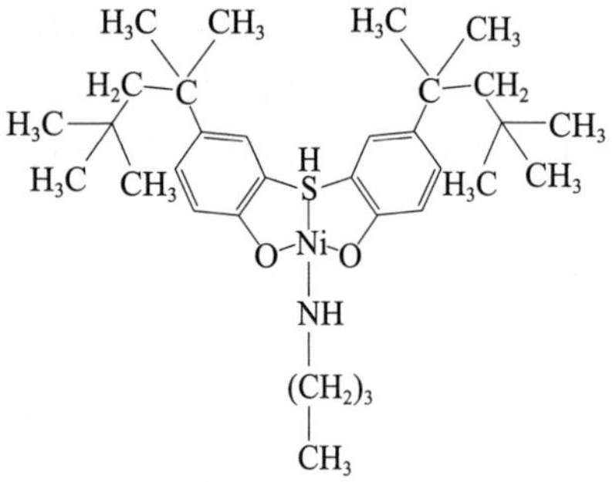

光稳定剂AM-101

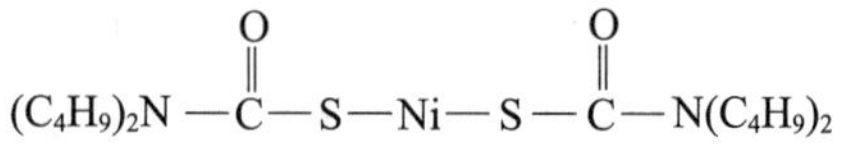

N,N-二正丁基二硫代氨基甲酸镍

（4）自由基捕获剂

自由基捕获剂是将聚合物吸收紫外线后分解产生的活性自由基捕获，分解过氧化物，阻止链式氧化反应继续发生，从而稳定聚合物。它们构成防护聚合物光氧化的第四道防线，是一类性能优良的高效能光稳定剂。典型代表为受阻胺类光稳定剂（HALS），这是一类具有空间位阻效应的胺类化合物，是近 20 年来聚合物稳定化助剂开发研究领域的热门课题，产耗增长速度远远超过了其他助剂，有许多性能优异的功能化品种。如 LS-744，与聚合物有较好的相容性，不着色，耐水解，毒性低，不污染，耐热加工性良好。其光稳定效率为一般紫外线吸收剂的数倍，与抗氧剂和紫外线吸收剂并用，有良好的协同作用。适用于聚丙烯、聚乙烯、聚苯乙烯、聚氨酯、聚酰胺等多种树脂。LS-744 由苯甲酰氯与哌啶醇进行酯化反应而成：

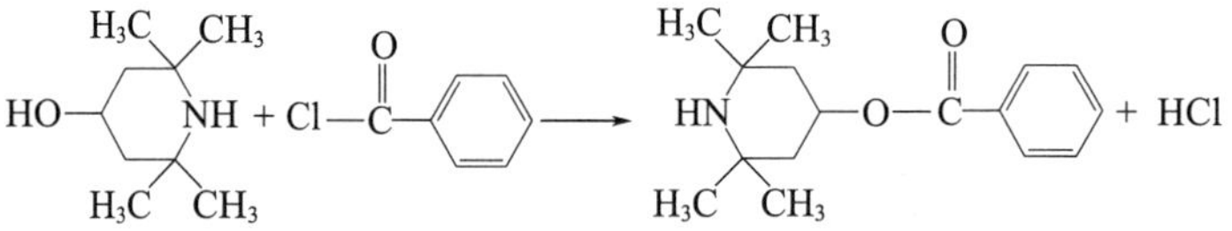

LS-744

9.1.6　交联用助剂

交联是在两个高分子的活性位置上生成一个或数个化学键，使线形高分子结构转变为三维网状体形结构高分子的化学过程。交联是聚合物加工中最主要的化学反应，经交联后的聚合物其物理力学性能、耐热性能等均可得到根本的改善，在较广的温度范围内具有弹性高、塑性小、强度大的使用性能。凡能导致聚合物发生交联作用的助剂称为交联剂。因最早是采用硫黄进行交联的，所以习惯将交联剂称为硫化剂。

在交联过程中，除添加交联剂外，还需加入一些其他助剂以提高交联效率，改进工艺条件，改善产品质量等，例如在橡胶硫化中除加入硫化剂外，还加入硫化促进剂、活性剂和防焦剂，共同构成硫化体系，这些统称交联用助剂。

9.1.6.1　交联剂

交联剂种类很多，按照化学结构分为硫黄及硫黄给予体、有机过氧化物、多元胺、醌类化合物、酚醛树脂类、金属氧化物等。以下主要介绍硫黄与硫黄给予体和有机过氧化物类。

（1）硫黄

硫黄主要用于不饱和的橡胶硫化中。价廉易得，用量最大，是目前橡胶硫化的主要交联剂。在软质橡胶中加入量一般为 1～4 份，在硬质胶中加入量可达 30～40 份。

橡胶工业用硫黄主要有以下品种。

① **硫黄粉**　硫黄粉碎筛选，粒度一般在 200 目以下，某些特殊场合要求达 600 目左右，

是橡胶最主要的硫化剂。

② **沉淀硫黄** 平均粒径 $1\sim5\mu m$，在胶料中分散性高，适于制造高级制品，如胶布、胶乳薄膜等。

③ **胶体硫** 硫黄与分散剂一起经胶体磨研磨制成的糊状物，粒度更细，平均粒径 $1\sim3\mu m$，分散均匀，主要用于胶乳制品。

④ **不溶性硫黄** 在 $120℃$ 左右的硫化温度下能转变为通常的硫黄，可避免胶料喷硫并且无损于生胶的黏性。一般用于特别重要的制品。

⑤ **经表面处理的硫黄** 在表面覆上一层聚异丁烯等而制成，能提高在橡胶中的分散性。

⑥ **硫黄与其他物质的混合物** 由 325 目以下的硫黄与其他配合剂混合而成，目的是提高其在橡胶中分散性，防止硫黄凝集。

(2) 有机硫化物

有机硫化物在硫化温度下可释放出活性硫而硫化橡胶，故又称为硫黄给予体。其特点是在低温下不发生硫化作用，不会引起烧焦，操作安全，所成硫化胶耐热老化性能较好。常作为促进剂与硫黄配合使用，效果更佳。

① **秋兰姆类** 主要品种有二硫化四甲基秋兰姆、二硫化四乙基秋兰姆、二硫化二甲基二苯基秋兰姆等。它们能赋予硫化橡胶优异的耐热性能，主要用在二烯类橡胶及天然胶要求耐热性高的制品方面，还可作为一些合成胶的促进剂。通常与氧化锌和硬脂酸配合，以提高硫化效率。秋兰姆一般由二硫代氨基甲酸衍生而来，其最新的合成方法是电解氧化法，产率可高达 $99\%\sim100\%$，产品纯度亦好，电解方程式如下：

阳极：

二硫化四甲基秋兰姆

阴极：$2Na^+ + 2H_2O + 2e \longrightarrow 2NaOH + H_2\uparrow$

② **吗啡啉衍生物** 这类化合物的代表品种有：

二硫化吗啡啉(DTDM)　　　　2-(4-吗啡啉二硫代)苯并噻唑(MDTB)

它们均可作为硫黄给予体使用。DTDM 还可作为硫化促进剂使用，它仅在硫化温度时才分解出活性硫，因此使用操作安全，所得的硫化胶耐热性能和耐老化性能良好，且胶料不喷霜、不污染、不变色。MDTB 操作安全性更高，硫化胶耐老化性能好。

(3) 有机过氧化物

有机过氧化物可用来交联绝大多数聚合物。其结构可看作是过氧化氢（HOOH）的一端或两端的氢原子被有机基团置换的衍生物。主要有氢过氧化物、二烷基过氧化物、二酰基过氧化物、过氧酯和酮过氧化物。

有机过氧化物中过氧键键能很小，受热时易断裂产生活性很高的自由基而引发交联反应，特别适用于不能用硫黄等物质交联的饱和或低不饱和度聚合物。交联产物具有优良的耐老化性能和无污染性，压缩永久变形小。需要注意的是过氧化物交联需在无氧状态（密闭容器和惰性气体保护）下进行反应，以避免由于氧的存在而促进聚合物氧化造成主链断裂。使用有机过氧化物交联剂不能添加酸性填料,因为有机过氧化物在酸性介质中易分解。

在过氧化物交联体系中,需加入助交联剂以防止聚合物主链断裂,提高交联效率和撕裂强度,改善耐热性、塑化效果和黏结性等。应用最多的助交联剂有 YMPT(三甲基丙烯酸三羟甲基丙酯)、TAIC(异氰尿酸三烯丙酯)、EDMA(双甲基丙烯酸乙二酯)等。

① **烷基过氧化氢与二烷基过氧化物**(ROOH 和 ROOR) 典型品种有叔丁基过氧化氢、异丙苯过氧化氢、二叔丁基过氧化氢、二异丙苯过氧化氢等。主要用作乳胶的硫化剂和不饱和聚酯的固化剂。

二烷基过氧化物结构中不含极性基,稳定性好。它没有适宜的分解促进剂,只能靠加热分解产生自由基,是目前最常用的一类过氧化物交联剂。

氢过氧化物则易受 Co^{2+}、Mn^{2+}、Cu^{2+}、Fe^{2+} 等金属离子的催化作用而发生氧化还原分解。

$$ROOH + M^+ \longrightarrow ROO \cdot + H^+ + M$$
$$ROOH + M \longrightarrow RO \cdot + OH^- + M^+$$

它们的制备一般是由醇与过氧化氢在硫酸存在下进行烷基化反应而得,如:

$$(CH_3)_3COH + H_2O_2 \xrightarrow{H_2SO_4} (CH_3)_3COOH$$
$$(CH_3)_3COOH + (CH_3)_3COH \xrightarrow{38℃} (CH_3)_3COOC(CH_3)_3$$

② **酰基过氧化物** 通式为 $R-C\overset{O}{\underset{O-O}{\big|}}C-R$ 典型品种有过氧化二苯甲酰(BPO)、过氧化二月桂酰(LPO)等。一般用于不饱和聚酯和硅橡胶。由酰氯或酸酐与过氧化氢或过氧化钠在碱存在下反应制得。

③ **过氧羧酸酯** 通式为 $R-\overset{O}{\overset{\|}{C}}-OOR'$ 典型品种如过苯甲酸叔丁酯,分解温度介于二烷基过氧化物和二酰基过氧化物之间,适于不饱和聚酯的中温固化。用于不饱和聚酯和硅橡胶。

④ **过氧化酮** 如甲乙酮过氧化物、环己酮过氧化物等,是由相应酮与过氧化氢反应制得,是多种结构的混合物。主要用作不饱和聚酯的常温固化剂。该类物质对冲击摩擦很敏感,易发生爆炸,故应避免使用高纯品,一般用增塑剂稀释后使用。

9.1.6.2 硫化促进剂

硫化促进剂的作用在于加快硫化速度,缩短硫化时间,降低硫化温度,减少硫化剂用量,并改善硫化胶的物理力学性能和耐热老化性能。

硫化促进剂品种繁多,主要为含硫或含氮的有机化合物,包括二硫代氨基甲酸盐类、秋兰姆类、噻唑类、次磺酰胺类、黄原酸类、硫脲类、胍类、胺、醛胺类等。

① **二硫代氨基甲酸盐类** 通式为 $\left[\begin{matrix}R \\ R'\end{matrix}N-C\overset{S}{\underset{S}{\big\langle}}\right]_n M$,M 为 Zn、Cd、Cu、Na 等,R、R' 为烷基、芳基。它们可作为天然胶、合成胶及胶乳的硫化主促进剂,属酸性促进剂。大多数品种硫化速度极快,硫化平坦性差,通常用于低温硫化。盐类中锌盐应用最广,其次为铅盐,再次为铜、铋、镍盐,至于钾、钠盐则多用于乳胶中。

② **秋兰姆类** 秋兰姆类既可作硫化剂,又可作促进剂。该类促进剂属于超促进剂型,但活性偏低,故可用于干胶中。在硫化温度不太高时,硫化平坦性较宽,可减少过硫危险,且不会使硫化胶变色,适于制白色透明及艳色制品。它可作为二烯类橡胶的无硫硫化剂,三元乙丙橡胶、丁基橡胶等低不饱和性橡胶的主硫化促进剂,还可作为噻唑类的活性剂。

③ **噻唑类** 典型品种是 2-巯基苯并噻唑（促进剂 M）及其衍生物，如 2-巯基苯并噻唑锌（促进剂 MZ）、二硫化二苯并噻唑。

促进剂M　　　　　　促进剂MZ　　　　　　二硫化二苯并噻唑

噻唑类促进剂是近几十年来重要的通用促进剂，其用量约占促进剂总量的 70%。硫化速度快，硫化平坦性好，兼有增塑剂的功效。可单独使用或与其他促进剂并用。硫化胶具有良好力学性能和耐老化性能，适合与炭黑配合，无污染性。适用于所有的硫化方法和多种橡胶。

近年来，硫化促进剂呈现全球化发展趋势。国外生产硫化促进剂的企业大多是跨国公司，如美国的孟山都公司与荷兰的阿克苏诺贝尔公司，把各自的橡胶助剂部分合并成立了新公司——富莱克斯公司，使其成为目前世界上最大的橡胶助剂企业。它在市场占有率、新工艺、新产品开发方面均居世界第一位，橡胶助剂的年销售额超过 6 亿美元。硫化促进剂也由粉型向粒型转化。促进剂粉末对环境和用户不利，先前国外已把粉状的促进剂制成粒状出售。近年来国外又兴起预分散橡胶助剂母胶料，它能促进橡胶助剂在橡胶中更好地分散，无粉尘、无污染，适合自动称量操作，为橡胶加工带来方便。

我国的橡胶业正处于蓬勃发展阶段。2001 年以后，中国成为世界天然橡胶第一消耗大国。当前我国助剂业生产的硫化促进剂品种基本能满足用户需求，年生产能力占世界总产量的 14% 以上。从硫化促进剂的发展历史来看，促进剂的开发总是朝着不断提高硫化促进效能（缩短硫化时间，改善硫化胶的物理机械性能）和改善焦烧安全性的方向发展。从促进剂的卫生安全性方面看，硫化促进剂更是朝着高性能化、无毒化、无环境污染化的方向发展。

9.1.6.3　硫化活性剂

在硫化体系中加入少量活性剂可以提高促进剂活性，减少促进剂用量，同时还可以大大提高硫化胶的交联度。硫化活性剂有无机和有机两类。无机活性剂主要是金属氧化物，如氧化锌、氧化镁、氧化钙等，其中氧化镁是最重要的无机活性剂，而噻唑类、次磺酰胺类及秋兰姆类等促进剂均需添加 ZnO 活性剂。

有机活性剂主要是脂肪酸类，如硬脂酸、油酸、月桂酸等，其中最重要的是硬脂酸。它除自身作活性剂外，亦可进一步提高氧化镁在噻唑类促进剂中的活性作用，但用量过多会出现软化效果，影响力学性能的提高。

使用脂肪酸锌盐代替氧化锌和脂肪酸并用时，不仅硫化活性高，而且在透明橡胶中能够多量配合。

9.1.7　抗静电剂

多数高分子材料具有电气绝缘性能，体积电阻很高，在加工及使用过程中其表面一经摩擦极易产生静电，电荷积累到一定程度时会引起静电放电、触电等危害，甚至发生由静电引起着火及粉体爆炸等事故，严重影响生产加工的进行及制品的正常使用。因此人们迫切希望消除静电引起的危害。

通常，在工业上采用抑制静电荷的产生和促进电荷的泄漏来防止静电的危害，如减轻或防止摩擦、改性聚合物结构或添加导电性填料，提高其导电性、使已产生的静电通过导线接地传导、提高环境相对湿度和添加抗静电剂等方法。

9.1.7.1 抗静电剂作用机理及应用

抗静电剂是添加在树脂中或涂覆在聚合物表面的用以防止高聚物静电危害的一类助剂。由于一般固体的体积电阻系数远远高于表面电阻系数，所以表面传导是电荷散逸的主要途径。抗静电剂的作用就是通过降低聚合物的表面电阻而有效地防止静电积累。

抗静电剂大多是表面活性剂，分子中同时含有亲油和亲水基团，亲油基团可结合在聚合物材料表面而亲水基团伸向空气吸附环境中的水分，因而在材料表面形成单分子导电层。离子型表面活性剂可利用离子导电作用散逸电荷，非离子型表面活性剂则利用水的导电性以及聚合物材料中微量电解质在水层离子化后产生的导电性散逸电荷，达到防止静电积聚的目的。

表面活性剂类抗静电剂多用于塑料和合成纤维。纤维多用外部抗静电剂，而塑料制品则多采用内部抗静电剂。外部抗静电剂是指直接涂覆在制品表面的抗静电剂（也称涂覆型抗静电剂），使用时一般与水或醇等有机溶剂配成一定浓度的抗静电剂溶液，对材料实行浸渍、涂布或喷涂。涂覆后抗静电剂的亲油基团与材料表面相结合，亲水基团则伸向空气中形成单分子层，吸附水分而导电。内部抗静电剂是指在制品加工成形时添加、混炼在聚合物中的抗静电剂（也称添加型抗静电剂），在抗静电剂的定向作用下，会在聚合物表面形成亲油基向内、亲水基朝外的稠密的抗静电剂单分子层，从而起到降低表面电阻，防止电荷积累的作用。

涂覆型多采用离子型表面活性剂，尤以阳离子型效果最好，其次是两性型、阴离子型和非离子型，涂覆型抗静电效果好，速效且适用面广但耐久性差；添加型以非离子型表面活性剂为主，其优点是耐久性较好，添加量小，使用方便，但可能影响制品性能。

9.1.7.2 抗静电剂的主要品种与特性

(1) 阴离子型抗静电剂

包括硫酸衍生物类和磷酸酯盐两类。

① **硫酸衍生物类** 有硫酸酯盐（$ROSO_3M$）和磺酸酯盐（RSO_3M）。

硫酸酯盐通常用于合成纤维油剂的静电消除剂，代表品种如（烷氧基聚氧乙烯醚硫酸酯）三乙醇铵盐 $ROSO_3^- N^+ H(CH_2CH_2OH)_3$，以及早期广泛使用的抗静电纤维处理剂硫酸化油。

磺酸酯盐主要为烷基磺酸钠类，用于 PVC、聚苯乙烯类聚合物效果较好，能赋予制品良好的抗静电性和柔软性。

② **磷酸酯盐** 磷酸酯盐抗静电效果最好，主要用于合成纤维和塑料中。代表品种有：

$$(C_{12}H_{25}O)_2 \overset{\overset{\textstyle O}{\|}}{P}\!-\!ONa \qquad C_{12}H_{25}O\!\!-\!\!(CH_2CH_2O)_4\!\!-\!\!\overset{\overset{\textstyle O}{\|}}{P}(ONa)_2 \qquad [RO\!\!-\!\!(CH_2CH_2O)_n\!\!-\!\!]_2\overset{\overset{\textstyle O}{\|}}{P}\!-\!OH$$

二月桂基磷酸酯钠盐　　　月桂醇四氧乙烯醚磷酸酯二钠盐　　　二脂肪醇聚氧乙烯醚磷酸酯

一般是由相应的脂肪醇醚与三氯氧磷或五氧化二磷反应制成：

$$2RO\!\!-\!\!(CH_2CH_2O)_n\!\!-\!\!H + POCl_3 \xrightarrow{H_2O} [RO\!\!-\!\!(CH_2CH_2O)_n\!\!-\!\!]_2POOH$$

(2) 阳离子型抗静电剂

阳离子型抗静电剂的主要类型包括各种胺盐、季铵盐和烷基咪唑啉等，其中以季铵盐效果最好。它们对聚合物附着力强，作为外部抗静电剂使用性能优良。但季铵盐耐热性差，易发生热分解。代表产品如硬脂酰胺丙基-β-羟乙基-二甲基硝酸盐：

$$[C_{17}H_{35}\overset{\displaystyle O}{\overset{\|}{C}}NHCH_2CH_2CH_2\overset{+}{N}(CH_3)_2CH_2CH_2OH]NO_3^-$$

（3）两性离子型抗静电剂

两性离子型抗静电剂主要包括季铵内盐、两性烷基咪唑啉盐和烷基氨基酸等，其突出特点是在一定条件下既可起阴离子型作用又可起阳离子型作用，可分别与阳离子型和阴离子型配伍使用。与阳离子型相似，两性型对聚合物的附着力较强，抗静电性能优良，在某些场合下其抗静电效果优于阳离子型。如十二烷基二甲基季铵乙内盐 $[C_{12}H_{25}N^+$-$(CH_3)_2CH_2COO^-]$，其分子内同时含有季铵型氮结构和羧基结构，在较大 pH 范围内水溶性良好，可作纤维外部抗静电剂。通常用具有长链烷基的叔胺与一氯醋酸反应制得：

$$C_{12}H_{25}N(CH_3)_2 + ClCH_2—COONa \longrightarrow C_{12}H_{25}N^+(CH_3)_2CH_2COO^- + NaCl$$

两性烷基咪唑啉与树脂相容性好，抗静电性能优良，可作聚乙烯、聚丙烯的内部抗静电剂。代表品种是 1-羧甲基-1-β-羟乙基-2-烷基-2-咪唑啉盐氢氧化物。

1-羧甲基-1-β-羟乙基-2-烷基-2-咪唑啉盐氢氧化物

（4）非离子型表面活性剂

非离子型表面活性剂是不带电荷且极性很小的表面活性物，无法通过自身导电来散逸电荷，其抗静电效果不及离子型，所需添加量较大，但非离子型抗静电剂毒性低，热稳定性好，不会引起塑料老化，是主要的塑料用内部抗静电剂。主要品种有多元醇及多元醇脂肪酸酯、脂肪酸和醇、烷基及烷基酚的环氧乙烷加成物以及胺和酰胺的环氧乙烷加成物、烷醇胺、烷醇酰胺和磷酸酯等。

① **多元醇及多元醇脂肪酸酯**　多元醇内含有多个羟基，有一定吸湿性，具有较好的抗静电积累作用。多元醇脂肪酸酯是最早用作混炼型抗静电剂的类型之一，常见品种多系甘油酯和山梨醇酐脂肪酸酯。

② **烷醇胺**　烷醇胺是烷基胺与环氧乙烷的加成物，耐热性良好，可作为塑料内部抗静电剂和纤维的外部抗静电剂，效果比多元醇酯好，但胺结构可能对接触品有腐蚀性，另外它可与 PVC 热稳定剂金属离子生成配合物，需加以注意。

烷醇胺

（5）高分子永久型抗静电剂

高分子永久型抗静电剂是近年来研究开发的一类新型抗静电剂，按照机理可分为亲水性高分子抗静电剂和本征型导电高分子抗静电剂。高分子抗静电效果持久，不易受擦拭、洗涤等条件影响，添加量较大（一般为 5%～20%），价格偏高，且只能通过混炼的方法加入树脂中。

① **亲水性高分子抗静电剂**　属亲水性聚合物。研究表明：高分子永久型抗静电剂主要是在制品表层呈微细的层状或筋状分布，构成导电性表层，而在中心部分几乎呈球状分布，形成所谓的"芯壳结构"，并以此为通路泄漏静电荷。因此，高分子永久型抗静电剂是以降低材料电阻率来达到抗静电效果。品种主要包括聚醚型［如聚环氧乙烷（PEO）、聚醚酯酰胺（PEEA）、聚醚酯酰亚胺（PEAI）］、季铵盐型（季铵盐与甲基丙烯酸酯缩聚物或马来酰亚胺缩聚物的共聚物）、磺酸型（聚苯氧磺酸钠）、内铵盐型（芳基内铵盐接枝共聚体）等。

目前国内关于永久抗静电剂大多处于研发阶段，国外此类抗静电剂已商品化，例如瑞士汽巴精化推出的 Irgastat P 系列产品，是基于聚醚-聚酰胺的嵌段共聚物；美国 BF Goodrich

公司研制的永久抗静电剂母粒 STAT-RIFEC-2300，主要成分为聚氧化乙烯-环氧氯丙烷（PEO-ECH）共聚物；日本三洋公司开发的 Pelestat 系列是合金型永久性高分子抗静电剂，具有特殊的聚醚片段。

② **本征型导电高分子抗静电剂**　导电高分子抗静电剂是具有共轭 p 键长链结构的高分子，通过化学或电化学掺杂后形成的材料。共轭 p 键链上迁出或迁入电子，形成自由基离子或双离子。在外加电场的作用下，载流子沿着共轭 p 键移动，从而实现电子的传递，达到消除静电荷的目的。其优点是结构类型多、易加工、密度小、抗静电剂效果好，还具有金属（高电导率）和半导体性质。品种有聚乙炔、聚噻吩、聚吡咯、聚苯胺等以及它们的衍生物，如芬兰 Panipol 公司开发的 Panipol®，是一种导电聚苯胺产品，拥有液体、固体、母粒等各种牌号，能广泛应用在添加型和涂覆型抗静电剂中。德国 Bayer 公司开发的 Baytron® 是一种导电聚乙烯二氧噻吩（PEDOT）产品，能作为涂覆型抗静电剂广泛用在透明材料中。

近年来，随着电子及医疗行业的飞速发展，对抗静电材料的性能要求不断提高，抗静电剂的需求量越来越大，而高分子型永久抗静电剂被认为是最具发展潜力的抗静电剂。但仍存在一些问题，如添加量较大，价格较贵，同时还要考虑其与树脂的相容性，使其应用受到一定限制。因此，大力加强各院校科研院所与企业的技术合作，开发出性能优良、价格低廉、绿色环保的永久型抗静电剂，并将研究成果转化为产品，才能使我国在未来的抗静电剂国际市场竞争中占有一席之地。

(6) 导电填料型抗静电剂

导电填料型抗静电剂主要包括金属粉粒、不锈钢纤维、导电石墨、导电炭黑、碳纤维、碳纳米管、金属类氧化物等。其抗静电原理是以其为填料加入聚合物中，以提高聚合物的导电性能。由于表面活性剂型和高分子永久型抗静电剂的作用机理决定了其电阻率只能达到最佳静电防护范围的上限附近（$10^9 \Omega \cdot m$）。而导电填料本身具有导电性（电阻率 $<10^6 \Omega \cdot m$），因此能很容易达到静电防护范围，同时导电填料完全不依靠环境湿度。缺点是很难通过控制导电填料的添加量使其达到最佳静电防护范围，导电填料的添加往往还会严重影响材料的力学性能，导致材料的刚性增加，韧性降低。

(7) 复合型抗静电剂

抗静电剂的新品种，它是利用各组分之间的协同效应开发出来的。单一使用某种抗静电剂往往存在某种缺陷，在某些抗静电要求较高的场所很难达到理想的效果。复合型抗静电剂互补性强，其抗静电效果远优于单一组分。

9.1.8　发泡剂

近年来，由聚乙烯、聚丙烯、聚氯乙烯、聚苯乙烯、聚氨酯及橡胶等高分子聚合材料制成的固体泡沫材料迅速发展，如海绵板、泡沫橡胶、泡沫塑料等泡沫制品随处可见。这些泡沫材料由气固两相组成，具有隔声、隔热、质轻、富有弹性、良好的电性能及机械阻尼特性，用途极为广泛。

泡沫材料是由发泡剂发泡制得。发泡剂是一类能使处于一定黏度范围内的液态或塑性状态的橡胶或塑料形成微孔结构的物质，一般是在材料成型过程中通过发泡剂在材料内部产生气体物质而形成微孔结构。作为发泡剂应具备以下条件：

① 发气温度范围狭窄或可以调节，发泡时放热量小；

② 释放气体速度快而可控，且不受压力的影响；

③ 发孔率高且粒径小而均匀，在聚合物中易分散；

④ 对硫化和交联无影响；

⑤ 放出的气体或残留物无污染，无毒，无害，无色、无臭味；

⑥ 价格低廉，来源广，储存方便等。

9.1.8.1 发泡剂分类及机理

发泡剂可分为物理发泡剂和化学发泡剂两大类。

① **物理发泡剂** 是利用其在一定的温度范围内物理状态的变化而产生气孔。早期常用的物理发泡剂主要是压缩气体（空气、N_2、CO_2 等）与挥发性的液体，如低沸点的烷烃、卤代脂肪烃以及低沸点的醇、醚、酮和芳香烃等。一般说来，作为物理发泡剂的挥发性液体，其沸点低于 110℃。

常用的低沸点烷烃，具有价廉低毒的优点，但易燃易爆，因而限制了它的广泛使用。而卤代脂肪烃价格低廉、不易燃易爆，尽管其毒性和热稳定性稍差，仍大量用于制造聚苯乙烯、PVA 和环氧树脂泡沫材料。氟代烃几乎具有理想发泡剂的各项性能，因此用来制造许多的泡沫材料，如制造聚乙烯、聚苯乙烯、苯乙烯-丙烯腈共聚物、聚氨酯、环氧树脂等泡沫材料。

尽管物理发泡剂一般都价格低廉，但发泡设备却比较昂贵。在实际生产中应综合考虑生产成本来确定所采用的发泡剂。

② **化学发泡剂** 是在一定温度下会热分解或反应产生气体而使聚合物基体发泡的物质，包括无机和有机发泡剂两类。无机发泡剂主要是碳酸盐、碳酸氢盐、亚硝酸盐、氢化物、H_2O_2/酵母菌、Zn 粉/酸等。有机发泡剂有亚硝基化合物、偶氮化合物、磺酰肼类衍生物、脲基化合物等。亚硝基化合物主要用于橡胶发泡，而偶氮化合物和磺酰肼类则主要用于塑料中。

9.1.8.2 无机发泡剂及常用品种

无机发泡剂主要有碳酸氢钠、碳酸铵、亚硝酸铵等。它们是最早使用的一类发泡剂，多用于天然橡胶、合成橡胶及胶乳海绵制品，在塑料中较少采用。其中碳酸氢盐类发泡剂具有安全、吸热分解、成核效果好等特点，发生气体为 CO_2。无机发泡剂在聚合物中分散性差因而其应用受到一定的局限。但随着微细化和表面处理等技术的进步，无机发泡剂的应用领域正逐步拓宽。需要说明的是无机发泡剂在 PVC、PS 等低发泡异型材、片材的挤出成型工艺中具有一定的应用市场，这在欧美市场表现得尤为明显。另外，对于释放 CO_2 气体的无机发泡剂来说，由于发泡气体在聚合物中扩散速度大，在低发泡注射成型中常有形成刚性表面层的功能，它们与有机发泡剂配合，期待着开发更加广泛的应用领域。

9.1.8.3 有机发泡剂及常用品种

有机发泡剂是目前工业上最广泛使用的发泡剂，国内已经研究的品种有近百个，但实际使用的仅十几种。有机化学发泡剂的发展历史并不算长，但发展速度很快。世界上第一个有机发泡剂工业化品种于 20 世纪 40 年代开始开发，它就是由美国 DuPont 公司率先上市的二偶氮氨基苯（DAB），尽管它在毒性和污染性方面有一些弊端，但其方便的操作性和优异的制品特征仍赢得了聚合物泡沫制品加工者的广泛关注，它的开发成功可以说是发泡剂工业史上的一场革命。紧接着偶氮二异丁腈（ABIN）、二亚硝基五次甲基四胺（发泡剂 H、DPT）等高效、非污染型有机发泡剂相继问世，标志着有机化学发泡剂逐步趋于成熟。在有机发泡剂半个多世纪的发展历程中，世界范围内被尝试和探索的化学品多达千余种，但最终得到确认并广泛应用的发泡剂不过十几种。其中以偶氮二甲酰胺（发泡剂 AC）、发泡剂 H、$4,4'$-氧代双苯磺酰肼（OBSH）的应用最为普遍。现在品种繁多的发泡剂是以这些基本结构的发泡剂为基础复配而成的。

有机发泡剂的分子中几乎都含有═N─N═或─N═N─结构，在受热情况下容易断裂而放出 N_2 及少量 NH_3、CO_2、H_2O 等其他气体而起到发泡作用。其优点是：在聚合物中分散性好，粒径小，发泡体的泡孔小而均匀；分解温度范围窄而且易控制；分解产生的气体主要是 N_2，不燃烧、不爆炸、不易液化，扩散速度小，不易从发泡体中逸出，发泡效率高。主要缺点是易燃，而且分解时放热，若分解热太高可能造成聚合物内部温度过高而损害聚合物的物化性能；发泡后残渣较多，会污染聚合物，导致聚合物异臭及喷霜等。

分解温度和发气量是化学发泡剂的两个重要特性指标。因为发泡剂的分解温度必须与聚合物的熔融温度相适应，所以分解温度决定了加工温度条件及适用的聚合物品种。有机发泡剂分解温度范围一般较窄，所以一种发泡剂往往不能适应多种聚合物的需要，不同的聚合物需采用不同的发泡剂。发气量代表发泡剂的效率。目前使用的发泡剂分解温度为 80～300℃，发气量在 100～400mL/g 范围内。另外，发泡剂的分解速度和分解放热量也是化学发泡剂的主要性能指标。

发泡过程中常常还要添加一些发泡助剂，它们是一些与发泡剂并用时可以调节发泡剂分解温度和分解速度或改进发泡工艺、稳定泡沫结构和提高发泡体质量的物质，也称辅助发泡剂或活性剂。发泡助剂的种类较多，以满足不同发泡材料的需要。常用品种有尿素及脲衍生物、有机酸及其盐、金属氧化物、有机硅等。发泡助剂主要用于发泡剂 H 和发泡剂 AC 中。

有机发泡剂常用品种如下。

（1）N-亚硝基化合物

① N,N'-二亚硝基五亚甲基四胺　又名发泡剂 H，在空气中的分解温度为 195～205℃，发气量 265mL/g，气体组成：N_2 91.4%，其他为 CO、CO_2、NH_3 等。在所有的有机发泡剂中，其单价发气量最大，是一种很经济的发泡剂。主要用于海绵橡胶以及交联高发泡 PB、EVA 等加压成型塑料制品。

发泡剂 H 是采用六亚甲基四胺与亚硝酸钠的混合溶液，在冷却状态下与酸反应而制得：

$$(CH_2)_6N_4 + 2NaNO_2 + 2HCl \longrightarrow (CH_2)_5N_4(NO)_2 + HCHO + 2NaCl + H_2O$$

发泡剂 H 的优点是发气量大、发气效率高、不变色、不污染、价廉等。发泡剂 H 分解温度较高，加入发泡助剂可使分解温度降低至 110～130℃，并可消除发泡剂分解时产生的甲醛、氨类等臭味。在有机发泡剂中发泡剂 H 的分解热最大，有时在制造厚制品时会导致制品内部焦化，使用中需注意。发泡剂 H 属易燃物，对酸性物质敏感，室温下接触也能发生剧烈分解及着火，储存中需特别注意。

用于发泡剂 H 的发泡助剂主要是尿素、脲类衍生物和有机酸。尿素在加热到熔点（132℃）以上时分解放出 NH_3，残渣为缩二脲，发气量为 187mL/g。如果迅速加热至 150℃ 以上则分解放出 NH_3，残渣为三聚氰酸，发气量为 374mL/g。加入发泡助剂尿素可使发泡剂 H 分解温度降低至 110～130℃，改变尿素用量可调节发泡剂 H 的分解温度。

② N,N'-二甲基-N,N'-二亚硝基对苯二甲酰胺（NTA）　NTA 在空气中的分解温度为 105℃，分解时放出 N_2，发气量 180mL/g。最大特点是分解放热低，但分解残渣对苯二甲酸二甲酯极难溶于聚合物中，所以 NTA 添加量大于 5% 时会引起残渣喷霜。纯品 NTA 易

燃、易爆且有毒性，故商品 NTA 中常配入 30%矿物油。NTA 适用于厚 PVC 制品，也用于聚氨酯、硅橡胶等。

（2）偶氮化合物

① 偶氮二甲酰胺（发泡剂 AC） 化学式为 $H_2NCON \!\!=\!\! NCONH_2$，在空气中分解温度 $195\sim210℃$，发气量 $250\sim300mL/g$。该品具有自熄性、不助燃、无毒、无臭味、不污染、性质稳定；发泡剂粒子细小，易分散，发气量大，泡孔均匀，适用于常压和加压发泡工艺，性能优良，是目前最常用的发泡剂。虽分解温度较高，但添加发泡助剂可使分解温度在 $150\sim205℃$ 范围内调节。

用于发泡剂 AC 的发泡助剂见表 9-2，选择不同类型的发泡助剂及用量，可配制分解温度为 $150\sim205℃$ 的发泡体系，能适应不同制品加工的需要。这些发泡助剂的配合使得发泡剂 AC 成为应用领域最广、产耗量最大、改性品种也最多的有机发泡剂。

表 9-2　用于发泡剂 AC 的几种发泡助剂及其活化作用

发泡助剂	分解温度/℃	添加比（AC/助剂）	强度级别	发泡助剂	分解温度/℃	添加比（AC/助剂）	强度级别
胍类衍生物	148	1∶1	强	硬脂酸钡	190	10∶1	中强
氧化锌	147	1∶1	最强	醋酸锌	110	1∶1	
氧化锰	180	1∶1		硼砂	110	1∶1	
硬脂酸锌	156	1∶1	最强	氢氧化钙	180	1∶1	弱
硬脂酸钙	196	10∶1	中强	二盐基亚磷酸铅	140	10∶1	
二乙二醇	165	1∶1		二丁基锡二马来酸酯	186	10∶1	

发泡剂 AC 的制备是由水合肼与尿素及硫酸一起在缩合釜中缩合，然后在氧化罐中在溴化钠存在下通入氯气氧化，再经水洗、甩干、干燥得成品。

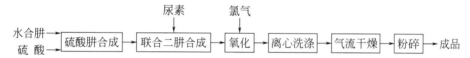

② 偶氮二异丁腈（ABIN） ABIN 在空气中分解温度为 $100\sim115℃$，发气量为 $130\sim155mL/g$。分解放出的气体几乎全部是 N_2，有极微量氢氰酸。其分解温度低、放热量小，所得泡沫体气体结构良好，对制品无污染，可制得纯白制品，特别适用于高发泡倍率的轻质泡沫制品。但 ABIN 的分解残渣四甲基丁二腈有毒，在使用时应予以注意。

③ 偶氮二甲酸酯 在常温下是液体，与增塑剂、聚合物相容性好，经发泡后能制得非常均匀的微孔发泡体。PVC 热稳定剂可使其活化，分解温度在 $100\sim200℃$ 范围内变化，发气量为 $125\sim260mL/g$，储存稳定。可用于制造白色或浅色的 PVC 泡沫制品。

（3）酰肼类化合物

酰肼类化合物是目前广泛应用的发泡剂，主要品种有 4,4'-氧代双苯磺酰肼（OBSH）、3,3'-二磺酰肼二苯砜（DOSDSH）、1,3-苯二磺酰肼（BDSH）、苯磺酰肼（BSH）、对甲苯磺酰肼（TSH）、2,4-甲苯二磺酰肼等。纯品磺酰肼一般无毒无味，分解过程放热量适中，分解温度为 $80\sim245℃$，分解残渣无毒无色，与聚合物有足够的相容性，不会产生残渣喷霜，性质稳定，在一般条件下可长期储存。但易燃，与带羟基苯的溶剂及少量碱或氧化剂接触时可在高温下完全分解，需小心储存。不对称磺酰肼在塑料中会产生类似硫醇的臭味，一般仅用于橡胶制品中。对称型磺酰肼无此缺点，在塑料和橡胶中均可使用。

① 对甲苯磺酰肼（TSH） TSH 在空气中分解温度为 110℃，发气量（N_2）为 110～125mL/g。对甲苯磺酰肼无味，主要用作橡胶的发泡剂，也可作塑料发泡剂。这是因为 TSH 的最大特点是分解相当缓慢，这恰好与橡胶的硫化条件相一致，使得橡胶的硫化与发泡能同时进行。由于分解产物中有对甲苯磺酸，导致延迟硫化的缺点，通常可采用碳酸钙等碱性填充剂中和，对橡胶的硫化速度无甚影响。

用 TSH 发泡制得的发泡体收缩率低，撕裂强度大，适合于制造闭孔的泡沫海绵制品，如运动鞋，胶布等。但本品不能与铅盐类添加剂并用，以防污染。当与发泡剂 H 并用时，应避免后者因酸而引起的激烈分解。TSH 属变异性物质，国外已将其列入限制范围，消耗量日益减少。

② 4,4′-氧代双苯磺酰肼（OBSH） OBSH 是磺酰肼发泡剂中应用最广泛的品种。适应性极广，有"万能发泡剂"之称。在橡胶工业中，OBSH 的消耗量高于其他磺酰肼类发泡剂用量的总和。其分解温度为 150～160℃，发气量较低，125mL/g，主要为 N_2、水蒸气。OBSH 制得的气孔结构细微均匀，不可燃，无毒，无着色性，贮存稳定，几乎可用于所有塑料、橡胶包括与食品接触的制品，但价格较高，所以只用于其他发泡剂无法满足要求的场合，在氯丁橡胶中用得最多。特别指出的是 OBSH 的分解残渣不影响制品的电气绝缘性，在电线电缆材料中具有显著的优势。其缺点是分散性差和易吸湿。

(4) 脲基类化合物

脲基类发泡剂为脲及其衍生物，主要品种有尿素、对甲苯磺酰氨基脲（发泡剂 RA、TS、PTSS）和对，对氧双（苯磺酰氨基脲）（发泡剂 BH）。其中发泡剂 RA 是代表性品种。RA 为高温发泡剂，分解温度 235℃，特别适用于高温加工的塑料，用于硬质聚氯乙烯、高密度聚乙烯、聚丙烯、聚碳酸酯、尼龙、ABS、天然橡胶和丁苯橡胶等合成橡胶发泡剂。发泡剂 RA 加工安全性好，无提前发泡的危险，分解气体产物由约 2∶1 的 NH_3 和 CO_2 组成，分解固体残余物主要是二对甲苯二硫化物和对甲苯磺酰胺，对物料无污染，可以制得白色纯正、外观亮丽的发泡制品。加入某些活性剂（如尿素）可以降低分解温度，以适用于低温发泡制品。

此外，有机发泡剂的重要品种还包括叠氮化合物、锌-氨络合物等。

发泡剂对泡沫制品的加工和应用至关重要。随着其应用市场进一步扩大，对其性能的要求也更加严格。另外全球环境保护法规日臻完善，某些严重危害环境和人类的品种逐渐被淘汰。因此，发泡剂的研究和开发面临新的机遇和挑战。当今世界发泡剂的开发研究呈现如下显著趋势：①氟氯烃（CFCs）作为物理发泡剂的市场日渐萎缩，其替代品的开发异常活跃。②吸热型化学发泡剂趋于活跃，它以无机发泡剂为主，其发泡制品泡沫结构微细洁白，表面光滑且易于加工和操作，目前已成为发泡剂领域引人注目的热门课题，新品种和新技术的报道层出不穷。③注塑成型是吸热发泡剂的传统应用领域，随着研究的深入进行，许多性能更为全面的吸热发泡剂正悄然进入挤出成型发泡制品加工市场。吸热型发泡剂的一个显著特点是其释放的气体易于从发泡制品中逸出，可缩短甚至消除从制品成型到印刷之间必要的陈化阶段。同时，吸热型发泡剂往往兼具有成核功能，能缩短成型周期约 20%，但是容易引起设备锈蚀是吸热型发泡剂的突出缺陷之一。④单一发泡剂往往很难满足多种聚合物及同一聚合物的多种加工制品性能的要求。复合发泡剂以发泡剂 AC、发泡剂 H、OBSH 及无机发泡剂为主体，两种以上发泡剂并用，或配合其他助剂可以满足特定应用领域。吸热/放热型化学发泡剂的复合品种性能甚佳，标志着复合型发泡剂的最新趋势。吸热/放热型复合发泡剂集中了单一吸热和单一放热化学发泡剂各自的应用特点，使泡沫结构微细、均匀和高发气量达到高度统一，应用范围广泛，各具特色的品种难以计数。但对浅色制品加工，选择吸热/放热型复合化学发泡剂必须慎重。⑤提高分散性、降低粉尘污染等剂型改良技术继续受到重视。聚合物发泡工艺中发生的故障多由发泡剂分散不良引起，同时以粉状剂型为主的化学发泡剂产生的粉尘污染也是造成环境恶化的重要原因。因此，母料化和表面处理技术在发泡剂品种开发中得到了充分的应用。

9.1.9　合成助剂的发展趋势

随着合成材料工业的迅速发展，助剂应用领域的日益扩大，同时对各种助剂的作用机理的研究也日趋成熟，出现了大量性能优异的品种。由于全球性卫生环保法规逐渐完善，对合成材料及其助剂的安全性、卫生性、毒性的制约亦日益加剧，因此，高效、持久、低毒、价廉品种的开发已成为合成材料助剂的发展趋势。

增塑剂是塑料加工中产能最大和消费量最大的一类塑料助剂，其中以邻苯二甲酸酯类为主。近年来有研究报道邻苯二甲酸酯类增塑剂系类雌性环境激素，会扰乱人体的内分泌。为此，日本、美国以及欧盟多国都相继颁布了关于在儿童玩具或儿童护理用品中禁用和限用邻苯二甲酸酯类增塑剂的法规，极大地限制了它的应用。因此，21世纪以来全球范围内环保型邻苯二甲酸酯类增塑剂替代品的开发异常活跃。作为传统增塑剂的"绿色"替代品，柠檬酸酯类增塑剂优点突出，已成为国内外塑料工业首选的环保型增塑剂之一，但尚需在降低成本方面做大量的努力。其他如环氧酯类、脂肪酸酯类、可降解的聚酯类、偏三酸酯类增塑剂的市场份额也会快速增加，是今后增塑剂发展的重点领域。

阻燃剂是塑料助剂居于第二位的大类别，应用最广的是氯系、溴系、磷及卤化磷系、无机系等。目前，全球阻燃剂发展的总趋势是向着低毒、低烟雾、无害化、高效复配、阻燃抑烟型方向发展，无机阻燃剂的细化分级、表面活性处理、高流动性、易分散性更加严格。卤化系阻燃剂由于其环保性较差，消费越来越少；磷系阻燃剂由于具有增塑、阻燃、耐磨等功能，前景看好；氮-磷基膨胀型阻燃剂、氮基阻燃剂将备受青睐，研制将更为活跃；溴类阻燃剂阻燃效果最好，市场将继续发展。

热稳定剂中，无镉、无铅、无尘化及代替铅盐成为该行业的发展重点，国外无镉、无铅化发展迅速，无尘化成为热稳定剂的主流，无毒或低毒的钙-锌、钡-锌及有机锡热稳定剂增幅较大。为了保护环境，许多国家已限制有毒的重金属类在PVC加工中的应用，欧洲PVC热稳定剂生产商已经承诺到2015年全面实现无铅化。欧洲许多国家正在使用基于有机锡或基于钙-锌的替代物。美国Dover化工公司推出新一代高性能亚磷酸锌热稳定剂PhosBoosters，可使软PVC制品具有更高的热稳定性和长期耐候性，并能有效防止PVC降解和泛黄。其他主要热稳定剂生产厂商纷纷开发出各种镉、铅盐的替代品，如Akcros公司新产品Akcrostab液体钙-锌、钡-锌金属复合稳定剂。而锑类和稀土类稳定剂、辅助热稳定剂以及热稳定剂的高分子化、多功能化也是热稳定剂的研究方向。

尽管光稳定剂的市场绝对需要量不大，但应用效果显著，产品技术含量高，附加值大，也是塑料助剂的主要产品。光屏蔽剂未来的研究方向是全纳米TiO_2产品的开发，以提高在聚合物中的分散性能及与其他类型光稳定剂的协同使用效果等。猝灭剂因含重金属镍会逐渐禁用。紫外线吸收剂的发展将逐渐趋向于高分子量化、反应型和多功能化。受阻胺类光稳定剂的发展则主要呈现高分子量化、复合化、低碱化和反应型的趋势。近期美国Cytec（氰特公司）推出了一种新的高性能受阻叔胺光稳定剂（HALS）Cyasorb UV 3529，这种稳定剂既不易与共用的其他助剂起反应而引起环保问题，同时又具有高相对分子质量，当使用颜料时不会影响颜料色泽，应用范围包括聚丙烯纤维、旋转模制农用薄膜。

交联用助剂的发展方向是环保、高效、多功能、低成本。在硫化体系中，不溶性硫黄主要发展高含量、高热稳定性和高分散性产品。目前大力发展的绿色促进剂 N-叔丁基-2-苯并噻唑次磺酰胺（NS）、二硫化四苄基秋兰姆（TBzTD）、N-叔丁基-2-苯并噻唑次磺酰亚胺（TBIS）、N-环己基-双(2-巯基苯并噻唑)次磺酰胺、OTOS 等可以替代可能致癌的秋兰姆类促进剂和次磺仲酰胺类促进剂（NOBS），其中 NS 可用于天然橡胶及多种合成橡胶的硫化，是近年来国内外推荐取代 NOBS 的首选产品。TBzTD 是无致癌性的绿色秋兰姆促进剂，不喷霜、硫化焦烧期长、操作安全性好，适用于天然橡胶和多种合成橡胶的硫化，广泛用于制造电线电缆、轮胎、胶带、着色透明制品、鞋类及耐热制品等。

抗静电剂的研究和应用已经越来越成熟，表面活性剂型、高分子永久型、导电填料型、本征导电高分子型抗静电剂都得到广泛应用。今后的研究主要集中在开发新型的抗静电剂和静电防护性能优异的复合型抗静电剂。

有机发泡剂对海绵制品的加工和应用至关重要，其应用市场进一步扩大。当今世界有机发泡剂的发展趋势主要是高分散性发泡剂、发泡剂母粒、高性能复合型发泡剂以及微胶囊发泡剂等。

为满足制品在加工及使用中的各种性能和要求，诸如在不同热稳定剂之间、稳定剂与增塑剂、润滑剂、抗氧剂等其他助剂之间，需存在协同效应。为了达到理想的稳定效果，将它们按适当的比例与方法复合混配，制成"一包装"（one-pack）式稳定剂体系，不仅提高了稳定效果，还可减少环境污染。Cardinal 公司开发的 SL-25 是一个具有代表性的品种，它是由丁基锡稳定剂、石蜡、硬脂酸钙和氧化聚乙烯共混得到润滑/热稳定"一包装"式品种。Interlite 2000、3000、7000、8000 系列"一包装"式钙/锌和钙/锡产品可分别用于管材、窗材、电缆和注射成型管材领域，产品形态有粉状、粒状、可熔融片状和丸状。而 Interlite 9000 可用于与食品接触及医疗领域的制品。

我国是塑料助剂最大的生产国和消费国，但是我国 80％～90％的助剂产品达不到欧美国家标准，给相关塑料制品的出口带来严重影响。在当前环保要求日益严格的形势下，亟需更新换代，重点是发展安全、无毒、对环境友好的环保型助剂。非邻苯二甲酸酯类增塑剂、无卤阻燃剂、无铅稳定剂、天然可降解抗氧剂、成核剂及抗菌剂、无卤不挥发抗静电剂是未来发展方向。

总之，高效、特效、低毒或无毒、无公害的复配多功能化是全球合成材料助剂发展的总趋势。通过复合化，使各复合成分各自的功效和相互间的协同效应得以充分发挥；开发新剂型，如低粉尘和无粉尘剂型，改善使用性、环保型；通过助剂的高分子化等途径，开发无毒或低毒的环保型产品，以适应各种卫生和安全的需要。

9.2　石油化学品

石油的开采和炼制以及由石油加工得到的燃料油和润滑油对国民经济的发展都有十分重要的意义。在整个采油及其制品的生产中，需要添加多种化学品，这些化学品对提高采油率，改进生产工艺，改善燃料油和润滑油的质量具有重要的作用。这些化学品多数都属于精细化学品的范畴，统称为石油化学品。本节主要介绍石油开采和处理、燃料油和润滑油中添加的化学品。

9.2.1 原油开采和处理添加剂

(1) 钻浆添加剂

石油和天然气开采的第一步就是钻井。在钻井中钻浆有着重要的作用，它起着携带和悬浮钻屑，防止卡钻；稳定井壁，防止坍塌；冷却和冲洗钻头，清扫井底岩屑；建立与地层压力相平衡的液柱压力，防止喷、漏等功能。钻浆的使用性能随石油矿区的岩层结构、环境以及钻探条件的不同而不同，因此，钻浆中需加入各种化学品以满足不同的钻井要求。

钻浆添加剂有以下各类。

① 稀释剂（降黏剂） 在钻井操作中，有时需要减低泥浆的黏度，如清洗钻孔堵塞时需要用减稠剂。主要有磺甲基单宁、木质素磺酸盐、顺丁烯二酸酐-醋酸乙烯酯共聚物、有机磷酸盐等。其中最常用的是木质素磺酸盐和磺甲基单宁。胶质沥青质的相互聚集造成稠油高黏，降黏剂通过拆散胶质沥青质分子的片状堆积结构，达到降黏效果。共聚型降黏剂是在分子骨架中引入极性基团和长碳链，使其能够更好地与胶质沥青质发生相互作用。离子型降黏剂利用其自身与胶质沥青质分子之间的电荷作用，从而破坏胶质沥青质之间的聚集。纳米型降黏剂凭借其自身颗粒小、比表面积大的特性渗透到胶质沥青质分子中，实现降黏。将无机纳米颗粒与聚合物降黏剂分子进行接枝聚合，可以提高降黏效果，进一步提高稠油降黏剂的降黏效果及其普适性。

② 降失水剂 水基泥浆中的游离水在进入地层后会向地层孔隙中渗漏，造成失水，泥浆中的黏土颗粒便附着在井壁上成为泥饼。泥浆失水过多会造成油层中水敏性的泥岩、页岩的膨胀垮塌，影响油、气顺利采出。为此必须加入降失水剂以控制泥浆的失水量。主要有腐殖酸及其衍生物、羧甲基纤维素钠、水解聚丙烯腈、磺甲基酚醛树脂、淀粉衍生物等。

③ 增稠剂 泥浆的增稠一般采用膨润土。膨润土结构中含有大量羟基，是理想的亲水性流变性控制剂。泥浆出于亲油性的要求，需采用有机膨润土，它们都是以双十八烷基甲胺 $[(C_{18}H_{37})_2—N—CH_3]$ 为原料，经季铵化后再与高质量的膨润土反应而成。羧甲基纤维素（CMC）、羟乙基纤维素（HEC）和羧甲基乙基纤维素（CMHEC）也是常用的钻浆增稠剂。

④ 页岩抑制剂 其作用是抑制页岩分散，起到防塌作用，保护油气层不受损害。主要类型有无机盐类、氧化沥青和磺化沥青、聚丙烯酰胺及其聚丙烯酸的钠、钾、铵盐，腐殖酸类及醇类等。多年以来，油基钻井液一直是页岩油气钻探的首选，但是成本过高，环保问题严峻，寻找高性能的、可替代的水基钻井液成了油田工作者迫切需要解决的问题。页岩抑制剂抑制页岩水化膨胀，分散方法包括物理和化学 2 个方面。物理方法主要是通过对页岩微裂缝、微裂隙的封堵，阻止压力传递，阻止裂缝的扩张，从而达到抑制效果。化学方法主要是通过黏土层间离子交换、降低 Zeta 电位压缩双电层、页岩表面进行润湿反转以及架桥吸附等来抑制页岩的水化膨胀分散。各类页岩抑制剂大多数都是从这两个方面来对抑制性能进行优化的。

⑤ 润滑剂 为了降低泥饼摩擦系数及井下扭矩，防止卡钻，需要加入润滑剂。主要品种有磺化植物油、乳化渣油、磺化妥尔油及各种表面活性剂。这类添加剂均可提高水基钻井液的润滑性，降低钻井设备的动力消耗及减少磨损。钻井所用的液用润滑剂一般都是动植物

油类的衍生物，也有一部分是用合成化合物（比如脂肪酚胺）与其表面富有活性的活性剂调配而成的。另一种就是固体的润滑剂，固体润滑剂的使用频率相对较小，其应用市场也在拓展中，比如石墨的玻璃微珠、碳珠等，这类产品专用于降低钻杆扭矩的场合。同时还有些润滑剂具有防钻头泥包的作用，又可称为防泥包剂。

⑥ **消泡剂**　有些泥浆处理剂如磺酸盐类、水性聚合物及各种表面活性剂均具有起泡性。在受到气体或机械搅动时会使泥浆产生大量泡沫，从而使泥浆密度降低、润滑性能变差，冷却效果减弱，并影响泥浆的循环。防止泡沫产生的主要方法是加入消泡剂。消泡剂品种繁多，大致可分为 12 类：金属皂、脂肪酸、脂肪酸酯、酰胺、醇、磷酸酯、珍珠岩、橡胶粉、皮革粉、炭黑、矿物油和碳氟化合物。近年来，随着油气勘探开发不断深入，钻遇的高温、高压以及高盐等地层环境，导致钻井液易起泡且消泡困难，钻井液消泡技术关系到钻井液性能稳定和钻井安全。为了进一步适应深井、高温井及复杂地层钻探需要，今后应当开发新型消泡剂以进一步提升高温下的抑泡能力，同时兼顾消泡、抑泡作用和良好的抗温能力；充分利用不同消泡、抑泡活性组分之间的协同作用提高消泡能力，减少用量，提高性价比；开发绿色环保的钻井液用高效消泡剂；进一步加强钻井液消泡机理研究，明确钻井液黏切、温度、pH 值、固相等对消泡效果的影响，提高钻井液消泡技术的整体水平。

⑦ **乳化剂**　为了对付复杂地层钻井，有时需采用油基钻井液及油包水（W/O）钻井液。为了提高抗温及润滑性能，则要采用水包油型（O/W）泥浆。这些泥浆的配制均需使用乳化剂。目前国内钻井用乳化剂主要有：磺酸盐类如烷基苯磺酸钙、烷基苯磺酸钠、石油磺酸铁等；酯类如司盘系列、吐温系列、聚氧乙烯蓖麻油、聚氧乙烯聚氧丙烯二醇醚、松香钠皂等。未来勘探开发逐渐趋向深井、超深井，所以钻井乳化剂的发展趋势是研制耐高温乳化剂、高密度体系乳化剂和新型可逆转乳化钻井液体系。

⑧ **絮凝剂**　钻井过程产生的钻屑增大了泥浆中固相的含量，导致转速降低。在泥浆中加入高聚物絮凝剂可使固相颗粒在泥浆返回地面时絮凝后除去，从而控制泥浆中固相的含量。泥浆絮凝剂主要有 PAM、PHP、乙烯醋酸酯-顺丁烯二酸酐共聚物和各种有机聚阳离子。近年来絮凝剂发展迅速，由传统单一的无机低分子絮凝剂逐渐衍变为无机高分子型、有机高分子型、离子型、有机-无机复合型等多种絮凝剂，絮凝性能及环保性均明显提升。有机絮凝剂的生产成本过高是其发展应用的重要障碍。目前各种絮凝剂的使用条件及影响因素仍需进一步深入研究。天然高分子絮凝剂目前虽然存在稳定性差、电荷密度低、絮凝效果差等严重缺陷，但因其原料来源丰富、低毒、无二次污染等优点，在未来很长一段时间内仍是研究热点。研制高效、低毒、安全、经济的新型絮凝剂是今后该领域发展的主要趋势。

（2）强化采油添加剂

油井完成后，根据不同油层情况，可采取自喷采油、气举采油及机械采油等方法进行一次采油。依赖地层的自然压力采油称为一次采油，但一次采油率仅 5%～30%。随着地层压力的下降，需要通过注水补充地层压力的方法进行采油称为二次采油，油回收率可达到 40%～50%。但仍有 50% 以上的原油滞留在储油层中。近年来，国内外采用强化三次采油，油回收率可达到 60%～65%。油田生产的二次采油及三次采油总称为强化回采法（EOR）。目前国外采用的强化回采法主要是压气法（CO_2 压入法）、改良注水法（高聚物注入法或低浓度表面活性剂注入法）及热回采法（水蒸气注入法）。改良注水法涉及一系列化学品的应用，所需要的添加剂主要有以下几类。

① **磺酸盐**　几乎所有的这类注水法均需加入磺酸盐，它是表面活性剂的主组分，最常

用的是烷基磺酸钠。为了满足表面活性方面的要求，磺酸盐平均分子量一般为 350～500。

② **助表面活性剂**　与磺酸盐相比，加入的量较少，它对体系的表面活性起调节作用，有醇类、脂肪醇聚氧乙烯醚及脂肪醇聚氧乙烯醚硫酸盐。

③ **高分子化合物**　可分为合成及天然的两类。合成高分子化合物最常用的为聚丙烯酰胺，它有良好的水溶性，水溶液的黏度随溶液中盐含量的变化而变化，盐浓度愈低，溶液的黏度愈高。高聚物注入法采用其水溶液。一份聚丙烯酰胺水溶液可增产一份原油。天然的则是多糖类，天然高分子化合物对盐分不敏感，但易受细菌作用而降解。

(3) 原油处理添加剂

① **破乳剂**　地层中的原油通常都含有天然的表面活性剂，同时在二次强化采油的过程中也要加入表面乳化剂。含有乳化剂的原油透过岩石狭缝与水混合，又经过喷油嘴、再经过输油泵的搅拌作用形成了水/油（W/O）乳液，使含水率可达 30%～50%。原油中的水含量必须脱至 <0.5% 才能作为成品原油外输。因此需添加破乳剂后结合高压电场作用使油水分离。

净化原油的电化学脱水工艺流程：

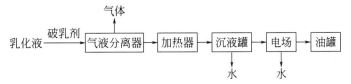

常用的破乳剂如下。

a. 磺酸盐类：包括烷基萘磺酸钠、琥珀酸酯磺酸钠等，为阴离子表面活性剂。

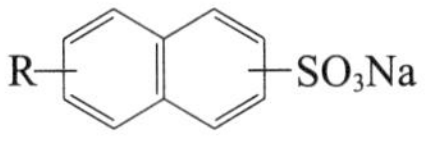

烷基萘磺酸钠 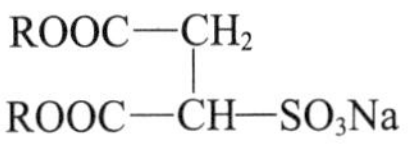　　　　　　　　　　琥珀酸酯磺酸钠

b. 环烷酸盐：主要为五碳环的羧基衍生物，可从石油产品精制中得到。除了用作破乳剂外，环烷酸铅和环烷酸铝还可用于配制润滑剂。

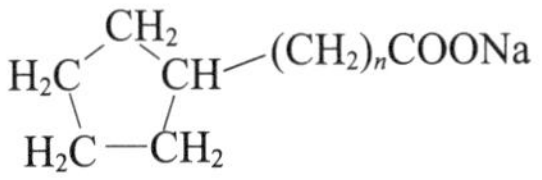

环烷酸盐 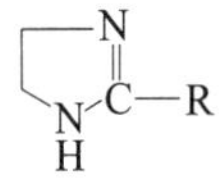　　　　　　　　　　烷基咪唑

c. 烷基咪唑：两性表面活性剂。

d. 烷基酚聚氧乙烯醚、环氧乙烷-环氧丙烷嵌段共聚物等：属非离子表面活性剂一类，其中氧化乙烯或环氧乙烷为亲水基，调节其个数，可得到不同亲水亲油平衡值的产物，既是破乳剂，也是乳化剂。

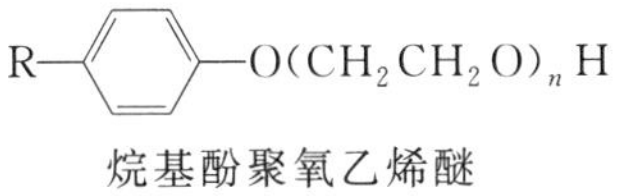

烷基酚聚氧乙烯醚 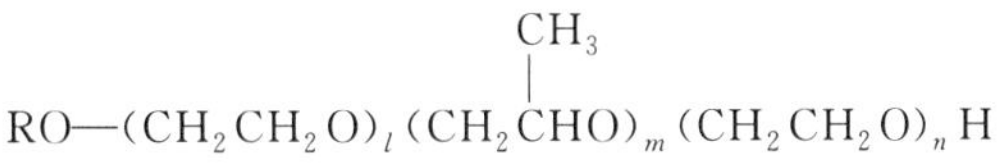　　　　　　　　环氧乙烷-环氧丙烷嵌段共聚物

目前破乳剂发展的主要趋势为：一是使用扩链剂来增加破乳剂的分子量，提高破乳剂的破乳效果；二是使用酚醛树脂作引发剂，使得破乳剂的结构由直链型变为支链型；三是开发低温破乳剂，降低能源的消耗，使其能在较低温度下便可达到油水分离的目的，并且在乳状液中溶解、扩散、渗透得较快。低温破乳技术正逐渐成为破乳剂发展的主流趋势之一，低温

破乳技术与普遍破乳技术（需要升温破乳）相比具有减少热能损失、节约能源消耗的显著效果，有较好的应用前景。

② 缓蚀剂 原油中含的水中往往溶入各种杂质，如 CO_2、H_2S 气体以及无机盐类，它们对采油设备和输送管道都有明显的腐蚀作用，需加入缓蚀剂进行抑制。原油需要的缓蚀剂品种及数量都很大，估计世界石油工业所需缓蚀剂年成交金额达 1.5 亿美元。

对硫化氢腐蚀一般可用阳离子型表面活性剂加以抑制，其抑制腐蚀的机理是在金属器材表面上形成极性基保护膜。一般为直链脂肪二胺、咪唑啉胺衍生物或季铵盐类：

RNHCH₂CH₂CH₂NH₂　　　　　　　　　　　　

脂肪二胺　　　　　咪唑啉胺　　　　　季铵盐

为了减少油田系统的腐蚀，缓蚀剂的使用是必不可少的。现阶段，单组分缓蚀剂的缓蚀效果还不够好，为了进一步提高试剂的缓蚀性能，更多的是将有机和无机缓蚀剂复配。研究发现不同缓蚀剂之间存在一定的协同作用，可以相互促进从而大幅度提高缓蚀率。从环保角度而言，低毒、无毒同时不会对环境造成污染的缓蚀剂将是未来的研究方向。此外，从成本角度考虑，缓蚀剂的来源应广泛，价格需低廉。国外提倡从天然植物当中提取缓蚀剂，既可以节约成本又可以变废为宝，已经成为研究热点。但在国内相关研究还较少，可以针对油田系统的特殊环境，开发一批以天然植物为原料的缓蚀剂。

③ 杀菌剂 原油中往往会有细菌，其来源一方面是地层结构中本身就存在，另一方面则是在注水时带入的。这些细菌会使硫化氢还原，或促使硫化氢与铁反应生成不溶性硫化铁，在油层中储留；它们也会使乳化液中的细微悬浮体聚集形成污垢，给液体的流动造成困难。因此常用杀菌剂来抑制或消除硫酸还原菌。最常用的杀菌剂有季铵盐、烷基二胺盐、甲醛、戊二醛和多氯苯酚等，其中以季铵盐、特别是带有苄基的季铵盐效果最好。

季铵盐

综上所述，常规杀菌灭藻剂对人体和水生物有一定毒性影响，会在环境中得到持续性的积累，进而对生态环境造成持续性危害，因而环保型化学品将是近年研究的重点。对于环保型水处理药剂不单是水处理剂本身环境友好化，同时还涵盖水处理剂生产所用的原材料、转化试剂、反应条件等环保性，及水处理技术环保表现。油田杀菌剂应用发展趋势还必须重视推进新型杀菌剂研发和多功能杀菌剂研发。

④ 阻垢剂 原油中常夹带一定数量的盐类，在采油、输油以及原油处理设备中常会结垢，需采用阻垢剂加以处理。用于这一目的的阻垢剂有重铬酸盐、磷酸盐、木质素磺酸盐和合成丹宁等。重铬酸盐属强氧化剂，可与积垢反应而使之脱除；磷酸盐和缩聚磷酸盐则以离子交换的形式脱垢；木质素衍生物是存在于植物纤维中的芳香族高分子化合物，具有很强的活性，能与很多金属盐化合，从而达到脱垢的目的。阻垢剂技术作为油气田集输系统防护的重要手段，今后的发展方向是加强研究开发环境友好、可生物降解的绿色阻垢剂，研究开发一剂多效型阻垢剂，加强阻垢剂的阻垢机理研究，研究阻垢剂与其他药剂之间的协同作用等。目前，无磷非氮阻垢剂的研究已成为国内外研究的趋势，PASP 和 PESA 是环保型无磷非氮阻垢剂的代表。

9.2.2　燃料油添加剂

（1）抗震剂

燃料油包括汽油、煤油、轻油和重油等，它们是动力的主要能源。汽油及柴油发动机中最重要的一个问题是燃料的抗震性。抗震性是车用燃油（汽油、柴油）最重要的性能指标，抗震性能低，会爆震，降低发动机效率，增加油耗，并影响行车安全。

汽油在发动机汽缸内应形成均匀的混合气体，点火后以一定的速度进行燃烧。在汽油辛烷值不够或操作不当时，因燃烧气的膨胀压力和汽缸壁过热，就会产生突然燃烧，造成巨大冲击压力，这种现象称为爆震。

汽油辛烷值表示车用汽油的抗震性，是影响爆震的关键因素。辛烷值越高，抗震性越好。车用汽油的牌号就是按辛烷值大小编订的。如 70 号汽油，表示其辛烷值不低于 70。汽油辛烷值的大小与其组成有关，实验证明：芳香烃和高度分支的异构烃的抗震性最大，环烷烃和烯烃次之，正构烷烃最小。

目前汽油的辛烷值是按国际通行标准，将异辛烷的辛烷值定为 100，正庚烷定为 0，用通用马达法进行测定的。该法是将异辛烷和正庚烷按不同的比例配成各种号数的标准混合油。将欲确定辛烷值的汽油在标准汽油发动机中与标准混合油进行抗震性比较。在抗震性相等时，标准混合油中所含的异辛烷的体积分数即为所测汽油的辛烷值。如 93 号汽油的抗震性相当于 93%的异辛烷（体积分数）和 7%的正庚烷的混合汽油的抗震性（仅指两种汽油的抗震性相同，组成不一定相同）。实际汽油的辛烷值均在 0～100 之间。

直馏汽油的辛烷值一般都在 50～70 之间，为了提高汽油的辛烷值，需加入抗震剂。最早采用四乙基铅或四甲基铅以及它们的混合物，它们是最有效的辛烷值改进剂，只要加入少量辛烷值就会显著提高。但因铅类化合物对人体有害，同时汽车尾气中的无机铅化合物会使净化尾气的催化剂中毒，因此各国都在限制汽油中的加铅量。新抗震剂的研究就成为燃料油添加剂中最重要的课题。

新的无铅抗震剂主要有：叔丁醇、甲基叔丁基醚、叔戊基甲醚等。各国规定的掺合量为10%～35%不等。近年来由于能源危机、石油紧张，许多国家（包括我国）都在采用在汽油中掺烧甲醇或乙醇的方法（掺烧量为 3%～10%）。甲醇由 C、H、O 元素组成，C、H 是可燃的，O 是助燃的，所以，甲醇具有良好的燃烧性能，是一种易燃的无烟清洁燃料，其辛烷值高达 110～120，抗爆性能好，添加到汽油中，不仅可作为汽油代用燃料燃烧，且可提高抗爆性，并减少尾气污染。

叔丁醇　　　　　　甲基叔丁基醚　　　　　　叔戊基甲醚

甲基叔丁基醚（MTBE）的辛烷值也大于 100，不仅是一种很好的无铅抗震剂，而且当用甲醇掺烧汽油时，是良好的助溶剂。MTBE 由异丁烯与甲醇合成制备：

强酸性大孔离子交换树脂

该合成工艺是 C_4 馏分中脱除异丁烯的有效手段，余下的 C_4 馏分可生产丁二烯。由于 MTBE 性能优异，生产工艺又是 C_4 馏分的分离手段，所以在国外发展迅速，产量很大，供不应求，国内也在大力发展。

柴油的抗震性能以十六烷值表示，即表示柴油在柴油发动机中燃烧时的自燃性指标。规定正十六烷的十六烷值为 100，α-甲基萘的十六烷值为 0。一般而言，烷烃的十六烷值大于环烷烃和烯烃，环烷烃和烯烃的十六烷值大于芳香烃。实际柴油的十六烷值是将正十六烷烃和 1-甲基萘按不同比例配成的混合液进行标定的。

通常常压蒸馏柴油的十六烷值高，可供高速柴油机使用。裂化柴油和焦化柴油的十六烷值低，必须添加十六烷值改进剂。采用的改进剂有：硝基烷基酯类、二硝基化合物和过氧化物，以硝基烷基酯类应用最广，如硝基异丙酯、硝基戊酯、硝基丁酯等。正常的添加量为 1.5%（体积分数），添加后十六烷值可提高 12～20。

（2）清净分散剂

由于发动机汽化器中常存有积炭和其他沉积物质，从而可能减少空气的吸入量，增加废气中的 CO 含量和增加燃料耗用量。为了确保发动机的正常操作，必须添加清净分散剂。清净分散剂通常具有协同作用，除了能清除沉积物外，还有防止汽化器结冰和燃烧系统腐蚀的作用，是一类多功能添加剂。清净分散剂有低分子和高分子两种，主要是一些特殊结构的表面活性剂。

① **低分子清净分散剂**　主要的品种有烷基胺、烷基脲、有机胺和脂肪胺-酰胺盐等。如：

$C_{18}H_{37}CONHCH(CH_3)CH_2NH_2$　　　　　　　　　　　　　　　　N-硬脂酸酰丙二胺

$C_{18}H_{37}CONHCH_2CH_2NHCH_2CH_2NHCH_2CH_2NH_2$　　　N-硬脂酸酰四乙五胺

② **高分子清净分散剂**　有聚丁烯琥珀酸亚胺、聚丁烯多胺和聚氧乙烯胺衍生物等。如：

$$R-\!\!\!\!\!\!\bigcirc\!\!\!\!\!\!-O-CH_2\underset{\underset{OH}{|}}{CH}CH_2NHCH_2CH_2NHCH_2\underset{\underset{OH}{|}}{CH}CH_2-O-\!\!\!\!\!\!\bigcirc\!\!\!\!\!\!-R$$

R 是平均分子量约为 670 的聚丁烯。由结构可见它们既具有表面活性剂的结构可起清洗作用，又有脂肪二胺的结构可起缓蚀作用。

清净分散剂正常的添加量为 0.001%～0.01%，如用作全系统的清净，可添加 0.02%～0.06%。

（3）抗氧和防锈剂

燃料油在储存及使用中通常要与金属接触。由于空气和水的存在，会对钢材发生锈蚀。燃烧后产生的氧化物又为腐蚀创造了条件。在许多情况下，氧化会引起燃料油黏度增高，并使其组分发生变化。在燃料油中加入抗氧剂可提高它们在储存及使用时的稳定性，在含铅汽油中还能防止四乙基铅分解后形成沉淀的积聚。

抗氧剂可分为阻碍酚和苯二胺两大类。阻碍酚类抗氧剂在塑料中应用得十分广泛，在燃料油中用得最多的是 2,4-二甲基-6-叔丁基苯酚；苯二胺类抗氧剂中主要品种有 N,N'-二异丙基对苯二胺（Ⅰ）和 N,N'-二仲丁基对苯二胺（Ⅱ）。

$$(CH_3)_2CHNH-\!\!\!\!\!\!\bigcirc\!\!\!\!\!\!-NHCH(CH_3)_2$$

$$\underset{H_3C}{\overset{C_2H_5}{}}CHNH-\!\!\!\!\!\!\bigcirc\!\!\!\!\!\!-NHCH\overset{C_2H_5}{\underset{CH_3}{}}$$

Ⅰ　　　　　　　　　　　　　　　　　　Ⅱ

近年来，也出现了一些有清洗作用的防锈剂，它们可在钢铁表面形成疏水性皮膜而阻止生锈，同时有一定的清洗作用，可使发动机的维护工作易于进行。主要有壬基酚聚氧乙烯醚非离子表面活性剂和咪唑啉胺。

壬基酚聚氧乙烯醚　　　　　　　　咪唑啉胺

（4）抗冰剂

汽油发动机由于低温下吸入的空气中含有一定量的水分，汽油也可能带入少量水分，在寒冷气候下很可能在汽化器内凝缩结冰，造成打不着火或使汽车失控。高空飞行的飞机接触的空气常低于零度，燃料油中也会出现结冰现象，在此情况下，均需添加抗冰剂。

抗冰剂可分为两类：一类是醇类，如甲醇、乙醇、异丙醇等。由于醇类具有水溶性，可与水以任何比例混合，加入后可降低冰点，使水不能结冰。此外，也常用一些多元醇，如乙二醇以及它们的醚，如乙二醇醚、二乙二醇醚等，其添加量为 $0.5\%\sim2\%$（体积分数）。另一类则属于表面活性剂类型，它们的疏水基团会聚集在金属的表面使之能阻止水分在金属表面结冰，属于这一类的有磷酸胺、脂肪胺、脂肪酰胺和烷基琥珀酸亚胺等，其添加量为 $0.002\%\sim0.01\%$。

（5）抗静电剂

燃料油在输送过程中或在储存使用中均可能产生静电，由于燃料油的导电率很低，静电逐步聚集成高电压，在内壁气相部分产生放电的可能性。当燃料油气相部分的蒸气浓度达到爆炸极限范围时，可能产生爆炸及着火。因此，燃料油中要加入一些抗静电剂。主要为表面活性剂物质，有阴离子型（高级脂肪酸硫酸酯类、脂肪族磺酸盐和脂肪醇磷酸酯等）；阳离子型（$C_8\sim C_{22}$ 的烷基季铵盐等）；两性型（甜菜碱型和咪唑啉型）及非离子型（聚氧化乙烯的衍生物和多元脂肪醇酯），一般非离子型抗静电剂效果较显著。

目前燃料油，特别是喷气飞机的透平油的抗静电剂，美国规定使用烷基水杨酸酯和烷基磺酸琥珀酸钙，国际航空港均备有此类产品，供班机使用。

（6）助燃剂

重油不完全燃烧常出现结炭和废气排黑烟的现象。助燃剂在重油燃烧过程中能起催化氧化作用，使重油燃烧后灰分减少，改善重油的燃烧性能。常用的助燃剂是油溶性有机酸金属盐类，主要为环烷酸金属盐和有机磺酸金属盐，市场商品多为钡盐。虽然目前国内外已报道研制出多种节能助燃添加剂，但真正效果显著并成功进入市场应用的还不多。许多产品尚需对其安全性、稳定性及节油率等问题作深入研究。随着世界石油能源的日益减少、环保要求的日益苛刻及节能材料的不断深入研究，开发新型、高效且符合现代环保要求的新一代节能助燃添加剂成为必然。目前世界多个国家也在进一步加大投资研究力度，这将对节约世界石油资源和改善环境污染状况产生积极影响。

9.2.3　润滑油添加剂

润滑油的作用是降低机械运动部件的摩擦力，减轻机件的发热和磨损。

润滑油根据用途主要分为发动机润滑油、变速箱油、液压油以及机床用齿轮或其他运动部件的润滑脂等。从石油中得到的 $C_{20}\sim C_{70}$ 馏分价格低，是润滑油主要来源。此外，合成润滑油有良好的性能，也是一个值得注意的方向。

润滑油必须满足三方面的基本要求：润滑作用、化学稳定性（即不降解、不氧化或在使用过程中不形成油泥）、黏度以及其他在使用过程中必须达到的一些性能。

润滑油可以用化学添加剂来改进它的使用性能，用量也很大。如，在发动机润滑油中约18%是添加剂，其中包括黏度指数改进剂、倾点抑制剂、消泡剂、清净分散剂、缓蚀剂和润滑改进剂。

（1）黏度指数改进剂

黏度指数表示黏度随温度变化的性能。若润滑油的黏度指数较高，则随温度上升黏度下降幅度较小，该润滑油便具有很好的低温起动性和高温润滑性。一般润滑油的黏度指数为80~90。而一些长期运行的汽车发动机油或液压油，黏度指数要求高于原润滑油的黏度指数，这时就必须加入黏度改进剂。它们是一些油溶性高分子共聚物，如甲基丙烯酸酯和异丁烯共聚物，在单体上所含的C_{12}~C_{18}的酯基可提高油溶性，而聚甲基丙烯酸酯和聚异丁烯本身也可作为黏度指数改进剂。

甲基丙烯酸酯和异丁烯共聚物

高分子化合物在高温下能使润滑油的黏度增高的原理是：在低温下高聚物的分子是卷曲的，绝大多数都属于胶体微粒，对黏度几乎没有影响；但在加热后，由于高分子化合物溶解度增加分子就伸长开来，这种伸长的链可以互相纠缠而变厚。用这种方法甚至可使黏度指数增加到180。

在有油溶性的条件下，高聚物的分子量越高。黏度改进作用越大，但分子量不能过高，一般在5000~20000最有效。

随着超支化概念的提出，超支化聚SEBS（苯乙烯-丁二烯-苯乙烯嵌段共聚物）、超支化聚乙烯、超支化聚异丁烯被应用作润滑油用黏度指数改进剂，获得了优异的效果和广泛的应用。

（2）倾点抑制剂

倾点是液体在指定的条件下可保持流动状态的最低温度（以3℃为增量），它随润滑油中石蜡含量的变化而变化。倾点抑制剂是能阻止石蜡类高分子量烷烃在低温下析出，保持润滑油流动性的物质。脱蜡能降低倾点，但要使倾点降到-18℃以下时所采用脱蜡的成本太高，因此就需用倾点抑制剂。有两类化学品可具有这种作用，一类是高分子化合物，例如，甲基丙烯酸酯聚合物，它与石蜡会形成共晶，从而改变了它的形态，这样在低温下石蜡只形成很小的结晶而不会把油夹带在结晶中使之不能流动。同时甲基丙烯酸酯聚合物又有改进黏度指数的作用。另一类是氯化石蜡与萘或苯酚的缩聚物。当温度下降促使石蜡结晶生成时，这些化合物会被吸附在石蜡结晶的表面，这就避免结晶微粒互相粘连在一起，使之保持微粒分散在油中，就可使润滑油继续保持良好的流动性。

（3）清净分散剂

发动机活塞连杆以及局部高温的部位常由于润滑油高温氧化，生成一些不溶性的油泥。为了及时清除这些油泥，保持润滑油良好的润滑性能，需加入清静分散剂。主要品种有脂肪酸的碱土金属盐；油溶性的烷基苯磺酸钡、钙和镁盐；烷基酚的钡、钙盐以及硫磷酸钡盐等。

（4）消泡剂

润滑油的表面张力必须很低才能起作用。但低表面张力的润滑油却很容易发泡。特别是在有水、添加剂及其他杂质时就更容易发泡。溶入空气会在液压及自动传感系统中产生海绵状泡沫，阻止润滑油达到规定的高度，进一步会造成溢流和油损耗。甲基硅油是有效的消泡剂，硅分子聚集在气泡表面，使之强度下降，细泡沫就会结成大泡，并上升到油的表面而破掉，其加量仅百分之几。

目前，国外已大量使用非硅型消泡剂，如美国的 LZ889、英国的 PC1244 等均属于非硅型消泡剂。我国也开始使用"上 902"非硅型消泡剂，其主要成分是丙烯酸异辛酯、丙烯酸乙酯、乙烯基正丁醚及 200 号溶剂汽油，添加量为基础油的 0.05%，特点是与基础油和添加剂配伍性良好，可在 200℃ 以上长期使用，在酸性介质中高效，长期储存消泡性能不下降。

9.3 造纸化学品

造纸术是我国对人类文明发展所做的卓越贡献。当今世界，造纸工业仍在各国国民经济中占有重要的地位，而且，随着社会的进步和人类生活水平的提高，对纸张和纸制品的需求量会越来越大。造纸原料有木材纤维和非木材纤维（蔗渣、稻麦秆、玉米秆、竹子、黄麻、剑麻植物等），其中木材纤维中的针叶树木纤维长，可制优质纸。而阔叶木和非木材纤维纤维短，用这种纸浆生产纸的过程中需要使用很多种专用化学品，如施胶剂、助留剂、助滤剂、增强剂、脱墨剂、消泡剂等。这些专用化学品称为造纸化学品，它们对纸张的性能起着决定性的作用。可使生产优化，纸机运行速度加快，并能使性能较差的纤维生产出更薄、更白、更强的纸，同时可减轻环境污染。我国是造纸大国，与发达国家相比，我国造纸工业中，木材纤维原料比重不足 25%，非木材纤维比重则占到 60% 以上，以草浆为主，因此对助剂有更大的依赖性。由此可见，造纸化学品在造纸过程中是非常重要的。

9.3.1 主要造纸工序及作用

纸的生产包括制浆、造纸和纸的二次加工。

（1）制浆

制浆是利用化学或机械或两者结合的方法，使植物纤维原料离解，变成本色纸浆（未漂浆）或漂白纸浆的生产过程。它包括下列基本过程：

原料采储 → 备料 → 蒸煮 → 洗涤 → 筛选 → 漂白

除机械法外，化学法及化学机械法都需要加入化工原料和助剂。

① **蒸煮** 蒸煮过程主要是脱木素的过程，使原料中的木素和蒸煮剂、蒸煮助剂发生化学反应而溶出，和纤维素分离。主要有碱法和亚硫酸盐法两种。碱法是用碱液来处理植物纤维原料，将其中的木素溶出，使原料纤维彼此分离成浆。目前碱法蒸煮是各国制浆的主要方法。亚硫酸盐法又分为酸性亚硫酸盐、亚硫酸氢盐法、亚硫酸氢盐-亚硫酸盐法、亚硫酸盐法和碱性亚硫酸盐法等。

② **废液提取和纸浆洗涤** 来自蒸煮工段的粗浆，含有大量蒸煮废液和少量粗渣、泥沙等杂质，因此需经过洗涤、筛选、净化和浓缩，将蒸煮废液中所含木素、糖类和脂肪等非纤维杂质与纤维进行分离，以获得符合质量要求的纸浆，并对废液、废渣等加以回收利用。

③ **纸浆漂白** 加入漂白剂到纸浆中，除去纸浆中的木素或者改变木素发色基团的结构，

提高纸浆白度和白度稳定性，改善纸浆的物理化学性质，纯化纸浆，提高纸浆的洁净度。

（2）造纸

造纸主要指打浆、抄纸和生产纸板。

① 打浆 经过净洗和筛选后的纸浆还不能直接用于造纸，必须利用物理机械方法处理，使纤维产生切断、压溃、吸水润胀和细纤维化，使纤维尺寸均匀化，外表面积增大，变得柔软且强度增加。

② 调料 是施胶、加填、着色等多道工序的总称。

施胶是对纸浆、纸张或纸板进行化学处理，使其具有耐水耐油性能并提高强度。大多数纸和纸板都需要施胶，根据方式不同，可分为浆内施胶和表面施胶。

加填是在浆料中加入无机填料（如滑石粉、高岭土、碳酸钙、钛白粉等）和有机高分子助剂，提高纸的不透明度、亮度、平滑度、挺度、干强度、湿强度及其他性能等。加填可降低生产成本，提高纸的质量。

着色就是在纸浆中加入颜料或染料以生产彩色纸张。也可采用表面染色、浸渍染色和涂布染色等方法对纸染色。

③ 抄纸 指将纸浆生产成纸的过程。使悬浮在液体中的纤维在网上形成错综交织的均匀的纤维层，再经压榨和干燥之后得到成品纸。抄纸分干法和湿法两种。前者以空气为介质，后者以水为介质，根据抄纸方法、设备、化学助剂的不同，可得到不同品种的纸。

④ 纸板生产 和纸张生产基本相同，也需经过制浆、打浆、抄制、压光、卷取、裁切或复卷等步骤。

（3）纸的二次加工

在抄纸工序之后进行再加工即为二次加工，包括涂布颜料（铜版纸、涂布纸、铸涂纸等）和用各种化学品涂布（通过挤出、浸渍、贴合等方法来生产压敏纸、热敏记录纸、阻燃纸、剥离纸及离型纸等）。根据不同制备方法又细分为涂布加工纸、变性加工纸、浸渍加工纸、机械加工纸、复合加工纸等。

造纸化学品根据其性能可以分为制浆助剂、抄纸助剂、施胶剂、助留剂、助滤剂、增强剂、涂布剂。

9.3.2 制浆助剂

（1）蒸煮助剂

蒸煮助剂的作用是降低蒸煮工艺条件，加快蒸煮速度。蒸煮助剂分为两大类，一类是参与脱除木素的反应，增加反应的选择性，代表产品如蒽醌及其衍生物；另一类是不参与化学反应，仅提高与木素的可接触性，使反应均匀性得到改善，如低烷基的磺酸盐、苯磺酸盐、萘磺酸盐等。目前，国内使用最普遍的是蒽醌及其衍生物。蒽醌衍生物价格低，效果好，比蒽醌更具有发展前途。

① 蒽醌及其衍生物 醌类化合物可以加速木素与纤维素的分离，缩短蒸煮时间，提高得浆率。典型品种如：

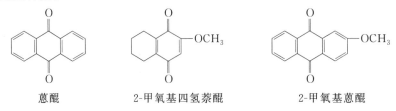

蒽醌　　　　　2-甲氧基四氢萘醌　　　　2-甲氧基蒽醌

蒽醌及其他醌类不溶于水，常在分子中引入—OH、—SO$_3$H等亲水基，如：

2-羟基蒽醌　　　　　　　　　　2-蒽醌磺酸钠

或者将醌类化合物与阴离子表面活性剂复配来提高蒸煮效果。

② 亚硫酸钠（Na$_2$SO$_3$）　具有还原作用，能夺取蒸煮液中的氧，防止蒸煮罐中空气在高温和强碱性介质中对纤维的损伤。另外，它对各种生色基有强的还原作用，能使浆料色泽变白。

③ 三聚磷酸钠（Na$_5$P$_3$O$_{10}$）　具有强的螯合能力和分散、助乳化、增溶等作用，能够降低表面张力，分散纤维，脱除蒸煮粗浆中的灰分和杂质，提高纸浆白度和均一性。

④ 氨基磺酸（NH$_2$SO$_2$OH）　可与纤维素发生磺化反应，能和NaOH反应生成硫酸钠铵和氨基磺酸钠盐，在酸性甚至中性范围内能显著地抑制纤维素的降解，阻止纤维素的剥皮反应。

⑤ 漂白剂　有两大类漂白剂，一类如氯、次氯酸盐、二氧化氯、过氧化物、氧、臭氧等，通过氧化作用除去木素，使其结构上的发色基团和其他有色物质受到彻底的破坏和溶出而达到漂白目的。另一类为还原性漂白剂连二亚硫酸盐、亚硫酸和硼氢化物等，这类漂白剂仅改变或破坏纸浆中属于醌结构、酚类、金属螯合物、碳基或碳碳双键等结构的发色基团，减少其吸光性，增加纸浆的反射能力，使发色基团脱色而不是溶出木素，漂白浆得率的损失很小。

（2）废纸脱墨剂

利用废纸作为廉价的纸浆资源现在已经越来越重要。废纸利用可有效地保护森林资源，改善生态平衡保护环境，减少浪费，节约能量，降低生产成本。废纸脱墨即是将经过印刷的废纸变成满足生产要求的白纸浆的过程。方法是根据油墨的特性，在废纸浆中加入脱墨剂，在加热作用下，使油墨颜料粒子与纤维分离，然后采用机械外力将游离出来的印刷油墨粒子从纸浆中分离出去。

脱墨方法分浮选法和洗涤法。

① 浮选法　是利用纤维、填料及油墨等组成的可湿性不同的一种分离方法。在浆料中加入脱墨剂、发泡剂并加以稀释，通过搅拌或压缩将空气打入浆内产生气泡，发泡剂使这种泡沫保持一定的稳定性，而油墨和杂质吸附在泡沫上，富集于浆料表层，不断刮去或通过溢流、真空抽吸而除去这种油墨泡沫即可达到脱墨效果。浮选浆料的pH值一般为9~10。脱墨剂中必须加入浮选剂和螯合剂。

② 洗涤法　将脱墨剂加入浆内，在机械作用力下使油墨脱离纸浆纤维表面并悬浮于体系中，再用脱水的方式将油墨及污物洗涤并过滤掉，从而使油墨和污物与纸浆纤维分离。脱墨剂中必须加入分散剂和抗再沉积。目前我国中、小型造纸厂多用此法。

浮选法较之洗涤法具有更多优点，纸浆得率和质量较高，但设备投资较大。

脱墨剂一般由多种化学品组成，包括表面活性剂、皂化剂（NaOH和Na$_2$CO$_3$等）、湿润剂、脱色剂或漂白剂、分散剂和防油墨再沉积剂等。综合配方的目的在于降低废纸与印刷油墨的表面张力，产生皂化、润湿、渗透、乳化、分散和脱色等多种作用。

a. 表面活性剂：不同的脱墨方法所适用的表面活性剂不同。浮选法脱墨剂要求有强的发泡能力，使油墨粒子能很快地漂浮在表面，因此，浮选法脱墨时，起泡性好、对油墨分散效果好的表面活性剂如高碳醇聚氧乙烯醚（$C_{12} \sim C_{18}$，HLB 值为 $9 \sim 12$）比较合适；磷酸单酯型表面活性剂效果也较好；脂肪酸盐（如油酸钠、硬脂酸钠等）则对于金属离子有很好的螯合能力，并且能够通过静电吸引对油墨进行有效的捕集和浮选。脂肪酸聚氧乙烯酯和脂肪酸皂复配后得到的脱墨剂，有强的浮选和絮凝能力，但往往絮凝物会黏附管壁。

洗涤法脱墨剂多以非离子表面活性剂为主，要求在脱墨过程中产生的泡沫较少。脱墨效果较好的有 AEO-9、OP-10、JFC、Tween-80 以及磷酸双酯等。亦可以在其中加入有机溶剂（如甲苯等）形成细微乳液，使油墨中的树脂更快溶解、乳化和分散。阴离子表面活性剂在洗涤过程中有高的起泡性，将会降低洗涤效率，必须和非离子表面活性剂复配才能达到最佳洗涤效果。

b. 皂化剂：有 NaOH、Na_2CO_3 和 Na_2SiO_3 等。它们的作用是使纤维润胀，使油墨中的油脂皂化，通过皂化使油墨的颜料粒子游离出来。同时，可以使纸张中的松香皂化，便于纤维分散。NaOH 碱性强，润胀纤维和皂化油脂效果好，但使用不当，会使纤维受到损伤。Na_2CO_3 碱性较弱，对纤维的破坏作用较小，故较普遍使用。硅酸钠（水玻璃）是一种皂化剂和螯合剂，具有一定助洗、螯合、润湿、分散和 pH 缓冲作用，既皂化油脂类物质，又可分散颜料，防止纸浆重新吸附油墨污点，在较低 pH 值下比氢氧化钠脱墨效果好，脱墨浆白度较高，纤维损伤较小，主要用于含机械浆的废纸脱墨。硅酸钠与 H_2O_2 同时使用，有助于 H_2O_2 的稳定，使其效能充分发挥，脱墨效果更好。

c. 湿润剂：包括肥皂、油酸钠皂、萘皂、脂肪酸、石油磺酸、烷基磺酸钠、吐温等。这些湿润剂与 Na_2CO_3、Na_2SiO_3 等配合使用，能润湿颜料粒子，使油脂乳化并溶出。它们能渗透到纤维内部，而无破坏纤维的作用。常用的肥皂价格便宜，效果较好。特制的油酸钠皂和萘皂，具有较好的润湿及乳化作用，使脱墨浆具有较高的白度。

d. 防油墨再沉积剂：主要作用是使油墨分散且不再沉积于纤维上。多为含有—COOH 的聚合物，如聚马来酸酐、马来酸酐丙烯酸共聚物、羧甲基纤维素钠等。

e. 脱色剂和漂白剂：常用的脱色剂往往又是漂白剂，如 H_2O_2、连二亚硫酸盐、甲脒亚磺酸等，其中使用最多的是 H_2O_2。H_2O_2 既有漂白作用也有皂化作用，主要用于含机械浆的废纸脱墨，以提高废纸浆的白度和白度稳定性，同时还能促进纤维分散，油墨皂化及改变其他成分如胶料、淀粉和油墨载体等的性质。

f. 吸附剂：常用的吸附剂有高岭土、硅藻土、黏土和瓷土等，它们有较大的比表面积，能够将颜料粒子和分散乳化的油墨吸附在其表面上，而不被纤维吸附，以便用洗涤的方法除去。这些吸附剂适合于浮选法脱墨。

③ **浮选洗涤法**　采用浮选洗涤法，由于经过浮选和洗涤两道工序，使纸浆质量高、灰分去除率高，同时耗水量和废水处理负荷适中，因此目前采用国产设备及脱墨剂的纸厂大都采用这种工艺，以改善单一方式的不足。在浮选洗涤法中，废纸经水力碎浆机碎浆，在废纸脱墨剂作用下，浮选出较大的油墨粒子，洗涤掉较小的油墨粒子，从而达到除去油墨的目的。

(3) 其他制浆助剂

① **消泡剂**　在制浆过程中会产生大量泡沫，影响过程控制及纸的均匀性等，常采用消泡剂消泡。消泡剂一般为表面活性大、表面强度低、黏度小的液体，如煤油、松节油、多元醇、短链的脂肪酸、胺类、聚醚、硅油、氟化物等。

② **防腐剂**　纸浆中含有糖类等多种营养物，且温度宜于细菌生长，在制浆和抄纸过程中极易产生微生物繁殖，从而引起纤维素大分子降解，严重影响纸的质量，所以需在纸浆中加入一定的防腐剂。对防腐剂的要求是具有高效、快速、广谱杀菌抑菌能力以及低毒、易分解和水溶性好的特点，此外，如能具有耐热性、无刺激性和长期使用不使细菌产生抗药性则更好。主要种类有亚甲基硫氰酸酯类、有机溴化合物、二硫代氰基甲酸类、季铵盐类、异噻唑类、硝基丙烷类等。

9.3.3　施胶剂

施胶是在纸浆中或纸及纸板上施加胶料的一种工艺技术。除少数面巾纸、卫生巾及吸水性用纸不需要施胶外，绝大多数纸都需要施胶。施胶的目的是降低纸和纸板的吸水量和吸墨量，保持纸的尺寸的稳定性，防止收缩，以及增进纸的光滑性、印刷稳定性，提高纸的质量。

施胶有两种不同的方法：一种方法称为内部施胶，是把施胶剂直接加入打浆机中，对纸浆施胶，再制成具有憎液性质的纸和纸板，这是施胶的主要方法；另一种方法是将施胶剂施加到纸的表面，并在纸的表面上形成一层薄膜，封闭纸的表面孔隙，以使纸张书写流利，并增加纸的耐水性能、抗油性能、干湿强度及印刷性能。就书写纸、印刷纸和某些包装纸而言，表面施胶往往比浆内施胶更为重要。

浆内施胶剂可分为松香胶、反应性胶、树脂胶、石蜡胶等。施胶又分为酸性和中性或中性偏碱性工艺。酸性施胶必须加入硫酸铝，并使用松香胶施胶剂。由于在酸性条件下易产生纤维素的水解，使纸张发脆，强度降低，还会导致水中 TDS（总溶解固体物含量）和 COD（化学耗氧量）指标过高，引起严重环境污染。所以中性/碱性施胶是造纸施胶的方向，中性/碱性施胶的同时可加填 $CaCO_3$，还可降低成本。中性/碱性工艺需要相应的中性施胶剂，如反应性胶、树脂胶、阳离子松香胶以及其他中性施胶剂。

9.3.3.1　酸性施胶剂

酸性施胶剂主要是松香施胶剂、石蜡施胶剂及其他合成胶料。

（1）松香施胶剂

松香是使用得最为广泛的一种浆内施胶剂。松香是从松树等针叶树木中提取的黄色至棕色固体混合物，其中树脂酸及其同分异构体占 90％ 左右。树脂酸的分子式为 $C_{19}H_{29}COOH$，化学结构分为松香酸型和海松酸型。

① **皂型松香胶**　将松香与 NaOH 或 Na_2CO_3 进行皂化反应，即可得到皂型松香胶，又称为第一代松香胶。使用时加热水搅拌（或用蒸汽喷射），稀释成乳液，经过滤后加入纸浆中，并以硫酸铝作沉淀剂，使松香胶乳液絮凝在纸浆纤维上达到施胶的目的。

② **强化松香胶**　将松香和马来酸酐或富马酸在 160～200℃ 下熔融反应约 2h，然后和碱反应可制得强化松香胶。

新松香酸　　　　　　　　　海松酸　　　　　　　　　马来松香酸

强化松香胶又称为第二代松香胶，其活性羧基含量更高，施胶效果好，应用时常和普通松香胶以合适的比例配合使用，可增加松香的施胶性能和减少松香的使用量。以强化松香胶取代 10％～50％松香胶，可节约施胶剂用量 25％～30％以上。

③ 乳液松香胶　即高分散松香酸，又称为第三代松香胶。这是一些游离松香酸含量极高的分散松香胶，其游离松香酸含量高达 90％以上，pH 在 7.0 以下，而固含量为 50％左右。高分散松香胶比皂型松香胶具有更好的施胶效果，在不损害施胶效能的情况下可降低施胶剂加入量 50％。

(2) 石蜡施胶剂

通常和松香并用，用乳化剂将它们制成乳液，对提高纸张的耐水性、柔软性、耐蚀性和增进平滑性、光泽、印刷适应性都有较好的效果。主要用于食品包装纸、外科医生手术纸、海报纸、漂白牛皮纸等的制造。

(3) 烯基丁二酸酐

烯基丁二酸酐水解并皂化后可形成水分散液，这种合成施胶剂的特点是在低比率添加时施胶效果优异，白度、耐候性、耐碱性等方面均优于松香施胶剂，但同样需要矾土来沉淀。

9.3.3.2　中性施胶剂

中性施胶剂大致可分为两种类型，一类是阳离子施胶剂，通过吸附实现留着性，代表品种有阳离子分散松香胶、阳离子淀粉、阳离子石蜡胶及阳离子树脂，如采用硬脂酸等长链脂肪酸与多胺合成的 CS 中性施胶剂。另一类为反应型施胶剂，它含有能够和纤维羟基直接发生反应的活性基，代表品种有 AKD(烷基双烯酮二聚体) 和 ASA(烯基琥珀酸酐) 等施胶剂。

(1) 阳离子施胶剂

阳离子分散松香胶称为第四代松香胶，其外观为白色乳液，固含量为 35％左右，可用水任意稀释，保存期可达 1～2 年。与传统松香胶的主要区别为阳离子松香胶呈阳离子性。阳离子松香胶中羧基含量有所降低，这是由于松香分子中的羧基与阳离子化试剂反应所致。

阳离子松香胶的优点是胶乳黏度低、稳定性好；施胶时可减少明矾用量约 50％；可加入 $CaCO_3$ 等填料以降低生产成本；可自行留在带有负电荷的纸纤维表面；施胶的 pH 值为 4.0～6.5，适应于中性范围内施胶，可提高纸张强度和耐久性，是目前发展较快的施胶剂。

(2) 反应型施胶剂

① **烷基双烯酮二聚体(AKD)**　AKD 是一种理想的中性造纸施胶剂，既可作浆内施胶剂，又可作表面施胶剂，使纸张具有良好的憎水和憎墨性能，多用于需长期保存的纸张，但它易水解，使用时应注意时效，稳定期一般为 3 个月。

② **烯基琥珀酸酐 (ASA)**　ASA 施胶剂借助乳化剂、稳定剂、促进剂及驻留剂的电荷调节和桥联，起到凝结和絮凝的作用，使 ASA 施胶剂在纤维上显示出良好的留着性。适应于中性到弱碱性范围内的施胶，用量为 1％，仅为松香施胶剂的 1/3～1/2。

由于 AKD 和 ASA 本身结构有缺陷，因而寻求更加合理的反应型中性施胶剂是推进施胶进程的关键。为了解决 AKD 施胶滞后问题和 ASA 乳液不稳定性问题，AKD 的快速熟化技术以及 ASA 的乳化技术是造纸施胶剂研究的重点。探索新的施胶剂结构以及寻求绿色的原料是造纸施胶剂推陈出新的关键，符合造纸行业可持续发展和清洁生产的需要。

9.3.3.3 表面施胶剂

表面施胶是将干纸通过胶料溶液施胶，或在压光机上施胶。工业上使用的施胶剂主要是淀粉、动物胶、羧甲基纤维素、聚乙烯醇、蜡乳液和为获得专门效应有时使用的某些高分子树脂。另外，很多在纸的二次加工（即抄纸工序以后进行化学及物理处理）阶段应用的涂布剂也可以用作表面施胶剂。

① **淀粉类**　淀粉价格便宜，所以除了高级纸张以外，大量采用淀粉作为表面施胶剂。由于未改性的或原淀粉溶液的黏度太高，因此通常采用降低黏度的改性淀粉，如氧化淀粉、羟乙基淀粉、羧甲基淀粉、醋酸酯淀粉、磷酸酯淀粉、阳离子淀粉等。为了改善流动性，有时可加入非离子表面活性剂如月桂酸聚氧乙烯酯等。此外各种酸解淀粉、酶转化淀粉也可用于表面施胶。

② **聚乙烯醇（PVA）**　我国用于表面施胶的主要是聚乙烯醇1798，其聚合度为1700，醇解度98%。PVA可在纸张表面形成具有很高抗张强度和很高透明度、柔韧性和抗油性的胶膜，施胶效果比其他表面施胶剂好，是一种理想的表面施胶剂。PVA的缺点是渗透性大，易于渗透到纸层内部，导致用量加大。解决方法是把纸张用硼砂液预处理后再用PVA施胶，PVA和硼砂发生交联反应形成凝胶体，可抑制PVA向纸层内部的过量渗透。若采用1%～1.5%的硼砂溶液处理纸张后再用PVA施胶，PVA溶液的浓度可从单用时的3%降到1%。

③ **羧甲基纤维素（CMC）**　CMC薄膜强度大，抗油性好，但黏度高，故多采用中等分子量、替代度为0.5～0.7的CMC，涂布后纸的破裂强度和印刷光泽度好。CMC亦可用于浆内施胶，对松香胶有稳定和分散效果，可提高胶料和填料的留着率。

近年来，国外主要使用imPress ST表面施胶技术，它兼顾表面施胶和浆内施胶的综合性，维持一个可控的、可以预测的施胶效果。多功能表面施胶剂除了表面施胶功能外，还能显著改善纸的性能指标，特别是改善纸的某一特殊性能指标。高浓度、低黏度、高性能的表面施胶剂适应新型表面施胶装置开发的要求，是今后发展方向。合成表面施胶剂在合理利用资源、降低成本、保护环境方面优于天然表面施胶剂，应进一步深入研究，拓宽其应用领域。

9.3.4 助留剂和助滤剂

为了使制浆过程中添加的施胶剂、填料等很好地附在纤维上，而不至于随水呈悬浮状排出，通常加入助留剂。助留剂能使细小纤维、填料等颗粒集结在纤维表面周围，提高添加剂的留着率，并使纤维间仍保持较多孔隙，以利滤水。由于白水中填料和细小纤维含量减少，白水易于澄清，可减轻排水污染，降低生产成本，节约纤维原料，保持毛布清洁，使纸机更好地运转。可用作助留剂的有无机盐、无机酸、无机碱、膨润土、酸性白土、羧甲基纤维素钠、淀粉及改性淀粉、聚丙烯酰胺、水溶性脲醛树脂、动物胶等。

助滤剂的作用是提高从造纸网部来的湿纸的滤水性、脱水速度。滤水作用与助留作用在促进纤维和填料的凝聚这一点上是相通的，所以助滤剂往往同时又是助留剂。早期多以聚乙烯亚胺（PEI）作为助滤剂，目前以聚丙烯酰胺（PAM）为主，分阳离子、阴离子、非离子和两性离子型。几种主要助滤剂分类列于表9-3。

表 9-3　主要助滤剂分类

种　类	主 要 产 品
阳离子型	聚乙烯胺、阳离子淀粉、聚乙烯亚胺(PEI)、聚酰胺多胺环氧氯丙烷(PAE)、聚丙烯酰胺接枝阳离子淀粉、丙烯酰胺-二甲氨基丙基丙烯酰胺共聚物等
非离子型	聚丙烯酰胺、聚甘露醇半乳糖、聚氧化乙烯
两性型	两性淀粉、两性聚丙烯酰胺(C-APAM)
阴离子型	水解聚丙烯酰胺、羧甲基纤维素(CMC)、羧甲基淀粉(CMS)等

9.3.5　增强剂

用一些化学品使纸在干燥或潮湿状态下保持一定强度的方法称为增强。对于纤维相对较短、质地不太高的阔叶树木浆及草纸浆需加入增强剂才能制成优质的纸和纸板。纸张增强的方法有两种，一种是浆内添加增强剂，另一种是抄纸时添加表面增强剂。浆内增强根据效果不同，又分为增干强剂和增湿强剂两类。

(1) 增干强剂

增干强剂是指在造纸过程中用于增强纤维间的结合，以提高纸张物理强度，而不影响湿强度的化学品。常见的主要有两类，一类是改性天然聚合物，如羧甲基纤维素、淀粉衍生物、壳聚糖改性物；另一类是合成聚合物，如聚丙烯酰胺、聚氧化乙烯、聚乙烯亚胺等。典型代表为淀粉衍生物类和功能性较强的聚丙烯酰胺类（可提高强度50%，而其他增强剂为20%）。

① 淀粉衍生物类　主要有叔胺型、季铵型阳离子淀粉，磷酸酯阴离子淀粉，双醛淀粉和 HC-3 淀粉衍生物等。其中阳离子淀粉的助留、助滤及增强效果优于阴离子淀粉，原因是阳离子淀粉中的正离子能与带负电的纤维直接结合而发生作用。

② 聚丙烯酰胺类　功能性较强（可提高强度50%，而其他增强剂为20%），品种较多，包括非离子型、阳离子型和阴离子型聚丙烯酰胺，较新型的两性离子型聚丙烯酰胺的增强效果更佳。

阴离子型聚丙烯酰胺（APAM）主要由 PAM 水解得到，或由丙烯酰胺与丙烯酸共聚得到，其作用机制为：在酸性抄纸范围内，利用添加硫酸铝所提供的阳离子而与带负电荷的细小纤维和填料絮凝而结合。

$$\mathrm{-CH_2-CH-CH_2-CH_2-} \atop \quad\ \ | \qquad\qquad\ |$$

CONH₂ 和 COOH 的结构

阳离子型聚丙烯酰胺（CPAM）是在聚丙烯酰胺中导入部分叔胺、季铵等阳离子基得到。通常制备方法有次氯酸降解聚丙烯酰胺和胺甲基化聚丙烯酰胺：

$$\left[\!\!\!\begin{array}{c}\mathrm{CH_2-CH}\\|\\\mathrm{CONH_2}\end{array}\!\!\!\right]_n + \mathrm{NaClO} \xrightarrow{\triangle} \left[\!\!\!\begin{array}{c}\mathrm{CH_2-CH-CH_2-CH-CH_2-CH}\\|\qquad\quad\ |\qquad\qquad\ |\\\mathrm{NH_2}\quad\ \mathrm{CONH_2}\quad\ \mathrm{NH_2}\end{array}\!\!\!\right]_n$$

CPAM 能使纸料中的细小粒子（包括细小纤维和填料）附在较长的纤维的表面上，形成较大的絮状体，而使纸料易于脱水，同时减少细小纤维粒子通过网子的流失量，经干燥后增强纸张的强度。

两性离子型聚丙烯酰胺（C-APAM）是本身具有阳离子和阴离子双元体系的改性聚丙烯酰胺，使用后纸张的绝大部分物理性能都有明显的提高，尤其用于印刷用纸效果更为显著。

（2）增湿强剂

增湿强剂是指能使纸张完全被水浸湿或被水饱和时仍能保持其部分强度的化学品。很多纸张如海图纸、特种地图纸、钞票纸、广告招贴纸、手巾纸、工业滤纸、照相原纸等需要具有湿强度。加入增湿强剂后，纸张的湿强度可由原先干强度的 $5\%\sim10\%$ 提高到 $20\%\sim40\%$。

目前使用最多的增湿强剂是脲醛树脂、聚乙烯亚胺、三聚氰胺-甲醛树脂和环氧化聚酰胺树脂，其中环氧化聚酰胺树脂效果最佳，以其优异的湿增强性著称于造纸工业。

① **脲醛树脂**　用作造纸湿强剂的脲醛树脂，是由甲醛与尿素以 2：1 的摩尔比、pH $5.5\sim6.5$、反应温度 $80\sim100℃$ 的条件下制得的，其中尚含有少量未反应的甲醛，这样在储存过程中，甲醛和未反应的尿素可以继续生成一羟甲基脲和二羟甲基脲。在加入浆内时，残余甲醛将在分子链中引入交联。

将脲醛树脂用乙二胺、二乙烯三胺、甲胺、双氰胺等改性剂进行改性能在分子链中引入更多阳离子基，使脲醛树脂在纸中有更大留着率。

② **聚乙烯亚胺**　聚乙烯亚胺水溶液呈阳电荷，有较高的反应活性，能与纤维中的羟基反应并交联聚合，使纸张产生湿强度。聚乙烯亚胺不仅可以作湿强剂，还是很好的干强剂、助留脱水剂以及打浆助剂，在 pH 为 $7\sim9$ 范围内使用。由乙烯亚胺聚合得到。

③ **三聚氰胺-甲醛树脂**　由尿素分解、缩合得到三聚氰胺后和甲醛缩合，然后聚合得到。经盐酸处理后的三聚氰胺-甲醛树脂带正电荷，它能迅速被带负电荷的纤维所吸附，在纤维表面上形成一层薄膜，增强了纤维之间的结合力，减少了纤维的膨胀变形，而赋予纸张湿强度、主要用于绘图纸、照相原纸等的湿增强。

④ **环氧化聚酰胺树脂**　又叫聚酰胺表氯醇树脂聚合物，为水溶性阳离子型树脂湿强剂。环氧化聚酰胺树脂适合在中性或微碱性条件下抄纸，最适宜的 pH 值为 $7.5\sim8.5$，对酸性抄纸也适宜，增强效果优于脲醛树脂和三聚氰胺-甲醛树脂，用量仅为后者的 1/3。其增强机制是环氧化聚酰胺树脂自身形成交联树脂分子网络，保护纤维与纤维间接点，阻止纤维的膨胀和吸水，使一些氢键受到保护而使纸页保留住部分强度。

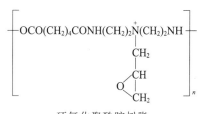

环氧化聚酰胺树脂

结合我国造纸原料、工艺和产品需求的发展现状以及目前造纸增强剂产品的应用情况，充分发挥各类增强剂的优势，开发适用于造纸生产尤其是草类和废纸浆料的高效价廉、性能稳定的增强剂，对于改善纸和纸板质量、提高造纸企业市场竞争力都是非常有意义的。淀粉接枝丙烯酰胺、淀粉接枝聚酯乳液、淀粉、PAE 共聚物兼具价廉、高效等优点，适用于我国造纸行业的发展需求，也是今后国内造纸增强剂开发的热点。

9.3.6　涂布剂

纸张涂布加工是纸张二次加工的重要环节，主要为改善纸张的表面性能，以提高适印性、纸张的强度、耐水和耐油性能；赋予纸张以照相显影、记录摹写、防锈防蚀、抗静电、导电和装饰等性能。涂布纸有颜料涂布纸、树脂涂布纸、特种涂布纸等。其中占主流的是用于印刷的颜料涂布纸，如铜版纸、普通涂布印刷纸等。涂布剂主要由涂布颜料、黏合剂、分散剂及其他辅助化学品组成。

（1）涂布胶黏剂

胶黏剂具有成膜性，主要作用是使颜料结合并附在原纸上，使得涂层平滑、光亮，提高纸的强度和其他物理指标，并且控制印刷油墨的吸收性，改进纸的适印性。其品种分为天然的和合成的大分子化合物，广泛使用的有干酪素、聚乙烯醇、丁苯橡胶等。

① 天然涂布胶黏剂　主要有淀粉或淀粉衍生物、酪素、大豆蛋白和纤维素衍生物等。淀粉及其衍生物是一类常用的胶黏剂，具有黏度高、流动性好，便于调整黏度，适应涂布机的涂布速度的特性。酪素是一种动物蛋白，流动性好、粘接力强、涂层明亮，并具有良好的抗水性，能赋予涂布纸适当的刚性，是一种优良的颜料胶黏剂。

② 合成涂布胶黏剂　合成黏合剂目前使用最多，而且其性能优于天然高分子。它们是由单体经乳液聚合得到的胶体乳液，常见的品种有苯乙烯-丁二烯胶乳、丙烯酸酯及其共聚物胶乳、乙烯-乙酸乙烯共聚物胶乳、聚偏二氯乙烯胶乳、苯乙烯-丁二烯胶乳等。它们具有机械稳定性好、耐溶剂性好，能生成强韧的膜，并降低涂料的黏度，改善流动性，具有更高的热塑性和压敏性，压光后纸的光泽度和平滑度提高。最近开发出的一类含羟基的丁苯橡胶含有活泼基团（—COOH）而赋予胶乳特殊性质，在纸面光泽度、涂层强度、印后油墨光泽度和抗湿摩擦性方面均优于丁苯胶乳，将取代丁苯胶乳作为主要涂布颜料胶黏剂。

（2）涂布颜料分散剂

颜料分散剂是纸张涂料中最重要的助剂，其作用是保证涂料中的颜料不发生絮凝和沉降，使涂料的黏度保持尽可能低，又有良好的流动性和涂布适应性，提高胶黏剂与颜料的混合性，达到提高涂布纸表面强度和印刷适应性的效果。在低固含量涂料中常用六偏磷酸钠盐作分散剂；在高固含量涂料中，多采用有机颜料分散剂如聚丙烯酸钠、木素磺酸钠、扩散剂NNO和平平加系列表面活性剂等。通常将几种分散剂混合使用，能进一步提高其分散效果。

（3）其他涂布助剂

其他涂布助剂包括有机硅、有机氟高分子类防水剂、硅树脂防黏剂、降黏或增黏类流动调节剂、柔软剂、阻燃剂、抗静电剂、防腐剂、增白剂等，其中一些助剂用于特种纸的生产。

9.4　皮革化学品

制革是将生皮加工为成品革。这是一系列的机械和化学处理过程，在这些过程中会应用到许多化学品，这些化学品除基本的无机材料如酸、碱、盐外，其余的都叫皮革化学品。皮革化学品的好坏对成革质量的影响很大。好的皮化材料以及相配套的工艺和设备，可明显提高皮革质量，增加花色品种，满足人们对革制品的薄、软、艳和时尚等的要求，具有至关重要的作用。随着制革技术的不断发展，从工艺到制革化工材料等都发生了巨大的变化，不同品种和风格的革制品越来越多，对皮革化学品的品种和质量的要求也越来越高，从而不断推动着皮革化学品向前发展。

9.4.1　制革主要工序

动物生皮由表皮层、真皮层和皮下层组成。其中真皮层是制革的加工对象。真皮层的基本成分是蛋白质纤维和纤维间质。其中蛋白质纤维主要指胶原纤维，占真皮纤维的 95%～98%，是由多种氨基酸通过肽链（—CONH—）连接而成的天然高分子。胶原纤维在真皮中相互交织，纵横交错，编织成一种特殊的三维网络结构，是形成革的主要组分。而纤维间质主要指存在于纤维之间的脂肪、黏蛋白和类蛋白、糖类等，是在制革中需除去的组分。

制革过程非常复杂。制革过程中利用加入的各种皮化材料及助剂与皮纤维发生化学作用，使生皮结构发生变异而产生一系列新的性能，同时也经过一些物理加工（如削匀、摔软等），最后得到具有一定强度、弹性、柔软度、舒适的手感及满意的外观的皮革和毛皮制品。因此，制革从裸皮到成革，有几十道工序，使用上百种材料。主要工序是：生皮→浸水去肉→浸灰→脱灰→浸酸、去酸→鞣制→削匀→复鞣→染色、加脂→干燥、整理→涂饰→成品。其中鞣制、加脂、涂饰最为重要。

根据制革工序和材料的性质不同，可将皮革化学品分为五大类，即鞣前助剂、鞣剂、加脂剂、涂饰剂、其他制革助剂。

9.4.2　鞣前助剂

① **浸水助剂**　浸水的目的是将风干的生皮重新充水，疏松纤维网络，使生皮接近鲜皮状态。由于生皮中油脂含量高，水难以浸入皮内，因而加入浸水助剂以缩短浸水时间。

浸水助剂主要是有机酸（如甲酸、乙酸、乳酸）、表面活性剂或无机盐（如 NaCl、Na_2SO_4）。浸水用的表面活性剂多是阴离子和非离子型的，主要有渗透剂 T、肥皂粉、拉开粉 BX、洗衣粉、石油磺酸钠、雷米邦（613 洗涤剂）、渗透剂 JFC、渗透剂 M、扩散剂 N（亚甲基双萘磺酸钠）、OP-10、AEO-9 等。在浸水过程中还可添加微量阳离子表面活性剂如 1227 或 1631 以杀菌防腐。

② **脱脂剂**　脱脂是为了去除多脂肪原料皮表面和脂腺中的油脂，使网络疏松，利于其他皮化材料的进入。目前使用的脱脂剂的主要成分为非离子表面活性剂，主要有烷基酚聚氧乙烯醚（如 OP-5、OP-7、OP-10、TX-10）、脂肪醇聚氧乙烯醚（如 JFC、ABO-3、AEO-9、平平加 O-20、C-125）、烷醇酰胺（如 6501、6502）、脂肪酸聚氧乙烯酯（如 SG-5）等。

在脱脂剂中复配少量阴离子表面活性剂，其乳化、渗透、分散能力更好。采用的阴离子表面活性剂主要有十二烷基苯磺酸盐 LAS、烷基磺酸盐 A3、雷米邦 A、拉开粉 BX、脂肪醇聚氧乙烯醚磷酸酯盐（如 PK-3、PK-9）、烷基磷酸酯盐（如 PL-1）等。

将有机溶剂与表面活性剂复配，如在脱脂剂中加入 10%～20% 三氯乙烯与 OP-7 等，对油脂含量很高的生皮（如绵羊皮、猪皮）有良好的脱脂效果。

③ **浸灰剂**　浸灰是让生皮在碱溶液中进一步发生充水作用，以去掉生皮上的毛，除去胶原纤维间的蛋白质、脂肪和其他杂质，并使纤维松散和分离。

浸灰剂的主要成分为 Na_2S、$Ca(OH)_2$，同时还要加入一些浸灰助剂以利于 Na_2S、$Ca(OH)_2$ 的溶解、渗透和分布均匀，促进脱毛，减少浸灰脱毛剂的用量。

浸灰助剂以表面活性剂为主，还含有机胺、还原性有机物（如糖、硫醇）、酶制剂等。常用的表面活性剂有 LAS、AES、BX、渗透剂 T、OP-7、OP-10、JFC、AEO-9 等。

④ **脱灰剂**　脱灰是除去残存 $Ca(OH)_2$，调节裸皮 pH 值，有利于鞣剂的加入和结合。脱灰剂以无机酸为主，但有机酸效果更好。有机酸脱灰剂脱灰时不会使裸皮肿胀，脱灰后粒面更细致，成革更柔软。常用的有机酸为乳酸、丁二酸、丁二酸二烷基酯磺酸铵、含硝基的苯二甲酸等。

脱灰过程中常加入表面活性剂如琥珀酸二烷基酯磺酸铵、脂肪醇或烷基酚聚氧乙烯酸酯、JFC等以使脱灰剂渗透更快，分布更均匀，同时能清除皮垢，粒面十分清洁，并且不会使裸皮过度膨胀。

9.4.3 鞣剂

组成生皮的胶原纤维在湿热条件下和微生物的作用下，均易水解而变质。鞣制则是通过化学鞣剂的作用，使生皮的胶原纤维变性，提高其耐湿热稳定性，以及抗酸、碱、酶、盐等水解作用的能力，从而回湿、干燥均不易变形，成为经久耐用的皮革。凡能提高生皮收缩温度，并使其发生质变而成为革的皮革化学品称为鞣剂。

鞣剂是一种具有多官能团的活性物质。鞣剂能与生皮胶原结构中两个或两个以上的官能团发生化学反应，使胶原蛋白改性，形成交联网络；鞣剂能够减少裸皮纤维束、纤维、原纤维之间的黏结性，使胶原纤维网络变得疏松，革身柔软而有弹性，使革的收缩温度、拉伸强度明显提高，革身丰满、粒面细致、耐水、耐热、耐化学试剂性能改善。鞣剂按化学结构与性质可分为无机鞣剂、有机鞣剂。按用途可分为预鞣剂、主鞣剂和复鞣剂。

无机鞣剂包括：铬鞣剂、铝鞣剂、锆鞣剂、多金属配合鞣剂和稀土鞣剂等。

有机鞣剂包括：植物鞣剂和合成鞣剂（芳香族合成鞣剂、醛类鞣剂、树脂鞣剂等）。

（1）无机鞣剂

① **铬鞣剂** 许多金属盐有鞣革效果，鞣制效果顺序是：$Cr^{3+} > Zr^{4+} > Al^{3+}$、$Ti^{4+}$、$TiO_2^{2+}$、$Fe^{3+} > Cu^{2+}$、$Mg^{2+}$、$Zn^{2+}$等。其中鞣革效果最好的是三价碱式铬盐，其化学式为 $Cr_2(OH)_m \cdot Na_2(SO_4)_n \cdot xH_2O$（$m$、$n$、$x$ 均为整数），它是用葡萄糖在酸性条件下将重铬酸钾盐或钠盐（红矾）中的 $Cr(\text{VI})$ 还原为 Cr^{3+}，再经冷却、芒硝分解、干燥而得。其反应式为：

$$4Na_2Cr_2O_7 \cdot 2H_2O + 12H_2SO_4 + C_6H_{12}O_6 \longrightarrow 8Cr(OH)SO_4 + 4Na_2SO_4 + 6CO_2 + 22H_2O$$

铬鞣剂主要用于轻革的鞣制，成革轻而薄，革色浅淡，外观美丽，具有良好的染色和涂饰性能，具有高度的延伸性，柔软、丰满的手感，透水、透气性好，耐水洗，化学稳定性良好，对微生物和酸的抵抗力也较高，因此铬鞣剂是目前应用最广泛而且鞣革效果最优良的鞣剂。据统计，在全世界所有的鞣剂品种中，含铬鞣剂已占 $70\% \sim 80\%$，到目前为止，还未发现任何一种鞣剂能够完全代替铬鞣剂。铬鞣剂的最大缺点是在制革过程中排放废铬液，对环境污染严重。现已广泛采用商品化的铬鞣粉剂代替传统的制革厂自配铬鞣液，能显著降低铬鞣废液中的铬含量。

② **铝鞣剂** 主要品种有盐基性氯化铝 $[Al_2(OH)_3Cl_3]$、盐基性硫酸铝 $[Al_2(OH)_4SO_4]$ 或 $Al_4(OH)_6(SO_4)_3$，前者是三氯化铝和碳酸钠作用而成，后者是由硫酸铝溶于定量硫酸，再与碳酸钠及少量柠檬酸钠反应而得。

铝鞣剂主要用于轻革复鞣，可使复鞣革纤维紧实性好，粒面细致紧密、平滑，降低革身延伸性，增加硬度，对革的粒面有良好的填充作用，特别适用于各类磨面革、绒面革的复鞣。但成革不耐水洗，通常与铬鞣剂结合使用，在铬鞣后期加入可加快鞣制、缩短鞣制时间，帮助皮革对铬的吸收，使染色后的革颜色均匀、色泽鲜艳，如在染色后期加入铝鞣剂还能起到固色作用。

③ **锆鞣剂** 主要成分为 $Zr(SO_4)_2 \cdot Na_2SO_3 \cdot 4H_2O$，是一种新型的鞣剂，具有良好的填充性和耐磨性，经其鞣制的革粒面细腻、丰满而有弹性，适应于鞣制白色革和铬鞣革的复

鞣。由锆石（锆英石）与碳酸钠共熔得粗品，再用硫酸中和精制而得。

④ **多金属配合鞣剂**　为了克服单金属鞣剂的某些缺点，增加金属与胶原蛋白多点结合的比例，发展了多金属鞣剂。通常是由金属铬、锆、铝、铁等盐类与有机酸反应生成的配合物，或由多元金属盐与芳香族鞣剂组成的复合鞣剂。有机酸通常采用 $C_1 \sim C_3$ 的一元羧酸或三氯乙酸、乙二胺四乙酸（EDTA）等，通过改变组成可获得不同的鞣制性能。例如 Cr-Al 配合鞣剂，是以 $CrCl_3 \cdot 6H_2O$、$AlCl_3 \cdot 6H_2O$ 和甲酸反应制得。用这种配合鞣剂鞣制的革，可以克服铝鞣剂不耐水，铬鞣剂颜色深的缺点。而用 Cr-Al-Zr 三元复合鞣剂鞣制的革既有铬鞣革柔软、弹性好，耐湿热稳定性高的特点，又有铝鞣革粒面细致和铬鞣革填充性好、部位差小、边腹部位利用率高的优点，性能更加全面，是当前较理想的复鞣剂，常用于高档皮革的生产。

⑤ **稀土鞣剂**　稀土金属离子可和铬鞣剂等组成复合鞣剂，也可和丙烯酸等形成配合物，能促进铬液吸收，减少铬鞣剂用量，增强鞣制效果，使成革丰满。稀土化合物还具有助染性能，对皮革染色有明显的固色增深作用，因而近年来稀土鞣剂受到重视。

（2）植物鞣剂

植物鞣剂的主成分为儿茶类单宁的凝缩类鞣剂和没食子类单宁的水解类鞣剂，主要用于重革鞣制。成革组织紧实，厚实丰满，表面密致，厚度和面积涂覆率都较高。但拉伸强度、耐水性、耐磨性、柔软度和延伸率都不如合成鞣剂。我国以轻革（猪、羊皮）生产为主，植物鞣剂应用较少。

（3）合成鞣剂

合成鞣剂是以有机化合物为原料合成的、能溶于水且具有鞣性的化合物。合成鞣剂目前应用广泛，是最有发展前途的一类鞣剂。我国合成鞣剂产品很多并且齐全，其中几类比较重要的合成鞣剂如下。

① **酚醛合成鞣剂**　由酚和醛缩合成低聚物，然后磺化所得。对皮革起鞣制作用的是酚羟基。缩合的目的是增大分子量，使分子上的酚羟基增多，提高产品的鞣制性；磺化的目的是引入磺酸基，使化合物易溶于水。因此，磺化程度越低，缩合程度越高，则鞣制作用越强。酚醛鞣剂由于磺化和缩合的条件不同，可形成几种不同品种。若先缩合后磺化，可得到磺甲基化缩聚物，具有溶解、加速拷胶渗透的作用，收敛性温和，耐光性好，是性能较好的预鞣剂。若采用先磺化后缩合的方法，则得亚甲基联结的酚醛鞣剂，其鞣质含量大于 28%，适用于轻革、重革、羊面革、粒纹革和服装革的填充、漂洗及鞣制。当苯酚上以发烟硫酸在 $180 \sim 190 \, ℃$ 高温磺化形成苯酚磺酸盐后，再进行聚合，所得产品为砜桥结构，其鞣质含量为 $25\% \sim 30\%$，可与锆鞣剂、植物鞣剂结合鞣制轻重革或用作轻革的复鞣、填充。

磺甲基酚鞣剂　　　　亚甲基联结的酚醛鞣剂　　　　砜桥结构鞣剂

② **萘醛类合成鞣剂**　由萘或萘酚经过磺化、再与甲醛缩合得到：

萘醛鞣剂具有极佳的鞣制、填充作用，主要用于轻革复鞣、起皱和蓝湿革的褪色等，是目前理想的白色革鞣剂。

③ **木质素磺酸合成鞣剂**　造纸工业中的亚硫酸盐木浆废液的主要成分是本质素，为黄褐色固体，可溶解于水，分子中含有酚羟基和磺酸基。木质素磺酸主要用于重革鞣制，作鞣剂时，其侧链上的磺酸基与裸皮起作用，其分散力和稳定性高，透入裸皮比天然鞣剂更快。但木质素磺酸单独使用时，磺酸基含量过高，鞣制后革不丰满、空松而扁平。所以，常将其用于酚醛、萘醛的改性，得到性能较好的取代性鞣剂，并能降低成本。

④ **合成树脂鞣剂**　即合成高分子鞣剂。这类鞣剂在使用时，通常是用其单体水溶液或单体分散体先浸透裸皮，然后在酸催化剂作用下，使之在裸皮的基皮纤维上聚合，排出纤维间的水分，生成不溶性高聚物而达到鞣革的目的。这类鞣剂的主要优点是可以鞣制白色或浅色革，且革制品耐光性优良，能抗酸碱，可用酸性或直接染料染色。

树脂鞣剂的品种繁多，目前广泛应用的主要有氨基树脂中的脲醛树脂、二聚和三聚氰胺树脂、苯乙烯-顺丁烯二酸酐共聚树脂，近年来，大量开发的丙烯酸树脂也得到了广泛的应用，此外，二异氰酸树脂和丙醛树脂也有一定的应用。

a. 脲醛树脂：这种鞣剂生产过程就是制备聚合单体羟甲基化合物。以脲、三聚氰胺、双氰胺、硫脲和甲醛为原料，使脲与甲醛在碱性或酸性催化剂的作用下，发生加成反应，生成脲的羟甲基衍生物。调整脲、醛配比，可得到一羟甲基脲、二羟甲基脲：

$$OC\begin{array}{c}NH_2\\NH_2\end{array} + HCHO \rightleftharpoons \begin{array}{c}NH_2\\CO\\NHCH_2OH\end{array} \xrightarrow{HCHO} \begin{array}{c}NHCH_2OH\\CO\\NHCH_2OH\end{array}$$

一羟甲基脲、二羟甲基脲及其低分子聚合物都易溶于水，分子量小，容易渗透到裸皮结构中去，在酸性催化剂作用下，在皮内转变成不溶于水的高分子化合物产生鞣制和填充作用。

脲醛树脂历史悠久，具有制备简单、工艺成熟、价格低廉的特点。可应用于白色或浅色革的鞣制，且成品革可以用酸性染料或直接染料染色。主要缺点是革制品的吸水率高。

b. 苯乙烯-顺丁烯二酸酐共聚树脂：由苯乙烯和顺丁烯二酸酐在苯或甲苯中以过氧化苯甲酰为引发剂于 70～80℃ 下聚合，然后用氢氧化钠或氨水调成半钠盐或铵盐的形式使用。一般采用 20%～25% 的共聚物用于鞣革。这种鞣剂复鞣的革丰满、柔软，有很好的挠曲性，粒面紧密有弹性，毛孔清晰、粒纹细致，可用于绵羊皮、山羊皮、彩色及白色软羊皮等的鞣制，制得的皮革耐光、粒面紧密、光滑、易于染色。染色后色泽鲜艳均匀，与拷胶混合填充效果更好。

c. 丙烯酸酯鞣剂：这类鞣剂系丙烯酸乳液树脂，鞣制效率高，复鞣剂填充性和鞣制性非常优异，往往兼具多种功能，根据单体及其配比，聚合方法等的不同，产生鞣制所需要的多功能性。鞣制的革不仅稳定性好，丰满厚实且韧性强度高，抗汗渍，耐光，防水，透气。该鞣剂作为皮革工业的优良鞣剂和修饰剂，应用非常广泛，是鞣剂的主要品种之一。

丙烯酸酯鞣剂的合成一般是由（甲基）丙烯酸、甲基丙烯酸甲酯、丙烯酸丁酯、丙烯腈、丙烯酰胺，不饱和长链烷基胺、长链羧酸、烷基磺化物、长链烯烃、醇胺中的一种或几种聚合而成，以—C—C—为基本骨架，侧链主要是羧基（—COOH）或其盐类和一些活性基（如—COOC$_4$H$_9$、—COOCH$_3$、—CN、—CONH$_2$、—NH$_2$、—NHR、—NR$_2$、—CH$_2$OH 等），鞣剂发生鞣制作用就是依靠分子结构中的这些活泼基与胶原、铬鞣剂、染料分子结合或配位配合，碳碳链进一步增长，增加鞣制革的强度的。合成丙烯酸酯鞣剂的反应式为：

$$x\,H_2C=CH\ +\ y\,H_2C=C\begin{matrix}CH_3\\COOH\end{matrix}\ +z\,H_2C=CH \xrightarrow{\text{引发剂}} \left[\begin{matrix}H_2C-CH\\|\\COOR\end{matrix}\right]_x\left[\begin{matrix}CH_3\\|\\CH_2-C\\|\\COOH\end{matrix}\right]_y\left[\begin{matrix}CH_2-CH\\|\\CN\end{matrix}\right]_z$$

d. 聚氨酯鞣剂：是由带有两个或多个异氰酸酯基的多异氰酸酯与带两个或多个羟基的低聚物（多元醇）或低分子二元醇逐步加成的缩聚物，分子中含有多种活性基和极性基，可进一步和皮革胶原肽链或革中金属离子反应，形成交联和相互贯穿网络。聚氨酯渗透性很好，用作皮革复原鞣剂，对解决松面特别有效。聚氨酯树脂复鞣剂有三种类型：阴离子型、阳离子型、非离子型，均是水分散（或水溶）型产品。生产中用得最多的是阳离子型，它的最大优点是有助染固色、增厚的效果。其次是阴离子型，具有优良的填充增厚性，它复鞣后的革不会发生革身板硬。

聚氨酯树脂的合成技术难度大，成本相对较高，在一定程度上限制了它的应用。但由于聚氨酯材料具有极好的预设计性、反应活性，可与其他材料一起进行改性或复合，所以聚氨酯或聚氨酯改性的产品仍将是一个发展方向。

（4）皮革鞣剂的发展趋势

重点向少铬、无铬的方向发展。提高铬鞣剂的吸收率，结合无铬鞣剂鞣制，减少铬鞣剂的使用量，降低制革污水中的含铬量；开发绿色产品如硅鞣剂、锌鞣剂、有机膦鞣剂、超支化聚合物鞣剂及纳米鞣剂等新型鞣剂，以代替铬鞣剂，同时具有防水、防起皱、增厚、耐光、填充功能的复鞣剂也是重点发展品种。

近年来新的无铬鞣法得到不断开发和推广，理论研究愈加深入，工艺技术日趋成熟。但不管是非铬金属鞣制，还是有机鞣制，以及各种无铬的结合鞣法，成革的综合性能始终无法达到铬鞣革的水平，在将来很长一段时间内铬鞣法仍会是最重要和产量最大的鞣制方法。相对于其他现有工艺，逆转铬鞣工艺具有更大的优势，该工艺不仅解决了含铬废水排放量大、铬（Ⅲ）离子浓度高的问题，而且几乎不产生含铬固废。因此，逆转铬鞣工艺是最具工业前景、可操作性最强的清洁铬鞣技术，而现有无铬鞣白湿革技术与逆转铬鞣工艺良好结合，极大加快我国清洁制革的进程。

9.4.4　加脂剂

皮革加脂（或称加油、上油）是皮革生产过程中重要的处理过程，对皮革的观感与内在质量影响极大。鞣制后的裸皮，其柔软性和物理机械性能发生了变化。若鞣后的皮革直接干燥，则会因干燥引起皮革纤维脱水、纤维之间相互黏结，降低了纤维之间相对滑动的性能，干燥后革身板硬、不耐弯折、缺乏柔软性，并出现局部或甚至严重的裂面，失去皮革的应用性能。因此在皮革干燥前必须进行加脂。经加脂处理后，皮革纤维周围被一层具有润滑作用的加脂材料所包围，从而提高了纤维之间的相对滑动性能，降低了皮革纤维之间的摩擦，耐水性显著提高，并赋予皮革以柔软、弹性、可弯曲性和丰满性等多方面良好的物理力学性能，使其使用价值大大提高。

在皮革生产过程中，能对鞣制后的皮革纤维起良好的润滑作用，显著改善皮革的物理力学性能，对皮革具有加脂效果的材料统称加脂剂。

加脂的主要方法有四种：

① 直接将纯的固体或液体油脂加入（干加脂、油鞣）；

② 油成为油包水型的乳状液后加入；

③ 油成为水包油的乳状液后加入；

④ 油脂溶解在溶剂后加入（浸渍法）。

加脂剂主要有以下几类。

(1) 天然油脂加工品

① **磺化油** 属天然油脂加工成品类加脂剂，是一种阴离子型表面活性剂，其分子中含有亲水性基团（—OSO_3H）。磺化油加脂剂具有能使成革柔软、丰满、富有弹性以及良好的油润感、疏水性等加脂性能，适用于各类皮革的乳液加脂，主要用于铬鞣革的主加脂剂。典型代表为硫酸化蓖麻油（又称土耳其红油），它是制革工业生产中用量很大的一种传统的加脂剂品种，由蓖麻油经硫酸磺化得到。同样的方法可以得到硫酸化鱼油，其滋润性更好。

② **亚硫酸化油** 在催化条件下，通过氧化和亚硫酸化反应将磺酸基引入油脂而制得。

$$>C=C< \ + \ O_2 \ \xrightarrow[\triangle]{催化剂} \ >C-C< \ \xrightarrow[或Na_2S_2O_3]{NaHSO_3} \ \underset{HO \quad\;\; SO_3Na}{-\overset{|}{C}-\overset{|}{C}-}$$

亚硫酸化油的乳化成分中的 S 原子直接与 C 原子相连，因而表面活性更加优良，乳液稳定性高，耐电解质性能良好，可在较宽的 pH 值范围内使用，易于渗透、分散，从而能促进油成分向皮革内层渗透，均匀分布于革纤维间，特别适用于制造软革，为各类软革广泛使用的一类加脂剂。

③ **改性羊毛脂** 羊毛脂是由多种高级脂肪酸与高级脂肪醇形成的酯组成的复杂混合物，具有特殊气味，多从羊毛洗液中提取。羊毛脂是很重要的一种皮革加脂剂，具有优良的加脂性能。羊毛脂具有优异的吸水及保湿性能，能使革非常柔软、丰满，手感滋润，具有多种活性基，可使胶原纤维结合，长久保持革身柔软，在绒面的丝光效果方面十分突出，特别适宜作软革、浅色革和绒面革用。

(2) 合成加脂剂

① **氯化烃加脂剂** 又叫合成牛蹄油，系氯含量为 30%～35% 的氯化石蜡，由液体石蜡（主要为 C_{13}～C_{17} 的饱和烃）在紫外灯照射下，和氯反应得到。其结构中的极性基团—Cl 对革的亲和力好，与纤维结合较牢，耐光性能及防霉性能良好，加油后对酸、碱、盐均稳定。尤其适宜植物鞣革加油，用量逐年增加。

② **烷基磺酰氯加脂剂** 一种具有鞣性的加脂剂，主要品种是 CM 加脂剂，氯含量在 15% 左右。CM 加脂剂能够完全和皮纤维结合，增强皮革的抗撕裂强度，加脂后的皮革具有良好的丰满度、柔软性和一定的耐水洗能力，可使易松面的皮革大大减轻松面现象。它是以液体石蜡为原料、在紫外线照射下和 SO_2、Cl_2 进行磺酰化反应而得到：

$$RH + SO_2 + Cl_2 \xrightarrow{紫外线} RSO_2Cl + HCl$$

③ **阴离子加脂剂** 该加脂剂是以烷基磺胺乙酸钠 RSO_2NHCH_3COONa 作乳化剂，乳化合成牛蹄油所得到的产物。在精制的烷基磺胺乙酸钠中，加入 30% 的合成牛蹄油，搅拌均匀即为合成加脂剂成品。乳液稳定性好，耐酸、碱、硬水，耐光，耐老化，渗透能力强，能与革纤维牢固结合，可单独或与其他油脂配合用于轻革乳液加油，成革柔软丰满，无油斑，绒面革富有丝光感。

④ **阳离子加脂剂** 为复合型加脂剂，一般由季铵盐乳化剂乳化氯化石蜡等油料所得到。该类加脂剂乳化稳定性好，对温度、电解质有较好的稳定性，有较强的渗透力，能均匀地分

布在革内，提高成品的柔软性、弹性和丰满度，对克服皮革空松有较好作用，对阴离子加脂剂和染料有固定作用，还可提高绒面革的丝光感，具有一定的防霉性能和抗静电性能。宜于与非离子型加脂剂配合使用。用于正面革、绒面革和皮毛的加脂，也是铬鞣理想的渗透助剂。

⑤ **合成脂加脂剂** 这一类加脂剂是由脂肪酸和多元醇在催化剂下脱水缩合而成，再经皂化和乳化得到。

$$2RCOOH + HOCH_2CH_2OH \xrightarrow{H^+} RCOOCH_2CH_2OOCR + 2H_2O$$

用作皮革合成脂加脂剂的酸有硬脂酸、棕榈酸、油酸等，而醇主要是乙二酸和丙三醇。合成脂本身系水不溶性软蜡状脂，只可作油脂代用品，经过适当皂化加以乳化，再与土耳其红油或烷基磺胺乙酸钠配合，则成为性能优良的加脂剂。

⑥ **多功能加脂剂** 除能对皮革起加脂柔软作用外，还具有某些其他功能（鞣性、填充性、耐光、耐洗、防水、助染、丝光、防污、阻燃等），如长链烯丁二酸衍生物，既可作加脂材料，又具有防水性能：

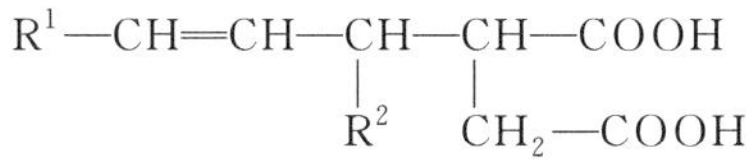

$$R^1-CH=CH-CH-CH-COOH$$
$$\underset{R^2}{|} \quad \underset{CH_2-COOH}{|}$$

$$R^1, R^2 \text{ 为烷基}$$

长链的二元酸盐也对皮革具有鞣性、防水和润滑性，如己二酸、癸二酸的盐类。

目前防水效果最好的加脂剂是含硅、氟的加脂剂。经含硅加脂剂处理后的革具有高度的疏水性，在赋予革防水性能的同时又保持皮革的透气性，还可提高革的耐磨性、柔软性、滑爽性等。含氟加脂剂的疏水性能更好，能赋予皮革以良好的手感以及特别优良的"防水、防油、防污"三防性能，其中全氟磺酸盐 $C_nF_{2n+1}SO_3Na$ 与全氟羧酸盐 $C_nF_{2n+1}COONa$ 应用较多。但含氟皮化材料价格昂贵，只适于少数高档软革与绒面革加脂使用，且大多只作为一种添加成分使用。使用较多的是含硅加脂剂，如国产 WPT-5 硅改性防水加脂复鞣剂，同时具有加脂、复鞣和防水的功能。主要用于服装革和手套革的防水，也可用在软鞋面革的防水。

含硅加脂剂的制备是将聚二甲基硅油、端羟基硅油或含氢硅油与其他油脂复合，或者将有机硅单体（如八甲基环四硅氧烷 D4）接枝到含有羟基的动、植物油上：

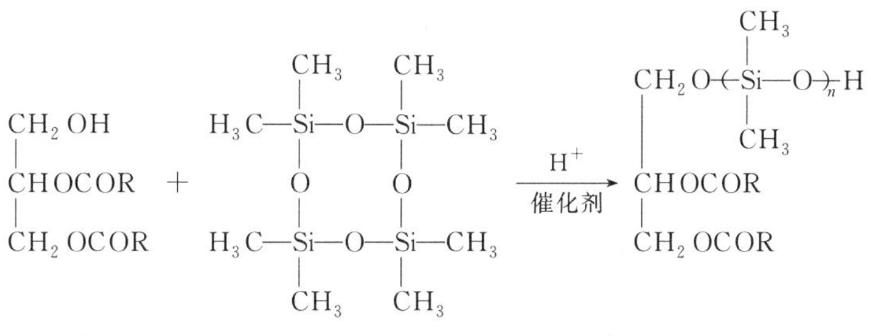

再将长脂肪烃链中的双键用硫酸加成，引入亲水基，使之具有自乳化能力，从而均匀分散于水中。

(3) 加脂剂的发展趋势

为了满足皮革加脂中的各种特殊要求，加脂剂正向着复合型多功能方向发展，以提高加脂效果和结合能力，并具有复鞣、填充、防水、耐光、耐洗、耐电解质等功能。同时，为了减少环境污染和食用油脂在加脂剂中的使用比例，在新原料的选用、改性和合成方法的创新及产品的设计思路上均向着绿色化方向发展。现在研究人员对加脂剂的研究主要集中在加脂剂的稳定性和与胶原纤维的结合能力两个方面。天然油脂作为皮革加脂剂的主要原材料也得到了越来越多的关注。这个领域的理论研究还较为缺乏，未来的研究方向应集中在机理方面。

9.4.5 涂饰剂

经过鞣制、染色、加脂、干燥以后的皮革，除少数产品，如绒面革、劳保手套革、底革等不需要涂饰外，大多数产品都必须进行修饰，这种修饰皮革的化学品称为皮革涂饰剂。涂饰的目的是增加革面的美观，提高皮革的耐用性，修正皮革表面上的缺陷，变次革为好革，提高皮革的使用价值，扩大皮革的使用范围。通过采用各种涂饰剂和不同的涂饰方法，把皮革制成各种颜色的革，从而可增加成品革的花色品种。皮革涂饰质量的好坏对外观质量影响很大，是决定成品质量高低的关键工序，而且在皮革化学品中涂饰剂的用量与加脂剂的用量基本相当，因此涂饰剂在制革中起着十分重要的作用。

涂饰剂的主要成分有成膜物质和颜料。成膜物质的作用是将颜料固定于表面，颜料的作用是着色和遮盖皮革表面。涂饰剂应能在革面上形成一层具有一定机械强度的涂饰膜并能与皮革牢固地黏合在一起。涂饰剂的成膜物质对涂饰剂的性质起着决定的影响。按成膜物质分类，涂饰剂可分为蛋白质涂饰剂、丙烯酸树脂涂饰剂、聚氨酯涂饰剂和硝化棉乳液涂饰剂等。

革面的修饰由底涂层、颜料层和光亮层组成。底涂层要求在保持革面柔软性和弹性的条件下有牢固的黏结力；颜料层要求具有一定的弹性和耐磨性；光亮层要求手感优良，光泽柔和、耐磨、耐热和耐鞋油。

(1) 蛋白质涂饰剂

蛋白质涂饰剂的成膜物主要有明胶、酪素、血蛋白、卵蛋白等。目前用得最多的是酪素。酪素由脱脂牛乳制得，是天然含磷高分子，具有两性特征，作为一种水溶性皮革修饰材料，在制革工业中一直占有极重要的地位。主要用于制备揩光浆和颜料膏，揩光浆可用于皮革中层、面层涂饰，还可以用于轻革填充。颜料膏主要用于底、中层涂饰，可遮盖皮革缺陷。它的优点在于涂层光亮、表面黏合牢固、耐高温熨平、适宜打光，并保持皮革固有的卫生性能。其缺点是成膜坚硬、延伸性差、容易断裂、吸水性强、不耐湿擦。为了克服这一缺点，将乳酪素涂饰剂用环氧乙烷、己内酰胺、苯乙烯、醋酸乙烯酯、丙烯酸酯、氯丁二烯等单体进行改性，制得的改性酪素涂饰剂成膜柔软，韧性、耐寒性、吸湿性和耐湿擦等性能都有明显改善，与革面黏结力强，易于打光，能保持轻革透气性，防霉、防腐性能好，利于长期保存。

(2) 丙烯酸树脂涂饰剂

丙烯酸树脂是最广泛使用的涂饰剂，对皮革具有优良的黏结力和成膜性，成膜柔韧而富有弹性，薄而透明，透气性、光亮性好，具有优良的耐候性和耐化学品性能，机械性能理想，适用于各种轻革的底层、中层和面层的涂饰。缺点是耐湿摩擦性能差、热黏冷脆和不耐有机溶剂等。

丙烯酸涂饰剂的基本成膜组分为丙烯酸树脂，一般是乳液型，通常是用丙烯酸与甲基丙烯酸酯、苯乙烯等单体共聚的树脂乳液，或不同丙烯酸酯共聚的树脂乳液。如5号丙烯酸树脂乳液涂饰剂，是丙烯酸甲酯与丙烯酸丁酯的共聚物。

改性丙烯酸树脂具有更优良的性能，如丙烯酸丁酯-丙烯腈共聚物涂饰剂主要用作底层涂饰或深色皮革的上层涂饰，具有成膜柔软、结膜慢、粘接性好、膜颜色较深、耐水、耐热等性能，聚氨基丙烯酸酯涂饰剂在聚合物分子上引入了丙烯腈和丙烯酰胺极性基团，提高了它的耐寒、耐热、抗老化性能，且成膜快、弹性好、手感柔软舒适；甲醛-丙烯酰胺改性丙烯酸涂饰剂具有网状大分子结构，且分子链上带有 N-羟甲基亲水基团，与胶原纤维上的活泼氢发生反应，容易被皮革吸收而增加黏结力，克服了单用丙烯酸树脂涂饰剂时存在的"冷脆""热黏"等缺点。

（3）硝化棉乳液涂饰剂

硝化棉是由纤维素经硝酸与硫酸的混合物酯化而成。硝化棉涂饰剂是由硝化纤维配合适当的溶剂、增塑剂和乳化剂等在机械作用下制成的一种水溶性涂饰材料。其特点是成膜光亮细致，美观、手感平滑、耐酸、耐油、防水性能好、耐湿擦性、耐折裂、耐寒性优良。但成膜较硬易脆裂，耐老化性差，久置后颜色会变黄。一般只用于颜料层和光亮层，很少用于底层。

为了解决硝化棉成膜硬脆和易发黄的问题，一般采用物理共混的方法对硝化棉进行改性，即将乙酸纤维素、丁酸纤维素、桐油改性醇酸树脂和硝化棉溶液共混。也有报道将聚氨酯预聚体和硝化棉接枝共聚。

硝化棉涂饰剂由于其特别优异的光亮性和手感，目前在国内外极受重视。特别是作为油光革的涂饰剂及手感剂的效果很好。通过对硝化棉乳液涂饰剂的改性，已开发了一些新品种，发展成为皮革涂饰剂的重要品种之一。

（4）聚氨酯涂饰剂

聚氨酯涂饰剂系聚氨酯甲酸酯涂饰剂的简称，是由二元或多元异氰酸酯与二元或多元羟基化合物作用而成的高分子化合物。

$$n(HO—R—OH)+n(OCN—R^1—NCO) \longrightarrow \underset{\substack{\Vert \quad\quad\quad\quad\quad\quad\quad\quad\quad \Vert \\ O \quad\quad\quad\quad\quad\quad\quad\quad\quad O}}{\left[O—R—O—C—NH—R^1—NH—C \right]_n}$$

聚醚(或酯)　　　　二异氰酸酯　　　　　　聚氨酯

聚氨酯水乳液是 20 世纪 60 年代发展起来的高分子新材料。作为皮革涂饰剂，其成膜性好，遮盖力强，黏结牢固，涂层耐寒、耐热、耐水、耐磨、耐曲折，富有弹性，许多方面的性能都优于其他涂饰剂。缺点是透气性、透水性、滑爽性等较差，需要对其进行改性。改性有共聚和共混两种方法，前者是将有机硅、聚丙烯酸支链等接枝到聚氨酯主链上，后者则直接将改性物料和聚氨酯混合，例如将羟基硅油乳液和聚氨酯乳液混合后喷涂。

皮革涂饰剂的发展趋势为水性聚氨酯涂饰剂逐渐占据主导地位，溶剂型向环保型、单一涂饰剂向复合型及多功能涂饰剂发展。水性聚氨酯涂饰剂无毒、不污染环境、节省能源、易加工，而且其黏度及流动性能与聚合物的相对分子质量无关，可将相对分子质量调节到所希望的最高水平，因而其涂膜的综合性能良好。随着聚氨酯工业的飞速发展，借鉴水性聚氨酯涂料的先进成果，水性聚氨酯涂饰剂的性能将日趋完善，其品种也将多样化，不仅包括单组分热塑性树脂、单组分 UV 光固化，而且将会出现双组分水性聚氨酯皮革涂饰剂。水性聚氨酯涂饰剂的研究方向是在不断改善乳液的贮存稳定性和涂膜的耐水性基础上，增加乳液的固体含量，完善聚氨酯涂饰剂的品种，如生产脂肪族聚氨酯乳液涂饰剂（如 IPDI 型聚氨酯涂饰剂），使聚氨酯涂饰剂的品种多样化、系列化和专用化。

随着国家环保法规的实施，溶剂型涂饰剂受到限制，水性涂饰剂势在必行。溶剂型向水性转换的相关技术有：成膜物的水性化，涂料流变性能，表面张力，配方黏度，干燥，共溶剂的作用，水分蒸发和潮气影响，涂饰剂的重涂能力和喷涂、滚涂的设备需要，这些技术必须严格控制，才能保证产品的施工、涂膜性能和外观。

复合型涂饰剂，是将两种或多种成膜物通过化学改性合成为一种的综合性能良好的皮革涂饰剂，单一的皮革涂饰剂大都存在一定的缺陷，通过多种涂饰剂性能互补，才能保障涂膜的综合性能良好，如丙烯酸与聚氨酯离子型聚合物相结合，及酪素与多种常规基料和一种固化剂相结合，能提供涂膜较全面的性能。多功能涂饰剂一般在涂膜中引入有机硅和有机氟聚合物，使皮革涂饰剂具有特种功能，如超耐候、防水、防污和防油等。

总之，皮革涂饰剂发展趋势主要体现在以下四个方面：①水溶性涂饰剂逐渐取代溶剂型涂饰剂；②单一涂饰剂向复合型及多功能涂饰剂发展；③水溶性聚氨酯类涂饰剂将占据主导地位；④向着 UV 光固化涂饰剂方向发展。

9.4.6 其他制革助剂

(1) 光亮剂

光亮剂的作用是增加涂层的光亮度。有些光亮剂同时也是涂饰剂，具有黏结和成脂性能，有些光亮剂不成膜，需和成膜物质配合使用，如一些天然蜡和线形有机硅高分子。一些仅是为了增加涂层光泽而加入的溶剂型和乳液型光亮剂称为光油。常用的光亮剂有蛋白质光亮剂、漆片、改性聚氨酯光亮剂、改性丙烯酸树脂光亮剂、硝化棉光亮剂以及有机硅光亮剂等。

(2) 柔软剂

皮革柔软剂对改善皮革的手感、柔软度及其他性能有着重要的作用，是制备软革、高档面革和牛皮二层移膜革等的重要助剂。高效皮革柔软剂乳化渗透能力强，可用于制革的多道工序，并且和胶原纤维之间形成吸附或键合，对真皮层的组织结构具有优异的隔离屏蔽作用，从而赋予成革柔软、丰满、细腻和耐老化等理想性能。

有机硅因其优异的生理惰性和极柔顺的主链使它具备作为优秀柔软剂的先决条件。若用含氨基、环氧基、羟基等的化合物对硅氧烷进行改性，则可得到柔软效果更好的改性有机硅柔软剂。目前，效果较好的是以表面活性剂和有机硅高分子为主要成分的复配柔软剂。如将有机硅油如羧基硅油、氨基改性硅油、含氢硅油、二甲基硅油等与阳离子表面活性剂如十六烷基三甲基氯化铵（1631）、十二烷基二甲基苄基氯化铵（1227）等复配，使之形成 HLB 值为 8~12 的 O/W 型乳液柔软剂。也可将有机硅单体（如八甲基环四硅氧烷 D4）用阳离子型表面活性剂 1631 分散于水中，在氨水的催化作用下通过乳液聚合得到端羟基聚二甲基硅烷的阳离子硅乳柔软剂。

(3) 防水防油防污剂

皮革是一种多孔性材料，吸水性透气性均很好，适于穿着，但是防水性很差。尽管制革过程中可采用一些具有防水性能的复鞣剂和加脂剂，但不能完全解决皮革的耐水问题，若从皮革表面的涂饰层提高防水性，则效果会更显著。这样革制品在潮湿环境甚至在雨天穿着也不会受潮变形。皮革表层尤其是绒面革的防油污也很重要，可使皮革不易脏，易打理。防水防油防污剂主要是有机硅和有机氟及其高分子化合物。

① 有机硅防水剂　皮革防水剂中的有机硅油主要是含氢硅油，加入少量羟基硅油或有机硅偶联剂，当喷涂于皮革表面时，可形成轻度交联薄膜。在有机硅防水材料中加入高分子量的合成橡胶类，能产生富有弹性的防水薄膜。另外，加入线形有机硅油亦可以被固定在膜

内，不会发生迁移。可采用的成膜材料有羧基丁苯胶乳、丁苯胶、丙烯酸-丁二烯共聚物等。在防水剂中加入石蜡、聚乙烯蜡可有效地降低成本。

② 含氟防水防油污剂　由于氟碳表面活性剂具有很高的热稳定性和强烈的憎水憎油性能。所以氟碳化合物具有最好的防水防油和防污能力。含氟皮革防水防油剂有以下几类。

a. 含氟丙烯酸酯聚合物：这种高分子由含氟烷基丙烯酸酯和其他单体共聚得到：

$$CF_3(CF_2)_3OCF_2CF_2SO_2N(C_2H_5)CH_2CH_2O\overset{\overset{O}{\|}}{C}CH\!\!=\!\!CH_2$$

b. 含氟异氰酸酯衍生物：

$$R(CH_2)_nO\overset{\overset{O}{\|}}{C}NH\text{—}\overset{}{\underset{NHCO(CH_2CH_2O)_mH}{\bigcirc}}\text{—}CH_3$$

c. 氟硅化合物：有机氟和有机硅结合的化合物，产物具有两种原料的特点，如：

$$CF_3(CF_2)_6\overset{\overset{O}{\|}}{C}NH(CH_2)_3Si(OC_2H_5)_3$$

这一化合物可溶于氯仿等有机溶剂中，配成溶剂型防水防油剂，是工业上最早应用的产品；其他氟硅化合物还有 $CF_3(CF_2)_nC_2H_4Si(OCH_3)_3$、$CF_3(CF_2)_6CH_2O(CH_2)_3Si(OC_2H_5)_3$ 等。

其他制革助剂还包括防霉剂、脱脂剂、渗透剂、匀染剂、固色剂、分散剂、消泡剂、防黏剂等。

● 习　题

9-1　增塑剂的作用是什么？对增塑剂性能的基本要求有哪些？

9-2　什么叫相对塑化效率？标准增塑剂是指哪一种产品？该产品具有什么特点？

9-3　阻燃剂通过哪些途径对聚合物阻燃？

9-4　引起聚合物老化的因素有哪些？简述聚合物的老化机理。

9-5　抗氧剂的作用原理是什么？

9-6　哪类抗氧剂具有通用、无毒、无污染的性质？哪类抗氧剂一般仅用于橡胶中？为什么？

9-7　热老化的主要原因是什么？热稳定剂如何起作用的？作为热稳定剂的基本条件是什么？

9-8　光稳定剂有几类？它们各自是如何起光稳定作用的？

9-9　在橡胶加工过程中，为什么要加入交联剂？

9-10　硫化活性剂和促进剂的作用是什么？

9-11　抗静电剂分为几类？它们各自的作用机理是怎样的？

9-12　物理发泡剂和化学发泡剂各自的发泡原理是怎样的？发泡助剂的作用是什么？

9-13　汽油的辛烷值如何确定？目前采用的抗震剂主要有哪些？

9-14　汽油的抗冰剂有几类？它们的作用机理是怎样的？

9-15　什么叫倾点？倾点抑制剂是如何降低润滑剂的倾点的？

9-16　施胶的目的是什么？有几种施胶方法？针对各种施胶方法各举出两种典型的施胶剂。

9-17　纸张涂布剂有何作用？涂布剂主要由哪些化学品组成？

9-18　在制革过程中，皮革鞣剂的作用是什么？

9-19 制革过程中的加脂工序有何作用？加脂的主要方法有哪几种？加脂剂主要有几类？

9-20 皮革涂饰的目的是什么？丙烯酸涂饰剂和聚氨酯涂饰剂各有什么特点？

9-21 相对塑化效率值越小的，塑化效率越_____。

9-22 PVC 塑料中原来是使用 DOP 塑化剂，现计划将 DOP 换成 DEP，同样塑化效率下 DEP 用量是 DOP 的多少？

9-23 为什么涂敷型抗静电剂多采用离子型表面活性剂？而添加型则以非离子型表面活性剂为主？

9-24 哪类增塑剂可用于食品包装、医用器具？

第10章

无机功能材料

早期的材料一般都是结构材料，如金属、陶瓷、塑料、橡胶等，直到 1965 年美国的 J. A. Morton 博士才提出了功能材料的概念。自 20 世纪 70 年代至今，由于功能材料表现出的独特的电、磁、光、热、力学等物理功能以及催化、反应、分离等化学功能、生物功能，已经成为重要的一类高技术材料。作为功能材料的重要组成部分，无机功能材料的品种越来越多，应用领域也越来越广泛，尤其是 20 世纪 90 年代以来，纳米技术的快速发展，新型纳米材料的成功合成，各种有独特功能的超细及纳米粉体、精细陶瓷、无机抗菌材料、无机多孔材料和无机膜材料不但越来越多地应用于航空航天、国防军事、能源信息、生物等高新技术领域，也开始出现在我们的日常生活和工农业生产中。

10.1 超细及纳米粉体

人们对于固态物质性质的认识，首先从宏观的熔点、硬度、强度、电导等物性开始，随后又深入到原子、分子的层次，用原子结构、晶体结构和化学键理论来阐明物性和结构之间的关系。近年来纳米科技的发展使人们知道，材料的性质并不是直接决定于原子和分子，在物质的宏观固体和微观原子分子之间还存在一些介观层次，这些层次对材料的物性起着决定性的作用。宏观、介观和微观体系的尺度划分如图 10-1 所示。

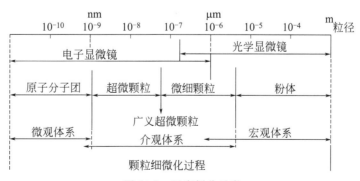

图 10-1　尺度划分示意

纳米微粒是指颗粒尺寸为纳米量级的超细微粒，尺寸一般为 1～100nm，也称超微颗粒

（ultra-fine particle）。纳米微粒可以是晶态的、准晶态或是无定形的。纳米材料是指尺度为 $1\sim100nm$ 的超微粒经压制、烧结或溅射而成的凝聚态固体，可以是金属、陶瓷或半导体。

当物质进入纳米量级时，由于处于宏观物体和微观粒子的过渡区，平均粒径小、表面原子多、比表面积大、表面能高，其本身具有量子尺寸效应、小尺寸效应、表面效应和宏观量子隧道效应，因而其性质与原来宏观情况下所表现出来的性质有天壤之别，呈现许多奇异的物理、化学性质，出现一些"反常"现象。例如纳米金属微粒在低温由于量子尺寸效应会呈现电绝缘性；纳米氮化硅陶瓷不具有典型共价键特征而具有较好的导电性；化学惰性的金属铂制造成纳米微粒（铂黑）后成为活性极好的催化剂；普通金属具有强的光反射能力，而纳米金属微粒光反射能力显著下降；纳米金属 Cu 的比热容是传统 Cu 的 2 倍；纳米固体 Pd 热膨胀提高 1 倍。由纳米微粒制得的纳米材料不仅光、电、磁特性发生变化，而且具有辐射、吸收、催化、杀菌、吸附等许多新的特性，从而使其在催化、滤光、光吸收、医药、磁介质及新材料等方面有广阔的应用前景。

（1）化学反应与催化

纳米粒子比表面积大，活性中心多，催化效率高。已发现金属纳米粒子可催化断裂 H—H 键、C—H 键、C—C 键和 C—O 键。纳米铂黑可使乙烯氢化反应温度从 $600℃$ 下降至室温；纳米粒子的多金属混合轻烧结体则可代替贵金属作汽车尾气净化的催化剂。纳米铂黑、银、Al_2O_3、Fe_2O_3 可在高聚物氧化、还原及合成反应中作催化剂，大大提高反应效率；利用纳米镍粉作火箭反应固体燃料催化剂，燃烧效率提高了 100 倍；纳米粒子作光催化剂时光催化效率高。无机材料的纳米粒子在大气中会吸附气体，形成吸附层，利用此特性可做成气敏元件。

（2）化工与轻工

① 护肤用品　利用纳米 TiO_2 的优异的紫外线屏蔽作用、透明性及无毒特点，可做成防晒霜类护肤产品，添加量为 $0.5\%\sim1.0\%$。

② 产品包装材料　添加 $0.1\%\sim0.5\%$纳米 TiO_2 的透明塑料包装材料，既透明又可防紫外线，可防止食品氧化变色。

③ 纳米纺织材料　在化纤纺丝过程中加入少量纳米材料可生产出具有特殊功能的新型纺织材料。如加入金属纳米材料或碳纳米材料，可纺出具有抗静电防微波性能的长丝纤维；将纳米材料加入纺织纤维中，利用纳米材料对光波的宽频带、强吸收、反射率低的特点，使纤维不反射光，可达到隐身的目的；若加入氧化钛、氧化铝等纳米粉体到纤维中，还可分别制成具有耐日晒、抗氧化、抗菌除臭、抗紫外及远红外性能的纤维材料。

④ 功能性涂层　TiO_2 纳米粒子与闪光铝粉及透明颜料在金属面漆中使用时，可产生随角异色效应，使汽车涂层产生丰富而神奇的色彩。这种技术自 1985 年由美国 Lnmont 公司开发成功后，目前已广泛用于汽车涂装工业中。

（3）其他领域

① 纳米陶瓷材料　在陶瓷中引入纳米粉体进行复合，能极大地改善材料的力学性能、提高断裂强度、断裂韧性和耐高温性能。

② 医学与生物工程　纳米粒子与生物体有密切的关系。如构成生命要素之一的核糖核酸蛋白质复合体，其线长度在 $15\sim20nm$ 之间。生物体内病毒也是纳米粒子。此外，用纳米 SiO_2 可进行细胞分离，用纳米金粒可进行定位病变治疗，利用纳米传感器可获得各种生化反应的生化信息。纳米高分子材料可作为药物、基因传递和控制的载体，缓释药物、靶向输

送，减轻药物的毒副作用，提高药物的稳定性。一些金属氧化物如 TiO_2、ZnO 等的纳米粉体具有光催化活性，能杀菌和分解细菌分泌的毒素。

③ **纳米磁性材料** 纳米粒子的特殊结构使它可以作永久性磁性材料使用；磁性纳米粒子具有单磁畴结构、矫顽力高的特性，可以作磁记录材料以改善图像性能；当磁性材料颗粒的粒径小于临界粒径时，磁相互作用比较弱，利用这种超顺磁性便可作为磁流体。

④ **纳米半导体材料** 将硅、有机硅、砷化镓等半导体材料制成纳米相材料，就具有很多优异性能，某些纳米材料的电导率可显著降低，热导率下降，甚至出现负值。这些特性在大规模集成电路器件、薄膜晶体管选择性气体传感器、光电器件及其他应用领域发挥重要作用。

纳米科学和技术是全新的科技领域，像信息技术、生命科学的生物技术一样，是 21 世纪最重要的技术之一。纳米科学尽管问世很短，但由于纳米材料具有常规粉体材料所不具备的奇异特性和反常性能，引起各国科学家的极大关注。可以预料，在 21 世纪纳米科学的研究将会继续保持强劲发展的势头。

10.1.1 纳米二氧化钛

纳米级二氧化钛又称超细二氧化钛。它的开发成功是 20 世纪 80 年代二氧化钛领域中一个新发展。普通 TiO_2 的粒径为 $0.2\sim0.3\mu m(200\sim300nm)$，它对整个可见光谱都具有同等程度的强烈反射，因此外观呈白色、遮盖力很强，颗粒近似圆形。而纳米 TiO_2 的粒径只有普通 TiO_2 粒径的 1/10，一般只有 $10\sim15nm$，颗粒呈棒状。光线通过后发生绕射，因此呈现透明而失去遮盖力。纳米 TiO_2 又有吸收紫外线的特性，它在全部紫外区都具有有效的紫外线滤除能力，是优良的紫外线屏蔽剂，加上它化学性质稳定、无毒，而得到广泛的应用。例如在清漆中含有 $0.5\%\sim4\%$ 的纳米 TiO_2，便能防止木材受光照后发黑；塑料中加入可防止塑料被光照降解；而在化妆品中使用可提高化妆品的防晒和抗紫外线的能力。

纳米 TiO_2 具有很高的光催化活性，可分解有机物和杀灭细菌，在污水处理、抗菌等领域具有重要应用价值；纳米 TiO_2 具备光电转换性能，可作为光电电池材料，在太阳能转换方面显示巨大的应用潜力；TiO_2 纳米粉作为一种重要的无机功能材料，不仅可以作为吸附剂和催化剂载体、传感器（TiO_2 对 CO 和 H_2 极为敏感），而且还可以和二氧化硅形成 $TiO_2\text{-}SiO_2$ 纤维，同时纳米 TiO_2 又是许多电子器件的重要组成部分。

纳米 TiO_2 与铝粉或云母珠光颜料拼用时可产生随角异色效应，成为新一代高档次的效应原料。这种闪光颜料涂层正视时涂膜呈金色金属外观，掠视或平视时则呈蓝色闪光，这种金光和蓝光间的连续变化贯穿涂膜表面所有的弧面和棱角，因此能增加金属面漆颜色的丰满度和色彩美感。1985 年 BASF 公司的 Solpanush 首先把超细二氧化钛用于轿车并用在美国福特汽车公司生产的汽车上。此外，通用、丰田、日产、马自达等著名汽车公司中，至少有 11 种汽车漆中使用了超细二氧化钛。

除上述用途外，纳米 TiO_2 还可用于树脂油墨、硅橡胶补强剂、固体润滑剂等中，应用极为广泛。所以，纳米 TiO_2 一直是科技界的前沿研究热点。

纳米二氧化钛的生产，据工艺不同可以生产金红石型、锐钛型或无定性（非晶形）产品。目前，机械粉碎法还难以达到纳米级的细度，一般采用以下化学方法。

① **气相水解法** 德国 Degussa 公司的 P-25 型超细二氧化钛的生产方法。它是将四氯化钛气体在氢氧焰中高温水解而得。其反应式为

$$TiCl_4(g) + 2H_2 + O_2 \xrightarrow{1000℃} TiO_2(s) + 4HCl(g)$$

该工艺可通过调节 $TiCl_4$、H_2 和空气的混合气体中氢的体积浓度来控制产品的晶形，一般氢的体积浓度控制在 $15\% \sim 17\%$，得到的是金红石型超细二氧化钛。该工艺的特点是产品纯度高、粒径小、分散性好，但对过程控制和设备材质要求较高。

② **硫酸氧钛溶液中和法**　水洗合格的偏钛酸与硫酸反应生成纯的硫酸氧钛溶液，再加碱中和水解生成 $TiO(OH)_2$，然后煅烧生成超细二氧化钛：

$$TiOSO_4 + 2H_2O \xrightarrow{碱} TiO(OH)_2 + H_2SO_4$$

$$TiO(OH)_2 \xrightarrow{\triangle} TiO_2 + 2H_2O$$

该法也称为挪威法，优点是原料来源广泛，产品成本较低。但工艺路线较长，自动化程度低，各个工序的工艺参数需要严格控制。美国的二氧化钛公司和日本石原产业公司则采用类似的但以 $TiCl_4$ 为原料的碱中和水解法制备纳米二氧化钛。

③ **胶体化学法**　用硫酸氧钛加碳酸钠生成 $Ti(OH)_4$ 沉淀，再用盐酸酸溶，生成带正电荷的溶胶，然后用有机表面处理剂处理，粒子具备了亲油性。最后在有机溶剂里进行转相，再将水合二氧化钛煅烧即可获得超细二氧化钛，该工艺的关键是酸溶时的浓度和温度。

④ **水热合成法**　是制备纳米二氧化钛的重要方法。该法是在内衬耐腐蚀材料的密闭高压釜中，以水为溶剂，加入纳米二氧化钛的前驱体，在温度高于 $100℃$、水的自生压力大于 $101.3kPa$ 下进行反应。在水热条件下发生粒子的形核和生长，生成可控形貌和大小的超细粉体，具有晶粒发育完整、粒径小、分布均匀、无团聚、无需煅烧等特点。将激光技术引入水热法中，将使该方法成为最有前景的纳米二氧化钛的合成方法之一。

⑤ **微乳液法**　微乳液法制备纳米级超细 TiO_2 是近年来较流行的方法之一。近年来国内首创 W/O 微乳法制备纳米级超细 TiO_2，可制备单分散的纳米 TiO_2。微乳液是由表面活性剂、助表面活性剂、油和水（或电解质溶液）组成的透明的、各向同性的热力学稳定体系。它可分成 O/W 型微乳液和 W/O 型微乳液。当微乳液体系确定后，混合两种微乳液，由于胶团颗粒的碰撞，发生水核内物质的快速相互交换和传递，化学反应就在水核内进行，因而粒子的大小可以控制。一旦水核内粒子长到一定尺寸，表面活性剂分子将附在粒子的表面，使粒子稳定并防止其进一步增长。微乳液中反应完成后，通过超离心分离法或加入水和丙酮混合物的方法，使超细颗粒与微乳液分离，再用有机溶剂清洗以去除附在粒子表面的油和表面活性剂，最后在一定温度下干燥，煅烧得到超细粉。微乳液的结构可以从根本上限制颗粒的生长，从而容易制得超细粉末，并且制备过程不需加热、设备简单、操作容易、粒子可控。但由于制备中使用了大量的表面活性剂，很难从获得的最后粒子表面除去这些有机物。

目前，有关纳米二氧化钛的制备研究方兴未艾，已报道的方法还有很多，产品的工业化也在不断地完善和发展中。

纳米二氧化钛是一种宽禁带的导体，只有在紫外光下才具有光催化性能，这种性质不利于纳米二氧化钛的应用，因此需要对纳米二氧化钛进行改性，提高纳米二氧化钛的催化活性，使其在可见光之下也可以应用，提高纳米二氧化钛的应用率。纳米二氧化钛改性的方法有：金属掺杂改性（贵金属掺杂、稀土离子掺杂、过渡金属离子掺杂）、非金属掺杂改性（碳掺杂、硼掺杂、氮掺杂）、共掺杂改性（金属与非金属的共掺杂、非金属与非金属的共掺杂、金属与金属的共掺杂）、表面改性（表面包覆法、偶联剂法、表面活性剂法）。目前纳米二氧化钛的应用也拓展到制氢、太阳能电池等诸多高新技术领域。

10.1.2 超细氧化铁粉

相对于传统的氧化铁粉，超细氧化铁粉由于粒子细化，其体积和表面积有很大变化，具有明显的体积效应和表面效应，在光学、磁学、电学、模量、阻透性等方面性能大为改善，具有更优良的耐候性、耐光性、紫外线吸收和屏蔽效应和特殊的电、磁、光以及催化、吸附和化学反应性等。因此，超细铁粉在生物医学、生命科学、电子信息材料、军事、环境保护等方面具有非常广泛的用途。

① 磁性液体　当粒径小于5nm时，铁粉会发生超顺磁转变，具有很好的磁性。超细铁粉带动被表面活性剂包裹的液体一起运动，在磁场作用下，这种液体可以被磁化，并具有流动性，所以称为磁性液体。利用磁性液体可以被磁控的特点，采用环状磁铁在旋转密封部位产生环状磁场分布，将磁性液体约束在磁场之中形成磁性液体环，可用于无磨损、长寿命的动态密封。磁性液体还可用于润滑以及制成磁阻尼元件等。

② 高密度磁记录材料　随着信息社会的发展，存储介质越来越高密度化和微型化。传统的膜磁记录密度已接近极限，大幅度提高存储密度已成为必然趋势。超细铁粉到达具有单磁畴结构时，矫顽力很高，单位面积储存的信息量大，利用它制作的磁记录材料是一种优良的高密度磁记录介质。

③ 电磁波吸收材料　性能良好的超细铁粉可与钴、镍及其合金制成磁性纤维，其形成的屏蔽层既可以阻碍电磁波辐射，又能防止其他电磁波干扰，可生产绿色环保产品从而达到保护人类健康的目的。将这种磁性纤维制成屏蔽薄板，重量轻且吸收电磁波频带宽，可用于计算机内各器件之间和许多军用设备。

④ 药物载体　利用纳米技术和先进的生物技术相结合，将超细铁粉作为载体，可以使药物在外磁场作用下引导到病变部位，使其发挥特殊的医疗作用。国外医学界已将其用于肿瘤治疗及其他疑难病症的诊断和治疗。

⑤ 汽车尾气的催化剂　超细铁粉可与 Ni、Fe_2O_3 混合烧结，其轻烧体可以代替贵金属作为汽车尾气的催化剂，是一种既经济又有效的尾气净化剂。

制备方法是获得高质量超细铁粉的关键因素。目前国内外有很多不同的纳米氧化铁的制备方法，总体上可分为液相法、固相法和气相法。

(1) 液相法

① 沉淀水解法　是液相化学反应合成金属氧化物纳米颗粒最早采用的方法。主要包括两个阶段。

a. 水解：
$$Fe^{3+} + 3H_2O \longrightarrow Fe(OH)_3 + 3H^+$$

b. 焙烧：
$$Fe(OH)_3 \longrightarrow Fe_2O_3$$

根据工艺的不同，目前有均匀水解法、强迫水解法、微波诱导水解法之分。

均匀水解法是在 $Fe(NO_3)_3 \cdot 9H_2O$ 或 $FeCl_3 \cdot 6H_2O$ 的溶液中加入沉淀剂，通过加热控制溶液中沉淀剂的分解速度，沉淀剂在水中缓慢水解，使溶液中产生的沉淀颗粒很小且均匀，然后煅烧制备出纳米氧化铁粒子。

强迫水解法以 $Fe(NO_3)_3 \cdot 9H_2O$ 或 $FeCl_3 \cdot 6H_2O$ 为原料，在有一定浓度的 HCl 或 HNO_3 存在下，于沸腾密闭静态或沸腾回流动态环境下将 Fe^{3+} 强制水解来制备超细粒子 α-Fe_2O_3。

微波诱导水解法利用微波加热，通过辐射瞬间产生大量的热量以加快溶液的水解速度，大大缩短反应时间，降低粒子的尺寸。该法比前两种方法生产效率高，但设备比较昂贵。

总之，沉淀水解法成本较低，工艺简单，质量稳定，但是沉淀物通常为胶状物，过滤较困难，且沉淀剂作为杂质残留，由于多种金属不容易发生共沉淀反应，故适应面较窄。

② **溶胶-凝胶法**　以高价铁盐如 $Fe(NO_3)_3 \cdot 9H_2O$ 或 $FeCl_3 \cdot 6H_2O$ 为初始原料，在一定温度下，用低于理论量的碱（如 $NaOH$）与之反应制备 $Fe(OH)_3$ 溶胶；再加入十二烷基苯磺酸钠，使胶体表面形成有机层而具有疏水性；采用有机溶剂（如甲苯、氯仿）进行萃取，将 $Fe(OH)_3$ 溶胶转移至有机相中，经减压蒸馏出有机相；残留物经加热处理即得纳米氧化铁粒子。

溶胶-凝胶法设备比较简单，制备出的纳米粒子均匀，粒度比较小，但是工艺参数要求严格且不易控制，制备过程中还会挥发出毒性有机物，污染环境。

③ **水热法**　纳米氧化铁的水热合成法是以 $Fe(NO)_3$ 或 $FeCl_3$ 为原料，在密闭体系中，以水为溶剂在一定温度和水的自生压强下进行反应而制得 $Fe(OH)_3$ 凝胶，冷却后烘干处理即可。

④ **微乳液法**　首先分别制备出含 Fe^{3+} 电解质液的微乳液 A 和含碱溶液的微乳液 B，然后将它们混合，由于布朗运动使胶束发生碰撞，胶束间发生反应生成 $Fe(OH)_3$ 胶束。反应完成后，通过超离心或加水和丙酮混合物的方法，使纳米微粉与微乳液分离，再以有机溶剂除去附着在表面的油和表面活性剂，干燥处理即可得到纳米级的氧化铁粒子。

⑤ **超临界干燥法**　超临界干燥技术是利用液体的超临界特性，即在超临界点以上，气液界面消失，分子间相互作用减少，液体表面张力下降，从而凝胶中的液体无须形成气液界面而直接转化为无气液相区别的流体。超临界液体兼具气体和液体的性质，且具有极好的渗透性、较低的黏度和较高的传质速率，黏度为对应液体的 $10^{-2} \sim 10^{-1}$，因而可在无液相表面张力的情况下将溶剂除去而使颗粒不发生团聚，从而制得高比表面积的纳米氧化铁粉。采用该技术制备超微粒子氧化铁可实现干燥、晶化一步完成。

⑥ **溶胶-喷雾干燥法**　加入一定量的 $NaOH$ 或氨水到 $Fe(NO_3)_3$ 或 $FeCl_3$ 溶液中使之生成 $Fe(OH)_3$ 溶胶，然后用半透膜通过电渗析除去 Na^+、Cl^- 或 NO_3^-，得到纯 $Fe(OH)_3$ 水溶胶，再用喷雾器将胶体喷入热风中，水分子迅速蒸发从而析出 $Fe(OH)_3$ 或 $FeOOH$ 超细颗粒。这些超细颗粒经煅烧得到纳米晶超细氧化铁粉。在制备过程中，溶液的 pH 值控制和表面活性剂的加入很重要，因为它们将直接影响胶体的凝聚和体系的分散性。该法操作简单，流程短，可批量生产，具有巨大的商业价值。

（2）固相法

固相法包括机械粉碎法、固相化学反应法和热分解法。机械粉碎法是使用粉碎机，依靠机械力的作用使物料细化。该方法工艺简单、成本低、产量大，但产品粒度范围较宽，很难制得 100nm 以下的粉体，长时间的机械能作用会使物料发生一定程度的机械力化学反应。

固相化学反应法是将 $Fe(NO_3)_3 \cdot 9H_2O$ 或 $FeCl_3 \cdot 6H_2O$ 与 $NaOH$ 按照一定比例充分混合后进行烧结，由于固相反应中扩散非常慢，而且首先生成无定形的 $FeOOH$，表面包覆着 $NaCl$ 等阻止其继续长大或团聚，故可以得到纳米级的粒子。该法操作简单，转化率高，污染少，制备的产物粒径小，粒度分布均匀，无团聚现象。

（3）气相法

气相法是直接利用气体或者通过各种手段将物质变成气体，使之在气体状态下发生物理变化或化学反应，最后在冷却过程中凝聚长大形成纳米微粒的方法。优点是设备简单，颗粒均匀，纯度高，粒度小，分散性好，反应条件易控制，能连续稳定生产且能耗少，已有部分材料开始工业化生产。缺点是产率低，成本较高，粉末的收集较困难。

由于各种制备方法各有优缺点，所以各种方法的交叉、渗透逐渐增多，如超声波-均匀沉淀法、溶胶-微乳液法等。目前传统的液相制备方法由于工艺简单、成本低，在工业上应用较多，但是粒子的团聚、分散等问题仍然未得到很好的解决，尚待进一步的改进研究。

有关超细氧化铁粉末的研究已有许多，纳米氧化铁粒子的制备技术也在发展之中。尽管目前有许多报道声称制备出了纳米氧化铁粒子，但就制备方法和成本而言，真正能使粉末的粒度达到纳米级（100nm）相当困难。这主要是由于纳米粒子的表面能极大，粒子间的吸附力极强，造成了粒子间的团聚。因此，减少颗粒的团聚成为广大科技工作者急需解决的技术问题。就纳米氧化铁制备方法而言，目前大多处在实验室研究，不能应用到工业化大规模生产中。

10.1.3　纳米氧化铝粉

纳米氧化铝具有高硬度、高强度、耐热、耐腐蚀等特性，广泛应用于精细陶瓷、复合材料、催化剂等领域，应用前景广阔。

① 陶瓷材料　将纳米氧化铝添加到陶瓷中，可以改善陶瓷材料的致密度和耐冷热疲劳性能、降低烧结温度、提高强度和韧性，甚至使陶瓷材料的力学性能成倍提高。

② 医用复合材料　Al_2O_3 可作为一些合金的弥散强化材料加入合金中，改善合金的物理机械性能。Al_2O_3 作为复合材料，在人体正常生理条件下不腐蚀，与机体组织的结构相容性较好，且强度高，摩擦系数小，磨损率低，因而广泛用于制备人工骨、关节修复体、牙根种植体、折骨夹板等医用材料；还可用于颌面骨缺损重建、五官矫形与修复及牙齿美容等方面。

③ 表面防护层材料　将纳米氧化铝粒子喷涂在金属陶瓷、塑料、玻璃、漆料及硬质合金的表面上可提高表面强度、耐磨性和耐腐蚀性、防污、防尘、防水，可用于机械、刀具、化工管道等表面防护。

④ 光学材料　Al_2O_3 可烧结成透明陶瓷，作为高压钠灯管的材料；还可和稀土荧光粉复合制成荧光灯管的发光材料，提高灯管寿命。此外，纳米 Al_2O_3 多孔膜有红外吸收性能，可制成隐身材料用于军事领域；利用其对紫外线的吸收效果可作紫外线屏蔽材料和化妆品添加剂。

⑤ 催化剂及其载体　纳米 Al_2O_3 可代替昂贵的铂粉与超细镍粉复合制成石油裂解催化剂，大大降低催化裂解反应温度和催化剂成本，也可用作尾气净化、催化燃烧、高分子合成等的催化剂或载体。

⑥ 半导体材料　纳米 Al_2O_3 对外界湿度变化敏感，稳定性高，是理想的湿敏传感器和湿电温度计材料。同时，它还具有良好的电绝缘性、化学耐久性、耐热性，抗辐射能力强，可用作半导体材料和大规模集成电路的衬底材料，广泛应用于微电子、电子和信息产业。

纳米 Al_2O_3 的制备工艺与纳米氧化铁类似，也分为固相合成法、液相合成法和气相合成法。

（1）固相合成法

固相合成法是将铝或铝盐研磨煅烧发生固相反应而直接得到纳米氧化铝。如用硫酸铝铵溶液与硫酸铵反应，制得铵明矾，再加热分解成纳米氧化铝。也有将金属盐溶液以雾状喷入高温气氛中，使其中的水分蒸发，金属盐发生热分解，析出固相，直接制备出纳米氧化铝陶瓷粉。

固相合成法设备工艺简单，产率高，成本低，环境污染小，但产品粒度分布不均，易团聚。

（2）液相合成法

① 溶胶-凝胶法 用乙醇铝为原料，与烷烃配成溶液后用蒸馏水进行缓慢升温水解生成活性单体，再聚合成溶胶，进而生成具有一定结构的凝胶，最后经 80℃ 真空干燥和在一定温度下煅烧得到超细分散的球形 $\gamma\text{-}Al_2O_3$ 和 $\alpha\text{-}Al_2O_3$。该法反应温度低，产品晶型、粒度可控，且粒子均匀度高，纯度高，副反应少，但产品团聚问题显著，且有机原料毒性大、价格高，实现工业化生产还有一定困难。

② 液相沉淀法 以 $Al(NH_4)(CO_3)$ 或硝酸铝为原料，以 $(NH_4)_2CO_3$ 或脲为沉淀剂，在溶液中进行沉淀反应，将沉淀出的 $Al(OH)_3$ 经过滤、洗涤、干燥、热分解而制得纳米粒子。近年来，通过在沉淀法中引入冷冻干燥、共沸干燥、超临界干燥等工艺，有效解决了粒子团聚问题，能制得质量较高的纳米粒子。

③ 溶剂蒸发法 该法是先将金属盐溶液制成微小液滴，将溶剂快速蒸发，溶质析出而制得纳米粒子。包括直接干燥法、喷雾干燥法及冷冻干燥法、超临界干燥法等。其中超临界干燥法以硝酸铝为原料，在无机盐-有机溶剂体系制得的氧化铝粒径小、孔径大、密度低、表面能高，产品应用潜力巨大。

④ 相转移分离法 该法是利用阴离子表面活性剂将铝盐与氢氧化钠反应生成的氢氧化铝胶体转移到油相中，经脱水、减压除溶剂，煅烧得氧化铝纳米粒子。该工艺中溶胶的浓缩过程不需离心沉降，而且操作简单，易于工业化生产。

（3）气相合成法

① 化学气相沉积法 该法是使 $AlCl_3$ 溶液在远离热力学的临界反应温度下，形成过饱和蒸气压，与氧气反应生成氧化铝，并自动聚成晶核；晶核在加热区不断长大，聚集成颗粒；随着气流进入低温区，颗粒长大，聚集，晶化停止，最终收集到纳米氧化铝粉体。

② 激光诱导气相沉积法 利用激光照射铝靶，使之熔化产生 Al_2O_3 蒸气，冷却得到纳米 Al_2O_3。该法具有清洁表面、无黏结、粒度分布均匀、可精确控制等优点，产物粒径可从几纳米到几十纳米。

随着科技的发展，纳米氧化铝不仅应用在传统的陶瓷等方面，而且被越来越广泛地应用在航空航天、催化剂及其载体、环境保护、复合材料等领域。而高性能氧化铝粉体的制备是其广泛应用的前提，其中还有许多问题亟待解决，包括：①探索低成本制备高纯纳米氧化铝的有效途径；②α-氧化铝的相变温度较高，在高温下颗粒容易长大，因此纳米 $\alpha\text{-}Al_2O_3$ 的工业化制备有待解决；③纳米氧化铝总体形貌的有序调控策略有待进一步探索；④基于纳米氧化铝的优良特性，加大其在特种纳米复合材料中的充分应用。

10.1.4 纳米二氧化硅

纳米 SiO_2 材料是 21 世纪科研领域的热点。由于其具有小尺寸效应、表面与界面效应、量子尺寸效应及宏观量子隧道效应等导致了纳米 SiO_2 微粒具有奇异的物化性能，应用更加广泛。作为添加剂，它不仅仅能提高树脂、橡胶、有机玻璃、塑料等的强度，而且可改善或增加新的性能。例如对树脂基材料提高了延伸率和耐磨性，改善了材料表面的光洁度，抗老化、抗紫外线辐射，有高介电绝缘性。它添加到密封胶、黏结剂中可缩短固化时间，提高黏结效果。纳米 SiO_2 在电子组装材料方面也将会发挥巨大的作用，用作层间介质材料、塑料封装材料的添加剂等。此外，纳米 SiO_2 在生物医学工程中可用于生物细胞分离，人造齿科材料；在光学领域中用作光纤材料，红外反射材料等。

用作电子元件掺杂材料的二氧化硅粉料，化学纯度和物理规格均有特殊要求，国外一般采用气相法工艺生产，设备复杂，成本高。国内生产该产品的工艺过程如下：

以模数比为 3.1～3.4 的工业硅酸钠和盐酸为原料进行沉淀反应，反应时加入避免胶凝的盐析剂氨水和减缓胶凝的分散剂乙醇、甘油、丙酮或乙酸乙酯，在 10～40℃下反应 25～30min，过滤，洗涤以除去沉淀物中的 Na^+、Fe^{2+}、Fe^{3+}、Cl^- 等，然后在 250～300℃下干燥 2～3h，再在 700～750℃下煅烧 1～1.5h 即可。

气凝胶是由纳米微粒或聚合物分子相互聚结而成的均匀低密度多孔固体材料，其孔隙率为 80%～99.8%，孔径一般为 1～100nm。与常规固体材料相比，它具有许多特殊的性质，如极小的表观密度，低折射率和热导率，较高的热稳定性和透光率，极高的比表面积等。因而在催化剂和催化剂载体、绝缘材料、玻璃和陶瓷等诸方面有广泛的应用前景。它可用作高能粒子探测器中的介质材料和太阳能采热器中的透明隔热材料；是优良的催化剂和催化剂载体；还是性能优良的吸附剂，如 $CaO/MgO/SiO_2$ 气凝胶被用作室温气体捕获剂，吸附燃气中的 CO_2、SO_2 气体，该研究对防止大气层产生温室效应具有深远意义；气凝胶还可望用于高速运算的大规模集成电路的衬底材料；SiO_2 气凝胶微球对氚氚有良好的吸附性，为惯性约束聚变实验研制高增益靶提供了一个新途径。这对于利用受控热核聚变反应来获得廉价、清洁的能源具有重要意义。

气凝胶的制备方法之一如下：

以正硅酸乙酯为原料，乙醇和水为溶剂，盐酸或氨水作为催化剂，按一定的摩尔比混合，充分搅拌后将混合液放入密闭恒温箱在 65℃恒温，凝胶生成后在室温下老化数日。将所得醇凝胶放入超临界干燥器的干燥缸内，使醇凝胶浸没于缸内的乙醇中，降低器内温度至 4～6℃，通入液态 CO_2，进行溶剂替换，以除去醇凝胶内的水和醇等。当醇凝胶中的溶剂全部变成液态 CO_2 后，改变超临界干燥器内的温度、压力至 CO_2 的超临界条件（31.0℃、7.19MPa），然后缓慢放出二氧化碳气体。当温度、压力降至室内条件时，即得到气凝胶。

目前合成纳米二氧化硅粒子的主要方法除了气相法外，还有溶胶-凝胶法、模板法、沉淀法、超重力法、微乳液法等。在此基础上，将这些方法组合使用也已取得理想的效果。不同方法合成的二氧化硅纳米材料往往具有不同的性能。

近年来，研究人员在不断探索纳米二氧化硅优越性的同时，还通过结构重整以及物质重组，利用纳米 SiO_2 制备了许多无机-有机型、无机-无机型的复合材料，从而大大改善了单纯纳米 SiO_2 的单分散、难分散性和易团聚性等缺点，使其许多性能得到进一步的优化和升级。如提高材料的抗紫外线的光学性能、抗老化和耐化学性能、强度、弹性、韧性、吸附性和缓释性能等，可广泛应用于生物、医学、膜科学、催化剂、涂料、硅橡胶以及农药等领域。如用相转化法制备的 PVDF/SiO_2 杂化超滤膜，纳米 SiO_2 颗粒的加入使杂化膜的孔隙率增大，水通量显著提高；SiO_2/聚砜复合膜耐污染性强，膜的水通量较高；SiO_2 掺杂改性的 PMMA 聚合物薄膜，光学性能明显提高。加入纳米 SiO_2 到聚酰亚胺中制备的杂化膜，其热分解温度比纯聚酰亚胺膜提高了 17.8℃。掺入适量 SiO_2 制备的 TiO_2-SiO_2 纳米复合光催化剂既减少了 TiO_2 的用量、降低了成本，又一定程度上提高了 TiO_2 的光催化活性。而纳米 TiO_2＋SiO_2 复合粉体则比单一 TiO_2 纳米粉体具有更加优异的紫外线吸收性能。

纳米二氧化硅表面自由能较高，很容易团聚，将它作为功能填料填充聚合物基体时，无机相和有机相之间很难相容，导致纳米二氧化硅在有机相中分散不均匀，使纳米二氧化硅的很多优点难以充分发挥。为此，需要对纳米二氧化硅进行表面物理或化学改性。通过一定的工艺，使基团与二氧化硅表面的硅羟基和不饱和键反应，在其表面引入所需的各种活性基团，从而改善纳米二氧化硅的性能。纳米二氧化硅表面含有大量的活性硅羟基，可与有机硅烷、醇和酸等物质发生化学反应而对其进行改性。改性后的纳米二氧化硅与有机相的亲和性、交联密度和反应活性提高了很多，在有机基体中的分布更加均匀。纳米二氧化硅粒子的表面改性方法有很多，如偶联剂改性、接枝改性和表面活性剂处理等。根据原理不同分为物理改性和化学改性两大类，也可以表面物理改性和化学改性相结合来改善纳米粒子的性能。表面物理改性主要是通过涂覆、包覆和吸附等方法对无机纳米粒子进行改性。此外，也可以利用紫外线辐射、等离子体照射等物理方式对纳米二氧化硅粒子表面的改性，属于物理修饰。

随着对纳米材料的深入研究，纳米二氧化硅颗粒凭借其自身特有的表面惰性、化学稳定性一直受到研究人员的关注。近年纳米二氧化硅材料在各领域都有应用，不同的合成方法适用于不同的方面，溶胶-凝胶法和掺入法适用于从内部整体改性材料，而包裹法和喷涂法更适合于改变材料表面的性质，如将 SiO_2 纳米颗粒涂覆在裸聚四氟乙烯（PTFE）板的表面上，从而改变其亲水性能。目前这些方法制成的新型复合物，主要应用于光电学、电学、污染物处理、催化、检测传感器和材料改性等方面。因为二氧化硅是一种易得且相对廉价的纳米材料，所以适合批量工业化生产。未来含纳米二氧化硅的材料、催化剂、检测器会向着环境适应性强、使用寿命长、低成本方向发展。

10.2 精细陶瓷

10.2.1 精细陶瓷的分类

陶瓷是具有一定强度，但含有较多气孔的未完全烧结的制品。精细陶瓷通常被认为是"采用高度精选的原料，具有精确控制的化学组成，按照便于控制的制造技术加工的，便于进行结构设计，并具有优异特性的陶瓷"。这类陶瓷无论在原料、工艺或性能等方面都与传统陶瓷有较大的差异，近几十年来，这些具有特殊性能的精细陶瓷产品的开发成功，极大地推动了科学技术的发展，特别是电子技术、空间技术、计算机技术的发展。

精细陶瓷从性能上可分为结构陶瓷和功能陶瓷两大类。结构陶瓷也称工程陶瓷，以力学机械性能为主，有生体亲和性陶瓷、高强度耐高温陶瓷、耐腐蚀陶瓷。功能陶瓷则主要利用材料的电、磁、光、声、热和力等性能及其耦合效应，如铁电陶瓷、压电陶瓷、正或负温度系数陶瓷、敏感陶瓷、快离子导体陶瓷、绝缘陶瓷、介电陶瓷、半导体陶瓷、导体陶瓷以至高临界温度 T_c 的超导陶瓷等。表 10-1 列出了精细陶瓷的主要种类及其代表品种的原料和用途。

10.2.2 功能陶瓷主要品种及应用

在功能材料中，陶瓷占有十分重要的地位。功能陶瓷占整个精细陶瓷销量的 60%，而且每年以 20% 的速度增加。功能陶瓷正在能源技术、空间技术、电子技术、传感技术、激光技术、光电子技术、红外技术、生物技术、环境科学等领域得到广泛的应用。

表 10-1　精细陶瓷的主要种类和用途

类别		特性	主要原料	制品用途
功能陶瓷	电子材料	高绝缘性	氧化铝,氧化铍,氮化硼,氮化铝	集成电路基片,集成电路封装,放热性绝缘基片,电子管装置件
		强介电性	钛酸钡	图像记忆元件,偏光元件,高容量电容器,高压电容器,非线性元件
		压电性	PZT(钛锆酸铅)	振子,点火元件,滤波元件,压电换能器,超声波元件,电子表,微位移元件,压电陀螺及变压器
		热电性	钛酸锶	红外线检测元件,热谱仪
		半导电性	碳化硅,氧化锡,氧化铅,钛酸钡,氧化铋,氧化钛,碳酸锶,氧化铁等	电阻加热元件,湿敏元件,热敏元件,压敏元件,可变电阻,气敏元件,稳压元件,液面计,光敏元件,离子敏元件,力敏元件,可燃气体报警器
		导电性	β-氧化铝,SnO_2,氧化锆	电池用电解质,气传感器,高温电热元件
		磁性	铁氧体	记忆元件,变压器磁芯,磁铁,磁头,屏蔽材料
		超导电性	碳化钡,氧化钇,氧化铜,氧化钙,氧化铋,碳酸锶	微电子元器件,量子干涉器件,储能器件,电能传输线等
		光电变换性	硫化镉	光电管,太阳能电池
	光学材料	荧光性	氧化钇	电视显像管,激光材料,发光元件
		耐蚀,耐热	氧化铝	高压钠灯管,防雾玻璃,光学窗口
		透光导电性	氧化铟	导电透明电极膜
		透光隔热性	氧化锡	红外线反射膜
		电极偏光性	钛锆酸铅,PLZT(掺镧 PZT)	偏光膜
		导光性	合成石英	光导纤维,胃照相设备
结构陶瓷	生化材料	催化性	氧化铝,氮化钛	催化剂
		载体性	氧化铝,二氧化硅	催化剂载体,固定化酶载体
		吸附性	硅铝酸盐	吸附剂,离子交换剂
		人体亲和性	氧化铝	人工骨骼,人工关节,人工齿根,人工心脏瓣膜
		耐腐蚀性	氧化铝(硅),碳化硼,赛龙	化工设备部件与衬里,原子能利用
	机械材料	高强度,耐磨	氮化硅,氧化铝,氧化锆	高精度车床,精密仪器,研磨材料
		低胀缩性	碳化硅,赛龙	耐热,耐腐蚀材料,工具
		高弹性	陶瓷纤维增强塑料	高尔夫球棒,球拍,鱼竿,飞机机身
		超硬性	碳化硼,氮化硼,氮化钛	切削工具,机械密封
		润滑性	六方氮化硼	轴承,高温润滑剂,脱膜剂
	热性能材料	绝热性	氮化硅,碳化硅	高温隔热材料,航天飞机衬砖,汽车排气装置
		耐热性	氮化硅,碳化硅,氧化铝	耐火材料,核反应炉,航空机械部件,高温轴承
		传热性	氮化硼,碳化硅,氧化铍	散热片(LSI 用),坩埚

(1) 电解质陶瓷

电解质陶瓷在静电场或交变电场中使用,评价其特性主要可用体积电阻率、介电常数和介电耗损等参数。根据这些参数的不同,可把电解质陶瓷分为电绝缘陶瓷和介电陶瓷。

① **电绝缘陶瓷**　传统的陶瓷材料如高压绝缘陶瓷在电气或电子电路中主要起隔离、支撑、固定导体、散热及保护电路环境的作用,而精密绝缘陶瓷则在近代电子技术中起着巨大的作用,如在计算机集成电路中采用多层绝缘基片与封装材料可使高速计算机的工作效率翻番。此外,精密绝缘陶瓷还广泛用于电力、汽车、耐热用电阻器、CdS 光电池、调谐器、半

导体集成电路等中。

电绝缘陶瓷按化学组成可分为氧化物系和非氧化物系两大类。氧化物系陶瓷有氧化铝瓷、氧化铍瓷、氧化镁瓷等，已获得广泛的应用。而非氧化物系的绝缘陶瓷是 20 世纪 70 年代以来才发展起来的，目前应用的主要有氮化物陶瓷，如 Si_3N_4、BN、AlN 等。除多晶陶瓷外，近年来又发展了单晶绝缘陶瓷，如人工合成云母、人造蓝宝石、尖晶石、氧化铍及石英等。

② 介电陶瓷　介电陶瓷要求具有高的绝缘电阻率，高的介电常数，低介质损耗和足够高的绝缘强度。主要用于陶瓷电容器和微波介质元件两大方面。

a. 陶瓷电容器：温度补偿电容器用介电陶瓷材料主要用于高频振荡电路中作为补偿电容介质。在性能上要求有稳定的电容温度系数和低的介质损耗。过去，这类陶瓷多使用 $MgTiO_3$、$CaSnO_3$ 等，但介电常数不高，热稳定性差，应用受到限制。20 世纪 60 年代以来，开发了 $MgO\text{-}La_2O_3\text{-}TiO_2$ 系陶瓷，可用于高温环境下的补偿电容器。同时，将 $CaTiO_3$、$SrTiO_3$ 和 $MgTiO_3$ 与 $LaTiO_3$ 的复合研究，也扩大了温度补偿电容器陶瓷的应用范围。

b. 微波介质元件：主要用于制作微波电路元件。主要有 $2MgO \cdot SiO_2$ 陶瓷，价格较便宜，多作绝缘体用；$MgO\text{-}La_2O_3\text{-}TiO_2$ 系陶瓷，适用于制作微波电路元件；$ZrO_2\text{-}SnO_2\text{-}TiO_2$ 系陶瓷，适于制微波谐振器。一些钙钛矿型如 $Ba(Zn_{1/3}Ta_{2/3})O_3$ 系陶瓷，也是性能较好的微波介质陶瓷。

(2) 压电陶瓷

这是一类能把机械能转换为电能或把电能转换为机械能的陶瓷材料。压电陶瓷是将足够高的直流电场作用于铁电陶瓷进行极化处理而制成的。常用的压电陶瓷有钛酸钡、钛酸铅、锆钛酸铅、三元系压电陶瓷、PLZT 压电陶瓷等。压电陶瓷主要用于制造滤波器、换能器、变压器、引燃引爆装置、超声延迟线、声表面波器件、电光器件、压电电动机、热释电探测器和电子打火机等。

压电材料的研究始于 1880 年，居里兄弟首先在石英晶体中发现压电效应。以锆钛酸铅（PZT）、铌镁酸铅为主的含铅压电材料具有优良的弹性性能、介电性能、压电性能、热释电性能、铁电性能以及光学性能等，其在超声换能器、传感器、驱动器、滤波器、存储器等领域具有极其重要的应用价值。但是，铅基压电材料中 PbO（或 Pb_3O_4）的含量较高，达到 60％以上，铅会给人类及生态环境带来严重危害，这与人类社会可持续发展理念相悖。因此进行无铅压电陶瓷的研究与开发，并加大对研制无铅压电陶瓷的支持力度，具有重大的社会意义和经济意义。近几十年来研究者做了大量的工作研制新的无铅压电材料来取代 PZT 基陶瓷。目前，无铅压电陶瓷材料主要可以分为 5 大类：含铋层状结构材料、钨青铜结构材料、钛酸钡（$BaTiO_3$，简写 BT）基压电材料、钛酸铋钠（Bi0.5Na0.5TiO_3，简写 BNT）基压电材料和铌酸钾钠 [(K,Na)NbO_3，简写 KNN] 基无铅压电材料。近几年，关于无铅压电材料的研究主要涉及制备工艺、掺杂改性、微观结构分析与调控、相结构分析与调控。随着时代的发展，极端的环境和使用精度都对压电陶瓷的性能提出更高要求，未来压电陶瓷改性研究方向主要是对陶瓷体系进行掺杂改性和制备工艺的优化。

(3) 半导体敏感陶瓷

半导体敏感陶瓷是一类品种非常多的陶瓷材料。当作用于这些陶瓷元器件的某一外界条件，如温度、压力、湿度、气氛、电场、磁场、光、射线等发生变化时，能引起陶瓷材料的某种物理性能如电阻、电容等发生相应的变化，从而能从该元器件上准确迅速地获得某种有用的信号。因此，半导体敏感陶瓷可广泛用于制造各种传感元器件。这些敏感陶瓷材料有的是利用陶瓷晶体的性质，有的是利用晶界的性质，有的是利用陶瓷表面的性质。

① 热敏半导体陶瓷　热敏电阻陶瓷是热敏半导体陶瓷的典型代表之一，其原理是利用陶瓷材料的电阻能随温度而发生相应变化的性质，可广泛用于温度检测、温度控制、电子线路温度补偿、稳压、稳流、限流保护、过热保护、自控温加热等。其中电阻随温度升高而增大的称为正温度系数热敏电阻陶瓷；电阻随温度升高而减小的称为负温度系数热敏电阻陶瓷。

正温度系数热敏电阻陶瓷是以 $BaTiO_3$ 为基的半导体陶瓷。而负温度系数热敏电阻陶瓷大都是用 Mn、Co、Ni、Fe 等过渡金属氧化物按一定比例混合，采用陶瓷工艺制备而成。按使用温区大致分为低温（60～300℃）、中温（300～600℃）及高温（>600℃）三种类型，具有灵敏度高、热惰性小、寿命长、价格便宜等优点。

负温临界热敏电阻，是指在某一温度附近电阻发生突变，且于几度的狭小温区内随温度增加电阻值降低了 3～4 个数量级的一类热敏电阻元件。例如 V_2O_3 的电阻率在 173K 时会下降到原来的 10^{-5}。此外，VO_2、VO、Ti_2O_3、NbO_2 等也有类似的性能。此类半导陶瓷材料在该温度点发生金属-半导体相变，引起电导的极大变化。因而可用作控温、报警、无触点开关等场合。

② 气敏半导体陶瓷　随着现代科学技术的发展，用于能源、化工等领域的易燃易爆、有毒气体越来越多，如天然气、氢气、CO 气等，为防止泄漏，保护人身安全，必须对这些气体采取严格的检测、监控及报警措施。气体敏感元件就是能感知环境中某种气体及其浓度的一种装置或者器件。气体传感器能将气体浓度的有关信息转换成电流或电压信号，根据这些电信号的强弱进行检测、控制和报警。新近发展起来的半导体陶瓷传感器，具有灵敏度高、性能稳定、结构简单、体积小、价格低廉、使用方便等特点，已得到迅速发展。

气敏陶瓷一般是将金属氧化物通过掺杂或非化学计量比的改变而使其半导化。其气敏特性大多通过待测气体在陶瓷表面吸附，产生如氧化、还原反应和表面产生电子的交换（俘获或释放电子）从而使得材料的电阻值等敏感特性发生变化等作用来实现的。已广泛应用的气敏陶瓷有 SnO_2、$\gamma\text{-}Fe_2O_3$、$\alpha\text{-}Fe_2O_3$、ZnO、WO_3 复合氧化物系统及 ZrO_2、TiO_2 等。

③ 湿敏半导体陶瓷　大气湿度的测量、控制与调节，对于工农业生产、气象环卫、医疗健康、生物食品、货物储运、科技国防等领域具有十分重要的意义。利用多孔半导体陶瓷的电阻随湿度的变化关系制成的湿度传感器，具有可靠性高、一致性好、响应速度快、灵敏度高、寿命长、抗其他气体的侵袭和污染、在尘埃烟雾环境中能保持性能稳定和检测精度高等一系列优点，因此，湿度半导体陶瓷传感器得到了很快发展。

按工艺过程可将湿敏半导体陶瓷分为瓷粉膜型（涂覆模型）、烧结型和厚膜型。目前比较常见的高温烧结型湿敏陶瓷是以尖晶石型的 $MgCr_2O_4$ 和 $ZnCr_2O_4$ 为主晶相系半导体陶瓷，以及新研制的羟基磷灰石 $[Ca_{10}(PO_4)_6(OH)_2]$ 湿敏陶瓷。$MgCr_2O_4\text{-}TiO_2$ 系湿敏陶瓷是在 $MgCr_2O_4$ 粉料中添加 35％（摩尔分数）TiO_2，通过 1360℃、2h 保温烧结而成多孔陶瓷，是很有应用前景的陶瓷传感器材料，已用于微波炉的自动控制。而羟基磷灰石 $[Ca_{10}(PO_4)_6(OH)_2]$ 系陶瓷具有优良的抗老化性能，能有效地克服湿敏陶瓷元件存在的电阻高、抗老化性能差、需要在短时间内进行高温热净化等问题。

④ 压敏半导体陶瓷　通常加在线性电阻两端的电压与流过它的电流之间的关系服从欧姆定律，即：$U=RI$，其电阻 R 是一个常数，电压-电流（伏-安）关系是一条直线。压敏（电压敏感的简称）电阻则不同，其电阻值具有对电压变化很敏感的非线性电阻特性，即压

敏性，故其电压-电流特性是一条曲线。当外电压低于某临界值时，其电阻值很高，通过电阻的电流很小；当外施电压达到或超过此临界值时，其电阻值急剧下降，电流猛然上升。用这种压敏陶瓷制作的器件叫做非线性电阻器或压敏电阻器。

压敏陶瓷电阻器的种类很多，ZnO 压敏电阻陶瓷是其中性能最优的一种材料。其主要成分是 ZnO，并添加 Bi_2O_3、Co_2O_3、MnO_2 和 Sb_2O_3，此外还添加了如 Cr_2O_3、SiO_2、TiO_2、SnO_2 和 Al_2O_3 等氧化物改性烧结而成。

近 20 年来，由于信息的拾取和检测技术滞后于信息传输和处理技术，掀起了传感技术研究开发的热潮。半导体陶瓷敏感材料已在温度、电场、气体、湿度等环境敏感元件和传感器应用方面取得重大进展，且具有工艺简单、价格低廉、性价比高等优势，成为不可缺少的重要功能材料，推动了信息与材料科学技术向纵深发展，不仅产生大量新兴信息传感技术产业，同时全面推进传统产业的信息化进程。

10.2.3 结构陶瓷主要品种及应用

随着宇航、航空、原子能和先进能源等近代科学技术发展，对高温高强度材料提出了愈来愈苛刻的要求，虽然对高温合金多年的研究使得金属基高温合金的使用温度已达 1100℃，但仍难以满足要求。作为耐高温材料，结构陶瓷的性能远远超过金属，具有优良的力学、热学和化学稳定性、耐高温、耐腐蚀、强度高，密度比金属低，因而人们将发展高温材料的研究重点放到了陶瓷上。现已有部分金属和高分子材料被它取代，表现出良好的应用前景。

常用的高温结构陶瓷有：

① 高熔点氧化物，如 Al_2O_3、ZrO_2、MgO、BeO、VO_2 等，它们的熔点一般都在 2000℃ 以上；

② 碳化物，如 SiC、WC、TiC、HfC、NbC、TaC、B_4C、ZrC 等；

③ 硼化物，如 ThB_2、ZrB_2 等，硼化物有很强的抗氧化能力；

④ 氮化物，如 Si_3N_4、BN、AlN、ZrN、HfN 等以及由 Si_3N_4 和 Al_2O_3 复合而成的 Sialon 陶瓷，氮化物具有很高的硬度；

⑤ 硅化物，如 $MoSi_2$、$ZrSi$ 等在高温使用中由于制品表面生成 SiO_2 或硅酸盐保护膜，所以抗氧化能力强。

(1) 氧化锆陶瓷

氧化锆是高熔点氧化物陶瓷的代表产品，具有熔点高、高温蒸气压低、化学性稳定、抗腐蚀性优良、热导率低等特征，是一种具有广泛用途的高技术陶瓷。全稳定氧化锆陶瓷具有良好的氧离子传导特性，用它制成的氧传感器可以测定氧的浓度，用于炼钢工业中钢液中氧的浓度的测定，汽车发动机中、小型锅炉的燃烧控制等，还可制成氧泵和高温燃料电池。而部分稳定的氧化锆陶瓷则有良好的韧性，可用于制备各种相变增韧的结构陶瓷产品，如热机零件、挤压模具、刀具、阀门等。

ZrO_2 有三种晶型。低温为单斜晶系，密度为 $5.65g/cm^3$。高温为四方晶系，密度为 $6.10g/cm^3$。更高温度下转变为立方晶系，密度为 $6.27g/cm^3$。其转化关系为：

$$\text{单斜(m)}ZrO_2 \xleftrightarrow{1170℃} \text{四方(t)}ZrO_2 \xleftrightarrow{2370℃} \text{立方(c)}ZrO_2 \xleftrightarrow{2715℃} \text{液体}$$

纯 ZrO_2 材料在加热和冷却时会发生四方-单斜的相变，相变过程中其密度会发生 5% 的变化，明显的热胀冷缩导致的体积变化在制备过程中会起破坏性作用，很难制造出产品。因此必须进行稳定化处理。常用的稳定添加剂有 CaO、MgO、Y_2O_3、CeO_2 和其他稀土化合物。由此制得的全稳定氧化锆（FSZ），常用来制造各种氧探测器。将稳定剂的含量适当减少，使 t-ZrO_2 亚稳到室温，便得到部分稳定氧化锆（PSZ），或使 t-ZrO_2 全部亚稳到室温得到单相多晶氧化锆（TZP）。TZP 在室温下强度和稳定性最高。

以 Y_2O_3 为稳定剂的四方氧化锆多晶陶瓷 Y-TZP 是最重要的一种氧化锆增韧陶瓷。由于稳定剂作用和 ZrO_2 晶粒相互间的抑制，Y-TZP 陶瓷具有特别高的室温断裂韧性和弯曲强度。

高技术氧化锆陶瓷对粉末的要求是：高纯度、超细、团聚程度低、各组分达到分子水平上的均匀混合。用传统固相法制备的粉末达不到上述要求。目前，氧化锆的制备主要采用共沉淀法，可精确控制稳定剂的含量，得到粒径分布窄、平均粒度为纳米级的超细粉。制备过程中氧化锆粉末的团聚特别严重，采用乙醇洗涤氢氧化锆沉淀可明显减轻粉末团聚现象，或将用蒸馏水洗涤、过滤后的氢氧化锆胶体前驱物与正丁醇混合进行共沸蒸馏，可制得具有非常疏松的粉体结构和良好烧结性能的粉体。

（2）碳化硅陶瓷

SiC 是一类熔点高、硬度高、耐磨、耐腐蚀和有优良抗氧化性的陶瓷材料。在高达 1550℃ 的温度下其抗氧化性能仍然十分优异，高于 1750℃ 时，氧化膜被破坏，SiC 强烈氧化分解。

纯 SiC 是电绝缘体（电阻率 $10^{14}\Omega \cdot cm$），但当含有杂质时，电阻率大幅下降到约 $10^{-1}\Omega \cdot cm$，加之它具有负电阻温度系数，因此 SiC 是常用的发热元件材料和非线性压敏电阻材料。

SiC 作为耐火材料已有很长的历史，在钢铁冶炼和有色冶炼中都有应用。SiC 在空间技术中用作火箭发动机喷嘴，还可作热电偶保护套、电炉盘、高温气体过滤器、烧结匣钵、炉室用砖垫板等，也可作磁流体发电的电极。

SiC 在常温和高温下均有优良的强度，因此在美国的燃气轮机计划中，烧结 SiC 用来作发动机定子、转子、燃烧器和涡形管。在脆性材料计划中反应烧结 SiC 用作发动机定子和燃烧器。SiC 有高的热导率，因此 SiC 的另一种重要用途是作热交换器。

由于 SiC 具有很强的共价键性，很难用常规烧结途径制得高密度材料，必须采用一些特殊工艺手段如热等静压烧结或依靠添加剂以促进致密化。制备过程中 SiC 粉料的细度的控制非常重要。因为 SiC 粉料颗粒的大小决定陶瓷材料的微观结构和宏观性能。颗粒越小，晶粒间的结合相比例就越高，材料的强度越高。所以制备高质量的纳米微粉具有重要意义。现已有的文献报道是用树脂热裂解炭作碳源，用纳米级 SiO_2 微粉作硅源，以无水乙醇为介质球磨后，烘干、压制成型，在微波炉中以 N_2 保护、1300～1500℃ 的条件下烧结 10～20min 而制得超细 SiC 纳米微粉。

碳化硅的高度共价键特性及其极低的扩散系数导致其烧结致密化难度大，为解决此问题，发展出了多种碳化硅的烧结制备技术。目前较为成熟的工业化生产碳化硅陶瓷材料的主要方式有反应烧结、常压烧结和重结晶烧结、热压烧结、热等静压烧结。此外，放电等离子烧结、闪烧、振荡压力烧结等新型烧结技术也正得到研究及关注。工业生产中用到较多的反应烧结、常压烧结和重结晶烧结三种碳化硅陶瓷材料制备方法均有其独特的优势，所制备的碳化硅的显微结构和性能及应用领域也有不同。反应烧结的烧结温度低，生产成本低，制备的产品收缩率极小，致密化程度高，适合大尺寸复杂形状结构件的制备，反应烧结碳化硅多用于高温窑具、喷火嘴、热交换器、光学反射镜等方面。常压烧结的优势在于生产成本低，对产品的形状尺寸没有限制，制备的产品致密度高，显微结构均匀，材料综合性能优异，所以更适合制备精密结构件，如各类机械泵中的密封件、滑动轴承及防弹装甲、光学反射镜、半导体晶圆夹具等。重结晶碳化硅拥有纯净的晶相，不含杂质，且有较高的孔隙率、优异的导热性和抗热震性，是高温窑具、热交换器或燃烧喷嘴的理想候选材料。

综上所述，碳化硅陶瓷材料拥有优异的力学、热学、化学和物理性能，不仅在传统工业领域获得广泛的应用，而且在半导体、核能、国防及空间技术等高科技领域的应用也不断拓展，应用前景十分广阔。为了不断满足更高的性能需求，今后仍然需要进一步改进工艺、完善烧结助剂、发展新的烧结技术，进一步有效降低烧结温度，细化晶粒，制备出性能更佳的碳化硅陶瓷材料。

(3) 氮化硅陶瓷和 Sialon 陶瓷

氮化硅（Si_3N_4）陶瓷具有高温强度高、抗震性能好、高温蠕变小、耐磨、耐腐蚀和低相对密度等优良性能，是一种最有希望用于热机的新型结构陶瓷材料。主要用于下列各方面：

① 柴油机和汽油机部件，陶瓷电热零件、涡流室银块、增压器陶瓷叶轮；

② 刀具材料，可用作黑色和有色金属加工工具；

③ 高温结构材料，可以在空气中 1300℃ 左右的条件下用作结构材料，如支架、轴、球、螺丝和焊接用喷嘴等；

④ 铝和锌等有色金属熔炼中使用的耐热材料、热电偶套管等，因 Si_3N_4 可抗这类有色金属高温侵蚀；

⑤ 耐磨材料，如轴承、轴瓦、水泵中的密封环等；

⑥ 化学工业中用作耐蚀、耐磨零件，如球阀、泵体、密封环、过滤器、热交换器部件、催化剂载体、管道、煤化气的热气阀、燃烧器、气化器等。

Sialon 是 $Si_3N_4+Al_2O_3$ 形成的陶瓷，亦称赛龙，具有高强度、高韧性、自润耐磨性、较好的烧结性能、较低的热膨胀系数、优良的抗氧化性能和抗熔融金属腐蚀性。Sialon 有 α-Sialon 和 β-Sialon 两种晶形，它们在性能上具有互补性，复相 Sialon 比单相 Sialon 陶瓷具有更优的性能。因此 α'-β' 复相陶瓷的研究已成为当今高温结构陶瓷的热点。上海材料研究所采用 Y_2O_3、Si_3N_4 和 Al_2O_3 为原料，通过控制烧结工艺，已制备出较高含量的 α'-β' 复相陶瓷。

优良的耐热冲击性，高的高温强度和好的电绝缘性，使得 Sialon 材料很适合作焊接工具。其耐磨性又适合作车辆底盘上的定位销，操作次数可达 $5×10^7$ 次，使用寿命一年，且无磨损痕迹；用 Sialon 材料制作汽车零件，如针形阀和挺柱经过 60000km 运转，挺柱的磨损小于 $0.75\mu m$。另外，在冷态或热态的金属挤压模中，用 Sialon 材料作模子的内衬，可以改进挤出成品的光洁度，尺寸精确，并可采用更高挤出速度。

在切削金属的刀具应用中，Sialon 比钴结合的碳化钨硬质合金和氧化铝陶瓷具有更高的红硬性，可进行更高速切削，刀尖处最高承受温度可达 1000℃。目前，复相 Sialon 陶瓷已在刀具应用中获得成功，随着复相 Sialon 陶瓷研究的深入，复相 Sialon 陶瓷必将在更广阔的领域中获得应用。

目前关于氮化硅的研究结果较多，氮化硅陶瓷在陶瓷轴承领域、航空航天和燃气涡轮机等高温结构领域已经得到了大量应用。但对于单晶 Si_3N_4 以及氮化硅基复合材料的研究仍需不断推进。目前，国内氮化硅陶瓷发展和商业化生产急需解决以下问题：①提高氮化硅原料粉体的质量，降低粉体制备加工成本。我国高纯超细氮化硅粉体质量与一些发达国家相比，无论是氧含量、杂质含量、颗粒形状和尺寸分布，还是烧结性能均有很大差距，这和我国粉体制备工艺和控制均有密切关系。②深入研究氮化硅陶瓷生产工艺，真正了解和掌握各项制备和烧结方法的关键核心技术，制定用于不同产品的详细严格的生产工艺和控制方法。③提高加工水平。氮化硅陶瓷的后期加工对成品最终性能影响较大，同一批次产品，必须保证有同样的加工精度。④提高单炉产量。由于氮化硅陶瓷烧结成本比氧化铝、氧化锆等陶瓷高很多，因此需要对现有生产设备进行改进，以提高单炉产量。

（4）耐高温可加工的延性 Ti_3SiC_2 陶瓷

Ti_3SiC_2 陶瓷是近几年才逐渐被重视并发展起来的一种新型奇特的结构功能陶瓷材料，它综合了金属的导电、导热、易加工、抗热冲击以及陶瓷的耐高温、抗氧化等特性。钛碳化硅属六方晶系，理论密度为 $4.53g/cm^3$，熔点超过 $3000℃$，研究表明，钛碳化硅的热稳定性温度大于 $1300℃$。

虽然钛碳化硅具有杰出的性能，最初制备这类材料的方法有反应合成法和 CVD 法，但是难以直接制得纯的 Ti_3SiC_2 材料。已有文献报道采用 Ti、Si 和石墨粉为原料，经球磨和充分混合后装入碳化硅管式炉中，在氩气保护、$1200\sim1350℃$ 下进行固液相反应，获得纯度大于 96% 的 Ti_3SiC_2 粉末。在当前的报道中，使用的方法有三种：自蔓延燃烧合成（SHS）、烧结（包括 HIP/HP）和放电等离子烧结（SPS）。但鉴于传统的制备方法耗时长、工艺烦琐、成本高，对 Ti_3SiC_2 的制备工作尚有待进一步研究。目前对 Ti_3SiC_2 陶瓷材料的研究主要集中在探索制备高纯度 Ti_3SiC_2 陶瓷材料的新方法新工艺，进一步研究其性能，开拓新的应用领域，寻找新的增强相，制备高性能复合材料。

10.2.4 精细陶瓷的研究发展动向

精细陶瓷目前的研究动向包括：超导陶瓷的研究；陶瓷与陶瓷或陶瓷与其他材料复合（陶瓷纤维增强陶瓷、陶瓷纤维增强金属）的研究；特种陶瓷薄膜化或非晶化以及陶瓷的纤维化研究等。陶瓷的纤维化是研制隔热材料、复合增强材料等的重要基础，目前国外，尤其是日本对陶瓷纤维及晶须增强金属复合材料的研究极为重视，其研究主要集中于碳化硅及氮化硅；在非氮化物陶瓷中，目前国外研究最多的是陶瓷发动机、高压热交换器及陶瓷刀具等；随着生物化学、生物医学的发展，生物陶瓷的研究也越来越重要。

综上所述，精细陶瓷所具有的优良性能，有可能使其在很大的范围内代替钢铁及其他金属，达到节约能源、提高效率、降低成本的目的。精细陶瓷和高分子合成材料相结合，可以使交通运输工具轻量化、小型化和高效化。因而精细陶瓷作为新型材料具有广阔的发展前途。

目前全球范围内精细陶瓷技术快速进步，应用领域拓宽及市场稳定增长的发展趋势明显。随着微电子、半导体、航天、航空、船舶、核工业等下游应用的快速发展，精细陶瓷的市场规模日益增长。当前精细陶瓷最大的市场是日本和美国，其次是欧盟。其中，日本是最大的精细陶瓷生产国，门类齐全、产量大、应用领域广、综合性能优，在陶瓷市场特别是电子陶瓷市场中占据主导地位。美国先进陶瓷协会和美国国家能源部联合资助并实施了为期20年的美国先进陶瓷发展计划，耐高温结构陶瓷是美国精细陶瓷发展的重点。美国国家航空和宇航局（NASA）正实施大规模的研究与发展计划，重点对航空发动机、民用热机中的关键闭环实现陶瓷替代，同时对纳米陶瓷涂层、生物医学陶瓷和光电陶瓷的研究、产业化进行资助。此外，欧盟各国特别是德国、法国在结构陶瓷领域进行了重点研究，主要集中在发电装备、新能源材料和发动机中的陶瓷器件等领域。

我国对所有工业用精细陶瓷材料几乎都进行了研究和开发，经过"六五""七五""八五"攻关及"863""973""科技支撑""科技部重大专项"等国家级科研项目的研发，我国精细陶瓷材料的研究与开发能力有了显著的提高。在结构陶瓷方面，成功研究开发了精密陶瓷劈刀、耐高温抗热震氧化铝坩埚、氧化铝洗煤机衬板、化工阀门、氧化锆陶瓷轴承球和研磨球，并形成产业化生产，产品性能已经达到国际先进水平。在国家重大科研项目"结构陶瓷及陶瓷发动机"的研究中研制出 Si_3N_4 涡轮转子，发动机用 Si_3N_4 摇臂镶块，SiC 汽缸、活塞、喷嘴环等部件。在功能陶瓷方面，相继研制成功集成电路用氧化铝基片、高导热氮化铝基片、磷硼扩散源、高导热高绝缘 BN 陶瓷、导电 BN-TiB_2 蒸铝坩埚、独石电容用粉料、微波谐振器陶瓷、特种微晶氧化铝基片等新材料，在陶瓷电阻、电容、电感、陶瓷封装基座、陶瓷插芯等领域已形成产业并初具规模，为我国国防工业技术进步提供了急需的配套材料。目前，我国的功能陶瓷市场份额约占精细陶瓷市场的 70%。在粉体制备方面，我国陶瓷粉体的制备方法主要有固相反应法、液相反应法和气相反应法三大类。随着纳米技术的发展，通过气相反应法制成的粉体具有表面积大、球形度高、粒径分布窄等特点，为高性能陶瓷制备提供了基础保障。在成形技术方面，我国精细陶瓷行业采用的主要成形技术有干法压制成形中的冷等静压成形、塑性成形中的注射成形、浆料成形中的流延成形和凝胶注模成形等。在烧结技术方面，我国精细陶瓷行业主要采用热压烧结（HP）和气压烧结（GPS）技术，国内在大尺寸气压烧结氮化硅陶瓷方面突破了国外技术封锁，实现国产化。在精密加工技术方面，电火花加工、超声波加工、激光加工和化学加工等加工技术正逐步应用于陶瓷加工中。

我国的精细陶瓷体系不断拓展，制备技术不断丰富与进步，应用领域也从单一的军事、航空航天推广到环保、新能源、电子信息等更为广泛的民用市场，陶瓷材料也从结构陶瓷、功能陶瓷向结构-功能一体化方向发展。行业总体发展趋势是向着复合化、多功能化、规模化、智能化、高端化和材料、设计、工艺一体化的方向发展。

10.3 无机抗菌材料

10.3.1 抗菌剂的定义、性能和分类

(1) 抗菌剂

抗菌剂是指具有抑制和杀灭细菌、防腐、防霉及消毒等抑制微生物相关作用的化学物质。人类很早就开始使用抗菌剂了。从公元前埃及人使用的焦油（tar）、乳香（olibanum）、肉桂，到 1828 年韦勒合成尿素。进入 20 世纪后，人们弄清了藤酮和除虫菊酯等的化学结构后，大量有机抗菌剂诞生了。20 世纪 50 年代，抗菌剂的开发和抗菌技术逐渐发展起来。进入 80 年代，人们开始注重生活质量、追求舒适卫生的生活环境，抗菌防臭纤维、抗菌陶瓷、抗菌涂料、抗菌塑料、抗菌化妆品等应运而生，使纺织纤维、建筑装饰材料、日用品、家电制品等不仅具有原有的使用性能，而且更增加了抑菌、灭菌、防霉和消毒的特殊功能。这种特殊功能即是在产品制造过程中加入了抗菌剂而实现的，因此对抗菌剂有如下的要求：

① 高抗菌能力及广谱抗菌性；

② 持效性，即耐洗涤、耐擦拭、耐磨耗，寿命长；

③ 耐气候性，即耐日照、耐热，不易分解失效；

④ 与基材的相容性或可加工性，即加入基材中不变色泛黄或产生色斑，不降低商品使用价值及美感；

⑤ 安全性，对健康无害，对环境无二次污染；

⑥ 细菌不易产生耐药性。

（2）抗菌剂的分类

按抗菌剂的成分可以分为三大类。

① **天然抗菌剂**　来自天然动植物的提取物。如古埃及包裹木乃伊，用的是浸过草药汁的裹尸布；我国马王堆出土的西汉古尸，外棺里盛的棕色药液；近代用生物技术从虾、蟹及甲壳类昆虫外壳提取的脱乙酰壳多糖等。

② **有机抗菌剂**　如聚乙烯吡咯酮类、季铵盐及双胍类除菌剂，有机卤化物及锡化物、异噻唑啉防腐剂，噻苯达唑、咪唑类防霉防藻剂等。

③ **无机抗菌剂**　包括含抗菌活性金属（如银、铜、锌、汞、镉等）的无机盐类、载银活性炭、有良好离子交换性能的天然矿物材料和光催化半导体材料（如有光催化活性的 TiO_2）两大类。

很多重金属离子有毒，因重金属离子能使蛋白质沉淀，能产生抗代谢作用，使正常的代谢物变为无效的化合物，从而抑制微生物的生长或导致死亡。所以大多数重金属及其化合物都是有效的杀菌剂或防腐剂，其中作用最强的是 Ag、Hg、Cu 和 Zn 等。如早期古希腊战士用银器盛水直接饮用，印度用铜壶储水消毒，医院用硝酸银溶液消毒皮肤，农业上用硫酸铜与石灰配制的波尔多液杀菌、螨和防治某些植物病害，常用氧化锌胶布防腐等。将 Ag、Cu、Zn 等加到多孔载体或具有良好离子交换性能的载体上便制得了含抗菌活性金属的无机抗菌剂。另一类无机抗菌剂是近年发展起来的光催化半导体化合物，如 TiO_2、ZnO、Fe_2O_3 等粉料添加到陶瓷料中烧制成的半导体光催化陶瓷。

（3）无机抗菌剂与有机抗菌剂的比较

有机抗菌剂应用早，工艺技术成熟，杀菌迅速，向载体中添加方便，在某些领域里有无可替代的作用。无机抗菌剂是近 20 年发展的一类抗菌材料，具有化学稳定性和热稳定性好、无毒、广谱、不产生耐药性等优点，在塑料、纤维、涂料、陶瓷等制品的应用中占有很大优势，显示出迅速发展的势头。

表 10-2 列出无机抗菌剂和有机抗菌剂在抗菌性、加工性等方面的比较。

表 10-2　无机抗菌剂和有机抗菌剂比较

作　用	无　机　类	有　机　类
抗菌机理	接触性、被动式	溶出型、主动式
抗菌抗霉性	广谱抗菌，持效性，耐水，耐酸碱	单向抗菌，速效性，在水中易流失，洗涤特性
耐热耐光性	耐热达 800℃，光照不老化	不耐热＜300℃，光照老化
细菌耐药性	不易产生	可能产生
变色性	易变色	难变色
安全性	对健康无害，无二次污染	分解产物有一定毒副作用，某些单体致癌
向载体添加的可操作性	需制成超细粉均匀分布于制品表面，对载体有选择性	易分散、混合、充填，可加入各类载体内

10.3.2 无机抗菌剂的抗菌机理

(1) 银系无机抗菌剂

在无机抗菌材料中，目前研究最为广泛的是抗菌活性成分为金属的无机抗菌剂，其中以杀菌活性强且无毒的银系无机抗菌材料研究较多。

银系无机抗菌剂属于广谱抗菌剂。国内外研究和应用最多的银系无机抗菌材料主要有两类，一类是纯纳米银抗菌材料，另一类是以金属银离子为抗菌成分、各种无机矿物为载体的载银型无机抗菌材料。这两类银系无机抗菌材料在合成方法、抗菌原理及应用方式等方面均有不同。

纳米银的抗菌机理：纳米银是一种典型的金属纳米材料，粒子尺寸很小，表面原子所占的百分比大，具有很多高表面能的不稳定原子。这种结构给各种反应提供了很多的接触吸附位点和反应作用点，吸附细菌病毒的能力及与其产生化学反应的能力也快速增强。也有文献表明，带负电荷的细菌细胞和带正电荷的纳米颗粒之间的静电吸引是纳米颗粒产生活性的重要原因。有实验得出纳米银颗粒的杀菌机理是纳米银颗粒与细菌膜成分相互作用，引起结构改变和膜的破坏，对膜形态的破坏导致渗透性增加，从而使向细胞质膜的传递失去控制，最终导致细胞死亡。有实验得出，银与细菌体中磷和硫成分有很好的反应性，细胞内的硫蛋白和含有磷成分的 DNA 都会优先与纳米银颗粒反应，影响细菌的呼吸链、分割细胞、破坏细胞膜形貌，最终引起细菌死亡。

载银型无机抗菌材料的抗菌机理有两种观点。

① 银离子接触反应，造成微生物共有成分被破坏或产生功能障碍。当微量银离子（Ag^+）接触到微生物细胞膜时，与带负电荷的细胞膜发生库仑吸引，使二者牢固吸附，Ag^+ 穿透细胞壁进入细菌体内与蛋白质上的巯基、氨基等反应，使蛋白质凝固，破坏细胞合成酶的活性，细胞丧失分裂增殖能力而死亡。当细胞死亡后，Ag^+ 又游离出来周而复始地起杀菌作用：

$$\text{酶} \begin{array}{c} \diagup \text{SH} \\ \diagdown \text{SH} \end{array} + 2Ag^+ \longrightarrow \text{酶} \begin{array}{c} \diagup \text{SAg} \\ \diagdown \text{SAg} \end{array} + 2H^+$$

Ag^+ 也能破坏微生物电子传输系统、呼吸系统、物质传送系统。持此观点者认为，Ag^+ 具有较高的氧化还原电位，反应活性很大，通过反应达到稳定的结构状态。

② 催化假说认为，物质表面分布的微量银，能起到催化活性中心的作用。Ag 激活空气或水中的氧，产生羟基自由基 $\cdot OH$ 及活性氧离子 $\cdot O_2^-$，它们能破坏微生物细胞的增殖能力，抑制或杀灭细菌。

两种假说都有一定依据，不过目前实验研究结果倾向于支持前者。

近年针对纳米银抗菌材料的研究增多，开发应用前景广阔，但通过不同途径进入人体的纳米银所产生的生物学效应的研究尚不充分，还没有完整公认的评价银系无机抗菌材料纳米产品生物安全性的标准方法和体系。从纳米银材料制备角度，对于可控尺寸、多形貌纳米银的合成技术尚待提高。目前合成方法多使用有毒化学试剂，纳米颗粒极易发生团聚，并且粒径小、单一形貌纳米银产量低，多形貌纳米银的单分散性及其化学和热稳定性还需全面系统的研究。载银型抗菌材料载体的不同、制备工艺是否稳定成熟、银含量高低等都对材料的抗菌效果、光稳定性、耐温性等有影响。因为银离子化学性质活泼，易转变成棕色的氧化银或经紫外还原成黑色的单质银，不仅降低抗菌性，而且无法应用在白色或浅色制品上。载银抗菌剂的成本虽然低于纳米银，但还是高于有机抗菌材料，若要更广泛地推广应用，还需要降低成本。另外，银的安全用量需要进一步限定，如何有效、科学评价材料抗菌性指标有待建立和完善。基于以上问题，如何提高银系无机抗菌材料的产量，使生产技术朝成本低、消耗低、污染低的"三低"方向发展，实现制备过程的"绿色"化，并合成结构更为精细和所需特定微观结构的银系无机抗菌材料，全面诠释银系无机抗菌材料对生物体健康的影响因素，这些都是银系无机抗菌材料研究与发展的重要方向。

（2）光催化半导体抗菌剂

TiO_2、ZnO、WO_3、Fe_2O_3、$\gamma\text{-}Al_2O_3$、CdS、$CdSe$、$SrTiO_3$ 等半导体化合物，能吸收能量高于其禁带宽度（band gap）的短波光辐射，产生自由电子（e^-）及相应的空穴（h^+），并将能量传递给周围的介质，诱发光化学反应，具有光催化能力。如纳米 TiO_2 在光照射下发生如下的反应：

$$TiO_2 + h\nu \longrightarrow e^- + h^+$$
$$e^- + O_2 \longrightarrow \cdot O_2^-$$
$$h^+ + H_2O \longrightarrow \cdot OH + H^+$$

生成的 $\cdot O_2^-$ 和 $\cdot OH$ 极其活泼，具有极强的化学活性。$\cdot O_2^-$ 是强还原剂，而 $\cdot OH$ 具有几乎能使全部有机物分解的氧化力，可用于杀菌、除臭、防霉及消毒，比常用的氯、次氯酸、双氧水有更大的效力。

这类无机抗菌剂的主要特征如下：

① 只要有微弱的紫外线照射，就可激发催化剂表面的反应；

② 半导体物质仅起催化作用，自身不消耗，理论上可永久性使用，对环境无二次污染；

③ $\cdot OH$ 自由基具有402.8kJ/mol 的反应能，高于有机化合物中各类化学键能（kJ/mol），如 C—C（83），C—N（73），C—O（84），H—O（111），N—H（93）。因此可将各种有机物分解为无害的 CO_2 及 H_2O。既能杀灭微生物，也能分解微生物赖以生存繁衍的有机营养物，达到抗菌目的。

最常用的 TiO_2 为白色，对人安全无害，在化妆品、牙膏填料、食品添加剂中已获得广泛应用，作为光催化剂已实现了在环境保护、废水处理领域的应用，TiO_2 涂层已用于抗菌陶瓷。纳米钛系光催化抗菌陶瓷是新型抗菌陶瓷，代表了未来抗菌功能陶瓷的发展方向。目前光催化型抗菌陶瓷的研究动态为：利用溶胶-凝胶法将纳米 TiO_2 以薄膜的形式附着于陶瓷的釉表面，然后经低温烧烤，制成有抗菌作用的陶瓷制品。日本东陶公司将光催化抗菌瓷砖和卫生陶瓷用以商品化生产，还用于医院、食品加工等场所。目前，日本卫生洁具陶瓷均具有抗菌性能，且大部分采用钛系光催化抗菌技术。

近年来，我国在光催化型抗菌陶瓷技术的研究开发越来越多，然而在抗菌陶瓷产业化方面，与国际先进水平相比还存在较大的距离。山东华光陶瓷、广东美地瓷业和潮州多家陶瓷企业陆续推出了抗菌陶瓷产品。唐山惠达公司开发生产的纳米自洁卫生洁具是一种具有纳米自洁釉面的卫生洁具。它通过两次施釉、一次烧制而成，由于其釉面含纳米复合材料，其微观区域均匀，表面光滑，具有较好的抗菌性能。

10.3.3 无机抗菌剂及制品的应用和制备

（1）无机抗菌剂的应用

无机抗菌剂可广泛用于日用品、家电制品、建筑材料、陶瓷制品及纤维制品等中，制得多种带有"抗菌卫生"自洁功能的抗菌材料和抗菌制品。

① 抗菌日用制品 包括浴室、厨房用品、洗漱用品、杂物架、拖鞋、鞋垫、污物筒、门拉手、扶手、菜板等。

② 抗菌家电制品 包括冰箱、冷柜、蔬菜室、电饭煲、净水器、空气加湿器、电脑、吸尘器、空调机过滤器、洗脸梳妆台、洗衣机内胆、餐具干燥机、换气扇、电话机等。

③ 抗菌建筑材料 包括陶瓷墙、地砖、地毯、壁纸、天花板、涂料、灰浆、钢板、铝材等。

④ 抗菌纤维制品 包括内衣、鞋袜、床被单、窗帘、桌布、毛巾、湿纸巾、运动服装、手术衣、护士服、病员服等。

随着科学技术的发展和人民生活水平、健康环境意识的提高，抗菌制品的需求将越来越大，无机抗菌剂及其制品将会有更广阔的应用领域。

（2）一些无机抗菌制品的制备

纳米银的制备主要采用化学还原法，即利用不同的还原剂还原银离子成单质银，如柠檬酸、水合肼、次磷酸钠和葡萄糖等，该法条件简单、成本低、产量大、应用广泛。如在搅拌下将硝酸银溶液缓缓加入定量的氨水中形成二氨合银溶液，40℃搅拌下将维生素C溶液滴加到二氨合银溶液中充分反应即得纳米银溶液。纳米银的平均得率为88.6%，绝大部分粒径为18.29nm左右，粒径小且均一性较好。该纳米银液对金黄色葡萄球菌、变形杆菌、大肠杆菌、肺炎克雷伯菌、白色念珠菌等多种菌的总体抗菌活性优于磺胺嘧啶银。

用羧甲基纤维素钠作还原剂制备纳米银也取得好的效果。加入0.012g羧甲基纤维素钠和0.1g聚乙烯吡咯烷酮到20mL去离子水中，60℃下搅拌均匀，滴加0.1mol/L氢氧化钠调节pH值到8，然后逐滴加入0.1mL 0.2mol/L的硝酸银水溶液，继续搅拌反应4h，得到红棕色纳米银胶体溶液。离心分离该溶液，沉淀分别用无水乙醇和去离子水洗涤3次，于50℃真空干燥24h，得到形貌较均匀、无团聚、结构为多晶体系、粒径为20~30nm的纳米银粉末。含有此纳米银10μg/mL的水溶液，对海洋优势附着菌种芽孢杆菌有良好的抑菌性能，且随浓度的增加，抑制作用增强。

将具有多孔性的沸石（分子筛）与抗菌金属离子进行离子交换，可制得抗菌沸石。将沸石粉料浸渍在硝酸银、硫酸铜、氯化锌等可溶性盐的水溶液中一段时间，即可使Ag^+、Cu^{2+}、Zn^{2+}被交换到沸石上获得具有抗菌功能的沸石。离子交换率与溶液的浓度、pH值、温度、离子种类及交换工艺有密切关系，更与沸石本身的结构和交换特性有关。实验测得，含Ag 1.2%的Ag沸石和含Zn 4.6%的Zn沸石能100%地杀灭大肠杆菌和霉菌，而含Cu 0.7%的Cu沸石在35%~83%，均表现出较好的灭菌性能。

活性碳纤维（ACF）具有优异的吸附性能，将ACF抽真空后浸渍$AgNO_3$溶液，然后真空热分解，可制得载银活性碳纤维。其灭菌性能取决于银含量和比表面积的大小，在比表面积相同时，灭菌能力随银含量的增加而增强；当银含量相同时，比表面积越大，灭菌能力越强。

利用纳米SiO_2庞大的比表面积、表面多介孔结构和超强的吸附能力以及奇异的理化特性，将银离子等抗菌离子均匀地设计到纳米SiO_2表面的介孔中，可得到高效、持久、耐高温、广谱抗菌的纳米抗菌粉。如载银3%的纳米SiO_2在80~140℃烧结温度范围内制得的抗菌粉体对大肠杆菌和金黄色葡萄球菌的杀菌率几乎达到100%，具有优良的抗菌性能，可用于抗菌塑料、抗菌食品包装和抗菌纺织制品等领域。

银系抗菌功能陶瓷是将银系无机抗菌剂 Ag_3PO_4、载银磷酸三钙等引入到陶瓷釉料中,经过施釉和烧结后制得。银元素在陶瓷表面的釉层中均匀分散并长期存在而使陶瓷具有抗菌功能。例如,以磷酸钠溶液和硝酸银溶液为主要原料,控制反应温度40℃,pH 为 7,滴加速度为 70～80 滴/min,制得 Ag_3PO_4 胶体,然后沉淀、洗涤、干燥,低温煅烧得无机抗菌剂,研磨成料。将抗菌剂加入釉料中,然后施釉在陶瓷坯料上,干燥后经 1250℃ 烧成。抗菌试验结果表明,随抗菌剂在釉料中加入量增加,样品的抗菌效果增强。抗菌剂加入量在 1.5%～2.0% 及以上时,24h 培养抗菌率达 99% 以上,而且用 10% 的盐酸溶液或次氯酸钠碱性溶液浸泡 1 个月后其抗菌率仍为 99.9%,有良好的抗菌持久性。

据文献报道,在釉料中加入质量分数为 1%～10% 的磷酸三钙载银抗菌剂,将釉料及抗菌剂球磨后制得釉浆,施于陶瓷坯体上,干燥后在 1080～1100℃ 及氧化气氛中烧成,其 24h 后的灭菌率可达 99.9%。载银磷酸钙的口试 LD_{50}(致半数动物死亡的试验量)大于 5000mg/kg,皮试 LDM 大于 2000mg/kg,皮肤刺激性试验无反应,具有很高的安全性。

TiO_2 光催化陶瓷的制备方法是以钛酸乙酯为原料,经溶胶-凝胶过程在陶瓷表面覆盖一层 TiO_2 光催化膜后,再加热而成。用这种方法制备的薄膜与基体结合性好,硬度和耐久性优良,在太阳光、白色荧光、紫色荧光下照射 6h,杀菌率分别为 92.7%、61.9% 和 90.9%,比相同光照下普通陶瓷高出 3～5 倍,具有明显的光催化抗菌作用。

10.4　无机多孔材料

最早发现的无机多孔材料是天然沸石,早在 1756 年就发现了辉沸石,但直到 20 世纪的 40 年代 Barrer R. M. 为首的化学家模仿天然沸石的生成环境在水热条件下合成了首批低硅铝比的沸石分子筛,开创了人工合成分子筛的先河。根据孔道尺寸的大小,多孔材料分为微孔、介孔、大孔材料等。

10.4.1　微孔材料

微孔材料(micropore material)是孔径小于 2nm 的多孔材料,微孔材料主要有天然沸石、人工合成分子筛、传统的硅铝组成的微孔材料、非硅铝组成的磷酸盐、锗酸盐、其他金属硅酸盐等杂原子分子筛、微孔玻璃和微孔手性催化材料等。微孔材料以沸石分子筛为主。

(1) 沸石分子筛的组成、结构

沸石(zeolite)分子筛(molecule sieves)是一种含水的铝硅酸盐矿物。结构式为 $A_{x/q}[(AlO_2)_x(SiO_2)_y]_n H_2O$,A 为金属离子,主要是 Na、Ca 和少数的 K、Mg 等金属离子,是可交换离子。q 为金属离子价数,x 为 Al 原子数,y 为 Si 原子数,y/x 通常在 1～5,n 为水分子数。分子筛的硅铝比、可交换的金属离子不同,分子筛类型不同。

沸石分子筛根据其来源又分为天然沸石和人工合成分子筛。已知的天然沸石有 80 多种,分布最广的主要有方沸石、斜发沸石、片沸石、浊沸石、菱沸石、毛沸石、交沸石、丝光沸石和斜钙沸石等。

人工合成分子筛有 A 型、B 型、X 型、Y 型、L 型、M 型分子筛;高硅 ZSM 系列分子筛和非硅、铝骨架的磷酸铝系列分子筛 $AlPO_{4-n}$ 等。

硅铝骨架的沸石分子筛的结构复杂，由三维的硅氧骨架构成特定的多孔结构（孔道、空穴）。其基本单位是硅氧四面体，部分硅氧四面体中的硅会被铝离子置换，形成铝氧四面体，这些四面体又称为分子筛的初级结构（磷酸铝系列分子筛中的四面体以 $[AlO_4]$、$[PO_4]$ 四面体为主）。

四面体中心的每个 Si 原子或 Al 原子与四个 O 原子配位 [见图 10-2(a)]。四面体顶点的每个氧原子可桥联两个 Si 原子或一个 Si 原子和一个 Al 原子 [见图 10-2(b)]，从而使硅氧四面体和硅氧四面体、硅氧四面体和铝氧四面体通过顶角（氧桥）连接形成环。四个四面体组成四元环，五个四面体组成五元环，依此类推，有六元环、八元环、十二元环、十八元环等。这些多元环就是分子筛的次级结构，如图 10-3 所示。

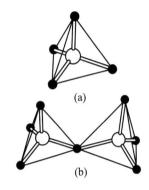

图 10-2　分子筛的四面体初级结构

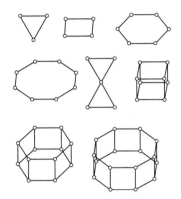

图 10-3　分子筛的多元环次级结构

环上的四面体再通过氧桥相互连接，就构成了各种形状的中空的笼。四面体连接的方式不同，形成的笼的结构就不同，笼的孔道大小也不同，如图 10-3 所示。一般有立方体笼、α笼、β笼、γ笼、八面体笼和六角柱笼等。分子筛的这些环和笼就决定了分子筛特有的骨架结构。图 10-4 是方纳石和 ZSM-11 的骨架结构。笼与笼之间由多元环连接，形成丰富的孔道和空穴，如图 10-5 所示。分子筛孔道环数的大小决定了分子筛孔的大小。

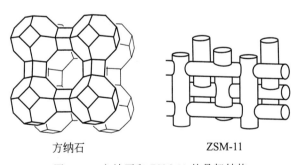

方纳石　　　　　　ZSM-11

图 10-4　方纳石和 ZSM-11 的骨架结构

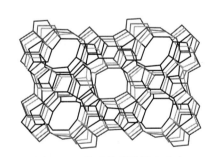

图 10-5　分子筛的孔道和空穴

由于置换硅的铝离子的价态是 +3，比硅的 +4 少 1，所以置换后的铝氧四面体中有一个氧离子的 -1 价得不到中和，因此就会有其他金属阳离子加入以平衡电中性。所以沸石具有很好的离子交换性能。分子筛的空穴和孔道的大小决定了能进入其中的分子的大小，即直径比孔道大的分子不能进入，直径比孔道小的分子能进入，这也是分子筛为什么有选择性吸附、分离、分子筛分的作用。

（2）分子筛合成

分子筛一般采用水热合成法，即反应物在溶剂中在一定的温度和压力下反应晶化形成所需分子筛。反应物是指合成分子筛的基本起始物料，含硅化合物称为硅源，含铝化合物称为铝源，还有碱、其他金属离子和溶剂水。常用的硅源有：水玻璃、硅酸钠、硅胶、硅酸乙（或甲）酯、超细氧化硅粉等。常用的铝源有：铝酸钠、$AlOOH$、$Al(OH)_3$，有机铝盐如三乙丙醇铝，无机铝盐如硝酸铝、金属铝等。由于黏土同时含有硅、铝成分，也可直接以它为原料合成分子筛。

水热合成反应一般是在一定压力下进行，所以一般在密闭的反应釜（高压釜）中进行。传统的硅铝分子筛反应需在强碱性条件下进行，下面是钠型分子筛的合成路线：

$$Na_2O \cdot xSiO_2(aq) + NaAl(OH)_4(aq) + NaOH(aq) \xrightarrow{\text{陈化}} \text{硅铝酸盐水合溶胶} \xrightarrow{\text{晶化}} \text{分子筛}$$

磷酸铝骨架的分子筛可在微酸性或接近中性的条件下水热合成或在醇类有机溶剂热条件下合成。分子筛的微波辐射法合成也已成一种重要的分子筛合成方法。

（3）分子筛的应用

天然沸石原矿粉内部孔道中含有的杂质会影响其吸附性能，使用前要经过粉碎、4%～10%浓度的盐酸或硫酸浸渍10～20h、干燥、350～580℃焙烧，再粉碎到所需粒度，才能得到吸附性能优越的活性沸石。天然沸石还可用化学的方法适当改性，如碱处理、酸处理、其他金属离子交换以提高其性能。

分子筛特殊的三维空间结构、大的比表面积和均匀的孔道尺寸、规则的笼结构以及优良的离子交换能力和选择吸附能力使其在环境治理、工业催化、建筑材料、陶瓷工业、能源开发、医药、食品等领域都有广泛的应用。

分子筛的应用主要有以下几个方面。

① 分子筛沸石在环境保护中的应用 沸石在环境保护中的应用主要是两方面，一是在水处理中的应用；二是在气体净化、分离中的应用。利用沸石的选择吸附性和离子交换性，沸石可用于饮用水的深度净化，除去饮用水中的氟、氨氮，有害重金属离子如砷、铅、镉等，改善水质。天然沸石由于价格低廉，也广泛用于污水的处理，用作污水处理剂、滤料，降低污水中有机污染物、氨氮、金属离子浓度。沸石还是废气处理、空气净化的良好吸附材料，对碳氢化合物、一氧化碳、硫化氢、二氧化硫都有好的吸附性能，用于废气的净化。

② 分子筛在工业催化过程的应用 利用沸石作载体，负载上金属或金属氧化物活性组分的沸石催化剂在石油炼制的催化裂化、催化加氢等领域有普遍使用。分子筛也是石油产品异构化、重整、烷基化、歧化等反应的重要催化剂。

③ 分子筛在其他领域的应用 沸石可以作为添加剂用于水泥、陶瓷、胶黏剂、涂料、洗涤剂中、降低成本、改进相应产品的质量，分子筛在食品、医药、生物工程领域的应用也日趋广泛。

（4）微孔材料的发展

除一般的硅铝沸石分子筛、磷酸铝分子筛外，钛硅分子筛、全硅分子筛、B、Ga、Fe等杂原子分子筛、金属有机骨架材料（MOFs）、微孔氧化硅也都是目前被广泛研究和开发的微孔材料。

在分子筛的合成领域，除一般的水热合成方法外，一直没有停止寻找新型的分子筛合成工艺，如水热转化、非水溶剂的溶剂热法和利用离子液体作为溶剂模板剂的离子热法合成等。

10.4.2 其他多孔材料

（1）介孔材料

孔径介于 2～50nm 的多孔材料称为介孔材料（mesopore material），分为有序介孔材料和无序介孔材料。SO_2 气凝胶、微晶玻璃就属无序介孔材料，孔径范围大，孔道不规则。目前被广泛报道和研究的是有序介孔材料，这种材料具有均匀孔道、孔径可调、孔径呈单一分布。其代表就是美国 Mobil 公司合成的 MCM 系列材料（MCM 代表 Mobil composite of matter），如 MCM-41、MCM-48 等，以介孔氧化硅为主。

介孔材料的合成可以说是表面活性剂在新材料领域成功应用的典型范例。介孔材料合成可分成两个主要阶段（见图 10-6）。

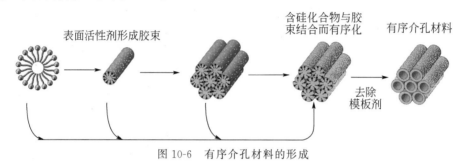

图 10-6　有序介孔材料的形成

① 介孔结构的形成　以表面活性剂为模板剂，由于溶液中的表面活性剂能形成有序的胶束，介孔材料的前驱物如硅酸乙酯通过与形成胶束的表面活性剂的亲水端或亲油端结合，进行自组装，而有序化。

② 模板剂的脱除　通过高温热处理或其他物理化学方法将表面活性剂模板脱除，剩下的无机物骨架孔道有序、孔径单一，即合成了介孔材料。

通过控制表面活性剂在溶液中形成的胶束形状（详见本书 2.2.2），可合成不同孔结构的介孔材料。

除介孔二氧化硅外，非硅基的介孔分子筛也开始出现，如介孔 TiO_2、介孔金属氧化物（ZrO_2、Al_2O_3、Fe_2O_3）、碳分子筛、碳纳米管等。国家已相继出台了这些新型介孔材料的国家或行业标准，规范其生产、应用和性能检测。如碳分子筛行业标准 HG/T 4364—2012、有序介孔二氧化硅的国家标准 GB/T 30451—2013、多壁碳纳米管的国家标准 GB/T 24491—2009 等。

介孔材料一经合成，就引起了广泛的注意，成为物理、化学与材料界研究的热点。它具有的孔道大小均匀、有序、孔径可调等特点，使它在化学化工、信息技术、环保与能源等领域具有重要的应用意义。开发有序介孔材料用作重油、渣油催化裂化催化剂是介孔材料研究最活跃的领域。在高分子合成，酶、蛋白质分离等领域也将有不俗的表现。光催化降解有机污染物、吸附分离去除水中低浓度重金属离子、回收挥发性有机污染物等环境保护领域介孔材料也将发挥其重要作用。利用介孔材料的孔道和结构来制备新型功能材料也是有序介孔材料应用领域之一。碳分子筛已经成功应用于空气的氧氮分离，碳纳米管作为添加剂加入有机聚合物、涂料等材料中，赋予了传统材料独特的导电、抗静电、抑菌等性能。

如上所述，有序介孔材料独特优良的结构性能使其在分离提纯、催化、传感器、生物医药、环境能源、电化学、信息通信等领域具有广泛的应用前景。国内外已成功合成了系列硅基、非硅基介孔材料，并对其特性进行了较为深入的研究。采用各种物理或化学的方法将纳米尺度的金属或非金属粒子置入介孔材料的孔道中进行改性，通过改性后的新型材料具有单纳米颗粒，以及常规介孔材料所不具备的特殊性能，极大地拓展了介孔材料的应用领域。介孔材料的组装、掺杂等成为研究的热点，如何有效改善材料的孔径、微孔道结构、合成满足特定领域应用的介孔复合材料成为今后的主要研究方向。

(2) 大孔材料

大孔材料（macropore material）的孔径在光波长范围内，50nm 至几百纳米。通过引入 50nm 至数百纳米的超大模板剂如乳浊液、纳米颗粒、较大分子量的聚合物、细菌甚至动植物组织等，将无机前驱物（如硅酸钠等）结合或沉积于模板剂外表面，除掉模板剂后，留下的就是大孔材料。图 10-7 是天然大孔材料硅藻土的扫描电镜照片。大孔材料是优良的催化剂载体，也广泛用于分离、吸附。

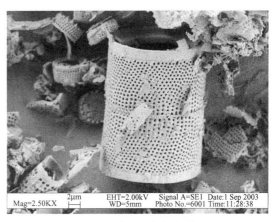

图 10-7　硅藻土的扫描电镜照片

目前，有许多制备大孔材料的方法，如发泡法、取代法和模板法等。其中发泡法和取代法是通过在目标多孔材料的原材料中添加发泡剂或减压措施等使体系中产生大量气泡以达到成孔目的的。这些方法制备的多孔材料的孔径一般都不均匀，孔径分布宽，甚至到毫米级别，孔与孔之间基本是独立的，孔形也不单一，无法得到具有功能应用潜力的有序大孔材料。模板法利用具有特定微观有序结构（其有序的尺度与大孔尺寸的范围相当）的材料作为模板，在其有序结构的合适空隙部分填充目标产物的原料，在这种产物的骨架成形后，利用高温处理或者其他方法去除模板，形成有序的大孔材料。模板法由于制备工艺过程相对简单并且产物中的孔形状、结构和形态易于控制等，最受研究者的青睐，应用也最为广泛。

以纳米级的聚合物组装成的胶晶模板为模板，用 TiO_2、SiO_2、ZrO_2 溶胶可以制备三维有序大孔材料 3DOM（three-dimensional ordered macroporous material），这类大孔材料兼有有序大孔结构和固体材料本身两种特性，受到普遍关注。由于 3DOM 材料发展尚处于初始阶段，为使 3DOM 材料在化学化工领域内得到广泛应用，制备各类新型功能化 3DOM 材料成为研究热点。在应用方面，3DOM 材料的种种优异特性已逐渐显示，如利用材料的光衍射协同作用提高光催化剂的催化活性；利用有序大孔结构提高物质的扩散速率从而提高反应速率；作为电极材料方面，也表现出了良好应用前景。3DOM 材料还在生命科学领域内发挥巨大作用，手性药物的合成与分离对手性分子筛的需求是显而易见的。另外，在生命科学领域如蛋白质固定分离、生物芯片、生物传感器、药物的包埋和控释等方面，都需要将活性物质固载到特殊载体上，微孔和介孔材料就是目前最受关注的载体。但由于孔径的限制，它们的应用也受到了一定的限制。3DOM 材料的出现，无疑为生物活性物质的固载提供了更广阔的空间，有望开发一些新型手性催化剂、生物吸附分离材料、生物芯片和传感器材料等。

10.5 无机膜材料

无机膜（inorganic membrane）是由无机材料如金属、金属氧化物、陶瓷、多孔玻璃、分子筛、无机高分子材料等制成的固体膜。与高分子聚合物膜相比，具有优良的高温、化学、生物稳定性，使用过程中不会出现老化、降解、溶胀等高分子膜使用过程中常见的现象。按材料分有金属膜、陶瓷膜、分子筛膜、多孔玻璃膜、碳膜、金属陶瓷复合膜等。按结构分有多孔膜和致密膜。按膜孔径大小又分为微滤膜、超滤膜。

孔径 $0.1\mu m$ 或以上的无机微滤膜可采用挤压、注浆、离心等成型方式，图 10-8 是以硅藻土粉为原料，用离心成型方法制备的微滤膜的膜表面电镜照片。无机微滤膜可用于果汁澄清、酒的澄清过滤、饮用水净化、空气净化、除菌、除浊等。

用溶胶-凝胶法（sol-gel 法）可制备纳米氧化钛膜。以钛酸丁酯或四氯化钛为原料，通过水解得到稳定的氧化钛溶胶，涂膜胶凝，干燥后进行热处理，就可得到纳米氧化钛膜。这种纳米氧化钛膜具有光催化性能，在紫外线照射下，可降解有机污染物，起到净化空气、水的作用。图 10-9 是溶胶-凝胶法制备的氧化钛膜的电镜照片。

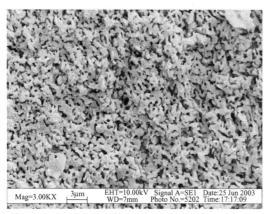

图 10-8　硅藻土微滤膜表面形貌

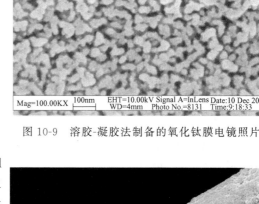

图 10-9　溶胶-凝胶法制备的氧化钛膜电镜照片

陶瓷超滤膜一般用溶胶-凝胶法（sol-gel法）制备。用金属醇盐或无机盐为原料，水解形成稳定的溶胶，然后负载在多孔支撑体上（图 10-10），形成凝胶，经干燥、焙烧后就可得到陶瓷超滤膜。陶瓷超滤膜可用于牛奶和乳清的生产、蛋白质浓缩、中药水提液的澄清等领域。在污水处理、气体分离等领域也有良好的应用前景。

分子筛膜有良好的吸附、分离、渗透性能，具有反应与分离的双重功能。金属、金属氧化物致密膜用于膜催化反应，主要有选择性透氢膜和选择性透氧膜，一般多采用化

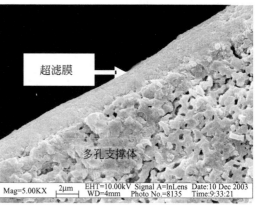

图 10-10　超滤膜截面

学气相沉积法制得。用热化学方法可将聚偏氯乙烯等聚合物炭化制成碳膜，用于气体分离。

综合有机高分子膜和无机膜优点的无机-有机复合膜也是无机膜领域的研究热点。

利用新型的微孔、介孔材料和大孔材料成膜，可以制备孔径均一、孔径可控、孔道有序、孔隙率大的无机膜，能很好地拓展无机膜的研究和应用领域。

10.6 无机功能材料展望

无机功能材料具有独特的物理、化学和生物功能，在现代社会各领域的应用逐渐增多。

无机纳米材料，由于其 $1\sim100nm$ 的细小尺寸，出现了许多奇异的崭新的物理、化学等性能，已成功应用于磁性材料、电子材料、光学材料、高致密度材料的烧结、催化、传感、陶瓷增韧、环保、涂料、化妆品、医药等领域。

精细陶瓷因其特有的耐高温、耐化学腐蚀、耐摩擦等优异性能在功能材料领域所占份额越来越大。高温结构陶瓷已成为航空航天、汽车、军工、核工程、新型医疗设备、机械等方面的新宠。欧美国家氮化硅、碳化硅、氧化锆陶瓷为主的精密陶瓷材料研究与推广、生产已取得快速发展，居世界领先地位。陶瓷轴承、陶瓷活塞盖、排气管内衬及燃气轮转子因其优异的耐高温性能引人注目。耐热氧化锆高达 $6000℃$ 的耐温性能，成为航天飞机的"盔甲"。各种热敏、压敏、磁敏、光敏、气敏精密陶瓷敏感元件更是被大量使用，如新型数码相机与新一代的高清晰电视机均使用了大量的敏感陶瓷元器件，磁悬浮列车中也要大量使用各种耐高温材料与磁敏陶瓷材料。我国载人航天神舟飞船工程中，同样大量采用了高温陶瓷材料及精密敏感陶瓷产品。高性能陶瓷电池、陶瓷汽车发动机、陶瓷刀具都赋予了传统产品崭新的概念。

无机抗菌材料市场的需求逐年增大，尤其是在日本无机抗菌材料的开发和应用发展很快。新型的无机抗菌材料在公共场所、住宅、汽车、家电、厨房用品、生活卫生用品、文具和玩具上的正确使用，可有效解决细菌污染、交叉感染等问题，起到长效消毒、预防疾病的作用，尤其是在疫病、流感等疾病流行期间，能起到有效的预防和控制作用。无机抗菌材料是一类正在兴起的功能材料。

无机多孔材料经历了从天然沸石到人工合成分子筛、从低硅铝比的沸石分子筛到高硅沸石、从硅铝分子筛到非硅铝的磷酸铝分子筛、钛硅分子筛、杂原子分子筛、从微孔到介孔、从介孔到大孔、从纯无机氧化物多孔骨架到金属有机多孔骨架等一系列的演变和发展，除了各种分子筛外，碳纳米管、有序介孔二氧化硅等多种性能独特的多孔材料被研究开发和应用，并在石油化工、精细化工、日用化工、能源、环境保护等领域发挥着重要的作用。

膜技术是一种新型高效分离技术，无机陶瓷膜因其特有的化学稳定性、耐高温性、生物惰性在食品、化工、生物、医药、环保等领域有非常好的应用前景。无机陶瓷微滤膜脆性大，需高温烧结、制备成本高，制约了它的发展和应用。溶胶-凝胶法可在较低温度下制备陶瓷超滤膜，膜孔径分布窄。陶瓷超滤膜性能受多孔支撑体性能影响很大，负载在支撑体上的膜在干燥烧结过程中容易出现龟裂等缺陷，影响膜的完整性，长期使用过程中也存在与支撑体的结合稳定性问题，这些都将影响膜的质量和使用。开发新型可低温烧结陶瓷膜材料、降低生产成本、提高陶瓷膜韧性，保证微滤膜和超滤膜质量稳定性可有效加速陶瓷膜的发展，大大提高其在膜技术领域的所占比例。

由单一功能向多功能、单一材料向复合材料的发展也是未来无机功能材料的发展方向之一。而高技术无机功能材料的规模化生产，也是我国缩小与欧美发达国家距离的必经之路。

● 习 题

10-1 纳米二氧化钛与普通二氧化钛有何区别？纳米二氧化钛主要有哪些用途？

10-2 超细氧化铁具有哪些特性？这些特性使其在哪些方面有独特的用途？

10-3 纳米氧化铝具有哪些特性？有些什么用途？

10-4 制备纳米粉体主要有哪些方法？各方法的主要原理是什么？各有何优缺点？

10-5 什么叫精细陶瓷？精细陶瓷主要分为几类？

10-6 介电陶瓷应具备哪些性质？主要用于哪几方面？

10-7 利用半导体敏感陶瓷制造各种传感元器件的原理是什么？

10-8 热敏半导体陶瓷分几类？各类具有什么特性？

10-9 压敏半导体陶瓷具有什么特性？

10-10 全稳定和部分稳定的氧化锆各具有什么特性？

10-11 碳化硅陶瓷和氮化硅陶瓷各具有什么特性？主要有什么用途？

10-12 无机抗菌剂分几类？各类的抗菌机理是怎样的？

10-13 抗菌沸石和抗菌功能陶瓷如何制备？

10-14 多孔材料有哪几种？

10-15 分子筛有何结构特征？

10-16 分子筛为什么有离子交换性？

10-17 分子筛为什么具有选择性吸附能力？

10-18 以表面活性剂为模板，为何能合成有序介孔材料？

10-19 无机膜具有什么特点？主要有什么用途？

参 考 文 献

[1] 曾繁涤. 精细化工产品及工艺学. 北京：化学工业出版社，2002.

[2] 陆辟疆，李春燕. 精细化工工艺. 北京：化学工业出版社，1996.

[3] 程侣柏等. 精细化工产品的合成及应用. 第2版. 大连：大连理工大学出版社，1992.

[4] 韦新生. 21世纪精细化工的发展. 化学推进剂与高分子材料，2005，3（2）：10-14.

[5] 韩秋燕. 我国精细化学品行业现状及发展前景. 化工技术经济，2005，23（3）：1-4.

[6] 王大全. 中国精细化工的现状和发展前景. 皮革化工，2006，23（1）：11-15.

[7] 沈一丁. 精细化工导论. 北京：中国轻工业出版社，2005.

[8] 钱伯章. 中国精细化工面临新的发展机遇. 精细化工，2005，22（4）：241-246.

[9] 杜巧云，葛虹. 表面活性剂基础及应用. 北京：中国石油出版社，1996.

[10] 李玲. 表面活性剂与纳米技术. 北京：化学工业出版社，2004.

[11] 李宗石等. 表面活性剂合成与工艺. 北京：中国轻工业出版社，1990.

[12] 刘德荣. 表面活性剂的合成与应用. 成都：四川科学技术出版社，1987.

[13] 郭祥峰，贾丽华. 阳离子表面活性剂及应用. 北京：化学工业出版社，2002.

[14] 汪祖模等. 两性表面活性剂. 北京：中国轻工业出版社，1990.

[15] 梁治齐，陈溥. 氟表面活性剂. 北京：中国轻工业出版社，2000.

[16] 方云等. 生物表面活性剂. 北京：中国轻工业出版社，1992.

[17] 梁治齐. 实用清洗技术手册. 北京：化学工业出版社，2000.

[18] 徐宝财. 洗涤剂概论. 第2版. 北京：化学工业出版社，2007.

[19] 王雁，安秋凤. 含磷洗涤剂对环境的影响及监管建议. 日用化学品科学，2007，30（9）：27-30.

[20] 徐宝财. 日用化学品. 北京：化学工业出版社，2002.

[21] 张延坤，金京顺. 一种功能性化妆品原料——透明质酸. 日用化学工业，2004，34（2）：111-114.

[22] 贾睿等. 汽车燃油清洗剂的发展及展望. 清洗世界，2007，23（4）：22-27.

[23] 阎世翔. 中国化妆品功效性评价及安全质量管理展望. 日用化学品科学，2005，28（6）：37-40.

[24] 李子东等. 现代胶黏技术手册. 北京：新时代出版社，2002.

[25] 张开. 黏合与密封材料. 北京：化学工业出版社，1996.

[26] 张在新. 胶黏剂. 北京：化学工业出版社，1999.

[27] 刘成伦，徐锋. 胶黏剂的研究发展. 表面技术，2004，33（4）：1-3.

[28] 程时远等. 胶黏剂. 北京：化学工业出版社，2001.

[29] 童忠良等. 功能涂料及其应用. 北京：中国纺织出版社，2007.

[30] 战凤昌等. 专用涂料. 北京：化学工业出版社，1988.

[31] 姜洪泉. 纳米复合涂料的制备及应用. 哈尔滨：黑龙江人民出版社，2006.

[32] 王德海，江棍. 紫外光固化材料. 北京：科学出版社，2003.

[33] 朱骥良，吴申年. 颜料工艺学. 北京：化学工业出版社，2002.

[34] 沈永嘉. 有机颜料——品种与应用. 北京：化学工业出版社，2007.

[35] 钱旭红，徐玉芳，徐晓勇. 精细化工概论. 北京：化学工业出版社，2000.

[36] 张先亮，陈新兰. 精细化学品化学. 武汉：武汉大学出版社，1999.

[37] 侯毓汾等. 染料化学. 北京：化学工业出版社，1994.

[38] 章杰，张晓琴. 世界有机颜料市场现状和发展趋势. 江苏化工，2003，31（6）：25.

[39] 沈永嘉. 有机颜料的新品种与新技术. 染料与染色，2004，41（1）：30.

[40] 穆振义. 有机颜料概况及应用性能. 涂料工业，2004，34（9）：20.

[41] 周春隆. 有机颜料工业新技术进展. 染料与染色，2004，41（1）：33.

[42] 徐卡秋. 新型珠光颜料云母钛的开发研究. 无机盐工业，1988，（3）：4.

[43]　徐卡秋，戴晓雁. 化学诱导法制备金红石型云母钛珠光颜料. 硅酸盐学报，2002，30（5）：633.

[44]　韩德强，钟盛文. 云母钛珠光颜料的研究进展和发展前景. 涂料工业，2003，33（7）：31.

[45]　朱振峰等. 云母基珠光颜料的研究进展. 西北轻工业学院学报，2002，20（2）：84.

[46]　赵广林等. 荧光颜料在粉末涂料中的应用. 涂料工业，2003，33（3）：27.

[47]　季清荣. 荧光颜料和网印油墨. 丝网印刷，1997，（3）：22.

[48]　石道钧. 日光荧光颜料及其应用. 化学通报，1988，（4）：11.

[49]　孙履厚. 精细化工新材料与技术. 北京：中国石化出版社，1998.

[50]　史鸿鑫等. 化学功能材料概论. 北京：化学工业出版社，2006.

[51]　王学松. 现代膜技术及其应用指南. 北京：化学工业出版社，2005.

[52]　李玲，向航. 功能材料与纳米技术. 北京：化学工业出版社，2002.

[53]　徐喜民，王冀敏. 21世纪的功能高分子材料. 内蒙古石油化工，2004，30（4）：25.

[54]　张广艳等. 功能高分子材料. 化学与黏合，2003，（6）：307.

[55]　徐军. 新型功能高分子材料的研究与应用. 纺织高校基础科学学报，2002，15（3）：258.

[56]　孙平. 食品添加剂使用手册. 北京：化学工业出版社，2004.

[57]　张红艳等. 国内外天然食品防腐剂的研究进展. 粮食加工，2004，（3）：57-60.

[58]　尤新. 天然食品色素和功能. 中国食品添加剂，2002，（5）：1-3.

[59]　吕绍杰. 甜味剂的发展动向. 现代化工，2001，21（10）：5-8.

[60]　刘宗林等. 甜叶菊苷的提取与结晶工艺研究. 食品科学，2002，23（8）：99.

[61]　宋启煌. 精细化工工艺学. 北京：化学工业出版社，2004.

[62]　冯亚青等. 助剂化学及工艺学. 北京：化学工业出版社，1997.

[63]　山西省化工研究所. 塑料橡胶加工助剂. 北京：化学工业出版社，1987.

[64]　陈开勋. 新领域精细化工. 北京：中国石化出版社，1999.

[65]　殷宗泰. 精细化工概论. 北京：化学工业出版社，1985.

[66]　刘银乾，王丽娟. 塑料助剂的工业现状与发展趋势. 石油化工，2002，31（4）：305.

[67]　梁诚. 世界塑料助剂工业的发展趋势. 国际化工信息，2002，（5）：7.

[68]　饶兴鹤. 世界塑料添加剂发展新趋势. 国外塑料，2006，24（10）：62.

[69]　薛祖源. 国外塑料助剂行业动态和发展趋势. 江苏化工，2001，29（2）：12.

[70]　张昭等. 无机精细化工工艺学. 北京：化学工业出版社，2002.

[71]　朱骥良，吴申年. 颜料工艺学. 北京：化学工业出版社，2002.

[72]　张健，吴全兴. 纳米二氧化钛的研究进展. 稀有金属快报，2005，24（3）：1.

[73]　李文兵，段岳. 纳米钛白的制备与应用研究进展. 中国涂料，2005，20（1）：21.

[74]　张斌等. 纳米氧化铁的制备工艺及其进展. 杭州化工，2007，37（2）：13.

[75]　彭梅. 超细铁粉的制备及应用. 重型机械科技，2003（3）：51.

[76]　李慧韫等. 纳米氧化铝的制备方法及应用. 天津轻工业学院学报，2003，18（4）：34.

[77]　张宁等. 碳化硅纳米粉体研究进展. 无机盐工业，2007，39（3）：1.

[78]　向其军等. 新型的高性能陶瓷材料 Ti_3SiC_2 的研究现状. 材料导报，2004，18（7）：49.

[79]　肖士民等. 用天然沸石离子交换制备抗菌沸石——斜发和丝光沸石的应用. 华南理工大学学报（自然科学版），1997，25（12）：12.

[80]　吴建锋等. 无机抗菌剂的制备及抗菌效果的研究. 中国陶瓷工业，1999，6（3）：10.

[81]　吴建锋等. 抗菌功能陶瓷釉面砖的研究. 硅酸盐学报，1999，27（4）：500.

[82]　方明豹等. 杀菌功能陶瓷. 上海建材，2000（1）：14.

[83]　徐如人等. 分子筛与多孔材料化学. 北京：科学出版社，2004.

[84]　余振宝，宋乃忠. 沸石加工与应用. 北京：化学工业出版社，2005.

[85]　汪锰等. 膜材料及其制备. 北京：化学工业出版社，2003.

[86] 时钧等. 膜技术手册. 北京：化学工业出版社，2001.

[87] 童忠良. 纳米化工产品生产技术. 北京：化学工业出版社，2006.

[88] 黄肖容等. 溶胶-凝胶法制备不对称氧化铝膜. 无机材料学报，1998，13（4）：534-539.

[89] Huang X R, et al. Preparation of unsupported alumina membrane by sol-gel techniques. J Membrane Science，1997，133：145-150.

[90] Sui X D，Huang X R. The characterization and water purification behavior of gradient ceramic membranes. Separation and Purification Tech，2003，32（1）：73.

[91] 童忠良等. 无机抗菌新材料与技术. 北京：化学工业出版社，2006.

[92] 赵勇强，白泉，张亚敏. 关于发展二甲醚（DME）燃料的探讨. 中国能源，2006，28（3）：29-32.

[93] 王万绪. 中国表面活性剂技术与工业发展. 日用化学品科学，2014，37（4）：1.

[94] Menger F M，KeiPer J S. Gemini surfactants. Angew Chem Int Ed，2000，39（11）：1906-1920.

[95] Zana R，Xia J，Zara R，et al. Gemini surfactants：synthesis，interfacialand solution-phase behavior and application. New York：Marcel Dekker，2007.

[96] 迟玉杰. 食品添加剂. 北京：中国轻工业出版社，2013.

[97] 李和平. 精细化工工艺学. 北京：科学出版社，2014.

[98] 张玉龙，李世刚. 水性涂料配方精选. 北京：化学工业出版社，2013.

[99] 魏杰，金养智. 光固化涂料. 北京：化学工业出版社，2013.

[100] 张玉龙，邢德林. 环境友好胶黏剂制备与应用技术. 北京：中国石化出版社，2008.

[101] 陈玉安，王必本，廖其龙. 现代功能材料. 重庆：重庆大学出版社，2008.

[102] 张玉龙，李世刚. 我国胶黏剂销售额将破千亿. 精细化工原料及中间体，2011，08：45.

[103] 张华涛. 国内外洗涤用品发展趋势. 中国洗涤用品工业，2014，02：29.

[104] 王培义，徐宝财，王军. 表面活性剂——合成性能应用. 第2版. 北京：化学工业出版社，2012.

[105] 王丽艳等. 双子表面活性剂. 北京：化学工业出版社，2013.

[106] 梁雪静，杨玉喜. 日化市场的概况. 日用化学品科学，2012，35（5）：1.

[107] 余浩杰等. 防污涂料的发展及生物降解型防污涂料的研究. 化工新型材料，2013，41（2）：4.

[108] 中国涂料工业协会. 2013 年中国涂料行业经济运行情况及未来走势分析. 中国涂料，2014，29（3）：8.

[109] 贺行洋，秦景燕等. 防水涂料. 北京：化学工业出版社，2012.

[110] 刘栋，张玉龙. 功能涂料配方设计与制造技术. 北京：中国石化出版社，2009.

[111] 章杰. 可持续发展纺织染料的开发趋势与模式. 纺织导报，2013，（12）：16.

[112] 章杰. 高性能颜料的技术现状和创新动向. 染料与染色，2013，（3）：1.

[113] 王士智，郝先库，张瑞祥等. 稀土蓝色颜料研究进展. 中国陶瓷，2013，（10）：5.

[114] 李慧琴，王士智，郝先库等. 稀土绿色颜料研究进展. 中国陶瓷，2013，（8）：6.

[115] 王玉香，钟盛文，文小强等. 新型稀土变色珠光颜料的研究. 有色金属科学与工程，2013，（1）：83.

[116] 张萍，李平，王焕英等. 尖晶石型 $CoAl_2O_4$ 包覆云母钛珠光颜料的制备及其表征. 河北师范大学学报/自然科学版，2012，（1）：72.

[117] 李振荣，李广福，邵俊杰. 玻璃基珠光颜料的制备. 陶瓷，2010，（10）：16.

[118] 张立颖，梁兴唐，黎洪. 高吸水性树脂的研究进展及应用. 化工技术与开发，2009，（10）：34.

[119] 吕传香，全凤玉，梁风等. 新型功能高分子材料. 广州化工，2013，（20）：7.

[120] 杨北平，陈利强，朱明霞. 功能高分子材料发展现状及展望. 广州化工，2011，（6）：17.

[121] 陈秀丽，裴先茹. 管窥：智能高分子材料的研究进展. 化学工程与装备，2010，（3）：134.

[122] 王波，王克智，巩翼龙. 环保型增塑剂的研究进展. 塑料工业，2013，（5）：12.

[123] 张丽. 柠檬酸酯类增塑剂的市场现状及前景. 塑料助剂，2008，（1）：10.

[124] 翟朝甲，贾润礼. 聚氯乙烯热稳定剂的研究进展. 绝缘材料，2007，（2）：41.

[125] 汪梅，夏建陵，连建伟等. 聚氯乙烯热稳定剂研究进展. 中国塑料，2011，(11)：10.

[126] 陈旻，刘杰，童敏伟等. 聚氯乙烯稀土热稳定剂的研究进展. 塑料助剂，2013，(6)：1.

[127] 陶刚，梁诚. 塑料光稳定剂的生产与研究进展. 塑料科技，2009，(7)：90.

[128] 兰天宇，王雅珍，陈国力等. 塑料用抗静电剂的研究进展. 广东化工，2014，(9)：96.

[129] 孙殿玉，孙成伦. 抗静电剂在塑料中的应用及研究进展. 塑料科技，2013，(9)：86.

[130] 王范树，周雷，别明智等. 抗静电剂的最新研究进展. 塑料科技，2013，(12)：85.

[131] 田万辉. 海绵橡胶有机发泡剂研究进展. 橡塑资源利用，2009，(3)：32.

[132] 陈新民. 橡胶助剂现状与发展趋势. 橡胶科技，2013，(9)：5.

[133] 吕生华. 皮革鞣剂研究的现状及存在问题和发展趋势. 西部皮革，2014，(8)：6.

[134] 马建中. 皮革化学品. 北京：化学工业出版社，2008.

[135] 张建雨，桑莹莹. 有机硅在皮革中的应用. 皮革与化工，2011，(6)：11.

[136] 黄涛，张国亮，张辉等. 高性能纳米二氧化钛制备技术研究进展. 化工进展，2010，(3)：498.

[137] 张强，聂大仕，叶高勇. 超细氧化铁的制备进展. 无机盐工业，2005，(1)：7.

[138] 张越锋，张裕卿. 复合纳米二氧化硅的应用研究进展. 塔里木大学学报，2010，(1)：151.

[139] 葛伟青. 特种陶瓷材料的研究进展. 中国陶瓷工业，2010，(5)：71.

[140] 王静，水中和，冀志江等. 银系无机抗菌材料研究进展. 材料导报 A：综述篇，2013，(9)：59.

[141] 孔茉莉，高冠慧，常雪婷等. 液相化学还原法制备纳米银及抗菌性能研究. 材料导报 B：研究篇，2011，(9)：51.

[142] 赵永杰，裴鸿. 2020 年中国表面活性剂行业原料及产品统计分析. 日用化学品科学，2021，44 (06)：1.

[143] 中国日用化学工业信息中心. 九十载行业引领，创世纪科技寻源——中国日用化学工业研究院九十年发展历程. 日用化学品科学，2019，42 (10)：1.

[144] 方银军. 我国阴离子表面活性剂的发展及展望. 日用化学品科学，2020，43 (1)：14.

[145] 徐坤华，史立文，张义勇，楼坚. 脂肪酸甲酯磺酸盐的生产工艺与应用研究进展. 精细石油化工，2017，34 (6)：73.

[146] 王泽云，孙永强等. 油脂乙氧基化物磺酸盐及其在液体洗涤剂中应用性能研究. 日用化学品科学，2018，41 (10)：25.

[147] 王军，张晨龙，杨许召等. 磁性表面活性剂的研究进展. 日用化学工业，2021，51 (6)：546.

[148] 张星. 日化用品中防腐剂的应用及发展趋势. 中国洗涤用品工业，2019，(4)：44.

[149] 李明芳，谭强，陈钰泉. 洗涤剂大发展问题及应对策略. 日用化学品科学，2021，44 (6)：12.

[150] 中国日用化学工业信息中心. 中国合成洗涤剂工业 60 年发展回顾. 日用化学品科学，2019，42 (10)：10.

[151] 程树军. 化妆品评价替代方法标准实施指南. 北京：中国质检出版社，中国标准出版社，2017.

[152] 郭安儒，张赛等. 国内聚氨酯胶黏剂的应用与研究展望. 化学与粘合，2019，41 (2)：129.

[153] 崔丙顺，崔文强等. SIS 基热熔压敏胶结构与性能关系. 化工新型材料，2020，48 (4)：121.

[154] 朱宇波，黄嘉晔. 国内外光刻胶产业分析及发展建议. 功能材料与器件学报，2020，26 (6)：382.

[155] 徐宏，王丽等. 半导体产业的关键材料. 新材料产业，2018，(9)：35.

[156] 中国涂料工业协会. 2020 年中国涂料行业经济运行分析. 中国涂料，2021，36 (4)：14.

[157] 韩长日，刘江. 精细化工工艺学. 北京：中国石油出版社，2019.

[158] 许士龙，王文硕，靳通等. 无机涂料的种类、机理及展望. 山东陶瓷，2021，44 (1)：1.

[159] 秦真波，夏大海，吴忠等. 磷酸盐无机涂料及其研究进展. 表面技术，2019，48 (12)：34.

[160] 单晓宇，王盛鑫，张连红等. 硅溶胶基水性无机涂料的制备. 应用化工，2018，47 (6)：1195.

[161] 施颖波，王志强，杨阳等. 室温固化硅酸盐高温防腐蚀涂料的研制. 特种功能涂料，2017，20 (12)：10.

[162] 黄之祥，王超，宋昆仑．水性陶瓷涂料特点及应用前景．中国涂料，2013，28（6）：55.

[163] 仲晓萍．我国特种涂料发展现状及未来趋势．现代化工，2019，39（12）：7.

[164] 中国涂料工业协会．中国涂料行业"十四五"规划（一）．中国涂料，2021，36（3）：9.

[165] 中国涂料工业协会．中国涂料行业"十四五"规划（二）．中国涂料，2021，36（4）：1.

[166] 中国涂料工业协会．中国涂料行业"十四五"规划（三）．中国涂料，2021，36（5）：1.

[167] 张霁月，张俭波，丁颢等．国际食品添加剂法典委员会重点讨论内容与我国相应管理情况对比研究．中国食品卫生杂志，2021，33（2）：228.

[168] 张淑芬．中国染料工业现状与发展趋势．化工学报，2019，70（10）：3704.

[169] 张淑芬，杨锦宗．活性染料的现状与展望．染料与染色，2008，45（1）.

[170] 王雪燕．活性染料技术的研究进展．成都纺织高等专科学校学报，2016，33（4）：97.

[171] 梁秋雯，徐弋凯，邹盼盼等．近10年有关分散染料研究的一些进展．染料与染色，2014，51（5）：13.

[172] 宋道会，杜建功，刘丽．超临界二氧化碳染色的现状研究．化纤与纺织技术．2012，41（2）：15.

[173] 张淑军，李刚，张鸿等．阳离子染料可染改性涤纶及其面料的研究进展．现代纺织技术．2021，29（4）：115.

[174] 陈丽媛，陈晓健，孙健等．近红外吸收染料的应用进展．染料与染色，2013，50（6）：1.

[175] 张金龙．新型功能性色素分子——红外激光染料．精细与专用化学品，2002，（14）：19.

[176] 何像基，胡琳娜．黑色粉末颜料的研究进展．无机盐工业，1991，（5）：13.

[177] 陈建利，郝先库，赵永志等．稀土黄色颜料研究进展．中国陶瓷，2012，48（8）：1.

[178] 晁兵．金属粉末涂料概述．粉末涂料与涂装，2007，22（2）：43.

[179] 周为明，柯梅珍，吴楠等．珠光颜料的研究及应用进展．印染，2013，（13）：49.

[180] 潘煜怡，马胜军，富秀玲等．无甲醛耐热荧光树脂颜料的研究进展．涂料工业，2003，33（7）：39.

[181] 曹珂，闵甜，王林等．离子交换树脂法处理废水中重金属的研究进展．应用化工，2013，42（8）：1520.

[182] 马蕴杰，陈程，张伟．吸附树脂改性的研究进展．辽宁化工，2019，48（8）：796.

[183] 邬一凡．高吸水性树脂研究进展及发展趋势．化工新型材料，2019，47（5）：23.

[184] 王景昌，陈瑞，阜金秋等．生物医用高分子材料合成与改性的研究进展．塑料，2021，50（3）：83.

[185] 黄飞，薄志山，耿延候等．光电高分子材料的研究进展．高分子学报，2019，50（10）：988.

[186] 李钟宝，蔡晨露，刘秀梅．邻苯二甲酸酯类增塑剂合成与应用研究进展．塑料助剂，2010，（4）：8.

[187] 郭明翠，何学峰，谢樊成等．脂肪族二元酸酯类耐寒性增塑剂催化合成的研究进展．化学工业与工程技术，2010，31（1）：23.

[188] 杨彬，高云方，沈小宁．新型绿色环保增塑剂的开发与应用．聚氯乙烯，2021，49（4）：1.

[189] 张志新．磷酸酯类阻燃增塑剂的近况及建议．塑料助剂，2002，（2）：8.

[190] 徐保明，张杰，韩洋洋等．聚酯增塑剂的合成及改性研究进展．化学世界，2014，（11）：697.

[191] 张丽．柠檬酸酯类增塑剂的市场现状及前景．塑料助剂，2008，（1）：10.

[192] 高静，李红玉，马瑾玮等．国内外增塑剂的研究与发展趋势．化工技术与开发，2019，48（12）：49.

[193] 张雪，张园，叶斐斐等．磷系阻燃剂的发展及应用研究．工程塑料应用，2015，43（11）：112.

[194] 唐若谷，黄兆阁．卤系阻燃剂的研究进展．科技通报，2012，28（1）：129.

[195] 黄高能，刘盛华，路风辉等．新型含氮阻燃剂/PEPA协同阻燃PP的性能．工程塑料应用，2017，45（2）：6.

[196] 代培刚, 关健玲, 张阳等. 阻燃技术应用研究. 广州化工, 2011, 39 (14): 33.

[197] 刘凯凯, 李松鹏, 陆宪华等. 受阻胺类橡胶防老剂研究进展及发展趋势. 合成材料老化与应用, 2012, 41 (5): 35.

[198] 王俊, 杨洪军, 李翠勤. 受阻酚类抗氧剂的研究进展. 化学与生物工程, 2005, (8): 10.

[199] 林彬文, 陈龙然, 曾群. 亚磷酸酯类抗氧剂的研究进展. 塑料助剂, 2009, (4): 4.

[200] 韦凤仙, 章伟光, 范军等. 橡胶硫化促进剂的研究进展. 化学世界, 2007, (8): 504.

[201] 张亨. 发泡剂研究进展. 塑料助剂, 2001, (4): 1.

[202] 陈晶晶, 许猛, 徐丽亚等. 纳米二氧化钛的制备、改性及光催化研究进展. 浙江化工, 2020, 50 (6): 21.

[203] 周美珍, 叶楠. 纳米二氧化硅的应用进展. 白城师范学院学报, 2017, 31 (12): 7.

[204] 贺兴辉, 王子维, 陈冰倩. 压电陶瓷材料的应用与发展分析. 居业, 2018, (5): 1.

[205] 向勇, 胡明, 谢道华. 半导体敏感陶瓷材料在传感器领域的应用. 仪表技术与传感器, 2001, (5): 1.

[206] 张创, 宋仪杰. 氮化硅陶瓷的研究与应用进展. 中国陶瓷工业, 2021, 28 (3): 40.

[207] 赵卓玲, 冯小明. Ti_3AlC_2 陶瓷材料的研究进展. 热加工工艺, 2010, 39 (12): 72.

[208] 魏茜茜, 夏雪, 田怡. 我国精细陶瓷材料产业现状及发展路径的研究. 陶瓷, 2017, (1): 44.

[209] 王静, 水中和, 冀志江等. 银系无机抗菌材料研究进展. 材料导报 A: 综述篇, 2013, 27 (9): 59.

[210] 吴玉胜, 王昱征. 光催化型抗菌材料及抗菌陶瓷的研究现状. 中国陶瓷工业, 2016, 23 (6): 19.

[211] 邹泉周, 李玉光. 三维有序大孔材料应用研究进展. 化工进展, 2008, 27 (3): 358.

[212] 国研智库, 《中国发展观察》杂志社联合课题组. 我国农药行业存在的主要问题及相关政策建议. 中国发展观察, 2021, 5: 51-52.

[213] 邱灵, 韩祺, 姜江. 面向 2035 的中国生物经济发展战略研究. 宏观经济研究, 2021, (11): 48-57.

[214] 熊江勇, 李重重, 滕雪梅等. 二甲醚发动机满足国Ⅵ排放的试验研究. 机械设计与制造, 2022, (5): 281-284.

[215] 姚若军, 高啸天. 氢能产业链及氢能发电利用技术现状及展望. 南方能源建设, 2021, 8 (4): 9-14.

[216] 王爱国, 王玉芬, 吕金荣. 双氟磺酰亚胺锂的生产工艺与市场分析. 有机氟工业, 2023 (1): 32-35.

[217] 李嘉敏, 江丹丹. 中国化妆品国际竞争力不断提升. 中国海关, 2024, (7): 74-75.